ETNA
DOC

U0060218
2016

R
CONTRADA

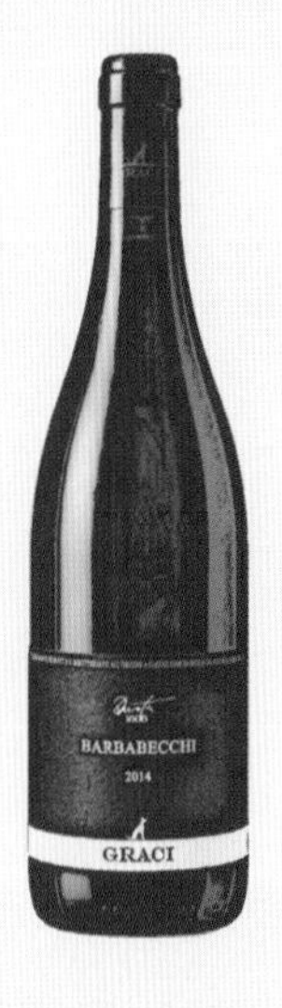
BARBABECCHI
2014
GRACI

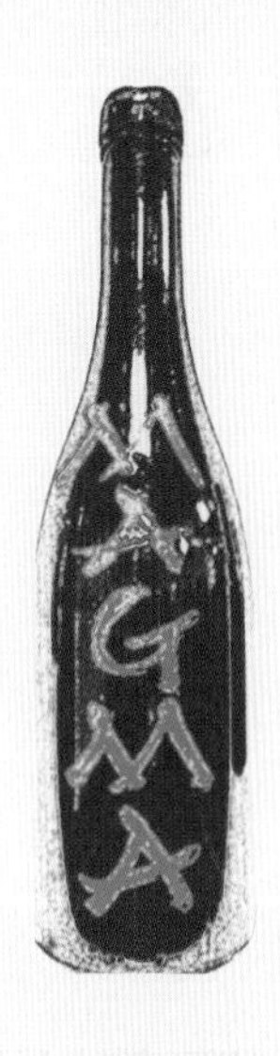
MAGMA

PALMENTO
CARRICANTE
2017

Alberelli di GIODO
SICILIA

"Xiaowen's thorough and painstaking research makes this book an important piece of information for the great Etna wines."

"La ricerca approfondita e scrupolosa di Xiaowen rende questo libro un'importante informazione per i grandi vini dell'Etna." ***Frank Cornelissen, Frank Cornelissen winery***

"I'm sure this book will be a great opportunity for Etna wines. The volcanic passion of Xiaowen and her love for our country and our wines put us naturally in touch. Wine is always the best social network."

"Sono sicuro che questo libro sarà una grande opportunità per i vini dell'Etna. La passione vulcanica di Xiaowen e il suo amore per il nostro paese e i nostri vini ci mettono in contatto naturale. Il vino è sempre il miglior social network."

Alberto Aiello Graci, Graci winery

"Xiaowen brings to Etna the big book, a vast compilation, which is very systematic of the wines, the producers, the vineyards of this whole mountain. She does this job with her tenacity, kindness, and her total honesty, visiting every producer and asking her meticulous questions. It is a pioneering work that everyone participates with a feeling of privilege."

"Una cortese ragazza di Taiwan, Xiaowen, e' venuta sull'Etna per sentire i vini; porta con se' il grosso libro che sta facendo, una vasta compilazione, che e' anche molto sistematica, dei vini, dei produttori, delle vigne di tutta questa montagna. Fa questo lavoro da sola, e visita ogni produttore facendo le sue domande meticolose. Piu' della sua tenacia colpisce la sua totale onesta' e piu' della determinazione, la gentilezza. Il volume e' in tre lingue: cinese, inglese e italiano; e' chiaramente un'opera pionieristica e il tipo di libro dove tutti faranno parte, con un sentimento di privilegio."

Andrea Franchetti, Passopisciaro winery

"Xiaowen is one of the most passionate people I've ever met. She studies each wine area deeply to show many unknown aspects."

"Xiaowen è una delle persone più appassionate di vino che io abbia mai incontrato. Studia profondamente ognizona vinicola per mostrarne alla gente molti aspetti sconosciuti." ***Michele Faro, Pietradolce winery***

"Today, the Etna wine are in fashion. Everyone talks about it and writes about it, but in truth, only very few really know Etna Wines. Surely, today, among those who have written with professionalism and ethics about Etna wines, there is Wen, Xiaowen Huang."

"Oggi i vini dell'Etna sono di moda. Tutti ne parlano e ne scrivono, ma in verità solo pochissimi conoscono veramente i Vini Etnei. Sicuramente, ad oggi, tra chi ha scritto con professionalità ed etica dell'Etna enologica, vi è Wen, Xiaowen Huang." ***Salvo Foti, I Vigneri di Salvo Foti winery***

"Xiaowen Huang has conducted her research in a very thorough manner and has developed a very sound knowledge of the Etna wine territory, the producers, and each single wine of us. The Etna DOC Consortium gladly cooperate with her. We trust that <Etna Wine Library> will become the valuable tool to spread the knowledge and unique culture of Etna wine among Chinese-speaking wine lovers and professionals."

"Xiaowen Huang ha condotto una ricerca molto metodica e dettagliata, maturando una conoscenza approfondita del territorio, dei produttori e dei singoli vini. Il Consorzio Tutela Vini Etna DOC é stato molto disponibile. Siamo certi che questa guida si rivelerà uno strumento di grande utilità per diffondere la cultura e la conoscenza dell'Etna tra professionisti ed amanti del vino di lingua cinese."

Antonio Benanti, Benanti winery and Consorzio Tutela Vini Etna DOC

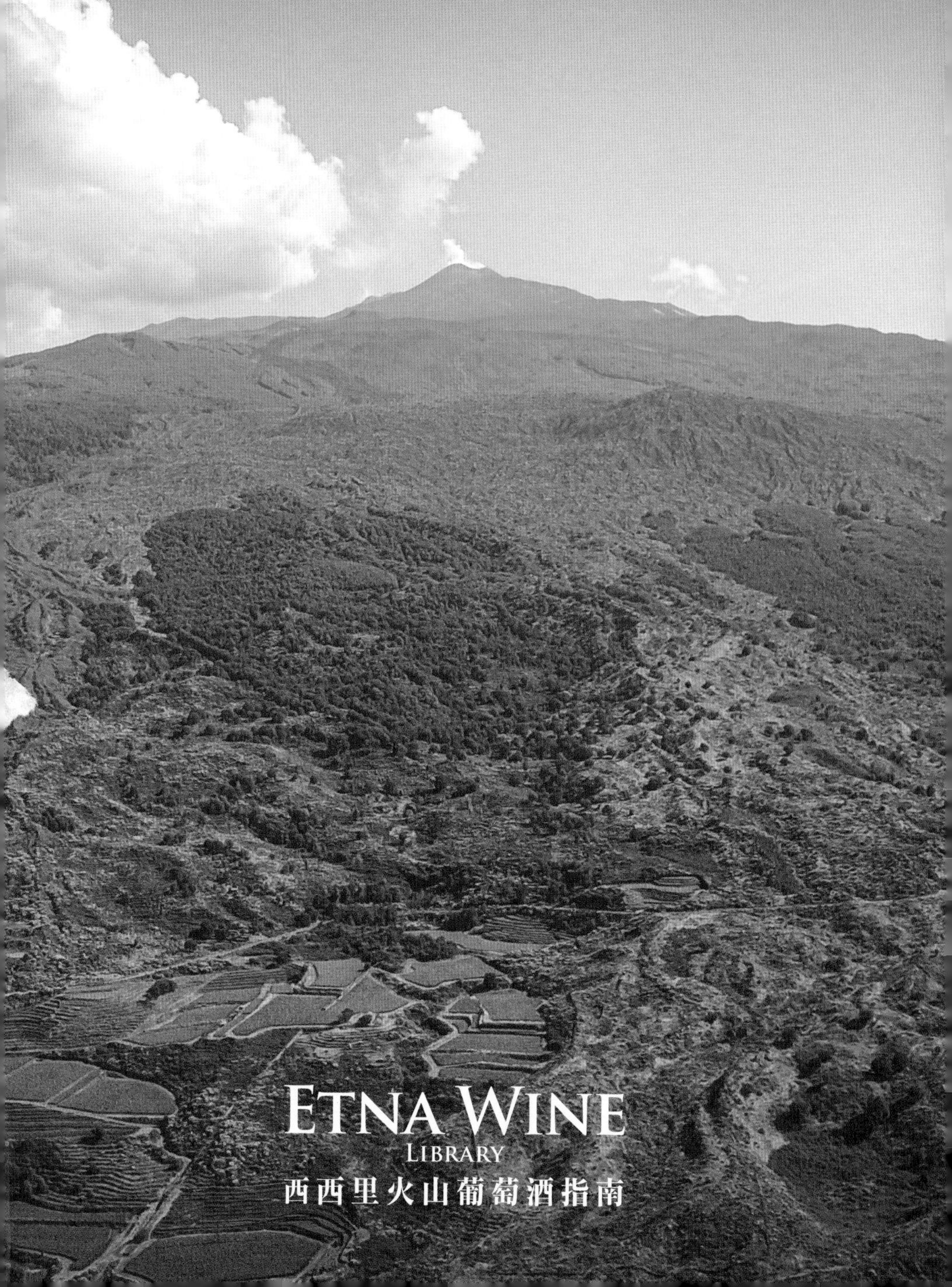

ETNA WINE
LIBRARY
西西里火山葡萄酒指南

本書作者與西西里火山各酒莊負責人合影，各酒莊莊主手上拿著本書評鑑挑選酒款。
Owners and enologists of different Etna wineries, holding the bottles selected by this book.
Proprietari ed enologi delle diverse cantine dell'Etna mostrano i loro vini scelti per questo libro.

關於作者
AUTHOR

黃筱雯
Xiaowen Huang

台大國家發展研究所碩士、政大政治系與哲學系雙主修（英語系與外交系輔修）、義大利美食教育中心執行長、國際酒評家、知名橄欖油專業講師與國際評審、義大利巴洛羅官方組織封為全球百大厲害舌頭 (100 Best International Palates, BBWO)、義大利侍酒師協會官方正式代表 (AIS)、台灣品油專家協會召集人暨理事長、巴薩米克醋鑑賞師、品味誌專欄作家；旅居義大利、經營民宿並代管莊園、土地、葡萄園及橄欖園。

著作《Wine Library》系列叢書，為華人世界中第一套中英義三語的義大利葡萄酒專書，依產區與葡萄酒種類分別成書，逾百位國際專業評審參與，各區域可依英文字母排列查詢上百支義大利葡萄酒詳細資料；另著有『義大利百年家族十大經典食材錄』與『EVOO 處女初榨橄欖油 = 好油 ?』。

Xiaowen Huang (WEN)

- President of International Olive Oil Expert Association in Taiwan
- President of Italian Sommelier Association AISCLUB in Taiwan
- Founder of CLUBalogue Academy
- Journalist/Sensory Analysist of Wine, Olive Oil and Balsamic Vinegar
- Monthly Columnist for Taste Magazine, Taiwan
- Olive Oil Taster, Italian Sommelier, Balsamic Vinegar Taster
- Author of <10 Ingredients of 10 Traditional Italian families>; editor-in-chief of the trilingual Wine Guidebooks: <Barolo Library>, <Brunello Library>, <Etna Wine Library> and the future <Sangiovese Library> and <Italian Sparkling Library>

Xiaowen Huang (WEN: come "quando" in inglese)

- *Presidente della "International Olive Oil Expert Association" in Taiwan*
- *Presidente della AISCLUB (Associazione Italiana Sommelier) in Taiwan*
- *Fondatrice di CLUBalogue Academy*
- *Giornalista e analista sensoriale specializzata nel campo del vino, dell'aceto di Balsamico e dell'olio extra vergine di oliva*
- *Editorialista mensile per Taste Magazine, Taiwan.*
- *Relatrice e assaggiatrice di olio extra vergine di oliva, relatrice e sommelier di vino Italiano, assaggiatrice di aceto di Balsamico*
- *Autrice di <10 ingredienti di 10 famiglie italiane tradizionali>; curatrice di trilingue Guide di Vino Italiano: <Barolo Library>, <Brunello Library>, <Etna Wine Library> e il prossimi <Sangiovese Library> e <Italian Sparkling Library>.*

五十五位國際評審
INTERNATIONAL JUDGES IN ALPHABETICAL ORDER
IL GIUDICI INTERNAZIONALI IN ORDINE ALFABETICO

（按字母排列 / In Alphabetical order / *Ordine alfabetico*)

Ada Calabrese

Alessandro Mancuso

Angela Lin

Angelo Gruttadauria

Antonio Mannino

Antonio Bonanno

Antonio Cicero

Antonio Currò

Benjamin Spencer

Brandon Tokash

Camillo Privitera

Claudio Sparta

P.548
Daniele Forzisi
P.562
Davide Barbero
P.540
Euplio Vitello
P.550
Fabian Schwarz
P.562
Federico Latteri
P.554
Filippo Chiarenza
P.556
Flaviano Pasqual
P.546
Francesco Guercilena
P.564
Francesco Munforte
P.550
Gabriele Gorelli
P.566
Gea Cali
P.538
George Kuo
P.544
Gianluca Leocata
P.560
Giuseppe La Rosa
P.564
Giuseppe Munforte

五十五位國際評審
INTERNATIONAL JUDGES IN ALPHABETICAL ORDER
IL GIUDICI INTERNAZIONALI IN ORDINE ALFABETICO

(按字母排列 / In Alphabetical order / *Ordine alfabetico*)

P.536
Michele Faro
P.550
Michele Machetti
P.532
Morena Benenati
P.556
Paolo Di Caro
P.536
Piergiorgio Alecci
P.552
Pietro di Giovanni
P.548
Raffaello Maugeri
P.544
Roberta Capizzi
P.554
Roberta Corradin
P.558
Salvo Di Bella
P.564
Sandro Dibella
P.532
Saro Grasso
P.562
Turi Siligato
P.542
Vincenzo Amoruso
P.566
Yili Tsai

西西里火山葡萄酒一覽表
Quick Search of Wine
Elenco Sintetico dei Vini

1 p.268

PIETRADOLCE

Archineri 2017
Etna Bianco DOC

A 13.5% vol.
東 East / Est: Contrada Caselle, Milo

7 p.276

TENUTA BASTONACA

Etna Bianco DOC 2017

A 14% vol.
北 North / Nord: Contrada Piano dei Daini, Solicchiata, Castiglione di Sicilia

8 p.208

ALTA MORA (CUSUMANO)

Etna Bianco DOC 2017

A 12.5% vol.
三坡 East and North / Est e Nord: Contrada Praino, Milo; Contrada Verzella and Pietramarina, Castiglione di Sicilia

14 p.218

BIONDI

Pianta 2016
Etna Bianco DOC

A 12.5% vol.
東南 Southeast / Sud-est: Contrada Ronzini, Trecastagni

17 p.230

CANTINE RUSSO

Rampante 2017
Etna Bianco DOC

A 12.5% vol.
北 North / Nord:
Contrada Crasà, Solicchiata, Castiglione di Sicilia

25 p.280

TENUTA DELLE TERRE NERE

Santo Spirito 2017
Etna Bianco DOC

TENUTA
DELLE
TERRE NERE
ETNA BIANCO
Santo Spirito
2017

A 13.5% vol.
北 North / Nord: Contrada Santo Spirito, Passopisciaro, Castiglione di Sicilia

30 p.248

FRANCESCO TORNATORE

Pietrarizzo 2017
Etna Bianco DOC

A 13.5% vol.
北 North / Nord:
Contrada Pietrarizzo, Castiglione di Sicilia

33 p.296

TORRE MORA (TENUTE PICCINI)

Scalunera 2017
Etna Bianco DOC

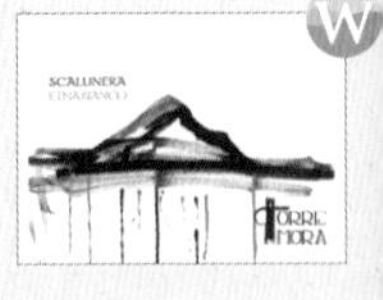

A 13% vol.
東北 Northeast / Nord-est: Contrada Alboretto-Chiuse del Signore, Linguaglossa

N 酒莊編號 / Winery number / Numero di cantina

A 酒精濃度 /Alcohol degree / Tasso alcolico

P 書中頁碼 / Page / Pagine

方位 葡萄坡名與位置 / Location of vineyeards / Ubicazione del vigneto

37 *p.226*

Cantine di Nessuno

Nenti 2017
Etna Bianco DOC

A 13% vol.

東南 Southeast / Sud-est: Contrada Carpene, Trecastagni

41 *p.266*

Palmento Costanzo

Mofete 2017
Etna Bianco DOC

A 13% vol.

北 North / Nord: Contrada Santo Spirito, Passopisciaro, Castiglione di Sicilia

48 *p.290*

Tenute Mannino di Plachi

Palmento '810 2017
IGP Terre Siciliane

A 12.5% vol.

東南 Southeast / Sud-est: Contrada Sciarelle, Viagrande

50 *p.238*

Falcone

Aitho 2017
Etna Bianco DOC

A 13% vol.

西南 Southwest / Sud-ovest:
Contrada Cavaliere, Santa Maria di Licodia

54 *p.254*

Guido Coffa

Etna Bianco DOC 2017

A 13% vol.

東 East / Est: Contrada Pietralunga, Zafferana Etnea

55 *p.288*

Tenuta Tascante (Tasca D'Almerita)

Buonora 2017
Etna Bianco DOC

A 12% vol.

三坡 North and East / Nord e Est:
Contrada Feudo, Randazzo; Contrada Verzella, Castiglione di Sicilia; Punta Lazzo, Milo

59 *p.292*

Terra Costantino

DeAetna 2017
Etna Bianco DOC

A 13.5% vol.

東南 Southeast / Sud-est: Contrada Blandano, Viagrande

60 *p.204*

Aitala Giuseppa Rita

Martinella 2017
Etna Bianco DOC

A 13% vol.

東北 Northeast / Nord-est: Contrada Martinella, Linguaglossa

Part 2 西西里火山白酒一覽表(二) Etna White Wine / Bianco

W 評審會盲飲結果 / Judge choices / La scelta dei giudici

2 p.214

BENANTI
Pietra Marina 2015
Etna Bianco DOC Superiore

A 12.5% vol.
東 East / Est:
Contrada Rinazzo, Milo

3 p.298

VIVERA (W)
Salisire 2014
Etna Bianco DOC

A 13% vol.
東北 Northeast / Nord-est:
Contrada Martinella, Linguaglossa

6 p.232

COTTANERA
Contrada Calderara 2016
Etna Bianco DOC

A 12.5% vol.
北 North / Nord: Contrada Calderara, Randazzo

11 p.212

BARONE DI VILLAGRANDE
Contrada Villagrande 2015
Etna Bianco DOC Superiore

A 13% vol.
東 East / Est: Contrada Villagrande, Milo

12 p.258

I VIGNERI DI SALVO FOTI (W)
Vignadi Milo 2016
Etna Bianco DOC Superiore

A 12% vol.
東 East / Est: Contrada Caselle, Milo

13 p.252

GRACI (W)
Arcurìa 2016
Etna Bianco DOC

A 12.5% vol.
北 North / Nord: Contrada Arcurìa, Passopisciaro, Castiglione di Sicilia

20 p.278

TENUTA BENEDETTA
Bianco di Mariagrazia 2016
Etna Bianco DOC

A 13% vol.
二坡 East and North / Est e Nord: Contrada Caselle, Milo; Contrada Verzella, Castiglione di Sicilia

21 p.274

QUANTICO VINI - RAITI EMANUELA
Etna Bianco DOC 2016

A 13% vol.
東北 Northeast / Nord-est: Contrada Lavina, Linguaglossa

N 酒莊編號 / Winery number / Numero di cantina
A 酒精濃度 /Alcohol degree / Tasso alcolico
p 書中頁碼 / Page / Pagine
方位 葡萄坡名與位置 / Location of vineyeards / Ubicazione del vigneto

29 *p.222*

BONACCORSI

Valcerasa 2016
Etna Bianco DOC

A 13% vol.
北 North / Nord:
Contrada Croce Monaci, Randazzo

43 *p.206*

AL-CANTÀRA

Luci Luci 2017
Etna Bianco DOC

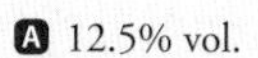

A 12.5% vol.
北 North / Nord:
Contrada Feudo, Randazzo

34 *p.262*

MURGO

Tenuta San Michele 2016
Etna Bianco DOC

A 13% vol.
東 East / Est: San Michele, Santa Venerina, Zafferana

44 *p.240*

FEDERICO GRAZIANI

Mareneve 2017
IGP Terre Siciliane

A 13% vol.
西北 Northwest / Nord-ovest: Contrada Nave, Bronte

36 *p.236*

EUDES

Bianco di Monte 2015
Etna Bianco DOC

A 12.5% vol.
東南 Southeast / Sud-est:
Contrada Monte Gorna, Trecastagni

52 *p.256*

I CUSTODI DELLE VIGNE DELL'ETNA

Ante 2016
Etna Bianco DOC

A 12.5% vol.
東 East / Est: Contrada Puntalazzo, Sant'Alfio

40 *p.228*

CANTINE EDOMÉ

Aitna 2016
Etna Bianco DOC

A 13% vol.
西南 Southwest / Sud-ovest:
Contrada Cavaliere, Santa Maria di Licodia

53 *p.282*

TENUTA DI FESSINA

A'Puddara 2016
Etna Bianco DOC

A 12% vol.
西南 Southwest / Sud-ovest: Contrada Manzuedda, Biancavilla

W 評審會盲飲結果 / Judge choices / La scelta dei giudici

2 p.216

BENANTI

Contrada Cavaliere 2017
Etna Bianco DOC

A 12.5% vol.
西南 Southwest / Sud-ovest: Contrada Cavaliere, Santa Maria di Licodia

9 p.246

FISCHETTI

Muscamento 2017
Etna Bianco DOC

A 13% vol.
東北 Northeast / Nord-est: Contrada Moscamento, Rovittello, Castiglione di Sicilia

11 p.210

BARONE DI VILLAGRANDE

Etna Bianco DOC Superiore 2017

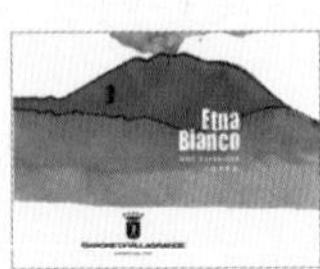

A 13.5% vol.
東 East / Est: Contrada Villagrande, Milo

14 p.220

BIONDI

Outis 2017
Etna Bianco DOC

A 12.5% vol.
東南 Southeast / Est: Contrada Ronzini, Trecastagni

27 p.270

PLANETA

Etna Bianco DOC 2017

A 13% vol.
東 North / Nord: Contrada Taccione, Montelaguardia, Randazzo

32 p.264

NICOSIA

W

Vulkà 2017
Etna Bianco DOC

A 12.5% vol.
四坡 Southeast and East / Sud-est e Est: Contrada Monte Gorna, Ronzini and Monte San Nicolò, Trecastagni; Contrada Cancelliere Spuligni, Zafferana Etnea

35 p.286

TENUTA MONTE GORNA

W

Jancu di Carpene 2017
Etna Bianco DOC

A 13% vol.
二坡 Southeast / Sud-est: Contrada Monte Gorna and Contrada Carpene, Trecastagni

39 p.260

MONTEROSSO

Crater 2017
Etna Bianco DOC

A 12.5% vol.
東南 Southeast / Sud-est: Contrada Monte Rosso, Viagrande

N 酒莊編號 / Winery number / Numero di cantina

P 書中頁碼 / Page / Pagine

A 酒精濃度 /Alcohol degree / Tasso alcolico

方位 葡萄坡名與位置 / Location of vineyards / Ubicazione del vigneto

42 *p.244*

FIRRIATO

Cavanera Ripa di Scorciavacca 2016
Etna Bianco DOC

A 13% vol.

北 North / Nord: Tenuta di Cavanera Etnea, Contrada Verzella, Castiglione di Sicilia

47 *p.250*

GIOVANNI ROSSO

Contrada Montedolce 2017
Etna Bianco DOC

A 13% vol.

北 North / Nord: Contrada Montedolce, Solicchiata, Castiglione di Sicilia

49 *p.234*

DONNAFUGATA

Sul Vulcano 2016
Etna Bianco DOC

A 12.5% vol

五坡 North / Nord: Contrada Montelaguardia, Calderara, Campo Re and Allegracore, Randazzo; Contrada Marchesa, Passopisciaro, Castiglione di Sicilia

51 *p.284*

TENUTA MASSERIA SETTEPORTE

N'Ettaro 2017
Etna Bianco DOC

A 13% vol.

西南 Southwest / Sud-ovest: Contrada Sparadrappo, Biancavilla

56 *p.272*

PLATANIA GIUSEPPE

Bizantino 2017
Etna Bianco DOC

A 12.5-13% vol.

北 North / Nord: Contrada Santa Domenica, Castiglione di Sicilia

57 *p.224*

BUSCEMI

Il Bianco 2017
IGP Terre Siciliane

A 13% vol.

西北 Northwest / Nord-ovest: Contrada Tartaraci, Comune di Bronte

61 *p.294*

THERESA ECCHER

Alizée 2016
Etna Bianco DOC

A 12.5% vol.

北 North / Nord: Contrada Marchesa, Solicchiata, Castiglione di Sicilia

62 *p.242*

FEUDO CAVALIERE

Millemetri 2016
Etna Bianco DOC

A 13.5% vol.

西南 Southwest / Sud-ovest: Contrada Cavaliere, Santa Maria di Licodia

Part 1 西西里火山紅酒一覽表 (一) Etna Red Wine / Rosso

Ⓦ 評審會盲飲結果 / Judge choices / La scelta dei giudici

2 p.312

BENANTI (W)

Rovittello 2014
Etna Rosso DOC

Ⓐ 13.5% vol.
Ⓑ North / Nord: Vidalba, Contrada Dafara Galluzzo, Rovittello, Castiglione di Sicilia

5 p.350

FATTORIE ROMEO DEL CASTELL

Vigo 2014
Etna Rosso DOC

Ⓐ 14.5% vol.
北 North / Nord: Contrada Allegracore, Randazzo

6 p.344

COTTANERA

Contrada Feudo di Mezzo 2014
Etna Rosso DOC

Ⓐ 13.5% vol.
北 North / Nord:
Contrada Feudo di Mezzo, Castiglione di Sicilia

11 p.308

BARONE DI VILLAGRANDE

Contrada Villagrande 2014
Etna Rosso DOC

Ⓐ 13.5% vol.
東 East / Est: Contrada Villagrande, Milo

12 p.392

I VIGNERI DI SALVO FOTI (W)

Vinupetra 2014
Etna Rosso DOC

Ⓐ 13.5% vol.
北 North / Nord: Porcaria, Contrada Feudo di Mezzo, Castiglione di Sicilia

13 p.386

GRACI (W)

Barbabecchi
Quinta 1000 IGP 2014
IGP Terre Siciliane

Ⓐ 13% vol.
北 North / Nord: Contrada Barbabecchi, Solicchiata, Castiglione di Sicilia

14 p.316

BIONDI

Cisterna Fuori 2014
Etna Rosso DOC

Ⓐ 13.5% vol.
東南 Southeast / Sud-est: Contrada Ronzini, Trecastagni

17 p.338

CANTINE RUSSO

Contrada Crasà 2014
Etna Rosso DOC

Ⓐ 13.5% vol.
北 North / Nord:
Contrada Crasà, Solicchiata, Castiglione di Sicilia

N 酒莊編號 / Winery number / Numero di cantina
P 書中頁碼 / Page / Pagine
A 酒精濃度 /Alcohol degree / Tasso alcolico
方位 葡萄坡名與位置 / Location of vineyeards / Ubicazione del vigneto

18 *p.426*

Sciara

980 metri Carrana 2014
Etna Rosso DOC

A 14% vol.
北 North / Nord: Contrada Carrana, Randazzo

22 *p.372*

Giovi SRL

Akraton 2014
Etna Rosso DOC

A 14% vol.
二坡 North / Nord: Contrada Allegracore, Randazzo; Porcaria, Contrada Feudo di Mezzo, Passopisciaro, Castiglione di Sicilia

29 *p.320*

Bonaccorsi

Valcerasa 2014
Etna Rosso DOC

A 14.5% vol.
北 North / Nord : Contrada Croce Monaci, Randazzo

35 *p.444*

Tenuta Monte Gorna

Etna Rosso DOC 2014

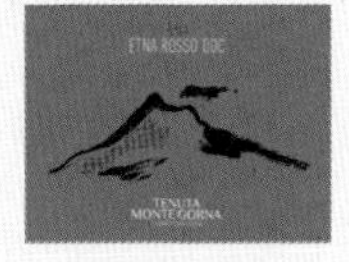

A 13% vol.
二坡 Southeast / Sud-est: Contrada Monte Gorna and Contreda Carpene, Trecastagni

40 *p.336*

Cantine Edomé

Aitna 2014
Etna Rosso DOC

A 14.5% vol.
北 North / Nord: Contrada Feudo di Mezzo, Passopisciaro, Castiglione di Sicilia

44 *p.352*

Federico Graziani

Profumo di Vulcano 2014
Etna Rosso DOC

A 13% vol.
北 North / Nord: Contrada Feudo di Mezzo, Passopisciro, Castiglione di Sicilia

45 *p.448*

Tenute Bosco

Vico Prephylloxera 2014
Etna Rosso DOC

A 14.5% vol.
北 North / Nord: Contrada Santo Spirito, Passopisciaro, Castiglione di Sicilia

59 *p.454*

Terra Costantino

Contrada Blandano 2014
Etna Rosso DOC

A 13.5% vol.
東南 Southeast / Sud-est: Contrada Blandano, Viagrande

W 評審會盲飲結果 / Judge choices / La scelta dei giudici

1 p.414

PIETRADOLCE

Barbagalli 2015
Etna Rosso DOC

A 14.5% vol.
北 North / Nord: Barbagalli, Contrada Rampante, Castiglione di Sicilia

3 p.458

VIVERA

Martinella 2013
Etna Rosso DOC

A 13.5% vol.
東北 Northeast / Nord-est: Contrada Martinella, Linguaglossa

6 p.346

COTTANERA

Contrada Zottorinoto 2013
Etna Rosso DOC Riserva

A 14% vol.
北 North / Nord:
Contrada Zottoninoto, Castiglione di Sicilia

9 p.354

FISCHETTI

Muscamento 2013
Etna Rosso DOC

A 13% vol.
東北 Northeast / Nord-est: Contrada Moscamento, Rovittello, Castiglione di Sicilia

14 p.318

BIONDI

San Nicolo' 2014
Etna Rosso DOC

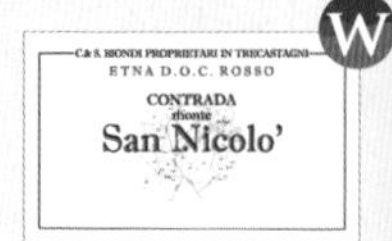

A 14% vol.
東南 Southeast / Sud-est: Contrada Monte San Nicolò, Trecastagni

17 p.340

CANTINE RUSSO

Rampante 2012
Etna Rosso DOC

A 12.5% vol.
北 North / Nord: Contrada Crasà, Solicchiata, Castiglione di Sicilia

19 p.326

CALABRETTA

Nerello Cappuccio 2015
IGP Terre Siciliane

A 12% vol.
北 North / Nord: Contrada Taccione, Randazzo

22 p.374

GIOVI SRL

Pirao' 2011
Etna Rosso DOC

A 14% vol.
北 North / Nord: Contrada Pirao, Randazzo

N 酒莊編號 / Winery number / Numero di cantina
P 書中頁碼 / Page / Pagine
A 酒精濃度 /Alcohol degree / Tasso alcolico
方位 葡萄坡名與位置 / Location of vineyeards / Ubicazione del vigneto

28 *p.440*

Tenuta di Aglaea

Contrada Santo Spirito 2015
Etna Rosso DOC

A 13.5% vol.
北 North / Nord: Contrada Santo Spirito, Passopisciaro, Castiglione di Sicilia

41 *p.402*

Palmento Costanzo

Nero di Sei 2015
Etna Rosso DOC

A 14% vol.
北 North / Nord: Contrada Santo Spirito, Passopisciaro, Castiglione di Sicilia

31 *p.388*

Gulfi

Reseca 2014
Etna Rosso DOC

A 13.5% vol.
北 North / Nord: Vigna Poggio, Contrada Montelaguardia, Randazzo

46 *p.422*

Santa Maria La Nave di Sonia Spadaro

Calmarossa 2015
Etna Rosso DOC

A 13.5% vol.
東南 Southeast / Sud-est: Contrada Monte Ilice, Trecastagni

32 *p.398*

Nicosia

Monte Gorna 2012
Etna Rosso DOC Riserva

A 13.5% vol.
東南 Southeast / Sud-est: Contrada Monte Gorna, Trecastagni

47 *p.370*

Giovanni Rosso

Contrada Montedolce 2016
Etna Rosso DOC

A 13% vol.
北 North / Nord: Contrada Montedolce, Solicchiata, Castiglione di Sicilia

40 *p.334*

Cantine Edomé

Vigna Nica Aitna 2015
Etna Rosso DOC

A 13.5% vol.
北 North / Nord: Contrada Feudo di Mezzo, Passopisciaro, Castiglione di Sicilia

48 *p.450*

Tenute Mannino di Plachi

Etna Rosso DOC 2012

A 13.5% vol.
北 North / Nord: Contrada Pietramarina, Castglione di Sicilia

1 *p.416*

PIETRADOLCE
Contrada Rampante 2016
Etna Rosso DOC

A 14.5% vol.
北 North / Nord:
Contrada Rampante, Castiglione di Sicilia

5 *p.348*

FATTORIE ROMEO DEL CASTELLO
Allegracore 2016
Etna Rosso DOC

A 14% vol.
北 North / Nord: Contrada Allegracore, Randazzo

10 *p.406*

PASSOPISCIARO (VINI FRANCHETTI SRL)
Contrada Chiappemacine 2016
IGP Terre Siciliane

A 14.5% vol.
北 North / Nord:
Contrada Chiappemacine, Castiglione di Sicilia

10 *p.412*

PASSOPISCIARO (VINI FRANCHETTI SRL)
Contrada Rampante 2016
IGP Terre Siciliane

W

A 13.5% vol.
北 North / Nord:
Contrada Rampante, Castiglione di Sicilia

10 *p.408*

PASSOPISCIARO (VINI FRANCHETTI SRL)
Contrada Porcaria 2016
IGP Terre Siciliane

A 14.5% vol.
北 North / Nord: Porcaria, Contrada Feudo di Mezzo, Castiglione di Sicilia

13 *p.384*

GRACI
Feudo di Mezzo 2016
Etna Rosso DOC

W

A 14.5% vol.
北 North / Nord: Contrada Feudo di Mezzo, Passopisciaro, Castiglione di Sicilia

15 *p.364*

FRANK CORNELISSEN
MunJebel Rosso PA 2016
IGP Terre Siciliane

W

A 15% vol.
北 North / Nord: Porcaria, Contrada Feudo di Mezzo, Castiglione di Sicilia

15 *p.366*

FRANK CORNELISSEN
MunJebel Rosso VA 2016
IGP Terre Siciliane

A 14% vol.
三坡 North / Nord: Contrade Barbabecchi and Chiusa Spagnolo in Contrada Rampante, Castiglione di Sicilia; Contrade Tartaraci, Bronte

N 酒莊編號 / Winery number / Numero di cantina
A 酒精濃度 /Alcohol degree / Tasso alcolico
P 書中頁碼 / Page / Pagine
方位 葡萄坡名與位置 / Location of vineyeards / Ubicazione del vigneto

16 *p.378*

Girolamo Russo

San Lorenzo 2016
Etna Rosso DOC

A 14.5% vol.
北 North / Nord: Contrada San Lorenzo, Randazzo

16 *p.380*

Girolamo Russo

Feudo di Mezzo 2016
Etna Rosso DOC

A 14.5% vol.
北 North / Nord: Contrada Feudo di Mezzo, near Passopisciaro, Castiglione di Sicilia

23 *p.304*

Azienda Agricola SRC

Alberello 2016
** classified as Vino da Tavola*

A 13.5% vol.
北 North / Nord: Contrada Crasà, Castiglione di Sicilia

25 *p.438*

Tenuta delle Terre Nere

San Lorenzo 2016
Etna Rosso DOC

A 14.5% vol.
北 North / Nord: Contrada San Lorenzo, Randazzo

25 *p.434*

Tenuta delle Terre Nere

Feudo di Mezzo - Il Quadro delle Rose 2016
Etna Rosso DOC

A 14.5% vol.
北 North / Nord: Contrada Feudo di Mezzo, Passopisciaro, Castiglione di Sicilia

30 *p.358*

Francesco Tornatore

Trimarchisa 2016
Etna Rosso DOC

A 14% vol.
北 North / Nord:
Contrada Trimarchisa, Castiglione di Sicilia

41 *p.404*

Palmento Costanzo

Contrada Santo Spirito 2015
Etna Rosso DOC

2015
ETNA DOC ROSSO
Contrada Santo Spirito
COSTANZO

A 14% vol.
北 North / Nord: Contrada Santo Spirito, Passopisciaro, Castiglione di Sicilia

58 *p.330*

Calcagno

Feudo di Mezzo 2016
Etna Rosso DOC

A 14% vol.
北 North / Nord: Contrada Feudo di Mezzo, Passopisciaro, Castiglione di Sicilia

W 評審會盲飲結果 / Judge choices / La scelta dei giudici

1 *p.418*

PIETRADOLCE

Archineri 2016
Etna Rosso DOC

A 14% vol.
北 North / Nord:
Contrada Rampante, Castiglione di Sicilia

2 *p.314*

BENANTI

W

Nerello Cappuccio 2016
IGP Terre Siciliane

A 13.5% vol.
西南 Southwest / Sud-ovest:
Contrada Cavaliere, Santa Maria di Licodia

6 *p.342*

COTTANERA

Contrada Diciassettesalme 2017
Etna Rosso DOC

A 14% vol.
北 North / Nord:
Contrada Diciassettesalme, Castiglione di Sicilia

12 *p.394*

I VIGNERI DI SALVO FOTI

I Vigneri 2016
** classified as Vino da Tavola*

A 13% vol.
北 North: Porcaria, Contrada Feudo di Mezzo,
Castiglione di Sicilia

18 *p.424*

SCIARA

W

750 metri 2016
IGP Terre Siciliane

A 14% vol.
二坡 North / Nord: Contrada Sciaranuova and
Contrada Taccoine, Randazzo

19 *p.324*

CALABRETTA

W

Nonna Concetta 2016
IGP Terre Siciliane

A 14% vol.
北 North / Nord: Contrada Feudo di Mezzo,
Passopisciaro, Castiglione di Sicilia

21 *p.420*

QUANTICO VINI - RAITI EMANUELA

Etna Rosso DOC 2016

A 13.5% vol.
東北 Northeast / Nord-est: Contrada Lavina,
Linguaglossa

30 *p.356*

FRANCESCO TORNATORE

W

Pietrarizzo 2016
Etna Rosso DOC

A 14% vol.
北 North / Nord:
Contrada Pietrarizzo, Castiglione di Sicilia

N 酒莊編號 / Winery number / Numero di cantina
A 酒精濃度 /Alcohol degree / Tasso alcolico
P 書中頁碼 / Page / Pagine
方位 葡萄坡名與位置 / Location of vineyeards / Ubicazione del vigneto

32 p.396

Nicosia

Fondo Filara,
Contrada Monte Gorna 2016
Etna Rosso DOC

A 13% vol.
東南 Southeast / Sud-est: Contrada Monte Gorna, Trecastagni

43 p.302

Al-Cantàra

La Fata Galanti 2015
IGP Terre Siciliane

A 13% vol.
北 North / Nord: Contrada Feudo, Randazzo

33 p.456

Torre Mora (Tenute Piccini)

Scalunera 2015
Etna Rosso DOC

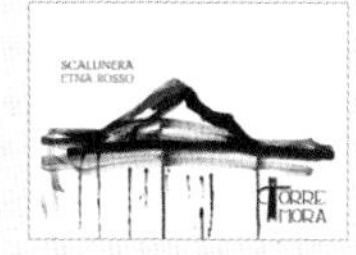

A 13.5% vol.
北 North / Nord: Contrada Dafara Galluzzo, Rovittello, Castiglione di Sicilia

45 p.446

Tenute Bosco

Piano dei Daini 2016
Etna Rosso DOC

A 14% vol.
北 North / Nord: Contrada Piano dei Daini, Solicchiata, Castiglione di Sicilia

37 p.332

Cantine di Nessuno

Nuddu 2016
Etna Rosso DOC

A 13.5% vol.
東南 Southeast / Sud-est: Contrada Carpene, Trecastagni

51 p.442

Tenuta Masseria Setteporte

Nerello Mascalese 2016
Etna Rosso DOC

A 14.5% vol.
西南 Southwest / Sud-ovest: Contrada Sparadrappo, Biancavilla

41 p.400

Palmento Costanzo

Mofete 2016
Etna Rosso DOC

A 13% vol.
北 North / Nord: Contrada Santo Spirito, Passopisciaro, Castiglione di Sicilia

59 p.452

Terra Costantino

DeAetna 2016
Etna Rosso DOC

A 13.5% vol.
東南 Southeast / Sud-est: Contrada Blandano, Viagrande

W 評審會盲飲結果 / Judge choices / La scelta dei giudici

2 p.310

BENANTI

Contrada Monte Serra 2016
Etna Rosso DOC

A 13.5% vol.
東南 Southeast / Sud-est: Contrada Monte Serra, Viagrande

10 p.410

PASSOPISCIARO (VINI FRANCHETTI SRL)

Contrada Guardiola 2016
IGP Terre Siciliane

A 14.5% vol.
北 North / Nord: Contrada Guardiola, Castiglione di Sicilia, vines on either side of DOC demarcation line

13 p.382

GRACI

Arcurìa 2016
Etna Rosso DOC

A 14.5% vol.
北 North / Nord: Contrada Arcurìa, Passopisciaro, Castiglione di Sicilia

15 p.362

FRANK CORNELISSEN

W

Munjebel Rosso CR 2016
IGP Terre Siciliane

A 15% vol.
北 North / Nord: Contrada Campo Re, Randazzo

15 p.360

FRANK CORNELISSEN

Magma 2016
IGP Terre Siciliane

A 15% vol.
北 North / Nord: Contrada Barbabecchi, Solicchiata, Castiglione di Sicilia

16 p.376

GIROLAMO RUSSO

W

Feudo 2016
Etna Rosso DOC

A 14.5% vol.
北 North / Nord: Contrada Feudo, Randazzo

23 p.306

AZIENDA AGRICOLA SRC

Rivaggi 2016
** classified as Vino da Tavola*

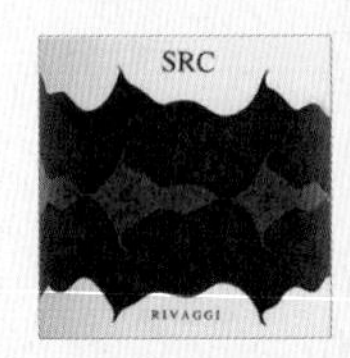

A 13.5% vol.
北 North / Nord: Contrada Rivaggi, Randazzo

24 p.368

GIODO

W

Alberelli di Giodo 2016
Sicilia DOC

A 14% vol.
北 North / Nord:
Contrada Rampante, Castiglione di Sicilia

N 酒莊編號 / Winery number / Numero di cantina
P 書中頁碼 / Page / Pagine
A 酒精濃度 /Alcohol degree / Tasso alcolico
方位 葡萄坡名與位置 / Location of vineyeards / Ubicazione del vigneto

25 *p.432*

Tenuta delle Terre Nere

Guardiola 2016
Etna Rosso DOC

A 14% vol.
北 North / Nord: Contrada Guardiola, Passopisciaro, Castiglione di Sicilia

25 *p.430*

Tenuta delle Terre Nere

Calderara Sottana 2016
Etna Rosso DOC

A 14% vol.
北 North / Nord: Contrada Calderara, Randazzo

25 *p.428*

Tenuta delle Terre Nere

Prephylloxera -
La Vigna di Don Peppino 2016
Etna Rosso DOC

A 14% vol.
北 North / Nord: Contrada Calderara, Randazzo

25 *p.436*

Tenuta delle Terre Nere

Santo Spirito 2016
Etna Rosso DOC

A 14% vol.
北 North / Nord: Contrada Santo Spirito, Passopisciaro, Castiglione di Sicilia

52 *p.390*

I Custodi delle vigne dell'Etna

Pistus 2016
Etna Rosso DOC

A 13% vol.
北 North / Nord: Contrada Moganazzi, Castiglione di Sicilia

57 *p.322*

Buscemi

Tartaraci 2016
IGP Terre Siciliane

A 14% vol.
西北 Northwest / Nord-ovest: Contrada Tartaraci, Bronte

58 *p.328*

Calcagno

Arcuria 2016
Etna Rosso DOC

A 14% vol.
北 North / Nord: Contrada Arcuria, Passopisciaro, Castiglione di Sicilia

60 *p.300*

Aitala Giuseppa Rita

Martinella 2016
Etna Rosso DOC

A 13.5% vol.
東北 Northeast / Nord-est: Contrada Martinella, Linguaglossa

西西里火山粉紅酒一覽表
Etna Rosé Wine / Rosato

W 評審會盲飲結果 / Judge choices / La scelta dei giudici

1 p.480

PIETRADOLCE
Etna Rosato DOC 2017

A 14% vol.
北 North / Nord:
Contrada Rampante, Castiglione di Sicilia

3 p.490

VIVERA
Rosato di Martinella 2017
Etna Rosato DOC

A 13% vol.
東北 Northeast / Nord-est:
Contrada Martinella, Linguaglossa

5 p.468

FATTORIE ROMEO DEL CASTELLO
Vigorosa 2017
Etna Rosato DOC

A 14% vol.
北 North / Nord: Contrada Allegracore, Randazzo

6 p.466

COTTANERA
Etna Rosato DOC 2017

A 13% vol.
二坡 North / Nord: Contrada Diciassettesalme and Contrada Cottanera, Castiglione di Sicilia

11 p.460

BARONE DI VILLAGRANDE
Etna Rosato DOC 2017

A 13.5% vol.
東 East / Est: Contrada Villagrande, Milo

12 p.476

I VIGNERI DI SALVO FOTI
Vinudilice 2017
** classified as Vino da Tavola*

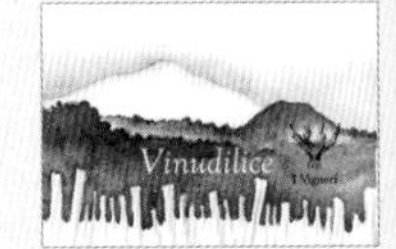

A 12% vol.
西北 Northwest / Nord-ovest: Contrada Nave, Bronte

13 p.472

GRACI
Etna Rosato DOC 2017

A 13.5% vol.
北 North / Nord:
Contrada Arcurìa, Passopisciaro, Castiglione di Sicilia

16 p.470

GIROLAMO RUSSO
Etna Rosato DOC 2017

A 12.5% vol.
二坡 North / Nord: Contrada San Lorenzo and Contrada Feudo, Randazzo

N 酒莊編號 / Winery number / Numero di cantina
P 書中頁碼 / Page / Pagine
A 酒精濃度 /Alcohol degree / Tasso alcolico
方位 葡萄坡名與位置 / Location of vineyeards / Ubicazione del vigneto

17 p.464

Cantine Russo

Rampante 2017
Etna Rosato DOC

A 12.5% vol.
北 North / Nord: Contrada Crasà, Solicchiata, Castiglione di Sicilia

25 p.482

Tenuta delle Terre Nere

Etna Rosato DOC 2017

A 13% vol.
北 North / Nord: the young vines in all the vineyards of the estate

33 p.488

Torre Mora (Tenute Piccini)

Scalunera 2017
Etna Rosato DOC

A 13% vol.
北 North / Nord: Contrada Dafara Galluzzo, Rovittello, Castiglione di Sicilia

37 p.462

Cantine di Nessuno

Nerosa 2017
Etna Rosato DOC

A 12.5% vol.
東南 Southeast / Sud-est: Contrada Carpene, Trecastagni

41 p.478

Palmento Costanzo

Mofete 2017
Etna Rosato DOC

A 13% vol.
北 North / Nord: Contrada Santo Spirito, Passopisciaro, Castiglione di Sicilia

45 p.484

Tenute Bosco

Piano dei Daini 2017
Etna Rosato DOC

A 14.5% vol.
北 North / Nord: Contrada Santo Spirito, Passopisciaro, Castiglione di Sicilia

52 p.474

I Custodi delle Vigne dell'Etna

Alnus 2017
Etna Rosato DOC

A 13% vol.
北 North / Nord: Contrada Moganazzi, Castiglione di Sicilia

59 p.486

Terra Costantino

DeAetna 2017
Etna Rosato DOC

A 13.5% vol.
東南 Southeast / Sud-est: Contrada Blandano, Viagrande

CHAPTER 1

我稱這樣的酒為「易喝酒」

SICILY, NOT ONLY NERO D'AVOLA ...

SICILIA, NON SOLO NERO D'AVOLA ...

「西西里火山葡萄酒產區 Etna」(埃特納火山、本書譯為「西西里火山」)為近年來全球最新竄起的葡萄酒區域，如果你這幾年喝勃根地、巴洛羅紅酒或世界自然酒、卻還沒聽過或喝過西西里火山葡萄酒，那你可要趕快跟上國際潮流。雖然西西里火山葡萄酒區域可能太過新潮且沒有官方葡萄坡地圖，但只要你知道這個產區為什麼每個月不斷地有新酒莊出現，或是你無意間品嘗到，或許你會像我一樣愛上「她」。一般常見的西西里葡萄酒多為果香濃郁、容易入門但難免缺乏清新口感與優雅氣息，我稱這樣的酒為「易喝酒」，因為不需等待陳年卻擁有令人容易接受的口感，明顯的濃郁果香使其入口就有一種「阿 ~ 西西里」的心有靈犀，更因西西里位於義大利西南部的炎熱氣候，使得普遍西西里葡萄酒的口感如同灑著陽光、普晴天下的甜美葡萄汁。但，這不是西西里火山葡萄酒。

Etna wine is a promising and new rising star in the wine world. If you have not heard or tasted it yet, I encourage you to do just that before you prove to be out of fashion. I am not saying that one must only drink fashionable wines, but if you have followed Burgundy, taken interest in Barolo, and become inspired by natural wine, then why not consider Etna wine? It is true that the area is very new, changing quickly, and a wine map has yet to have drawn. However, if you happen to taste a few bottles, perhaps you will fall in love with this exciting wine frontier just as I did. One of the most well-known Sicilian and widely distributed wines is Nero d'Avola, which is characterized by its rich, fruity flavor and easy to drink. It does not require bottle aging nor time for breathing in the glass upon pouring. I appreciate Nero d'Avola for its bounty, and I am reminded of sunshine, and fully ripened grapes as the voice in my head says, "Ah, this is Sicily!" Nero d'Avola is excellent, but Etna's grape varieties are nothing less!

Il vino dell'Etna è sicuramente una delle nuove stelle nascenti più promettenti nel mondo del vino e se non l'hai mai sentito o assaggiato prima, potresti anche prendere in considerazione l'ipotesi che forse sei fuori moda. Non sto dicendo che la moda sia la cosa più importante, ma se hai seguito il vino di Borgogna, il Barolo o anche il vino naturale, perché non il vino dell'Etna? È vero, l'area è troppo nuova e verace, e non esiste ancora una mappa dei vini. Tuttavia, se conosci il fatto che nascono sempre nuove cantine sull'Etna e se ti capitasse di assaggiare qualche bottiglia della zona, forse ti innamoreresti proprio come ho fatto io. Uno dei vini siciliani più conosciuti e selvaggiamente distribuiti è il Nero d'Avola, che di solito ha un gusto ricco e fruttato, facile da bere e non necessita invecchiamento né attesa nel bicchiere una volta aperta la bottiglia. Mi piace molto anche questo vino così ricco e fruttato che esprime al meglio il sole e la generosità dei grappoli d'uva e che mi suscita una vocina in testa che mi dice: "ah, questa è la Sicilia." Il Nero d'Avola è eccezionale, ma anche l'Etna non ha nulla di meno.

明顯濃郁果香是大部分西西里葡萄酒特性；然、一個很大的「可是」，無論白葡萄或紅葡萄、西西里火山的原生品種卻完全不同。譬如紅葡萄品種 Nerello Mascalese 葡萄與 Nerello Cappuccio 葡萄，我第一次喝到西西里火山紅葡萄酒時覺得困惑，鼻聞時香料的芬芳與草本植物如同進入了神祕的香草花園，入口的優雅新鮮與酸度暗示著其陳年實力，尾韻帶著些令人欲罷不能的新鮮葡萄香氣點綴，其單寧、澀度與圓潤度再再顯示其潛力。西西里火山紅葡萄酒擁有著如北義酒王御用品種Nebbiolo 葡萄或托斯卡尼酒后 Sangiovese 葡萄般的優雅與值得陳年的實力，國際亦將 Nerello Mascalese 葡萄品種與黑皮諾 Pinot Noir 相比，認為西西里火山葡萄酒將會是下一個法國勃根地，除了因為其葡萄本質的高相似度，更因為西西里火山的微氣候風土，相鄰的葡萄坡、種植相同的葡萄品種，口感與表現迥異且似具潛規則的葡萄酒現象。如同我數年前愛上了北義皮爾蒙特省的義大利酒王巴洛羅紅酒，我像是遇到失散的舊情人般，困惑並驚訝於西西里火山葡萄酒帶給我的強烈吸引力、一發不可自拔。這股熱愛，驅使我一年來回飛行到訪火山七次、品嘗超過兩百種不同的火山酒、在火山上九處重要景點、邀約五十五位專業國際評審共同盲飲。在我準備此書的同時，我和我的團隊亦製作了「西西里火山法定單一葡萄園地圖」與「西西里火山各酒莊單一葡萄坡地圖」，感謝多位西西里縣市村鎮首長協助召集地政士與學者，也感謝西西里 60 多位酒莊莊主的協助確認，此為第一版地圖，且待日後更加精進。

Many Sicilian wines share the rich, overwhelming fruity flavor characteristics of wines made from Nero d'Avola grapes. Wines produced from grapes cultivated on Mount Etna are different stories. Nerello Mascalese and Nerello Cappuccio grapes used in Etna Rosso offer bouquets of spices, red berries and elegant herbs to the nose, while in the mouth, freshness and acidity show potential and the tannins define their personality. The finish may be fruity and round, well-balanced and clean with persisting floral aroma lingering at the back of the palate. Studies reveal a close genetic relationship between the indigenous Nerello grapes of Etna, Nebbiolo of Piemont, Sangiovese of Tuscany, and Pinot Noir of Burgundy. And Etna's microclimate and original terroirs are just as unique and interesting as those of Barolo and Burgundy. It has been said Etna today is much like "Barolo of 30 years ago," and others refer to Etna as "the next Burgundy." To me, Etna is like a teenager full of growth, exploration, emotion, and opportunity. However, I am certain of one thing. The first time when I tasted Etna wine, I was quite impressed, confused, and surprised as if I had met the love of my past life. No, I will not tell you the name! Metaphorically speaking, I consider the love of my present life to be Barolo, and I had a similar experience the first time I tasted Etna wine. There was nothing left for me to do except to start to pre-select and collect the Etna wines, invite 55 professionals, and organize blind-taste panels in representative locations around Etna. I became enchanted by Etna and had made 7 trips in the past 12 months. Etna wine has encouraged me, or better, infected my brain, to map out the Contrada of Etna wine area, and not only.

Il gusto ricco, fruttato e dirompente è una delle caratteristiche principali non solo del Nero d'Avola ma anche di molti altri vini siciliani. Ma, il vino dell'Etna è una storia a parte. L'Etna rosso da uve Nerello Mascalese e Nerello Cappuccio, ad esempio, al naso esprime solitamente un bouquet di spezie, bacche rosse e talvolta eleganti note erbacee, mentre in bocca si caratterizza con freschezza e acidità e con tannini che ne definiscono la personalità. Il finale può essere fruttato e rotondo, ma in genere equilibrato, pulito, talvolta con note floreali nella cavità retronasale. Qualcuno afferma che le uve autoctone di Nerello dell'Etna siano simili alle uve di Nebbiolo di Piemonte, Sangiovese di Toscana o Pinot Nero di Borgogna; molti considerano il microclima dell'Etna e il suo terroir così variegato tanto interessanti quanto la regione di Barolo o la Borgogna; altri paragonano l'attuale Etna al "Barolo di 30 anni fa," mentre altri ancora lo definiscono "il prossimo Borgogna." Io penso che l'Etna stia vivendo la sua adolescenza: una fase di crescita, esplorazione, esplosione, non ancora ben definita. Comunque, di una cosa sono certa: la prima volta che ho assaggiato un vino dell'Etna (non sarebbe educato menzionare l'etichetta), sono rimasta così colpita, confusa e sorpresa come se avessi incontrato l'amore della mia "ultima" vita, ed uso una metafora, considerando che l'amore di "questa" mia vita è il Barolo. E proprio come ho fatto con il Barolo, ho iniziato a raccogliere e selezionare tutte le etichette, ho invitato 55 professionisti e organizzato sessioni di degustazione alla cieca in località rappresentative dell'Etna. Questa emozione che il vino dell'Etna ha suscitato nel mio cuore non ha solo scaturito le mie 7 visite in 12 mesi, ma ha anche stimolato, o meglio, insinuato un tarlo nella mia testa che mi ha portato a creare la mappa delle Contrade del vino dell'Etna.

原來是生長在火山岩、被遺棄的百年葡萄老欉

THE PREPHYLLOXERA VINES GROWING ON LAVA STONES OF ETNA.
LE VITI PREFILLOSSERA CHE CRESCONO SULLE PIETRE LAVICHE DELL'ETNA.

西西里火山於十八、十九世紀前後的主要產業之一為葡萄酒，以往大輪船靠里波斯托港(Riposto Port)後、將西西里火山所產的桶裝葡萄酒運至現今法國、美國、希臘、義大利本島等地銷售，這樣的經濟體態直到法國葡萄根瘤蚜病蟲害的影響而改變。當時西西里有錢有權的家族得到法國相關消息，率先砍掉許多葡萄園並改種柑橘或檸檬樹，許多農夫則是選擇離開火山、拋棄葡萄園而另求他處發展，西西里火山葡萄產業也因此停擺。令人驚訝地、火山上的葡萄欉在近百年的棄養後，依舊盎然，這些百年人蔘不僅活得好好的，其根部甚至可能攀附著或穿越過火山岩。現代的我們仍可聽到某酒莊驕傲地說著他如何在海拔八百至一千公尺處、在一堆雜草下找到了一些百年葡萄欉。這些一棵棵的百年葡萄欉、站在那裏就像是地面上的百年人蔘，尤其是到了八月底，看起來不起眼的分支上長出一串串沉甸甸的美麗葡萄，這樣的景觀十分令人驚艷、更令人同時讚嘆大自然的偉大和人類的渺小。

During the 17th to mid-19th century of Etna history, wine has been one of the most important economic activities. The wine in bulk has been the primary export product from Sicily to France, America, Greece, and Italy until the news of phylloxera from France breaks the peace. Some powerful and wealthy families cut down the vines and plant orange or pear trees while many farmers gradually choose to abandon the vines, leave Etna, and look for other possibilities. There was a time when these pre-phylloxera vines of Etna weren't so precious. Surprisingly, after almost a hundred years, they are alive and well-lived in the wilderness, and their roots go meters deep throughout the black lava stones. They look like Ginseng above the ground, one by one, burst out dense bunches of grapes on the branch that seemly fragile yet durable and stronger than ever. This phenomenon of August in Etna is a pleasant and fantastic scenery that makes me wonder the greatness of Mother Nature and how insignificant we human beings are.

Nel corso della storia dell'Etna, tra il XVII e la metà del XIX secolo, la viticoltura è stata una delle attività economiche più importanti. Il vino sfuso è stato il principale prodotto di esportazione dalla Sicilia in Francia, America, Grecia e Italia fino a quando la notizia della fillossera dalla Francia non ha interrotto la tranquillità. Alcune famiglie ricche e potenti abbatterono le viti e gli aranceti o i peri, mentre molti contadini scelsero gradualmente di abbandonare le viti, lasciando l'Etna per cercare fortuna altrove. C'è stato un tempo in cui queste viti prefillossera sull'Etna non erano così preziose come oggi. Sorprendentemente, dopo quasi cento anni, sono ancora vive e ben conservate sotto i tralci selvaggi degli alberelli, con radici che scendono bene in profondità attraverso le pietre di lava nera. Sembrano radici di Ginseng fuori dal terreno, una ad una, piene zeppe di grappoli rigogliosi sui rami che sembrano fragili ma sono invece resistenti e più forti che mai. Il mese di Agosto sull'Etna è uno spettacolo davvero piacevole e sorprendente che mi fa meravigliare della grandezza di Madre Natura e di quanto siamo insignificanti noi esseri umani.

不可不知的西西里火山酒專有名詞

PREPHYLLOXERA, PIEDE FRANCO, ALBERELLO, CONTRADA, PALMENTO, TERRAZZAMENTI, TORRETTA&MURETTI A SECCO.

N1 (I) Prefillossera (E) *Prephylloxera* (中) 葡萄根瘤蚜病前的西西里火山百年葡萄老欉

「Pre-phylloxera」是由兩個字組成，Pre 是之前、phylloxera 是葡萄根瘤蚜，字面的意思直譯為「葡萄根瘤蚜病前」，或翻為「原生未嫁接葡萄藤」，在本書翻為「西西里火山百年葡萄老欉」。葡萄根瘤蚜病源於北美，經商旅傳播至歐洲，根瘤蚜是一種寄生於葡萄欉根葉、淺黃色的微型害蟲，1863 年在法國發現至該世紀末期影響近法國 70% 葡萄園、估計造成 5,000 億法郎的損失。1869 年法國生物學家利用接枝的方法種植葡萄，令蟲災得以控制，也令今日的葡萄欉多為美國欉木接枝。「西西里火山百年葡萄老欉」皆為未受接枝的「原生未嫁接葡萄藤」，為「葡萄根瘤蚜病前」的百年原生葡萄欉。

"Phylloxera" is a pest of grapevines originated from North America that spreads to Europe through commercial trade activities. It was found in France in 1863, and the damages are estimated almost 70% of French vines in 19th century. Later it is controlled by grafting of American rootstocks. Vines that survived phylloxera is called "Prephylloxera" and in Etna, many of them are around hundred-year-old, few even more than 150 years.

La "Fillossera" è un parassita delle viti originario del Nord America che si diffuse in Europa attraverso gli scambi commerciali. Comparve per primo in Francia nel 1863 e i danni furono stimati in quasi il 70% delle viti francesi nel 19° secolo. Successivamente fu possibile controllarlo tramite l'utilizzo di portinnesti americani. Le viti sopravvissute alla fillossera si chiamano "Prefillossera" e sull'Etna molte di esse hanno circa cento anni, alcune anche più di 150 anni.

N2 (I) (E) Piede Franco (中) 原欉繁衍新株

Piede Franco 是義大利文、Franc de Pied 是法文，本書譯為「原欉繁衍新株」，即是以部份西西里火山百年葡萄老欉作為母株用來繁衍新葡萄欉，其方法是將老欉的部份分枝置於土中生根發芽，待新株成長至可獨立成欉時再切除母株與子株的連結，形成新的葡萄欉。此為特殊且費時費力的繁衍法，在西西里火山亦稱為「母生子」，就像是母親和孩子一同生活，在有限的土地空間，原株葡萄欉不排斥新株而願意釋放土地的養分和空間予新株、讓年輕的根部得以生長；一般非此作法則是向專業種植新苗的供應商購買新苗「插枝種植」而不使用原欉繁衍 (如下圖)。

"Franc de Pied" in French or "Piede Franco" in Italian is the method used when one vine dies, a part of the nearby Prephylloxera is taken into the ground to "create" a baby vine from the old vine. Some Etna producers believe that in Piede Franco method, the mother vine sees the baby vine as one of her own. Thus the roots of the baby vine can grow peacefully nearby without fighting for survival. Until the new vine is ready, farmers cut the link in between, and it becomes the new vine itself. This method takes much more time and energy whereas the more common practice is to purchase and plant the new vine, called "barbatelle" in Italian as the left photo below.

"Franc de Pied" in francese o "Piede Franco" in italiano, è il metodo usato quando una vite muore, un tralcio della vite prefillossera vicina viene sotterrato per "creare" un nuovo germoglio dalla vite madre. Alcuni produttori dell'Etna credono che con il metodo Piede Franco, la vite madre consideri la nuova pianta come una parte di se stessa, per questo le radici della piccola vite possono crescere pacificamente nelle vicinanze senza lottare per la sopravvivenza e quando la nuova vite è pronta, gli agricoltori tagliano il legame tra le due e la nuova vite diventa una pianta indipendente. Questo metodo richiede molto più tempo ed energia, mentre il metodo più comune è acquistare e piantare una vite nuova, una "barbatella" come in foto sotto a sinistra

左圖為培育作「插枝種植」的新苗、右圖為「原欉繁衍新株」。Left/Sinistra: Barbatelle. Right/A destra: Piede Franco.

N3 (I) Alberello (E) *Bush vines* (中) 傳統樹叢型葡萄欉

Alberello 來自字根 albero，義大利文意指「樹」。Alberello 為西西里火山上常見的葡萄欉種植方法，其葡萄欉外觀狀如小樹，故得其名，本書翻為「傳統樹叢型葡萄欉」。此為西西里火山傳統葡萄欉種植方式，目前依舊存活葡萄根瘤蚜病前的「西西里火山百年葡萄老欉」皆為此法，因此在西西里火山上提及「Prephylloxera」亦指其葡萄欉為「Alberello」。在西西里火山上，目前許多新植葡萄欉亦依此法種植，因此 Alberello 並不限於 Prephylloxera，Alberello 指稱其種植法，與葡萄欉的樹齡無直接相關。

"Albero" in Italian means tree. Alberello is a traditional cultivation technique that shapes the vines like little trees. When you see a "prephylloxera" vine in Etna, it is also "alberello" but not all alberello are prephylloxera vines that survive phylloxera of the 19th century. Alberello system is found in Etna not only with prephylloxera but also can be the newly-plant young vines, which request severe pruning.

L'Alberello è una tecnica di allevamento tradizionale che modella le viti come piccoli alberi. Quando vedi una vite "prefillossera" sull'Etna, è di certo un "alberello," anche se viceversa non tutti gli alberelli sono viti prefillossera sopravvissute all'epidemia del 19° secolo. Il sistema di allevamento ad Alberello è comune sull'Etna non solo con le viti prefillossera ma anche con le viti giovani, che richiedono una potatura rigorosa.

N4 (I)(E) Contrada (中) 法定單一葡萄園

在西西里「Contrada」這個字指的是歷史地理區中的一個範圍，在 1968 年總統令頒布西西里火山葡萄酒 DOC 的規範中，該字亦指「法定單一葡萄園」，且於 2011 年 9 月 27 日頒布的修訂版本加強本字的重要性，可合法使用於酒標上以表示葡萄生長的地塊，同義大利酒王巴洛羅紅酒 Barolo 於皮爾蒙特產區的 MGA (Menzione Geografica Aggiuntiva)。西西里火山葡萄酒的法定單一葡萄園，因不同時期的火山岩漿、土壤結構、海拔與氣候等因素影響使其葡萄酒各有不同表現，有些法定單一葡萄園葡萄酒較優雅、有些則較醇厚具單寧。西西里火山的法定單一葡萄園葡萄酒已廣受國際注意且諸多討論，然某些葡萄園與葡萄園之間的地理界線仍待釐清。

The word CONTRADA is historically used to identify and indicate names of geographical places in Sicily. After Etna DOC regulations in 1968 and the last admendment in September 27, 2011, it is also used on Etna wine labels to indicate the origin of the grapes, which is commonly called CRU in France, and MGA (Menzione Geografica Aggiuntiva), in Italy. Each Contrada of Etna, like MGA of Barolo, has a different microclimate that may give different characteristics to the wine and express various aspects of terroir depending on the period of lava flow, the soil composition, different altitude, exposition, and diurnal temperature variations. Some Contrada wine shows more elegance while others may have more power. The idea of Contrada wine of Etna starts to attract attention and discussion worldwide.

La parola CONTRADA è storicamente usata per identificare e indicare i nomi di luoghi geografici in Sicilia. Dopo la regolamentazione dell'Etna DOC nel 1968 e l'emendamento risalente al 27 settembre 2011, viene utilizzata anche sulle etichette dei vini dell'Etna per indicare la singola zona di provenienza delle uve, comunemente chiamata CRU in francese e MGA, Menzione Geografica Aggiuntiva, in Italia. Ogni Contrada dell'Etna, come ogni MGA nel Barolo, ha un microclima diverso che può dare al suo vino caratteristiche peculiari ed esprime diversi aspetti del terroir a seconda del periodo del flusso di lava, della composizione del suolo, della diversa altitudine, dell'esposizione e dell'escursione termica notte-giorno. Alcuni vini di Contrada mostrano più eleganza, mentre altri possono avere più struttura. L'idea del vino di contrada sull'Etna inizia ad attirare l'attenzione e alimentare discussione in tutto il mondo.

㊥ 西西里火山葡萄酒官方法定產區範圍如圖所示，形狀如卷龍；涵蓋 21 區中已規範 9 區、共計 133 個法定單一葡萄園。

Ⓔ Etna DOC regulations restricts production within area shown in the photo as shape of "rolling dragon," involving partial territory of 21 municipalities and 133 contrada.

Ⓘ *Il disciplinare di produzione dell'Etna D.O.C. delimita i confini dell'area di produzione, come foto, nella forma che assomiglia ad un "dragone nascente," comprendendo porzioni del territorio di 21 comuni e 133 contrade.*

N5 (I)(E) **Palmento** (中) 舊式石坊釀酒廠

Palmento 於西西里方言為「u parmentu」，此為傳統的釀酒設備 / 空間 / 廠房，本書譯作「舊式石坊釀酒廠」，多見於義大利南部、尤其在西西里島，於產葡萄酒和橄欖油的區域，時常與義大利舊式橄欖榨油廠並存。位處於西西里火山的舊式石坊釀酒廠在地取材、多使用火山岩作為石牆材質。葡萄採收後運至此建築物中的較高處稱作「pista」的空間，藉由其開放的窗戶傳遞完整葡萄串後，由多人同時腳踩碾碎葡萄出汁、再使用驢作為動力綁繫於稱為「sceccu」的旋轉木樁上轉動以再次擠壓葡萄，葡萄汁液受物理引力原理自然流至較低火山岩石槽中發酵並存放。因現今法令不允許舊式石坊釀酒廠作為釀酒設備，因此多數已被改裝為酒莊內建博物館、品飲空間、或是拆除部份木樁並將木桶存放於此空間，改作木桶陳年區而不使用於處理葡萄；有些舊式石坊釀酒廠亦改建為餐廳、旅館、或酒吧，別有一番風味。

Palmento is called "u parmentu" in Sicilian, which served as a mill and cellar where the wine is made. The palmento in Etna are often built with lava stones, and in the past, it is often part of the standard construction for nearby vineyards. The harvested grapes are transported to palmento and simultaneously crushed by workers with feet in the flat upper area called "pista," the room with windows for receiving grape bunches. After crushing, the pulp and peel of grapes are shoveled and piled up as a meter-wide brick for further pressing by rotating "sceccu," the wheel-like structure attached to a wooden pole, powered by donkey in old times. During all processes in palmento, the grape juice naturally flows, by the principle of physical gravity, down to the lower-level basin of volcanic rock where the fermentation takes place. The palmento nowadays is mostly transformed into an aging area for the barrels or tasting rooms and museum for the visitors of wineries; some become hotel rooms and restaurants that provide historical atmosphere.

Il Palmento, chiamato "u parmentu" in siciliano, fungeva da mulino e cantina dove veniva prodotto il vino. Il palmento sull'Etna è di solito costruito con pietre laviche ed in passato faceva parte dei requisiti necessari per l'impianto dei vicini vigneti. Le uve raccolte venivano trasportate al palmento e immediatamente pigiate con i piedi dai lavoratori, nella parte alta e piatta detta "pista," la stanza con finestre dove si ricevevano le uve. Dopo la pigiatura, la polpa e la buccia dell'uva venivano spalate e ammucchiate come un blocco largo un metro per essere sottoposte ad una ulteriore pressatura ruotando lo "sceccu," la struttura a forma di ruota attaccata a un palo di legno, mossa anticamente da un asino. Durante tutto il processo all'interno del palmento, il succo d'uva scorreva naturalmente, per principio di gravità fisica, fino al bacino di roccia vulcanica al livello inferiore dove avveniva la fermentazione. Al giorno d'oggi il palmento è solitamente stato trasformato in area di invecchiamento per le botti o in sala degustazione e museo per i visitatori delle cantine; alcuni sono diventati camere d'albergo o ristoranti che offrono un'atmosfera storica.

Fischetti

Firriato

Graci

Torre Mora

I Vigneri di Salvo Foti

I Vigneri di Salvo Foti

I Vigneri di Salvo Foti

N6 (I) Terrazzamenti(pl) (E) *Terraces* (中) 梯田式葡萄園 / 階梯種植

顧名思義，此為種於高低階梯上的葡萄園 (請見下方照片)。有趣的是，西西里火山傳統為梯田的葡萄園，往往於百年前亦曾種植葡萄欉，往下挖可能找到古老的葡萄欉根，雖機率不高，當地有些老人仍以此法找到百年葡萄欉樹根並加以培植，成功者可能得到更具生存能力的葡萄欉。

See photo below; in old times, vines are traditionally grown in the terrace for better ventilation and the abandon "terrazzamenti" nowadays of Mount Etna was originally vineyards back in hundreds of years ago. A few are above 1,000 meters above sea level.

Vedi foto sotto; ai vecchi tempi, le viti erano tradizionalmente coltivate in terrazze per una migliore ventilazione ed i "terrazzamenti" abbandonati oggi sull'Etna potrebbero nuovamente tornare ad essere delle vigne come centinaia di anni fa, alcune di esse addirittura sopra i 1.000 metri sul livello del mare.

N7 (I) Torretta & Muretti a secco (E) *Piles of lava stone & lava stone wall* (中) 火山岩石堆與火山石牆

「Torretta」意指由土壤中尋得火山岩石塊堆積而成的岩石堆，通常於開墾葡萄園時形成；「Muretti a secco」則是利用尋得的火山岩石塊排列推砌而成的石牆；兩者皆常使用作為西西里火山葡萄園的分界，如下方照片。

"Torretta" is a pile of lava stones found in the soil of vineyards; "Muretti a secco" is the dry lava stone wall along the vineyards; both are the typical phenomenon of Etna area, and both are used in old times as the border to the neighbor.

La "Torretta" è un mucchio di pietre laviche che si trovano nel terreno dei vigneti; i "Muretti a secco" sono invece dei muri di pietra lavica costruiti a secco a delimitare i vigneti; entrambi sono fenomeni tipici della zona dell'Etna ed entrambi erano usati arcaicamente come confine con il vicino.

西西里火山葡萄品種
INDIGENOUS GRAPES OF ETNA DOC
VARIETÀ DI UVE ETNA DOC

西西里火山葡萄酒官方法規中規範原生葡萄品種主要為四種，第一項品種 Nerello Cappuccio 葡萄與第二項品種 Nerello Mascalese 葡萄為法規中紅酒、粉紅酒及傳統氣泡酒重要規範原生品種；後兩項 Carricante 葡萄與 Catarratto 葡萄則為規範中重要原生白葡萄品種，用來製作西西里火山白酒，其中又以 Carricante 葡萄為主。以上四種葡萄的使用比例於法規中以六種葡萄酒範疇明定 (詳西西里火山葡萄酒官方法規與地圖，p.86)，並規範其他品種葡萄使用至多不高於 20% 或 40%，如 Minnella Nera 葡萄、Minnella Bianca 葡萄、Francese 葡萄等，其中 Francese 葡萄因歷史久遠無法查明基因、只知來自法國，得此俗稱，本書直譯為「法種葡萄」；另外作為食用的 Uva Fragola 葡萄也可在西西里火山上尋得。以上葡萄品種可見於下方照片、作者攝於西西里火山 Fischetti 酒莊 / 2018 年 10 月初。

According to the Production Regulations of Etna DOC, the six different Etna DOC wines mostly are restricted to four indigenous grape varieties: Nerello Cappuccio and Nerello Mascalese for the red, rosé and sparkling wine; Carricante and Catarratto for the white wine. The percentage of these four varieties, depending on wine categories, are more than 60% or 80% (see p.86 for exact percentage of each variety) while permitting 20% or up to 40% of other registered grape varieties such as Minnella Nera, Minnella Bianca, Francese and more. For historically possible origin, the locals generally use the name "Francese" to call grapes without genetic identification. For table grapes, Uva Fragola is commonly found in Etna too. You may see all grapes varieties mentioned above in the photo, taken by author in Fischetti winery, Etna, Sicily; october 2018.

Secondo il disciplinare dell'Etna DOC, solo quattro vitigni autoctoni sono autorizzati alla produzione dei 6 diversi vini dell'Etna DOC: Nerello Cappuccio e Nerello Mascalese per il vino rosso, rosato e spumante; Carricante e Catarratto per il vino bianco. La percentuale di queste 4 varietà, a seconda delle tipologie di vino, deve essere pari o superiore al 60% o all'80% (vedi p.86 per la percentuale esatta di ciascuna varietà), pur consentendo fino al 20% o fino al 40% di altri vitigni registrati, come Minnella Nera, Minnella Bianca, Francese e altro. Per una consuetudine radicata nella tradizione storica locale, viene chiamata "Francese" l'uva senza una identificazione genetica. Per l'uva da tavola, anche sull' Etna si trova comunemente l'Uva Fragola. Si possono vedere tutte le varietà di uva sopra menzionate nella foto sotto, scattata dall'autrice nella cantina Fischetti, Etna, Sicilia; ottobre 2018.

1 Nerello Cappuccio 內雷洛卡布奇歐葡萄

Nerello Cappuccio 也稱作 Nerello Mantellato，Cappuccio 在義大利文意指「帽子」、而 Mantellato 在義大利文意指「斗篷」。顧名思義，該品種的葉子很大，覆蓋在葡萄串上像是帽子或斗篷般地為葡萄遮蔽日曬雨淋；2008 年義大利葡萄品種相關研究指出，其基因與數十種葡萄品種相關，其中包含托斯卡尼聖爵維斯 Sangiovese 葡萄與同為西西里火山原生品種的 Nerello Mascalese 葡萄，然該品種起源至今尚未有定論；其外觀與托斯卡尼聖爵維斯葡萄極為類似，Nerello Cappuccio 廣泛應用於 Etna DOC 產區與 Faro DOC 產區的混合品種葡萄酒中，單一品種葡萄酒則較為少見 *，該品種為葡萄酒提供深紅色與櫻桃果香，較缺乏結構與單寧。

Nerello Cappuccio is also called Nerello Mantellato. "Cappuccio" in Italian means "hat" and "Mantellato" means "cape," both names come from the shape of the leaves that cover the grapes from sun and rain, especially in the bush-trained method. The exact origin of Nerello Cappuccio is unknown though an Italian DNA study of grape varietiesin 2008 shows its close genetic relationships to Sangiovese and Nerello Mascalese. Nerello Cappuccio looks similar to Sangiovese in the vineyards and often is used as blend in Etna DOC and Faro DOC wine. There are a few Etna producers who makeits varietal (monocultivar) wine*. Nerello Cappuccio grapes are dark-skinned that provide color and cherry note to the wine without much structure and tannins.

Il Nerello Cappuccio è anche chiamato Nerello Mantellato. "Cappuccio" in italiano significa "cappello" e "Mantellato" deriva da "mantello," entrambi i nomi si riconducono alla forma delle foglie che ricoprono l'uva dal sole e dalla pioggia, specialmente nel metodo di allevamento ad alberello. L'origine esatta del Nerello Cappuccio è sconosciuta, sebbene uno studio italiano sul DNA del vitigno nel 2008 mostri le sue strette relazioni genetiche con il Sangiovese e con il Nerello Mascalese. Il Nerello Cappuccio appare simile al Sangiovese in vigna e spesso viene usato come assemblaggio nel vino Etna DOC e Faro DOC. Ci sono alcuni produttori dell'Etna che producono vino monovarietale (monocultivar). Le uve Nerello Cappuccio hanno buccia scura che dona colore e note di ciliegia al vino senza però apportare molta struttura e tannini.*

左圖葡萄品種説明：
Grape varieties shown in photo left
Le varietà di uva mostrate in foto a sinistra

A: Nerello Cappuccio
B: Nerello Mascalese
C: Francese
D: Carricante
E: Catarratto
F: Minnella Nera (左 / left / *sinestra*)
Minnella Bianca (右 / right /*a destra*)
G: Uva Fragola

㊥* 生產 Nerello Cappuccio 單一品種葡萄酒的西西里火山酒莊有：
Ⓔ* Etna producers who make Nerello Cappuccio monocultivar/varietal wine are:
Ⓘ* *I produttori dell'Etna che producono Nerello Cappuccio in purezza sono :*
} Al-Cantàra (p.302), Benanti (p.314), Calabretta (p.326), Tenuta di Fessina.

2 Nerello Mascalese 內雷洛馬斯卡雷瑟葡萄

Nerello Mascalese 於西西里方言為 Niuriddu Mascalisi，歷史上稱為 Nigrello Etneo 或 Niureddu，其命名最普遍說法與西西里東南海岸馬斯卡利 (Mascali) 城鎮相關，一說法為西元前四世紀由當地馬斯卡利貴族從希臘引進、另一說法為該品種在馬斯卡利種植多年，因此取其「Mascal」字首命名；該品種起源另一說法是由義大利南部 Calabria 省（馬靴狀的腳尖處）先傳至法洛葡萄酒產區、再至西西里火山產區。曾有科學論文指出該品種為托斯卡尼聖爵維斯 Sangiovese 葡萄與 Mantonico Bianco 葡萄的分種或是與當地白葡萄品種 Carricante 有基因關聯。此為晚熟且較敏感的葡萄品種，不同的風土和種植方式會造成葡萄酒的口感差異；其葡萄酒顏色淡、口感表現為酸櫻桃、草本植物且多丹寧與澀度，常與 Nerello Cappuccio 品種混搭釀製紅酒，根據西西里火山葡萄酒官方法規應佔西西里火山紅酒、特級紅酒以及火山粉紅酒或於傳統氣泡酒至少 60%*，相關法規可參閱「西西里火山葡萄酒官方法規與地圖 (詳p.72)」。此品種多種植於西西里火山北部與法洛產區。

Nerello Mascalese, "Niuriddu Mascalisi" in Sicilian, is used to be called "Nigrello Etneo" or "Niureddu" in the 17th and 18th centuries. The name "Mascalese" is commonly believed from "Mascali" town close to Giarre in Sicily. Some stories say the nobleman in 4 BC took the vines from Greece to Italy and some believe the word "Mascal" becomes part of the name because the Nerello Mascalese grapes have been grown in Mascali for hundreds of years. There's another theory claiming the origin of this grape variety is from Calabria province of Italy, passing through Faro DOC of Messina, then to Etna. Genetically, however, Nerello Mascalese may be a cross between Sangiovese and Mantonico Bianco grapes or related to Carricante grapes. The grapes of Nerello Mascalese are late-mature, and the characteristic in wine can be influenced easily by different factors such as microclimate, training system, different vintages, and method of cultivation. The wine often has lighter color with nuances of cherry, herbal aromas, and green tannins. Nerello Mascalese is the major variety for Etna Rosso, Etna Rosso Riserva, and Etna Rosato wine (80%) and it is commonly blent with Nerello Cappuccio; it is also used in Etna Spumante (traditional sparkling wine like Champagne) for at least 60%*, referred to p.72 for "Production Regulations of Etna DOC and the map."

Il Nerello Mascalese, "Niuriddu Mascalisi" in siciliano, veniva chiamato "Nigrello Etneo" o "Niureddu" nei secoli 17 e 18. Il nome "Mascalese" è ritenuto provenire dalla città di "Mascali" vicino a Giarre, in Sicilia. Secondo alcune storie, un nobiluomo del 4 a.C. portò le viti dalla Grecia all'Italia e si ritiene che "Mascal" sia stato associato al nome dell'uva, in quanto il Nerello Mascalese è comunemente coltivato a Mascali da centinaia di anni. C'è poi un'altra teoria, secondo cui l'origine di questo vitigno proviene dalla regione Calabria, passando per il Faro DOC di Messina, e quindi fino all'Etna. Tuttavia, geneticamenteil Nerello Mascalese può essere un incrocio tra uve Sangiovese e Mantonico Bianco o comunque correlato alle uve Carricante. Le uve del Nerello Mascalese sono tardive e le caratteristiche del vino possono essere facilmente influenzate da diversi fattori come il microclima, il sistema di allevamento, le diverse annate e il metodo di coltivazione della vite. Il vino ha spesso un colore scarico con sfumature di ciliegia, aromi erbacei e tannini verdi. Il Nerello Mascalese è la varietà principale per l'Etna Rosso, l'Etna Rosso Riserva e l'Etna Rosato (80%) ed è comunemente miscelato con il Nerello Cappuccio; utilizzato anche nello spumante tradizionale dell'Etna (come Champagne) per almeno il 60%, riferito a p.72 per "Disciplinare Etna DOC e Mappa della Denominazione."*

㊥*西西里火山生產氣泡酒的酒莊有：
Ⓔ* Etna producers who make sparkling wine are:
Ⓘ* *Le cantine dell'Etna che producono spumanti sono :*

Benanti, Cantine Russo, Cantine di Nessuno, Cottanera, Firriato, Francesco Tornatore, Frank Cornellisen (saltuariamente), Il Vigneri di Salvo Foti, Murgo, Nicosia, Planeta, Tenute Mannino di Plachi.

3 Carricante 卡瑞康恩帝葡萄

該品種命名來自義大利文「Caricare」，意指「負擔」或「裝載」。顧名思義，該品種的葡萄欉能大量生產一串串沉重的葡萄；該品種以多產著稱、其葡萄皮為黃綠色。此為晚熟葡萄品種、能適應高海拔的日夜溫差，一般自九月底開始採收至十月中，可長時間浸漬至六個月甚至十個月 *；其葡萄酒為稻草黃色、高酸度而低酒精，香氣多為新鮮柑橘、檸檬、葡萄柚、澄花或青蘋果等果香，口感微鹹且具鮮明礦物質；晚摘者則常出現蜂蜜口感。該品種於西西里火山白葡萄酒 DOC 規範中必須至少佔 60%、而特級則至少為 80% 且限定於火山東半邊的 Milo 區；時常與 Cattarato 葡萄、Minnella 葡萄混合，但國際酒評大部份認為單一品種葡萄酒表現更佳；此品種多種於西西里火山東部與南部。

The word Carricante comes from "caricare" in Italian which means "load" or "burden" and it is given by the high yield in vineyards. Carricante grapes ripen late. The clusters are of yellow-green skin berries and are commonly harvested from late September to mid-October in Etna where the high diurnal temperature variations suit them well; suitable for long maceration*. The wine shows straw yellow color with refreshing citrus or apple aromas marked by high acidity and low alcohol. It is often characterized also by its natural savory and minerality while for late harvest one, the honey note. Carricante is the primary white grape variety in Etna DOC regulations with at least 60% in Etna Bianco DOC and at least 80% in Etna Bianco DOC Superiore. The latter one is restricted to Milo area where historically Carricante grapes were grown. It often blends with Cattarato or Minnella Bianca grapes, yet in blind taste the varietal wine often shows best result. It is grown mostly in the east and south of Etna slopes.

La parola Carricante deriva dal verbo "caricare" che in italiano significa "issare un peso" e il nome deriva dalla sua alta resa produttiva. Le uve Carricante maturano tardi. I grappoli hanno bacche a buccia giallo-verde e sono comunemente raccolte da fine settembre a metà ottobre sull'Etna, dove la forte escursione termica tra notte e giorno ben si addice loro; adatto alle lunghe macerazioni. Il vino si presenta con un colore giallo paglierino con aromi rinfrescanti di agrumi e mela, caratterizzati da spiccata acidità e da un basso contenuto di alcool. È spesso caratterizzato da un tipico gusto sapido e minerale, tuttavia se raccolto tardivo, si caratterizza con note di miele. Il Carricante è il principale vitigno bianco ammesso dal Disciplinare dell'Etna DOC con almeno il 60% per l'Etna Bianco DOC e almeno l'80% per l' Etna Bianco DOC Superiore. La produzione di quest'ultimo è limitata alla zona di Milo dove storicamente sono sempre state coltivate uve Carricante. Spesso usato nel blend con uve Cattarato o Minnella Bianca, ma nella degustazione alla cieca il vino monovarietale da spesso il miglior risultato. È coltivato principalmente sulle pendici ad Est e Sud dell'Etna.*

㊥*生產該品種長時間浸漬六個月以上的西西里火山酒莊為：
Ⓔ* Etna wineries that produce Carricante wine with long maceration are:
Ⓘ* *Le cantine dell'Etna che producono vino Carricante a lunga macerazione sono:*
} Firriato (6 months, p.244); Pietradolce (10 months, p.500).

4 Catarratto Bianco Lucido & Catarratto Bianco Comune 卡塔拉多盧曲斗白葡萄 & 卡塔拉多寇繆內白葡萄

根據西西里 1883 年葡萄品種議會，Catarratto Bianco Lucido 與 Catarratto Bianco Comune 登記為二種不同葡萄品種，然於 2008 年的義大利葡萄基因研究指出，兩者實為同一品種的不同克隆葡萄且與北義 Soave 產區的 Garganega 葡萄亦有基因關聯。該品種為西西里最大面積種植的白葡萄品種，其葡萄多汁、葡萄欉多產量、葡萄酒低酸度且較無明顯香氣特徵，因此時常混合其他葡萄品種裝瓶，在西西里火山白葡萄酒規範中亦可混合 Carricante 葡萄高至 40%。

In 1883, the Ampelografic Commission of Palermo registered Catarratto Bianco Lucido and Catarratto Bianco Comune as two distinct grape varieties. In 2008, DNA testing resultes proved the two grapes genetically identical (the same variety but different clones) and related to Garganega grapes of Soave. Catarratto is the most common and highest yielding white grape variety in Sicily. With neutral charateristics and low acidity, the light body wine is often blended with Carricante grapes. In fact, up to 40% of Catarratto grapes may be used to produce Etna Bianco DOC.

Nel 1883, la Commissione Ampelografica di Palermo ha registrato Catarratto Bianco Lucido e Catarratto Bianco Comune come due varietà, mentre più tardi nel 2008, una ricerca sulla tipizzazione del DNA ha evidenziato che le due uve sono geneticamente identiche (la stessa varietà ma cloni diversi) e correlate alle uve Garganega di Soave. Il Cattarrato è il vitigno a bacca bianca più coltivato in Sicilia con produzioni ad alto rendimento. Il vino è spesso leggero, ha bassa acidità con caratteristiche neutre e utilizzato sull'Etna come taglio con uve Carricante. Infatti, le uve Catarratto possono essere utilizzate fino al 40% nella produzione dell'Etna Bianco DOC.

西西里火山葡萄酒的酒莊發展與歷史變革
THE HISTORY OF ETNA WINERY
LA STORIA DELLE CANTINE DELL'ETNA

在西西里火山的歷史中，葡萄酒曾為主要經濟產業之一，而火山上的酒莊數量與葡萄總產量更是與貿易和地方經濟息息相關。 以下我將西西里火山葡萄酒的酒莊歷史分為三期歸類說明 : 第一期為西元 2000 年前的歷史酒莊，以西元 2000 年作為「歷史酒莊」的劃分點，此處的酒莊定義限「已裝瓶貼標」者，因此於西元 2000 年前製作葡萄酒然未裝瓶者，不列於此期；第二期為西元 2000 年至 2010 年的酒莊，除了原已於火山上釀酒之家族開始將桶裝酒改為瓶裝酒外，亦有來自西西里本島與非西西里的外來投資者，其中不乏名人新創酒莊。此階段亦奠定後來西西里火山葡萄酒的發展基礎，可以說沒有這十年的推動，便沒有現在西西里火山葡萄酒風潮；第三期為西元 2010 年後至今的酒莊。在最後一期短短不到十年的時間，火山酒莊的數量從原本的 80 家增加至近 200 家，這一階段由於投資者眾多且個個名號響亮，我以「莊主出身地與酒莊現況」作區隔分類，幫助了解。

Wine making is historically one of the main economic activities of Mount Etna. The sale of wine has always had a direct influence on Etna's economy as well as the number of wineries and the total production area. Before the 21st century, many family-owned wineries sold their wine in bulk. Several historic wineries stopped producing wine and others only recently began to bottle their wine. In this chapter, I summarize the history of the wineries into three phases: the wineries that bottle their wine previous to 2000 are the first phase, excluding the ones that only sell in bulk; the second phase includes the historical wineries that started bottling their wine and the arrival of investors between 2000 and 2010. This is an important period for Etna wine as the activity in this decade established the foundation for the increase in development leading to the third phase from 2010 to today. I categorize the wineries of the third phase into 4 genres based on the background of each winery and the origin of the owners.

Il vino è stata una delle attività economiche principali nella storia dell'Etna. L'andamento del commercio del vino è sempre stato direttamente collegato all'economia dell'Etna ed ha sicuramente influenzato anche il numero di cantine e la produzione totale dell'area. Prima del 21° secolo c'erano molte cantine a conduzione familiare che vendevano vino sfuso, ma alcune di loro hanno interrotto l'attività mentre altre non hanno imbottigliato vino fino a poco tempo fa. In questo capitolo, ho riassunto la storia delle cantine dell'Etna in tre epoche: la prima epoca riguarda le cantine che imbottigliavano vino già prima dell'anno 2000, escludendo quindi quelle che vendevano solo vino sfuso; la seconda epoca si determina tra il 2000 e il 2010, quando alcune cantine storiche hanno iniziato ad imbottigliare il loro vino e sono arrivati alcuni investitori non necessariamente siciliani. Questo è un periodo storico importante per l'Etna poiché i movimenti di questo decennio hanno posto le basi per il successivo sviluppo del vino dell'Etna; la terza epoca va dal 2010 ad oggi. In meno di 10 anni il numero di cantine dell'Etna è salito alle stelle, quasi 200, che per comodità dei lettori ho classificato in 4 gruppi, in base alla storicità delle cantine ed alla provenienza dei proprietari.

第一期：西元 2000 年前的歷史酒莊
The First Phase: before the year of 2000 / *Il Primo Periodo: precedente all'anno 2000*

第一期歷史酒莊有十餘家，而最具有歷史意涵的酒莊幾乎皆為「公爵家族 Barone*」所擁有，如 Feudi Barone Spitaleri、Barone di Villagrande、Tenute Mannino di Plachi、Fattorie Romeo del Castello di Chiara Vigo 及 Emanuele Scammacca del Murgo 等酒莊，其中 Feudi Barone Spitaleri 酒莊最先於 1853 年裝瓶，為所有西西里火山酒莊中最早裝瓶者；於 1727 年創立的 Barone di Villagrande 酒莊則是最早創立且擁有歷史證明文件的最古老酒莊。前者於 1853 年將葡萄酒裝瓶外銷法國且為義大利最早製作氣泡酒與干邑白蘭地的酒莊 (詳p.134)；後者自 1727 年起至今的釀酒事業兩百多年來從未停歇 (詳p.96)。此外，Tenute Mannino di Plachi 酒莊亦於 1864 年裝瓶，雖晚於最早者十一年，然該酒莊亦從未停止釀酒事業，現今莊主 Giuseppe Mannino di Plachi 亦為西西里火山葡萄酒公會前理事長。

There were a few historical wineries in Etna before the year of 2000. The oldest wineries are of nobile Baron families such as Barone di Villagrande, Tenute Mannino di Plachi, Feudi Barone Spitaleri, Fattorie Romeo del Castello di Chiara Vigo, and Emanuele Scammacca del Murgo. Barone di Villagrande (p.96), founded in 1727, is the oldest winery in Etna with historical evidence of continued production. In 1853, Feudi Barone Spitaleri (p.134) was the first winery to bottle their wine. They were also the first to produce sparkling wine and cognac in Italy. Founded in 1850, Tenute Mannino di Plachi began bottling in 1864 and had never interupted their production. Current owner, Giuseppe Mannino, served as President of Consorzio di Tutela dei Vini Etna DOC until 2018.

C'erano meno di 30 cantine storiche sull'Etna prima dell'anno 2000. Tra queste, le più antiche appartengono ancora a famiglie nobili come Barone di Villagrande, Tenute Mannino di Plachi, Feudi Barone Spitaleri, Fattorie Romeo del Castello di Chiara Vigo ed Emanuele Scammacca del Murgo. La cantina "Barone di Villagrande (p.96)," fondata nel 1727, è la più antica azienda vinicola dell'Etna di cui si abbiano testimonianze storiche e da allora non ha mai smesso di produrre vino; Nel 1853, la cantina "Feudi Barone Spitaleri (p.134)" fu la prima azienda a mettere il proprio vino in bottiglia, nonchè la prima azienda vinicola in Italia a produrre spumanti e cognac; altra storica cantina è la Tenute Mannino di Plachi, fondata nel 1850, che imbottiglia dal 1864 senza mai aver interrotto la propria attività in cantina e l'attuale proprietario, Giuseppe Mannino di Plachi, è stato presidente del Consorzio vini dell'Etna fino al 2018. La maggior parte delle cantine che fanno parte di questo gruppo, hanno venduto vino sfuso fino al 20° secolo e non imbottigliavano: Fattorie Romeo del Castello di Chiara Vigo, fondata nel 1700, prima bottiglia nei primi del 1900 e poi imbottigliamento ripreso nel 2007 (p.126); Cantine Russo, fondata nel 1860 imbottiglia dal 1956 (p.114); Nicosia, fondata nel 1898 imbottiglia dal 1950 (p.110); Biondi, fondata nel 1900, prima bottiglia nel 1913 poi dopo un lungo periodo di interruzione imbottigliamento ripreso dal 1999 (p.106) Cottanera, fondata nel 1962 imbottiglia dal 1999 (p.120); Calabretta, fondata nel 1900 imbottiglia dal 1997 da Massimiliano Calabretta; Firriato, fondata nel 1984 a Paceco di Trapani, in Sicilia, e sebbene imbottigli già dal 1984, la loro prima annata imbottigliata sull'Etna è del 1994; Benanti, fondata nel 1988 imbottiglia dal 1990 (p.102); e Bonaccorsi, fondata da Alice Bonaccorsi nel 1997 stesso anno del primo imbottigliamento.

㊥* 義大利文「Barone」為義大利王國 (Regno d'Italia, 1861-1946) 由國王加冕的世襲貴族爵位。

Ⓔ* Barone is a royal title in the "Kingdom of Italy (1861-1946)."

Ⓘ* *Barone è un titolo reale del "Regno d'Italia (1861-1946)."*

因西西里火山酒莊的傳統為外銷桶裝酒，因此大部分酒莊直至二十世紀才開始裝瓶，如創立於十八世紀、裝瓶於二十世紀的 Fattorie Romeo del Castello di Chiara Vigo 酒莊 (詳p.126)；創立於 1860 年、裝瓶於 1956 年的 Cantine Russo 酒莊 (詳p.114)；創立於 1898 年、裝瓶於 1950 年的 Nicosia 酒莊 (詳p.110)；創立於 1900 年、裝瓶於 1913 年的 Biondi 酒莊 (詳p.106)；創立於 1962 年、裝瓶於 1999 年的 Cottanera 酒莊 (詳p.120)；創立於 1900 年、裝瓶於 1998 年的 Calabretta 酒莊已家傳四代，目前莊主暨釀酒師為偏自然酒路線的 Massimiliano Calabretta；創立於 1984 年的 Firriato 酒莊，雖然早在 1984 年即裝瓶，然當時的酒莊不在火山上，而是位於西西里半島西邊的 Trapani 省 Paceco 城，直至 1994 年才開始釀造並裝瓶西西里火山葡萄酒；創立於 1988 年、裝瓶於 1990 年的 Benanti 酒莊 (詳p.102) 以及於 1997 年由 Alice Bonaccorsi 創立並裝瓶的 Bonaccorsi 酒莊。

Most wineries in this period sell wine in bulk and do not bottle until the 20th century: Fattorie Romeo del Castello di Chiara Vigo, founded in 1700s, first bottled in early 1900 and restarted in 2007 (p.126); Cantine Russo, founded in 1860 and bottled in 1956 (p.114); Nicosia, founded in 1898 and bottled in 1950 (p.110); Biondi, founded in 1900s, first bottled in 1913 and restarted in 1999 (p.106); Cottanera, founded in 1962 and bottled in 1999 (p.120); the-four-generation Calabretta, founded in 1900 and bottled in 1997 by Massimiliano Calabretta; Firriato, founded in 1984 in Paceco of Trapani in Sicily. Though they started to bottle their wine in 1984, their first vintage of Etna wine in bottle was 1994; Benanti, founded in 1988 and bottled in 1990 (p.102); and Bonaccorsi, founded and bottled in 1997 by Alice Bonaccorsi.

表一：西元 2000 年前的西西里火山歷史酒莊列表
Chart 1: Historical Etna wineries before the year 2000
Grafico 1: Cantine storiche dell'Etna prima dell'anno 2000

本書酒莊編號 No	酒莊名 Winery *Cantina*	創立首年 Founded year *Anno di fondazione*	裝瓶首年 First vintage in bottle *Prima annata in bottiglia*	方位 Location in Etna *Posizione sull'Etna*
11	Barone di Villagrande	1727* 最早創立	1941	東 / East / Est
5	Fattorie Romeo del Castello di Chiara Vigo	the 1700s	Early 1900	北 / North / Nord
48	Tenute Mannino di Plachi	1850	1864	東南 / Southeast / Sud-Est
S	Feudi Barone Spitaleri	1852	1853* 最早裝瓶	西南 / Southwest / Sud-Ovst
17	Cantine Russo	1860	1956	北 / North / Nord
34	Murgo	1860	1982	東 / East / Est
32	Nicosia	1898	1950	東南 / Southeast / Sud-Est
14	Ciro Biondi	1900	1913	東南 / Southeast / Sud-Est
19	Calabretta	1900	1998	北 / North / Nord
6	Cottanera	1962	1999	北 / North / Nord
42	Firriato	1984	1994	北 / North / Nord
2	Benanti	1988	1990	東南 / Southeast / Sud-Est
29	Bonaccorsi	1997	1997	北 / North / Nord

第二期：西元 2000 年至 2010 年的酒莊
The Second Phase: between the year 2000 to 2010/ *Il Secondo Periodo: tra il 2000 da il 2010*

西西里火山葡萄酒最重要的發展開始於 2000 年後，酒莊數量增加的速度如同汽車加速，越後期增加的速度越快，短短不到 20 年，酒莊數量已增至近兩百家且增加速度沒有減緩的趨向。在近 20 年中，2000 年至 2010 年的第二期可謂該區域最重要的發展時期，前半段的 2000 年至 2005 年間，出現了許多今日耳熟能詳且具代表性酒莊，當時的種種推動亦奠定後來西西里火山葡萄酒的發展基礎。

The greatest development in Etna wine began in 2000, and in less than 20 years, the number of new wineries has increased to almost 200. We can divide the second period into two sections with the first being from 2000 to 2005. This is when the greatest promoters of Etna wine were born. We must remember the foundation created by the historical wineries in the first period that brought awareness to the international consumer of Etna wines in the following periods. And thanks to the creation of new wineries and their dialogue in the second phase, the ripples of Etna wine have develped into ocean waves that surge upon the global wine world.

Il periodo di maggior sviluppo per il vino dell'Etna è dopo l'anno 2000, da allora la crescita del numero di cantine è stata come accelerare su un'auto veloce: in meno di 20 anni, la denominazione Etna è cresciuta fino a quasi 200 cantine e il numero continua a salire. Possiamo dividere questo secondo periodo in due sezioni, affermando che nella prima parte del decennio tra il 2000 e il 2005, sono nati i migliori promotori del vino Etna. Naturalmente, senza il supporto delle cantine storiche del primo periodo, non ci sarebbe stata l'attenzione internazionale sul vino dell'Etna che è poi arrivata nei periodi successivi. E grazie alle nuove cantine che si sono create ed alla discussione che ne è conseguita, nella seconda parte del decennio le increspature che si erano sviluppate nel mare del vino dell'Etna si sono trasformate in onde oceaniche che hanno invaso il mare globale del vino.

㊥ 西西里火山葡萄酒火車之旅　Ⓔ Photo: The train of Etna wine tour　Ⓘ *Foto: Il treno dei vini dell'Etna*

表二：西元 2000 年至 2005 年的西西里火山酒莊列表 **Chart 2: Etna wineries from the year 2000 to 2005.** ***Grafico 2: Cantine dell'Etna tra anno 2000 da 2005.***				
本書酒莊編號 No	酒莊名 Winery *Cantina*	創立莊主與出生地 Founder and origin *Fondatore e origine*	創立年 Founded year *Anno di fondazione*	方位 Location in Etna *Posizione sull'Etna*
62	Feudo Cavaliere	Margherita Platania D'Antoni, Etna 火山	1880 年創立，2004 年裝瓶 / founded in 1880, bottled in 2004 / fondata nel 1880, imbottiglia dal 2004	西南 / Southwest / Sud-Ovest
12	I Vigneri di Salvo Foti	Salvo Foti, Etna 火山	2000	東 / East / Est
40	Cantine Edomé	Ninì Cianci, Sicily 西西里東部	2000	北 / North / Nord
10	Passopiciaro	Andrea Franchetti; Rome 羅馬	2001	北 / North / Nord
15	Frank Cornelissen	Frank Cornelissen, Belgium 比利時	2001	北 / North / Nord
25	Tenuta delle Terre Nere	Marco de Grazia; Tuscany 托斯卡尼	2002	北 / North / Nord
51	Tenuta Masseria Setteporte	Piero Portale, Etna 火山	2002	西南 / Southwest / Sud-Ovest
60	Aitala Giuseppa Rita	Rocco Trefiletti, Etna 火山	2002	北 / North / Nord
13	Graci	Alberto Graci; Sicily 西西里	2004	北 / North / Nord
31	Gulfi	Chiaramonte Gulfi, Sicily 西西里中南部	1996 年創立，2004 年開始於 Etna 釀酒 / founded in 1996, first year in Etna is 2004 / fondata nel 1996, il primo anno dell'Etna è il 2004	北 / North / Nord
1	Pietradolce	Michele Faro; Sicily 西西里東南部	2005	北 / North / Nord
16	Girolamo Russo	Giuseppe Russo, Etna 火山	2005	北 / North / Nord
43	Al-Cantàra	Pucci Giuffrida, Sicily 西西里東部	2005	北 / North / Nord

此期的酒莊包括離開奔南堤酒莊的知名農學家 Salvo Foti (詳p.164) 於 2000 年自創酒莊 I Vigneri di Salvo Foti，他成立的公會 Consorzio I VIGNERI 極力倡導傳統樹叢型葡萄欉的種植方式(名詞解釋詳p.44)。他快速成為傳統種植方式的主要國際推廣者之一；托斯卡尼名酒莊莊主 Andrea Franchetti (詳p.170) 於 2001 年創立 Passopisciaro 酒莊，大力提倡單一葡萄園 Contrada 的概念，與同年創立 Frank Cornelissen 酒莊、來自比利時的 Frank Cornelissen (詳p.144) 及知名葡萄酒商、次年(2002年) 創立 Tenuta delle Terre Nere 酒莊的 Marco de Grazia (詳p.188) 共同炒熱西西里火山葡萄酒的國際能見度與名號，我於本書稱他們三位莊主為「西西里火山單一葡萄園三劍客」；來自米蘭銀行界的西西里人 Alberto Graci (詳p.158) 與姐姐 Elena 共同創立 Graci 酒莊；西西里最大庭園造景公司與奢華酒店老闆的 Michele Faro (詳p.176) 與其家族共創 Pietradolce 酒莊；來自西西里中南部 Cerasuolo di Vittoria DOCG 產區的 Gulfi 酒莊、創立於 1996 年並於 2004 年開始釀造西西里火山紅酒；來自西西里南部橄欖油莊主 Ninì Cianci 於 2000 年創立 Cantine Edomé 酒莊；同樣來自西西里的莊主 Pucci Giuffrida 於 2005 年創立 Al-Cantàra 酒莊；創立於 1880 年的 Feudo Cavaliere 酒莊則於 2004 年由女主人 Margherita Platania D'Antoni 開始裝瓶；在火山北區土生土長的 Giuseppe Russo(詳p.154) 承續父業且於 2005 年開始將葡萄酒裝瓶；同樣來自西西里火山的 Piero Portale 於 2002 年亦承續父志創立 Tenuta Masseria Setteporte 酒莊，並從原本的 12 公頃擴至 27 公頃；同年 (2002 年) Rocco Trefiletti 創立 Aitala Giuseppa Rita 酒莊、承續祖父 Carmine Trefiletti 的葡萄園繼續生產葡萄酒。

In the first section from 2000 to 2005, the best promoters of Etna wine were born. In 2000, "I Vigneri di Salvo Foti" winery was founded by the experienced agronomist/enologist Salvo Foti (p.164). He started the group, I VIGNERI, with the objective to preserve Etna's traditional "alberello (p.44)" system and winemaking practices. He is recognized as one of Etna's leading educators and international promoters. Andrea Franchetti (p.170), the renowned Tuscany winemaker, started "Passopisciaro" winery in 2001 in north Etna and is the founder of "Le Contrade dell'Etna," an annual event that showcases wineries while promoting Etna wines. In 2002, Frank Cornellisen (p.144) of "Frank Cornellisen" winery, and Marco de Grazia (p.188) of "Tenuta delle Terre Nere" started their journey of Etna wine. In my book, I refer to these three gentlemen as "Les Trois Mousquetaires de Contrada" or the Three Musketeers of Contrada wine. In 2004, the winemaker Alberto Graci (p.158) returned to Sicily and started "Graci" winery with his sister, Elena. And Michele Faro (p.176), with his background in horticulture and hospitality, opened their family-owned winery "Pietradolce" in 2005. "Gulfi" winery, founded in 1996 and located in Chiaramonte Gulfi of Cerasuolo di Vittoria DOCG, began producing Etna Rosso in 2004. Ninì Cianci previously produced olive oil in southern Sicily and built "Cantine Edomé" in Etna in 2000. Pucci Giuffrida, originally from Catania, established "Al-Cantàra" in 2005.

Nella prima parte del decennio tra il 2000 e il 2005, sono nati i migliori promotori del vino Etna. Nel 2000, è nata la cantina "I Vigneri di Salvo Foti," fondata dall'esperto agronomo/enologo Salvo Foti (p.164), con la volontà di tramandare le tradizioni del vino dell'Etna e della coltivazione ad alberello (p.44) facendosi presto uno dei principali promotori del vino Etna a livello internazionale. Nel 2001 Andrea Franchetti, famoso proprietario di una cantina toscana (p.170) ha fondato la cantina "Passopisciaro" nel nord dell'Etna, ed è anche il fondatore di "Le Contrade dell'Etna," un evento annuale che mette in mostra le cantine promuovendo i vini dell'Etna. Assieme con Frank Cornellisen (p.144) dell'azienda "Frank Cornellisen" nata nel 2001 ed a Marco de Grazia (p.188) della "Tenuta delle Terre Nere," fondata nel 2002, hanno iniziato il loro viaggio nel vino sull'Etna e hanno dato il via alla riscoperta del vino di Contrada. In questo libro ho chiamato questi tre signori "Les Trois Mosquitaires du Contrada" o "i Tre Moschettieri delle Contrade." Alberto Graci (p.158), è tornato in Sicilia nel 2004 per avviare la cantina "Graci" con sua sorella Elena; Michele Faro (p.176) dell'omonima azienda vivaistica Piante Faro e Boutique Resort Donnacarmela, ha aperto con la sua famiglia nel 2005 la cantina "Pietradolce." La cantina "Gulfi," fondata nel 1996 a Chiaramonte Gulfi di Cerasuolo di Vittoria DOCG, dal 2004 ha iniziato la produzione di Etna Rosso; Ninì Cianci, con un passato di produttore di olio nel sud della Sicilia, ha costruito nel 2000 "Cantine Edomé;" Pucci Giuffrida di Catania ha fondato la cantina "Al-Cantàra" nel 2005.

2005 年後新增了更多酒莊，包含在 2007 年由旅外遊子回歸西西里、成立頂級別墅區 Monaci delle Terre Nere 與 Guido Coffa 酒窖的 Guido Coffa，此酒莊也是位於西西里火山東邊 Zaffeana Etnea 區域少數代表之一；義大利侍酒師比賽冠軍出身的 Federico Graziani 於 2008 年成立同名酒莊（詳p.130）；來自羅馬的 Mario Paoluzi 自 2000 年起移居西西里卡塔尼亞並於 2007 年創建 I Custodi delle vigne dell'Etna 酒莊；托斯卡尼酒莊名媛 Silvia Maestrelli 於 2007 年創立 Tenuta di Fessina 酒莊；2002 年成立於火山北部的 Vivera 酒莊，於整修重建酒窖與新植葡萄欉後在 2008 年開始釀造西西里火山葡萄酒；來自卡塔尼亞的專業放射科醫生 Guido Fischetti 於 2009 年在火山北部成立酒窖，該酒窖位於 Castiglione di Sicilia 區、Rovittello 鎮的 Contrada Moscamento，目前由他的妻子米歇拉、兒子里卡多和女兒史薇拉共同管理；西西里知名蒸餾水果酒廠 Giovi（詳p.150）也為弘揚他找到的古老葡萄欉而於 2009 年悄悄加入戰局。

"Fuedo Cavaliere" in south Etna was founded in 1880, and Margherita Plantania D'Antoni started bottling their wines in 2004. Giuseppe Russo (p.154) registered "Girolamo Russo" in 2005 in honor of his late father and their family vineyards in north Etna. In similar spirits, Piero Portale in Biancavilla started "Tenuta Masseria Setteporte" in 2002 and grew from 12 to 27 hectares in southwest Etna. That same year, Rocco Trefiletti realized "Aitala Giuseppa Rita" cultivating the vineyards of his grandfather, Carmine Trefiletti. More new wineries were concieved after 2005. Guido Coffa and Ada Calabrese formed "Monaci delle Terre Nere" and "Guido Coffa" winery in 2007. It is one of the few wineries in the Zaffeana Etnea municipality in eastern Etna. The Association of Italian Sommeliers awarded Federico Graziani (p.130) the title 1998 Italian Sommelier of the Year, and in 2010 he inaugurated his first vinification at his namesake winery. The Roman Mario Paoluzi, living in Catania since 2000, started I Custodi delle vigne dell'Etna winery in 2007. Silvia Maestrelli from Villa Petriolo winery in Tuscany chartered "Tenuta di Fessina" in 2007. Vivera winery set up the cellar in Contrada Martinella of Linguaglossa in north Etna in 2002 by Armida Corleone and Antonino Vivera, together with their sons Eugenio (the administrator) and Loredana (the agronomist). They produced family's first Etna wine in 2008. The professional radiologist from Catania, Guido Fischetti, and his wife, Michela Luca, started Fischetti winery in 2008 in Contrada Moscamento of Rovittello in Castiglione di Sicilia. Now it is managed by Michela, her son Ruggero, and her daughter Sveva. Giovanni La Fauci (p.150) of "Giovi Distillery" in Messina started "Giovi" winery in 2009.

Nel sud dell'Etna, Margherita Platania D'Antoni della cantina "Feudo Cavaliere," fondata già nel 1880, ha iniziato nel 2004 ad imbottigliare la propria produzione; nell'Etna settentrionale, Giuseppe Russo (p.154) ha fondato (2005) la cantina Girolamo Russo in onore del suo defunto padre e dei suoi vigneti di famiglia; con spiriti simili, Piero Portale a Biancavilla, nel sud-ovest dell'Etna, nel 2002 si è preso carico della "Tenuta Masseria Setteporte" facendola crescere da 12 a 27 ettari; lo stesso anno (2002), Rocco Trefiletti ha avviato la cantina "Aitala Giuseppa Rita" dando continuità ai vigneti di suo nonno Carmine Trefiletti. Sono nate altre nuove cantine dopo il 2005: Guido Coffa ha costruito nell 2007 il vini Guido Coffa di Monaci delle Terre Nere, una delle poche cantine nel comune di Zaffeana Etnea nell'Etna orientale; Federico Graziani (p.130), miglior sommelier italiano 1998 dell'AIS (Associazione dei Sommelier italiani), ha iniziato la sua omonima cantina nel 2008 producendo la sua prima bottiglia nel 2010; il romano Mario Paoluzi, residente a Catania dal 2000, ha avviato la cantina I Custodi delle vigne dell'Etna nel 2007. Silvia Maestrelli, produttrice da Cantina Villa Petriolo in Toscana, ha fondato la Tenuta di Fessina nel 2007; la cantina Vivera è stata fondata in Contrada Martinella di Linguaglossa, nel nord dell'Etna, nel 2002 da Armida Corleone e Antonino Vivera, insieme ai figli Eugenio (l'amministratore) e Loredana (l'agronomo). Producono il primo vino Etna della famiglia nel 2008; Guido Fischetti, medico radiologo e sua moglie Michela Luca fondano la loro cantina nel 2008 in Contrada Moscamento a Rovittello, Castiglione di Sicilia. Ora è guidata da Michela e i suoi figli Ruggero e Sveva; infine Giovanni La Fauci, proprietario a Messina della distilleria Giovi dal 1987, ha aperto la cantina Giovi nel 2009 (p.150).

? 誰是外來者？
Who is outsider of Etna? *Chi sono gli "outsider" dell'Etna?*

近年因皮爾蒙特省知名酒莊Gaja在西西里火山新購幾畝葡萄園而引起眾人對該區域的再次熱議，同時也重新開啟西西里火山對於外地人或外來者的定義。「外來者」三個字筆者根據社會科學之田野調查理論，訪談逾60家西西里火山酒莊的結果綜合整理，可從「時間與空間」、「嚴謹與寬鬆」的橫縱軸來分析，時間的嚴謹標準為一百年前，寬鬆為二十年；以空間來說，標準嚴謹如「莊主是否來自西西里火山區（因此來自南方一小時車程的算外地人）」、「莊主是否真的住在西西里火山」或「該酒莊葡萄園是否為家族繼承」、寬鬆者通常以西西里島作為標準。或許因為西西里火山熱潮才剛開始，眾多歷史酒莊對於以上橫縱軸標準尚未統一看法，目前亦不存在所謂客觀公正的標準來評斷誰「是」或「不是」外來者：西西里火山，或許如同世界民族大熔爐，來自世界各地的新投資者亦將成為未來文化的一環。

The news of Angelo Gaja and Gaia Gaja of the Piemont pioneer wine family's acquiring several hectares of land in southern slopes of Etna has retriggered the discussion and prediction on Etna wine movements. Without surprise, it also brings up the topic of "outsider." Based on the theory that science is not limited to "mathematic-based" but includes also "social-science," we might be able to narrow down the range of definition on "outsider" by talking to Etna wineries. For sure it may be too early and perhaps even not possible to define the word "outsider" for Etna, yet in the past 10 years, almost every month there are new wineries formed. Some claims the "outsiders" are the ones of less than 100-year history in Etna, while some says 20. Many consider the standard is not only about TIME but more about "where the owner comes from." The evaluation includes "if the owner physically lives in Etna" or "if the vineyards are heritage from the previous generation." In my opinion, it's not necessary to define who the outsiders are. The journey of Etna wine has just started, and it's more important to understand that the Etna wine culture grows and develops with everyone, including the new wineries, new investors, and their new wines. They contribute to a part of Etna culture, and the Etna wine area is known internationally thanks to all who respect Etna's terroir and promote Etna wine in the world.

La notizia che Angelo Gaja e la figlia Gaia Gaja, di una delle famiglie pioniere del vino piemontese, hanno acquistato diversi ettari di terreno alle pendici meridionali dell'Etna ha riacceso la discussione e la previsione sui movimenti del vino dell'Etna e, senza sorpresa, ha sollevato anche il dibattito sugli "outsider." In base alla teoria secondo cui la scienza non si limita alla "matematica," ma include anche la "scienza sociale," potremmo essere in grado di restringere la definizione di "outsider" parlando con i produttori dell'Etna. Molto probabilmente potrebbe essere troppo presto o forse del tutto impossibile dare una connotazione esatta a questo termine sull'Etna, eppure negli ultimi 10 anni, quasi ogni mese, sono nate nuove cantine. Alcuni sostengono che le cantine con meno di 100 anni di storia sull'Etna siano da considerare "outsider," mentre altri affermano che servono almeno 20 anni di storia. Molti ritengono che il requisito minimo non sia solo il TEMPO ma ancor di più "la provenienza del proprietario," inclusa la valutazione "se il proprietario abita fisicamente sull'Etna" o "se i vigneti sono patrimonio ereditato da una generazione precedente." Secondo me, non è importante definire chi sono gli "outsider." Il viaggio del vino dell'Etna è appena iniziato ed è più importante capire che la cultura del vino dell'Etna cresce e si sviluppa con tutti, comprese le nuove cantine, i nuovi investitori e i loro nuovi vini. Contribuiscono a una parte della cultura dell'Etna e il vino dell'Etna è conosciuto a livello internazionale grazie a tutti coloro che rispettano il territorio dell'Etna e promuovono il vino dell'Etna nel mondo.

第三期為西元 2010 年後至今的酒莊
The Third Phase is from 2010 to now / *Il Terzo Periodo: dal 2010 ad oggi*

2010 年後第三期的新增酒莊數量不亞於前期的發展，西西里火山葡萄酒在國際聲望上的提升與葡萄酒本身的優質潛力，吸引更多來自各地重量級的投資名人與名酒莊，時有新酒莊、新酒款、新投資者的出現。火山葡萄產業蓬勃發展至今已達 200 家酒莊，每個月如雨後春筍不停增加的酒莊數量，令人目不暇給。這些新投資者或許自歷史酒莊手中購得年老葡萄園、或於具潛力的地塊新植葡萄欉、或於某些雜草下找到荒廢百年老欉（詳p.42）而開始生產第一款酒；他們或許擁有自己的酒窖、或無酒窖然租用他人酒窖釀酒，無論是哪一種經營型態，幾乎每家酒莊都以裝瓶貼標作為原則，已少見桶裝販售。

The development of Etna wine in the third period is for sure no less intensive than the second one, which results in a total of around 200 wineries up to today. The increasing reputation of Etna wine internationally and the potential of wine itself (you have to taste to find out) attract investors worldwide. Many of them are no strangers in wine, food sector or other field (construction, fashion, real estate···etc.) The new investors, new wineries, new labels and new wines evidently enrich the diversity of Etna wine, injecting also new elements of culture and topics for discussion. These new investors may purchase old vineyards from the historical wineries, or decide to replant the chosen variety in the suitable soil, or they might "accidently" acquire a piece of abandon plot full of prephylloxera vines (p.42) and produce wine without waiting further; they might have their own cellar or they might rent space from other wineries in the area. No matter which format they are, all the new wineries bottle their wine and the bulk-wine tradition of Etna has almost disappeared.

Lo sviluppo del vino dell'Etna nel terzo periodo è sicuramente non meno intenso del secondo, e si è tradotto in un totale di circa 200 cantine stimate fino ad oggi. La crescente reputazione a livello internazionale del vino dell'Etna e il potenziale del vino stesso (dovete assolutamente assaggiarlo per scoprirlo) attirano investitori da tutto il mondo e molti di loro non del tutto estranei al mondo del vino, altri dal settore alimentare o altri campi (edilizia, moda, immobiliare ... ecc.) I nuovi investitori, le nuove cantine, le nuove etichette e i nuovi vini arricchiscono evidentemente la diversità del vino dell'Etna, apportando anche nuovi elementi di cultura e argomenti di discussione. Questi nuovi investitori potrebbero aver acquistato vecchi vigneti dalle cantine storiche oppure aver deciso di ripiantare la varietà prescelta nel terreno adatto, oppure potrebbero "casualmente" aver acquistato un pezzo di terreno in stato di abbandono, pieno di viti prefillossera (p.42), e aver iniziato a produrre vino senza aspettare anni; potrebbero avere la propria cantina o potrebbero aver affittato spazi da altre cantine della zona. Indipendentemente dalla loro condizione, tutte le nuove cantine imbottigliano il loro vino e la tradizione del vino sfuso è quasi scomparsa.

這一期由於投資者眾多且個個名號響亮，我以「莊主出生地與酒莊現況」作區隔並分為四類如下:第一類為西西里其他區域的酒莊，如成立於1983年的Donnafugata酒莊於2016年開始生產西西里火山葡萄酒；成立於1995年的Planeta酒莊於2009開始投資西西里火山且派遣年輕有為的首席女釀酒師Patricia Toth駐守多年；Tasca D'Almerita酒莊自2008年起亦開始生產火山酒；源於西西里唯一歐盟保證法定產區認證產區Cerasuolo di Vittoria DOCG、由Giovanni Calcaterra和 Silvana Raniolo創立於2007年的Tenuta Bastonaca酒莊，於火山北部取得二公頃葡萄園並於2014年開始生產火山酒；Cusumano酒莊集團亦於2013年創立Alta Mora酒莊，專心致力並生產多款火山葡萄酒。源於西西里其他區域的他們，紛紛來到火山葡萄園插旗扎根，雖然「西西里母酒莊」們本身的釀酒方式與管理不盡相同，然他們在此新設的「子酒莊」皆盡力尊重火山葡萄園的風土環境，是這一類酒莊最大的共通點。

For the readers' convenience, I categorize the newly founded wineries of the third period into four genres based on the background and where the owners are from. The first category are wineries originated from different parts in Sicily that start to produce also Etna wine, such as Donnafugata winery, founded in 1983 by Giacomo Rallo, produced Etna wine in 2016 and released in 2018; Tenuta Bastonaca winery, founded in 2007 in Cerasuolo di Vittoria DOCG area by Giovanni Calcaterra and Silvana Raniolo, acquired 2 hectares of vineyards in north Etna and produced Etna wine in 2014. Cusumano group established Alta Mora winery in 2013 and produced different Contrada wine (single-vineyard, CRU, MGA). Planeta winery, founded in 1995, had invested in Etna since 2009 and located Patricia Toth, the talented and energetic female enologist, in Etna for years. Tasca D'Almerita winery produced their first Etna wine in 2008 with enologist Stefano Masciarelli. What these wineries have in common are the cleanness of the wine and their respect to the terroir of Mount Etna disregard of their efficiency and modern management.

Per comodità dei lettori, ho classificato le nuove cantine del terzo periodo in 4 gruppi in base al background ed alla provenienza dei proprietari. Nella prima categoria ho incluso le cantine provenienti da altre parti della Sicilia che hanno iniziato a produrre vino anche sull'Etna, come la cantina Donnafugata, fondata nel 1983 da Giacomo Rallo, che produce vino sull'Etna dal 2016, con inizio commercializzazione dal 2018; Tenuta Bastonaca, fondata nel 2007 nell'area del Cerasuolo di Vittoria DOCG da Giovanni Calcaterra e Silvana Raniolo, ha acquistato 2 ettari di vigneto nel nord dell'Etna e produce vino Etna dal 2014; il gruppo Cusumano ha fondato la cantina Alta Mora nel 2013 e produce diversi vini di Contrada (da vigna singola, CRU, MGA); la cantina Planeta, fondata nel 1995, ha investito sull'Etna nel 2009 dove, da qualche anno, si è trasferita la talentuosa ed energica enologa Patricia Toth; la cantina Tasca D'Almerita ha prodotto il suo primo vino sull'Etna nel 2008 con enologo Stefano Masciarelli. Ciò che queste cantine hanno in comune è la pulizia dei loro vini e il loro rispetto per il terroir dell'Etna, pur avvalendosi di una gestione di cantina efficiente e moderna.

㊥右圖為筆者為本書進行葡萄酒初選現場。

Ⓔ The photo on the right is the pre-selection of Etna wine in 2018 by Xiaowen Huang.

Ⓘ *La foto a destra è la preselezione dei vini dell'Etna nel 2018 di Xiaowen Huang.*

第二類為原本就住在西西里火山或來自不遠處西西里大城卡塔尼亞的莊主，如成立於2010年的Tenute Bosco酒莊由一對來自卡塔尼亞的年輕姊妹創立(詳p.192)；同樣來自卡塔尼亞，Mimmo Costanzo與其妻Valeria Agosta於2011年在火山北部創立了Palmento Costanzo酒莊，並擁有著名單一葡萄園Contrada Santo Spirito完整地塊的葡萄園；創立於1975年的Terra Costantino酒莊新建現代酒窖後、由Fabio Costantino於2013年開始裝瓶上市；Cantine di Nessuno酒莊，由兩重要家族的第三代和第四代創立於2016年，莊主們為Costanzo家族的Seby和兒子Gianluca，偕與Brancatelli家族的Giuseppe與兒女Francesca和Paolo。這一類酒莊不論莊主老少，他們最大的共通點在於「使命感」: 回到根源、維護傳統、對生命的熱情(無論是對自己的生命或是對葡萄樹的生命)。

The second category is the owners from Etna or Catania, the second-largest city of Sicily nearby Etna: Tenute Bosco winery was founded in 2010 by Sofia Bosco (p.192); Palmento Costanzo, founded in 2011 by Mimmo Costanzo and his wife Valeria Agosta in Contrada Santo Spirito, Castiglione di Sicilia; Terra Costantino winery was founded in 1975 and bottled in 2013 by Fabio Costantino with his new and modern cellar. Cantine di Nessuno winery, founded by the third-and-fourth-generation Catanese entrepreneurs, Seby Costanzo and the son Gianluca of Costanzo family, and Giuseppe Brancatelli with the sons, Francesca and Paolo, from Brancatelli family and more. What they have in common is their mission to find the origin for their "home," the sense of duty to keep Etna traditions, and their love and passion toward their vines (some also to their lives).

Nel secondo gruppo ci sono i proprietari dell'Etna o di Catania, la seconda città più grande della Sicilia nelle vicinanze: la cantina Tenute Bosco è stata fondata nel 2010 da Sofia Bosco (p.192); Palmento Costanzo, fondato nel 2011 da Mimmo Costanzo e sua moglie Valeria Agosta in Contrada Santo Spirito, Castiglione di Sicilia; Azienda vinicola Terra Costantino, fondata nel 1975 e prima bottiglia nel 2013 da Fabio Costantino con la sua nuova e moderna cantina; Cantine di Nessuno, fondata dagli imprenditori catanesi di terza e quarta generazione, Seby e il figlio Gianluca della famiglia Costanzo, e Giuseppe con i figli, Francesca e Paolo, della famiglia Brancatelli. Ciò che hanno in comune è la loro missione nel ritrovare l'origine della loro "casa," il senso del dovere nel mantenere le tradizioni dell'Etna e il loro amore e passione per le proprie vigne (alcuni anche per le loro vite).

第三類為來自義大利其他省份的酒莊，事實上近年來因為這一類酒莊的陸續投資，使西西里火山葡萄酒產區變成義大利國內炙手可熱的話題，譬如 1960 年創立於北義皮爾蒙特省的 Giovanni Rosso 酒莊，以義大利酒王 Barolo 聞名國際的莊主 Davide Rosso 於 2016 年首年上市西西里火山酒；耳熟能詳的 Gaja 酒莊於 2017 年正式宣布進軍西西里火山 (*註)；托斯卡尼名釀酒師 Carlo Ferrini 於 2002 年成立的 Giodo 酒莊自 2010 年起開始釀造西西里火山紅酒；來自托斯卡尼區域的 Tenuta Benedetta 酒莊於 2013 年開始生產西西里火山酒，該酒莊以盲人使用的凹凸版作為其酒標設計元素、由 Angiolo Piccini 成立於 1882 年的 Tenute Piccini 酒莊、現在莊主 Mario Piccini 於 2013 年在西西里火山北部大手筆投資買入梯田式葡萄園，創立了 Torre Mora 酒莊；以及來自北義近奧地利的 Theresa Eccher 酒莊莊主 Daniela Conta 與夫君 Andrea Panozzo (2010) 為紀念其奧地利祖母而創立酒莊等，這些義大利名莊紛紛也將西西里火山葡萄酒納入自家版圖。第四類則是來自其他國家的釀酒師，如丹麥的 Anne-Louise (Tenuta di Aglaea 酒莊)，華裔美籍的 Stef Yim (熔岩酒莊 p.184) 等。值得注意的是，第四類的酒莊皆在火山上擁有自己的酒窖，因此從栽種、採收到釀製的所有細節，這些國際釀酒師一手包辦，不假他人之手，且談起西西里火山的傳統亦不惶多讓。

The third category groups owners are from other regions of the Italian peninsula. Piedmont wineries, "Giovanni Rosso," released their first Etna wine in 2016, and "Gaja" announced their investment in Etna is 2017*. Renown Tuscan winemakers, Carlo Ferrini of "Giodo" winery in Montalcino, also labled his first bottles of Etna red wine in 2010; Tuscan wineries "Tenuta Benedetta" labled their fist bottles in braille for the visually impaired in 2013 as well as the historic "Tenuta Piccini" established "Torre Mora" in Contrada Defara Galluzzo with 14 hectares in north Etna. The owner is Mario Piccini, the fourth generation of Tenute Piccini family, founded by Angiolo Piccini back in 1882. From Trento, "Theresa Eccher" was founded by Daniela Conta and Andrea Panozzo in memory of Daniela's Austrian grandmother. It is because of these domestic investments from other provinces of Italy that Etna has been placed in the spotlight. The fourth category is a collection of wineries founded by international enologists which include Anne-Louise Mikkelsen from Denmark with "Tenuta di Aglaea" in 2013, Stef Yim of Hong Kong with "Sciara" in 2014 (p.184) and others. I want to draw attention to fact that all the wineries in the fourth category have their own cellar and vinify their own wines. The owners/enologists are present and responsibile for the every day, hands on labor of wine making. This is not the case for the bigger, off-site, foreign investors.

Nel terzo gruppo, ho inserito i proprietari che provengono da altre parti d'Italia: la cantina di Barolo (Piemonte) Giovanni Rosso dal 1960, ha lanciato il suo primo vino dell'Etna nel 2016; Gaja ha annunciato il suo investimento sull' Etna nel 2017; dalla Toscana, Carlo Ferrini, enologo di successo in Toscana e proprietario della cantina Giodo fondata nel 2002 a Montalcino, ha prodotto anche lui la sua prima bottiglia di vino rosso dell'Etna nel 2010; Tenuta Benedetta ha iniziato la produzione sull'Etna nel 2013 con 2,5 ettari, adottando etichette in braille per non vedenti; lo stesso anno (2013), l'azienda Tenute Piccini, fondata da Angelo Piccini nel 1882, ha fondato l'azienda Torre Mora per mano di Mario Piccini con 14 ettari di vigneto a terrazze situate in Contrada Dafara Galluzzo nel nord dell'Etna; la cantina Theresa Eccher, fondata nel 2010 da Daniela Conta e suo marito Andrea Panozzo in memoria della nonna austriaca. Fu a causa di questi investimenti domestici da altre province italiane che destarono l'attenzione che il vino dell'Etna si mise in evidenza. Nel quarto gruppo si trovano le cantine fondate da enologi internazionali, come la danese Anne-Louise Mikkelsen (azienda vinicola Tenuta di Aglaea, 2013) e Stef Yim da Hong Kong (azienda vinicola Sciara, 2014, p.184). La cosa degna di nota è che tra questi 4 gruppi, le aziende fondate da enologi internazionali sono tutte dotate di una propria cantina di vinificazione e i proprietari sono responsabili di tutto il processo aziendale, compresa la gestione delle viti. A differenza di investitori più grandi, i proprietari NON italiani tendono a fare tutto da soli.*

表三：西元 2005 年後西西里火山酒莊分類表
Chart 3: Different categories of Etna wineries after the year 2005
Grafico 3: Elenco delle cantine dell'Etna, nate dopo l'anno 2005.

	類型 Category *Categoria*	酒莊名稱 Name of winery (Founded Year, Winery No.) *Nome della Cantina (Anno di Fondazione, Numero della Cantina)*
第一類 1st *Prima*	西西里其他區域酒莊 Sicilian Origin Wineries *Cantine Siciliane*	Alta Mora of Cusumano group (2013, No.8); Donnafugata (1983/2016, No.49); Planeta (1995/2009, No.27); Tenuta Tascante of Tasca D'Almerita group (2007, No.55); Tenuta Bastonaca (2007/2014, No.7)
第二類 2nd *Quarta*	原本就住在西西里火山或來自不遠處西西里大城卡塔尼亞的莊主 Originally From Etna or Catania *Provenienti dall'Etna o da Catania*	Buscemi (2016, No.57); Calcagno (2006, No.58); Cantine di Nessuno (2016, No.37); Eudes (2016, No.36); Falcone (2011, No.50); Fischetti (2008, No.9); Francesco Tornatore (1865/2014, No.30); Guido Coffa (2007, No.54); Monterosso (2016, No.37); Palmento Costanzo (2011, No.41); Platania Giuseppe (2009, No.56); Quantico (1999, No.21); Santa Maria La Nave (2009, No.46); SRC (2012, No.23); Giovi (2009, No.22, p.150); Tenute Bosco (2010, No.45; Sofia Bosco, p.192); Tenuta Monte Gorna (2002/2008, No.35); Terra Costantino (1975/2013, No.59); Vivera (2002/2008, No.3)
第三類 3rd *Terzo*	來自義大利其他省分 From Other Italian Regions *Provenienti da altre regioni d'Italia*	• 來自北義皮爾蒙特省 / Piemont / Piemonte: Giovanni Rosso (2016, No.47); Gaja 酒莊 (* 註) • 來自托斯卡尼區域 / Tuscany / Toscana: Giodo (2010, No.24; Carlo Ferrini); Tenuta Benedetta (2013, No.20; Laura Daviddi); Tenuta di Fessina (2007, No.53; Silvia Maestrelli); Torre Mora of Tenute Piccini group (2013, No.33; Mario Piccini) • 其他地方 / others / altri: Federico Graziani (2008, No.44, Milano);Theresa Eccher (2010, No.61, Daniela Conta, Trentino)
第四類 4th *Quarttro*	來自其他國家的釀酒師 International Enologists *Enologi internazionali*	Sciara (2014, No.18; Stef Yim, 美國加州 / California USA / America, p.184) Tenuta di Aglaea (2013, No.28; Anne-Louise Mikkelsen, 丹麥 / Danmark / Danimarca)

㊥* Gaja 於 2017 年正式對外宣布投資位於火山南區葡萄園、由 Graci 酒莊負責釀酒；目前尚未上市，預計可能於 2020 年初或是直到完全滿意之前都不會上市。

Ⓔ* In 2017, Gaja announced and acknowledged their investment in the vineyards of south Etna with Alberto Graci being their cooperator. The first vintage shall be released in 2020, or until they are satisfied.

Ⓘ* *Nel 2017, Gaja ha annunciato ufficialmente il suo investimento in vigneti nel sud dell'Etna con Alberto Graci come partner. La prima annata sarà rilasciata nel 2020 o comunque non prima di aver raggiunto una qualità soddisfacente.*

西西里火山葡萄酒認證

CLASSIFICATION OF ETNA WINE

CLASSIFICAZIONE DEI VINI DELL'ETNA

如同法國葡萄酒的分級制度，義大利葡萄酒也有不同等級的認證分類，而西西里火山葡萄酒認證除無『歐盟保證法定產區認證 Denominazione di Origine Controllata e Garantita, DOCG』認證＊外，存在以下不同的分級認證：1.『歐盟法定產區認證 Denominazione di Origine Controllata』本書簡稱 DOC；2.『地區認證葡萄酒 (Indicazione Geografica Protetta)』本書簡稱 IGP；3.『日常餐酒 VDT (Vino da Tavola)』；4.『陳年精選等級 Riserva』；及 5.『特級精選等級 Superiore』，其中第 4 項和第 5 項分級通常與第 1 項認證同時出現，而第 3 項認證雖少見於義大利其他區域，在西西里火山上卻不稀奇。多數人常態觀念中，DOCG 認證比 DOC 認證更嚴格且高品質，同樣應用於 DOC 認證和 IGP 認證的比較，然在西西里火山卻不可如此推證。本書中可見許多優質的 IGP 葡萄酒並不遜色於擁有 Etna DOC 認證的葡萄酒，許多 IGP 葡萄酒乃因其原生品種葡萄園海拔高度高於 DOC 範圍或界於規範範圍外而未能申請 DOC 認證，部份酒莊則認為不需認證加持、也為避免瑣碎的申請程序而不看重認證分類。無論如何，西西里火山葡萄酒不可以認證分級而一概論之，許多在評審盲飲中勝出的昂貴珍稀酒款實則為 IGP 認證且具陳年實力、值得收藏。

Except DOCG* (Denominazione di Origine Controllata e Garantita), you may find different classification on the label of Etna wine, including "Etna DOC (Denominazione di Origine Controllata)," "IGP (Indicazione Geografica Protetta)," "IGT (Indicazione Geografica Tipica)," "VDT (Vino da Tavola)," "Riserva" and "Superiore." The latter two words usually are written together with "Etna DOC" while "Vino da Tavola" is more seen in Etna compared to other wine regions of Italy. Although the DOCG is usually considered stricter or higher than DOC whereas DOC than IGP, in the case of Etna (even Sicily), it is not a habit. In this book, you may find some wonderful IGP or IGT wine that stands out in blind taste of judge panels, and if you have a chance to open some of them, you'd understand that you should try all Etna wine disregard of which classification they are or certification they may have.

*Ad eccezione della DOCG * (Denominazione di Origine Controllata e Garantita), potresti trovare diverse classificazioni del vino dell'Etna, tra cui "Etna DOC (Denominazione di Origine Controllata)," "IGP (Indicazione Geografica Protetta)" o "IGT (Indicazione Geografica Tipica)," "VDT (Vino da Tavola)," "Riserva" e "Superiore." Le ultime due parole di solito sono scritte insieme a "Etna DOC" mentre "Vino da Tavola" è più comune in altre regioni d'Italia piuttosto che sull'Etna. Infatti, sebbene la DOCG sia generalmente considerata più rigorosa o qualitativamente superiore alla DOC, mentre la DOC lo è rispetto all'IGP, nel caso dell'Etna (ma in Sicilia in genere) questa non è una regola assoluta. In questo libro potresti trovare alcuni meravigliosi vini IGP o IGT che si sono distinti nelle sessioni di degustazione alla cieca e se per caso avessi la possibilità di assaggiarne alcuni, capiresti che vale la pena di assaggiare qualunque vino dell'Etna senza tener conto della classificazione o certificazione che possano avere.*

㊥*西西里島唯一歐盟保證法定葡萄酒產區認證為位於南部的 Cerasuolo di Vittoria DOCG.

Ⓔ* The only DOCG wine in Sicily is Cerasuolo di Vittoria, located in south of island.

Ⓘ* *L'unico DOCG in Sicilia è il Cerasuolo di Vittoria, situato nel sud dell'isola.*

本書葡萄酒盲飲分類項目與粉紅酒尺度表

BLIND TASTE CATEGORY AND SCALE OF ETNA ROSÉ WINE
CATEGORIE DI DEGUSTAZIONE ALLA CIECA E SCALA CROMATICA DEL VINO ETNA ROSATO

西西里火山葡萄酒 DOC 官方法規共規範了六種類型的葡萄酒（如本書頁數 p.78「西西里火山葡萄酒官方法規與地圖」），我將此六種 DOC 葡萄酒與符合標準的 IGP/IGT 認證葡萄酒、區分為三大項目進行九場盲飲：第一項目為「西西里火山白酒」，包含「火山白葡萄酒 Etna Bianco DOC 」、「火山特級白葡萄酒 Etna Bianco DOC Superiore」和 IGP/IGT 葡萄酒；第二項目為「西西里火山紅酒」，包含「火山紅葡萄酒 Etna Rosso DOC」、「火山陳年精選紅葡萄酒 Etna Rosso DOC Riserva」和 IGP/IGT 葡萄酒；第三項目為「西西里火山粉紅酒」，包含「西西里火山粉紅酒 Etna Rosato DOC」與日常餐酒 VDT 等級；最後一類「西西里火山氣泡酒 Etna Spumante」收納於本書的 <特別推薦篇 Special mention> 並預計寫入 2022 年出版的「義大利氣泡酒字典」。

There are six types of Etna DOC wines regulated in the "Regulations of Etna wine DOC (p.78)," and in this book, I categorize them into three genres together with the IGP/IGT wine that is made of same grape varieties in Mount Etna area. First category is "Etna White Wine," which includes Etna Bianco DOC, Etna Bianco DOC Superiore, and IGP/IGT white wine. Second is "Etna Red Wine" that includes Etna Rosso DOC, Etna Rosso DOC Riserva, and IGP/IGT red wine. Third is "Etna Rosé Wine" with Etna Rosato DOC and "Vino da Tavola (VDT)" rosé wine. "Etna Spumante" will be included in my next 2022 guidebook <Italian Sparkling Library>, and in this book, two sparkling wines are in "Special mention" to represent this genre.

Ci sono 6 tipi di vino DOC dell'Etna regolamentati nel "Disciplinare di produzione dell'Etna DOC (p.78)" e in questo libro li ho classificati in 3 categorie includendo anche i vini IGP / IGT che sono fatti con gli stessi vitigni sempre provenienti dallo stesso territorio dell'Etna. La prima categoria è "Vino Bianco dell'Etna," che comprende l'Etna Bianco DOC, l'Etna Bianco DOC Superiore e il vino bianco IGP / IGT. Il secondo è il "Vino Rosso dell'Etna" che comprende l'Etna Rosso DOC, l'Etna Rosso DOC Riserva e il vino rosso IGP / IGT. Il terzo è "Vino Rosato dell'Etna" con Etna Rosato DOC e vino rosato Vino da Tavola (VDT). L'"Etna Spumante" sarà incluso nella mia prossima guida in uscita nel 2022 <Italian Sparkling Library> ma già adesso due spumanti sono inserito in questo libro con una "menzione speciale," come rappresentante di questa categoria.

五十五位評審盲飲的三大項目葡萄酒中，「西西里火山紅酒」項目的表現最引人關注，尤其是各 Contrada 法定單一葡萄園的相互比較，盲飲中除了顯示火山各地塊的不同風土與各酒莊不同的釀酒哲學外，2014 年和 2016 年的表現更整體顯示火山紅酒的實力與陳年潛力；「西西里火山白酒」項目表現則令人驚艷，時常有國際評論提及西西里火山紅酒，相對較少關注白酒，然西西里火山白酒優雅的高酸度與輕盈果香，已逐漸成為顯露頭角的新人。相較於紅酒與白酒項目，「西西里火山粉紅酒」絕對是相對被忽略的酒款，然在西西里火山葡萄酒的歷史中，粉紅酒一直為歷史酒莊釀酒傳統之一，且傳統多採用混合紅白葡萄釀製深色、非今日常見的淡色粉紅酒。如果你像我一樣，將西西里火山粉紅酒一字排開並仔細觀察每一款粉紅酒的顏色，可發現其顏色迥異、界於黃色、橘色、紅色間且各自呈現的顏色深度亦有所不同，十分有趣。在此我將西西里火山粉紅酒就「顏色尺度」作規範，0 度最淺而 10 度最深，通過初選的十六款粉紅酒，其色度自最低 3 度至最高 8.5 度；置於色度後的文字作為說明顏色區間，在此書的每一頁粉紅酒的介紹中皆應用了此標準並標示正確的顏色，敘述如下：

顏色 色度 7.5；橘紅色（自 0 至 10，10 最深）

Among all blind-taste panels with 55 international judges, the "Etna red wine" category attracts much attention for the comparison between different contrada (single-vineyard, CRU or MGA) wine that shows different characteristics of its microclimate as well as diverse philosophy of different wineries. The performance of vintage 2014 and 2016 demonstrates well the potential and aging capacity of Etna red wine. The "Etna white wine" category is of surprise with its marked acidity, minerality, and elegant fruity nuances. Considering it is not mentioned as much as the Etna red wine in international review, it is believed that Etna white wine has good potential to be the future star. "Etna rosé wine" category is the least-noticed but quite exciting category. One of the traditions in Etna is the rosé wine made with mixed grapes of red and white varieties. The color is ranged from dark pink to ruby red instead of light pink or yellow as the more modern ones are. If you put bottles of different Etna rosé in a line and observe the colors, you'd find almost rainbow: colors of yellow, orange, red with varying degrees of depth. From the 16 different Etna rosé pre-selected, I classify the colors in a scale from 0 to 10 (10 darkest), followed by the description of color range which you'd find on every page of the rosé wine in the book.

Color classified as 7.5 ; dark orange to ruby red (from 0~10, 10 darkest)

Tra tutte le sessioni di degustazione alla cieca di queste 3 categorie di vini con 55 giudici internazionali, il "Vino rosso dell'Etna" ha attirato molta attenzione per il confronto tra vini delle diverse contrade (singolo-vigneto, CRU o MGA) che hanno mostrato le caratteristiche diverse dei propri microclima e della filosofia produttiva delle singole cantine. Le condizioni climatiche delle annate 2014 e 2016 hanno dimostrato bene il potenziale e la capacità di invecchiamento del vino rosso dell'Etna; il "Vino bianco dell'Etna" ha sorpreso per la sua spiccata acidità, mineralità, e le eleganti note fruttate. Considerando che non gode della stessa attenzione del vino rosso dell'Etna da parte delle riviste internazionali di settore, si ritiene che il vino bianco dell'Etna abbia ancora un buon potenziale per essere la stella del futuro; il "Rosato dell'Etna" è stata la categoria meno nota ma non per questo meno interessante. Una delle tradizioni dell'Etna è appunto il vino rosato prodotto con uve miste di varietà rosse e bianche e il colore può variare da rosato tendente al rubino fino al rosa chiaro o al giallognolo come quelli più moderni. Se metti in linea le bottiglie dei diversi rosati dell'Etna una di fianco all'altra e osservi i colori, vedrai quasi l'arcobaleno: note di giallo, arancio, rosso con diverso grado di intensità. Tra i 16 diversi rosati dell'Etna preselezionati, ho classificato i colori in una scala da 0 a 10 (10 più scuri), seguita dalla descrizione della gamma di colori che troverai anche riportata su ogni pagina del libro relativa al vino rosato.

Colore *classificato 7.5 ; da arancione scuro a rubino (da 0 ~ 10, 10 più scuro)*

表四：西西里火山粉紅酒尺度表
Chart 4: Scale of Etna rosé wine / *Grafico 4: Scala cromatica degli Etna Rosato*

顏色的差異度 Description of color range *Descrizione della gamma di colori*	尺度 Scale *Scala*	酒莊編號與酒莊名 Winery *Cantina*	頁數 Page *Pagine*
淡黃似蘋果肉色 *giallo chiaro come mela* / light yellow like apple pulp	3	6 Cottanera	*p.466*
giallo chiaro / light yellow / 淡黃、清澈鵝黃色		25 Tenuta delle Terre Nere	*p.482*
rosso giallo chiaro / light strawberry red / 草莓淡紅色	3.5	11 Barone di Villagrande	*p.460*
淡橘偏黃色 *da anancione chiaro a giallo* / ligtht orange to yhello	4	16 Girolamo Russo	*p.470*
淡橘偏草莓紅 *anancione chiaro a rosso giallo* / light orange to strawberry red		41 Palmento Costanzo	*p.478*
arancione chiaro / light orange / 淡橘色		45 Tenute Bosco	*p.484*
giallo chiaro / light yellow / 淺黃色	5	13 Graci	*p.472*
giallo-arancio / yellow-orange / 黃色偏橘	5.5	1 Pietradolce	*p.480*
arancione chiaro / light orange / 粉橘色	6	33 Torre Mora	*p.488*
arancione chiaro / light orange / 粉橘色		59 Terra Costantino	*p.486*
arancione scuro / dark orange / 橘紅色		5 Fattorie Romeo del Castello di Chiara Vigo	*p.468*
rosso fragola / strawberry red / 草莓紅	7	12 I Vigneri di Salvo Foti	*p.476*
玫瑰紅偏橘色 *paddle di rosa da rosso ad arancione*rose / paddle red to orange		3 VIVERA	*p.450*
arancione scuro / dark orange / 橘紅色	7.5	37 Cantine di Nessuno	*p.462*
深橘偏紅色 dark orange to red / *da arancione scuro ad rosso*	8	52 I Custodi delle vigne dell'Etna	*p.474*
arancione scuro / dark orange / 深橘色	8.5	17 Cantine Russo	*p.464*
	9		

㊥以上粉紅酒實際顏色詳p.578。
Ⓔ The different color of rosé wine in bottles are on p.578.
Ⓘ *Il diverso colore del vino rosato in bottiglia è su p.578.*

西西里火山葡萄酒官方法規與地圖

REGULATIONS OF ETNA DOC AND THE MAP

DISCIPLINARE ETNA DOC E MAPPA DELLA DENOMINAZIONE

『西西里火山葡萄酒歐盟法定產區認證 Etna D.O.C. (Denominazione di Origine Controllata)』官方法規自 1968 年 8 月 11 日總統令核准至今已有多次修改補充，雖然近期最後一次修改提議為 2018 年 12 月，然因修改內容尚未提交義大利中央政府農業部且預計最早將於 2020 年才開始實行 (* 註1)，因此本書使用的官方法規內容為 2011 年 9 月 27 日的核定頒發版本。現行規範 DOC 葡萄酒名稱種類有六個範疇；產區範圍如本書展開之地圖所示，形狀如卷龍 (如右下圖)，涵蓋二十一區，分別為 1. Aci 區、2. Sant'Antonio 區、3. Acireale 區、4. Belpasso 區、5. Biancavilla 區、6. Castiglione di Sicilia 區、7. Giarre 區、8. Linguaglossa 區、9. Mascali 區、10. Milo 區、11. Nicolosi 區、12. Paternò 區、13. Pedara 區、14. Piedimonte Etneo 區、15. Randazzo 區、16. Sant'Alfio 區、17. Santa Maria di Licodia 區、18. Santa Venerina 區、19. Trecastagni 區、20. Viagrande 區以及 21. Zafferana Etnea 區。截至今日，西西里火山葡萄酒官方法規中僅規範九區、共計 133 個法定單一葡萄園，分別位於 CASTIGLIONE DI SICILIA 區 46 個法定單一葡萄園、LINGUAGLOSSA 區 10 個法定單一葡萄園、MILO 區 8 個法定單一葡萄園、RANDAZZO 區 25 個法定單一葡萄園、SANTA MARIA DI LICODIA 區 1 個法定單一葡萄園、TRECASTAGNI 區 9 個法定單一葡萄園、VIAGRANDE 區 9 個法定單一葡萄園、BIANCAVILLA 區 5 個法定單一葡萄園、ZAFFERANA ETNEA 區 20 個法定單一葡萄園，共計 133 個的法定單一名稱 (詳 p.88)。法規中亦描述「部分非全部邊界」範圍，然現行法規因缺乏基礎地理界線資訊，加上西西里火山甚大，該法定產區橫跨火山的南北東三面外，亦因西西里火山十分活躍，近一百年內火山熔漿曾多次摧毀部分邊界，因此欲界定清楚西西里火山葡萄酒官方法規中的每一個範圍，不似皮爾蒙特省的 Barolo DOCG、Barbaresco DOCG 或是托斯卡尼的 Chianti DOCG、Nobile DOCG、Brunello DOCG 等其他葡萄酒產區容易，這是一件費時、費力、費工夫、要團結多方力量與資訊、卻未必能夠完整達成的差事。筆者於一年內探訪西西里火山七次中親訪各地方政府，得到多位縣長協助召集地政士、學者並統整當地長者的描述補充、再由各區酒莊莊主協助確認，方得與本書共同呈現初步製成的地圖。由於目前關於西西里火山「單一葡萄園 Contrada」的地圖並不存在，因此隨本書一同出版的地圖即為世界上的第一個版本，但待日後更加精進。

*註1 : 根據與西西里火山葡萄酒公會理事長 Antonio Benanti 於 2019 年 7 月 10 日書信往來。

*註2 :「單一葡萄園」的英文為 single vineyard、法文為 cru、義大利文為 MGA (Menzione Geografica Aggiuntiva)、而在西西里為 Contrada (名詞解釋詳p.45)。

現行西西里葡萄酒 Etna DOC 法規中的單一葡萄園 Contrada (* 註2) 多使用自然或人文現有景觀作為界線，譬如在火山西北部 Randazzo 區的編號 SP89 公路為 Contrada Imbischi、Ciarambella、Allegracore、Campo Rè、Pignatuni、Statella 和 Pignatone 單一葡萄園的分界線之一；同樣一條 SP89 公路在北部最大行政區 Castiglione di Sicilia 區則為 Contrada Cottanera、Diciasettesalme 以及 Feudo di Mezzo 等單一葡萄園的分界線之一；橫跨多區的 SS120 道路在同區則為 Contrada Feudo di Mezzo、Santo Spirito、Marchesa、Rampante、Montedolce、Zucconerò、Pettinociarelle、Schigliatore、Dafara Galluzzo、Piano filici、Picciolo、Caristia、Moscamento、Piano dei daini、Zottorinotto、Muganazzi 共 17 個法定單一葡萄園的分界線之一 (以上為位於 Castiglione di Sicilia 的單一葡萄園名)；在 Randazzo 區則為 Contrada Campo Rè、San Lorenzo、Arena、Pignatuni、Statella、Calderara、Croce Monaci、Taccione 共 8 個法定單一葡萄園的分界線之一；在所有火山北區的道路中，最知名的一條為 Strada Provinciale Etna Settentrionale，多數人常以此條路作為 Etna DOC 法規的最高海拔界線，此路亦稱作 Quota Mille (發音 : 擴塌密雷；義大利文「Mille」意指「千」)，然實際上此條路並非實際界線，而是因其建於海拔約 1,000 公尺處而常泛指 DOC 法規的最高海拔界線；在同樣西西里火山北區，阿爾坎塔拉河 (Alcantara River) 則為 Etna DOC 法規規範範圍中最低海拔的分界線，於 Randazzo 區為 Contrada Imbischi、San Teodoro、Ciarambella、Allegracore 和 Contrada Città Vecchia 等單一葡萄園分界線之一；於 Castiglione di Sicilia 區則為 Contrada Cottanera、Diciasettesalme、Carranco、Sciambro、Vena、Trimarchisa 和 Contrada Vignagrande 等單一葡萄園分界線之一。眾多規範分界線中，最有趣且不可思議的分界線當屬「舊鐵路軌道線 (Ferrata F.F.)」和「歷年熔漿產生的黑色熔岩地塊」。譬如火山北部的 Randazzo 區使用舊鐵路軌道線 (Ferrata F.F.) 作為 Contrada Feudo、Statella、Montelaguardia 以及 Taccione 單一葡萄園分界線之一，由於這些舊鐵路軌道已不再被使用，除非親自與當地農夫或酒莊莊主到葡萄園現場，否則打開衛星圖查看亦不易找到，針對這一條分界線，我花了一些功夫才釐清；另外法規中使用歷年熔漿的黑色熔岩地塊作為法定分界線，一則可能乃因原歷史分界線被該火山熔漿掩蓋，現場取而待之的是一座座無法跨越的黑色岩石堆塊，因而用之；二則因黑色熔岩的堅硬度高且涵蓋面積大，歷年熔漿經過的土地於百年內都難以再作使用，因此 DOC 法規中使用近年最嚴重的 1981 年熔岩作為 Randazzo 區 Contrada Campo Rè、Scimonetta 以及 Schigliatore 單一葡萄園的分界線，然因每年熔岩的界線與高度皆可能有所變動，因此可能使各單一葡萄園的邊界模糊且逐年有異。

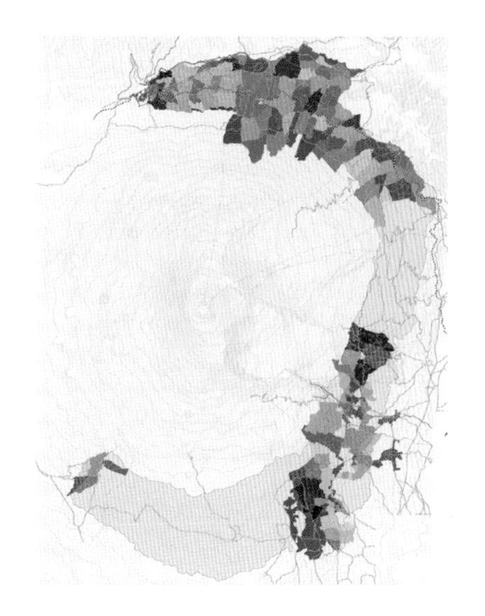

西西里火山葡萄酒官方法規與地圖
REGULATIONS OF ETNA DOC AND THE MAP
DISCIPLINARE ETNA DOC E MAPPA DELLA DENOMINAZIONE

The production regulations of Etna D.O.C. (Denominazione di Origine Controllata) was recognized by Presidential Decree on August 11th, 1968 with the last amendment on September 27th, 2011. The most recent discussion for modification is in December 2018 which has not yet been submitted to the Ministry Department of Italy and is expected to be applied no sooner than 2020 vintage*. According to the Etna DOC regulations, there are 6 categories of Etna DOC wine and the regulated area, in the shape that looks like a "rolling dragon" as I like to call it, involves part of the territory of 21 municipalities on northern, eastern and southern slopes of Etna in the province of Catania. They are 1. Aci, 2. Sant'Antonio, 3. Acireale, 4. Belpasso, 5. Biancavilla, 6. Castiglione di Sicilia, 7. Giarre, 8. Linguaglossa, 9. Mascali, 10. Milo, 11. Nicolosi, 12. Paternò, 13. Pedara, 14. Piedimonte Etneo, 15. Randazzo, 16. Sant'Alfio, 17. Santa Maria di Licodia, 18. Santa Venerina, 19. Trecastagni, 20. Viagrande and 21. Zafferana Etnea. Among these 21 municipalities, there are 133 official contrada** regulated in 9 municipalities. Some of them are border-defined, and some are still in lack of description or definition. The 133 official Contrada are the 46 contrada in CASTIGLIONE DI SICILIA, the 10 Contrada in LINGUAGLOSSA, the 8 contrada in MILO, the 25 contrada in RANDAZZO, the 1 contrada in SANTA MARIA DI LICODIA, the 9 contrada in TRECASTAGNI, the 9 Contrada in VIAGRANDE, the 5 contrada in BIANCAVILLA, and the 20 contrada in ZAFFERANA ETNEA. (The contrada list find in p.88, index I.) Unlike Barolo DOCG, Barbaresco DOCG in Piemont, or Chianti DOCG, Nobile DOCG, Brunello DOCG in Tuscany, Etna DOC has an active volcano, the Mount Etna. The volcanic activities of the Mother Mount Etna in recent decades have changed some borders of the contrada. It takes time and effort to "maybe" clarify definitely the perimeter of each contrada from different parties.

I have been to Etna 7 times during the past 12 months. One of the mission was to meet the mayors of municipalities, local architects, geometrists and wise old men of the area to locate each contrada. I took the draft conclusion to wineries for further discussion, and if possible, confirmation. The result is "an Enta Contrada Map," which awaits further correction from Consorzio di Tutela dei Vini Etna D.O.C. and other authority.

* According to Antonio Benanti, President of Consorzio di Tutela dei Vini Etna D.O.C. on July 10th, 2019.
** "Contrada": "single vineyard" in English, "cru" in French, "MGA (Menzione Geografica Aggiuntiva)" in Italian, see p.45.

In the Etna DOC wine regulations, it is accustomed to using existing roads or natural boundary like Alcantara River or province road as one of the defined borders for each contrada. For example, the SP89 road in Randazzo municipality serves as one of the borders for Contrada Imbischi, Ciarambella, Allegracore, Campo Rè, Pignatuni, Statella, and Pignatone. The same SP89 road in Castiglione di Sicilia municipality is for Contrada Cottanera, Diciasettesalme and Feudo di Mezzo. One of the main road in the northern Etna slope called SS120 defines 17 contrada in Castiglione di Sicilia municipality: Contrada Feudo di Mezzo, Santo Spirito, Marchesa, Rampante, Montedolce, Zucconerò, Pettinociarelle, Schigliatore, Dafara Galluzzo, Piano filici, Picciolo, Caristia, Moscamento, Piano dei daini, Zottorinotto, and Muganazzi. While in Randazzo, it is for 8 contrada including Contrada Campo Rè, San Lorenzo, Arena, Pignatuni, Statella, Calderara, Croce Monaci, and Taccione. Among all defined borders in north Etna, the most well-known one shall be "Strada Provinciale Etna Settentrionale" or called "Quota Mille." "Mille" means "thousand" in the Italian language. This road lies on about 1,000 meters above sea level, and it is often used to refer the north border in the highest altitude of Etna DOC regulations. However, what's commonly used isn't always right because this road is not written in the official regulations as one of the borders for the 133 official contrada.

On the other hand, the Alcantara River serves as the border for the lowest attitude for Etna DOC regulations, and it clarifies Contrada Imbischi, San Teodoro, Ciarambella, Allegracore and Contrada Città Vecchia in Randazzo. In Castiglione di Sicilia, it is one of the borders of Contrada Cottanera, Diciasettesalme, Carranco, Sciambro, Vena, Trimarchisa and Contrada Vignagrande. Among all the borders regulated in the Etna DOC regulations, the most interesting and unbelievable ones should be the deserted railroad called "Ferrata F.F." and the lava of 1981 eruption."Ferrata F.F." is the border of Contrada Feudo, Statella, Montelaguardia and Taccione in Randazzo. It is a task for people who try to find it on satellite images because it is in the middle of the field and no longer in use. The best way to find it is to ask the local farmers or winery owners of Etna. As for the lava of 1981 eruption, it is used in Randazzo as one of the borders for Contrada Campo Rè, Scimonetta, and Schigliatore. The lava flow of 1981 covers part of Randazzo, which is visible on the satellite images. However, the black clinkers that solidified from lava flow might change after decades, and it becomes challenging to define borders.

西西里火山葡萄酒官方法規與地圖
REGULATIONS OF ETNA DOC AND THE MAP
DISCIPLINARE ETNA DOC E MAPPA DELLA DENOMINAZIONE

Il disciplinare di produzione dell'Etna D.O.C. (Denominazione di Origine Controllata) è stato riconosciuto con decreto presidenziale l'11 agosto 1968, con l'ultimo emendamento risalente al 27 settembre 2011, e la discussione di modifica più recente del dicembre 2018, che tuttavia non è ancora stata presentata al Dipartimento del Ministero italiano e dovrebbe diventare effettiva non prima della vendemmia 2020. L'attuale disciplinare dell'Etna DOC prevede 6 categorie di vino e delimita i confini dell'area di produzione, nella forma che assomiglia ad un "dragone nascente" come mi piace chiamarla, comprendendo porzioni del territorio di 21 comuni disposti tra il nord ed i pendii orientali e meridionali dell'Etna in provincia di Catania. Ne fanno parte 1. Aci, 2. Sant'Antonio, 3. Acireale, 4. Belpasso, 5. Biancavilla, 6. Castiglione di Sicilia, 7. Giarre, 8. Linguaglossa, 9. Mascali, 10. Milo, 11. Nicolosi, 12. Paternò, 13. Pedara, 14. Piedimonte Etneo, 15. Randazzo, 16. Sant'Alfio, 17. Santa Maria di Licodia, 18. Santa Venerina, 19. Trecastagni, 20 Viagrande e 21. Zafferana Etnea. Tra questi 21 comuni, 9 comuni e 133 contrade** sono regolamentati con NOME come di seguito riportati e con confini ben definiti, altri invece mancano ancora della menzione o della definizione esatta dei confini: delle 133 Contrade dell'Etna DOC, 46 si trovano a CASTIGLIONE DI SICILIA, 10 Contrade a LINGUAGLOSSA, 8 Contrade a MILO, 25 a RANDAZZO, 1 Contrada a SANTA MARIA DI LICODIA, 9 Contrade a TRECASTAGNI, 9 a VIAGRANDE, 5 a BIANCAVILLA e 20 Contrade a ZAFFERANA ETNEA. A differenza del Piemonte con il Barolo DOCG, il Barbaresco DOCG, o della Toscana con il Chianti DOCG, il Nobile DOCG, e il Brunello DOCG o qualsiasi altra regione vinicola d'Italia, l'Etna DOC si estende sulla sua "Madre" montagna Etna, che è un vulcano piuttosto attivo. Ancora negli ultimi decenni, le sue frequenti attività vulcaniche potrebbero aver "cambiato" alcuni confini e serviranno tempo e fatica su diversi fronti per "forse" chiarire definitivamente il confine di ogni contrada prevista dal disciplinare.*

A me sono servite 7 visite sull'Etna negli ultimi 12 mesi, con la missione precisa di incontrare sindaci di alcuni comuni, architetti e geometri locali, e vecchi saggi della zona per localizzare ogni contrada e, dove possibile, provare a definirne i confini. Ho stilato una bozza finale che ho condiviso con le cantine per ulteriori approfondimenti o "magari" per la conferma finale. Il risultato è la MAPPA che presento con questo libro che è ancora una bozza in attesa delle correzioni finali e dell'approvazione da parte del Consorzio dell'Etna DOC e delle altre autorità competenti.

** Secondo Antonio Benanti, Presidente del Consorzio di Tutela dei Vini Etna D.O.C. il 10 luglio 2019.*

***"Contrada" in vino significa "singolo vigneto," è "Cru" in Francese, "MGA (Menzione Geografia Aggiuntiva)" in Italiano, vedi p.45.*

Nella regolamentazione del vino DOC Etna, è consuetudine utilizzare strade esistenti o confini naturali come fiumi o torrenti per determinare i confini esatti di ogni contrada. Ad esempio, la strada SP89 nel comune di Randazzo è servita come confine per Contrada Imbischi, Ciarambella, Allegracore, Campo Rè, Pignatuni, Statella e Pignatone; mentre la stessa strada SP89 nei comuni di Castiglione di Sicilia, per Contrada Cottanera, Diciasettesalme e Feudo di Mezzo. Una delle strade principali nel versante nord dell'Etna, chiamata SS120, delimita Contrada Feudo di Mezzo, Santo Spirito, Marchesa, Rampante, Montedolce, Zucconerò, Pettinociarelle, Schigliatore, Dafara Galluzzo, Piano filici, Picciolo, Caristia, Moscamento, Piano dei daini, Zottorinotto e Muganazzi, 17 contrade nel comune di Castiglione di Sicilia; mentre a Randazzo delimita i confini per 8 contrade, tra cui Contrada Campo Rè, San Lorenzo, Arena, Pignatuni, Statella, Calderara, Croce Monaci e Taccione. Tra tutti i confini delineati nelle contrade a nord dell'Etna, la più conosciuta è "Strada Provinciale Etna Settentrionale" o "Quota Mille." "Mille" significa "un migliaio" in lingua italiana e letteralmente questa strada si trova a 1.000 metri sul livello del mare ed è spesso utilizzata per riferirsi al confine nord nella massima altitudine del regolamento DOC dell'Etna. Tuttavia, ciò che è comunemente usato non è sempre esatto perché questa strada non è scritta nel regolamento ufficiale come uno dei confini.

Mentre il fiume Alcantara, il confine più basso per il disciplinare dell'Etna DOC, delimita Contrada Imbischi, San Teodoro, Ciarambella, Allegracore e Contrada Città Vecchia in Randazzo, e Contrada Cottanera, Diciasettesalme, Carranco, Sciambro, Vena, Trimarchisa e Contrada Vignagrande in Castiglione di Sicilia. Tra tutti i confini stabiliti dal disciplinare dell'Etna DOC, quello più interessante e curioso dovrebbe essere quello costituito dalla ferrovia abbandonata chiamata "Ferrata F.F." e la colata lavica dell'eruzione del 1981. La "Ferrata F.F." confina con Contrada Feudo, Statella, Montelaguardia e Taccione a Randazzo. È decisamente un compito impegnativo trovarlo per coloro che lo cercano su immagini satellitari perché si trova in mezzo ai campi, e le rotaie non sono più in uso. Il modo migliore è chiedere agli agricoltori locali o ai proprietari di una cantina Etnea. Per quanto riguarda la colata lavica dell'eruzione del 1981, viene utilizzata a Randazzo come uno dei confini di Contrada Campo Rè, Scimonetta e Schigliatore. La colata del 1981 copre parte di Randazzo, ed è visibile sulle immagini satellitari. Tuttavia, i clinker neri che si sono solidificati dal flusso di magma potrebbero cambiare dopo decenni e diventa difficile definire i confini esatti.

一、西西里火山白葡萄酒 Etna Bianco DOC

◎ 以下我將官方規範的六種 Etna DOC 葡萄酒規定作整理，其官方原文為義大利文，目前不存在其他語言版本，以下的英文與中文乃為筆者的翻譯整理。

葡萄品種 | 西西里火山原生品種 Carricante 葡萄至少 60%；西西里火山原生品種 Catarratto 葡萄不得多於 40%；其他西西里官方註冊品種不得超過 15%。

產區範圍 | 如本書頁數 p.72 地圖所示，形狀如卷龍，涵蓋二十一區（如上方所述）。

葡萄園種植環境 | 必須為傳統葡萄園且應遵循尊重葡萄品種的自然種植方式，不得以種植、栽培或修枝形式改變葡萄品種特性；禁止任何強迫葡萄增產的行為。

每公頃最高產量 | 火山白葡萄酒（含特級）、粉紅葡萄酒、紅葡萄酒皆不得超過 9 公頃 *。

◎ The Etna DOC regulations in English you find below are translated by Xiaowen Huang; the only official version is still in Italian language.

Grape | Carricante grape minimum 60%; Catarrattono grape no more than 40%; other non-aromatic white grape varieties suitable for cultivation in the Sicily region, registered in the national vine variety registered, no more than 15%.

Production area | See the map on p.72. The production area looks like a rolling dragon, covering 21 municipalities.

Rules for viticulture | The environmental and cultivation condition of vineyards must be the traditions of the area and suitable to provide the specific characteristics to the grapes and the wine in terms of planting, forms of cultivation, and pruning systems must be generally used and not designed to change the characteristics of the grapes and wines; any forcing practice is prohibited.

Yield | Etna Bianco 9 t/ha, same as Etna Bianco Superior, Etna Rosso and Etna Rosato*.

◎ *Il regolamento Etna DOC in inglese che trovi qui sotto è tradotto da Xiaowen Huang perchè l'unica versione ufficiale è ancora solo in lingua italiana.*

Uva | *Carricante minimo 60%; Catarratto bianco comune o lucido da 0 a 40%; Possono concorrere alla produzione di detto vino, fino ad un massimo del 15% del totale a bacca bianca non aromatici idonei alla coltivazione nella regione Sicilia.*

Zona di produzione delle uve | *Vedi la mappa di p.72. L'area di produzione sembra un dragone nascente e copre 21 distretti come menzionato sopra.*

Norme per la viticoltura | *Le condizioni ambientali e di coltura dei vigneti devono essere quelle tradizionali della zona e, comunque, atte a conferire alle uve e al vino derivato le specifiche caratteristiche; I sesti di impianto, le forme di allevamento e i sistemi di potatura devono essere quelli generalmente usati o comunque atti a non modificare le caratteristiche delle uve e dei vini; E' vietata ogni pratica di forzatura.*

Le rese massime di uva per ettaro di vigneto | *Etna Bianco 9 t/ha, come Etna Bianco Superior, Etna Rosso ed Etna Rosato*.*

| 官方規範葡萄酒特徵 |

顏色 | 稻草黃色，有時帶淺金色反射

香氣 | 細膩，有特色

口感 | 回甘，清新，和諧

酒精含量 | 11.50% vol. 以上

酸度 | 最低 5.5 克 / 升

自然萃取物 | 至少 18 克 / 升

* 備註：「傳統式混合品種種植方式」亦應依以上規範計算實際葡萄園種植範圍且應上報總產量；遇豐收年時可超過規範但不得多於百分之二十。

| Characteristics regulated by law |

color | straw yellow, sometimes with light golden reflections

smell | delicate, characteristic

flavor | dry, fresh, harmonious

minimum alcohol | 11.5% vol.

minimum acidity | 5.5 g/l

minimum non-reducing extract | at least 18 g/l

* Without prejudice to the maximum limits indicated above, the yield per hectare of vineyard in mixed cultivation must be calculated in relation to the actual area covered by the vine. The yields must be reported and the production does not exceed the same limits by 20% even in exceptionally favorable years.

| *Caratteristiche al consumo* |

color | *giallo paglierino, talvolta con leggeri riflessi dorati*

odore | *delicato, caratteristico*

sapore | *secco, fresco, armonico*

alcolometrico totale minimo | *11.5% vol.*

acidità totale minimo | *5.5 g/l*

estratto non riduttore minimo | *da 18 g/l*

* *Fermi restando i limiti massimi sopra indicati, la resa per ettaro di vigneto in coltura promiscua deve essere calcolata in rapporto all'effettiva superficie coperta dalla vite. A detti limiti, anche in annate eccezionalmente favorevoli, le rese dovranno essere riportate, purché la produzione non superi del 20% i limiti medesimi.*

二、西西里火山特級白葡萄酒 Etna Bianco DOC Superiore

葡萄品種 | 西西里火山原生品種 Carricante 葡萄至少 80%；其他西西里官方註冊品種不得超過 20%。

產區範圍 | 同「一、西里火山白葡萄酒」

葡萄園種植環境 | 同「一、西西里火山白葡萄酒」

每公頃最高產量 | 火山白葡萄酒(含特級)、粉紅葡萄酒、紅葡萄酒皆不得超過 9 公頃

官方規範葡萄酒特徵

顏色 | 淺稻草黃色，綠色反射

香氣 | 細膩，有特色

口感 | 回甘，清新，和諧，柔軟

酒精含量 | 不得低於 12.00% vol.

酸度 | 5.5 至 7 克 / 升

自然萃取物 | 至少 18 克 / 升

Grape | Carricante minimum 80%; other non-aromatic white grape varieties suitable for cultivation in the Sicily region, as specified above, up to a maximum of 20% of the total.

Production area | Same as Etna Bianco DOC

Rules for viticulture | Same as Etna Bianco DOC

Yield | Same as Etna Bianco DOC

Characteristics regulated by law

color | pale straw yellow with greenish reflections

smell | delicate, characteristic

flavor | dry, fresh, harmonious, soft

minimum alcohol | 12.00% vol.

minimum acidity | 5.5 to 7 g/l

minimum non-reducing extract | 18 g/l

Uva | *Carricante minimo 80%; possono concorrere alla produzione di detto vino, fino ad un massimo del 20% del totale a bacca bianca non aromatici idonei alla coltivazione nella regione Sicilia, come sopra specificato.*

Zona di produzione delle uve | *Come Etna Bianco DOC*

Norme per la viticoltura | *Come Etna Bianco DOC*

Le rese massime di uva per ettaro di vigneto | *Come Etna Bianco DOC*

Caratteristiche al consumo

color | *giallo paglierino molto scarico con riflessi verdolini*

odore | *delicato, caratteristico*

sapore | *secco, fresco, armonico, morbido*

alcolometrico totale minimo | *12.00% vol.*

acidità totale minimo | *da 5.5 a 7 g/l*

estratto non riduttore minimo | *18 g/l*

三、西西里火山紅葡萄酒 Etna Rosso DOC

葡萄品種 | 西西里火山原生品種 Nerello Mascalese 葡萄至少 80%；西西里火山原生品種 Nerello Mantellato (或稱 Nerello Cappuccio) 不得多於 20%；其他西西里官方註冊葡萄品種總量不得超過 10%。

產區範圍 | 同「一、西里火山白葡萄酒」

葡萄園種植環境 | 同「一、西西里火山白葡萄酒」

每公頃最高產量 | 火山白葡萄酒 (含特級)、粉紅葡萄酒、紅葡萄酒皆不得超過 9 公頃

官方規範葡萄酒特徵

顏色 | 紅寶石色、隨陳年漸趨橘色反射

香氣 | 濃烈，有特色

口感 | 回甘，味蕾感受其柔順溫暖，飽滿、有力而和諧

酒精含量 | 12.50% vol. 以上

酸度 | 最低 5 克 / 升

自然萃取物 | 至少 20 克 / 升

Grape | Nerello Mascalese minimum 80%; Nerello Mantellato (Nerello Cappuccio) from 0 to 20%; other non-aromatic white grape varieties suitable for cultivation in the Sicily region, registered in the national vine variety registered, no more than 10%.

Production area | Same as Etna Bianco DOC

Rules for viticulture | Same as Etna Bianco DOC

Yield | Same as Etna Bianco DOC

Characteristics regulated by law

color | ruby red with garnet reflections with aging

smell | intense, characteristic

flavor | dry, warm, robust, full, harmonious

minimum alcohol | 12.50% vol.

minimum acidity | 5 g/l

minimum non-reducing extract | 20 g/l

Uva | *Nerello Mascalese minimo 80%; Nerello Mantellato (Nerello Cappuccio) da 0 a 20%. Possono concorrere alla produzione di detti vini, fino ad un massimo del 10% del totale, alla coltivazione nella regione Sicilia , come sopra specificato.*

Zona di produzione delle uve | *Come Etna Bianco DOC*

Norme per la viticoltura | *Come Etna Bianco DOC*

Le rese massime di uva per ettaro di vigneto | *Come Etna Bianco DOC*

Caratteristiche al consumo

color | *rosso rubino con riflessi granato con l'invecchiamento*

odore | *intenso, caratteristico*

sapore | *secco, caldo robusto, pieno, armonico*

alcolometrico totale minimo | *12.50% vol.*

acidità totale minimo | *5 g/l*

estratto non riduttore minimo | *20 g/l*

四、西西里火山陳年精選紅葡萄酒 Etna Rosso DOC Riserva

葡萄品種 | 同「三、西西里火山紅葡萄酒」
產區範圍 | 同「一、西里火山白葡萄酒」
葡萄園種植環境 | 同「一、西西里火山白葡萄酒」
每公頃最高產量 | 每公頃不得超過 8 公頃
陳年規範 | 西西里火山紅葡萄酒必須在法規產區範圍內至少陳年四年、其中至少一年陳年於木桶內；自採收當年的十一月一日開始計算。

官方規範葡萄酒特徵

顏色 | 紅寶石色、隨陳年漸趨橘色反射
香氣 | 濃烈，有特色
口感 | 回甘，味蕾感受其柔順溫暖，飽滿、有力而和諧

酒精含量 | 13.00% vol. 以上
酸度 | 最低 4.5 克 / 升
自然萃取物 | 至少 20 克 / 升

Grape | Same as Etna Rosso DOC
Production area | Same as Etna Bianco DOC
Rules for viticulture | Same as Etna Bianco DOC
Yield | Etna Rosso Riserva 8 t/ha, while 9 t/ha for Etna Bianco, Etna Bianco Superior, Etna Rosso and Etna Rosato. The rest is the same.
Aging | The Etna Rosso wine can use the term "reserve" only when subjected within the production area at least four years, of which at least 12 months in wood. The aging period starts from November 1st of the year of production.

Characteristics regulated by law

color | ruby red with garnet reflections with aging
smell | intense, characteristic
flavor | dry, warm, robust, full, harmonious

minimum alcohol | 13.00% vol.
minimum acidity | 4.5 g/l
minimum non-reducing extract | 20 g/l

Uva | *Come Etna Rosso DOC*
Zona di produzione delle uve | *Come Etna Bianco DOC*
Norme per la viticoltura | *Come Etna Bianco DOC*
Le rese massime di uva per ettaro di vigneto | *Etna Rosso Riserva 8 t/ha; mentre 9 t/ha per Etna Bianco (Superior), Etna Rosso ed Etna Rosato. Il resto è lo stesso.*
Invecchiamento | *La tipologia "Etna" rosso può utilizzare la menzione "riserva" solo se sottoposto ad un periodo di invecchiamento all'interno della zona di produzione di almeno quattro anni, di cui almeno 12 mesi in legno. Il periodo di invecchiamento decorre dal 1° novembre dell'anno di produzione delle uve.*

Caratteristiche al consumo

color | *rosso rubino con riflessi granato con l'invecchiamento*
odore | *intenso, caratteristico*
sapore | *secco, caldo robusto, pieno, armonico*

alcolometrico totale minimo | *13,00% vol.*
acidità totale minimo | *4.5 g/l*
estratto non riduttore minimo | *20 g/l*

五、西西里火山粉紅葡萄酒 Etna Rosato DOC

葡萄品種｜同「三、西里火山紅葡萄酒」
產區範圍｜同「一、西里火山白葡萄酒」
葡萄園種植環境｜同「一、西西里火山白葡萄酒」
每公頃最高產量｜火山白葡萄酒(含特級)、粉紅葡萄酒、紅葡萄酒皆不得超過 9 公頃

官方規範葡萄酒特徵

顏色｜粉紅近紅寶石色
香氣｜濃烈，有特色
口感｜回甘，和諧
酒精含量｜12.50% vol. 以上
酸度｜最低 5 克 / 升
自然萃取物｜至少 20 克 / 升

* 規範第五條第四款：火山粉紅酒若使用紅葡萄，則應以釀製粉紅酒的製程進行；若同時使用紅白葡萄，則應分開榨汁。

Grape | Same as Etna Rosso DOC
Production area | Same as Etna Bianco DOC
Rules for viticulture | Same as Etna Bianco DOC
Yield | Same as Etna Bianco DOC

Characteristics regulated by law

color | pink tending to ruby
smell | intense, characteristic
flavor | dry, harmonious
minimum alcohol | 12.50% vol.
minimum acidity | 5 g/l
minimum non-reducing extract | 20 g/l

* Article 5.4: The rosé typology must obtained the "rosé" vinification of red grapes or with the vinification of a pile of red and white grapes crushed separately.

Uva | *Come Etna Rosso DOC*
Zona di produzione delle uve | *Come Etna Bianco DOC*
Norme per la viticoltura | *Come Etna Bianco DOC*
Le rese massime di uva per ettaro di vigneto | *Come Etna Bianco DOC*

Caratteristiche al consumo

color | *rosato tendente al rubino*
odore | *intenso, caratteristico*
sapore | *secco, armonico*
alcolometrico totale minimo | *12.50% vol.*
acidità totale minimo | *5 g/l*
estratto non riduttore minimo | *20 g/l*

* *Articolo 5.4: La tipologia rosato deve essere ottenuta con la vinificazione "in rosato" delle uve rosse ovvero con la vinificazione di un coacervo di uve rosse e bianche anche ammostate separatamente.*

六、西西里火山氣泡葡萄酒 Etna Spumante DOC

傳統型粉紅氣泡或白氣泡葡萄酒

葡萄品種 | 西西里火山傳統品種 Nerello Mascalese 葡萄至少 60%；其他西西里官方在地註冊葡萄品種總量不得超過 40%。

產區範圍 | 同「一、西里火山白葡萄酒」

葡萄園種植環境 | 同「一、西西里火山白葡萄酒」

每公頃最高產量 | 無規範

釀造方式 | 西西里火山粉紅氣泡酒，來自紅葡萄者必須以粉紅酒或紅酒之釀造方式進行，如有白葡萄者應分開榨汁處理；白氣泡酒則應來自紅葡萄並以白葡萄釀造方式進行。

陳年規範 | 必須天然地進行瓶中二次發酵、含酒渣陳年至少十八個月份以上。

Etna Sparkling Wine Vinified in Rosé and White

Grape | Nerello Mascalese minimum 60%; other vines suitable for cultivation in the Sicily region up to a maximum of 40%.

Production area | Same as Etna Bianco DOC

Rules for viticulture | Same as Etna Bianco DOC

Yield | Not regulated

Rules for viticulture | The rosé typology must be obtained with the "rosé" vinification of red grapes or with the vinification of red grapes while white grapes are crushed separately; for the white typology must be with white vinification of red grapes.

Aging | Must obtain exclusively by natural refermentation in the bottle with permanence on the lees for at least 18 months.

Spumante Rosato o Vinificato in Bianco

Uva | *Nerello Mascalese minimo 60%; possono concorrere alla produzione di detto vino, nella misura massima del 40% altri vitigni idonei alla coltivazione nella regione Sicilia come sopra specificato.*

Zona di produzione delle uve | *Come Etna Bianco DOC*

Norme per la viticoltura | *Come Etna Bianco DOC*

Le rese massime di uva per ettaro di vigneto | *Non regolato*

Le | *La tipologia rosato deve essere ottenuta con la vinificazione "in rosato" delle uve rosse ovvero con la vinificazione di un coacervo di uve rosse e bianche anche ammostate separatamente; per la tipologia bianco, mediante la vinificazione in bianco delle uve rosse.*

Invecchiamento | *La tipologia spumante deve essere ottenuta esclusivamente per rifermentazione naturale in bottiglia con permanenza sui lieviti per almeno 18 mesi.*

| 官方規範葡萄酒特徵 |

泡沫 | 細膩而持久

顏色 | [玫瑰氣泡酒] 粉紅色、隨陳年漸趨紅寶石色反射
[白色氣泡酒] 淺稻草黃色、隨陳年漸趨金色反射

香氣 | 濃郁有特色，帶細緻酵母香氣

口感 | 飽滿，和諧，持久；從 brut 到 extradry；若曾存儲在木桶容器，則葡萄酒的口感可顯現輕微木質味。

酒精含量 | 11.00% vol. 以上

酸度 | 最低 5 克 / 升

自然萃取物 | 至少 15 克 / 升

| Characteristics regulated by law |

foam | fine and persistent

color | [for the rosé type] pinkish discharge with ruby reflections with aging
[for the white type] pale straw yellow, with golden reflections with aging

smell | intense and characteristic, with a delicate hint of yeast

flavor | full, harmonious, of good persistence; from brut to extradry; in relation to the possible storage in wooden containers the taste of the wines can reveal a slight hint of wood.

minimum alcohol | 11.00% vol.

minimum acidity | 5 g/l

minimum non-reducing extract | 15 g/l

| *Caratteristiche al consumo* |

spuma | *fine e persistente*

color | *[per il tipo rosato] rosato scarico con riflessi rubino con l'invecchiamento*
[per il tipo bianco] giallo paglierino scarico, con riflessi dorati con l'invecchiamento

odore | *intenso e caratteristico, con delicato sentore di lievito*

sapore | *pieno, armonico, di buona persistenza; da brut a extradry; per tutte le suddette tipologie, in relazione all'eventuale conservazione in recipienti di legno il sapore dei vini può rivelare lieve sentore di legno.*

alcolometrico totale minimo | *11.00% vol.*

acidità totale | *5 g/l*

estratto non riduttore minimo | *15 g/l*

表五：西西里火山葡萄酒官方法規一覽表

Chart 5: Quick Search of Etna DOC Regulations / *Grafico 5: Disciplinare Etna DOC in Breve*

	火山白葡萄酒 *Etna Bianco DOC*	火山特級白葡萄酒 *Etna Bianco DOC Superiore*	火山紅葡萄酒 *Etna Rosso DOC*
葡萄品種 Grape *Uva*	Carricante 60% Catarratto 40% 其他/Others/Altri 15%	Carricante 80% 其他/Others/Altri 20%	Nerello Mascalese 80% Nerello Mantellato (Nerello Cappuccio) 20% 其他/Others/Altri 10%
陳年規範 Aging *Invecchiamento*	無規範 not regulated *non regolato*		
最高產量 Yield *Resa massima*	9 公頓 / 公頃 9 t/ha		
酒精含量 minimum alcohol *alcolometrico totale minimo*	11.50% vol.	12.00% vol	12.50% vol.
官方規範特徵 / Characteristics regulated by law / *Caratteristiche al consumo*			
顏色 color *colore*	稻草黃色，淺金色反射 straw yellow, light golden reflections *giallo paglierino, talvolta con leggeri riflessi dorati*	淺稻草黃色，綠色反射 pale straw yellow with greenish reflections *giallo paglierino molto scarico con riflessi verdolini*	紅寶石色、隨陳年漸趨橘色反射 ruby red, garnet reflections with aging *rosso rubino con riflessi granato con l'invecchiamento*
香氣 smell *odore*	細膩，有特色 delicate, characteristic *delicato, caratteristico*		濃烈，有特色 intense, characteristic *intenso, caratteristico*
口感 flavor *sapore*	回甘，清新，和諧 dry, fresh, harmonious *secco, fresco, armonico*	回甘，清新，和諧，柔軟 dry, fresh, harmonious, soft *secco, fresco, armonico, morbido*	回甘，味蕾感受其柔順溫暖，飽滿、有力而和諧 dry, warm, robust, full, harmonious *secco, caldo robusto, pieno, armonico*
酸度（克 / 升） minimum acidity *acidità totale minina*	5.5 g/l	介於 5.5 至 7 之間 from 5.5 to 7 g/l da 5.5 a 7 g/l	5 g/l
自然萃取物（克 / 升） minimum non-reducing extract *estratto non riduttore minimo*	18 g/l	18 g/l	20 g/l

<table>
<tr><th>火山陳年精選紅葡萄酒
Etna Rosso DOC Riserva</th><th>火山粉紅葡萄酒
Etna Rosato DOC</th><th colspan="2">火山氣泡葡萄酒（粉紅、白）
Etna Spumante DOC (Rosé or white)
Rosato o vinificato in bianco</th></tr>
<tr><td colspan="2">同火山紅葡萄酒
Same as Etna Rosso DOC
Come Etna Rosso DOC</td><td colspan="2">Nerello Mascalese 60%
其他/Others/Altri 40%</td></tr>
<tr><td>在法規產區內至少陳年四年
Ⓔwithin the production area at least four years
Ⓘdella zona di produzione di almeno quattro anni</td><td>無規範
not regulated
non regolato</td><td colspan="2">含酒渣陳年至少十八個月份以上
on the lees for at least 18 months
naturale in bottiglia con permanenza sui lieviti per almeno 18 mesi</td></tr>
<tr><td>8 公頓 / 公頃
8 t/ha</td><td>9 公頓 / 公頃
9 t/ha</td><td colspan="2">無規範
not regulated
non regolato</td></tr>
<tr><td>13.00% vol.</td><td>12.50% vol.</td><td colspan="2">11.00% vol.</td></tr>
<tr><th colspan="4">官方規範特徵 / Characteristics regulated by law / Caratteristiche al consumo</th></tr>
<tr><td rowspan="4">同火山紅葡萄酒
Same as Etna Rosso DOC
Come Etna Rosso DOC</td><td rowspan="2">粉紅色趨於紅寶石
pink tending to ruby
rosato tendente al rubino</td><th>玫瑰氣泡酒
Rosé / tipo rosato</th><th>白色氣泡酒
White / tipo bianco</th></tr>
<tr><td>粉紅色、隨陳年漸趨紅寶石色反射
Ⓔpinkish discharge with ruby reflections with aging
Ⓘrosato scarico con riflessi rubino con l'invecchiamento</td><td>淺稻草黃色，隨陳年漸趨金色反射 Ⓔpale straw yellow, with golden reflections with aging
Ⓘgiallo paglierino scarico, con riflessi dorati con l'invecchiamento</td></tr>
<tr><td>濃烈，有特色
intense, characteristic
intenso, caratteristico</td><td colspan="2">濃郁有特色，帶細緻酵母香氣
intense and characteristic, with a delicate hint of yeast
intenso e caratteristico, con delicato sentore di lievito</td></tr>
<tr><td>回甘，和諧
dry, harmonious
secco, armonico</td><td colspan="2">飽滿，和諧，持久；從 brut 到 extradry；若存儲在木桶容器，則葡萄酒的口感可顯現輕微木質味。
Ⓔfull, harmonious, of good persistence; from brut to extradry; in relation to the possible storage in wooden containers the taste of the wines can reveal a slight hint of wood. Ⓘpieno, armonico, di buona persistenza; da brut a extradry; per tutte le suddette tipologie, in relazione all'eventuale conservazione in recipienti di legno il sapore dei vini può rivelare lieve sentore di legno.</td></tr>
<tr><td>4.5 g/l</td><td>5 g/l</td><td colspan="2">5 g/l</td></tr>
<tr><td>20 g/l</td><td>20 g/l</td><td colspan="2">15 g/l</td></tr>
</table>

區內順序 DOC No.	葡萄園名 Contrada

Biancavilla

1	Maiorca
2	Torretta
3	Rapilli
4	Stella
5	Spadatrappo

Castiglione di Sicilia

1	Acquafredda
2	Cottanera
3	Diciasettesalme
4	Mille Cocchita
5	Carranco
6	Torreguarino
7	Feudo di Mezzo
8	Santo Spirito
9	Marchesa
10	Passo Chianche
11	Guardiola
12	Rampante
13	Montedolce
14	Zucconerò
15	Pettinociarelle
16	Schigliatore
17	Imboscamento
18	Grotta della Paglia
19	Mantra murata
20	Dafara Galluzzo
21	Dragala Gualtieri
22	Palmellata
23	Piano filici
24	Picciolo
25	Caristia
26	Moscamento
27	Fossa san Marco
28	Pontale Palino
29	Crasà
30	Piano dei daini
31	Zottorinotto
32	Malpasso
33	Pietra Marina
34	Verzella
35	Muganazzi
36	Arcuria
37	Pietrarizzo
38	Bragaseggi
39	Sciambro
40	Vena
41	Iriti
42	Trimarchisa
43	Vignagrande
44	Canne
45	Barbabecchi
46	Collabbasso

Linguaglossa

1	Pomiciaro
2	Lavina
3	Martinella
4	Arrigo
5	Friera
6	Vaccarile
7	Valle Galfina
8	Alboretto - Chiuse del Signore
9	Panella - Petto Dragone
10	Baldazza

區內順序 DOC No.	葡萄園名 Contrada

Milo

1	Villagrande
2	Pianogrande
3	Caselle
4	Rinazzo
5	Fornazzo
6	Praino
7	Volpare
8	Salice

Randazzo

1	Imbischi
2	San Teodoro
3	Feudo
4	Ciarambella
5	Allegracore
6	Città Vecchia
7	Giunta
8	Campo Rè
9	San Lorenzo
10	Crocittà
11	Scimonetta
12	Bocca d'Orzo
13	Arena
14	Pignatuni
15	Chiusa Politi
16	Pianodario
17	Statella
18	Pignatone
19	Montelaguardia
20	Pino
21	Sciara Nuova
22	Calderara
23	Croce Monaci
24	Taccione
25	Calderara Sottana

Santa Maria di Licodia

1	Cavaliere

區內順序 DOC No.	葡萄園名 Contrada

Trecastagni

1	Cavotta
2	Monte Ilice
3	Carpene
4	Grotta Comune
5	Eremo Di S.Emilia
6	Monte Gorna
7	Ronzini
8	Monte S.Nicolò
9	Tre Monti

Viagrande

1	Blandano
2	Cannarozzo
3	Monaci
4	Monte Rosso
5	Monte Serra
6	Muri Antichi
7	Paternostro
8	Sciarelle
9	Viscalori

Zafferana Etnea

1	Fleri
2	San Giovannello
3	Cavotta
4	Pietralunga
5	Pisano
6	Pisanello
7	Fossa Gelata
8	Scacchieri
9	Sarro
10	Piricoco
11	Civita
12	Passo Pomo
13	Rocca d'Api
14	Cancelliere – Spuligni
15	Airone
16	Valle San Giacomo
17	Piano dell'Acqua
18	Petrulli
19	Primoti
20	Algerazz

CONTRADA 列表

CONTRADA LIST 以字母排列 / Contrada Index in Alphabetical Order / *Elenco delle Contrade in Ordine*

區內順序 DOC No.	葡萄園名 Contrada	區域 Municipality / *Comune*	地圖位置 On the map / *Sur la mappa*
A			
1	*Acquafredda*	Castiglione di Sicilia	C1
15	*Airone*	Zafferana Etnea	C3
8	*Alboretto - Chiuse del Signore*	Linguaglossa	D2
20	*Algerazz*	Zafferana Etnea	C3
5	*Allegracore*	Randazzo	B1
36	*Arcuria*	Castiglione di Sicilia	C1
13	*Arena*	Randazzo	B1
4	*Arrigo*	Linguaglossa	D2
B			
10	*Baldazza*	Linguaglossa	D2
45	*Barbabecchi*	Castiglione di Sicilia	C1
1	*Blandano*	Viagrande	C4
12	*Bocca d'Orzo*	Randazzo	B1
38	*Bragaseggi*	Castiglione di Sicilia	C1
C			
22	*Calderara*	Randazzo	B1
25	*Calderara Sottana*	Randazzo	B1
8	*Campo Rè*	Randazzo	B1
14	*Cancelliere – Spuligni*	Zafferana Etnea	D3
2	*Cannarozzo*	Viagrande	C4
44	*Canne*	Castiglione di Sicilia	C1
25	*Caristia*	Castiglione di Sicilia	D1
3	*Carpene*	Trecastagni	C4
5	*Carranco*	Castiglione di Sicilia	C1
3	*Caselle*	Milo	D3
1	*Cavaliere*	Santa Maria di Licodia	A4
3	*Cavotta*	Zafferana Etnea	C3
1	*Cavotta*	Trecastagni	C4
15	*Chiusa Politi*	Randazzo	B1
4	*Ciarambella*	Randazzo	B1
6	*Città Vecchia*	Randazzo	B1

區內順序 DOC No.	葡萄園名 Contrada	區域 Municipality / *Comune*	地圖位置 On the map / *Sur la mappa*

C

11	***Civita***	Zafferana Etnea	
46	***Collabbasso***	Castiglione di Sicilia	D3
2	***Cottanera***	Castiglione di Sicilia	C1
29	***Crasà***	Castiglione di Sicilia	C1
23	***Croce Monaci***	Randazzo	C1
10	***Crocittà***	Randazzo	B1
			B1

D-E

20	***Dafara Galluzzo***	Castiglione di Sicilia	C1
3	***Diciasettesalme***	Castiglione di Sicilia	C1
21	***Dragala Gualtieri***	Castiglione di Sicilia	C1
5	***Eremo Di S.Emilia***	Trecastagni	C4

F

3	***Feudo***	Randazzo	B1
7	***Feudo di Mezzo***	Castiglione di Sicilia	C1
1	***Fleri***	Zafferana Etnea	C3
5	***Fornazzo***	Milo	D3
7	***Fossa Gelata***	Zafferana Etnea	D3
27	***Fossa san Marco***	Castiglione di Sicilia	D1
5	***Friera***	Linguaglossa	D2

G-L

7	***Giunta***	Randazzo	B1
4	***Grotta Comune***	Trecastagni	C4
18	***Grotta della Paglia***	Castiglione di Sicilia	C1
11	***Guardiola***	Castiglione di Sicilia	C1
1	***Imbischi***	Randazzo	B1
17	***Imboscamento***	Castiglione di Sicilia	C1
41	***Iriti***	Castiglione di Sicilia	C1
2	***Lavina***	Linguaglossa	D1

區內順序 DOC No.	葡萄園名 Contrada	區域 Municipality / *Comune*	地圖位置 On the map / *Sur la mappa*

M

1	***Maiorca***	Biancavilla	A4
32	***Malpasso***	Castiglione di Sicilia	C1
19	***Mantra murata***	Castiglione di Sicilia	C1
9	***Marchesa***	Castiglione di Sicilia	C1
3	***Martinella***	Linguaglossa	D1
4	***Mille Cocchita***	Castiglione di Sicilia	C1
3	***Monaci***	Viagrande	C4
6	***Monte Gorna***	Trecastagni	C4
2	***Monte Ilice***	Trecastagni	C4
4	***Monte Rosso***	Viagrande	C4
8	***Monte S.Nicolò***	Trecastagni	C4
5	***Monte Serra***	Viagrande	C4
13	***Montedolce***	Castiglione di Sicilia	C1
19	***Montelaguardia***	Randazzo	B1
26	***Moscamento***	Castiglione di Sicilia	C1
35	***Muganazzi***	Castiglione di Sicilia	C1
6	***Muri Antichi***	Viagrande	C4

P

22	***Palmellata***	Castiglione di Sicilia	D1
9	***Panella - Petto Dragone***	Linguaglossa	D2
10	***Passo Chianche***	Castiglione di Sicilia	C1
12	***Passo Pomo***	Zafferana Etnea	D3
7	***Paternostro***	Viagrande	C4
18	***Petrulli***	Zafferana Etnea	D3
15	***Pettinociarelle***	Castiglione di Sicilia	C1
30	***Piano dei daini***	Castiglione di Sicilia	C1
17	***Piano dell'Acqua***	Zafferana Etnea	C3
23	***Piano filici***	Castiglione di Sicilia	D1
16	***Pianodario***	Randazzo	B1
2	***Pianogrande***	Milo	D3
24	***Picciolo***	Castiglione di Sicilia	D1
33	***Pietra Marina***	Castiglione di Sicilia	C1
4	***Pietralunga***	Zafferana Etnea	D3
37	***Pietrarizzo***	Castiglione di Sicilia	C1
18	***Pignatone***	Randazzo	B1
14	***Pignatuni***	Randazzo	B1
20	***Pino***	Randazzo	B1
10	***Piricoco***	Zafferana Etnea	C3
6	***Pisanello***	Zafferana Etnea	D3
5	***Pisano***	Zafferana Etnea	D3
1	***Pomiciaro***	Linguaglossa	D1
28	***Pontale Palino***	Castiglione di Sicilia	C1

區內順序 DOC No.	葡萄園名 Contrada	區域 Municipality / *Comune*	地圖位置 On the map / *Sur la mappa*

P

6	***Praino***	Milo	D3
19	***Primoti***	Zafferana Etnea	D3

R-S

12	***Rampante***	Castiglione di Sicilia	C1
3	***Rapilli***	Biancavilla	A4
4	***Rinazzo***	Milo	D3
13	***Rocca d'Api***	Zafferana Etnea	D3
7	***Ronzini***	Trecastagni	C4
8	***Salice***	Milo	D3
2	***San Giovannello***	Zafferana Etnea	D3
9	***San Lorenzo***	Randazzo	B1
2	***San Teodoro***	Randazzo	B1
8	***Santo Spirito***	Castiglione di Sicilia	C1
9	***Sarro***	Zafferana Etnea	D3
8	***Scacchieri***	Zafferana Etnea	D3
16	***Schigliatore***	Castiglione di Sicilia	C1
39	***Sciambro***	Castiglione di Sicilia	C1
21	***Sciara Nuova***	Randazzo	B1
8	***Sciarelle***	Viagrande	D4
11	***Scimonetta***	Randazzo	B1
5	***Spadatrappo***	Biancavilla	A4
17	***Statella***	Randazzo	B1
4	***Stella***	Biancavilla	A4

T-Z

24	***Taccione***	Randazzo	B1
6	***Torreguarino***	Castiglione di Sicilia	C1
2	***Torretta***	Biancavilla	A4
9	***Tre Monti***	Trecastagni	C4
42	***Trimarchisa***	Castiglione di Sicilia	C1
6	***Vaccarile***	Linguaglossa	D2
7	***Valle Galfina***	Linguaglossa	D2
16	***Valle San Giacomo***	Zafferana Etnea	C3
40	***Vena***	Castiglione di Sicilia	D1
34	***Verzella***	Castiglione di Sicilia	C1
43	***Vignagrande***	Castiglione di Sicilia	C1
1	***Villagrande***	Milo	D3
9	***Viscalori***	Viagrande	D4
7	***Volpare***	Milo	D3
31	***Zottorinotto***	Castiglione di Sicilia	C1
14	***Zucconerò***	Castiglione di Sicilia	C1

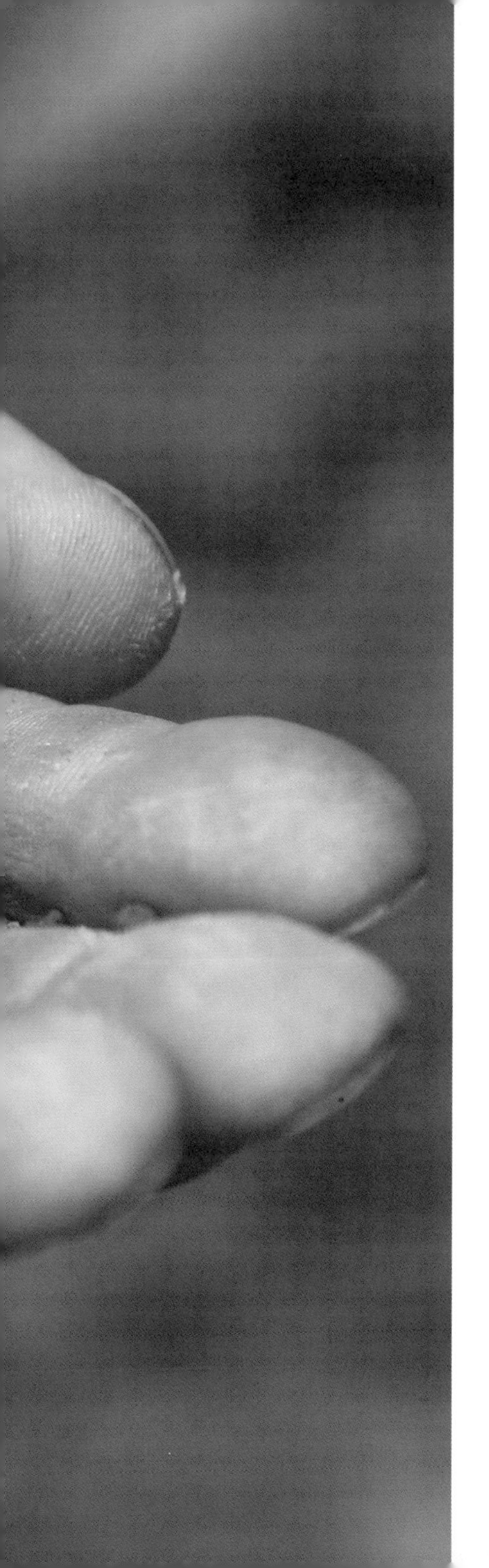

CHAPTER 2

馬可・尼可洛斯 × 維拉葛朗德公爵酒莊

MARCO NICOLOSI ASMUNDO
BARONE DI VILLAGRANDE WINERY

葡萄酒代表著在這塊土地上工作的人們，
無論是過去還是未來。

Wine is the expression of people who have worked on these lands and for those who continue.

Il vino e l' espressione delle persone che hanno lavorato in queste terre e di quelle persone che continuano a lavorarci. ”

創立於西元 1726 年、位於火山南部、海拔介於七百至九百公尺間的維拉葛朗德公爵酒莊，是西西里火山上歷史最悠久的百年酒莊。該酒莊自十八世紀起僅種植西西里火山葡萄原生品種，且家族傳自今日、釀酒事業從未間斷。目前家族傳至第十代，莊主馬可．尼可洛斯既為擁有貴族血統的公爵後代、亦為該酒莊的首席釀酒師，葡萄園的四季管理照顧，採收季節及釀酒的所有一切細節，都由他親自進行，「葡萄酒代表著在這塊土地上工作的人們，無論是過去還是未來」他說道。目前酒莊聘用約 20 名員工、每年參觀人數達 10,000 人、二十六公頃土地中有十八公頃為葡萄園，除了生產不同款式的西西里白酒、粉紅酒、紅酒外，還生產西西里知名離島莎莉娜甜酒 (Malvasia delle Lipari Passito)，年產量僅有 1,700 瓶，甜度約為每公升 100 公克，濃縮然其酸度優雅、果香綿延而不甜膩，非常值得嘗試。馬可提到即將推出新款單一葡萄園白酒以展現西西里火山南部不同的風土。有著公爵身分的他，講到葡萄酒，其熱情毫不掩飾地顯示於閃爍的雙眼與迷人的微笑，沉浸在美好葡萄酒世界且力求進步的他，看起來是如此的幸福。

Barone di Villagrande winery, founded in 1726 in East Etna between 700 to 900 meters above sea level, is the oldest Etna winery. It is also one of the first wineries that labelled their wine as "Etna DOC" when the regulations became official in 1968. The family has grown only indigenous grapes since the 18th century and has never stopped producing wine since then. This winery is for sure a model of Etna's winery, and its wine often stands out in blind taste. The owner is now the 10th generation of this great royal family, Marco Nicolosi Asmundo. All of his wines come from the 18 hectares of vineyards, and he produces Etna Bianco Superior, Etna Rosso, Etna Rosato as well as a small production of 1,700 bottles of "Malvasia delle Lipari Passito," the sweet wine from Salina Island, close to Sicily Island. This concentrated sweet wine reaches 100 gram of sugar level per liter, and when tasting, there's not only the rich, prolonged fruitiness flavor perception but also the elegant acidity inside of its natural sweetness. After tasting all wines, I am impressed. Then Marco tells me with his sparkling eyes that he will introduce one more Contrada wine to the market to show different terroir of southern Etna. I am surprised not only by the fact that Marco, as the heir of such a historical family, puts his hands on all the work but also by his genuine passion for wine that urges him for progress.

La cantina Barone di Villagrande, fondata nel 1726 nell'est dell'Etna tra i 700 e i 900 metri sul livello del mare, è la più antica cantina dell'Etna. È anche una delle prime cantine che ha etichettato il proprio vino come "Etna DOC" sin da quando il regolamento è stato applicato ufficialmente nel 1968. La famiglia coltiva solo uve autoctone dal 18° secolo e da allora non ha mai smesso di produrre vino. Questa è sicuramente un modello di cantina dell'Etna e il suo vino si distingue spesso nei test alla cieca. Il proprietario, Marco Nicolosi Asmundo, rappresenta la decima generazione di questa grande famiglia, i cui vini provengono dai 18 ettari di vigneto che producono l'Etna Bianco Superiore, l'Etna Rosso, l'Etna Rosato. Una piccola produzione di 1.700 bottiglie di Malvasia delle Lipari Passito proviene da un vigneto situato nell'isola di Salina. Questo vino, dolce e concentrato, raggiunge i 100 grammi di zucchero per litro e all'assaggio non solo esprime un fruttato confortevole e prolungato, ma anche una elegante acidità inserita in una naturale dolcezza. Dopo aver assaggiato tutti i vini, sono rimasta molto colpita. Marco, con gli occhi che brillano, mi dice che introdurrà sul mercato un altro vino Contrada (cru) per mostrare diversi terroir dell'Etna meridionale. Sono sorpresa non solo dal fatto che Marco, in quanto erede di una famiglia così storica, si interessi di tutto il lavoro, ma anche dalla sua genuina passione per il vino che lo spinge al progresso.

該酒莊為西西里火山最早封爵的葡萄酒酒莊之一，十八世紀釀製的葡萄酒全數經由臨近的海港桶裝外銷，直至 1941 年第一次裝瓶並於 1968 年 Etna DOC 法規成立的首年，生產並貼標「Etna DOC 葡萄酒」，堪稱西西里火山上的標準模範生酒莊，該酒莊的葡萄酒亦常於盲飲中奪冠。而馬可身為第十代貴族血統傳人，親自釀酒不説，他對葡萄酒的熱衷與堅持亦不常見於像他這樣的「富十代」。第一次去拜訪馬可，風度翩翩的他、引著我觀看酒窖旁大片的葡萄園，他解釋道：「我們位在西西里火山東部、受地中海的海風吹拂，除了葡萄欉少有疾病外，海風遇火山後轉為可用作灌溉的雨水，加上最近一次經過此處的 1689 年火山岩漿，因此你看到的火山灰土壤已有百年歷史，排水性很好，這裡就是我家族的葡萄園。」説畢，便拿出歷年火山噴發示意圖向我解釋，還沒開始，他的六歲兒子就呼喚著爸爸並一路快速跑來，急著也要幫忙解釋火山圖，令我感受到公爵家中的教養：如果我生長的環境中，有著一群天天微笑並熱愛葡萄酒的家人，長大後我可能也會想要釀酒。當下我除了解馬可對釀酒的熱情應來自家族環境從小的培養外，更想到台灣傳統產業苦無下一代接手的窘狀，或許浪漫自由民族如義大利，其家庭觀念的循循善誘與不過度規範的包容性，對於家族產業的興趣培養還是頗有益處的。

The first ten minutes of our meeting, Marco gently leads me through the garden overlooking his vineyards and explains, "the east Etna slope has the fortune of the sea breeze. Our vines are not only with fewer diseases problems. The wind from Mediterranean Sea brings the water to the volcanic soil too. Now you are looking at the soil coming from the 1689 eruption. This is our family land." He takes out the map of Etna eruption, and before he starts to explain further, his 6-year-old son running across the garden, yells "daddy, daddy" and he also wants to help to explain the map. Aside from the extreme cuteness when a handsome little boy wants to talk about wine, I understand immediately how Marco and his family raise children: if I were a child growing up in this wine-cultural environment, I would probably make wine when I grow up too. I believe Marco's wine passion comes from the family roots and his environment. Compared to some modern Asian countries where the new generation of agriculture field do not stay in family business, perhaps it is worth of consideration that interest and passion should be developed from childhood.

Durante i primi dieci minuti del nostro incontro, Marco mi porta con gentilezza nel giardino da cui si vede il panorama dei suoi vigneti e mi spiega: "l'est dell'Etna gode di una costante brezza marina. Le nostre viti non solo hanno meno malattie, ma sono avvantaggiate dal fatto che il vento del Mar Mediterraneo porta anche l'acqua al suolo vulcanico. Ora stai guardando il terreno che si è generato con l'eruzione del 1689. Questa è la nostra terra di famiglia." Prende la mappa dell'eruzione dell'Etna e prima che possa iniziare a spiegare ulteriormente, siamo interrotti da suo figlio di 6 anni che si precipita nel giardino, urlando "papà, papà" e cerca anche di aiutare a spiegare la mappa. A parte il fatto che è molto bello che un ragazzino voglia parlare di vino, capisco subito come Marco e la sua famiglia crescono i bambini: se fossi un bambino che cresce in questo ambiente vitivinicolo, probabilmente anche io da grande produrrei vino. Credo che la passione per il vino di Marco provenga dalle radici della famiglia e dal suo ambiente. Rispetto ad alcuni moderni paesi asiatici in cui le nuove generazioni di produttori agricoli non prendono le redini degli affari di famiglia, forse è degno di considerazione il fatto che l'interesse e la passione vengano sviluppate fin dall'infanzia.

看完葡萄園，馬可領我來到酒窖，裡面幾座超級大型舊式木桶，本來我以為此處僅供參觀，沒想到這壯觀的酒窖自 1869 年起使用至今，除了替換木桶外，已經超過百年卻仍「在役」。酒窖約有三層樓高，最高的一層有著部份靠牆的走道，透過上方正中央古色古香的半圓弧形大窗戶，陽光折射進入酒窖，為大大小小的木桶提供了一些柔和的光線，我跟隨馬可，一邊聽著他述說釀酒哲學與各木桶內裝著什麼酒，一邊欣賞著如此美景，頓時感覺像是在國家音樂廳內欣賞一齣美妙的歌劇，在這濃濃的文化氛圍裡，我想木桶內的葡萄酒也是愉悅地陳年著吧。

After visiting the vineyards, Marco takes me to their ancient winery. I see several old wood barrels of 3 meters high barrels in this magnificent place. I think it is a museum, yet Marco tells me that this winery is still in use and everything is the same as in 19th century except for the barrels. The winery seems to be 3 floors high, and on the top floor, there's a little road close to the entrance while on the other side, in the middle of the wall, a big half-arched window let a soft light in which enables your eyes to see the barrels. I follow Marco as he walks and tells me about his philosophy and wine. At that moment, I feel as if I am listening to a grand opera in the theater and if I were the wine inside of this winery, I would love to be aged and rest in this place.

Dopo aver visitato i vigneti, Marco mi porta nella loro antica cantina. Si vedono diverse botti in legno alte 3 metri in questo magnifico posto. Pensavo fosse un museo, ma Marco mi ha detto che questa cantina è ancora in uso e che tutto è esattamente uguale a ciò che era nel 19° secolo ad eccezione delle botti. La cantina sembra essere alta 3 piani e al piano superiore c'è una stradina vicino all'ingresso mentre dall'altra parte, al centro del muro, una grande finestra a mezzo arco dà luce soffusa e permette agli occhi di vedere le botti. Seguo Marco mentre cammina e mi parla della sua filosofia del vino. In quel momento ho l'impressione di ascoltare una grande opera teatrale e se fossi il vino all'interno di questa cantina, mi piacerebbe invecchiare e affinarmi in questo luogo.

如同眾多西西里的酒莊，公爵酒莊目前亦全方位的發展著，除了家傳百年釀酒事業外，更提供遊客參觀酒窖及品嘗「整套葡萄酒搭配廚師現做地方菜餚」的完整服務，讓人們可以在這美麗的酒莊裡品嘗當地美食美酒。目前公爵酒莊已有四間房間可提供住宿，且葡萄園中正在興建小別墅，為的是讓客人體驗清晨於寧靜葡萄園中醒來的幸福感受。馬可雖還年輕，然實為葡萄酒觀光公會的前理事長，亦於各項地方工作推動不遺餘力。目前酒莊的第十一代、也就是馬可的兒子已經六歲，我們期待歷史葡萄酒家族的下一代繼續熱情地傳承。

"Wine is the expression of people who have worked on these lands and of those who continue to do so," Marco says. Nowadays there are 20 employees in the estate with more than 10,000 visitors per year. Like many other wineries, Barone di Villagrande produces wine but also develops tourism to 360 degrees: it is possible to visit the winery, taste all their wines with daily food pairing recommended by the local chef, and there are 4 rooms for the guests to stay. In the upcoming future, in the vineyard there will be a villa for the wine-lover-families to wake up in the middle of the vineyard. What a blessing morning it will be! From all of these projects, I see the ambition of Marco, and even if he is still quite young, he was the ex-president of Strada del Vino dell'Etna. Everything proves that he is enthusiastic about promoting his land with a lot of passion. The 11th generation, son of Marco, is 6 years old. When I see a historical family tradition as Marco's, I hope the tradition continues.

"Il vino è l'espressione delle persone che hanno lavorato in queste terre e di quelle persone che continuano a lavorarci," mi dice Marco. Oggi ci sono 20 impiegati nella tenuta che conta oltre 10.000 visitatori all'anno. Come molte altre cantine, Barone di Villagrande non solo produce vino, ma sviluppa anche turismo a 360 gradi: è possibile visitare la cantina, degustare tutti i loro vini con l'abbinamento consigliato dallo chef locale e ci sono 4 camere per gli ospiti. In un prossimo futuro, ci sarà una villa per le famiglie amanti del vino che si sveglieranno nel mezzo del vigneto. Che meravigliosa mattina sarà! Da tutti questi progetti vedo l'ambizione di Marco che, pur essendo ancora abbastanza giovane, è stato presidente della Strada del Vino dell'Etna. Tutto dimostra che è entusiasta di promuovere la sua terra e lo trasmette con molta passione. L'undicesima generazione, il figlio di Marco, ha 6 anni. Quando vedo una tradizione familiare storica come quella di Marco, spero che la tradizione continui.

安東尼與薩維諾 × 奔南緹酒莊

ANTONIO AND SALVINO BENANTI
BENANTI WINERY

“我們一直相信並擔任西西里火山的代言人。
We have always believed in being ambassadors of the Etna territory.
Abbiamo sempre creduto di essere ambasciatori della territorio dell'Etna.”

㊥ 2018 年 11 月空拍照，圖中所見皆為奔南緹酒莊位於火山東部 Milo 區的葡萄園。
Ⓔ Benanti winery's vineyards in Milo by drone, 2018 November.
Ⓘ *Vigneti dell'azienda Benanti a Milo con drone, novembre 2018.*

創立於 1988 年、位於火山東南部、占地二十八公頃 * 的「奔南緹酒莊」為 2000 年前的重要歷史酒莊之一。該酒莊雖早於 1850 年即開始釀造西西里火山葡萄酒，然至 1988 年，原本從事藥妝業的父親喬瑟伯 · 奔南緹決定認真看待葡萄酒，才正式開始奔南緹酒莊輝煌的歷史。父親喬瑟伯 · 奔南緹是 2000 年前後西西里火山文藝復興的靈魂人物，近年酒莊則由年輕的雙胞胎兄弟安東尼與薩維諾逐漸接手，迄今生產九種酒款，該酒莊初期風格較注重果香，於 2011 年開始改變並增加葡萄酒中的優雅度與酸度，包含自 1990 年生產至今的代表酒款「Etna Rosso Rovittello 紅酒 (詳p.312)」以及經典酒款「 Etna Bianco Superiore Pietra Marina 白酒 (詳 p.214)」。

Founded in 1988 in southeast Etna with 28 hectares of vineyard*, Benanti winery was one of the most important Etna wineries before the year of 2000. Though Benanti family has made wine since 1850, it is not until 1988 when Giuseppe Benanti returned from the pharmaceutical field that Benanti winery started to make its history. Giuseppe Benanti was one of the leaders in the Renaissance of Etna wine in the 2000s. In the beginning, Benanti winery focused on the power and the fruity notes of its wines, which turns to elegance and acidity since 2011. Nowadays it is managed by the twin brothers, Antonio and Salvino Benanti. They produce 9 different wines, including the classical ones since 1990, the "Etna Rosso Rovittello (p.312)" and "Etna Bianco Superiore Pietra Marina (p.214)."

Fondata nel 1988 nel sud-est dell'Etna, con 28 ettari di vigneti, la cantina Benanti era una delle cantine più importanti della zona già prima dell'anno 2000. Nonostante la famiglia Benanti producesse vino dal 1850, è nel 1988 che Giuseppe Benanti lascia il campo farmaceutico per dedicarsi all'enologia e così la cantina Benanti da inizio al Rinascimento del vino dell'Etna. In principio la cantina Benanti si è concentrata sulle potenti note fruttate dei suoi vini per poi trasformarle, dal 2011, in note eleganti con buona acidità. Attualmente la cantina è gestita dai gemelli Antonio e Salvino Benanti che producono 9 vini diversi, quelli classici sin dal 1990: "Etna Rosso Rovittello (p.312)" ed "Etna Bianco Superiore Pietra Marina (p.214)."*

㊥ * 該酒莊 28 公頃葡萄園分別位於：
Ⓔ * The 28 hectares are located in:
Ⓘ * *I 28 ettari sono situati in:*

三公頃 : 3 hectares in Contrada Dafara Galluzzo in Rovittello, Castiglione di Sicilia, North Etna
七公頃 : 7 hectares in Contrada Rinazzo in Milo, East Etna
八公頃 : 8 hectares in Contrada Monte Serra in Viagrande, Southeast Etna
十公頃 : 10 hectares in Contrada Cavaliere in Santa Maria di Licodia, Southwest Etna

㊥左圖：巨大火山岩被噴發落至奔南緹酒莊葡萄園中，為紀念火山而決定保留；右上：酒莊建築物空拍圖；右下：陳年木桶區。

Ⓔ Left: the giant rock in the middle was missiled from volcano to the vineyards during eruption and Benanti winery decides to keep it for memory; right up: Benanti winery by drone; left down: aging area.

Ⓘ *A sinistra: la gigantesca roccia nel mezzo è stata dal vulcano ai vigneti durante l'eruzione e la cantina Benanti decide di tenerlo per memoria; a destra: cantina Benanti con drone; a sinistra: area di invecchiamento.*

安東尼與薩維諾雖是雙胞胎兄弟（安東尼早出生十分鐘），然其長相還是有些許異同處，我的經驗告訴我兩兄弟於白天還分得出來，晚上就很困難，而且他們兄弟倆還會換車，有一次傍晚約九點，我還在該酒莊的倉庫中點葡萄酒，此時安東尼開車來接我，然薩維諾同時也出現在昏暗的倉庫門口，夜晚時分，我只能以他們開的車作為分辨，誰知他們兄弟二人竟在白天交換過車，因此當我以為下車的是安東尼，其實是薩維諾。正當我以為薩維諾要送我回旅館時，卻又是安東尼本人。當天車程雖然只有七分鐘，然我還是認真地在副駕駛座死盯著安東尼，想要記對他的臉，後來我以他們二人不同的性格和說話語氣作為分辨，果然解決了搞錯人的困擾。

Antonio is 10 minutes older than Salvino. The twins have similarity yet slightly different appearance, which is easy-recognized in day times but very difficult at night. From my experience, they also exchange their cars from time to time, and it makes it more difficult to tell one from the other. One evening around 9 pm, I was waiting for Antonio at Benanti's warehouse, and two cars arrived. When I thought it was Antonio that exited from his car, it was actually Salvino, and I didn't know the twins had switched their vehicles in the afternoon. Throughout all 7 minutes from Benanti winery to my hotel, I stared at Antonio, trying to remember what he looked like and if he was Antonio or Salvino. Fortunately later I learned that the twins have different personalities and quite different when speaking, which solved one of my confusions.

Antonio è più grande di Salvino di 10 minuti, i gemelli si somigliano ma hanno un aspetto leggermente diverso che li rende facilmente riconoscibili durante il giorno e poco di notte. Da quanto ho potuto vedere, di tanto in tanto si scambiano le loro auto e questo rende ancora più difficile riconoscerli. Una sera, verso le 21, stavo aspettando Antonio nel magazzino di Benanti ed sono arrivate due macchine, credevo fosse Antonio ad uscire dalla sua macchina, ma in realtà era Salvino, non sapevo che i gemelli avevano scambiato la macchina nel pomeriggio. Per tutti i 7 minuti di strada che dalla cantina Benanti portavano al mio hotel, ho fissato Antonio, per ricordarmi come fosse e per capire se fosse lui o Salvino. Fortunatamente più tardi ho scoperto che i gemelli hanno un temperamento diverso quando parlano e ciò mi ha aiutato a risolvere uno tra i miei tanti dubbi.

初次認識安東尼、薩維諾與他們的父親喬瑟伯是在奔南緹酒莊，安東尼是現任公會理事長，因此我與他相處較多。他彬彬儒雅、熟練地觀看並掌控酒莊的一切動靜，後方廚房正準備迎接即將到訪的四十人美國團，而他則熟練地對員工做最後的提醒與指導。年輕的他，在訪談間告訴我奔南緹酒莊的三大釀酒規則：一、尊重歷史，在近 30 年已存在的白葡萄區域種白葡萄、紅葡萄區域種紅葡萄，不違反該風土原有的習慣；二、完全按照 DOC 法規，不種植法規未規範的原生品種；三、追求中庸之道，希冀釀出中性酒，不需要過多木桶香氣或果香，追求優雅、酸度和礦物質的口感。安東尼興奮的告訴我，奔南緹酒莊於近年幸得西西里火山東部 Milo 歷史城鎮完整七公頃葡萄園，並已於 2018 年開始釀造，預計將於 2020 年上市，此款酒將為該酒莊的第十款葡萄酒，新酒名為「Etna Bianco Superiore Contrada Rinazzo」，名為「特級西西里火山白酒」。

The first time when I met Antonio, Salvino, and their father Giuseppe was in their winery in Etna. Antonio is the current president of Consorzio di Tutela dei Vini Etna DOC. Therefore, I am in contact with him a bit more. He told me that there are three principles of Benanti winery: 1) respect to history: they grow only white grape variety where it used to be, same as the red ones. They do not violate the habits of each contrada. 2) Benanti winery strictly follows the Etna DOC regulations and grows only indigenous grape varieties. 3) their wine seeks moderation without much influence from oak or fruity notes. They look for elegance, acidity, and minerality in their wines. Furthermore, Benanti winery was able to strengthen their presence in Milo by acquiring several medium-sized and small parcels of vineyards in Contrada Rinazzo. Thus they will introduce a new wine, named "Etna Bianco Superiore Contrada Rinazzo" with the first vintage of 2018, scheduled to be released in 2020.

La prima volta che ho incontrato Antonio, Salvino de il padre Giuseppe Benanti è stato nella loro cantina sull'Etna. Antonio è l'attuale presidente del Consorzio di Tutela dei Vini Etna DOC, quindi lo conosco un po' meglio degli altri. Mi ha detto che ci sono tre principi alla base della cantina Benanti. 1) rispetto della storia: coltivano solo varietà di uva bianca dove in origine si coltivava uva bianca ed uva rossa laddove in origine c'era uva rossa, in questo modo non stravolgono le tradizioni di ogni contrada. 2) seguono rigorosamente il regolamento Etna DOC e coltivano solo vitigni autoctoni. 3) il loro vino cerca di essere moderato senza troppe note di quercia o note fruttate. Cercano eleganza, acidità e mineralità. La cantina Benanti è stata inoltre in grado di consolidare la propria presenza a Milo acquisendo una serie di piccoli e medi appezzamenti di vigneti in Contrada Rinazzo ed un nuovo vino verrà prodotto da una parte di questo nuovo vigneto, chiamato "Etna Bianco Superiore Contrada Rinazzo," prima annata 2018, prevista sul mercato nel 2020.

屈羅 · 彼洋迪 × 彼洋迪酒莊

CIRO BIONDI
BIONDI WINERY

“ 新潮流是葡萄酒的大敵！

The trendy in wine is its enemy.

Il vino alla moda è il suo nemico! ”

2018 年當我正在準備這本書時曾與多位國際葡萄酒界朋友討論過，其中一位美國進口商和另一位擁有西西里最大旅遊巴士公司的朋友都提議拜訪彼洋迪酒莊，且兩位都熱情且堅持要幫我安排會面時間。當時我因家人在醫院必須臨時返國而抱憾，因此當我再次回到西西里火山時，拜訪屈羅就成了我必達的使命。當我終於見到他時，我立刻向他道歉並告訴他之前我沒有赴約的原因，一方面我確實覺得很遺憾、另外一方面我不希望他覺得台灣人不守信，然他耐心聽完我的解釋後，緩緩轉頭雙眸直視我、然後溫柔説道，「喔！是你，但那不重要，我也不記得，你已經在這裡了不是嗎？」之後他更熱情的帶我到處看他的葡萄園，我們進出國家公園、爬了很多階梯、看了每一階梯上的葡萄園、一起摸他的土壤、一起品飲、一起與他的狗玩、和她的太太一起吃晚餐；他告訴我他的人生、他的家庭、他的愛情、他的葡萄酒、他的使命、他的哲學、他對於全世界關注西西里火山葡萄酒的看法等等；他有問必答、直至天色已暗、我們盡興而歸。

In 2018 when I was in preparation for this guidebook, I was in touch with my International friends in the wine field, and two of them insisted I must visit Ciro and were both eager to set up an appointment for me. However at that time, one of my family members was in the hospital, and I had to return to Taiwan. Thus, Ciro Biondi became my must-visit-winery when I returned to Etna again. When I visited him, immediately I apologized and explained why I canceled our appointment months ago. On the one hand, I felt sorry; on the other hand, I didn't want him to think badly about "we-Asian." He listened to me with patient, looked directly into my eyes and said "oh! It's you. But it didn't matter, and I don't remember anything. You are here and that's the most important thing, isn't it?" Then he became even more enthusiastic, showing me his vineyards in and out the Etna National park, claiming up and down the terraces of vines, touching his grapes and soils, tasting his wines of different plots and vintages, playing with his 2 young dogs, having dinner with his wife Stefanie. He told me about his life, his family, his love, his wines, his destiny, his philosophy, his opinion on wine and how the world pays attention to Etna wine. The whole night I asked, and he answered until it was dark and we all left with satisfaction.

Nel 2018, mentre mi stavo preparando per questa nuova guida, ero in contatto con i miei amici internazionali nel mondo del vino e 2 di loro insistettero perchè io visitassi Ciro ed entrambi si offrirono di fissare un appuntamento per me. In quel momento però uno dei miei familiari era in ospedale e dovevo tornare a Taiwan, così, la visita alla cantina di Ciro Biondi divenne il mio più importante obiettivo da raggiungere al mio prossimo ritorno sull'Etna. Quando finalmente riusci ad incontrarlo, mi scusai per aver cancellato il nostro precedente appuntamento mesi prima e provai a spiegargli il perchè. Ero sinceramente dispiaciuta ed in più non volevo che pensasse male di "noi asiatici." Mi ascoltò con pazienza, mi guardò negli occhi e disse "oh! Va bene. Non ha importanza, ho dimenticato tutto. Ora sei qui e questo è ciò che conta. Giusto?" In seguito si entusiamò nel mostrarmi le sue vigne dentro e fuori il Parco dell'Etna, vagando su e giù per i terrazzamenti dei vigneti, accarezzando le sue viti e il suo terreno, degustando i suoi vini di diversi filari e annate, giocando con i suoi 2 giovani cani, cenando con la moglie Stefanie; mi parlò della sua vita, della sua famiglia, del suo amore, dei suoi vini, del suo destino, della sua filosofia, di ciò che pensava del vino naturale e di come il mondo presti attenzione al vino dell'Etna. Gli feci domande per tutta la notte e lui mi rispose fino a quando non divenne buio ed a quel punto ci lasciammo soddisfatti.

彼洋迪酒莊的酒窖建於十六世紀，於十九世紀時，蒙塔 (Motta) 家族移居至此、嫁給了彼洋迪家族並開始釀酒，因此名為「彼洋迪酒莊」。屈羅的曾曾祖父與其兄弟於二十世紀初參加法國、義大利等國際葡萄酒競賽。不幸地、當初負責釀酒的曾曾祖父胞弟因病逝世，釀酒事業也就此暫停荒廢，直至 1999 年由屈羅再次開始釀酒活動。屈羅祖傳的三座葡萄園共計七公頃、位於海拔 700 公尺上下，部分葡萄園位於西西里火山國家公園裡，倘若非經當局政府同意、不可任意改變，更增其釀酒難度。

The winery was built in the 1500s, then in 1800s when the Motta family moved to Etna and married to Biondi family, the grand-grand-grandfather of Ciro started to produce wine with the name "Biondi." Unfortunately, the enologist brother of his grand-grand-grandfather died, and the winery had to stop. In 1999, Ciro took the responsibility and started the activities again. With other partners, they produced their very own vintage in 1999. Ciro inherits 3 vineyards in total of 7 hectares which are all around 700 meters above sea level, partially inside of Etna National Park where any artificial change is not allowed.

La cantina fu costruita nel 1500 e nel 1800 la famiglia Motta si trasferì sull'Etna, si sposò con la famiglia Biondi, e la cantina iniziò a produrre vino. Purtroppo il fratello enologo del suo bisnonno morì e la cantina dovette fermarsi. Nel 1999, Ciro si assunse la responsabilità di ricominciare ed ha ripreso l'attività, producendo la sua prima annata nel 1999 con altri partner. Ciro ha ereditato 3 vigneti, in totale 7 ettari, collocati a circa 700 metri sul livello del mare, in parte all'interno del Parco Nazionale dell'Etna, dove non è consentita alcuna modifica all'area, dove produce 2 Etna bianco e 3 Etna rosso.

屈羅的釀酒哲學是要追求優雅和結構的同時存在，而他製作的二款白酒與三款紅酒也從來沒有令人失望過；唯一可能的失望，是試圖在他的酒窖中找到老年份的葡萄酒。「喔，我的酒都賣完了，或是可能我自己喝掉了。」他一邊找著、一邊半開玩笑地說道。不同於拜訪其他酒莊的氛圍，與他相處的時光總令人感到輕鬆諧趣，雖然沒有莊嚴的儀式感、多了分親切，依舊不失專業或對葡萄酒應有的尊重。與他多次交談的過程中，我發現他對於所有現代化的發展與火山葡萄酒近期在國際聲望的變化皆有所見解，譬如說我問他對於自然酒的看法，他語重心長且簡短地回答:「新潮流是葡萄酒的大敵!」看了看我的反應，三秒後確定我跟上了他的思維，他才繼續申述他的論點，字字精闢。他遵循著祖訓、延續百年前的自然有機栽種方式、尊重土地和葡萄、注重釀酒的步驟和細節等，亦與時下流行的自然酒精神不謀而合，然他認為葡萄酒產業不應跟著潮流浮動，各酒莊應保有各自的身分與風格。確實，他的葡萄酒如同在我眼前、論述其觀點而雙眸閃亮發光的他，酒如其人，皆有自我意識和個性。屈羅如同「西西里火山南區非主流的哲學家」，每一句話皆耐人尋味。

Ciro Biondi produces 2 Etna Bianco and 3 Etna Rosso. His philosophy is to create the co-existence of elegance and structure in wine, which I have always taste with pleasure. It could be only and maybe upsetting when Ciro half-joked with a wicked smile while looking for wine inside of his cellar. "Oh, sorry. I think all the wines are either sold or maybe I have drunk them all," he joked. Unlike other visits, with Ciro and Stef, time often goes smoothly without much massive ceremony. However, Ciro is very professional and shows much respect for each bottle of his wine. Among our several conversations, I notice that he has not only his own opinions on international movements of Etna wine, but he tends to express them in metaphors or phrases that sound like an old proverb. He keeps his sentences short until he is sure the audience follows. For example, I asked for his opinions on natural wine, he paused and said, "the trendy in wine is its enemy," then he looksedat my face for 3 seconds as if he wanted to be sure that I knew he was not speaking Japanese. Then he continued to express more of his opinions philosophically with every word being right to the point. Ciro thinks that every wine should have its own identity and characteristic being or not organic or "naturally-made." Indeed, the wines he makes are just like his energetic eyes when he expresses his ideas about wine. On my notes, I write down, "Ciro Biondi, the southern Etna philosopher."

La sua filosofia di Ciro Biondi è quella di creare un vino in cui coesistano eleganza e struttura, cosa che non mi meraviglia. La cosa che invece potrebbe farlo (o forse), sarebbe trovare una bottiglia all'interno della sua cantina. Ciro mi disse scherzando con un sorriso malizioso: "Mi dispiace, credo che tutti i vini sono state vendute o magari le ho bevute tutte!" A differenza di quanto accaduto in altre visite, con Ciro e Stef il tempo spesso passa in fretta e senza formalità. Tuttavia, Ciro è molto professionale e mostra molto rispetto verso ogni bottiglia del suo vino. Mentre conversiamo, noto che non solo ha le sue opinioni sui movimenti internazionali del vino dell'Etna, ma tende ad esprimerle in metafore o frasi che sembrano vecchi proverbi. Inoltre, parla utilizzando frasi concise per essere sicuro di essere compreso. Per esempio quando gli chiedo la sua opinione sui vini naturali, si ferma e dice "la moda è nemica del vino," poi mi guarda in faccia per 3 secondi come per essere sicuro che io abbia capito e che non stia parlando una lingua incompresnibile come il Giapponese. Continua ad esprimere altre opinioni in modo filosofico, ed ogni parola coglie precisa nel segno. Ciro pensa che ogni vino debba avere la propria identità e le proprie caratteristiche indipendentemente dal fatto che sia biologico o naturale. In effetti, i vini che produce sono proprio come lui e come i suoi occhi scintillanti quando esprime le sue idee sul vino. Nei miei appunti scrivo "Ciro Biondi, il filosofo dell'Etna del sud."

葛拉季亞諾、法蘭斯克與卡麥羅・尼可希亞
×尼可希亞酒莊

GRAZIANO, FRANCESCO, AND CARMELO NICOSIA
CANTINE NICOSIA WINERY

“感謝海風照拂、雨水及西元前 393 年的火山沙岩土。
Thanks to the wind, the water and the lava of 393BC.
Grazie al vento, all'aqua ed alla lava del 393 a.C.”

進入尼可希亞酒莊大門，寬敞的道路旁盡是橄欖樹與綠林，酒窖入口處放置著古老 Palmento (詳 p.46) 的大木椿，向後方看去、西西里火山似乎在不遠處，此處面海背山得天獨厚的地理位置，為該酒莊的招牌景色。拜訪尼可希亞酒莊的當天是個陰天，然葛拉季亞諾與農學家亞歷山卓依舊熱情地帶我去看他們的葡萄園。登高望遠，略帶鹹味的海風吹向山坡上隨風搖曳的葡萄欉，十一月冷冽海風亦吹拂著我的臉龐，令我不禁想起台灣冬日裡的寒流，然眼前這幅西西里自然景象卻使我的心十分溫暖。來自大家族、身為尼可希亞家族第五代傳人的葛拉季亞諾，雖僅三十餘歲，態度卻總是從容且行事成熟，無論面對什麼狀況，他靜靜地聆聽而不疾不徐地處理，十分有大將之風。

Upon entering the stately gate of Cantine Nicosia winery, the olive trees and green foilage are relaxing to the eye. An antique Palmento (p.46) is used as a signboard and welcomes guests to the cellar entrance. Cantine Nicosia winery was founded in 1898 in south Etna overlooking the Mediterranean Sea with Mount Etna at its back. From the winery, Mount Etna has a clear shape and it does not seem far away. Graziano Nicosia is the fifth generation of the family. He is young but always traquil and mature. He listens with attention and solves problems like an army general, without panic. The day of my visit was a cloudy day, yet Graziano's passsion was not dampened by the weather. Together with his agronomist, Alessandro, I was accompaned to their vineyards and we climbed to the top of a hill where I could feel the wind blowing of the sea. The vines looked happy and my heart was warmed by the lovely natural scenery.

Nel varcare il sontuoso cancello delle Cantine Nicosia dalla strada ho visto alberi di ulivo in un panorama verde intenso, all'ingresso della cantina c'è una parte antica di Palmento (p.46) con l'insegna cantina. Cantine Nicosia è stata fondata nel 1898 nel Sud dell'Etna con il Mare Mediterraneo di fronte e l'Etna alle spalle. Dalla cantina si ammira nitidamente la forma dell'Etna, non sembra essere così lontano. Graziano Nicosia rappresenta la quinta generazione della famiglia Nicosia, è giovane ma con aspetto posato e maturo, ascolta con attenzione e risolve i problemi con calma come un generale dell'esercito, senza mai farsi prendere dal panico. Il giorno in cui ho incontrato Graziano era una giornata nuvolosa, ma il clima non ha intaccato la passione di Graziano e del suo agronomo, Alessandro. Mi hanno portato nei loro vigneti arrampicandoci sulla collina fin dove ho sentito soffiare la brezza marina. Era novembre, il clima freddo mi ricordava il freddo invernale di Taiwan. Il vento, con un tocco di salsedine, ondeggiava tra le viti sui pendii ed anche sul il mio viso. Le vigne qui sembravano felici, questo scenario piacevolmente naturale mi ha riscaldato il cuore.

尼可希亞家族於西元 1898 年創立家族酒莊，除擁有自家葡萄園外，亦以租用或契作合作取得葡萄園，且於西西里唯一 DOCG 產區 Cerasuolo di Vittoria 亦有投資，至今共計生產 18 款紅酒、9 款白酒、4 款氣泡酒、1 款粉紅酒、3 款強化酒與烈酒，光是西西里火山 15 款葡萄酒的年產量即達 300,000 瓶，並擁有西西里東半部最大規模的葡萄酒包裝生產線。目前由葛拉季亞諾、哥哥法蘭斯克與父親卡麥羅共同經營，酒莊內除設有正式餐廳 (Osteria)、提供餐酒體驗的大型品飲會議室、歷史博物館與葡萄酒專賣店外，亦於西西里第二大城卡塔尼亞城直營三間葡萄酒窖，最早的一間已有百年歷史。該酒莊目前於西西里火山擁有共計 80 公頃的單一葡萄園，如位於東南部 Trecastagni 區 Contrada Monte Gorna、Contrada San Nicoló、Contrada Ronzini 及 Contrada Eremo Sant'Emilia 四處單一葡萄園共計 28 公頃；東部 Zafferana 區 Contrada Cancelliere 單一葡萄園有 4 公頃、Santa Venerina 區 Contrada Spuligni 單一葡萄園有 10 公頃；南部另有 38 公頃葡萄園（非單一葡萄園），近年亦於火山東北部 Linguaglossa 區新購 41 公頃土地，目前尚未種植葡萄。

Cantine Nicosi winery produces 18 red wines, 9 white wines, 4 sparkling wines, 1 rosé wine and 2 fortied wines in addition to grappa from both Etna DOC area and Cerasuolo di Vittoria DOCG. Their annual production of Etna wine reaches 300,000 bottles which makes them one of the biggest producers in Etna. Moreover, Cantine Nicosia has the largest bottleling system on the east side of Sicily. The winery hosts a well organized osteria, wine shop, several tasting rooms and a museum with historial equipment and antique photos. The Nicosia family owns three wine shops in Catania with the oldest being nearly one hundred years old. The extensive buisness is managed by Graziano and his brother, Francesco, and their father, Carmello, who is the heart of Cantine Nicosia. The winery vinies grapes from many different contrada including 28 hectares from 4 contrade in Trecastagni (southeast): Contrada Monte Gorna, Contrada San Nicoló, Contrada Ronzini and Contrada Eremo Sant'Emilia. Included are 4 hectares of Contrada Cancelliere in Zafferana (east), 10 hectares in Contrada Spuligni in Santa Venerina (east) and other 38 hectares without specic Contrada on the southeast slope of Etna. Not to mention the 41 hectares of vineyards to be planted in Linguaglossa municipality (northeast) which is only one of the winery's new projects.

Cantine Nicosia produce 18 vini rossi, 9 vini bianchi, 4 vini spumanti, 1 vino rosato, 2 vini liquorosi e una grappa italiana proveniente dall'Etna DOC e dal Cerasuolo di Vittoria DOCG. La loro produzione annuale sull'Etna raggiunge le 250.000 bottiglie rendendoli uno dei maggiori produttori. Inoltre, Cantine Nicosia possiede il più grande impianto di imbottigliamento della Sicilia orientale. La loro cantina è ben organizzata: un'osteria, un negozio, alcune sale di degustazione ed un museo dove sono esposte attrezzature e foto storiche. Possiedono anche 3 enoteche a Catania, la più antica ha quasi cento anni. Attualmente tutte queste attività sono gestite da Graziano, il fratello Francesco e suo padre Carmelo Nicosia, che è il motore della Cantine Nicosia. Essendo uno dei più grandi produttori dell'Etna, vinificano uve provenienti da molte diverse contrade, 28 ettari da 4 contrade nel comune di Trecastagni (sud-est): Contrada Monte Gorna, Contrada San Nicoló, Contrada Ronzini e Contrada Eremo Sant'Emilia, 4 ettari da Contrada Cancelliere nel comune di Zafferana (est), 10 ettari da Contrada Spuligni nel comune di Santa Venerina (est) ed altri 38 ettari sparsi nel versante sud-est. Ci sono altri 41 ettari di terreno da impiantare nel comune di Linguaglossa (nord-est) e questo sarà uno dei nuovi progetti dell'azienda.

該酒莊擁有許多單一葡萄園且生產逾 32 款酒，然大多數的酒標上並未明示葡萄園的名稱，僅於少數酒標上作備註說明，如來自 Contrada Monte Gorna 單一葡萄園的「Etna Rosso Fondo Filara 紅葡萄酒 (詳 p.396)」與「西西里火山陳年精選紅酒 Monte Gorna (詳 p.398)」，此款酒為該酒莊最早的酒標之一，雖為單一園葡萄酒，然為方便長年舊客戶辨識而選擇維持原本的名稱，僅加註葡萄園名稱而不取代原名。葛拉季亞諾表示未來將於酒標上強調單一葡萄園名稱。確實，就我對國際聲浪的觀察，許多人將西西里火山葡萄酒產區比喻為未來「義大利的勃根地」，一方面因兩產區原生葡萄品種相似度高、另一方面則因西西里火山眾多單一葡萄園風土確實不同、各單一園的葡萄酒具明顯特徵、似勃根地產區而有此一說。國際持續的關注，勢必使更多西西里火山葡萄酒走上單一葡萄園的道路，因此無論是擁有單一園的大廠或自然小農酒莊，皆更專注並研究釀製具風土特徵的火山葡萄酒，包括尼可希亞酒莊。未來，尼可希亞酒莊計畫增加其西西里火山氣泡酒的產量、並將於酒莊內增建遊客居住休憩的觀光型旅館，我們可以預期並期待未來更完整的葡萄酒觀光工廠。

Though Cantine Nicosia owns many contrada and produces more than 32 different products, the name of the condrada are not indicated on the majority of the wine lables. The only exception is "Contrada Monte Gorna" with one of the examples of "Etna Rosso Fondo Filara, Contrada Monte Gorna (p.396)." It is one of the winery's oldest lables. Though being a single contrada wine, it maintains the original name "Fondo Filara" out of respect for the loyalty of their historial clients. Graziano plans to enhance and emphasize the importance of contrada on more labels in the future. From my observation, international voices consider the Etna wine region to be "the future Italian Burgundy" for the unique diversity between each cru, similar to Burgundy. Therefore, more Etna producers focus on condrada specific wines and the study of how to improve the individual expression and characteristics of the terroir. Its ideology inuences not only the wineries' implementing orgainc and natural wine making philosophy but also conventional winery like Cantine Nicosia. At the end of the visit, Graziano shared his ambitions to increase the production of sparkling wine and to build a 16 room resort offering full service hospitality to Cantine Nicosia guests in the future.

Sebbene Cantine Nicosia possieda molte contrade e produca più di 32 diversi vini, la maggior parte delle etichette sulle bottiglie non menziona il nome della contrada. L'unica eccezione è "Contrada Monte Gorna." Come ad esempio "Etna Rosso Fondo Filara, Contrada Monte Gorna (p.396)" che è una delle più antiche etichette che producono. "Fondo Filara" pur essendo un vino ottenuto da uve di una singola contrada, porta ancora l'etichetta originale, nel rispetto dei clienti storici e della loro fedeltà. Tuttavia, in futuro, Graziano pensa di potenziare sottolineando l'importanza delle singole contrade su più etichette. Da quanto ho potuto osservare, alcune "voci" internazionali hanno definito la regione vinicola dell'Etna come "la futura Borgogna italiana," una delle ragioni è la grande varietà di cru e di vini diversi. I produttori dell'Etna si concentrano sul "vino di contrada" studiando come esprimere al meglio le caratteristiche del suo terroir. Questa filosofia ha influenzato non solo le cantine che operano nel biologico o che producono secondo il metodo naturale, ma anche le grandi cantine tradizionali come Cantine Nicosia. Graziano inoltre prevede di aumentare la produzione di spumante e creare un resort di 16 camere per l'ospitalità in cantina. Gli ospiti delle Cantine Nicosia in futuro potranno contare su un servizio completo.

文森、琴娜與法蘭伽斯克・盧梭 × 盧梭酒莊

VINCENZO, GINA, AND FRANCESCO RUSSO
CANTINE RUSSO

“ 西西里火山是我們的母親！

Mountain is our Mother.

L'Etna è nostra Madre... ”

㊥ 盧梭酒莊自 1956 至今的酒標變化歷史：左一為 1956 年酒標、中間酒標為 1968 年至 2006 年，當時酒莊更名為 Rusvini、右三為 2007 年更名 Cantine Russo 酒標、右二與右一則為今日酒標。

Ⓔ Label evolution of Russo family. 1st left: year 1956; middle: year 1968 to 2006 (Rusvini); 3rd right: 2007 (Cantine Russo); 1st and 2nd right: nowadays.

Ⓘ *Evoluzione dell'etichetta della famiglia Russo. Prima a sinistra: anno 1956; nel mezzo: anno 1968-2006 (Rusvini); terzo a destra: 2007 (Cantine Russo); primo e secondo a destra: al giorno d'oggi.*

創立於 1860 年、位於火山東北部的盧梭酒莊，為火山上最古老葡萄酒家族之一。祖傳三片葡萄園共占地十二公頃，界於海拔六百五至一千公尺間的各個單一園分別名為 Contrada Crasà、Contrada Piano dei Daini 和 Contrada Rampante，各葡萄園除因先天優良地理因素如通風、乾燥氣候、火山上的日夜溫差外，火山土質和原生葡萄品種亦促使其曾曾祖父 Francesco 開始釀酒。於十九世紀因應大量的輪船外銷，自火山運往 Riposto 海港只有桶裝酒而沒有瓶裝酒；1955 年其曾祖父 Francesco (Don Ciccio) 與其父 Vincenzo 則開始將葡萄酒裝瓶，1956 年誕生了該酒莊第一瓶名為「Solicchiata」的西西里紅酒，當時品種為 Nerello Mascalese 與 Nerello Cappuccio 火山原生葡萄。父親文森亦早於 1970 年即購買了自動裝瓶機器，可謂當時非常前衛的作法。此外，盧梭酒莊於 1968 年更名為 Rusvini，與西西里火山官方法規成立同年；2007 年再次更名至今日的 Cantine Russo，我們亦可於其不同年份的酒標上看到該酒莊的發展。

Cantine Russo, founded in 1860, is one of the oldest family-owned wineries on Mount Etna. They own 12 hectares in 3 plots of vineyards in Contrada Crasà, Contrada Piano dei Daini, and Contrada Rampante from 650 to 1,000 meters above sea level. Each contrada has different microclimates, but all are dry, well-ventilated with significant diurnal temperature variations. The grand grandfather Francesco started to make Etna wine in the 19th century with Nerello Mascalese and Nerello Cappuccio grapes. The wine was sold in bulk and traveled from Etna to Europe. In 1955, the grand grandfather Francesco (Don Ciccio) and the father Vincenzo started to bottle the wine. The first vintage in bottle was 1956, written "Solicchiata" on the label. In 1968, the same year as the official Etna DOC regulations applied, the winery's name changed to Rusvini, and later in 2007, to Cantine Russo. Another advance action of Vincenzo, the father, was that he bought one of the first automatic bottling machines in Etna in 1970. It shows that this traditional family has never seized to improve and become advanced.

Fondata nel 1860 con 3 appezzamenti di 12 ettari sul lato nord-est dell'Etna, la Cantine Russo è una delle più antiche cantine a conduzione familiare della zona. I 3 vigneti denominati Crasà, Piano dei Daini e Rampante (da 650 a 1000 metri sul livello del mare) hanno un microclima diverso dagli altri. Mentre generalmente il clima della zona è secco, questi appezzamenti sono ben ventilati e con uniescursione termica importante tra giorno e notte. Il bisnonno Francesco iniziò a produrre il vino dell'Etna nel 19° secolo con uve autoctone di Nerello Mascalese e Nerello Cappuccio, e le vendeva solo sfuso, portandole dall'Etna al porto e di li in tutta Europa. A partire dal 1955, il bisnonno Francesco (Don Ciccio) e il padre Vincenzo iniziarono a imbottigliare il vino e la loro prima annata in bottiglia fù 1956, con l'etichetta "Solicchiata." Nel 1968, il nome della cantina fu cambiato in Rusvini, che fu nuovamente cambiato nel 2007 in Cantine Russo. Un'innovazione introdotta da Vincenzo è stata quella di acquistare nel 1970 una della prima imbottigliatrice automatica nella zona dell'Etna. Cantine Russo si è contraddistinta negli anni per essere allo stesso tempo tradizionale ed innovativa.

在與所有西西里酒莊莊主初次見面經歷中，盧梭酒莊可能是我印象最深刻的。2018 年初在西西里火山上，當時我應該拜訪吉羅拉摩 · 盧梭酒莊 (Girolamo Russo，詳p.154) 時，我的 GPS 卻帶我來到盧梭酒莊 (Cantine Russo)，後來得知原來「Russo」是西西里的大姓，類似華人世界裡的陳姓。當時我一路由西往東開，經過 Solicchiata 小鎮時，我好似看到吉羅拉摩˙盧梭酒莊招牌，然 GPS 要我繼續開、到了一條小徑再左轉。我看這小徑的電線杆上掛滿不同餐廳與酒莊的名字，心想這小路應該真的是一條路 (註：西西里很多路不是路，可能通向葡萄園後就沒有出路)。不疑有他，我繼續開。可是，當我已經開了三公里後，小徑兩旁竟還是那片遼闊的草原，雖然很美麗，但我趕著時間，心中急著要知道究竟酒莊在哪裡。終於到了 GPS 指示的地方，我快速進入酒莊，然偌大的空間不見人影，只聽見貼標機器工作的聲音。我循著聲音尋找來源，看到一個高大的男人、獨自一人操作著裝瓶和貼標。當他看到我時也嚇了一跳，急忙停下機器並詢問我是誰。我告訴他我跟喬瑟伯有約，他清澈且迷人的眼珠看著我、微笑説道「可是我是法蘭伽斯克，你的喬瑟伯在另外一家酒莊」，話畢，我才發現我走錯酒莊且急忙道歉，匆忙離開前我們互換了名片，我也才發現法蘭伽斯克˙盧梭是我打算拜訪重要酒莊之一的釀酒師。

How I met Cantine Russo was perhaps the most unforgettable experience among all. In 2018 when I was supposed to go Girolamo Russo winery (p.154), my GPS took me to Cantine Russo. I was driving from west to east, passing Solicchiata. I thought perhaps I saw the sign of Girolamo Russo winery on the main road, but I was not sure. Almost at the same time, my GPS directed me to another smaller road, and I followed. I saw many different signs on the pole at the crossroad. I said to myself, "alright, that's a real road and nothing to be worried about." (In Etna, if you follow only GPS without reading the sign on the road, very often you are in the middle of someone's vineyards, and there's no way to turn back.) I kept driving for 3 kilometers, but all I saw on both sides of the road was still the never-ending wilderness. I was late, so I became a bit anxious. Finally, I arrived where GPS instructed me. There was nobody in this spacy winery, and I heard only the label machine working somewhere. I followed the sound, and soon I saw the back of a tall man working alone by the machine. I went near. When he saw me, he was in shocked and asked what he could do for me. I told him that I am looking for Giuseppe. He became calm, smiling and talking with his charming blue eyes, "but I am Francesco. Your Giuseppe is in another winery." I was brushed and could not stop apologizing. Before I rushed out, we managed to exchange business cards, and I realized Francesco Russo is the enologist of Cantine Russo, one of the wineries on my visiting list.

Il modo in cui ho conosciuto Cantine Russo è stata una situazione bizzarra. Nel 2018, mentre guidavo verso la cantina Girolamo Russo, il mio GPS mi portò alle Cantine Russo. Mi muovevo da ovest a est, passando per Solicchiata e cercavo un'insegna della cantina Girolamo Russo (p.154) sulla strada principale, ma non ne ero sicuro. Il GPS mi indirizzò verso un'altra strada più piccola sulla sinistra. Vidi molti cartelli stradali diversi sul palo all'incrocio e pensai che quella che stavo imboccando fosse una vera strada per cui non c'era niente di cui preoccuparsi. (Nella zona dell'Etna se segui solo il GPS senza leggere i segnali sulla strada, corri il rischio di perderti nei di vigneti di qualcuno e non c'è modo di tornare indietro.) Continuai a guidare per 3 chilometri, ma tutto quello che vedevo su entrambi i lati della strada era solo erba senza fine. Ero in ritardo e quindi ero un po' in ansia. Finalmente arrivai a destinazione secondo il GPS. Non c'era nessuno in questa cantina spettrale e si sentiva solo il rumore della macchina etichettatrice che lavorava da qualche parte. Seguendo il rumore della macchina arrivai in un capannone dove c'era un uomo di schiena che lavorava da solo. Mi avvicinai e quando finalmente mi vide si meravigliò che fossi li e mi chiese cosa potesse fare per me. Gli dissi che stavo cercando Giuseppe. Si calmò, mi sorrise e mi disse, con i suoi affascinanti occhi azzurri, di essere Francesco e che Giuseppe era in un'altra cantina. Ero stata frettolosa e non smettevo di scusarmi per l'errore. Prima di andare via ci scambiammo i biglietti da visita e così capii che Francesco Russo era l'enologo di Cantine Russo, una delle cantine della mia lista di cantine da visitare.

終於到了正式拜訪的那一天，迎接我的是美麗的琴娜，她有著棕紅色的波浪髮和健康俊俏的瓜子臉，當天她穿著米咖啡色的上衣、很是亮眼。她見到我便微笑說道，「我哥哥在樓上，我先帶你去看看我們的葡萄園。」在與她交談的過程中，我發現雖然她如此美麗優雅，但其實她十分開朗且擁有著領導者的大度風範、絲毫沒有任何義大利女性的保守或矜持害羞。果不其然，過了一年當我們再次見面時，她已經成為了西西里火山葡萄酒觀光推廣公會的理事長，且大力推動「坐火車、上火山、喝葡萄酒」的一日行程。

The day finally I officially visited Cantine Russo, the beautiful Gina Russo greeted me. She had brown-reddish curly hair and a healthy charming shape of the face. She wore beige-brown top with blue jeans that suited her well. She said to me, "my brother Francesco is upstairs. Let me show you our vineyards first." During our conversation, I noticed that Gina was not as delicate as other beautiful women in Italy. She's direct, intelligent, and friendly. Soon after one year, she became president of Strada del Vino dell'Etna, promoting the "one-day-wine-tour-on-Etna-train" program. I am happy for her.

Il giorno in cui finalmente visitai ufficialmente le Cantine Russo, trovai la bella Gina Russo ad accogliermi. Aveva i capelli ricci bruno-rossastro ed un viso dall'aspetto sano ed affascinante. Indossava un top beige-marrone con blue jeans che le stavano molto bene. Mi disse: "mio fratello Francesco è di sopra. Lascia che ti mostri prima i nostri vigneti." Durante la nostra conversazione, notai che Gina non era delicata come le altre belle donne Italiane. Al contrario, era diretta, intelligente e amichevole. Un anno dopo il nostro incontro, è diventata presidentessa del Strada del Vino dell'Etna, promuovendo un tour del vino dell'Etna che dura di un giorno e si effettua in treno. Sono felice per lei.

AL VECCHIO TORCHIO
Agriturismo 3,5 km
Cantine Russo
Vini D.O.C. dell'Etna
Via Corvo, sn - Solicchiata
(Castiglione di Sicilia)

盧梭酒莊除了是西西里火山葡萄酒發展史初期 (西元 2000 年前) 的歷史酒莊外，更是有不斷創新的下一代接續家族傳統。目前擔任首席釀酒師的哥哥法蘭伽斯克開始釀造家族的第一支香檳氣泡酒，不同於其他義大利酒莊，他決定拿麝香葡萄 (Moscato) 來做傳統氣泡酒 (也就是俗稱的香檳製法)，其成果令我十分驚訝。我認為其他義大利產區，尤其是北義皮爾蒙特酒莊，品嘗到這瓶酒時，下巴也應該要掉下來吧。他告訴我，種植這些麝香葡萄的地塊很特別，事實上、當初帶他去看這葡萄園的人曾經警告過他，這裡的葡萄從來就無法成熟，希望他不要抱著太大希望。然他一看到，立刻決定要拿這裡的葡萄來釀造傳統氣泡酒，雖然首年釀造產量十分稀少且僅為不久前的 2016 年 (同時也是此書收錄的 Special mention 年份，p.504)，其優越品質與令人猜不透品種的酒性，絕對值得愛酒人士的收藏。此款酒再再顯示該酒莊的釀酒實力及其對風土的高度理解力，果然薑是老的辣，始於歷史酒莊的年輕一代果然具有絕對實力。

Cantine Russo is one of the most historic wineries on Mount Etna, but their new generation always look for progress. This is a winery that never stops evolving. Asides from Vincenzo, the father, another example is Francesco, the brother. His decision in making Moscato sparkling Spumante wine (the traditional method, like Champagne), surprised many Italian producers. In the recent 100 years, not many makes sparkling wine in traditional method with Moscato grapes. Perhaps many producers would "drop their jar" for the quality of this wine, as the Chinese express when someone is stunned. Francesco told me that the first time he visited the vines of the Moscato, the people warned him that the grapes could never ripe, and it's not a promising land for production. As soon as he visited the vineyards, immediately he decided to make Moscato Spumante (p.504). Though in the first vintage of 2016, very few bottles were produced, and the flavor and the quality of this wine are exciting and challenging to understand the grape variety. Its acidity and structure also show the potential in aging. As in Taiwan we say "only the old ginger can be spicy," Vincenzo and Francesco Russo show perfectly how the ancient family of Cantine Russo knows their terroir.

Cantine Russo non è solo una delle cantine più antiche dell'Etna, ciò che la rende differente dalle altre è che ogni generazione sembra sempre sapere cosa fare per evolversi. Per esempio, dopo il padre Vincenzo, il fratello Francesco decise di produrre una bollicina Metodo Classico (stesso metodo di produzione dello Champagne) da Moscato. Il suo lavoro sorprese molti produttori italiani perché negli ultimi 100 anni nessuno aveva mai utilizzato l'uva Moscato per produrre spumante in metodo classico e probabilmebte molti produttori se lo assaggiassero "perderebbero il loro barattolo" (espressione cinese per indicare grande sorpresa) per questo vino. Mi raccontò che la prima volta che visitò le vigne di questo Moscato, tutte le persone lo avvertivano che l'uva di questa zona non maturava mai e che quella non era una terra promettente per una buona produzione, ma nonostante tutti provassero a dissuaderlo, non appena visitò i vigneti, decise di produrre lo "champagne Moscato." Anche se la produzione della prima annata nel 2016 è stata minima (p.504), il sapore e la qualità di questo vino sono assolutamente interessanti e risulta difficile riconoscere la varietà di uva, caratteristiche che lo rendono in grado di essere conservato in cantina per alcuni anni. Come in Taiwan diciamo, "solo il vecchio zenzero può essere piccante," Vincenzo e Francesco Russo mostrano perfettamente come l'antica famiglia di Cantine Russo conosce il loro terroir.

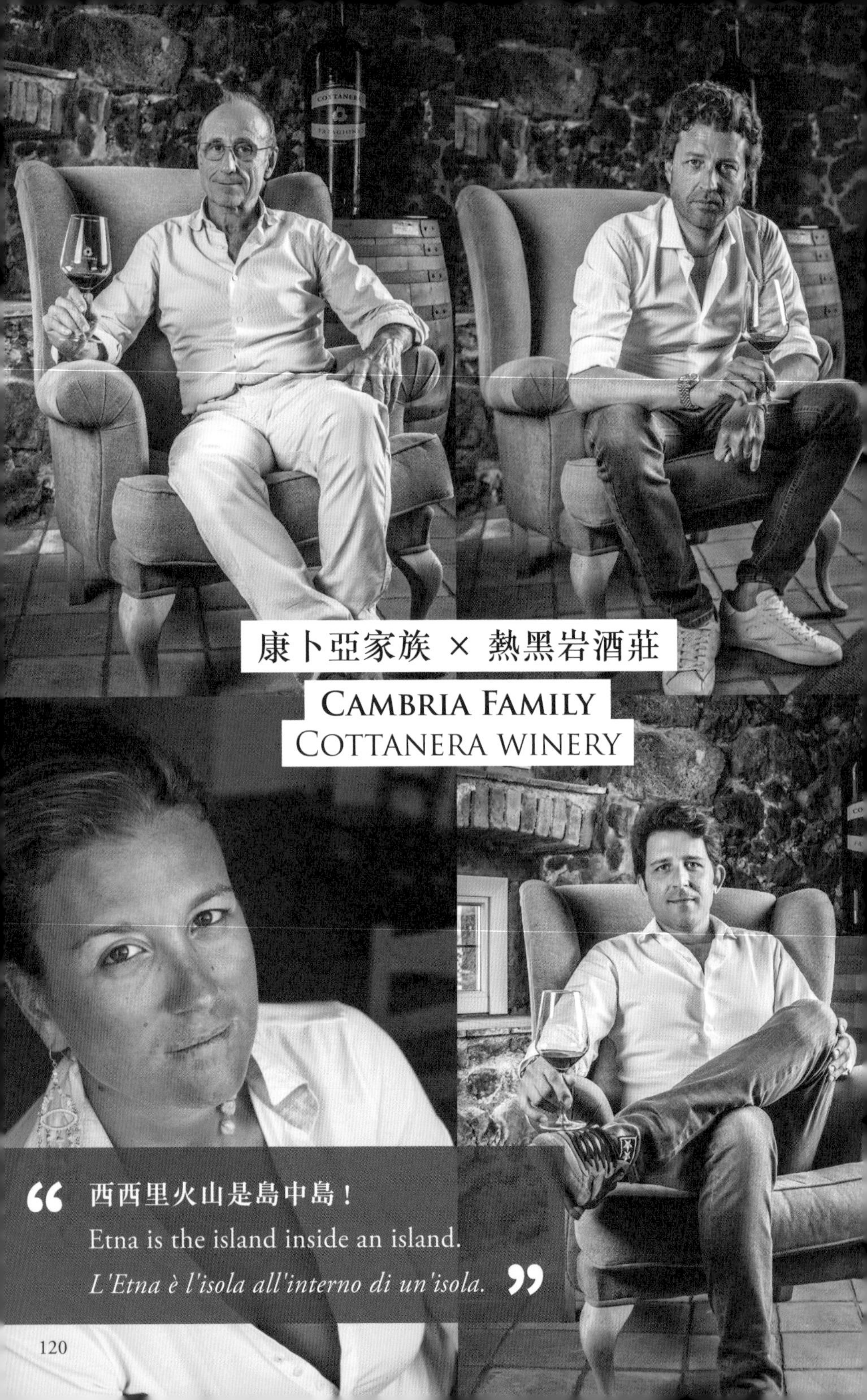

康卜亞家族 × 熱黑岩酒莊

CAMBRIA FAMILY
COTTANERA WINERY

> **西西里火山是島中島！**
>
> Etna is the island inside an island.
>
> *L'Etna è l'isola all'interno di un'isola.*

康卜亞家族於 1962 年開始投資火山北部土地，直至 1999 年開始釀酒、貼上屬於其家族第一個葡萄酒標籤，「熱黑岩酒莊」的第一瓶酒正式上市。這是西西里火山 Etna DOC 範圍內占地最大的酒莊，占地一百公頃、其中六十四公頃為介於海拔 680 至 800 公尺的葡萄園，沿著阿爾坎塔拉河 (Alcantara River) 一路延伸，該家族擁有 100% 的 Contrada Cottanera 單一葡萄園，因而命名酒莊為「Cottanera」，本書譯為「熱黑岩」，同時擁有部份其他法定單一葡萄園，如 Contrada Zottorinoto、Contrada Diciassettesalme 以及 Contrada Feudo di Mezzo。熱黑岩酒莊目前由兩代四人共同經營，分別為第一代的安佐、第二代的古利耶蒙、法蘭斯克以及瑪麗安琦拉。此家族為西西里火山葡萄酒歷史第二期 (西元 2000 年至 2010 年) 重要家族之一。該酒莊初期亦種植不同國際品種如 Pinot Noir, Syrah, Cabenet, Merlot, Mondeuse，而現今則專心於西西里特有的原生品種 Nerello Mascalese, Nerello Cappuccio, Carricante 和 Catarratto (品種介紹詳p.50)。

Cottanera winery owns the biggest estate inside of Etna DOC area. The Cambria family owns 100 hectares with 64 hectares of vineyards between 680 to 800 meters above sea level along the Alcantara River, including 100% Contrada Cottanera (which is the name of the winery), as well as parts of Contrada Zottorinoto, Diciassettesalme, and Feudo di Mezzo. The Cambria family starts to invest in Etna since 1962 and in 1999 produces their very first bottle, putting on label the name of Cottanera winery. At the early 2000s, they also grow international grape varieties like Pinot Noir, Syrah, Mondeuse but now they focus mainly on indigenous grapes such as Nerello Mascalese, Nerello Cappuccio, Carricante, and Catarratto (indigenous Grapes, p.50). The winery is managed together by 4 owners, two Cambria generations: Enzo, Guglielmo, Francesco, and Mariangela.

L'azienda agricola Cottanera possiede la più grande tenuta all'interno della zona DOC Etna, 100 ettari con 64 ettari di vigneti tra i 680 e gli 800 metri sul livello del mare lungo il fiume Alcantara, Contrada Cottanera da cui prende il nome la cantina, così come parti di Contrada Zottorinoto, Diciassettesalme e Feudo di Mezzo. La famiglia Cambria iniziò ad investire sull'Etna nel 1962 e la prima bottiglia fu prodotta nel 1990, dando il nome della cantina Cottanera. Nei primi anni 2000 coltivano anche vitigni internazionali come il Pinot Nero, il Syrah, il Mondeuse, mentre oggi si concentrano principalmente su vitigni autoctoni come il Nerello Mascalese, il Nerello Cappuccio, il Carricante e il Catarratto (varietà di uve, p.50). La cantina Cottanera é gestita da 4 soci, due generazioni della famiglia Cambria: Enzo, Guglielmo, Francesco e Mariangela.

1. 安佐 Enzo　2. 法蘭斯克 Francesco
3. 瑪麗安琦拉 Mariangela　4. 古利耶蒙 Guglielmo

1	2
3	4

家族的大家長「安佐」告訴我，葡萄酒的風土環境與保護大自然火山是康卜亞家族最重要的使命，身為該法定產區擁有最大葡萄園面積的酒莊，無論作了什麼決定或轉變，都不能不考慮到全體與大自然。他們的第一目標為製作優質好喝的葡萄酒，同時必須考慮市場接受度、價位平衡以及全體生計。安佐會這麼說，不僅因為家族所有成員都全心投入於此釀酒事業，更因為眾多來自附近小鎮的員工亦倚靠酒莊運轉、賴以維生。葡萄酒是這個家族的主業，對他們而言，釀造葡萄酒是熱情也是喜好、是專長也是職業，但從來就不是賭注或遊戲，也因此，他們對待每一個來電、每一封郵件、每一位參訪酒莊的客人、甚至每一天接觸的人都十分用心且回應迅速，就我近十二個月來的聯絡經驗，該酒莊確實是西西里火山上動作最快且團結一致的家族酒莊，在南義的西西里島上，十分難得可貴。

Enzo told me that the most crucial task for Cottanera winery is to protect the terroir and the Mother Nature of volcano while their first goal is to produce quality wine with the right balance in price and drinkability. Owning the biggest estate of Etna DOC is a responsibility, and all the family members are working 100% in the estate as well as many employees. It is not a game nor gamble for them; therefore, any transformation has been in serious consideration. Wine is their primary business. They pay much attention with both their minds and hearts to every phone call, every email, all guests that visit the estate and everyone that they might be in touch in every single day of all year long. I have to agree that Cambria family is by far the fastest-responder in emails and messages among Etna wineries, and their promptness is exceptionally rare in Sicily, the south of Italy*. I don't know how they do that, but I like their attitude very much.

*Enzo mi ha detto che il compito più importante della cantina Cottanera è quello di proteggere il terroir e la Natura del vulcano, mentre il loro obiettivo prioritario è produrre vino di qualità con un buon equilibrio tra prezzo e bevibilità. Possedere la più grande tenuta dell'Etna DOC è una responsabilità e perciò tutti i membri della famiglia lavorano al 100% nella proprietà assieme a molti dipendenti. Non è un gioco né tanto meno uno scherzo per loro, pertanto qualsiasi trasformazione è presa seriamente. Il vino è la loro attività principale e per questo motivo si preoccupano di non tralasciare mai niente: prestano molta attenzione con la mente e con il cuore ad ogni telefonata, ad ogni e-mail, a tutti gli ospiti che visitano la tenuta ed a tutti quelli con cui possono mettersi in contatto in ogni singolo giorno dell'anno. Devo ammettere che la famiglia Cambria è di gran lunga la più rapida nel fornire risposte alle e-mail ed ai messaggi tra tutte le aziende vinicole dell'Etna, e la loro tempestività è particolarmente rara in Sicilia ed in tutto il sud dell'Italia *. Non so come riescano a farlo, ma mi piace molto il loro modo di lavorare.*

㊥*因為南義的生活步調明顯比北義緩慢許多，其中又以西西里島為最。
Ⓔ* Life in south Italy is famous for its slow pace.
Ⓘ* *La vita nel sud Italia è famosa per il suo ritmo lento.*

2018 年末，我的車在西西里北部 Randazzo 區的火山岩石路上爆胎了，在我七年多參訪逾兩千家義大利莊園的經驗中，車子爆胎是正常的，一般只要拿取後備輪胎替換即可解決問題。然在西西里火山上，每件事情都不簡單，就連爆胎，也一定一次爆兩顆。當時我開的前輪驅動車馬力不錯，上下坡沒問題，然凹凸不平的火山石岩路加上氣溫變化導致輪胎氣壓不穩，前輪兩個輪胎同時爆了，在這「前不見古人、後不見來者」的荒郊野外，周圍只有雜草和火山岩，孤立無援的狀況下，我打電話給幾家酒莊尋求援助，人在附近的 SRC 酒莊莊主羅利首先來到，他看了看之後，認為我應該要將車留在原地，跟著他回到村落再找小鎮的人幫忙打電話給技師，他願意幫我，但因為他住在距離火山一小時半車程的卡塔尼亞城（西西里第二大城、義大利第十大城），因此他並不認識任何當地小鎮技師。

At the end of the year 2018, I had a car incident at Randazzo, north of Etna: tire-explored situation. It has been quite normal for me to break the tire of car during my travel in Italy, and usually I take the back-up tire in the trunk, replace it and solve the problem myself. However, everything in Etna is not so easy, and even with tire-breaking, there were not only one but both two tires in the front broken. I had an SUV with quite good front-wheel drive that can go up and down the road without problems, yet when driving on the rocky volcanic road with the temperature changes between day-and-night, the air in the tires wasn't stable enough and almost at the same time, both of my front tires broke. Standing in this wilderness where there was no one but only tall trees and massive amount of bushes, I thought I was lost. Thank god my phone still had signal, and I started to call some wineries. The first to arrive was Rori, the owner of SRC winery because he was having lunch nearby. He took a look at my car, and told me there was not much he could do for me except driving me back to the town where there are some people (yes, people please), and perhaps we could find a mechanic. He would like to help me more yet he lives in Catania city, not Randazzo, and therefore he doesn't know much people in town.

Alla fine del 2018, ho avuto un incidente a Randazzo, a nord dell'Etna: mi è esploso un pneumatico. Non è una cosa strana forare una gomma e di solito risolvo in autonomia sostituendolo con quello di scorta, tuttavia, quando sei sull'Etna mai niente è semplice, ed infatti ho rotto contemporaneamente entrambe le gomme anteriori. Mi muovevo con SUV abbastanza buono a trazione anteriore che correva su e giù per le strade senza problemi, ma quando si guida sulla strada di roccia vulcanica con grande escursione termica tra giorno e notte, l'aria all'interno dei pneumatici non è stabile e pertanto quasi allo stesso tempo, entrambe le mie gomme anteriori si sono forate. A piedi, in questa terra selvaggia dove non c'è niente oltre ad alberi ad alto fusto ed un'enorme quantità di erba, pensavo di essere persa. Grazie a Dio il mio telefono aveva ancora il segnale e iniziai a chiamare alcune cantine per chiedere aiuto. Il primo ad arrivare fu Rori, proprietario della cantina SRC, che stava pranzando nelle vicinanze. Dette un'occhiata alla mia macchina e mi disse che non c'era molto da fare se non portarmi in città dove avrei trovato alcune persone (sì, persone per favore!) e forse un meccanico. Avrebbe voluto aiutarmi di più ma vivendo a Catania e non a Randazzo (dove eravamo) non conosceva molta gente del luogo.

隨後公會理事長安東尼打電話來，但是他人在火山南部，遠水救不了近火，幸好熱黑岩酒莊的安佐派了酒莊越野車來救我。當時我坐在拋錨車的後車廂，在遠方轉折處看到了一陣風塵掀起，心想：「會是誰呢？」隨即出現了一個身穿熱黑岩酒莊制服的年輕人，精神抖擻且身手矯健地開著綠色越野車，引擎蓋前有非常大的酒莊 Logo，活像是一隻鳳凰，我看到這台越野車的大輪胎，心想：「我應該要在西西里火山也開這種大輪胎越野車才對，真是太帥了。」他接我上越野車、展開燦爛笑容並說道：「你先到熱黑岩酒莊休息，剩下的交給我。」上車後，一路上帥氣駕駛的他，在這一條坑坑洞洞的火山岩路上徜徉，岩石間積水高濺、自越野車前方玻璃潑至車頂，瞬間雨刷飛快地將髒泥刷清，一點問題都沒有。頓時我有一種被英雄救美的錯覺，然故事裡的公主總是被騎著馬的王子拯救，我則是在這如何也走不到終點的火山岩石堆中，坐著越野車行進到達我的熱黑岩城堡。從那天起，熱黑岩酒莊便成為了我心中西西里火山島的避風港，而安佐也正式成為我的救命恩人。

Before Rori left me, Antonio Benanti, the president of Consorzio di Tutela dei Vini Etna DOC called me back. Rori and Antonio talked over the phone for a while, and they decided that none of them could help me because also Antonio is in Viagrande, south of Etna, and "faraway water can't save the fire in front" as we say in Chinese proverb. Fortunately soon after, Enzo wrote me and said that he would help me. Therefore Rori left me, and I waited. Sitting in the back trunk opened, I saw at the end of this road, some wind with dirt blowing up from the ground and I prayed if this person would come to my direction. Soon I saw this smiley energetic young man in Cottanera uniform with a giant green "land rover defender" in front of me. The logo on the hood looked like a phoenix, and the four huge tires just made me so jealous and thought, "this is the car I should drive in Etna. It is so cool!" Soon he took me up to the car and said gently, "Go to Cottanera and wait there. I got it from here." Then he drove without concern on this rocky narrow road full of bushes and tall grass, crossing numerous puddles of water. The dirty water jumped up to windshield and the top of the car then the windshield wiper took off the dirt instantly. There was no problem at all with this car, and his driving relaxed me from the previous occupation. Suddenly I felt like a princess saved, yet usually, in the fairy tales, princesses are saved by horses running toward the sunrise, and yet I was here, at the never-ending volcanic rocky road in the almighty defender, reaching to my Cottanera castle. Since that day, Cottanera winery has become my lighthouse of the big Etna "island" and Enzo becomes the prince that save my life.

Prima che Rori mi lasciasse, Antonio Benanti, il presidente del Consorzio Etna DOC mi richiamò. Rori e Antonio parlarono al telefono per un po' e conclusero che nessuno di loro poteva aiutarmi perché anche Antonio si trovava a Viagrande, a sud dell'Etna ed "un'acqua lontana non può spegnaere il fuoco vicino" come dice un proverbio cinese. Fortunatamente poco dopo, Enzo mi scrisse dicendomi che mi avrebbe potuto aiutarmi. Quindi Rori mi lasciò ed io mi misi ad aspettare. Mentre ero seduta sul bagagliaio del SUV vidi alzarsi un polverone in fondo alla strada ed iniziai a sperare che fosse qualcuno corso in mio soccorso. Dopo poco tempo arrivò un giovane energico e sorridente in divisa di Cottanera alla guida di un enorme Land Rover Defender verde davanti a me. Il logo sul cofano sembrava una fenice e le 4 enormi gomme mi resero così invidiosa che pensai: "questa è l'auto che dovrei guidare in Etna. È così bella!"- Il giovane mi accompagnò alla macchina e mi disse gentilmente: "ora andiamo a Cottanera ed aspettiamo lì." Quindi cominciò a guidare senza preoccupazioni su questa strada di rocce vulcaniche, piena di erba alta, attraversando numerose pozzanghere che schizzavano il parabrezza e tutta la parte superiore della macchina, mentre il tergicristallo puliva immediatamente l'acqua sporca. Con questa macchina non c'era nessun problema e la sua guida rilassante mi distoglieva dalle preoccupazioni precedenti. All'improvviso mi sentivo come una principessa salvata, anche se nelle favole le principesse vengono salvate dai cavalli che corrono verso il sorgere del sole mentre io ero nel Defender che correvo su un'infinita strada rocciosa vulcanica verso il castello di Cottanera. Da quel giorno, la cantina Cottanera è diventata il mio faro della grande "isola" dell'Etna ed Enzo è diventato il principe che mi ha salvato la vita.

有一些義大利業界人士認為酒莊擁有的土地面積大就做不出好酒，而熱黑岩酒莊的葡萄酒品質剛好證明了此先入為主觀念不一定正確。熱黑岩酒莊目前生產六款紅酒、三款白酒、一款粉紅酒與一款傳統氣泡酒，共計十一款酒，其中以 Zottorinoto 和 Diciassettesalme 兩款單一葡萄園紅酒品質最令人驚豔，尤其是 2016 年的 Contrada Diciassettesalme Etna Rosso DOC，雖為該酒莊最初階的單一葡萄園紅酒，在盲飲中卻展現了高超實力，令資深酒評家無法置信此為 2016 年的表現 (註 : 2016 年的西西里紅酒得到的評價一般普通)。值得一提的是，諸多西西里火山特色小餐館也使用熱黑岩酒莊的散裝酒作為餐廳精選酒款 (house wine)，如此現象正好呼應安佐所言「第一目標為製作優質好喝的葡萄酒，同時必須考慮市場接受度和價位平衡」的酒莊經營中心思想，就算是對於餐廳酒單上未明示生產者的餐廳精選酒款，熱黑岩酒莊依舊以生產優質好喝的葡萄酒為使命。當然，我個人建議也點瓶該酒莊的瓶裝酒，更能了解該酒莊的釀酒品質。

Some Italian wine professionals don't believe wineries with many estates can make good quality wine, yet I think when all family members and employees work together with their most attention to every detail, the preconception may not always be correct. Among Cottanera winery's 6 red wines, 3 white wines, 1 rosé wine, and 1 sparkling wine, I am most impressed by the Etna Rosso wines of Contrada Zottorinoto and Contrada Diciassettesalme. The Contrada Diciassettesalme 2016 is a pleasant surprise that shows outstanding potential in blind taste, and many judges could hardly believe this well-performance is a newly released Sicilian red wine of vintage 2016. What's worthy of mention is that many local restaurants in Etna use Cottanera's wine as their house wine, and this phenomenon best explains what Enzo says about "the first goal is to produce quality wine with good balance in price and drinkability." Even if the restaurant serves the house wine without declaring who the producer is, Cottanera winery still takes the task and provides good quality wine. If I could recommend, order a bottle too to understand more of their philosophy.

Alcuni professionisti del vino italiani non credono che il vino di buona qualità possa essere prodotto da cantine di grandi dimensioni, tuttavia se tutti i membri della famiglia e dipendenti lavorano insieme con grandissima attenzione, questo preconcetto potrebbe non essere sempre corretto. Tra tutti i vini di Cottanera (sei rossi, tre bianchi, un rosato e uno spumante), sono rimasta molto colpita dal vino Etna Rosso di Contrada Zottorinoto e Contrada Diciassettesalme, in particolare dalla Contrada Diciassettesalme 2016, una gradita sorpresa che in degustazione alla cieca svela il suo elevato potenziale e molti giudici difficilmente riuscirebbero a credere che questo ottimo risultato venga da vino rosso siciliano prodotto nel 2016. Vale la pena ricordare che molti ristoranti locali dell'Etna usano il vino di Cottanera sfuso come vino della casa e questo spiega al meglio quanto dice Enzo "il nostro obiettivo principale è produrre vino di qualità con un buon equilibrio di qualità e prezzo." Anche se il ristorante serve il vino della casa senza dichiarare chi è il produttore, la cantina Cottanera si impegna ancora a fornire vino di buona qualità, anche se io consiglierei di ordinare anche una bottiglia di vino Cottanera a chi vuole capire la loro filosofia.

綺亞拉・維果 × 羅密歐女公爵酒莊

Chiara Vigo
Fattorie Romeo del Castello di Chiara Vigo

“ 我的目標是維持西西里火山百年傳統。
My purpose is to continue Etna traditions.
Il mio scopo è continuare le tradizioni dell'Etna. ”

創立於西元 2000 年前的十餘家西西里火山歷史酒莊中，最具有歷史意涵的酒莊幾乎皆為公爵家族(Barone)所有。「Barone」為義大利王國(Regno d'Italia, 1861-1946) 由國王加冕的世襲貴族爵位，當時西西里火山酒莊的傳統為外銷桶裝酒，大部分直至二十世紀才開始裝瓶，包括創立於十八世紀、二十世紀首次裝瓶的羅密歐女公爵酒莊。記得有一次我同時見到兩代女公爵是在北義的自然酒展，當時我受托斯卡尼有機酒莊 Biovitae 邀請，沒想到卻巧遇綺亞拉和她的媽媽、同時義大利前駐台代表馬忠義 (Mario Palma) 與台灣現任駐義代表李新穎也在展場，四人巧遇短暫寒暄幾句，除了難得能在義大利葡萄酒界遇到台灣人外，更因為葡萄酒文化的魅力讓我們偶然的交錯、相遇並分享而感動。

Among the few historical Etna wineries founded before the year 2000, the most ancient ones belong to different Barone families, the royal title kept by King of Regno d'Italia from 1861 to 1946. Most of them sold their productions in bulk for centuries and start to bottle rather recently, including Fattorie Romeo del Castello di Chiara Vigo winery, founded in 18th century and bottled in 20th century. I remember the very last time when I met Chiara Vigo and her mother, Rosanna Romeo del Castello in Viniveri, the natural wine fair close to Verona with Mr. Mario Palma, the ex-Italian-representative in Taiwan and Mr. Sing Ying Lee, the current Taiwan-representative in Italy. It was such a nice coincident that proves wine brings people together from time to time and I was moved by this cultural interaction between Taiwan and Italy.

Tra le poche cantine storiche dell'Etna fondate prima del 2000 le più antiche appartengono alle famiglie dei Baroni, titolo reale riconosciuto dal re del Regno d'Italia dal 1861 al 1946. La maggior parte di esse vendeva il loro vino sfuso, inclusa la Fattorie Romeo del Castello di Chiara Vigo, fondata nel 18° secolo e che ha iniziato ad imbottigliare nel 20° secolo. Ricordo che l'ultima volta che ho incontrato Chiara Vigo e sua madre, Rosanna Romeo del Castello, è stata a Viniveri la fiera del vino naturale vicino a Verona, insieme al signor Mario Palma, ex rappresentante italiano a Taiwan ed il signor Sing Ying Lee, attuale Rappresentante di Taiwan in Italia. Una coincidenza così bella dimostra come il vino spesso riunisce le persone ed in quell'occasione rimasi commossa da questo scambio culturale tra Taiwan e l'Italia.

位於火山西北城鎮 Randazzo、占地 32 公頃的羅密歐女公爵酒莊，雖無相關歷史文件證明其創建年，然其舊式石坊釀酒廠 (Palmento，詳 p.46) 門口石牆上刻寫著數字 1780、極可能表示酒窖完建於此年，因此我們可推測該酒莊正式生產年應於 1780 年前後。該家族經歷百餘年無數次的火山噴發與岩漿流，而百餘年的遺產分家使原掌控火山北部強大的羅密歐家族版圖切割為現今著名的五星級旅館、餐廳、歷史酒莊與當地城堡 (同時也為西西里火山新酒發表會「Le Contrade dell'Etna」的舉辦地點)。現年僅 45 歲女公爵綺亞拉的裝瓶首年為 2007 年，其祖父 Luigi Romeo del Castello 早於 1900 年裝瓶，從當時設計的藍金色酒標中可看出家族歷史的端倪：該家族可能起源於中古世紀前往羅馬朝聖的天主教顯貴，其家徽影射十足的宗教意義：「三片貝殼」為西班牙聖地 - 聖地亞哥德孔波斯特拉城 Santiago de Compostela 的象徵，相傳耶穌十二門徒之一的大雅各安葬於此並形成知名的聖雅各朝聖之路、「迷迭香分枝」為神聖的植物與「木柱」象徵朝聖，真正的家族歷史因相關文件未能保存而無法追溯確認，然我們可以確認的是，就算經歷百餘年無數次分家與火山天然災難，其家族酒窖至今依舊屹立不搖於此。

Fattorie Romeo del Castello winery is founded in Randazzo, north Etna with currently 13 hectares of vineyards among 32 hectares of land. The Romeo del Castello family started much larger hundreds of years ago, yet through the 1981 eruptions and separations of heritages, there are 3 families relatived in the area: Romeo del Castello (for example, the winery), Vagliasindi (for example, the agriturismo Feudo Vagliasindi), and Fisauli (for example, the agriturismo Parco Statella). Though there are no recognized historical proofs for the winery's official founded year, above the gate of its palmento (p.46) where the wine was made, there's a number "1780" written and we can probably assume logically the first production year was not far from it. Chiara Vigo, daughter of Rosanna Romeo del Castello and Leopoldo Vigo from noble family of Marchis in Naples, produces her first vintage in 2007. From the symbols on the label of her grand-grandfather who already put the wine in bottle on 1900s, it is possible to trace the origin of Romeo del Castello family linked to pilgrimage and religion: the "three shells" symbolize the pilgrimage to Santiago de Compostela, the destination of the Way of Saint James and one of the leading Catholic pilgrimage routes since the 9th century; one "bordone," the wooden stick symbolizing the pilgrimage; and a branch of rosemary, which was a sacred plant. Though we are not sure exactly when the winery began, we are sure that the activity of Romeo del Castello family still continues nowadays.

"Fattorie Romeo del Castello" ha sede a Randazzo, nel nord dell'Etna, ed attualmente possiede 13 ettari di vigneti su 32 di proprietà. Le proprietà della famiglia Romeo del Castello nascono centinaia di anni fa, in origine erano molto più vaste, ma dopo l'eruzione del 1981, nonché divisioni patrimoniali si sono molto nidotte. Attualmente nella zona ci sono 3 famiglie di lontani parenti: Romeo del Castello (la cantina), Vagliasindi (l'agriturismo Feudo Vagliasindi) e Fisauli (l'agriturismo Parco Statella). Sebbene non ci siano prove storiche convalidanti la nascita della cantina, sopra il cancello del suo palmento (p.46, dove è stato prodotto il vino) è riportato l'anno "1780" e quindi siamo portati a pensare che il primo anno di produzione non sia lontano da questa data. Chiara Vigo, figlia di Rosanna Romeo del Castello e Leopoldo Vigo della nobile famiglia di Marchesi di Napoli, produce la sua prima annata nel 2007. Dai simboli presenti sull'etichetta del vino del nonno, vino imbottigliato già nel 1900, è possibile dedurre che l'origine della famiglia Romeo del Castello sia legata all'idea del pellegrinaggio e della religione: le "tre conchiglie" simboleggiano il pellegrinaggio a Santiago de Compostela, meta del Cammino di Santiago, una delle principali vie di pellegrinaggio cattoliche dal IX secolo; un "bordone," il bastone di legno che simboleggiava il pellegrinaggio, ed un ramo di rosmarino, considerato una pianta sacra. Nonostante non ci sia certezza sulla data in cui sia stata avviata la cantina, sicuramente sappiamo che l'attività della famiglia Romeo del Castello continua ancor oggi.

不知幸或不幸，近年最嚴重的 1981 年火山噴發岩漿掩蓋了女公爵原本大部分的葡萄園，然如上帝施展神蹟般地、岩漿卻在百年家傳別墅前的那塊葡萄園前停止。拜訪她的那一天，她帶著我一路走到別墅後方岩漿止流處，一整片表面凹凸卻又閃亮的黑岩如綿延不絕的小山包圍著女公爵僅存的葡萄園，此番景象令我震驚。女公爵建議我們操作空拍機、沿著如固態河流般的黑岩流一路向火山方向飛行，我們一邊看著影片，她平靜地說道：「已經過了近四十年，然從這些影像你應該可以想像當時岩漿停在這一片葡萄園前時、我父母的心情」，我看著散發優雅氣質、行事隱晦的她，淡棕色帶著綠光的眼神中似乎泛著一絲激動。葡萄園旁有一片西西里火山原生品種梨園亦為家傳，同葡萄園以有機方式栽種，所產甜梨除販售外，綺亞拉更於 2015 年用來製作她的首年白蘭地，2016 年未生產、2017 年白蘭地即將上市 (酒標如下)。

It is unfortunate but also fortunate that the Etna eruption of 1981 swiped 21 hectares from the Romeo del Castello family, but it stopped in front of their last piece of vineyard and their family villa, which is of much history value to the family. Chiara took me to see the lava in the back of her villa and I was much impacted by what I saw: these wide, endless black shining volcanic rocks block along her remaining vineyard though some roots of old vines decide to cross the lava after decades, reaching to the sun with limited but lively little grapes. While we flew the drone and followed the river-like lava stream back to the origin of the 1981 eruption, Chiara said with her calm voice,"It has been almost 40 years. Can you imagine what it was like when the lava came and when it stopped exactly in front of our house?" I saw in her brown-greenish eyes sparkling in emotions and I didn't answer her because I can never imagine it. Not far from the vineyard, the family grows, like their organic vineyard, the indigenous pears also organically. The pears are used to produce their brandy with first vintage of 2015 and 2017, the coming vintage (label as below).

Fortuna nella sfortuna l'eruzione dell'Etna del 1981 spazzò via 21 ettari della famiglia Romeo del Castello, ma si fermò di fronte al loro ultimo appezzamento di vigneto e alla loro villa di famiglia, che ha un grande valore storico per la famiglia. Chiara mi ha portata a vedere la lava sul retro della sua villa e sono rimasta impressionata da quello che ho visto: lunghe e infinite rocce vulcaniche nere si sono fermate al bordo dei vigneti rimasti, radici di vecchie viti che hanno deciso di attraversare la lava dopo decenni, raggiungendo il sole con alcuni vivaci tralci. Mentre guidiamo il drone e seguiamo la lava simile ad un fiume fino all'origine dell'eruzione, Chiara esclama con voce calma, "sono già passati quasi 40 anni. Riesci a immaginare lo scenario della discesa della lava che si fermò esattamente di fronte a casa nostra?" Ho visto nei suoi occhi marroni-verdastri uno scintillio di emozioni e non le ho risposto perché non è possibile immaginarsi quanto sia accaduto. Non lontano dal vigneto, la famiglia Romeo del Castello coltiva pere autoctone e biologiche utilizzate per produrre l'acquavite di Chiara, prima annata nel 2015, la prossima sarà il 2017 (etichetta come sotto).

㊥ * 由左至右順序：女公爵母親、台灣代表李新穎、義大利前代表馬忠義與筆者黃筱雯。

Ⓔ * Left to right: Mrs. Rosanna Romeo del Castello, Mr. Sing Ying Lee, Mr. Mario Palma and author Xiaowen Huang.

Ⓘ * *Da sinistra a destra: la Signora Rosanna Romeo del Castello, il Signor Sing Ying Lee, il Signor Mario Palma e l'autrice Signora Xiaowen Huang.*

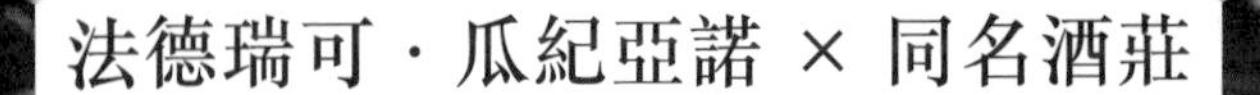

法德瑞可・瓜紀亞諾 × 同名酒莊

FEDERICO GRAZIANI
FEDERICO GRAZIANI WINERY

“ 人跑百米和馬拉松都需要肌肉，
因此酒無論陳年或現在喝都需要結構。

Human needs muscles for both marathon and 100-meter run
as wine needs structure for aging or drinking now.

Così come gli esseri umani hanno bisogno di muscoli diversi utili sia per correre una maratona che per correre i 100 metri piani, allo stesso modo il vino ha bisogno di una struttura che lo renda adatto all'invecchiamento ma anche di caratteristiche che lo rendano pronto ad essere bevuto giovane. ”

很多年前當我應邀至南義名酒莊 Feudi di San Gregorio 作 Taurusi 葡萄品種 20 年歷史垂直品飲時，已久仰此釀酒師大名（他為該名莊首席釀酒師顧問）；去年為此書進行品質把關的葡萄酒初選時，我在近兩百種酒當中、他同名酒莊所產的 Profumo di Volcano 紅酒品質的印象亦十分深刻，於是我決定要找時間與他好好相處、多一些認識。他曾為 1998 年義大利最佳侍酒師競賽冠軍，前後陸續在多家義大利米其林二星、三星餐廳擔任首席侍酒師工作、且葡萄酒相關著作共計六本；2006 年他應西西里農學家 Salvo Foti (詳p.164) 邀約首次來到西西里火山，兩年後他買了半畝葡萄園並陸續增加，其同名酒莊創立於 2008 年，2010 年生產了自己的第一瓶酒 (詳p.352)，至今擁有火山北部六小塊葡萄園 (*註)、介於海拔 620 至 1,200 公尺間、占地約八公頃。20 多年後的今天，他從知名侍酒師、葡萄酒作家，成為知名釀酒師與酒莊莊主，實屬不易。我們或許可以猜測他在葡萄酒領域的天賦，然我們不能想像，這一路上他的多少努力打拼、他遇到了多少困難阻礙和多少貴人相助，而他從未放棄，依舊在這條路上行走、且他的道路似乎越來越寬廣。

Many years ago, an invitation of Taurasi vertical tasting from Feudi di San Gregorio, an important winery in south Italy, puts his name in my mind because Federico is the consultant. Last year at the pre-selection for this guidebook, his red wine named "Profumo di Volcano" has made another deep impression and thus, I decide to know him deeper. He won the Best Italian Sommelier of AIS (Association of Italian Sommelier) in 1998, has worked in different Michelin restaurants, including Gualtiero Marchesi, Stefano Cavallini, Bruno Laubet, Carlo Cracco, Aimo, and Nadia Moroni, and has written 6 books. In 2006 he came to Etna upon invitation of Salvo Foti (p.164), and after two years, he bought in Etna the first half hectare of vines and keeps increasing up to 8 hectares, 6 plots* now between 620 to 1,200 meters above sea level. In 2008, Federico Graziani namesake winery was founded, and in 2010, he produced his first bottle (p.352). In these 20 years, he has walked his path from sommelier, writer, to enologist and owner of his winery. We can probably figure that he is talented and capable in wine field, yet I don't think we can imagine how long and how hard he has been working, how many difficulties he had encountered or how many people had helped him. The most important thing is that he has never given up. He takes his way and walks firmly, and his road seems to be wider with every step he walks.

Molti anni fa, un invito alla verticale di Taurasi di Feudi di San Gregorio (un'importante azienda vinicola del sud Italia) ha impresso suo nome nella mia mente perché Federico è il consulente di Feudi San Gregorio. L'anno scorso alla preselezione per questa guida, il suo vino rosso chiamato "Profumo di Vulcano" mi ha impressionato di nuovo e così ho deciso di conoscerlo più a fondo. Nel 1998 ha vinto il premio come Miglior Sommelier Italiano dell'AIS (Associazione Italiana Sommelier), ha lavorato per diversi ristoranti Michelin, tra cui Gualtiero Marchesi, Stefano Cavallini, Bruno Laubet, Carlo Cracco, Aimo e Nadia Moroni, ed ha scritto 6 libri. Nel 2006 è venuto sull'Etna su invito di Salvo Foti (p.164), e dopo due anni ha acquistato qui il primo mezzo ettaro di vigneto che nel tempo ha incrementato sino ad arrivare agli attuali 8 ettari suddivisi in 6 lotti situati tra i 620 e i 1.200 metri sul livello del mare. Nel 2008 viene fondata la cantina omonima di Federico Graziani e nel 2010 produce la sua prima bottiglia (p.352). In questi 20 anni, ha intrapreso un cammino professionale da sommelier, scrittore, enologo e proprietario della propria cantina. Probabilmente possiamo immaginare il suo talento nel campo del vino, ma non possiamo immaginare il tempo impiegato, il duro lavoro, le difficoltà incontrate ne tantomeno quante persone lo hanno aiutato. La cosa più importante è che non si è mai arreso. Prende la sua strada e cammina con decisione, e la sua strada appare più ampia passo dopo passo.*

㊥ * 六小塊葡萄園所在地，三塊在 Passopisciaro 區分別是 Vigna Federico、Vigna Passopisciaro、Cubito；兩塊在 Montelaguardia 區分別是 Vigna Montelaguardia、一塊未命名；一塊在 Bronte 區 Contrada Nave 的 Vigna Mareneve。

Ⓔ * among the 6 plots, 3 are located in Passopisciaro, namded Vigna Federico, Vigna Passopisciaro and Cubito; 2 in Montelaguardia, named Vigna Montelaguardia and one unnamed; 1 in Contrada Nave in Bronte, named Vigna Mareneve.

Ⓘ * *tra i 6 appezzamenti, 3 sono situati a Passopisciaro, denominati Vigna Federico, Vigna Passopisciaro e Cubito; 2 a Montelaguardia, denominati Vigna Montelaguardia e uno senza nome; 1 a Contrada Nave, Bronte, chiamata Vigna Mareneve.*

我和他共進晚餐時，他告訴我，「葡萄酒和體育是相同的道理，人跑百米和馬拉松需要肌肉，因此酒無論陳年或現在喝、也都需要『結構』。」對他而言，除了結構外，他亦追求葡萄酒的「新鮮度」，因為「當一瓶葡萄酒有了這兩者，這一瓶好酒隨時可以被喝完。」這就是他釀造葡萄酒的特別要求與特徵，也是為什麼他的酒總令人印象深刻。有趣的是，他釀酒的過程不使用塑膠，他提到，現在很多酒莊開始重視永續概念，但除了葡萄園永續經營外，也應做到「無塑釀酒」，這是他對自己酒莊的要求。此外，他雖然不住在西西里，但是他每個月坐飛機去西西里看葡萄園 3 次、一年在葡萄園完整作業 20 次，光是翻土、就翻了 5 次 (一般酒莊翻 1-2 次)；他強調，沒有好土壤、沒種好葡萄，釀酒師是絕對釀不出好酒的。此為常理，然從他口中說出這樣的話，可知他不僅關心下一代、環保、且為人謙卑 (他沒提到自己多會釀酒的話語)。

When I had dinner with him, he told me that "wine and athletes are of the same principle: human needs muscles for both marathon and 100-meter run as wine needs structure for both aging or drinking now." And for him, he also looks for freshness because "when a bottle of wine has both structure and freshness, it can be finished in no time," which is the philosophy and signature of all wine he produces. What also interests me during our conversation is that he emphasizes his "plastic-free" policy in winemaking. Most wineries talk about sustainable wine policy in vineyard, yet few notice the environmental issue in the cellar. Last, but not least, I was surprised by how much time he spends in Etna though he doesn't live there. Every month he flies 3 times to Etna, and in total of one year, he operates in his vineyards for different purposes more than 20 times. For example, 5 times of soil- turning (while most wineries 1-2 times). He keeps saying that an enologist isn't a magician to make good wine if there is no good soil for good grapes. I understand that Federico not only cares about the environment for the next generations, he is also a humble person that respects nature and mother earth.

Quando abbiamo cenato insieme, mi ha detto che "il vino e gli atleti seguono lo stesso principio. Così come gli esseri umani hanno bisogno di muscoli sia per correre una maratona che per correre i 100 metri, allo stesso modo il vino ha bisogno di una struttura che lo renda adatto all'invecchiamento e cartteristiche che lo rendano adatto ad essere bevuto subito." Secondo lui nel vino è molto importante anche la freschezza perché "una bottiglia di vino che ha sia struttura che freschezza, può essere consumata in brevissimo tempo": questa è la sua filosofia e l'impronta che dà al vino che produce. Durante la nostra conversazione, un'altra cosa che mi ha colpito del suo modo di pensare, è la sua politica "plastic free" nella vinificazione. È vero che la maggior parte delle aziende vinicole parlano di politica vitivinicola sostenibile in vigna, eppure pochi notano il problema ambientale in cantina. Ultimo, ma non meno importante, sono rimasta sorpresa da quanto tempo trascorre nei suoi vigneti dell'Etna anche se non vive lì. Ogni mese va 3 volte sull'Etna e, in totale, in un anno, per motivi diversi effettua più di 20 operazioni colturali sulla terra. Ad esempio, effettua 5 volte la rotazione del suolo (mentre la maggior parte delle cantine 1-2 volte). Continua a dire che un enologo non è un mago e non è possibile produrre del buon vino se non ci sono terreni idonei a coltivare una buona uva. Capisco che non solo gli sta a cuore la tutela dell'ambiente per le prossime generazioni, ma che é una persona umile con grande rispetto verso la natura e la madre terra.

當晚，我們在西西里古老 palmento 改建餐廳中用餐談話，燈光較為昏暗，然當我們討論到葡萄酒時，坐在對桌的我，看著他閃閃發光的雙眸且精神奕奕，對應著夜深工作、理應疲憊的人們，我對他更加敬佩。以義大利最坦率直接、最簡單有力的解釋，這、就是因為他對他的葡萄和他的人生，有最真實的「熱情」兩個字使然。

This dinner was at a restaurant in the old palmento of Relais San Giuliano (p.614). When we talked about vineyards and grapes, I saw Federico's eyes full of energy, shining across from the table. It was dark and late, and he was supposed to be tired, but he wasn't tired at all. In a direct and simple explanation that most Italians would say, I am sure he has PASSION toward his wine and his life.

La cena era in un ristorante costruito in l'vecchio palmento di Relais San Giuliano (p.614). Quando abbiamo parlato della vigna e dell'uva, ho visto i suoi occhi dall'altro lato del tavolo che si illuminavano e brillavano pieni di energia. Era buio ed era tardi, pensavo che fosse stanco, ma mi sbagliavo. Come direbbe la maggior parte degli italiani in parole semplici e dirette, sono sicura che ha una grande PASSIONE per il suo vino e per la vita.

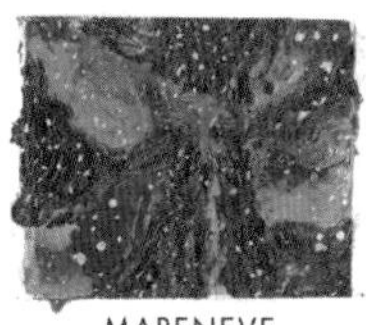

㊥ 他的酒標來自他米蘭理髮師 Pier Giuseppe Moroni 的設計，話說是他去剪頭髮的時候恰巧看到便直覺認定這是他的酒標。

Ⓔ The labels of his wine are designed by his Milan hairdresser, Pier Giuseppe Moroni, and he decided to use them by immediate instinct.

Ⓘ *Le etichette del suo vino sono state disegnate dal suo parrucchiere milanese, Pier Giuseppe Moroni, e quando le ha viste ha deciso immediatamente ed istintivamente di utilizzarle per i suoi vini.*

史比塔雷利 × 公爵酒莊

Barone Spitaleri di Muglia
Feudi Barone Spitaleri

“ 我的釀酒哲學是暴力，
我相信我的土地和葡萄。

My philosophy is violence.
Trust the terroir then you can extract much to express it.

La mia filosofia è la violenza.
Se hai fiducia nel terroir, puoi estrarre il massimo per esprimerlo. ”

西西里火山上普遍將黑皮諾 (Pinot Noir) 當作是外來品種並認為以往無人種植，然我在西西里火山多方走訪後、發現除現有酒莊種植生產外 *，其實於十九世紀時，西西里火山曾大量種植並生產 Pinot Noir 葡萄酒外銷法國、美國等地，西西里火山因臨近海港的地利之便，當時許多重要家族在此種植並生產葡萄酒，而當時法國最著名的義大利酒莊就在西西里火山上。該酒莊於 1853 年生產義大利第一支西西里火山麝香葡萄氣泡酒 (Moscato Etna)、1858 年生產義大利第一支干邑白蘭地 (Cognac Etna)、同年生產當時波爾多傳統型紅酒，當時使用的四種葡萄品種為 Pinot Noir、Nerello Mascalese、Cabernet Franc 與 Grignolino (二種法國品種、二種義大利品種)，並於酒標寫上「Solicchiata (西西里火山地名)」的字樣、1866 年生產西西里火山氣泡酒 (Etna Spumante) 並成功完成西西里火山紅酒配方，其葡萄品種為 50%-70% Pinot Noir、13%-33% Nerello Mascalese、12% Cabernet Franc 與 5% Catarratto，並於酒標上標示「Etna Rosso」的字樣；1868 年生產香檳氣泡酒並於酒標上標示「Champagne Etna」，當時使用的品種為百分之百的 Pinot Noir 葡萄，以 Extra dry 方式釀造，並於 1888 年獲得義大利最佳氣泡酒 the best Italian spumante、1892 年獲得比利時國際展覽會榮譽金牌獎項、1895 年獲得九座金牌、二座銀牌等十一座獎項的殊榮，同年 1888 年生產 Etna Bianco 酒款等。

Most people on Mount Etna say that the Pinot Noir grape doesn't have a history in Etna and some are starting to grow* it only recently. However, after some research I found the evidence that supports the fact being otherwise. In 19th century, Pinot Noir was one of the main grape varieties growing on Mount Etna. Etna wine, as one of the essential financial elements for Etna, was exported to France and America. At that time, many wineries were founded in Etna for geographical convenience (close to the port). One of them produced the very first "Moscato Etna" in 1853 and the first Cognac of Italy called "Cognac Etna" in 1858. The same year they produced Etna red wine called "Solicchiata" with a mix of 2 French and 2 Italian grape varieties of Pinot Noir, Nerello Mascalese, Cabernet Franc and Grignolino and "Etna Spumante" in 1866, The same year (1866), they completed the formula for "Etna Rosso wine" with 50%-70% Pinot Noir, 13%-33% Nerello Mascalese, 12% Cabernet Franc and 5% Catarratto. In 1868, they started to produce "Champagne Etna" extra dry with 100% Pinot Noir which won the best Italian spumante in 1888, Gold medal with Diploma of Honour at International exhibition of Brussels in 1892, and 11 diplomas of Honour (9 gold medals and 2 silver cups) in 1895; same year of 1888, it produced Etna Bianco.

*La maggior parte delle persone sull'Etna sostiene che l'uva Pinot Nero non abbia una sua storia sull'Etna e solo di recente alcuni produttori hanno iniziato a coltivarne *. Tuttavia, dopo alcune ricerche, ho trovato le prove che dimostrano il contrario. Nel 19° secolo il Pinot Nero è stato uno dei principali vitigni coltivati sull'Etna e il vino, essendo un'importante attività finanziaria a quel tempo, veniva esportato in Francia e in America. Sull'Etna c'erano molte importanti cantine per la convenienza geografica (vicino al porto di Catania) e una di loro già nel 1853 produceva il primo "Moscato dell'Etna;" nel 1858 il primo Cognac d'Italia chiamato "Cognac Etna," e lo stesso anno producevaanche vino rosso dell'Etna chiamato "Solicchiata" con un mix di 2 varietà di uve francesi e 2 italiane: Pinot Nero, Nerello Mascalese, Cabernet Franc e Grignolino; nel 1866 produceva "Etna Spumante," e lo stesso anno completava la formula del "vino Etna Rosso" con Pinot Nero 50%-70%, Nerello Mascalese 13%-33%, il 12% Cabernet Franc e il 5% Catarratto; poi nel 1868 lo "Champagne Etna" extra dry con 100% Pinot Nero che nel 1888 vinse il premio come miglior spumante italiano, medaglia d'oro con Diploma d'Onore all'esposizione internazionale di Bruxelles nel 1892 e 11 diplomi d'onore (9 medaglie d'oro e 2 coppe d'argento) nel 1895; nello stesso anno 1888, producevaanche Etna Bianco.*

㊥ *目前仍種植並生產黑皮諾葡萄酒的西西里火山酒莊有
Ⓔ * Nowadays on Mount Etna, the wineries that grow and produce Pinot Noir wine are
Ⓘ * *Oggi sull'Etna, le cantine che coltivano e producono vino Pinot Nero sono*
} Calabretta, Murgo, Terrazze dell'Etna, La Gelsomina, Al-Cantàra, Gulfi, Planeta, and Feudi Barone Spitaleri.

以上敘述即為至今已傳三十七代的史比塔雷利公爵酒莊，位於火山西南部占地逾兩百公頃，其中葡萄園占地一百一十五公頃、位在海拔八百至一千二百公尺間，為西西里火山上最古老葡萄酒家族之一。不同於其他西西里酒莊的好客，這家自 1858 年開始的傳奇城堡酒莊，至今無人參訪，且其生產之葡萄酒雖行銷歐美英等國家，然在西西里島卻是一瓶難求。也因此，史比塔雷利公爵稱為「全義大利最神秘的酒莊」也不為過。我第一次認識公爵莊主是在四年前 (2015 年)，當我提到我認識公爵莊主時，所有其他西西里火山酒莊莊主無一驚嘆，有些說道「喔我住在這裡一輩子、沒進去過」，或是「我從來沒有喝過他的酒，應該也不怎麼樣」。我似乎嗅到酒莊間對公爵的陌生。

The above descriptions are about Feudi Barone Spitaleri winery, situated at the southwest side of Mount Etna with more than 200 hectares, among which, 115 hectares of vineyards planted between 800 to 1,200 meters above sea level. The current owners, Barone Arnaldo and Barone Felice Spitaleri di Muglia, are the 37th generation of Spitaleri family. Unlike other Etnea wineries, Spitaleri winery has never had many (or none) visitors since 1858, and its bottles are also not of easy-access in the island of Sicily. It is more likely to find a bottle in international markets, and when you find one, it is often of high quality (but the task is to find one.) Spitaleri winery could be "the most mysterious Italian winery." The first time I met Barone Arnaldo was in 2015. When I happen to mention my meeting with him, most wineries of Etna go "I have been living on the Etna my whole life, but I have never visited that place," or "I have never drunken his wine, so I think it is probably nothing special." I notice that most Etnea people don't know Barone much.

La descrizione di cui sopra si riferisce alla cantina Feudi Barone Spitaleri, situata sul versante sud-occidentaledel Monte Etna con oltre 200 ettari, tra i quali 115 ettari di vigneti che si trovano tra gli 800 ei 1.200 metri sul livello del mare. Gli attuali proprietari, Barone Arnaldo e Barone Felice Spitaleri di Muglia, sono la 37° generazione della famiglia Spitaleri. A differenza delle altre cantine Etnee, la cantina Spitaleri non ha mai avuto molti (o nessun) visitatori sin dal 1858 e anche le sue bottiglie non sono di facile reperibilità nell'isola di Sicilia. È più probabile trovarne una bottiglia nel mercato internazionale e quando ne trovi una, è spesso di alta qualità ma il compito è appunto, trovarne una. La cantina Spitaleri può essere considerata "la cantina più misteriosa d'Italia." La prima volta che ho incontrato il Barone Arnaldo è stato nel 2015 e quando mi capita di menzionare il mio incontro con lui, la maggior parte delle aziende vinicole dell'Etna mi dicono "oh vivo sull'Etna da tutta la vita ma non ho mai visitato quel posto," oppure "non ho mai bevuto il suo vino quindi penso che probabilmente non sia niente di speciale." Ho constatato che la maggior parte delle persone Etnee non conoscono molto il Barone.

或許因為城堡主人是舊貴族公爵，因此不習慣讓其他當地人（平民）進入他的城堡，像我這樣「只有皇帝沒有國王」的異文化外地人，倒有幾分被允許進入的可能。也正是因為如此，我決定與我托斯卡尼布雷諾紅酒產區的好友們共同拜訪該酒莊，而當其他莊主聽到我居然被允許進入參訪時，每個都哇哇叫，雖然是不一樣的哇哇叫法，然每個人的反應都十分有趣，更令我第一次感謝本人隸屬於皇帝體系而非國王體制。

Perhaps because Barone Spitaleri is of the previous political system of Kingdom of Italy, he is not used to letting local people into his castle. Yet a stranger like me, who has "emperor but no king," could have better chances to be allowed for a visit at this moment. I half-joke that for the first time of my life, I really appreciate my oriental origin. In any case, this visit is rare and the fact that I visit with Gabriele and Michele, my Tuscan friends who are also judges in this book, makes many people in Etna all expressing different emotions with different tones of "wow..."

Forse perché il Barone Spitaleri discende dall'antico sistema politico dell'antico Regno d'Italia, non si è mai abituato all'idea di lasciare entrare la gente del posto nel suo castello. Eppure, una straniera come me che ha un "imperatore ma nessun re," ha avuto in questo momento più possibilità di essere ammesso per una visita. Io per metà scherzo, ma per la prima volta nella mia vita apprezzo molto la mia origine orientale. In ogni caso, questa visita è una occasione rara e il fatto che io visiti con Gabriele e Michele, i miei amici toscani che sono anche giudici in questo libro, desta la sorpresa di molte persone sull'Etna che esprimono emozioni diverse con toni diversi di "wow ..."

參訪當日我坐著托斯卡尼朋友的車，從西西里火山南部 Villagrande 區域一路上趕著車，過了將近一小時，車停在一座雄偉而古式作風的高聳大門前，一個大鎖緊緊鎖著這道門，非請勿進的意思很明顯。電話聯絡後從遠方駛來一台車，車上的人下車後便立刻解鎖並大聲說道「歡迎光臨」。在我面前這條長長的道路兩旁都是葡萄園，遠處有一座方整的城堡，顏色美麗大方且協調，在綿延的葡萄園大道上行駛三分鐘後到達城堡，我才發現，這整座偌大的城堡竟是一座釀酒廠，眼前所見一切強烈表達了釀酒的意志，在義大利七年多、探訪過逾兩千家生產者的我，從沒見過這麼瘋狂而執著的貴族酒莊。公爵是一位友善的紳士，他在門口迎接我，踏過幾道特殊設計的大門，我便進入了這座義大利最神秘的酒莊。

This day, I sat in the car of Gabriele and Michele from Villagrande, south of Mount Etna heading west for around one hour. Finally, we reached an enormous gate in ancient style with a big lock closing firmly. After some contact by phone, a car reached my sight from a far away road. A man unlocked the door and said without hesitation in loudness, "welcome to Castello di Solicchiata." Suddenly in front of me, by this long-lasting road with countless vines along both sides, there seemed to be a gigantic castle situated at the end of this road. Everything was perfectly in order. After 3 minutes of drive, we found the Barone standing by the door of castle, waiting. He greeted me gently, and I followed his footsteps. After a few more doors, finally I was in the castle, and I realized that this is not a castle for living but a castle for winemaking. For the past 7 years, I have visited more than 2,000 wineries, and I have never seen such crazy yet persistent decision in terms of architecture that demonstrate firmly the will to make wine, even for a Royal Family.

Questo giorno, mi sono sedutasulla macchina di Gabriele e Michele a Villagrande, a sud dell'Etna, in direzione ovest per circa un'ora, raggiungendo infine un enorme cancello di stile antico con una grossa serratura chiusa saldamente. Dopo qualche contatto telefonico, un'auto ha raggiunto la mia vista da una strada lontana. La porta si è aperta, accompagnata senza esitazione da un "benvenuto a Castello di Solicchiata" esclamato ad alta voce. Immediatamente di fronte a me, alla fine di una strada con innumerevoli piante di vite su entrambi i lati, è apparso un gigantesco castello. Tutto era perfettamente in ordine. Dopo 3 minuti di guida, abbiamo trovato il Barone in piedi vicino alla porta del castello, in attesa. Mi ha salutato gentilmente e ho seguito i suoi passi. Dopo altre porte, finalmente mi sono ritrovata dentro al castello e mi sono subito resa conto che questo non è un normale castello ad uso residenziale, ma un castello dove fare vino, solamente. Negli ultimi 7 anni ho visitato più di 2.000 aziende e non ho mai visto un'idea così pazza ma coerente in termini di architettura, che dimostra fermamente la volontà di fare vino, anche per una famiglia reale.

公爵帶我進入他的辦公室，介紹他的家族釀酒歷史，我跟著公爵走過一個又一個房間，跨過一扇又一扇門，這偌大的城堡每一處皆可見其用心之處，每一個空間都好比一個博物館，有百年的獎狀、有百年的酒標、有百年前的裝瓶機器、也有三層樓高的木桶依舊使用於現今的釀酒過程，有老式汽車、腳踏車、摩托車、三輪車，然最特別莫過於每一扇門窗的設計和顏色皆與城堡外相同，如此有規劃、規矩且拘謹的設計，絲毫不像是義大利人的浪漫作風。更令人驚奇的點發生在我們使用空拍機時，發現由上往下俯瞰城堡的形狀、竟如此方整且正如城堡內部的地板設計圖案，這樣的細節規劃能力，令人不禁嘖嘖稱奇。

漸漸的我們步入了釀酒區域。談到公爵的釀造哲學。相較於其他酒莊堅持的「溫柔擠壓葡萄榨汁」，公爵說道:「我的釀酒哲學是暴力，我相信我的土地和葡萄，而大量擠壓葡萄、長時間釀造，即為打開葡萄、發掘風土的潛能。」

Il Barone took me into his office area, where he further introduced his family history. I followed him door after door, room after room, hall after hall and each space of place seemed to be a museum itself with hundred-year-old historical labels and bottles of wine, a hundred-year-old authentic bottling machine and with numerous hundred-year-old historical prizes from wine competitions. There was a room full of 2-story high barrels and still in used, many corners of fashionable old cars, motors, bicycles, and other vehicles. But among everything I saw, the most impressive part of the castle was the design itself. Each window, each door, and every piece of floor of each room is coherent with each other, and behind some of these unified color of doors, you find modern tools such as air-conditioners or stoves. We flew the drone over the estate, and we found that the design of each room is the same as what we see high-up from the sky. It is incredible how everything is well-organized in this castle, and the order doesn't at all seem to be an Italian reality, which usually is more of free romantics.

Gradually we entered the vinification area of the castle. It was to my surprise when Barone told me "My philosophy is violence. Trust the terroir then you can extract much to express it. The maximum extraction of the grapes, the long maceration (sometimes over 90 days) and long maturation in bottles in the estate are to open the grape and explore the potential of each drop of it."

Il Barone mi ha portato nella sua area ufficio dove ha introdotto la sua storia di famiglia. Lo seguivo porta dopo porta, stanza dopo stanza, sala dopo sala e ogni spazio delle stanze sembrava essere un museo stesso tra etichette storiche e bottiglie di vino centenarie, una macchina imbottigliatrice centenaria e premi storici ai concorsi enologici internazionali vecchi di centinaia di anni; c'era una stanza piena di barili alti due piani e ancora perfettamente in uso, un salone di auto d'epoca alla moda, motori, biciclette e altri veicoli. Ma tra tutto quello che vedevo, la parte più impressionante del castello era il design stesso. Ogni finestra, ogni porta e ogni piano di ogni stanza sono coerenti l'uno con l'altro e dietro alcune di questeporte dai colori omogenei, si trovano ben nascosti, attrezzature moderne come condizionatori d'aria o stufe. Abbiamo sorvolato la proprietà con il drone e abbiamo scoperto che il design di ogni stanza è esattamente uguale a quello che vedevamo dall'alto dal cielo. È incredibile come tutto sia organizzato in questo castello e l'ordine non mi sembra affatto una realtà italiana, che di solito è più per romantici liberi.

A poco a poco siamo entrati nella zona di vinificazione del castello. Con mia grande sorpresa, il Barone mi ha detto "La mia filosofia è violenza. Se hai fiducia nel terroir, puoi estrarre il massimo per esprimerlo. La massima estrazione delle uve, la lunga macerazione (a volte oltre 90 giorni) e la lunga maturazione in bottiglia nella tenuta sono l'apertura dell'uva e l'esplorazione del potenziale di ogni sua goccia."

公爵種植葡萄的方式與其他西西里火山酒莊完全不同，一片望去公爵百頃葡萄園，眼睛所到之水平處看不到任何一株葡萄欉，每一棵都小小的纏縛在土壤上，令我想到民國前女人們的裹腳布，而每一株葡萄欉上又令我想到阿凡達，這些精緻的小苗擁有無限的力量。每一株都只有兩端葡萄芽，而每一端葡萄芽都只能被允許少許葡萄串生長，到了採收的那一刻，每一株都為手採，由於所有葡萄欉的養分都集中到了這幾串葡萄，因此每一顆葡萄汁液之高濃縮，不言而喻。採收後的葡萄之後運至城堡內進行釀酒程序，公爵採用大量擠壓葡萄以得到最多的葡萄汁，之後再長時間的發酵，他說，「如果你尊重土地，高度密集種植然每公頃得到極低的平均產量，則每一顆葡萄內的汁液都是土地、陽光、雨水的精華，之後在酒窖中長時間的發酵、釀造與存放的過程，目的在於舒坦並打開葡萄的靈魂。」得到好葡萄的秘訣在於高度密集種植、低平均產量、再高度擠壓葡萄，即使得到的葡萄酸度過高也能促使最終葡萄酒杯中的香氣奔放。

The growing system of Barone isn't like any other winery over Mount Etna. When I watch from the castle over the estate, I hardly see any vines because they all are so small and close to the earth, touching the ground. These cute little vines reminded me of the little feet of ancient Chinese women hundreds of years ago, and each bud reminds me of the recent American movie called Avatar for the strength and magical power of each of them: I feel all buds are alive. Each bud is allowed to grow only a few bunches of grapes, handpicked at the right moment at the harvest season. The low-yield philosophy forces all the nutrition of each vine to go to these few bunches, and the concentration is naturally high from the sun, rain and the volcanic soil. Il Barone says that the best wine comes from the low yield of concentrated growing system of the best soil with extended maceration, while the long aging is to open and realize the best essence of the soul of each grape. In this way, even the high acidity can attribute to the perfume of its wine without bitterness. The Barone deeply believes that low yields and high extract with high acidity can push the aroma of his wine.

Il sistema di allevamento del Barone non è come qualsiasi altra azienda vinicola sull'Etna. Guardando guardo dal castello sopra la tenuta, non vedo quasi nessuna vite perché sono tutte così piccole e vicine alla terra, che quasi la toccano. Queste piccole viti mi ricordano i piccoli piedi di antiche donne cinesi centinaia di anni fa e ogni gemma mi ricorda anche il recente film americano chiamato Avatar per la forza e il potere magico di ognuna di esse: sento che tutte le gemme sono vive. Ad ogni gemma è permesso di coltivare solo pochi grappoli d'uva, raccolti a mano al momento giusto durante la stagione della raccolta. La filosofia della bassa resa convoglia tutti i nutrimenti di ogni vite a questi pochi grappoli e la concentrazione è naturalmente elevata dal sole, dalla pioggia e dal suolo vulcanico. Il Barone dice che il miglior vino viene da un sistema di allevamento concentrato che preveda basse rese concentrate da, con lunga macerazione e lungo invecchiamento al fine di raggiungere l'obiettivo di aprire e realizzare la migliore essenza dell'anima di ogni vitigno. In questo modo, anche l'elevata acidità può contribuire al profumo del suo vino senza amarezza. Il Barone crede profondamente che la bassa resa e l'alto estratto con una elevata acidità possano spingere l'aroma del suo vino.

參觀城堡的過程中，公爵的每一扇門後都有一個故事，其中一扇門他十分小心翼翼的開啟，他說道，這是他的實驗室，每到了葡萄發酵的時間，他便會睡在隔壁的小房間，每天晚上聽著葡萄發酵的聲音，確定一切無誤才敢入眠。就算是擁有百頃土地、十餘名員工的高貴公爵，釀酒的工作卻依舊不假他人之手，堅持全程自己來，我問他，「您剛剛提到有時候發酵時間長達三個月，那請問您這三個月都睡哪裡呢？」血液裡流著傳統紳士、年逾六十歲的他，禮貌微笑著回應詢問我是否可以放過他的寢房，去看看城堡其他地方，譬如說葡萄陳年區。公爵的紳士風度令我好笑又尷尬，卻也著實令我感受他率真可愛之處。

Each door has behind its own story belonging to its room, and when we reach a particular door, il Barone opens it with extra care and says, "this is my experimental room. I sleep next door when the wines are fermenting, and I never fully asleep for listening to the sound speed of vinification." Owing more than 200 hectares and 10 employees, Barone still observes the vinification himself, and he doesn't ask anyone else to do it for him. I ask "but Barone, you said that sometimes the maceration could be up to 90 days and in that case, exactly where do you sleep?" Barone smiles and replies in the attitude of a true gentleman, "would you allow us not to visit my bedroom and move to other more interesting rooms of the castle, like the aging area for example?" The way of his gentleness and politeness impresses me, and there's a hint of black humor that arises my laughter inside.

Ogni porta ha dietro una sua storia appartenente alla sua stanza e quando abbiamo raggiunto una porta speciale, il Barone l'ha aperta con estrema attenzione e mi ha detto "questa è la mia stanza sperimentale. Dormo qui accanto quando i vini sono in fermentazione e non mi addormento mai completamente per ascoltare la velocità dei rumori della vinificazione." Con oltre 200 ettari e 10 dipendenti, il Barone segue ancora di persona la vinificazione e non chiede a nessun altro farlo per lui. Ho chiesto "ma Barone, ha detto che a volte la macerazione può arrivare fino a 90 giorni e in tal caso, esattamente dove dorme?" Il Barone mi ha risposto sorridendo con lo stile di un vero gentiluomo, "potrebbe concedermi di non farvi visitare la mia camera da letto e di trasferirci in altre stanze più interessanti del castello, come ad esempio la zona di invecchiamento?" La gentilezza dei suoi modi mi ha colpita e un pizzico di humour nero ha fatto risuonare la mia risata.

如果你查詢 Google 地圖，會發現今天的 Solicchiata（地名）位於西西里火山北部偏東，該酒莊雖名為 Castello Solicchiata (Castello 是義大利文，意指「城堡」)，卻位處於相反方向的西西里火山西南部，且 1968 年制定的 DOC 法規範圍與其擦身而過，可以說是 DOC 範圍剛好劃在公爵家門口，使得公爵所產的葡萄酒皆不屬於 DOC 認證範圍。公爵種植的葡萄品種亦非 DOC 認證規範的品種，為 Cabernet Franc、Merlot、Cabernet Sauvignon、Pinot Noir，我詢問他為什麼如此逆道而行，他神回：「DOC 是一個區域、一般劃分在『以往生產好酒的歷史區域』，DOC 的規範應為保護葡萄酒品質與歷史傳統而設定，非今日的商業訴求與注重數量的增長。DOC 規範雖然是用來畫分高品質葡萄酒產區，然好酒不是隨機產生，不會因為在 DOC 區域內就是好酒，也不會因為在範圍之外就不是好酒，好酒應該要多實驗，才經得起考驗。我的祖先從 1958 年就是種植這些葡萄品種，我的作法也只是遵循家族祖訓。」看來他並非逆道而行，只是在他堅持家族傳統的道路上，孤獨了點。

If you look up on Google map, you should realize that the name "Solicchiata" is at north-east of Mount Etna; however to the contrary, "Castello Solicchiata (Solicchiata Castle)" is situated at the very opposite south-west side. The DOC regulations of 1968 regulates the area for Etna DOC, and it happens to exclude Castello Solicchiata, even if the border of Etna DOC lies precisely in front of the gate of Barone Spitaleri. Considering that grape varieties that grow at Castello Solicchiata are Cabernet Franc, Merlot, Cabernet Sauvignon, Pinot Noir which are also out of Etna DOC regulations, I ask Barone out of curiosity why he is such a rebel, being so entirely against the DOC regulations too. He replies, "the rules for DOC regulations are to protect and respect the quality and traditions of the region, and the definition of DOC area is supposed to clarify where the traditions of high-quality wines are, yet quality wine does not come with luck. The quality isn't defined from where you are nor for where you are not. Wine should be expressed by various elements and international evaluations, not only classified by being in or out of certain area and certainly, also not by pursing the increase of quantity. My family has been growing these grape varieties and making these wines since 1858, and I merely follow the tradition of my family." It seems to me that Barone isn't of rebellion but only, in his route of maintaining his family traditions, of a bit of loneliness.

Se cerchi su Google Maps, potresti pensare che "Solicchiata" sia situata a Nord-Est dell'Etna; tuttavia, al contrario, "Feudi Barone Spitaleri (Castello di Solicchiata)" si trova sul lato opposto si trova a Sud-Ovest. Il regolamento della DOC del 1968 regola l'area per l'Etna DOC e il Castello Solicchiata ne viene escluso, come se il confine dell'Etna DOC si trovasse esattamente di fronte al cancello del Barone Spitaleri. Considerandoche i vitigni del Castello Solicchiata sono il Cabernet Franc, il Merlot, il Cabernet Sauvignon, il Pinot Nero anch'essitutti fuori dal disciplinare DOC, gli chiedo per curiosità perché sia un tale ribelle, essendo così completamente estraneo alla regolamentazione della DOC. Risponde, "la regola per i disciplinari delle DOC è quella di proteggere e rispettare la qualità e le tradizioni della regione e la definizione di area DOC dovrebbe chiarire dove sono le tradizioni dei vini di alta qualità, ma il vino di qualità non si ottiene con la fortuna. La qualità non può essere definita in base a dove sei né a dove non sei. Un buon vino viene si determina in base a numerosi elementi, e non può essere classificato dall'essere dentro o fuori di una certa area e certamente, anche non perseguendo l'aumento delle rese produttive. La mia famiglia coltiva questi vitigni e produce questi vini dal 1858, io mi limito a seguire la tradizione della mia famiglia. "Mi sembra che la sola ribellione del Barone sia quella di mantenere ostinatamente le sue tradizioni familiari, un po' in solitudine.

目前公爵生產六款酒，可分為兩系列，第一系列為法國波爾多城堡傳統規格，品種為 Cabernet Franc、Merlot、Cabernet Sauvignon 且皆種植於海拔約 800 公尺，這系列有三種酒款 (詳p.524~p.529)。其中的 Secondo 最新上市年為 2010 年，此酒在城堡裡待了整整十年才被公爵允許上市，其口感十分溫柔且美妙滋味令我一飲再飲；另一系列的三款酒則為占地 35 公頃、土質同為 1610 年岩漿土壤、位於 1,000 至 1,200 公尺不同海拔高度 Feudo del Boschetto 葡萄園的 Pinot Noir 葡萄品種，有些老欉甚至始於 1870 年，而公爵亦於 2007 年增種。此三種酒款分別名為「Sant'Elia」、「Boschetto Rosso」和「Dagala del Barone」，分別來自不同的海拔高度，因採收時間與釀酒方式的不同，其各自表達的風土滋味亦不同，其中以低海拔的 Sant'Elia 表現活力與酸度 (詳p.518)，中海拔的 Boschetto Rosso 採收時間最晚、表達其成熟果香 (詳p.520)，最高海拔的 Dagala 酒款作為其細緻優雅的簡樸代表 (詳p.522)。我在公爵城堡的主廳與他共飲這六款酒，細聽他娓娓道來兩百年的家族歷史、遙望窗外逾百頃的葡萄園、再遙想迄今億萬年依舊屹立不搖的西西里火山，不禁感慨我們人類之渺小，而唯有「秉承家族傳統」方為延續人類智慧。

Nowadays il Barone Spitaleri produces 6 different wines that I put into 2 categories: one is of French Bordeaux château style with grape varieties of Cabernet Franc, Merlot, and Cabernet Sauvignon growing at 800 meters above sea level. They are 3 wines: "Castello Solicchiata (p.528)," "Secondo di Castello Solicchiata (p.524)" and "Solicchiata (p.526)." The currently released vintage of "Secondo" is 2010 which stays in castle for almost ten years until Barone is satisfied with the quality; the other category is of Pinot Noir in terraces between 950 to 1,150 meters above sea level with some ungrafted vines from 1870 and some replanted in 2007. There are also 3 wines: Sant'Elia (p.518), Boschetto Rosso (p.520) and Dagala del Barone (p.522). All 3 Pinot Noir wines are from a vineyard called Feudo del Boschetto, but they are each at different altitude, different harvest time, and different oenological choices that display the diversity of microclimate with extremely low yield of maximum 180 grams per vine. I tasted these 6 different wines with Barone Spitaleri at his splendid main hall in the castle, listening to the history of his long-lasting family while I looked out from the window with the view of almost-hundred-hectares of vineyards, I thought about the ever-forever volcano Mount Etna that stands for millions of years. I could not help but feel as just a human being less than a grain of sand and perhaps, only with maintaining family tradition can we inherit the wisdom of previous generations.

Oggi il Barone produce 6 vini diversi che suddivido in 2 categorie: la prima ha lo stile di un chateaufrancese di Bordeaux con varietà di uve Cabernet Franc, Merlot e Cabernet Sauvignon che crescono a 800 metri sul livello del mare. Produce 3 vini: "Castello Solicchiata (p.528)," "Secondo di Castello Solicchiata (p.524)" e "Solicchiata (p.526)." L'annata in uscita di "Secondo" è il 2010, che rimane nel castello per quasi 10 anni fino a quando il Barone è soddisfatto della qualità; la seconda categoria è il Pinot Nero, allevato in terrazze tra i 950 e 1.200 metri sul livello del mare con alcune viti a piede franco del 1870 e alcune ripiantate nel 2007. Anche qui produce 3 vini: Sant'Elia (p.518), Boschetto Rosso (p.520) e Dagala del Barone (p.522). Tutti e 3 i vini Pinot Nero provengono dal Feudo del Boschetto, ma hanno origine in vigne ad una diversa altitudine, diversi tempi di raccolta e diverse scelte enologiche che mostrano la diversità del microclima con una resa estremamente bassa di massimo 180 grammi per pianta. Ho assaggiato con il Barone questi 6 vini diversi nella sua splendida sala principale del castello, ascoltando la lunga storia della sua famiglia di lunga data e guardando fuori dalla sua finestra con la vista su quasi cento ettari di vigneti ho pensato all'Etna, il vulcano che da milioni di anni domina questa terra. Non ho potuto fare a meno di sentirmi un piccolo essere umano, non più grandi di un granello di sabbia e forse, solo mantenendo la tradizione familiare possiamo ereditare la saggezza delle generazioni precedenti.

法蘭克·寇爾奈利森 × 同名酒莊

FRANK CORNELISSEN
NAMESAKE WINERY

“葡萄酒來自人類文化與大自然的協調，
因此釀酒應為不干預的無為。

Wine comes from the coherence of culture and nature;
therefore, the method of vinification is called "hands-off."

*Il vino nasce dalla coerenza della cultura e della natura, quindi
il metodo di vinificazione è chiamato "mani libere."* ”

看著桌上的西西里火山地圖，法蘭克撇著頭、捎著鬍子、似乎在思考些什麼，口中喃喃有詞，小聲到讓人聽不清楚卻也夠大聲令人無法忽視他的發言。每一次當我聽懂他的喃喃自語，我總是被他可愛的黑色幽默逗樂，而每一次見到他(這一年來真是見了不少次)，往往他是身體疲倦、眼神卻奕奕有神，我很難從他的雙眼或表情看出他是否累了，但我可以想像一個事必躬親的名酒莊莊主、該有多累。寇爾奈利森酒莊擁有 14 公頃葡萄園、承租 12 公頃葡萄園，除了從自家種植的葡萄生產葡萄酒外，也與當地自然有機的小農合作，購買他們的葡萄來釀酒。他於西元 2000 年遷居西西里火山、2001 年製造出該酒莊的第一瓶酒 (也就是現在的 Munjebel)，當時產量僅有 500 瓶，而 20 年後的今日，該酒莊產量已達 120,000 瓶。

Looking at the Etna map on the table, turning his head with his right hand touching his beard, Frank seems to be in his thought. The volume of his voice isn't loud enough to hear clearly yet also not silence enough to ignore. I was not sure if he is murmuring to himself or talking to someone, yet when I finally manage to hear his complete sentences, always I am amused by his sense of black humor. Among all these times I have met him, I could not tell if he is tired because his eyes are always in sparkle with lots of energy. Frank Cornelissen owns 14 and rents 12 hectares of vineyards, also cooperating with small Etna growers of organic grapes. He moved to Etna in 2000, produced his very first vintage of Munjebel 2001 with only 500 bottles, married in 2009 and now he has a son, a daughter, and a 3-year-old dog that weighs 40 kilos. In 20 years, his production reaches 120,000 bottles, and his winery is full of epoxy tanks instead of steel ones, which are, in his opinion, more neutral for the grape juice.

Mentre guarda la mappa dell'Etna sul tavolo, gira la testa e con la mano destra tocca la sua barba, Frank sembra essere immerso nei suoi pensieri ed il volume della sua voce non è abbastanza forte da poterlo sentire chiaramente, ma allo stesso tempo non abbastanza silenzioso da ignorarlo. A volte non sono sicura se mormori a se stesso o parli con qualcuno, eppure ogni volta che finalmente riesco a sentire le sue frasi complete, sono sempre divertita dal suo senso dell'umorismo. Ogni volta che l'ho incontrato non sono riuscita a capire se fosse stanco a causa dei suoi occhi che sono sempre scintillanti e pieni di energia. Ovviamente dovrebbe essere stanco non solo perché è il proprietario della cantina di Cornelissen, ma anche perché è lui a seguire la produzione del vino e molto altro. Frank Cornelissen possiede 14 ettari di vigneto e ne prende in fitto altri 12, collaborando anche con piccoli produttori di uva biologica dell'Etna. Si è trasferito sull'Etna nel 2000, ha prodotto la sua prima annata di Munjebel 2001 con solo 500 bottiglie, si è sposato nel 2009 ed ora ha un figlio, una figlia e un cane di 3 anni che pesa 40 chili. In 20 anni la sua produzione ha raggiunto 120.000 bottiglie e la sua cantina è piena di serbatoi in resina epossidica invece di quelli in acciaio, contenitori a suo parere più neutrali per le vinificazioni.

莊主法蘭克非義大利籍，很多當地人說他「了解火山上每一塊土地」，更甚者云「無人比他更懂西西里火山葡萄酒」；義大利人稱他為「西西里火山上的傳奇」或是「不可或缺的靈魂人物」；熟識者調侃說他每天在火山上喝法國酒和義大利酒王巴洛羅紅酒（義大利笑話）；他的釀酒方式雖常被國際酒評家稱為「西西里火山的自然酒代表」，然或許只有他會搔著頭、靦腆微笑說「這個 ..... 我並不這麼稱呼 ...。」

Being 20 years on Mount Etna, Frank is called by many locals "the person who knows every inch of Etna," and some say, "no one knows better Etna wine than him." Some Italians call him "the promoter of Etna that could not be missed" while his friends say that he drinks only Barolo and French wine every day (Italian joke). Some international opinions write that he is "the first Etna natural wine," but he would scratch his forehead, smile in shyness and say, "well, I don't know if I'd call that⋯."

Stabilitosi 20 anni fa sul Monte Etna ed essendo il produttore non italiano, Frank fu chiamato da molti locali "la persona che conosce ogni centimetro dell'Etna," o anche "nessuno conosce il vino dell'Etna meglio di lui;" alcuni italiani lo chiamano "il promotore dell'Etna che non poteva mancare" mentre i suoi amici sanno che ogni giorno beve Barolo e vino francese. Alcuni critici internazionali affermano che è "il primo vino naturale dell'Etna," ma Frank si gratterebbe la fronte, sorridendo con timidezza e dicendo "beh, non so se lo chiamerei così ...."

他於 2009 年結婚，現育有一子一女和一隻 40 公斤的 3 歲小狗。他的酒窖內滿佈各式大小環氧樹脂容器 (似玻璃、中性材質)，與其他酒莊的不銹鋼容器迥異，因為他認為釀酒過程就是要保持酒的本性以表現各風土特色，因此儲酒容器應中性而不影響葡萄酒的風味。他的葡萄酒種類多達 20 餘款，且常有「隱藏版」，如我曾於炎炎夏日的盛午與他共飲他的香檳小試驗「無標籤的氣泡香檳紅酒」，其特殊的清爽澀度讓我頓時心靜到都快要涅槃，比白酒更解渴；他的葡萄酒部分採用蠟油封口，並全部以 ArdeaSeal 新型技術封口塞替代容易產生氧化問題的軟木塞，是該酒莊為保證其自然釀酒品質的權宜之計。他的葡萄酒極具個人個性與獨特特徵，無論同時盲飲多少種類的西西里火山葡萄酒，他的葡萄酒絕對能讓人印象深刻，而他的葡萄園皆以有機或自然動力農法耕種，視情況可能使用硫酸銅和硫磺，其他干預土壤成分等物質一律不考慮。他認為葡萄酒來自人類文化與大自然的協調，因此釀酒應為不干預的無為，而釀酒師應有最簡單的哲學，也就是葡萄欉自然地長在原本的老地方、釀酒者不亂來花招 (no-nonsense) 即能作出最好的葡萄酒。

He makes more than 20 different labels of wine, and sometimes there are the "undiscovered" ones that he experiments without releasing to the market. Some of his wines are closed with wax while all are with ArdeaSeal wine stopper to avoid chemical interactions and organoleptic deviations. His wine has vivid personality which is well-distinguished. In all forms of blind taste of Etna wine, you will understand which his wines are without doubt, and afterwards, you'd still remember them. All his wines are from organic or biodynamic vineyards fed with only copper sulfate and sulfur. He believes that wine comes from the coherence of culture and nature; therefore, the method of vinification is called "hands-off." He thinks that the job of enologists is of simple philosophy: make no-nonsense in front of the old vines and the motherland.

Produce più di 20 diverse etichette di vino e talvolta ci sono quelle "nascoste" fatte per sperimentare senza mai lanciarle sul mercato. Alcuni dei suoi vini sono sigillati con la cera, mentre tutti gli altri hanno il tappo del vino ArdeaSeal per ottenere la performance ideale in l'assenza di interazioni chimiche e cambiamenti organolettici. I suoi vini hanno grande personalità e carattere. In qualsiasi degustazione cieca di vini dell'Etna, i suoi vini sono senza dubbio riconoscibili e indimenticabili. Tutti i suoi vini provengono da vigneti naturali, biologici o biodinamici alimentati con solo solfato di rame e zolfo perché lui crede che il vino nasca dalla coerenza della cultura e della natura, quindi il metodo di vinificazione è chiamato "mani libere." Frank inoltre pensa che il lavoro degli enologi sia di semplice filosofia: non fare sciocchezze di fronte a vecchie viti e vecchie terre.

他是西西里火山葡萄酒第二期（西元2000年至2010年）重要人物之一。一開始我只知道他的酒而不了解他的為人，然在多次訪談中，我認識了他的另一面: 他本身就是個哲學家，無論大小事，他都有自己的一套理解。當初憑藉著滿身熱情、賣了車和所有藏酒、轉投資西西里火山葡萄酒，帶著「問題意識」在釀酒的他，尋找著答案的同時，總是同時在找下一個問題在哪裡。截至今日，已有太多酒評、文章和部落客介紹他，因此我不需要多加贅述，在此僅就我的觀察敘述我看到的法蘭克: 一、他是真誠的，無論對土地、葡萄酒、家庭、員工、甚至所有的訪客和世界上任何角落可能品嘗到他葡萄酒的人；二、他確實是西西里火山重要酒莊莊主之一，然他一點也不驕矜且依舊追求進步；三、他想要做出表達風土的酒、同時表達自我。無論你剛好喜歡或剛好討厭他的葡萄酒，相信我，明天的他依舊還是做著他想做的事、釀他想釀的酒；他做的所有決定都是從他的心性而來，而他也盡全力在做。

努力且堅持己見的人，值得人們的掌聲。

Frank Cornelissen is for sure one of the must-mentioned figures in Etna wine history. At first, I didn't know him much, yet from many encounters and interviews, I started to understand his other side. He is a logical wine-maker with a touch of emotions; he is a philosopher in life, and he has his own opinions on everything. He vinifies his wines with "questions" and in the process of finding the answers, he always looks for the next question. Considering there are already articles printed or online about him, I think the better thing is not to write the same but to tell what I see in Frank as a real living human being. First of all, he is a sincere person, not only to the land / vines / grapes / wines / family / employees but also to all visitors and to people in different parts of the world possibly to taste his wine. Second, he may be already important for Mount Etna, yet he is still looking for progress without any hubris. Third, he makes the wine to express each terroir as well as himself. It doesn't matter if people like or hate his wine, tomorrow he is sure to make what he is doing today because he believes it is the right way. All the decisions he makes are from his heart, his passion, and his personality, and he makes efforts to make them happen. From my visits to different Etna wineries, I see not only Frank but many who work hard with passion and persistence. They all deserve applause.

Frank Cornelissen è sicuramente una delle persone più importanti nella storia del vino dell'Etna. All'inizio non sapevo molto di lui, conoscevo solo i suoi vini, eppure dopo molti incontri e interviste ho iniziato a conoscere il suo lato di enologo - logico ma con emozioni: è un filosofo ed ha le sue opinioni su tutto. Vinifica i suoi vini ponendosi "domande" e nel processo di ricerca delle risposte, cerca sempre la domanda successiva. Considerando che ci sono già molti articoli, sia cartacei che online su Frank Cornelissen, penso che la cosa migliore da fare per me non sia scrivere le stesse cose, ma raccontare quello che vedo in Frank come un vero essere umano vivente: prima di tutto, lui è una persona sincera, non solo per la terra / viti / uva / vini, la famiglia e i dipendenti, ma anche per tutti i visitatori e per le persone in ogni angolo del mondo che hanno la possibilità di assaggiare il suo vino e secondo potrebbe essere già una personalità importante per l'Etna, eppure sta ancora cercando di fare progressi senza alcuna arroganza; terzo, produce il vino per esprimere ogni terroir e per esprimersi. Non importa se accade che alla gente piaccia o meno il suo vino: domani continuerà a fare quello che sta facendo oggi, purché creda che sia la strada giusta. Tutte le decisioni che prende vengono dal suo cuore, dalla sua passione e dalla sua personalità, e si impegna molto per far accadere le cose. Da quello che vedo visitando molte cantine dell'Etna non solo Frank, ma anche tutte le altre persone che lavorano duramente con passione e perseveranza, meritano applausi.

CANTINA
AZIENDA
AGRICOLA
FRANK
CORNELISSEN
Solicchiata
Etna - Sicilia
www.frankcornelissen.it

喬維尼・拉佛啟 × 喬威蒸餾廠與葡萄酒莊

GIOVANNI LA FAUCI
GIOVI DISTILLERY AND WINERY

“ 我的蒸餾酒和葡萄酒就是我的名片。

My distill and my wine are my face.

Il mio distillato e il mio vino sono la mia faccia. ”

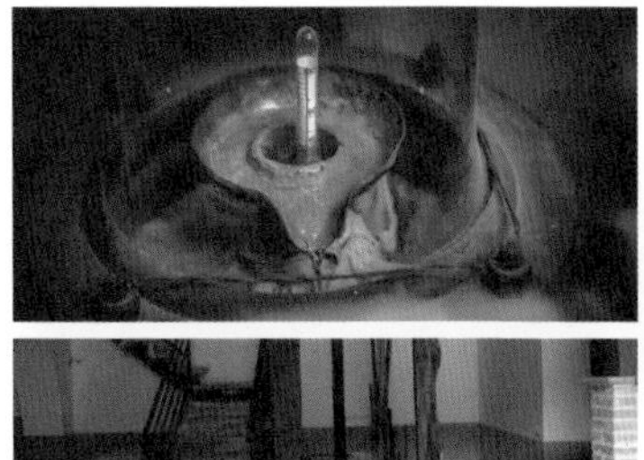

㊥右圖為喬威蒸餾廠的部分蒸餾廠房；左上圖為蒸餾完成時、高酒精蒸餾酒流出現況；左下圖為喬威酒莊的部分建築物
Ⓔ Right photo: Giovi Distillery and Giovanni La Fauci; left up: the moment of "first drop" of high-alcohol in distillery; left down: part of Giovi winery.
Ⓘ *A destra: Distilleria Giovi e Giovanni La Fauci; lasciato su: la prima goccia in distilleria; a sinistra: parte della cantina Giovi.*

多年前在北義皮爾蒙特省我曾聽聞喬威蒸餾廠的名號，其高品質的水果蒸餾酒已令我印象深刻。後來在西西里火山上探訪卦渠酒莊（詳p.158）時，莊主艾爾伯特詢問我是否知道喬威也在西西里火山上釀酒，就在詢問我的瞬間，他已撥打了莊主喬維尼・拉佛啟的手機，寒暄幾句後立刻約好了相見的時間。見面的當天我因為處理一些突發事件，錯失了與他見面的機會，幸好後來在 Le Contrade dell'Etna 的晚宴再次見面並相約拜訪時間。很快的在我抵達西西里火山的次回行程中安排了參訪，我其實並不曉得他要帶我去哪裡，然他跟我相約於 Randazzo 小鎮的唯一大型超市，Randazzo 為 Etna DOC 最西北邊的城鎮，超過此城鎮便跨過了 DOC 的範圍。我事先研究了他葡萄園的所在地，因此不疑有他，會面後便上了他的車。誰知他與僅 27 歲的大兒子農學家喬瑟伯一路更往西邊開，帶我去看了他的秘密葡萄園和新酒窖，看到喬維尼對葡萄酒亦有如此投資，令我十分意外。他的新酒窖位於海拔一千多公尺、由原建於 1908 年的古老 Palmento 改建，明年完工時，他的酒窖將成為西西里火山上最高海拔的酒窖。

Many years ago, I have tasted Giovi's grappa in Piemont and I was impressed. Later when I met Alberto Graci (p.158) in Etna, he asked if I knew Giovi. Almost at the same time, he phoned to Giovanni La Fauci and set up the appointment for me. For unfortunate reasons, I didn't see him in person the first time but only his grappa and wine, yet in the dinner of Le Contrade dell'Etna, we decided to meet each other again. It was a Sunday. Giovanni asked me to drive to the supermarket in Randazzo, the most western municipality of Etna DOC area. With his agronomist son Giuseppe, Giovanni asked me to get in to his car and we continued to drive westward up to 1,000 meters above sea level, where his new cellar located. It was an old palmento built in 1908, and when the renovation is finished, his cellar will be the highest one in Etna, at 1,100 meters in altitude. .

Molti anni fa ho assaggiato la grappa di Giovi in Piemonte e ne sono rimasta colpita. Quando in seguito ho incontrato Alberto Graci (p.158) sull'Etna mi ha chiesto se conoscevo Giovi, ha telefonato a Giovanni La Fauci e mi ha fissato un appuntamento. Purtroppo non l'ho potuto conoscere di persona la prima volta, ma ho conosciuto solo la sua grappa ed il suo vino, e così in occasione della cena de Le Contrade dell'Etna, abbiamo deciso di incontrarci. Era domenica, Giovanni mi ha chiesto di andare fino al supermercato di Randazzo, il comune più occidentale dell'area DOC dell'Etna. Con suo figlio Giuseppe, che è agronomo, Giovanni mi ha chiesto di salire sulla sua macchina e così siamo andati verso ovest fino a raggiungere i 1.000 metri sul livello del mare, luogo dove avrebbe costruito la sua nuova cantina. Questo antico palmento è stato realizzato nel 1908 e quando avrà finito la ristrutturazione, la sua sarà la cantina più alta dell'Etna, a 1.100 metri di altezza.

喬威蒸餾酒始於 1987 年，其父為西西里知名建材商，身為獨子的他，對於野生果樹特別有興趣，順其心意便發展了水果蒸餾酒的事業。初期蒸餾廠設於西西里東北部父親的建材批發倉庫旁，堅持使用木材作為柴火與原生品種水果製作的蒸餾酒很快地便聲名遠播，後來更於 2009 年開始釀造西西里火山葡萄酒。我們共同造訪喬維尼第一塊葡萄園的途中停留了一家起司肉舖，我看到非常可愛山羊形狀起司，正想要買來送給我的小姪女，但此山羊為非賣品，起司老闆便向莊主喬維尼提出了「葡萄酒換起司」的交易，喬維尼一邊假裝抱怨起司老闆太識貨、一邊頗具深意地微笑著，而我很幸運地得到了這隻小起司山羊。喬維尼和釀酒師兒子喬瑟伯我帶到他們每一片葡萄園，當來到 Randazzo 的百年葡萄欉時，他告訴我這裡的葡萄欉不僅為原生品種、其基因更是百年傳承，他從不購買葡萄苗。我問他那葡萄欉死了怎麼替換，他說他有辦法讓「母生子」，說著的同時，他急於找到並示範何謂「原欉繁衍新＊（名詞解釋詳p.43）」、上上下下查看每一株樹叢式葡萄欉而弄得滿身是汗的他，十分專業且熱情地展示著。他說：「葡萄就像是人，用原欉繁衍新株的方式，就像是母親和孩子一同生活，原株葡萄欉不排斥新株，也才會把土地的養份分給新株，讓年輕的根部得以生長。在這裡的老欉至少高齡 90 歲，年輕的葡萄欉雖然能充滿活力地生產大量的葡萄串，然它們沒有毅力與實力；唯有老欉才能真正發揮西西里火山原生葡萄品種的實力。」喬維尼認為選擇葡萄如同選擇蒸餾酒使用的水果，一定要口感圓融的葡萄才能拿來釀造，而收成的十串葡萄中，他補充說道：「八串拿來作葡萄酒、其他兩串則是拿來作蒸餾酒。」

Giovanni is the only son to his father in construction field close to Messina. Instead of taking over his father's business, Giovanni started Giovi Distilleria in 1987, and in 2009, the Giovi winery. On our way to vineyards, we stopped at a gourmet shop where I saw a goat-shaped cheese that I would like to gift to my niece. The owner of the shop told with a wicked smile that it was not for sale but for exchange: with Giovi's wine. Giovanni, talking to the owner with both hands, urged him to pack the cheese without delay. When we arrived at his vineyards in Randazzo, Giovanni told me with enthusiasm that all the vines I saw were not only indigenous but also genetically of Etna. Most of them are over 90 years old and when one vine died, he took a part of the nearby vine and "created" a baby vine from the old prephylloxera, which is called Franc de Pied in French or Piede Franco in Italian (p.43). "The mother vine thinks the baby vine is one of her own, thus the roots of the baby vine can grow peacefully with all vines nearby without fighting for survival," he said. He thinks that vines are like human being. The young vines may have energy to produce more grapes, yet only the old vines have the power to provide persistence for high quality wine. He also thinks that selecting grapes for vinification is the same as choosing fruits for grappa: only the matured one can be ideal. Among 10 bunches of grapes that he harvestd, "8 are for wine and 2 are for grappa." He added.

Giovanni è figlio unico e suo padre si occupa di costruzioni vicino a Messina. Invece di subentrare negli affari di suo padre, Giovanni ha deciso di avviare Giovi Distilleria nel 1987 e nel 2009 la cantina Giovi. Sulla strada per i vigneti ci siamo fermati in un negozio gourmet dove ho visto un formaggio a forma di capra che avrei voluto regalare a mia nipote. Il proprietario del negozio mi ha detto, con un sorriso "malizioso," che il formaggio non era in vendita ma che potevamo fare uno scambio con il vino di Giovis. Giovanni, parlando con il proprietario ed agitando le entrambe le mani (gesticolare tipico Italiano), lo ha esortato a preparare immediatamente il formaggio. Quando siamo arrivati ai suoi vigneti a Randazzo, Giovanni mi ha detto con entusiasmo che tutte le viti che avevo visto non solo sono autoctone, ma anche geneticamente natte sull'Etna. La maggior parte di queste aveva più di 90 anni e quando muore una vite, lui stacca una parte della vite vicina e "crea" una piccola nuova vite dalla vecchia pre-fillossera, che si chiama Franc de Pied in francese o Piede Franco in italiano (p.43). Giovanni mi ha detto che "la vite madre crede che la nuova vite sia sua figlia, quindi permette alle sue radici di crescere in pace con tutte le viti vicine senza lottare per la sopravvivenza." Pensa che le viti siano come l'essere umano. Le viti giovani possono avere energia per produrre più uva, ma solo le viti vecchie hanno il potere e forniscono persistenza per ottenere vino di alta qualità. Giovanni ritiene anche che la selezione delle uve per la vinificazione equivale alla scelta dei frutti per la grappa: solo quello maturato può essere l'ideale. Tra i 10 grappoli che raccoglie, "8 sono per il vino e 2 per la grappa."

「我是因為在西西里火山上尋找野生果樹才發現這些荒廢葡萄老欉的」，從事蒸餾酒本業已近三十年的他，依舊堅持親自到各地尋找適合的水果，而生長在西西里火山土壤與眾不同的水果、深深吸引著他。蒸餾的每一天，他堅持使用自己找到的野生果實，從上午五點開始燒柴一整天的工作直至下午，每天最高產量為 500 瓶（共計 250 公升），不到一般蒸餾廠產能的三十分之一，然其高品質與低產量使義大利各地知名酒莊紛紛上門請求合作；「燒柴製作出來的口感完全不一樣」，他驕傲地說道。蒸餾過後的高濃度酒精（白酒）視情況部份置於橡木桶中陳年，譬如他使用西西里火山原生葡萄品種 Nerello Mascalese 和 Nerello Cappuccio 製作的「Grappa barricata dell'Etna」，置於法國木桶陳年 16 個月以上，其酒精濃度雖達 42 度，極圓融的口感絲毫顯高酒精，是我最喜歡的義大利蒸餾酒之一。喬維尼看著兒子對我說道：「以前我做的事都是為了熱情和興趣，但我現在也為下一代」。的確，從喬威寬敞的新酒窖，不難看出其對於葡萄酒的未來規劃與期待。

"I have been looking for fruits almost all my life for my distillery. On the Mount Etna I found these old vines so I decided to make wines," he says. Giovanni has worked more than 20 years in distillery, and he says that the best fruits often are from volcanic soil of Etna. Every day he starts his work in distillery at 5am, prepares to burn wood, insists in using the best fruits he finds, and works until afternoon for daily production of maximum 250 liters in total, less than one thirtieth of other industrial distilleries. His policy of high quality with low quantity attracts well-known wineries, asking him to produce grappa also for them. In fact, I like especially his "Grappa barricata dell'Etna" which is made from Nerello Mascalese and Nerello Cappuccio grapes, aged in French barrique more than 16 months. It is smooth in the mouth that it may be difficult to detect its 42 degrees of alcohol. He said to me with a confident face, "the grappa made by wood-burning tastes totally different." At the end of the day, Giovanni looked at his son and said to me, "what I did in my earlier time was for passion, now I have one more reason." Indeed, from the scale of his new winery, I felt the love for next generations and the wine of Etna.

"Ho cercato frutta per la mia distilleria sull'Etna, poi ho trovato queste vecchie vigne e ho deciso di fare vino," racconta. Giovanni ha lavorato per più di 20 anni in distilleria e afferma che i frutti migliori provengono spesso dal suolo vulcanico dell'Etna. Ogni giorno inizia il suo lavoro in distilleria alle 5 del mattino, si prepara a bruciare legna, insiste nell'usare i migliori frutti che trova e lavora fino al pomeriggio solo per la produzione giornaliera di un massimo di 250 litri in totale, meno di un trentesimo di altre distillerie industriali. La sua politica di alta qualità, con bassa resa, attira cantine famose che gli chiedono di produrre anche grappe per loro. Mi piace in particolar modo la sua "Grappa barricata dell'Etna," che è prodotta con uve Nerello Mascalese e Nerello Cappuccio, affinata in barrique francesi per più di 16 mesi. È morbida in bocca al punto che può essere difficile accorgersi dei suoi 42 gradi alcolici. Mi ha detto, con faccia fiduciosa, "la grappa prodotta dalla combustione del legno ha un sapore completamente diverso." Alla fine della giornata Giovanni ha guardato suo figlio e mi ha detto: "quello che ho fatto in passato è stato per passione, ora ho un'altra ragione." In effetti, dall'alto della scala della sua nuova cantina, vedo l'amore per la prossima generazione e per il vino dell'Etna.

喬瑟伯·盧梭 × 吉羅拉摩盧梭酒莊

GIUSEPPE RUSSO
GIROLAMO RUSSO WINERY

> 西西里火山葡萄酒沒有傳統，現在的我們就是未來的傳統。
>
> There is no tradition of Etna wine; we are the tradition for the future.
>
> *Noi stiamo creando oggi quello che in futuro sarà considerata la tradizione del vino dell'Etna.*

雖然多次探訪他的酒莊，然我和喬瑟伯第一次見面卻是在冬日裡的托斯卡尼。未事先約好的我們巧遇在托斯卡尼年度新酒品評會，身為酒評家的我和身為西西里火山名酒莊莊主的他同時受邀，雖然只有十秒鐘在忙碌的會場互打招呼，依舊相見歡。喬瑟伯・盧梭為紀念其父而於 2005 年創立以父為名的吉羅拉摩盧梭酒莊，占地 26 公頃中有 18 公頃的葡萄園、皆位於海拔高度 650 至 780 公尺間，我曾聽過許多當地人評論「最乾淨的火山酒非喬瑟伯莫屬」，因此每次看到他的葡萄酒，我總是特別留意。身為西西里火山葡萄酒歷史第二期 (西元 2000 年至 2010 年) 重要人物之一，他認為作出葡萄酒不是終極目的，葡萄酒是工具途徑，用來表達每一塊葡萄園不同的風土，而為達此目標，釀酒者首先應了解每一塊土地的特性，且每一步驟都是從葡萄園本身開始、從土地和葡萄欉出發，這是他的終極釀酒哲學，也是他成功的祕訣。自從 2003 年父親離世後，他決定不僅要承接父業、更要表達父親每一塊土地的特色，因此他的釀酒方式，是根據每一塊不同的葡萄園進行分批採收、榨汁、分開釀造。2006 年是他的第一個生產裝瓶年份，當時上市三款火山紅葡萄酒 (Etna Rosso DOC)，分別名為「'A rina」、「Contrada Feudo (詳p.376)」以及「Contrada San Lorenzo (詳 p.378)」，上市即造成轟動。之後喬瑟伯於 2011 年再增加了名「Contrada Feudo di Mezzo」酒款 (詳 p.380)，與前兩款單一葡萄園紅酒並列，形成該酒莊的法定單一葡萄園葡萄酒系列。

The first time I met Giuseppe wasn't at his winery but in Anteprima Toscana, the presentation for Tuscany new wine. Though the greeting was only 10 seconds, it has been quite lovely to see one of the most important Etna winery owners being interested in Sangiovese wine. Girolamo Russo winery, 18 hectares of vineyard with 26 hectares of land in total between 650 to 780 meters above sea level, is founded in 2005 by Giuseppe Russo, in honor of his late father. During the years, I have heard the name of Girolamo Russo winery several times when some Etnea locals call him "the cleanest wine of Etna," making me more curious about his story. His philosophy is not only to make wine; for him, wine is the tool, the method, the road that leads to terroir and expresses the differences and characteristics of each contrada. The wine itself is not the goal but the tool because the goal is to express the land through the wine. To achieve this purpose, he deeply believes that one must first understand his land: the very first step to produce wine is in the vineyard. Thus, the attention he pays to each plot that his father left him is the key to the quality of his wine. He has separated the grapes in harvest, the juice from pressing, and each process of vinification for each different contrada since the beginning. At first vintage of 2006, he produced 3 red wine named "'A rina," "Contrada Feudo (p.376)," and "Contrada San Lorenzo (p.378)." Later in 2011, "Contrada Feudo di Mezzo" was added (p.380).

La prima volta che ho incontrato Giuseppe non è stato nella sua cantina, ma ad Anteprima Toscana, la manifestazione di presentazione dei vini in Toscana. Anche se il suo saluto è durato solo 10 secondi, è stato molto bello vedere uno dei più importanti proprietari di aziende vinicole dell'Etna interessarsi al vino Sangiovese.La cantina Girolamo Russo, proprietaria di 26 ettari di terreno in totale di cui 18 ettari di vigneto tra i 650 ei 780 metri sul livello del mare, è stata fondata nel 2005 da Giuseppe Russo, in onore del suo defunto padre. Nel corso degli anni ho sentito diverse volte il nome della cantina Girolamo Russo e il fatto che alcuni abitanti dell'Etna lo chiamassero addirittura "il vino più pulito dell'Etna" mi ha reso più curioso della sua storia.La sua filosofia non è solo quella di fare vino. Per lui, il vino è lo strumento, il metodo, la strada che conduce al terroir ed esprime le differenze e le caratteristiche in ciascuna di contrada. Il vino stesso non è l'obiettivo ma lo strumento perché l'obiettivo è esprimere la terra attraverso il vino. Per raggiungere questo scopo, crede profondamente che bisogni prima capire la sua terra: il primo passo della produzione di vino anzichè vine è nella vigna. Per lui, tutto parte dalle viti e l'attenzione che dedica ad ogni filare di vite che suo padre gli ha lasciato è la chiave. Ha separa le differenti uve durante la vendemmia, i differenti succhi durante la spremitura, e tiene distinto ogni processo di vinificazione per ogni contrada fin dall'inizio. Durante la sua prima annata nel 2006 ha prodotto 3 vini rossi che ha chiamato "'A rina," "Contrada Feudo (p.376)" e "Contrada San Lorenzo (p.378)." Successivamente nel 2011 è stata aggiunta la "Contrada Feudo di Mezzo (P.380)."

他十分強調不同單一葡萄園有各自不同的採收時間和不同葡萄列與串的選擇，我詢問他如何選擇，他說「我都是用咬的」。確實，很多釀酒師主要倚靠儀器測量甜度，雖然八九不離十，然或許最終還是要靠「前人的經驗」或稱「感官的直覺」來達到釀造完美葡萄酒的條件。喬瑟伯說某些年比較熱，因此如葡萄園面向、海拔差距等不同因素可能造成各單一園的先後葡萄成熟時間與程度的不同，有些小區塊的葡萄可能比其他區塊更使其釀造之葡萄酒的酒精含量更高，因此就算是位處相同單一園的葡萄欉，他也堅持一定要一排一排地、分別口嚐各排葡萄後再決定採收日期。此外，他認為雖然老欉能夠造就好酒，但並非老欉就能作好酒（邏輯問題），無論什麼樣的葡萄欉，都需要花時間和精力照顧種植，除了時常巡視、使用眼睛觀察外，於採收時更需勤於檢測葡萄成熟度至少四到五次，他謙虛地認為他最重要的工作在於種植出最好的葡萄串並在最佳時刻採收，他未提及任何釀酒技術，因為他認為葡萄酒就是在土地和葡萄欉努力用心的表現。

Giuseppe emphasizes that each contrada has its characteristics: even in the same plot, the different rows may needdifferent harvest time. I ask him how he decides, and he says, "I bite the grape to determine." Some years are hotter, and it is possible, depending on the exposition and attitude, some plots of the same contrada may contain different sugar level that some contributes to higher alcohol degree. Considering the maturity of each row of vines can be different, he tastes the grapes row by row at least 5 to 6 times in the harvest season to decide the best days for harvest. He also emphasizes that the best wine is often from the oldest vines yet it doesn't mean the oldest vines always produce the best wine. It all depends on the work in the land, and he modestly says that all his wines are the work from the land, not from his vinification. Nowadays, it is common for enologists to use simple equipment or machines to detect the sugar level of the grape to decide the best harvest time, yet perhaps it is right not to forget the sensory instinct and the experience of human being in the process of making wine.

Giuseppe crede profondamente che ogni contrada abbia le sue proprie caratteristiche e anche nello stesso filare, le singole piante possono aver bisogno di diversi tempi di raccolta. Gli chiedo come fa a decidere quando raccogliere e mi risponde "assaggio l'uva per decidere. Alcuni anni sono più caldi ed è possibile, a seconda dell'esposizione e dell'altitudine che alcuni lotti della stessa contrada possano contenere quantitativi diversi di zuccheri che determinano un grado alcolico più elevato. Considerando che la maturazione di ciascuna fila di viti può essere diversa, assaggio l'uva per ciascun filare almeno 5 o 6 volte nei giorni prossimi alla raccolta per decidere il momento migliore in cui raccgliere." Sottolinea inoltre che i migliori vini provengono spesso da vitigni più antichi, ma ciò non significa che la vite più antica produca sempre il vino migliore. Tutto dipende dal lavoro in campo. Così con molta modestia dice che tutti i suoi vini raccontano il lavoro della terra, non della sua vinificazione. Oggigiorno, è normale che gli enologi utilizzino attrezzature o macchinari semplici per rilevare il livello zuccherino dell'uva, al fine di decidere il miglior tempo di raccolta, ma forse è giusto non dimenticare l'istinto sensoriale e l'esperienza dell'essere umano per fare meglio vino.

當我們談到西西里火山葡萄酒傳統時，他笑著說：「以前西西里火山葡萄酒的傳統就是桶裝酒，那是一桶一桶的賣，不是現在一瓶一瓶的賣。我們的祖先都是農夫，當時的想法都是能賣就賣，而且賣出的葡萄酒都是現飲的，並沒有裝瓶或是等待陳年、越陳越香的想法。開始將葡萄酒裝進玻璃瓶、製作高品質酒並期望陳年表現，是我們這一代才開始的，因此我認為西西里火山葡萄酒沒有傳統，現在的我們就是未來的傳統。」他意志堅定地告訴我，而這一番話至今仍然震撼著我。今日西西里火山葡萄酒確實如同30年前的義大利酒王巴洛羅紅酒歷史般地才開始崛起，雖然很多人認為西西里火山葡萄酒的歷史可追溯自兩百年前，然或許，就定義而言，葡萄酒的歷史是從我們這一代「裝瓶的那一刻」才開始。

Considering Giuseppe is born and raised in Passopisciaro (north Etna), I am curious to know his idea on "traditions of Etna wine." He says with smiles: "the (old) tradition of Etna wine was in bulk and all the wine were mostly sold in bulk hundreds of years ago. They were not in bottles. At that time, most farmers made and sold the wine to be drunk as soon as possible. Now we bottle the wine and not only. The wine nowadays is of higher quality, and the winemakers think about the aging potential of the wine in the bottle. Now there is no tradition of Etna wine; we are the tradition for the future." He says with an affirmative attitude, and it shocks me. Indeed, the development and the attention of Etna wine today is similar to what happened 30 years ago in Barolo of Piemont. Perhaps for the future generation, the real history of Etna wine starts from our generation: "The Age of Bottle."

Considerando che Giuseppe è nato e cresciuto a Passopisciaro (nord dell'Etna), sono curiosa di conoscere la sua idea sulla "tradizione del vino dell'Etna." Dice sorridendo: "La vecchia tradizione sull'Etna produceva vini sfusi, tutto il vino veniva consumato o venduto sfuso. Prima i vini non si vendevano in bottiglia. La maggior parte degli agricoltori produceva e vendeva vino che doveva essere bevuto il prima possibile. Oggi si imbottiglia, cercando di produrre vini di qualità, riflettendo sulle grandi potenzialità di questo vino, sulle possibilità di invecchiamento. Noi stiamo creando oggi non esistono tradizioni del vino dell'Etna; noi siamo la tradizione per chi produrrà in futuro." Dice questo con grande convinzione e mi colpisce molto. In effetti, lo sviluppo e l'attenzione per il vino dell'Etna di oggi richiamano quanto è successo 30 anni fa per il Barolo. Forse per la generazione futura, la vera storia del vino dell'Etna parte dalla nostra generazione, "l'era della bottiglia."

艾爾伯特・卦渠 × 卦渠酒莊

ALBERTO AIELLO GRACI
GRACI WINERY

我的釀酒哲學就是酒要輕盈易飲、深層多變、細緻優雅，而這需要很多努力。

My philosophy of wine is to look for lightness, deepness, and sensitivity, which takes a lot of work.

La mia filosofia del vino è cercare leggerezza, profondità, sensibilità che richiede molto lavoro.

”

一個冬日的大清晨，當 GPS 告訴我還有兩分鐘即到達該酒莊時，我正轉彎經過 Passopisciaro 小鎮最重要的聚集點 Piazza Colonna，此處有鎮上最重要的咖啡店和肉舖，連其他城鎮的居民都會專程來這裡買肉，我也常與不同莊主們約在這家名為「藍月」的咖啡店見面，既然周圍是熟悉的環境，我便很心安，心想這回應該不會在火山小徑迷路了，也因為很順利到達，我比預定約定時間還要早二十分鐘到，艾爾伯特卻也早已在酒窖裡等候。他的酒窖外觀看起來很普通、一間方整的大房子，裡面卻是非常古老的 Palmento (詳p.46) 與近十座直徑三公尺的大型木桶一整列排開，十分壯觀，雖然我已在義大利參觀過上千家的酒莊，然每每看到這樣有歷史意涵的釀酒廠，心中依舊感動不已。位於火山北部的卦渠酒莊創立於 2004 年，占地二十五公頃共分布在五個法定單一葡萄園，分別為 Contrada Arcurìa、Contrada Feudo di Mezzo、Contrada Muganazzi、Contrada Santo Spirito 以及最高海拔的 Contrada Barbabecchi 單一葡萄園，五座葡萄園界於海拔六百至一千公尺間。該酒莊所生產的紅酒、白酒以及粉紅酒皆來自這五個葡萄園。莊主艾爾伯特˙卦渠喜歡使用大型容器、崇尚家庭式釀酒傳統，為西西里火山葡萄酒歷史第二期 (西元 2000 年至 2010 年) 重要人物之一。事實上，其祖父早於西西里中部擁有釀酒廠，他和姐姐 Elena 則於 2004 年決定投資西西里火山葡萄酒事業，他們買下了建於 1865 年的古老酒窖與現有的 25 公頃土地，開始了屬於自己與西西里火山的道路。

One winter morning, I had the first interview with Alberto Graci. Following my GPS, I passed the famous historical Piazza Colonna, the meeting point in Passopisciaro township where the most visited coffee shop "Blue Moon" is. Unlike driving on other "human-less" roads in Etna, I felt safe, thinking that I will not get lost this time. I arrived 20 minutes before the appointment and Alberto was already in the winery, working. His winery looks normal from the outside yet walking inside, the impressive ancient palmento (p.46) shoke my eyes. Many 3-meter-high barrels in a line genuinely touched in the deepest of my heart. Even if I have visited more than 2,000 wonderful producers in Italy, I have to admit that every time I see a historical winery, I am always moved. Founded in 2004 in the northern slopes of Etna, Graci winery has 25 hectares in between 600 to 1,000 meters above sea level in five contrada. They are Contrada Arcurìa, Feudo di Mezzo, Muganazzi, Santo Spirito, and the highest of the estate, Contrada Barbabecchi. Alberto Graci, though previously a Milan banker, wine is no stranger to him because his grandfather used to have a winery in central Sicily. Together with his sister Elena, he started his path in exploration of Etna wine. He loves the family traditions of vinicultures. In his winery, he uses big barrels or cement instead of small ones to keep the cleanness of the wine.

Ho intervistato per la prima volta Alberto Graci una mattina d'inverno. Seguendo il mio GPS ho oltrepassato la famosa storica Piazza Colonna, punto d'incontro nel comune di Passopisciaro dove si trova la famosa caffetteria "blue Moon." A differenza di quanto mi è accaduto guidando lungo altre strade deserte dell'Etna, questa volta ero sicura che non mi sarei persa. Sono arrivata con 20 minuti d'ticipo e Alberto era già in cantina a lavorare. La sua cantina sembra normale dall'esterno, ma camminando all'interno, rimango colpita dal maestoso palmento (p.46): più di dieci botti in fila alte 3 metri che mi toccano profondamente il cuore anche dopo aver visitato più di 2.000 meravigliosi produttori in Italia. Devo ammettere che ogni volta che vedo una cantina storica sono sempre molto commossa e toccata nel profondo del mio cuore. Fondata nel 2004 sulle pendici settentrionali dell'Etna, la cantina Graci possiede 25 ettari tra i 600 e i 1.000 metri sul livello del mare in cinque contrade diverse: la Contrada Arcurìa, Feudo di Mezzo, Muganazzi, Santo Spirito e la tenuta più alta in quota tra le proprietà la Contrada Barbabecchi. Ad Alberto, in precedenza banchiere milanese, il vino è familiare perché suo nonno aveva una cantina nel centro della Sicilia. Insieme a sua sorella Elena avvia la cantina Graci e con essa, il loro percorso di esplorazione del vino dell'Etna. Ama le tradizioni di famiglia in vinicoltura e usa grandi botti o cemento invece di piccole botti per mantenere la pulizia del vino.

艾爾伯特．卦渠是我見過最果斷的義大利酒莊莊主之一，他時常跳躍思考，當我還在思考，他已經能夠提議或是幫我接著説，因此每一次見面就算只有喝一杯濃縮咖啡的時間，他總能令我佩服，而越是與他交談越是了解他的想法，我越同意他的視界。不只是他的釀酒哲學，更是他的做人氣度，而品嘗他每一瓶葡萄酒，更明白他是説到做到的人，如他的釀酒哲學是「酒要輕盈易飲、深層多變、細緻優雅，而這需要很多努力」，品嘗他的每一瓶酒幾乎都可以看到這樣的態度。

Perhaps Alberto Graci is one of the most decisive persons I've ever met. He thinks fast, gives clear answers, and executes what he says and what he will say next. Every time I meet him, even for an espresso coffee, I am always impressed. e more time I spend with him, the more I admire the way he thinks. It is not only his philosophy of wine but also his way as a human being. He says that his "philosophy of wine is to look for lightness, deepness, sensitivity, and a lot of work," and this attitude can be found in his wine.

Penso che Alberto Graci sia una delle persone più decise che abbia incontrato. Pensa in fretta, dà risposte chiara, e fà quello che dice e quello che promette. Ogni volta che lo incontro, anche solo per un caffè, rimango sempre colpita. Più tempo trascorro con lui, più ammiro il suo modo di pensare, non solo nella sua filosofia del vino, ma anche per la sua umanità. Dice che la sua "filosofia del vino è cercare leggerezza, profondità, sensibilità e questo richiede un sacco di lavoro," il suo vino ne è un esempio.

卦渠酒莊共生產二款白酒、三款紅酒及一款粉紅酒，本書特別選錄「Quota 1000 Barbabecchi」2014 年的單一葡萄園紅酒 (詳p.386)，此款酒為近年西西里火山紅酒中少見的優越年份酒款、口感極具深度。對於其他義大利葡萄酒產區而言，2014 年可謂「不可言說」或令人「驕傲卻慘不忍睹」。這一年由於夏天過於炎熱，許多產區的葡萄或許被曬透因而葡萄酒品質較差，不會大肆宣傳或討論，所以「不可言說」；某些酒莊則為維持品質而忍痛丟棄過半的葡萄，只留下為數稀少的好葡萄來釀造，雖然成本增加，然酒莊不能將成本反應於售價 (總不能突然 2014 年葡萄酒賣兩倍價格，消費者恐難接受)，所以酒莊賠得「驕傲卻慘不忍睹」。2014 年是義大利其他葡萄酒產區莊主心裡的痛，卻是西西里火山酒莊們的榮光，因為 2014 年是該產區近 20 年來最好的年份之一，原因無它，只因火山海拔高而使日夜溫差大，促使葡萄可以白天吸收充足的陽光照射、而夜晚則能有效降溫，越是高海拔越能如此享日夜精華，因此西西里火山最高海拔的葡萄園之一、介於海拔高度 1,000 至 1,100 公尺的 Contrada Barbabecchi 單一葡萄園所產的 2014 年葡萄酒，只要釀酒過程不出錯，便能毫不費力地稱霸、得眾多酒評家青睞。卦渠酒莊在此擁有兩公頃Nerello Mascalese百年葡萄老欉且為「非插枝種植法 (詳p.43)」，其得天獨厚的天然環境，不需任何施肥或灌溉，全靠葡萄本身的潛力與卦渠酒莊的釀酒功力。

Graci winery produces 2 white wines, 3 red wines and 1 rosé wine in Etna. Among all his wines, his "Quota 1000 Barbabecchi 2014 (p.386)" from Contrada Barbabecchi is one of the best Etna red wines in recent years. e year of 2014, for most Italian wine regions, is the "less-outspoken" vintage for its excessive heat in summer that over-ripened the grapes, or "heart-aching but proud" vintage for wineries that disposed or cut off half of their production, leaving only the best ones for producing quality wine. For the latter scenario, most "heart-aching" producers can't reect their losses by raising the price, and they are "proud" of the quality that they manage to maintain. However, this is not the case for Etna. In Mount Etna, thanks to the high altitudes and the diurnal variation in temperature between day and night, the daytime heat was balanced by the cold nights, and the grapes were able to ripe in an optimal situation. Being one of the highest-altitude vineyards, Contrada Barbabecchi lies in between 1,000 and 1,100 meters above sea level in Solicchiata, north Etna. Here, Graci winery owns 2 hectares of pre-phylloxera Nerello Mascalese vines, around 100-year-old ungrafted (Piede Franco, p.43). Even with zero treatment, Graci was able to produce a magisterial wine of great depth, especially his 2014 vintage.

La cantina Graci produce sull'Etna 2 vini bianchi, 3 rossi e un rosato. Tra tutti i suoi vini "Quota 1000 Barbabecchi 2014 (p.386)" della Contrada Barbabecchi è uno dei migliori rossi dell'Etna degli ultimi anni. L'annata 2014 per la maggior parte delle regioni vinicole italiane è stata la vendemmia "meno esplicita" per l'estate eccessivamente calda che ha sovra maturato l'uva, vendemmia "dolorosa ma orgogliosa" per le cantine che hanno eliminato o ridotto alla metà la loro produzione, lasciando solo le migliori uve per la produzione di vini di qualità. In questo caso la maggior parte dei produttori "doloranti" non ha potuto recuperare le proprie perdite aumentando il prezzo, "orgogliosi" comunque della qualità ottenuta. Tuttavia questo non è il caso dell'Etna. Sull'Etna, grazie alle alte quote e alle escursioni termiche tra giorno e notte, il caldo diurno è stato bilanciato dalle notti fresche e le uve hanno potuto maturare in condizioni ottimali. Essendo uno dei vigneti più alti, la Contrada Barbabecchi si trova tra i 1.000 e i 1.100 metri, a Solicchiata, a nord dell'Etna. La cantina Graci possiede 2 ettari di vigneto Nerello Mascalese pre-fillossera, viti di circa 100 anni a piede franco (p.43). Anche con zero trattamenti Graci è stato in grado di produrre vini freschi, ma generosi e di grande dolcezza, in particolare l'annata 2014.

來自單一葡萄園 Contrada Arcurìa 的火山白酒「Etna Bianco DOC Contrada Arcurìa, Sopra il Pozzo (詳p.252)」與火山粉紅酒「Etna Rosato DOC 2017 (詳p.472)」也令我愛不釋手。當眾人相信西西里北部只能生產優質紅酒而非白酒時，艾爾伯特卻在自家門前 Contrada Arcurìa 的其中一小塊葡萄園生產白葡萄酒，因為他發現這一塊長出來的葡萄總是跟旁邊地塊的不同，敏感的他發現了因河流走向和向陽面不同，其濕度、風向也不同，因而毅然決然地改種 Carricante 白葡萄和 Catarratto 白葡萄，此款白酒至今儼然已成為西西里火山最重要的白酒之一。至於其粉紅酒款，我還記得當艾爾伯特第一次拿出此款酒，其不常見的淡黃色立即引起我的好奇，這款酒沒有一般粉紅酒的嬌嫩果香、也沒有香甜的口感，從頭到尾是十分乾淨的果香帶有薄荷葉香氣，明亮的酸度優雅而回甘，尾韻帶鹹更使其酸、甘、鹹三者口感平衡。如同在喝水般，自然易飲然不無聊，我在品飲過上萬種葡萄酒後，深感其實這樣看似平凡卻自然柔順的口感最是難得。

The two wines from Contrada Arcurìa are also on my list. The "Etna Bianco DOC Contrada Arcuria Sopra il Pozzo (p.252)" is a particular reality, a white wine from northern Etna. One day, Alberto was strolling in Contrada Arcurìa across from his winery, and he noticed the little piece of vineyard in the middle of Nerello Mascalese being different from the other plots. Perhaps for the small creek passing through Contrada Arcurìa or for the different exposition that changes the maturation of the grapes, Alberto decided to replant. Instead of the red Nerello Mascalese grapes, the Carricante and Catarratto white grapes were grow in where it used to produce red wine. As a result of an experiment, it has become one of the most interesting Etna Bianco in northern Etna. As for "Etna Rosato DOC 2017 (p.472)," It doesn't have the ordinary pinky or lavish fruity bouquets in nose nor the sweet flavor in the mouth. ere are clean and subtle fruity bouquets with mint. In the mouth, there are the beautiful bright acidity, the slight sweetness you find on the tip of the tongue, and the saltiness ashing at the end elegantly form the balance of sensory triangle. The fruity notes in the posterior nasal cavity make breathing pleasant. It is a wine easy to drink without getting bored. After tasting thousands of wines, I find this clean, smooth and natural flavor being the most enjoyable sensation in wine.

I due vini della cantina Graci della Contrada Arcurìa sono anche nella mia lista. Il suo "Etna Bianco DOC Contrada Arcuria Sopra il Pozzo (p.252)" è una realtà particolare, un vino bianco dell'Etna settentrionale che è nato il giorno in cui Alberto, passeggiando in Contrada Arcurìa di fronte alla sua cantina, ha notato che questo piccolo pezzo di vigneto nel mezzo di Nerelle Mascalese era diverso dagli altri. Forse per l'esposizione o per come il piccolo torrente attraversa Contrada Arcurìa, cambiandone il vento e l'umidità, Alberto ha deciso di coltivare le varietà di uva Carricante e Catarratto dove un tempo produceva vino rosso. Da un esperimento è nato uno dei più interessante Bianchi dell'Etna settentrionale. Per quanto riguarda "Etna Rosato DOC 2017 (p.472)," proveniente anche dalla Contrada Arcurìa, questo rosato non ha al naso i normali bouquet dei rosato, i ricchi bouquet fruttati, né ha sapore dolce in bocca. Al contrario possiede un bouquet fruttato pulito e sottile con una nota di menta; in bocca la bella e brillante acidità, la leggera dolcezza che troviamo sulla punta della lingua e la salsedine che emerge alla fine, formano elegantemente l'equilibrio del triangolo sensoriale. Le note fruttate nella cavità nasale posteriore rendono la respirazione piacevole. È un vino facile da bere, sorprendente. Dopo aver assaggiato migliaia di vini, trovo che questo sapore pulito, morbido e naturale sia la sensazione più amabile.

艾爾伯特看事情的角度和其他西西里火山酒莊莊主稍有不同，他能秉持著傳統西西里人的立場，但其角度較為開闊而不鑽牛角尖或剛愎自用，和其他堅持傳統的當地莊主相比，他更多了一分活力與鬼靈精怪。他交友廣闊且為人豪爽大方，樂於助人的他，想到什麼就會立刻做什麼，絕不拖泥帶水，也難怪皮爾蒙特省名酒莊 Gaja 決定投資西西里火山並購買葡萄園時，亦將代為釀酒的重責大任託付給他。他曾跟我說過，他認為「葡萄酒就是葡萄（串）本身的文化轉變」，令我想到 1964 年由奧黛麗．赫本主演的電影《窈窕淑女》、又譯為《賣花女》。「釀酒師」或許就像是電影裡的 Henry Higgins 教授，能夠看出「賣花女（葡萄串）」的潛力並教導出適合出席上流社會的「窈窕淑女（好酒）」。

Alberto seems to have a different point of view than other people. He holds his rst position as Sicilian yet he has this international, sharp-witted approach that is. He is open though being also determined to keep the tradition. Being generous and has large circles of friends, it is of no surprised that when Gaja, the renowned Piemonte winery, decides to purchase vineyards in Etna, Alberto Graci is the cooperator. Alberto once told me in one of our meetings that "wine is cultural grape," which makes me think of the movie "My Fair Lady" stared by Audrey Hepburn. It is true that a good wine maker is like Professor Henry Higgins who sees the potential of "a girl (grapes)" that sells flowers in the market and make her the "lady (quality wine)" of the upper class.

Alberto la pensa diversamente rispetto ad altri, conserva il suo carattere siciliano con una verve internazionale. Persona di mentalità aperta pur continuando a custodire. le tradizioni. Grazie alla sua generosità ed al suo essere molto socievole non ci sorprende che quando Gaja, la rinomata cantina piemontese, ha deciso di acquistare vigneti sull'Etna, Alberto Graci ne è diventato il referente. Durante uno dei nostri incontri Alberto mi ha detto che "il vino è la cultura della vite," questo mi fa pensare al film "My Fair Lady" interpretato da Audrey Hepburn, è proprio vero che un buon enologo è come il professor Henry Higgins nel film dove "una ragazza (uva)" che vende fiori al mercato si trasforma in una "signora (vino di qualità)" aristocratica.

㊥ 2018 年 11 月空拍照，圖中右上方為掛渠酒莊、左上方為單一葡萄園 Contrada Arcuria。
Ⓔ Graci Winery and partial vineyards of contrada Arcuria by drone, 2018 November
Ⓘ *Vigneti e cantine di Graci a contrada Arcuria con drone, novembre 2018.*

薩沃・佛堤 × 佛堤酒莊兼歷史農學家

SALVO FOTI
I VIGNERI DI SALVO FOTI WINERY

“我的人性葡萄酒乃是人類為環境與永續生存釀造的葡萄酒。

Human Wine made by Mankind for Mankind with respect for Mankind and the Environment.

Il vino umano fatto dagli uomini per gli uomini nel rispetto degli uomini e dell'ambiente.”

薩沃．佛堤的一生即為西西里火山發展史，他為西西里火山貢獻一輩子青春的事實不可抹滅，包括他與喬瑟伯．奔南緹為期十年的合作不僅促使奔南緹酒莊(詳p.102)一躍成名，更開啟了西西里火山葡萄酒的啟蒙運動。有些人說「他熟知西西里火山每一塊葡萄園」、有人說「他是最熟知如何種植火山原生葡萄品種的人」，也有些人說「他就是西西里火山的記憶」，他好似某一種精神領袖，以樸實農夫的角色虔誠地接近上帝的土地，無可置疑，他、是她(火山的)最忠誠的信徒。

The life of Salvo Foti is part of the recent evolvement of Etna wine history. Someone says that he is "the master of Etna indigenous grape varieties" or "he knows Etna terroir like no one else" while many call him "the memory of Etna" because he was essential in "Etna Wine Renaissance" in the 2000s, including his 10-year cooperation with Giuseppe Benanti. Nowadays, he is active internationally as a spiritual inspirer to Etna ancient wine traditions, leading humble farmers to be close to the land of God. Without question, he is her (Etna's) most loyal servant.

La vita di Salvo Foti fa parte della recente evoluzione della storia del vino dell'Etna. Qualcuno sostiene che lui sia "il maestro dei vitigni autoctoni dell'Etna" o che "conosce il terroir dell'Etna come nessun altro," mentre molti lo chiamano "la memoria storica dell'Etna" perché è stato essenziale in "Etna Wine Renaissance" negli anni 2000, in particolare per la sua collaborazione decennale con Giuseppe Benanti. Oggi è attivo a livello internazionale come guida spirituale delle antiche tradizioni vinicole dell'Etna, portando umili agricoltori ad essere vicini alla terra di Dio. Senza dubbio, è il servitore più fedele dell'Etna.

創立於 2000 年的佛堤酒莊生產 6 款酒，占地五公頃、三處單一葡萄園界於海拔 580 至 1,150 公尺間*。薩沃極力倡導傳統樹叢型葡萄欉的種植方式 (名詞解釋詳 p.44)，同時成立 I VIGNERI 公會，此公會與薩沃快速成為傳統種植方式的主要國際推廣者之一。在準備此書期間，眾多資深國際酒評家與我聊起西西里火山葡萄酒時幾乎都會提到薩沃˙佛堤，並告訴我十年前、二十年前他們第一次到西西里火山，是薩沃上山下海四處陪伴看葡萄園、介紹西西里火山風土特殊點、每一塊單一葡萄園的異同處與如何分辨葡萄欉等過程。從我與他多次見面的經驗，他雖有著些許孤僻藝術家性格，然十分親切且友善。見面時他親自泡咖啡給我喝、拿出太太親手做的西西里開心果餅乾分享、甚至讓我參觀他的私人廚房。他周遭的一切環境都讓我覺得他的生活似乎停留於兩百年前，迷人不已。

Founded by Salvo Foti in the year of 2000, I Vigneri di Salvo Foti winery produces six wines from 5 hectares of vineyards in 3 Contrada* from 580 meters to 1,150 meters above sea level. Salvo also forms the group called "I VIGNERI," which appeals for keeping Etna vine-growing traditions of alberello (p.44) and becomes one of the well-known educators and promoters of Etna wine internationally. Many Italian and international wine journalists told me that it was Salvo who took them to Etna for the first time of their lives and many still remembered how Salvo showed and explained to them the difference of each contrada back in 20 years ago. From my research, it is to my surprise that how much Salvo has done for Etna wine in the past decades, which also has justified that he was the best ambassador for Etna wine. The first time I met him, I found Salvo down to earth, friendly and a bit artistic. Unlike being isolated or in hubris, he showed me his private kitchen in his home, made coffee for me, and served together with the homemade pistachio cookies baked by his wife. Everything of his house was historical and seemed to be kept for hundreds of years, which is charming and somehow of nostalgia.

Fondata da Salvo Foti nel 2000, la cantina I Vigneri di Salvo Foti produce sei vini da 5 ettari di vigneti in 3 Contrade da 580 metri a 1.150 metri sul livello del mare. Salvo ha anche formato un gruppo chiamato "I VIGNERI," che si adopera per mantenere le tradizioni vinicole dell'Etna dell'alberello (p.44) ed è uno dei più noti educatori e promotori del vino Etna a livello internazionale. Molti giornalisti italiani e internazionali del vino mi hanno detto che è stato Salvo a portarli sull'Etna per la prima volta e molti ancora ricordano come Salvo, 20 anni fa, mostrò e spiegò loro la differenza di ogni contrada. Dalla mia ricerca, è risultato con mia sorpresa quanto Salvo abbia fatto per il vino dell'Etna negli ultimi decenni, il che ha anche dimostrato che probabilmente è stato il miglior ambasciatore del vino dell'Etna. La prima volta che l'ho incontrato, ho trovato Salvo per terra, amichevole ed un po 'artistico. Contariamente a chi è riservato o arrogante, mi mostrò la cucina privata di casa sua, mi preparò il caffè e me lo servì insieme ai biscotti al pistacchio fatti in casa dalla moglie. Tutto a casa sua era storico e sembrava essere stato mantenuto per centinaia di anni, il che è affascinante ed allo stesso tempo nostalgico.*

㊥* 該酒莊共計 5 公頃葡萄園位於不同海拔的三處葡萄單一園，順序為「地名、海拔高度」。

Ⓔ* The 3 plots of total 5 hectares of vineyards are as below, in order of "name of contrada and meters above sea level":

Ⓘ* *I 3 appezzamenti di un totale di 5 ettari di vigneto sono i seguenti, elencati in ordine di "nome della contrada e metri sul livello del mare":*

1.Porcheria (Calderara Sottana) in Castiglione di Sicilia , 580 m asl
2.Caselle in Milo, 780 m asl
3.Nave in Bronte, 1,150 m asl

初次來到他的酒莊，他帶我參觀他的 Palmento (名詞解釋詳 p.46)，不同於其他酒莊，他的 Palmento 依舊有著舊時釀酒功能，相較於其他酒莊已轉為博物館或品酒空間，他仍堅持不放棄由火山岩、木柱和自然物理原理運作的傳統釀酒廠。在酒莊的這一端，沒有現代化的不鏽鋼和控溫系統，沒有冷冰冰的不鏽鋼桶，只有薩沃˙佛堤全心全意、為做出兒時記憶葡萄酒的堅持。如同他於個人著作 <Etna I Vini del Vulcano> 書中提到「我的人性葡萄酒乃是人類為環境與永續生存釀造的葡萄酒」，他感慨世人既已遺忘舊時傳統技藝，從而擔負起傳承舊時記憶的使命、並將他的熱情與愛分享給世界。在這科技與資訊發達的網路年代，他打起萬般精神，為實踐並延續傳統，每到葡萄採收季節，他開放國際人士來到火山、與他一起腳踩葡萄釀酒，因為他相信經驗的傳承不僅限於西西里的世代相傳，更應將此經驗平行分享給不同國家的人。

The first time I visited his winery, Salvo took me to his Palmento (p.46). Unlike other wineries that have transformed their palmento to museums or tasting rooms, Salvo still uses the palmento from the old times made of lava stones and wooden pole as part of his cellar. When it comes to harvest season, Salvo opens his palmento to the world and shares this experience to international incomers. When the grapes are transported to palmento, the visitors crush them with their feet in the flat upper area and sing songs together. Then the grape juice naturally flows, by the principle of physical gravity, down to the lower-level basin of volcanic rock where the fermentation takes place. In Salvo's book named "Etna I Vini del Vulcano," he writes "Human Wine made by Mankind for Mankind with respect for Mankind and the Environment." In this modern world of technology and internet, he believes that the continuation of Etna traditions is not only by passing this memory to his children but also by sharing this experience to different countries in the world.

La prima volta che ho visitato la sua cantina, Salvo mi ha portato al suo Palmento (p.46). A differenza di altre cantine che hanno trasformato i loro palmenti in musei o sale di degustazione, Salvo usa ancora il suo palmento, fatto di pietre laviche e pali di legno, come si faceva anticamente nelle cantine. Quando arriva la stagione del raccolto, Salvo apre il suo palmento al mondo e condivide questa esperienza con esperti internazionali. Quando le uve raccolte vengono trasportate nel palmento, i visitatori schiacciano le uve con i piedi nella parte superiore piatta e cantano insieme le canzoni. Quindi il succo d'uva scorre naturalmente, per principio di gravità fisica, fino al bacino di roccia vulcanica di livello inferiore dove ha luogo la fermentazione. Nel libro di Salvo intitolato "Etna I Vini del Vulcano," scrive "Il vino umano fatto dagli uomini per gli uomini nel rispetto degli uomini e dell'ambiente." Nel mondo moderno della tecnologia e di Internet, Salvo crede che la continuazione delle tradizioni dell'Etna non avvenga soltanto trasmettendo questi ricordi ai propri figli ma condividendo anche questa esperienza con i paesi di tuuto il mondo.

我在寫書的這一年當中與他見面次數多，隨著見面次數的增加，我們也彼此熟悉了起來，他秉持 Palmento 傳統釀酒方式，並非不懂或是不接受現代化技術，事實上他的酒窖採用新舊併行，兩種釀酒方式背後有著截然不同的概念，看似有所區隔卻一點也不違和。酒窖中一端為傳統 Palmento、另一端則為使用現代化科技的葡萄酒陳年區，此空間中有大型木桶、有不鏽鋼桶、亦有存放傳統香檳氣泡酒瓶區，他對現代釀酒工具材質的講究程度絲毫不亞於對傳統技藝的堅持，此點從他酒窖空間分配與設備配置可略知一二。

During the past 12 months, I have visited Salvo several times, and the more time we have spent together, the better I start to understand many things. Though Salvo insists on making wine in Palmento, he still values modern equipment and he knows well the technology in wine. In his cellar, there are not only ancient palmento with lava stone basin but also modern steel tanks with temperature controlled. I notice that he pays no less attention to the details of the materials and the shapes of steel tanks than to the indigenous grapes of his alberello vines. His thinks that "making wine is human fact, not something purely created by nature." And he knows his path.

Durante questi ultimi 12 mesi, ho visitato Salvo diverse volte ed ho cominciato a capire meglio molte cose man mano che passavo il tempo insieme a lui. Sebbene continui ad usare il suo Palmento per produrre vino, Salvo apprezza anche le attrezzature moderne e conosce bene la tecnologia del vino. Nella sua cantina non ci sono solo antichi palmenti con vasca in pietra lavica ma anche moderne vasche d'acciaio con controllo della temperatura. Noto che non presta meno attenzione ai dettagli dei materiali e delle forme delle vasche d'acciaio rispetto a quella che presta alle uve autoctone delle sue viti ad alberello. Salvo pensa che "il vino è fatto dall'uomo non dalla natura, la pianta di vite con la cura dell'Uomo produce l'uva," e sa come fare.

身為諸多名酒莊顧問的他，除了對舊時的葡萄酒釀酒技藝、火山原生葡萄品種、樹叢型葡萄種植方式、不同單一葡萄園的火山土壤與歷史十分熟悉外，他亦為首位西西里火山原生葡萄與釀酒專業書籍的作者。在這許多頭銜之餘，我覺得他更是個真實、簡單、百分百用心愛土地的純樸農夫。時逾 30 年，今日網路上很多國際鄉民或部落客或已將他或他的葡萄酒神化，而在西西里火山的人們卻可能遺忘他曾對這塊土地的貢獻。他的神人化、他的無奈、他對土地的熱愛、他對葡萄酒的理念與堅持，在品嘗他六款葡萄酒後，就算不了解或不欣賞他，也能感受他的酒和其他酒莊不同。似乎，多了一些人性與情感寄託。如同他所稱的「人性葡萄酒」，他生產的兩款白酒、兩款紅酒、一款粉紅酒與一款粉紅氣泡酒確實符合現代對「自然酒」的定義，然這些都是近年他人為之冠上名號，在他心中，他僅為重現兒時祖父教他如何釀製葡萄酒的味道，亦是他心心念念留給子孫、世世代代的名聲與先人百年傳承的記憶。

The past 30 years has been an extraordinary ride for him and Etna wine development. Salvo has been agronomist, enologist, winery owner, winemaker, also writer and wine consultant to many other Sicilian wineries. He knows well indigenous grapes, alberello, Etna terroir, Etna wine tradition and history. Until today, there seem to be extreme opinions on him: to one extreme, especially on the internet, I find many bloggers and articles on natural wine exaggerating his concept or his wine; while to the other extreme, many people in Etna don't seem to recognize, or even forget his contribution in the past. In my opinion, he is a humble farmer who loves his land with all his heart, which is the base of everything he has done for Etna in his whole life. Some people may not understand or refuse to know Salvo and his wine, yet there's something different about them which can't be denied. No matter being appreciated or not, his production of 2 white wines, 2 red wines, 1 rosé wine and 1 rosé sparkling wine with his traditional and nature approach, does demonstrate extra charm with expression of emotions, as he called "Mankind Wine." You may call his wine "nature" yet he's not doing for marketing. His goal is to reborn the taste in his memory of childhood when his grandfather taught him about wine and to pass this memory, this generous heritage of hundreds of years, to the next generations.

Gli ultimi 30 anni sono stati una avventura straordinaria per lui e per lo sviluppo del vino dell'Etna. Salvo è stato agronomo, enologo, proprietario di un'azienda vinicola, enologo, anche scrittore e consulente del vino in molte altre cantine siciliane. Conosce bene le uve autoctone, il terroir dell'Etna e le cose legate alla tradizione e alla storia del vino dell'Etna. Fino ad oggi, sembrano esserci opinioni estreme su di lui: da un lato specialmente su Internet, trovo molti blogger ed articoli sul vino naturale che estremizzano le sue idee o il suo vino; mentre all'altro lato, molte persone in Etna non sembrano riconoscere, o addirittura dimenticano il suo contributo dato negli anni passati. Secondo me, Salvo è un umile contadino che ama la sua terra con tutto il cuore, e questa è la base di tutto ciò che ha fatto per l'Etna in tutta la sua vita. Le persone potrebbero non sapere o rifiutare di capire Salvo e il suo vino, eppure c'è qualcosa di diverso in lui e nel suo vino che non può essere negato. Il fatto che abbia chiamato "Mankind Wine," la sua produzione di 2 vini bianchi, 2 vini rossi, 1 vino rosato e 1 vino spumante rosato con il suo approccio tradizionale e naturale, indipendentemente dal fatto che gli stessi siano apprezzati o meno, dimostra ulteriore fascino e suscita emozioni. Puoi chiamare il suo vino "naturale," ma devi sapere che non lo sta facendo per marketing. Il suo obiettivo è quello di far rivivere nella sua memoria il gusto dell'infanzia quando suo nonno gli insegnò ad apprezzare il vino, e di passare questo ricordo, questa generosa eredità di centinaia di anni, alle generazioni successive.

安德亞·法蘭可提 × 帕索皮莎羅酒莊

ANDREA FRANCHETTI
PASSOPISCIARO WINERY

“ 葡萄酒如同交響樂團中每個樂器的共鳴。

Wine is like the orchestra where all instruments perform together.

Il vino è come l'orchestra in cui tutti gli strumenti si esibiscono insieme. ”

㊥ 2019 年 4 月於帕索皮莎羅酒莊的空拍照，圖片右上角的葡萄園為該酒莊種植於一千公尺高海拔的 Chardonnay 葡萄。

Ⓔ Passopisciaro winery by drone, 2019 April; the vineyards of the upper right corner in the photo are Chardonnay grapes at 1,000 meters above sea level.

Ⓘ *Cantina Passopisciaro, drone di Aprile, 2019; i vigneti dell'angolo superiore a destra nella foto sono uve Chardonnay a 1.000 metri sul livello del mare.*

位於火山北部海拔五百五十至一千公尺間、擁有二十六公頃葡萄園的帕索皮莎羅酒莊，莊主安德亞為西西里火山葡萄酒歷史第二期（西元 2000 年至 2010 年）重要人物之一。該酒莊創立於 2001 年，當時安德亞和家人同來西西里旅遊，看到了火山上的葡萄老欉，心動與感動之餘、即刻買下了葡萄園，他也從托斯卡尼名酒莊莊主、搖身一變亦成為西西里火山名莊主，但成功並非如此容易。酒莊成立的初期，他在火山上種植國際葡萄品種 Chardonnay，法國葡萄品種 Petit Verdot 和義大利中部葡萄品種 Cesanese d'Affile，當地人並不看好且在背後嘲笑他的投資，一方面西西里人先入為主的觀念認為外來者不了解西西里文化，另一方面他如此執意種植非當地原生品種，也不符合其精神，但當他於 2005 年及 2007 年呈現多款高品質葡萄酒，當時引起眾人討論並深受矚目，從此成為西西里火山葡萄酒的一方霸主。

Located in Northern Etna with 26 hectares of vineyards between 550 to 1,000 meters above sea level, Passopisciaro winery was founded in 2001 by Andrea Franchetti, the owner of the renowned Tuscan winery, Tenuta di Trinoro in Val Dorcia during a family trip in Sicily. The moment when he saw the ancient terraces with some Nerello Mascalese old vines, he instantly made up his mind to set foot in Etna. At the beginning of 2000s, he decided to plant not only the indigenous grapes but also the international Chardonnay, the French Petit Verdot and the Roman Cesanese d'Affile. On one hand, he is not from Sicily and Sicilian people may take investors from "outside" unfriendly. On the other hand, the idea of growing only indigenous grapes can be like a religion for some Etnea people which is not to be betrayed. However, the good results of his 2005 and 2007 vintages have proven his vision. He made the brave decision, and his wines soon became one of the most discussed Etna wine at that time.

Situata nel nord dell'Etna con 26 ettari di vigneti tra i 550 e i 1.000 metri sul livello del mare, la cantina Passopisciaro è stata fondata nel 2001 da Andrea Franchetti, proprietario della rinomata azienda toscana, Tenuta di Trinoro in Val Dorcia durante un viaggio di famiglia in Sicilia. Nel momento in cui vide le antiche terrazze con alcune vecchie viti di Nerello Mascalese, decise all'istante di mettere piede in Etna. All'inizio degli anni 2000, decide di piantare non solo le uve autoctone ma anche lo Chardonnay internazionale, il francese Petit Verdot e il romano Cesanese d'Affile. Da un lato, non essendo siciliano Andrea Franchetti fu guardato con sospetto dai siciliani e considerato un "estraneo," soprattutto perché l'idea di coltivare le varietà autoctone è come una religione che non deve essere tradita per alcuni dell'etna. Tuttavia i risultati che ha presentato con la sua annata 2005 e 2007 hanno dimostrato che la sua visione era corretta e il suo vino è diventato presto uno dei vini dell'Etna più discusso in quel momento.

安德亞於當時倡導「單一葡萄園 Contrada」概念並籌辦西西里火山新酒發表會名為「Le Contrade dell'Etna」。他廣邀所有西西里火山酒莊參加並鼓勵各酒莊相互交流。在西西里「Contrada」這個字指的是歷史地理區中的一個範圍，而自 1968 年總統令頒布西西里火山葡萄酒 DOC 規範後，該字亦用來指稱「法定單一葡萄園」，可合法使用於酒標上以表示葡萄生長的地塊，相當於義大利酒王巴洛羅紅酒 (Barolo) 於皮爾蒙特產區的 MGA (Menzione Geografica Aggiuntiva)。自 2011 年起， 大力倡導單一葡萄園的三大莊主為 安德亞．法蘭可提、法蘭克．寇爾奈利森 (詳p.144) 及馬克．德葛蘭西亞 (詳p.188)，我戲稱為「西西里火山單一葡萄園三劍客」；三位莊主都不是西西里人。有趣的是，如在義大利酒界提到「Contrada」這個字，很多業界人士認為指的是「一個活動」、而非「法定單一葡萄園」，可見此活動辦得風生水起，某程度上亦增加了原本的字詞意義。

Another innovation of Andrea Franchetti is his event called "Le Contrade dell'Etna" that almost all Etna wineries are presented to promote Etna wine. The word "Contrada" is historically used to identify and indicate names of geographical places. This term was introduced in 2011 in the Etna DOC regulations which was regulated in 1968. Contrada is commonly called CRU in France and MGA, Menzione Geografica Aggiuntiva, in Italy, which is used on the wine labels to indicate the origin of the grapes. The rediscovery of Contrada wine was set off by 3 non-Sicilian winemakers: Andrea Franchetti, Frank Cornellisen (p.144) and Marco de Grazie (p.188) whom I like to call "the three Musketeers of Contrada." The interesting fact is that nowadays when you say the word "Contrada," many Italians in wine field think you refer to Franchetti's wine event instead of the original meaning, which gives an idea how successful and influential the event "Le Contrade dell'Etna" is.

Un'altra innovazione di Andrea Franchetti è il suo evento chiamato "Le Contrade dell'Etna" che quasi tutte le cantine dell'Etna vengono presentate per promuovere il vino dell'Etna. La parola "Contrada" è storicamente usata per identificare e indicare i nomi dei luoghi geograficamente. Dal 2011, quando la menzione Contrada è stata inserita all'interno del disciplinare dell'Etna DOC creato nel 1968, è possibile usare il termine Contrada anche sulle etichette dei vini per indicare l'origine delle uve. Ciò è comunemente chiamato CRU in francese e MGA, Menzione Geografia Aggiuntiva, in Italia. La riscoperta del vino di Contrada è stata avviata da 3 enologi non siciliani: Andrea Franchetti, Frank Cornellisen (p.144) e Marco de Grazia (p.188) che mi piace definire "Les Trois Mousquetaires di Contrada" o "i tre moschettieri di contrada." Il fatto interessante è che al giorno d'oggi quando dici la parola "Contrada," molti italiani in campo vinicolo pensano di riferirsi all'evento enologico di Franchetti invece del significato originale, che dà un'idea di quanto sia riuscito e influente di l'evento "Le Contrade dell'Etna."

㊥帕索皮莎羅酒莊採收 Chardonnay 葡萄現況
Ⓔ Harvest Chardonnay grapes, Passopisciaro winery.
Ⓘ *Verdemmia di uve Chardonnay, Cantina Passopisciaro.*

* Chardonnay 葡萄品種中文翻譯為霞多丽（中國）、夏多內（台灣）、莎当妮（香港），為統一寫法便利讀者閱讀，本書提到此葡萄品種時，統一使用原文寫法 Chardonnay。

安德亞年已七十仍容光煥發、傳統義大利紳士態度中帶著英國貴族氣息，訪談當天他穿著紳士吊帶褲，桌上擺放著一排酒瓶，其酒標清楚明瞭、不拖泥帶水，最上方偌大的數字書寫著年分，不待我開口他便乾脆地說道：「我相信你都知道這些酒也不需要我解釋，我們直接開始品飲吧。」八款酒中的其中五瓶紅酒，上面寫著一個簡單的英文字母，分別代表西西里火山上不同海拔高度的五個單一葡萄園：字母 C 代表 Contrada Chiappemacine (詳p.406)、字母 G 代表 Contrada Guardiola (詳p.410)、字母 P 代表 Contrada Feudo di Mezzo 的 Porcaria 地塊 (詳p.408)、字母 S 代表 Contrada Sciaranuova 以及字母 R 代表 Contrada Rampante (詳p.412)，這五款酒的海拔高度皆高於 Etna DOC 法規範圍，因此不具有 Etna DOC 認證，其坦率且優雅的口感，各自表達了不同葡萄地塊的特性，可謂西西里火山北部的最佳特寫組合。

On the day of our meeting, the 70-year-old Andrea was in English royal suspenders that gave extra charm to his already-impressive-Italian-old-fashion characters. Considering not all men have the elegance to "pull it off" this genre of outfit, I could not help but look twice of his wonderful paints. On the table there's a line of bottles with cutting-edge labels of which the vintage written clearly on the top. Among these 8 bottles, 5 of them were each with one alphabet: the letter C for Contrada Chiappemacine (p.406), the letter G for Contrada Guardiola (p.410), the letter P for Porcaria in Contrada Feudo di Mezzo (p.408), the letter S for Contrada Sciaranuova, and the letter R for Contrada Rampante (p.412). He said, "oh well, let's taste."

Il giorno del nostro incontro, il 70enne Andrea era in regale bretelle inglesi che conferisce ulteriore fascino ai suoi già straordinari personaggi italiani. Considerando che non tutti gli uomini hanno la qualità di "tirare fuori" questo genere di outfit, non ho potuto fare a meno di guardare due volte le sue volte alla sua eleganza. Sul tavolo c'è una linea di bottiglie con etichette all'avanguardia con l'annata scritta chiaramente in alto. Tra queste 8 bottiglie, 5 sono ognuna con un alfabeto: la lettera C per Contrada Chiappemacine (p.406), la lettera G per Contrada Guardiola (p.410), la lettera P per Porcaria in Contrada Feudo di Mezzo (p.408), la lettera S per Contrada Sciaranuova, e la lettera R per Contrada Rampante (p.412). Dice "oh, bene, assaggiamo."

帕索皮莎羅酒莊的旗艦酒款名為 Franchetti，或稱「Super Etna」，同托斯卡尼的「Super Tuscan 葡萄酒」使用法國葡萄品種，此款酒的葡萄品種為法國波爾多 Petit Verdot 與羅馬區域的古老品種 Cesanese d'Affile，無論於視覺、嗅覺、味覺皆出眾且極具辨識度 (品飲紀錄詳p.514)，除了證明高海拔與火山土壤結構影響口感極鉅外，亦證明了非原生品種種植於西西里火山土壤的潛力。

His top wine in Etna is named Franchetti, a blend of Petit Verdot and Cesanese d'Affile which Vincenzo, his right-hand manager calls it "Super Etna." This wine challenges 5 senses of a wine taster: deep full violet purple color with black pepper note and prolong pink flower scents in the nose; round in the mouth, perfect notes with classic Bordeaux style (tasting note on p.514). It is difficult to stop drinking while at the same time in fear of finishing the bottle too soon. This is an example of how Etna soil brings distinction to wine and a proof that non-native grape varieties also have potential in Etna.

Il suo vino top in Etna si chiama Franchetti una miscela di Petit Verdot e Cesanese d'Affile che Vincenzo, il suo manager di destra chiama "Super Etna." Questo vino sfida i 5 sensi di un assaggiatore: profondo pieno colore viola violaceo con note di pepe nero e prolungano i profumi di fiori rosa nel naso; rotondo in bocca, note perfette con classico stile bordolese (nota di degustazione su p.514). È difficile smettere di bere e allo stesso tempo temere di finire la bottiglia troppo presto. Questo è un esempio di come il suolo dell'Etna apporti una distinzione al vino e una prova che anche le varietà autoctone non autoctone hanno un potenziale in Etna.

當國際聲浪多傾向於安德亞的火山紅葡萄酒時，我個人其實更欣賞他的唯一白酒「Passobianco (詳 p.512)」，其品種 Chardonnay 為常見的國際葡萄品種。稍微對葡萄酒有研究者即知該葡萄品種雖不難做成酒，然要成為具陳年實力的好酒卻不容易。這隻白酒有趣就在於其鶴立雞群的姿態，如將此酒與其它西西里火山白酒相比，除了因品種不同無法相比，其口感優越也令人難忘；而若將此酒與其他國家、其它產區上萬種的 Chardonnay 葡萄酒作比較，其出淤泥而不染的清雅風格、結合完美酸度與礦物質，完全不似法國勃根地與經典木桶融合的陳年雋永、亦不似美國澳洲 Chardonnay 葡萄酒的濃郁宜人，每次品飲這款酒，再再使我驚豔於其口感與西西里火山土壤帶給葡萄酒的與眾不同：能在每個人自認為熟悉的領域中令人驚艷，是真正的高手。

However, my favorite wine of Passopisciaro winery is his only white wine called "Passobianco (p.512)." Don't take me wrong. I like also much of his red wine. Yet with Passobianco, I am impressed not only by the quality but also his vision and courage to plant Chardonnay grapes at 1,000 meters above sea level in volcanic soil of Etna. Though Chardonnay is one of the most grown international grape varieties in the world as well as the most commonly found white wine in the market, Chardonnay wine is, as a matter of fact, easy to make yet not easy to succeed with a very good one. Compared with the other million different labels of Chardonnay wine all over the world: unlike the creamy, long-aging capacity of French Burgundy Chardonnay, unlike the rich, round California or Australian Chardonnay, this Etna Chardonnay is crispy, elegant, amazingly mineral with prolonged acidity and it is in fact, a unique existence. This is an interesting Chardonnay wine from Mount Etna, and it proves again that nothing from Etna is boring.

Tuttavia, il mio vino preferito della cantina Passopisciaro è ilsuounico vino bianco chiamato "Passobianco (p.512)." Non fraintendermi. Mi piace anche molto del suo vino rosso; eppure con Passobianco, sono impressionato non solo dalla qualità ma anche dalla sua visione e dal coraggio di piantare uve Chardonnay a 1.000 metri di altitudine nel terreno vulcanico dell'Etna. Sebbene il Chardonnay sia uno dei vitigni internazionali più coltivati al mondo e il vino bianco più diffuso al mondo, il vino Chardonnay è, di fatto, facile da realizzare ma non altrettanto facile da avere successo con un ottimo uno. Rispetto agli altri milioni di etichette del vino Chardonnay in tutto il mondo: a differenza della cremosa e lunga capacità di invecchiamento del francese Chardonnay della Borgogna; a differenza del ricco, rotondo California o Chardonnay australiano, questo Etna Chardonnay è croccante, elegante, straordinariamente minerale con acidità prolungata ed è, infatti, un'esistenza unica. Questo è un vino Chardonnay interessante dall'Etna e dimostra ancora una volta che nulla dall'Etna è noioso.

米凱勒・法羅 × 甜岩酒莊
MICHELE FARO
PIETRADOLCE WINERY
“西西里火山是我的祕密角落，她是有神力的！
Etna is my secret corner. It is magical!
L'Etna è il mio angolo segreto. È magico!”

西元2005年創立於火山北部、擁有十八公頃葡萄園、介於海拔七百至九百公尺的「甜岩酒莊」，為西西里火山葡萄酒歷史第二期(西元2000年至2010年)重要酒莊之一。初次認識米凱勒是在他擁有的多娜卡爾蜜拉頂級旅館餐廳(詳p.594)，我們坐在面對地中海的寬敞陽台上，當時正是傍晚時分，我與四位葡萄酒莊主共用晚餐，身為主人的米凱勒，在餐桌上似乎常在思考，他的每一句話，貼心地照顧著每一個人，友善亦不失尊重。當晚我們閒聊的話題除了地中海紅蝦、海膽和西西里火山外，也聊法國酒和家庭觀。愉悅的餐桌伴隨著夜色與良酒，我的經驗告訴我，通常熱愛法國酒的義大利葡萄酒莊莊主，其生產的自家葡萄酒絕對不會差，因此我對他的葡萄酒極為好奇。

Pietradolce winery, founded in 2005 in north Etna with 18 hectares of vineyards between 700 to 900 meters above sea level, is one of the most exciting Etna wineries after the new millennium. My first encounter to Michele was in Boutique Resort Donna Carmela (p.594). Facing the Mediterranean Sea, we had dinner in the balcony. At the dinner, there were four winery owners and wine experts. Michele was moderate and humble, and he took care of everyone on the table. We discussed seafood, Mount Etna, French wine, and our philosophy of family and life. The moonlight was bright with good company and excellent wine. My experiences told me that a real wine lover would produce, within ability and possibility, the best wines he can. Therefore I was quite curious about Pietradolce winery.

Pietradolce, fondata nel 2005 nell'Etna settentrionale con 18 ettari di vigneto tra i 700 e i 900 metri sul livello del mare, è una delle più interessante aziende vinicole del nuovo millennio. Il mio primo incontro con Michele è stato durante una cena al Ristorante del Resort Donna Carmela (p.594), assieme agli altri quattro proprietari ed esperti di vino. Durante la serata abbiamo discusso a lungo degli argomenti più disparati, abbiamo parlato durante la cena di frutti di mare, dell'Etna, del vino francese e della filosofia di famiglia e di vita. Michele nella sua esposizione appare moderato e umile e si prende cura di tutti i presenti alla sua tavola. La luna quella sera mi sembrava più chiara e più brillante con quella buona compagnia e quel vino eccellente. Le mie esperienze mi hanno insegnato che un vero appassionato di vini produrrà vino al massimo delle sue possibilità, produrrà i migliori vini possibili. Per questo motivo, ero piuttosto curiosa di scoprire Pietradolce.

三個月後當我再次來到西西里火山，我立刻拜訪了他。米凱勒的酒莊稱為 Pietradolce，直譯為甜石頭，我翻為「甜岩」。我按照 GPS 定位系統開車到達甜岩酒莊時，才恍然大悟，原來他就是西西里火山北區開車常常會經過的宏偉建築，而且完全不同於原本想像，他的酒莊雖然有著火山上最現代化、科學、乾淨且昂貴的酒窖，其擁有的葡萄欉卻是百年以上、最傳統古老葡萄樹欉型，他的種植方式與酒廠設備正是傳統與現代的各自陳述，使得他的酒莊成為兩個極端的完美呈現：兩個十分昂貴且不具經濟效益的極端，追求的目標只有一個：葡萄酒的高品質，也怪不得他的酒在盲飲中總是如此令人驚豔。當我看到諾大釀酒空間展示光線與流水交錯的互動藝術時，米凱勒對我說道，「我的酒窖可以釀造現在產量三倍以上的酒，但我不想增量，我只想提升品質」。我在這將近 30 坪的流水藝術空間停留了約三分鐘，旁邊是木桶陳年區，心想如果我是待在木桶裡的酒，面對這樣安靜舒服的環境，我想我也會開心的乖乖陳年變成好喝的酒。

When I came back to Etna after three months, I visited Michele. The name "Pietradolce" in translation means "sweet stone," which tells where the vines are from (lava stones) and how the wine should be (sweet on the palate or in the heart). According to my GPS, I arrived at Pietradolce winery on time. I looked at the gate with surprise, "so this is the magnificent building that I keep passing by between Linguaglossa and Randazzo." Against my imagination, this modern winery is artistic and spacy. I stared at the interactive art performance with the light dancing and the sound of water splashing for a few minutes. And I thought I had found a dreamer. "I can produce 3 times more quantity in my winery, yet I am looking for quality, not quantity," Michele said to me. His winery is clean and of technology, yet his vines are the traditional pre-phylloxera, the hundred-year-old vines that produce wonderful but fewer grapes. He could have pursued more production with his facility, yet he insisted on producing high-quality wine to the extreme. In the basement, next to the aging room, there was the cellar that kept the bottles since 2005. And by the stairs, a 70 square-meters space of freedom accompanied the barrels. If I were the wine in the barrel, I would be happily aged and become pleasant in taste with the fantastic tranquility in the air.

Quando sono tornato sull'Etna dopo tre mesi, sono andato a fare visita a Michele. In quella occasione mi ha spiegato l'origine del nome "Pietradolce" che nella traduzione significa "pietra dolce," che indica la natura particolare delle pietre laviche su cui vengono coltivate le viti (pietre laviche) e di come queste conferiscono particolari note al vino. Grazie alle indicazioni del mio GPS, sono arrivato in tempo alla cantina di Pietradolce, appena arrivata con grande sorpresa mi accorsi "che il posto dove avevo appuntamento era proprio quel magnifico edificio che avevo visto percorrendo la strada che porta da Linguaglossa a Randazzo." Al primo impatto la realtà superava la mia stessa immaginazione, la cantina era una cantina diversa dalle altre con ampi spazi e connotati di modernità intrisi da impreziosimenti artistici che culminavano in una fontana magica in un ambiente ovattato, dove il rumore degli schizzi di acqua era esaltato da effetti di timida luce, questo spettacolo catturo la mia emozione per diversi minuti. In quell'istante mi resi conto di avere trovato un sognatore. "Posso produrre quantità 3 volte di più nella mia cantina, eppure cerco qualità, non quantità," mi disse Michele. Mi colpiva il contrasto di questa cantina artisticamente affascinante, di altissimo livello tecnologico che si sposava con la cultura e con le tradizioni provenienti da vigneti con vitigni antichissimi esistenti da prima dell'arrivo della Fillossera, che producono nettari deliziosi lasciando poco spazio alla quantità guardando ad un unico obiettivo: la qualità. Continuando il suo discorso, Michele ribadisce che avrebbe potuto perseguire una maggiore produzione con la sua struttura, eppure ha insistito nel produrre vini di alta qualità fino all'estremo. Nel seminterrato, accanto alla sala di invecchiamento, c'era la cantina che conservava le bottiglie dal 2005. E accanto alle scale, uno ampio spazio libero di 70 metri quadrati accompagnava le botti. Se fossi il vino in botte, sarei felice di invecchiare qui e sono sicuro che diventerei piacevole nel gusto con la straordinaria tranquillità nell'aria.

甜岩酒莊共生產九款西西里火山，有三款白酒、五款紅酒及一款粉紅酒，其酒標分為兩類：一類「火山女子」代表強而有力且優雅的火山、亦代表傳統百年老欉，而她（義大利文中，火山是陰性的）穿得不同顏色的裙子，則代表其葡萄來自不同的單一葡萄園，此類共有六款葡萄酒，只要在酒標上看到拖著長裙的火山女子即為甜岩酒莊生產、來自單一葡萄園百年老欉的葡萄酒；另外一類現代感十足、重複的塗鴉，則代表著年輕葡萄欉可爆發的力量，也代表著傳承，此類共有三款葡萄酒，此三款酒雖亦來自不同的單一葡萄園，然因其葡萄欉並非百年老欉 (Pre-phyllosera, 詳p.42) 不歸類於火山女子。

Pietradolce winery produces 9 wines: 3 white wines, 5 red wines, and 1 rosé wine in two types of labels. One type of the label is the volcano woman who represents the elegance and power of the Etna wine traditions, of the pre-phylloxera vines, and the wine in the glass. There are 6 different wines, and on the labels, the different colors of her skirts indicate the different contrada (cru, single vineyards) with its distinct characteristics. The other genre of label is the hand-drawn random repeated art that represents the explosive energy of young vines grown in the traditional bush shape (p.42). The painting also expresses the strength of inheritance of the past for the future. There are 3 wines in this type.

La Tenuta di Pietradolce produce 9 vini: 3 vini bianchi, 5 vini rossi e 1 vino rosato in due tipologie di etichette. La prima etichetta rappresenta la donna del vulcano, con la sua eleganza e con la potenza che si può trovare nel vino prodotto dalle viti centenarie esistenti prima dell'arrivo della Fillossera trasformate secondo le tradizioni vinicole delle genti dell'Etna. Ci sono 6 vini e 6 diversi colori delle etichette che rappresentano le diverse contrade o singoli vigneti con le loro diverse caratteristiche. La seconda etichetta utilizzata per 3 vini, raffigura invece l'arte astratta disegnata a mano, e rappresenta l'energia esplosiva delle giovani viti coltivate in alberello, che poi è il metodo tradizionale di coltivazione antico ed esprime l'energia delle tradizioni proiettate verso il futuro.

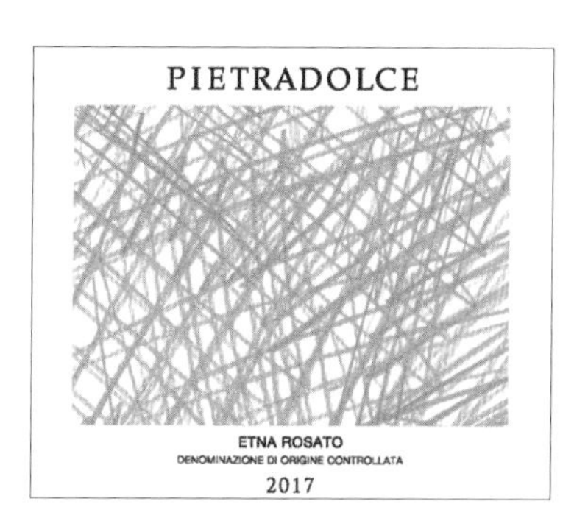

㊥ 右圖為「火山女子」系列，代表強而有力且優雅的火山、亦代表傳統百年老欉；左圖現代感十足、重複的塗鴉酒標，則代表著年輕葡萄欉可爆發的力量，也代表著傳承。

Ⓔ Right: the volcano woman represents the elegance and power of the Etna wine traditions, the pre-phylloxera vines, and the wine in glass; left: the hand-drawn random repeated art that represents explosive energy of young vines in bush shape and of inheritance for the future.

Ⓘ *Sulla destra: la donna del volcano rappresenta l'eleganza e la potenza nel vino, nella viti prefillossera e nelle tradizioni vinicole dell'Etna; sulla sinistra, l'arte casuale disegnata a mano rappresenta l'energia esplosiva delle giovani viti coltivate in alberello e anche l'energia dell'eredità per il futuro.*

甜岩酒莊「火山女子」系列中的「Etna Rosso DOC Barbagalli 紅酒 (詳p.414)」、「Etna Rosso DOC Contrada Rampante 紅酒 (詳p.416)」與「Etna Rosso DOC Archineri 紅酒 (詳p.418)」皆來自 Contrada Rampante 法定單一葡萄園。Contrada Rampante 為西西里火山北部最重要的單一葡萄園之一，其潛力可從各火山知名酒莊陸續推出其單一葡萄園酒款看出。多年前能於此地塊擁有一小片葡萄坡已屬不易，現在要買到這裡的葡萄園更是不可能的任務。米凱勒洞燭先機、於 2005 年買下 Contrada Rampante 單一葡萄園的三處百年老欉葡萄坡。他熱愛這些百年人瑞葡萄欉，因發現三處葡萄坡雖同位於 Contrada Rampante 卻各具不同風土特徵，因此他決定分開採收、釀造、且於裝瓶時給予不同的酒標以示其重要性。此舉是對三處葡萄坡各自風土的尊重與重視，如此用心，遠比官方法規更加講究，可見米凱勒私毫不馬虎、細緻的做事態度，三款紅酒中的「Etna Rosso DOC Archineri 紅酒」更曾於日本漫畫神之雫 (別名：神之水滴、神の雫) 出現。

In the 6 labels of Pietradolce's volcano woman, there are 3 Etna Rosso wines from Contrada Rampante. They are "Etna Rosso DOC Barbagalli (p.414)," "Etna Rosso DOC Contrada Rampante (p.416)," and "Etna Rosso DOC Archineri (p.418)." Contrada Rampante is one of the essential Contrada in north Etna where potential red wines are made, and it is one of the difficult vineyards to acquire nowadays. With flash foresight, Michele took the preemptive opportunity and purchased 3 plots of pre-phylloxera vines in 2005. Because of the different characteristics in wine and because he loves these pre-phylloxera vines, Michele divides the grapes in harvest, vinifies separately, and presents in different wine labels to indicate the importance. Each name represents the respect to each terroir of the three pre-phylloxera slopes. This kind of arrangement is detailed, and it shows how careful Michele is to his production. Moreover, his "Etna Rosso DOC Archineri" was mentioned in the famous Japanese cartoon and TV show "The Drops of God (Kami no Shizuku)."

Nelle 6 etichette raffiguranti la donna vulcanica di Pietradolce, ci sono i 3 vini dell'Etna Rosso prodotti a Contrada Rampante. Sono "Etna Rosso DOC Barbagalli (p.414)," "Etna Rosso DOC Contrada Rampante (p.416)" e "Etna Rosso DOC Archineri (p.418)." Contrada Rampante è una delle contrade più conosciute e vocate nel nord dell'Etna, dove si producono potenziali vini rossi di altissimo pregio e per questo sono vini ricercati è di altissimo valore economico. Negli anni con lungimiranza, Michele anticipando il boom e la crescita economica che avrebbero avuto nel mercato fondiario etneo questi terreni, ha acquistato 3 appezzamenti di viti pre-fillossera nel 2005. Durante la raccolta considerate le pregiate caratteristiche del vino e per gli amanti delle viti antiche, Michele è molto attento alla qualità della sua produzione, divide le uve in vendemmia, vinifica separatamente ed imbottiglia presentando i suoi vini in diverse etichette che descrivono in maniera dettagliata le caratteristiche organolettiche del prodotto. Una curiosità della sua azienda: il suo "Archineri DOC dell'Etna Rosso" ha menzionato nel famoso cartone animato e programma televisivo giapponese "Le gocce di Dio (Kami no Shizuku)."

當我坐著越野車與米凱勒共同來到酒窖後方高海拔 Etna DOC 的邊界，看到一整片滿滿長在 Contrada Rampante 法定單一葡萄園、花千金亦不易維持的百年葡萄欉時，我的敬佩與感動同時湧上。此時，米凱勒指著葡萄園的盡頭說道，「你看到那一堆黑石頭嗎？我們稱他為 Torretta（詳 p.49），古人將翻土時找到的火山硬黑岩置於土地邊界，除了作為與鄰居的牆面分界、也是地塊的區隔，後來更沿用成為各個 contrada 間的分界線，我們面前這一片黑岩牆即為 Etna DOC 法規規範於 Contrada Rampante 的最高海拔分界線之一。」他說話的同時，我的攝影師操作著空拍機，畫面上清楚可見這一片神奇的火山土地，除了葡萄欉、還有上百顆的橄欖樹和各式果樹，空拍機越飛越高，畫面上的我們也逐漸變成小點，然這一塊單一葡萄坡的梯田狀葡萄園輪廓依舊明顯可見。（如下圖）

When I was on the jeep with Michele to the border of Etna DOC in Contrada Rampante, I was very much moved with what I saw: a separated plot of joyfully, cheerfully, lively pre-phylloxera vines. It seems to be a paradise for them. Michele pointed to a pile of black stones and said, "Do you see it? We call it torretta (p.49). In olden days, people found volcanic rocks in the land, and they piled them up on the border to the neighbors, which becomes the borders of contrada. And the torretta you see now is the border of Contrada Rampante in the Etna DOC regulations. Behind it, the wines made are not DOC but IGT because it is out of Etna DOC area." While he spoke, my video man operated his drone up to the sky, and this magical vineyard looked amazing on the screen. I saw hundreds of olive trees around it. As the drone flew higher and higher, we became smaller and smaller on the screen. What's still clearly visible was the outline of this terraced vineyard which seemed to be protected by the nature green around, as the photo below.

Finita la visita alla cantina siamo andati in giro a vedere i vigneti, quando ero sulla jeep, e percorrevo la strada per raggiungere l'ultimo confine dell'Etna DOC, mi sono commossa nel vedere ciò che avevo di fronte: sconfinate viti antiche che crescono gioiose, allegre e vivaci. Sembra il paradiso delle viti. Michele indicò il confine e mi chiese: "Vedi le pile di pietre nere? Noi la chiamiamo "torretta (p.49)." In passato, la gente trovava le rocce vulcaniche nella terra e venivano ammucchiate sul confine con il vicino, spesso indicano anche il confine di contrada. La torretta che stai guardando proprio adesso è il confine della contrada Rampante nel regolamento DOC dell'Etna." Mentre parlava, il mio videoman azionava il suo drone e questo magico vigneto sembrava fantastico sullo schermo, si vedevano nell'angolo in alto che c'erano centinaia di ulivi e vari alberi da frutto ed attorno ad esso e mentre il drone volava sempre più in alto, noi diventavamo sempre più piccoli sullo schermo mentre risultava chiaramente visibile il contorno di questo vigneto a terrazze che sembrava essere protetto dal verde della natura circostante, come foto sotto.

米凱勒繼續說：「這是 Etna DOC 法規中 Contrada Rampante 最高海拔的葡萄坡，就是這裡，當我需要思考時，我就來這裡看這些百年葡萄欉。西西里火山是我的祕密角落，她是有神力的！」而由這些百年葡萄欉生產之葡萄酒，米凱勒以千年前曾居住於此的「Barbagalli」民族稱之，這樣的取名有其尋根的紀念意義，亦帶著一種懷古幽情。此款酒為該酒莊最高等級的紅葡萄酒，亦為 Etna DOC 法規規範範圍中最珍貴 (昂貴) 的紅酒款式。因盲飲中諸多評審鍾愛此款西西里火山紅葡萄酒，不僅來自知名單一葡萄園的百年老欉且年產量僅 3,000 瓶，此款酒勢必成為未來投資西西里火山葡萄酒的重要酒款之一。同樣來自「火山女子」系列、本書置於特別推薦篇中的「Sant'Andrea Bianco 白酒 (詳p.500)」亦為值得一提的珍貴酒款，此款酒來自西西里東部 Milo 小鎮的 Contrada Caselle 單一葡萄園，此區素以火山白酒聞名且為唯一西西里火山特級白酒 (Etna Bianco DOC Superiore) 法定產區，其百年老欉採收後進行長達十個月的葡萄皮接觸，為火山上浸漬時間最長的白葡萄酒 (現代化釀酒可能不浸漬或不長於兩小時)。其年產 1,800 瓶，也是我個人的最愛的西西里火山酒款之一。由此可見，甜岩酒莊投資的百年老欉葡萄園並不局限於火山北部 *。

Michele continued, "this is the highest elevation in Contrada Rampante in the Etna DOC regulations, and this is where I come for tranquility. I come here to feel these pre-phylloxera vines. Etna is my secret corner. It is magical!" Michele named the wine after Barbagalli, the people who lived here thousands of years ago. I think it not only refers to the origin of the land but also the nostalgic feelings for memories. Loved by many international judges in the blind taste, the "Etna Rosso DOC Barbagalli" is the top red wine of Pietradolce winery with a production of 3,000 bottles per year. In my opinion, it is bound to become one of the most precious Etna wines (and I will add it to my collection.) Same in the volcano woman label, the "Sant'Andrea Bianco (p.500)" is one of the most classical, rare, and valuable white wine produced with 10 months maceration. It is the most extended- maceration wine of Etna, and one of my personal favorites. The production is 1,800 bottles per year from the pre-phylloxera vineyard located in Contrada Caselle, Milo (East). I understand that Michele's love for pre-phylloxera vines does not limit in the red wine of north Etna.

Michele continuando nella sua amabile conversazione, mi dice accompagnandomi nella zona più alta "questa è la più alta elevazione in Contrada Rampante nei regolamenti dell'Etna DOC, ed è qui che vengo per tranquillità. Vengo qui per "sentire" queste viti antiche. L'Etna è il mio angolo segreto. È magico!" Michele ha dato il nome al vino Barbagalli, dal nome della gente che ha vissuto qui migliaia di anni fa. Penso che per Michele, questo vino prodotto in questa contrada susciti sentimenti nostalgici legati ai suoi ricordi di famiglia. Amato da molti giudici internazionali nelle "degustazioni alla cieca," l'Etna Rosso DOC Barbagalli è il miglior vino rosso dell'azienda Pietra dolce con una produzione di sole 3.000 bottiglie all'anno. Secondo me, è destinato a diventare uno dei più preziosi vini dell'Etna e lo aggiungerò sicuramente alla mia collezione assieme al "Sant'Andrea Bianco (p.500)" anche lui con la raffigurazione in etichetta della donna vulcano che è uno dei vini bianchi più classici, rari prodotti con macerazione di 10 mesi. La produzione è di 1.800 bottiglie all'anno e il vigneto pre-phelloxera localizza in Contrada Caselle, Milo (Est). Capisco che l'amore di Michele per le viti pre-phelloxera non si limita al vino rosso dell'Etna settentrionale.

米凱勒將於2020年上市最新單一葡萄園紅酒「Etna Rosso DOC Contrada Feudo di Mezzo 2018」，然他追求白酒和粉紅酒的表現並不亞於對紅酒的專注。總是害羞眼神中的他，眼珠閃著光芒而不掩驕傲地戲稱自己為「西西里火山男孩們(Etna Boys)」，如同巴洛羅男孩們(Barolo Boys)電影，西西里火山確實需要這些雖已不年輕的男孩們回鄉貢獻，他們來自西西里最古老或重要家族，將火山歷史烙印於心、且同火山噴發時源源不絕的岩漿，熱情而能量不斷。

In 2020, Michele will present his new single-vineyard wine "Etna Rosso DOC Contrada Feudo di Mezzo 2018." With shy but sparkling eyes, he joked and called himself as "Etna Boys." Truly as in the movie "Barolo Boys," many producers of Etna were the new energy, and the history of Etna wine has developed with them.

Nella sua appassionata descrizione del bel lavoro e della passione che riversa nella produzione dei suoi vini, Michele con timidezza ma anche con occhi brillanti, scherzando si è definito un "Etna Boys." Io lo credo davvero, come nel film di "Barolo Boys" - Storia di una rivoluzione, che l'Etna abbia bisogno che questi "produttori ragazzi" tornino a casa e siano la nuova energia del territorio. Ed è una storia ed una passione che accomuna tutti i produttori dell'Etna a prescindere dalla loro superficie, dalle loro produzioni e dalla loro appartenenza sociale.

㊥ 該酒莊共計18公頃的單一葡萄園位置，順序為「地名、公頃數」。

Ⓔ The 18 hectares of vineyards are as below, in order of "name of contrada, hectares."

Ⓘ *I appezzamenti di vigneto sono i seguenti, elencati in ordine di "nome della contrada, superfice in ettari."*

Castiglione di Sicilia (North): Contrada Rampante, 4H; Contrada Santo Spirito, 2H; Contrada Zottorinoto, 3H; Contrada Feudo di Mezzo, 1.8H.

Milo (East): Contrada Caselle, 2H. Other minor plots.

燄史特 × 熔岩酒莊

STEF YIM
SCIARA WINERY

> “真正好的釀酒師，只需要讓酵母做它的工作。
> An enologist does nothing but make sure the yeast does the right job.
> *Un enologo non fa altro che assicurarsi che i lieviti facciano il lavoro giusto.*”

創立於 2014 年、位於火山北部的熔岩酒莊是由西西里火山少見的美裔華人所創立。焱史特，出生於美國洛杉磯，曾於美國納帕與法國勃根地師習釀酒技術且他熱愛世界高海拔葡萄酒，對其如數家珍。我問他為什麼孤家寡人來到西西里火山上釀酒，他告訴我，他原本就打算要在世界上某一座火山釀造葡萄酒，而義大利是擁有最多火山的歐洲國家且已有眾多火山葡萄酒產區，因此他在認真考慮同為火山葡萄酒產區、位於北義的 Alto Adige 與南義的 Campagna 後，最後決定落腳在西西里火山。

Started in 2014 in north Etna, the founders of Sciara winery are Asians. The enologist Stef Yim was born in Los Angeles and has worked in Napa Valley and Burgundy wineries for years. Later he falls in love with high-altitude wine, does his research around the world and ends up making wine in Etna. I ask him why he chooses Etna, and he replies with a serious yet friendly smile that from his research, Italy is one of the most volcano-owned countries in Europe and there are already some known volcanic wine areas. He has considered Alto Adige and Campagna of Italy, but in the end he decides to make wine in Etna for many different reasons, one of them is the prephylloxera vines.

I fondatori della cantina Sciara sono asiatici, ed hanno iniziato nel 2014 nella parte nord dell'Etna. Stef Yim, enologo, nato a Los Angeles, ha lavorato per anni per produttori della Napa Valley e della Borgogna per poi innamorarsi del vino che nasce ad alta quota per finire, dopo anni di ricerca in giro per il mondo, proprio sull'Etna. Alla domanda del perché di questa sua scelta, con un sorriso serio ma cortese, mi ha detto che in base alla sua ricerca l'Italia è uno dei paesi europei con più vulcani e conseguentemente ricco di aree vinicole vulcaniche molto note. Dopo aver preso in considerazione sia l'Alto Adige che la Campania, la sua scelta è caduta sull' Etna per molte ragioni, una delle quali è la presenza della vite pre-fillossera.

第一次拜訪熔岩酒莊，焱史特帶我去看他新買的葡萄園，雖是新購，但葡萄欉年歲皆已過百，這一片百年人瑞是他密探許久才買到的秘密葡萄園且因海拔高於 1,400 公尺，等他完成釀酒並上市時，可能成為全歐洲最高海拔酒款（目前歐洲最高海拔葡萄酒為位於 1,350 公尺的北義阿爾卑斯山脈 Dolomites）。我一下午花了三個小時探訪他僅 8.3 公頃卻分散坐落七處的葡萄園 *，還沒有看到他釀酒的酒窖天色卻已轉暗，我原擔心著不知該如何再排出時間，還好焱史特也願意配合，在一個我參訪不同酒莊間的 30 分鐘空檔，他快速帶我回到他的「基地」。因為他是近年新創酒莊，加上西西里行政單位一向謹慎卻緩慢辦事，因此他和他的投資人楊先生花了三年才得以正式登記位址，成功掛上招牌。沿著火山北部的主要產業道路、進入 Randazzo 邊境後遇到第一個彎的小徑右轉，約 500 公尺後即到達該酒莊壯觀而氣派的紅色大門，大門內盡是一片田野般的遼闊，簡樸的田園風格建築物有六間房間、附設專業級廚房與可容納百人的餐廳與網球場，主建築物兩側各有一片豐盈盎然的葡萄欉，這幅景象很是令人舒坦。

The first time I visited Stef, he first took me to see his newly-acquired vineyards over 1,400 meters above sea level with almost 1 hectare of prephylloxera vines from which he may produce the highest altitude wine of Europe (the highest one now is 1,350 in Dolomites). I spent three hours visiting all his 7 plots in different contrada though in total there are only 8.3 hectares*, it was already dark before I even had time for his cellar. Fortunately in a few days I found a 30-minute window of time in between my schedule of different winery visits, and finally I succeeded to see him again. It took Stef and his partner, Mr. Yang 3 years for all bureaucracy process to register and put up a sign for their new winery, which is at the end of a small road right after the first turn of the main road in east Randazzo. Passing through the stylish red gate, in front of me are the nicely rural scenery of two plots of vineyards and a lot of spaces including a restaurant for 100 people, a well-equipped kitchen, building with 6 rooms and tennis court. All are not yet open to the public.

Quando ho incontrato Stef per la prima volta mi ha portato a vedere vigneti a 1.400 metri sul livello del mare, da lui appena acquistati, con quasi 1 ettaro di viti pre-fillossera da cui può nascere il vino prodotto a più alta quota d'Europa (attualmente il più alto è a 1.350 m slm sulle Dolomiti). Dopo 3 ore di visita a tutti i suoi 7 appezzamenti in diversecontrade, anche se in totale ci sono solo 8,3 ettari, si era già fatto buio prima che io avessi il tempo di visitarela sua cantina. Fortunatamente pochi giorni dopo sono riuscita tra i miei impegni e visite programmate a diverse cantine riuscita a incontrarlo di nuovo. Stef e il suo partner, il signor Yang, hanno impiegato 3 anni per completare tutti i processi burocratici e cosi poter mettere un cartello indicante la loro nuova cantina situata alla fine di una stradina subito dopo la prima svolta della strada principale nella zona est di Randazzo. Oltrepassando l'elegante cancello rosso, mi sono apparsi i paesaggi bucolici rurali che fanno da cornicea due appezzamenti di vigneto, un ristorante per 100 persone, una cucina benattrezzata, un edificio con 6 camere e campo da tennis. Non tutti questi ambienti, però, sono già aperti al pubblico.*

㊥ * 該酒莊共計 8.3 公頃的葡萄園位於不同海拔的七處，順序為「地名、海拔高度、公頃數」。

Ⓔ * The 7 plots of total 8.3 hectares of vineyards are in order of "name of contrada, meters above sea level, hectares":

Ⓘ * *I 7 appezzamenti di un totale di 8,3 ettari di vigneto sono elencati in ordine di "nome della contrada, metri sul livello del mare, superficie in ettari":*

1. Toccione, 720 m asl, 3.3H
2. Feudo di Mezzo, 650 m asl, 0.7H
3. Sciaranuova 750 m asl, 1.1H
4. Rampante/Barbabecchi, 860 to 900 m asl, 0.7H
5. Nave, 1,173 m asl, 0.6H
6. Carrana, 930 m asl, 1H
7. Cielo, 1,515 m asl, 1.1H

焱史特身為美裔華人，外表看似華人然其想法已然全面西化，他順其心性、揮灑著熱情，不僅為實現釀造火山高海拔葡萄酒的願景，也極欲證明自己的能力。「真正好的釀酒師，只需要讓酵母做它的工作」，他說道，而他生產的 2014 年與 2016 年以葡萄園海拔高度命名的「750」葡萄酒確實令人信服。除此之外，這一年來我多次拜訪他，他的克己自律亦令我驚訝：一個華人長年獨守火山上七座整齊的葡萄園與一塵不染的酒窖（我看他勤於用酒精擦拭所有剛碰過的地方，深怕壞菌破壞酵母工作的環境），他與他當地的義大利員工亦時刻開車探查葡萄生長狀況。相信他的努力與堅持除一圓其夢外，或許亦能為華人在西方葡萄酒世界裡占有一席之地。

Stef is an American-born-Chinese (we say "ABC") with only appearance being like Asian yet not his western way of thinking, behavior, and lifestyle. Unlike most Asians that follow the assigned path of career by parents or destiny to continue family's name, Stef was lucky enough to take his passion for wine and elevate it into a real business. His goal is to make not only high-elevation volcanic natural wine but also a very good one that proves his vision and that organic/natural wine can be of high quality too. "A real enologist does nothing but make sure the yeast does the right job," he says. Therefore, keeping a clean cellar is his main principle, and once he touches or moves anything in the cellar, he cleans right away in no less than 10 seconds. His wine "750," named after the altitude of vineyards, has outstanding performance in vintage 2014 and 2016. What impressed me is Stef's perseverance and his will to make wine: being alone from time to time in volcanic Etna, Stef remains his rhythm and circulation of work in all four seasons for his 7 plots of vineyards, including pruning, cleaning, harvesting, vinifying, and more. It seems that he is a volcano himself, always full of energy.

Stef è un cinese di origine americana (diciamo "ABC") di aspetto asiatico, ma con modo di pensare, comportamento e stile di vita occidentale. A differenza della maggior parte degli asiatici che seguono la carriera decisa dai genitori, o dal destino, al fine di portare avanti il nome della famiglia, Stef ha avuto la fortuna di trasformare la sua passione per il vino in una vera professione. Il suo obiettivo è quello di produrre non solo vino naturale vulcanico ad alta quota, ma un vino che sia anche un ottimo vino, risultato della sua visione: dimostrare che anche il vinobiologico / naturale può essere di alta qualità."Un vero enologo non fa altro che assicurarsi che i lieviti faccianoil lavoro giusto," dice. Logicamente, mantenere la cantina pulita è il suo obiettivo principale e non appena tocca osposta qualcosa, pulisce immediatamente in non meno di 10 secondi. Il suo vino "750," che prendeil nome dall'altitudine dei vigneti, ha ottenuto prestazioni eccezionali nelle annate 2014 e 2016. Ciò che mi hadavvero sorpreso è la perseveranza di Stef nel voler produrre vino: pur restando spesso solo, non perde il ritmoed effettua tutti i lavori necessari in tutte e quattro le stagioni per i suoi 7 appezzamenti di vigneto, tra cui potatura,raccolta e vinificazione. Lui stesso sembra un vulcano, sempre pieno di energia.

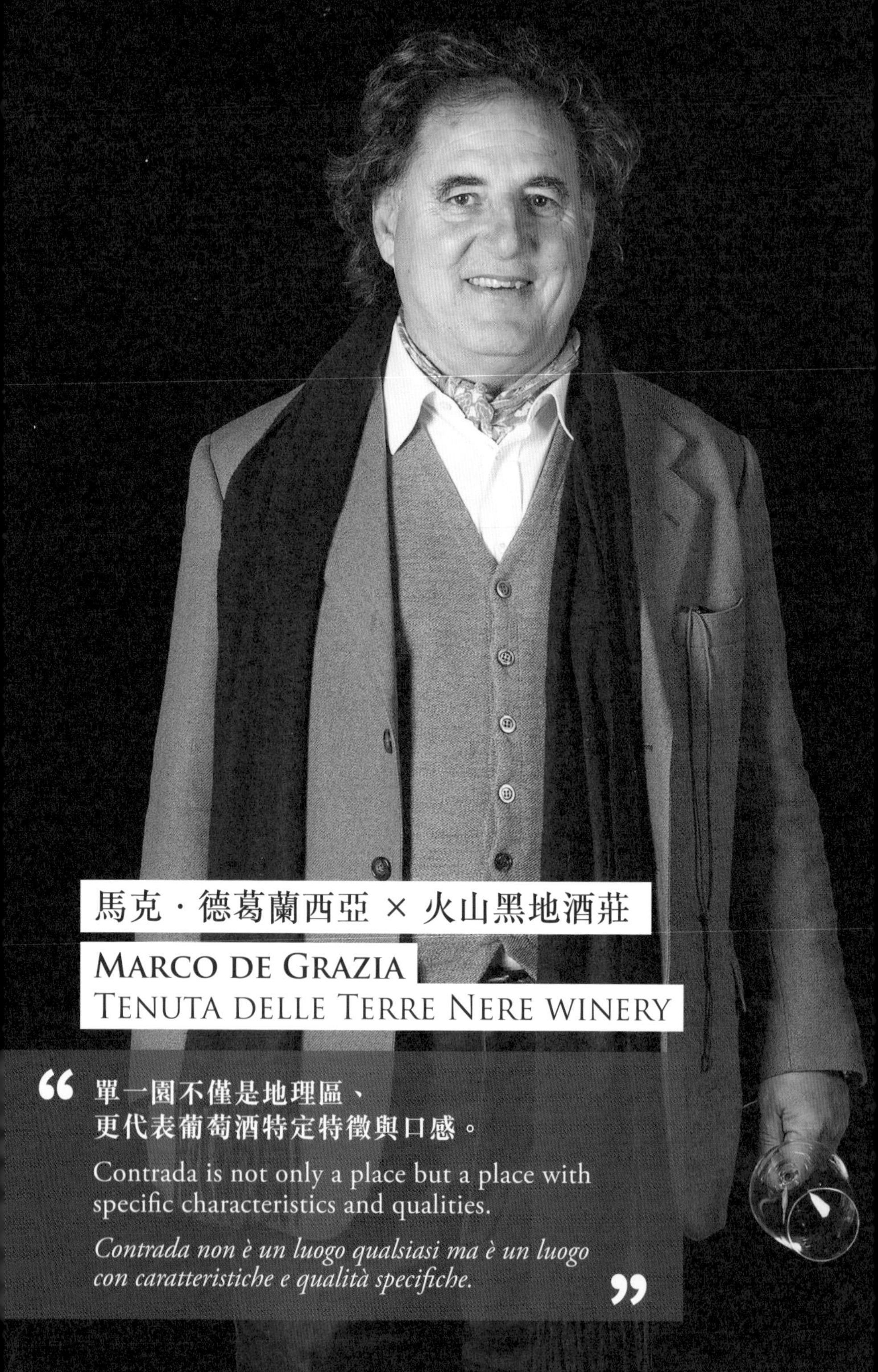
馬克・德葛蘭西亞 × 火山黑地酒莊
MARCO DE GRAZIA
TENUTA DELLE TERRE NERE WINERY
“ 單一園不僅是地理區、
更代表葡萄酒特定特徵與口感。
Contrada is not only a place but a place with specific characteristics and qualities.
Contrada non è un luogo qualsiasi ma è un luogo con caratteristiche e qualità specifiche. ”

㊥ 黑色處為火山噴發岩漿演變至今的火山岩，右邊來自 1947 年之火山噴發、左邊則為 1614 年；照片攝於 2019 年 6 月，此為空拍圖。
Ⓔ The drone photo from June 2019 clearly shows the black lava from recent eruptions. On the right, 1947, and left, 1614.
Ⓘ *Le parti nere in evidenza nella foto del drone del giugno 2019 sono le colate laviche rinvenienti dalle recenti eruzioni. A destra la colata del 1947, a sinistra la colata del 1614.*

因為在美國走紅的葡萄酒電影 Barolo Boys 我曾聽過他的名號，馬克．德葛蘭西亞是我在西西里火山上探訪的第一位莊主，還記得第一次見面是在創立於西元 2002 年的火山黑地酒莊，當時我並沒有特別與他相約會面、然恰巧他在，於是在我參觀完他的酒莊後便順道拜訪了他酒窖旁的家，看到他書房木桌上長逾一公尺的地圖，我才知道原來他一直希望能做出西西里葡萄酒單一園的地圖。談話中的他有問必答，甚至主動告訴我他在哪裡發現了百年老欉地塊並即將收購，順勢指著地圖上 1981 年火山噴發岩漿流並提示我：「如果妳找到岩漿流好像流過但又沒有掩蓋的地塊，其中一塊就是我指的葡萄園了。」

I had first heard of Marco de Grazia or better "Marc" in the famous movie, Barolo Boys, before I had met him. The first time I met him was coincident without an appointment in his winery. He was very kind to invite me to his house next to his winery where he kept the drawing map of north Etna wine. He also told me about his next project on some new vineyards in Randazzo, the most western municipality of Etna DOC area. He said, "look for 1981 lava flow, and there are some plots in between the blocks of lava flow where the vineyards have not been covered. One of them could be my future vineyard." I didn't know him well, but from his discussion about the Etna map and different contrada, I understood he was trying to systemize information about Etna.

Grazie al famoso film "Barolo Boys," avevo sentito il nome "Marco de Grazia" o meglio "Marc" già prima di incontrarlo. La prima volta che l'ho incontrato è stato per caso nella sua cantina senza avere un appuntamento. È stato molto gentile ad invitarmi a casa sua vicino alla cantina dove conserva la mappa del vino dell'Etna. Mi ha anche raccontato del suo prossimo progetto su alcuni nuovi vigneti di Randazzo. "Mi disse di guardare il flusso di lava del 1981 in cui ci sono delle trame tra i rivoli di lava dove la terra non era completamente coperta, e mi rivelò che era proprio uno di questi fazzoletti di terra a cui lui si riferiva." Non lo conoscevo bene, ma da come parlava della mappa dell'Etna, capii che stava cercando di organizzare in maniera sistematica tutte le informazioni sull'Etna.

第二次見面，我和他正式有約，也就是正式的訪談，他大方分享他視角中的西西里火山葡萄酒、世界潮流及未來願景為何，許多敏感問題他雖正面回答，然亦表示一切尚未明朗，他似乎思考著什麼。訪談尾聲我私底下詢問他是否知道最近法蘭克 (詳p.144) 在忙些什麼。他說「我們兩家酒莊孩子是一起學習英文的，等一下他的太太就會過來接孩子，你認識她的太太嗎？我介紹你們認識吧。」不一會兒我們一起走到停車場出入口，法蘭克的太太「中台曉子 (Akiko Nakadai-Cornelissen)」也剛好開車到來，我們交換聯絡方式的同時，優雅能幹的她自嘲說自己是個工作狂 (workaholic)，如果我寫信給她、她將立刻回覆我，我不禁喜歡上眼前這位幽默有趣又具親和力的女人。夕陽西下、伴隨著黃金色的光輝與綠意盎然葡萄欉葉的搖曳擺晃，庭院中我們三人在一群孩子們的嬉戲笑聲中微笑道別。後來再次見面時，新的公會理事長已經上任，馬克也確實向我表達了他對新公會的期望及公會應即刻進行的主要任務等等。非出生於該產區的他、願為眾人之事繁忙的熱心實屬難得，但仔細想想，他身為西西里火山葡萄酒國際聲浪的主要推動者之一、亦為當地名人，率先參與公眾事務也是合情合理。

Our second meeting was for an official interview. Marco shared with me his thoughts on Etna wine, the current trends and the future. Though he answered my questions positively, I saw his suttle hesitation. At the end of our interview I asked him if she knows what Frank Cornelissen (p.144) was doing lately. Marco replied lightly, "Have you met his wife? Our children study English together, and she is coming over to pick up her's now, and I will introduce you." In just a few minutes, Akiko Nakadai-Crnelissen arrived in her SUV, and we exchanged our business cards right after our greetings. She spoke with smiling eyes and told me, "I am a workaholic, and I will reply to your email right away once you write to me." I could not help but adore this unique Japanese woman in front of me. Marco, Akiko and I stood in front of the green, windswept vines in the golden rays of the sunset saying our goodbyes with the sound of the children's laughter. The next time we met, the new president of Consorzio di Tutela dei Vini Etna D.O.C. had been elected. Marco spoke to me with confidence of his expectations of the Consorzio, and the actions he felt were needed to proceed. His hesitation was gone, and I could see his enthusiasm for the public services in his sparkling eyes. It feels right to participate in the development of the area, especially for those who are working to make necessary changes.

La seconda volta che ci siamo incontrati fissammo un appuntamento per un colloquio ufficiale. Mi spiegò cosa pensa del vino dell'Etna, della tendenza e del futuro. Sebbene abbia risposto positivamente alle mie domande, ho visto vidi una certa esitazione. Alla fine della nostra intervista, chiesi se sapeva cosa stesse facendo Frank (p.144) ultimamente. Marco mi disse con leggerezza: "conosci sua moglie Akiko? I nostri figli studiano l'inglese insieme e lei viene a prendere i suoi bambini. Te la presento." In pochi minuti, Akiko Nakadai-Cornelissen arrivò con il suo SUV e ci scambiammo i biglietti da visita subito dopo esserci presentate. Mi disse con i suoi occhi sorridenti, "Sono workaholic, quindi risponderò subito alla tua email non appena mi scriverai." Non ho potuto fare a meno di apprezzare questa donna giapponese di fronte a me. Marco, Akiko e io stavamo di fronte alle viti verdastre agitate dal vento nei raggi dorati del tramonto e ci salutammo ridendo divertiti come bambini. La volta successiva che incontrai Marco, era stato appena eletto il nuovo predidente del Consorzio, e Marco mi disse cosa si aspettava con fiducia e quali compiti pensava che il Consorzio avrebbe iniziato a svolgere. La sua esitazione era sparita e ritrovai nei suoi occhi scintillanti, tutto il suo entusiasmo. Sembrava giusto coinvolgere nello sviluppo dell'area, soprattutto coloro che possono portare dei cambiamenti.

火山黑地酒莊目前佔地 42 公頃、生產 25 萬瓶酒，除擁有六個單一園 * 外，對外亦購買 10% 葡萄釀酒。目前馬克釀製各款不同單一園葡萄酒，其中名為「Prephylloxera (詳p.42)」的酒款乃是由 Contrada Calderara Sottana 單一園佔地 18 公頃當中 1 公頃的百年老欉釀製而成，另外他從 Contrada Santo Spirito 單一園生產的火山白酒 (詳p.280) 也十分令人驚艷，此款酒為我個人最愛。目前火山黑地酒莊共生產三款白酒、一款粉紅酒、八款紅酒，國際上對其酒款頗為稱讚。此外、馬克於 2006 年為女兒 Elena (Eli) 創立同位於西西里火山的「艾麗酒莊 (Le Vigne di Eli)」，由不同葡萄園、同樣團隊生產製作且酒標皆為艾麗孩童時的塗鴉，十分吸引人。雖生產量僅兩萬瓶，馬克將部分收入捐獻佛羅倫斯兒童醫院，也算是他傳播分享女兒愛的表現。目前團隊首席釀酒師為 Calogero Statella，而 Marco Ciancio 與 Christian Liistro 則負責酒莊行銷、銷售、接待等其他事宜。從觀察中我發現，與其說馬克眼光正確、投資精準，不如說他釀製了高品質且被所有人理解的葡萄酒，再加上他本身經銷商的出身背景與優秀團隊，各項條件相輔相承、自然風生水起，他成為國際聲浪中的西西里火山葡萄酒風雲人物、可謂實至名歸。

Marco produces 250,000 bottles per year from 6 Contrada* of which 42 hectares are owned by him and 10% of purchased grapes. He produces individual Contrada wines (single vineyard or cru) because he believes that "Contrata is not only a place but a place with specific characteristics and qualities." According to Marco, one of the top cru among the 133 Contrada of Etna DOC area is Contrada Calderara Sottana, where his "Etan Rosso DOC Prephylloxera (p.42)" wine is produced. And from Contrada Santo Spirito, his "Etna Bianco DOC Santo Spirito (p.280)" is one of my personal favorites in all 8 Etna Rosso, 3 Etna Bianco and 1 Etna Rosato of Tenuta della Terre Nere. Moreover, Le Vigne di Eli winery was also founded by Marco in 2006, and he says it is "a simple act of love towards my little daughter Elena (Eli)" with part of the proceeds go to the children hospital in Florence. The two wineries share the same team: Calogero Statella the enologist, Marco Ciancio, the communication and hospitality manager, and Christian Liistro, the global sales and marketing. From my observation, I think the success of Marco wasn't coincident. He was fortunate and wise to have invested in Etna, and he can make approachable quality wine for the public. Marco's background of distribution and his connection to international market helped, and it helped not only his winery but the area of Etna. He does deserve the reputation as one of the best ambassadors for Etna wine in many different countries.

*Marco produce annualmente 250.000 bottiglie da i 42 ettari suddivisi in 6 contrade * di proprietà e dal 10% delle uve acquistate. Marco ha anche prodotto diversi vini Contrada (singolo vigneto, cru) perché ritiene che "Contrata non sia un luogo qualsiasi ma un luogo con caratteristiche e qualità specifiche." Come il vino "Prephylloxera (p.42)" proviene da un ettaro di vigna vecchia in Contrada Calderara Sottana che, secondo Marco, è una delle migliori contrade tra le 133 Contrade dell'Etna DOC; mentre l'Etna Bianco di Contrada Santo Spirito (p.280) è il mio preferito tra i suoi 8 Etna Rosso, 3 Etna Bianco e un Etna Rosato. Ciò che merita di essere menzionato è la cantina Le Vigne di Eli, fondata anche da Marco nel 2006 come "un semplice atto d'amore nei confronti della mia piccola figlia Elena (Eli)," afferma Marco, con parte del ricavato destinato all'Ospedale Pediatrico Meyer di Firenze. Le due cantine fondate da Marco condividono la stessa squadra: l'enologo Calogero Statella, Marco Ciancio, il responsabile della comunicazione e dell'ospitalità e Christian Liistro che responsabile del marketing e delle vendite globali. Da quello che ho potuto vedere, penso che il successo di Marco non sia un caso. Ha avuto la fortuna e la saggezza di avere l'opportunità di investire in Etna, e può produrre vino di qualità, facilmente comprensibile in degustazione. Anche grazie al background che Marco ha maturato nella distribuzione e grazie alla suo legame con il mercato internazionale aiutano non solo la sua azienda vinicola ma l'area dell'Etna. Merita la reputazione di uno dei migliori ambasciatori per l'Etna in molte nazioni diverse.*

㊥ * 該酒莊共計 42公頃葡萄園位於不同海拔的六處葡萄單一園，順序為「地名、海拔高度、公頃數」。

Ⓔ * The 6 plots of total 42 hectares of vineyards are as below, in order of "name of contrada, meters above sea level, hectares":

Ⓘ * *I 6 appezzamenti di un totale di 42 ettari di vigneto sono i seguenti, elencati in ordine di "nome della contrada, metri sul livello del mare, superfice in ettari":*

1. Calderara Sottana, 600-700 m asl, 18H
2. Feudo di Mezzo, 650 m asl, 2H
3. Santo Spirito, 700-750 m asl, 11H
4. Guardiola, 900 m asl, 1,5H
5. San Lorenzo, 700-750 m asl, 8H
6. Moganazzi, 600-650 m asl, 1,5H.

索菲亞・柏斯科與愛莉伽・彭齊妮 × 野林酒莊

SOFIA BOSCO AND ALICE PONZINI
TENUTE BOSCO

"真正愛土地後，你做的一切都是碧血丹心*。

First love the land, then everything you do is free with heart.

Innanzitutto ama la terra, quindi tutto ciò che fai è libero con il cuore."

* 註：作者筆譯，源自莊子外物，講述公元前 492 年周敬王處死萇弘一事，形容一顆赤誠的紅心，十分忠誠堅定。

義大利文的 Bosco 直譯為野林，因此我將此酒莊翻譯為「野林酒莊」，事實上，其占地 11 公頃葡萄園當中 4 公頃的百年老欉，確實如同野林般、在自然火山環境中延續著其老欉生命，因此這樣的命名很是符合老子無為而治的道家理論、同時也是該酒莊的核心思想哲學。該酒莊位於火山北部、葡萄園與酒窖皆位於海拔七百公尺以上；建立於 2010 年並於同年完成酒窖重建、2012 年第一瓶酒上市、並於 2017 年全面取得歐盟官方有機認證。莊主索菲亞與胞妹艾莉珈為西西里火山酒莊中的新潮女性代表，在男性為主的釀酒世界中，她們的獨立主見、年輕且具女性堅毅的性格，十分獨樹一幟。自從在初選盲飲中喝到該酒莊老欉紅酒「Vico (詳p.448)」後，我一直很想抽空拜訪她們，在我當初的品飲筆記中，我特別寫道「是誰做這樣好酒？我一定要特別了解莊主的想法」。也因此，我一直將此酒莊放在我的必訪名單上。終於、在一個星期天上午，我們相約在 Solicchiata 小鎮警察局門口，我提早十五分鐘到，左右觀望，發現這條路上只有四戶人家，其中一戶還是警察局。約十分鐘後，其中一戶開門了，索菲亞走出門外、引我入內停好車，這時我才發現眼前盡是 Prephylloxera 原生未嫁接葡萄藤的百年老欉，十分壯觀。她詢問我想不想走一走、同時看了一眼我穿了什麼鞋，認定我可以爬坡後，我們便開始往海拔高處葡萄欉一同走去。

In Italian, "Bosco" means the wild forest. In fact, among the 11 hectares of Tenute Bosco's vines, 4 hectares are hundred-year-old prephylloxera vines which truly live in the wild forest, free like the philosophy of Taoism: let free without control. Despite of cultural differences between eastern and western world, the Taoism of East perhaps can best explain the core philosophy of Tenute Bosco in Etna. Tenute Bosco was founded in 2010 with 2 plots of vineyards situated above 700 meters above sea level in north Etna. Its cellar was restored in 2010, the first bottle was produced in 2012, and in 2017 they received European organic certification. In the wine world of the male, the young, independent, persistent female is rare to find. Sofia and Alice perhaps represent a new female generation in Etna. When I tasted their Vico (p.448) at the pre-selection for this guidebook, I already wanted to visit them. On my note, I wrote, "who makes this wine? Who's the owner of the winery?" Thus, Tenute Bosco has been on my must-visit list. Finally, one Sunday, we agreed to meet in front of the police station of Solicchiata. I was early by 15 minutes. Looking around, I found only 4 doors. On this road one was the door of the police station which is not opened on Sunday. After 10 minutes, one of the door opened and out came Sofia who led me to park my car inside of her property. Suddenly I was surprised to see that there are endless Prephylloxera vines in front of my eyes. Sofia smiled and asked if I'd like to take a walk while glancing if I had the right shoes to walk. Of course I did, and therefore we started to walk up with Alice, her sister.

In italiano, "Bosco" significa insieme di alberi selvatici. Infatti, tra gli 11 ettari del vitigno della Tenute Bosco, 4 ettari sono Vigne centenarie pre-fillossera che crescono libere e spontanee secondo la filosofia taoista: allo stato selvatico. Nonostante le differenze culturali tra il mondo orientale e quello occidentale, il Taoismo sembra incarnare perfettamente la filosofia di Tenute Bosco sull'Etna. Tenute Bosco è stata fondata nel 2010 e possiede 11 ettari di vigneti suddivisi in 2 appezzamenti, situati a 700 metri sul livello del mare sul versante nord dell'Etna. La prima bottiglia è stata prodotta nel 2012. La cantina è stata restaurata nel 2010 e nel 2017 ha ricevuto la certificazione europea di vino biologico. Sofia e sua sorella Alice rappresentano la nuova generazione femminile sull'Etna. Nel mondo del vino, marcatamente maschile, la donna giovane, indipendente e determinata è molto rara da trovare. Dal momento in cui ho assaggiato il loro vino, in occasione della preselezione per questa guida, ho avuto il desiderio di visitare la loro azienda. Nei miei appunti, ho scritto, "chi lo produce? Chi è il proprietario della cantina?" e così ho inserito Tenute Bosco nella mia lista di cantine da non perdere. Finalmente una domenica ci siamo accordate per incontrarci davanti alla stazione di polizia di Solicchiata. Ero in anticipo di 15 minuti e guardandomi intorno vedevo solo 4 porte in strada, una era quella della stazione di polizia che è chiusa la domenica. Dopo 10 minuti una delle porte si è aperta ed è arrivata Sofia, che mi ha lasciato parcheggiare la macchina all'interno della sua proprietà. Sono rimasta stupita nel vedere apparire davanti ai miei occhi una quantità sconfinata di viti pre-fillossera. Sofia mi ha sorriso e mi ha chiesto se volevo fare una passeggiata, nel dire ciò mi ha guardato per verificare se avevo le scarpe adatte per camminare. Ovviamente sì e così abbiamo cominciato la nostra passeggiata in compagnia di sua sorella Alice.

一路上索菲亞與愛莉伽見到每一棵葡萄欉如數家珍，火山上高海拔的寒冷微風徐徐吹來，我們一起看著這些「百年人瑞」枝葉微微擺動，索菲亞說道：「我無法想像如果這些葡萄欉能說話，它們能對我們說出多少火山上的歷史，我想我能聽一百零一夜也不厭倦」，一邊說道、她一邊搓揉著來自小路旁壯碩的百年迷迭香、遠望火山頂端繼續說道，「來，我讓你看我最喜歡的葡萄欉」。話畢，順著她的眼神，我看到一座由黑色火山岩組成的小山，近看才發現，有一株葡萄欉自地底、串穿這高達三尺的黑色火山岩，其分支如擎天般地自岩石 90 度上方竄出、發芽生葉且結出一串串磊實的葡萄串，如此強悍的生命力、十分令人驚訝且敬佩。

We were at 800 meter above sea level and the temperature in April was still quite fresh for Taiwanese like me. On our way up, Sofia told me everything about her vines like they were her oldest friends. Looking at these Prephylloxera in the wind like dancing ginsengs, she said, "I can't imagine how much history these vines can tell us if they can talk. I think I'd listen 101 nights and never get bored." She touched the who-know-how-many-year-old rosemary bush on the side, staring at the far end and said "come, I show you my favorite vine." Along with her eye sight, I saw a 3-meter-high pile of black rocks where there's one particular vine stretching in between the volcanic "torreta (p.49)" with 90 degrees that crossed over the volcanic rock, spouted with such perservirenu force of life which left me speechless but only respect.

Eravamo ad 800 metri sopra il livello del mare e ad Aprile fa ancora un po' freddo per gente di Taiwan come noi. Durante la salita Sofia mi ha raccontato tutto sulle sue vigne come se fossero sue vecchie amiche ed io guardavo queste viti pre-fillossera muoversi nel vento come ginseng. Sofia mi ha detto: "Quanta cose potrebbero raccontare queste vigne se potessero parlare. Potrei ascoltarle per 101 notti senza annoiarmi." Mentre mi parla, tocca un cespuglio centenario di rosmarino piantato a lato e con, lo sguardo fisso, mi dice "vieni, ti mostro la mia vite preferita." Seguendo il suo sguardo ho visto un mucchio di rocce nere, alto circa tre metri, dove c'era una vite particolare che si estendeva sulla roccia vulcanica ("torreta (p.49)") a 90 gradi emanando una tale forza vitale da lasciarmi senza Parole in atteggiamento di profondo rispetto.

該酒莊總共釀製四款酒，最低海拔(700公尺)的紅葡萄用來做粉紅酒；中間海拔地帶有兩塊葡萄園，分別為 Contrada Piano dei Daini 與 Santo Spirito 兩大火山北部知名葡萄園，同時種有白葡萄與紅葡萄用來釀造各一款白酒與紅酒。此兩款酒的命名為葡萄園「Piano dei Daini」，此外，因該酒比對莊的酒窖也位於此葡萄園，因此「Piano dei Daini」也成為了該酒莊的別名；最高海拔黑色火山岩上、超過120歲的老欉則為年產三千瓶的珍稀 Vico 紅酒，同時也是此酒莊最頂級酒款。我和索菲亞談著火山歷史，她手上1879年的法國期刊十分令我感興趣，原來她為了替這片葡萄園認祖歸宗、特別找到了這一期刊，其中的畫作即為我們身處的老房子，證明該酒莊雖於近年才正式登記，實為既已存在的百年建築。能找到這樣的資料，不禁令人敬佩她的研究精神，也更令我理解她回歸土地的堅持。她說：「真正愛土地後，你做的一切都是碧血丹心。」夕陽西下，她拿出當地小農種植的草莓和起司、搭配她的粉紅酒，我望著不遠處的葡萄園，剎那間、好似時間和空間靜止般，我亦沉醉於這無為而治的自然哲學裡。

Tenute Bosco produces 4 different wines: one Etna Bianco, one Etna Rosato, and two Etna Rosso wines. The lowest plot at 700 meters above sea level is to make Etna Rosato; going higher there are two plots, located in Contrarda Piano dei Daini and Contrarda Santo Spirito, where the Etna Bianco and Etna Rosso both named "Piano dei Daini" are made; while on the highest slope of Tenute Bosco, where the volcanic soil nurtures the 120-year-old Prephylloxera vines, the top wine named "Vico" with only 3,000 bottles is produced annually. We were discussing the history of their winery and Sofia showed me the 1879 French magazine where on the cover there's the drawing of the house and it was exactly where we were at. She has been researching in order to find the roots of this land and her vineyards. I saw in the reflection of her eyes the persistence and love when she talked about her winery and her vines. "First love the land, then everything you do is free with heart," she added. Soon the sun went west, she took out strawberry and cheeses. And the small farms nearby to match with her Etna Rosato. I looked at the vines in front of me and at that moment, the time and space stopped: I am bathed in this free and respectful Taoistic winery.

Loro producono 4 vini diversi: Etna Bianco, Etna Rosato e due tipi di Etna Rosso. L'appezzamento a 700 metri sul livello del mare è quello sul quale si coltiva l'Etna Rosato, più in alto ci sono due appezzamenti, chiamati Contrada Piano dei Daini e Contrada Santo Spirito, vi si coltivano l'Etna Bianco e l'Etna Rosso entrambi denominati "Piano dei Daini," e sul versante più alto della Tenute Bosco, dove il terreno vulcanico nutre le viti pre-fillossera di 120 anni, viene prodotto il vino top "Vico" con solo 3.000 bottiglie all'anno. Nel raccontarmi la storia della cantina Sofia mi ha mostrato un giornale francese del 1879 dove era riportato un disegno della casa dove ci trovavamo. Sofia ha effettuato approfondite ricerche per trovare le radici delle sue vigne. Quando parla della sua cantina e dei suoi vini, nei suoi occhi si vede l'attaccamento e la passione per la sua cantina. "Innanzitutto ama la terra, poi tutto ciò che fai con il cuore è gratificante," ha aggiunto. Al tramonto, ha tirato fuori fragole e formaggi delle fattorie nei dintorni da abbinare con il suo Etna Rosato. Ho guardato le vigne difronte a me ed in quel momento il tempo e lo spazio si sono fermati: ero totalmente immersa in una cantina taoista libera e rispettosa.

法洛葡萄酒產區 FARO DOC

SALVATORE GERACI 薩維拓雷．傑羅騎 & GIANFRANCO SABBATINO 約翰法蘭克．沙巴提諾

㊥ 法洛葡萄酒產區位於西西里島最右上角的馬西納區、靠近義大利半島的卡拉比亞省。
Ⓔ Faro DOC locates at north-east Sicily, the closest corner to Calabria, Italy.
Ⓘ *Faro DOC individua nella Sicilia nord-orientale, l'angolo più vicino alla Calabria, in Italia.*

位於西西里島右上角、周圍環繞地中海和帕羅里達尼山脈的法洛葡萄酒產區是義大利最先擁有葡萄酒 DOC 認證的產區之一。該產區與西西里火山產區使用相同原生品種 Nerello Mascalese 葡萄與 Nerello Cappuccio 葡萄釀酒（產區法規詳p.201），甚至有此一說 Nerello 葡萄品種乃是從義大利南部 Calabria 省（馬靴狀的腳尖處）先傳至法洛葡萄酒產區、再至西西里火山產區。然不同於西西里火山產區的火山土壤，法洛葡萄酒產區擁有的是海風的吹拂，因此雖然品種與陳釀傳統大同小異，兩產區紅酒卻明顯不同，如同不同胚胎的雙胞胎，同一個娘胎出生卻長得不一樣。法洛葡萄酒產區發展至今雖只有六家酒莊，卻是西西里最早開始「重質不重量」的產區之一，以知名酒莊 Palari di Salvatore Geraci、譯為「帕雷雨酒莊」為首。或許法洛葡萄酒產區幸運的有帕雷雨酒莊，又或是莊主薩維拓雷．傑羅騎慧眼獨到地看到了別人看不到的法洛產區風土優勢，帕雷雨酒莊於 1990 年開始製作高品質葡萄酒便勢不可擋，不僅為義大利紅蝦評鑑的首支西西里三杯紅酒、每年得到義大利侍酒師評鑑五顆葡萄等最高肯定外，更為後來的其他法洛酒莊如 Le Casematte（譯為「砲台堡壘酒莊」）或 Bonavita 酒莊開啟並發掘法洛葡萄酒產區的潛力。

Located in Messina area, the north-east corner of Sicilian island, surrounded by Mediterranean Sea and Peloritani mountain, Faro DOC (red wine) is one of the first DOC wine areas in Italy with the same grape varieties as Etna DOC, the Nerello Mascalese and the Nerello Cappuccio (regulations see p.201). Someone says that Nerello grapes are actually from Calabria province of Italy, passing through Faro DOC of Messina, then to Etna. Unlike Etna's volcanic soil, Faro has the sea breeze and the two DOC areas are like twins of different embryos from the same parents: alike but also not alike. Faro DOC, thanks to one particular producer, was one of the first wine areas in Sicily that focuses on quality instead of quantity. We can say thanks to Palari di Salvatore Geraci, Faro area is noticed and recogonized; or thanks to Faro's terroir, Palari is able to make high quality wine. The owner, Salvatore Geraci, the "architetto," produces the first tre-bicchieri Sicilian wine in Italian Gambero Rosso guide and is highly ranked yearly also on Vitae and Bibenta wine guide of AIS (Association of Italian Sommelier). Unlike Etna's almost 200 producers who bottle and label their wine, Faro has a lot less. Yet there might be more after Salvatore Geraci has set example and open the road for other local wineries such as Le Casematte and Bonavita.

Situato nella zona di Messina, all'angolo nord orientale dell'isola siciliana, circondato dal Mar Mediterraneo e dai monti Peloritani, il Faro DOC (vino rosso) è uno dei primi DOC in Italia con gli stessi vitigni dell'Etna DOC: il Nerello Mascalese ed il Nerello Cappuccio (regolamento vedi p.201). Qualcuno sostiene che l'uva Nerello provenga effettivamente dalla Regione Calabria (in Italia), ed è passato prima per il Faro DOC di Messina per arrivare sull'Etna. A differenza del suolo vulcanico dell'Etna, Faro ha la brezza marina e queste differenze fanno si che le due DOC siano come gemelli di embrioni diversi degli stessi genitori: uguali ma anche diverse. Faro DOC, grazie ad un particolare produzione, è stato uno dei primi vini in Sicilia a concentrarsi sulla qualità anziché sulla quantità. Possiamo ringraziare Palari di Salvatore Geraci se l'area di Faro è stata notata e riconosciuta; oppure possiamo ringraziare il terroir di Faro se Palari è stato in grado di produrre vino di alta qualità. Il proprietario, Salvatore Geraci, "l'architetto," è stato il primo vino siciliano a conseguire i tre bicchieri nella guida italiana del Gambero Rosso e ad essere pubblicato annualmente sulla guida del vino Vitae e Bibenta dell'AIS (Associazione del Sommelier italiano). A differenza dei quasi 200 produttori dell'Etna che imbottigliano ed etichettano il loro vino, Faro ha molto meno. Eppure penso che ne seguiranno altri grazie all'esempio dato da Salvatore Geraci che ha aperto la strada ad altre cantine locali come Le Casematte e Bonavita.

約翰法蘭克．沙巴提諾 × 砲台堡壘酒莊

GIANFRANCO SABBATINO
LE CASEMATTE WINERY

“ 我釀酒成分為 55% 的熱情、24% 的決心、13% 無限魅力和 8% 好運。

My wine is made of 55% passion, 24% determination, 13% boundless charm and 8% luck.

Il mio vino è fatto per il 55% di passione, il 24% di determinazione, il 13% di fascino senza limiti e l'8% di fortuna. ”

㊥ 2019 年 6 月於砲台堡壘酒莊的空拍照，圖中所見皆為該酒莊葡萄園。

Ⓔ Le Casematte winery and its vineyards by drone, 2019 June.

Ⓘ *Cantina Le Casematte e i vigneti dal drone, Giugno 2019.*

位於西西里島右上方最靠近義大利本島的角落、占地 13 公頃、海拔 300-450 公尺、葡萄樹平均年齡 21 歲的炮台堡壘酒莊，莊主約翰法蘭克是我見過最樂觀有趣的西西里莊主之一，每每在餐敘後，他會翩翩起舞，有時也會拉著我，總令我哭笑不得。第一次認識他，是在西西里火山甜岩酒莊莊主米凱勒的晚宴上。當晚，他一直熱情地 (雖然發音不太標準) 叫著我的名字，他問我喜不喜歡餐桌上的地中海生紅蝦，問我吃不吃義大利麵，問我台北是如何的一個城市，他問了很多、我也喜歡回答這些有趣的問題；他笑容滿面地想要了解我的文化，而當我們談起葡萄酒時，他立刻從輕鬆的笑容瞬間轉為十萬分的認真，如此神速轉變於剎那間，可以看到他對葡萄酒絕不輕率的精神與態度，也因此，套句台灣俗話「我用腳趾頭想也知道」，這位莊主釀出的葡萄酒，品質口感各方面都絕對不會差。

Situated at the very north-east corner of Sicily (Messina) with 13 hectares of 21-year-old vines at 300 to 450 meters above sea level, Gianfranco is one of the most positive and funny winery owners of Sicily that I know. Every time after dinner, he stands up for a dance with a big smile and sometimes even takes my hands and encourages my move, which makes me laughing hard without exception. The first time I met him was at the dinner with Michele Faro, owner of Pietradolce winery on Etna. During the dinner, he called my name several times to make sure if I like the raw Sicilian red shrimps, if I eat Italian pasta, asking how my home town Taipei city is like and so on. He asked me many questions and I answered with pleasure because he was so friendly, kind, and smiley. When we started to talk about wine, he became serious and from this point, I was quite sure "thinking with my little toe*" that without doubt he must have done everything he can to make good wine. From my past experience, when a winery owner is serious about other people's wine, he must be even more serious toward his own.

Situato all'estremo angolo nordorientale della Sicilia (Messina) con 13 ettari di viti di 21 ann, a 300-450 metri sul livello del mare, Gianfranco è uno dei proprietari più positivi e divertenti di aziende vinicole della Sicilia che conosco. Ogni volta dopo cena si alza in piedi per una danza con un gran sorriso e talvolta mi prende persino le mani e mi incoraggia a ballare, la qual cosa mi fa sempre ridere di gusto. La prima volta che l'ho incontrato è stato a cena con Michele Faro, proprietario della cantina Pietradolce sull'Etna. Durante la cena si rivolgeva a me ripetutamente per essere sicuro che mi piacessero i gamberi rossi siciliani crudi, o se mi piacesse la pasta italiana, chiedendomi notizie della mia città di Taipei e così via. Mi ha fatto molte domande ed io ho risposto con piacere perché lui è stato così gentile e sorridente. Quando abbiamo iniziato a parlare di vino si è fatto serio e da quel momento sono stata abbastanza sicura che senza dubbio doveva aver fatto tutto il possibile per produrre del buon vino. Dalla mia esperienza passata quando il proprietario di una cantina si fa serio sul vino di altre persone, vuol dire che è ancora più serio nei confronti del proprio.

Ⓔ * A way to say in Taiwanese culture, meaning "very certain even thinking without brain" because toes don't have brains.

Ⓘ * *Un modo di dire nella cultura taiwanese, che significa "così sicuro da non aver bisogno del cervello per pensare" perché il dito del piede non ha cervello.*

㊥ Casematte 義大利文意指「砲台堡壘」

Ⓔ Casematte, a fortified armored structure from which guns are fired.

Ⓘ *La Casematta è una struttura fortificata da cui sparano i cannoni.*

我在一個晴朗的星期天拜訪他，他熱情地接待了我，帶我去看了他的炮台堡壘(如上圖、同時也是他酒莊名稱的起源)。他開了手電筒，指示我勇敢地走到堡壘地下，他說：「你一路走過去，我在另外一頭的出口等你，別擔心，裡面雖然很黑但是沒有其他路，你不可能迷路。」雖然有些害怕，我依舊硬著頭皮走進地道，半路石牆上有一個小孔，往外看盡為一片廣闊的地中海，頓時我領悟了，歷史上馬西納的敵人入侵皆來自地中海，「面海背山」的地理環境為居民提供了保護屏障，此防禦機制應用於葡萄園亦然。面對地中海帶著鹽份和水份的海風並背著山的屏障，在此生長的葡萄欉不易得到濕氣滋生黴菌而患病，且海風的吹拂給予葡萄更新鮮的口感。相較於西西里火山紅酒，法洛產區葡萄酒雖缺乏火山土壤，然因擁有充足海風吹拂、氣流循環佳而少有疾病卻是一大福音，也造就了該產區的優雅清脆酒質。走出地道，是從黑暗回到光明、從歷史回到現代，面對眼前一整片山坡約十五公頃的葡萄欉，海風吹來，很是舒坦。

The day I visited his winery was a Sunday. He greeted me warmly and showed me his vineyards right next to the Casematte, a round- shape middle size fortress, where the name and logo of his winery are originated from (see upper photo). He turned on the flashlight, looked at me with a nice smile and said, "walk underground without any fear and I will be waiting for you on the other side. It's dark inside but there's only one road. You can't get lost. See you at the exit." I was a bit afraid yet I trusted him. It was dark at first, then in the middle, I saw a hole on the stone wall like window where I can see the Mediterranean Sea. Then I understood instantly. In ancient time all invaders of Messina were from the front ocean (the Italian peninsula) while the back mountain provided protection and the same principle for vines that grew here. Faro DOC, though without the fertile volcanic soil as Etna DOC wine, has the breeze from Mediterranean Sea with freshness which prevents the diseases in vineyards, while the mountain hills serve as protection in the back. Strolling out of the tunnel, I walked from darkness to lightness, from history to modern times and in front of me, there were 15 hectares of healthy vines stretching happily against winds.

Era domenica quando ho visitato la sua cantina. Mi ha salutato calorosamente e mi ha mostrato i suoi vigneti proprio accanto alla Casematte, una fortezza di media grandezza con forma rotonda, da cui hanno origine il nome e il logo della sua azienda (vedi foto in alto). Ha acceso la torcia, mi ha guardato con un bel sorriso e mi ha detto: "cammina senza paura ed io ti aspetto dall'altra parte. "E' buio all'interno ma non preoccuparti c'è solo una strada, non puoi perderti. Ci vediamo all'uscita." Avevo un po' paura, ma mi fidavo di lui. All'inizio era buio, poi nel mezzo ho visto un buco sul muro di pietra, come una finestra, da cui potevo vedere il Mar Mediterraneo. In quel momento ho capito: nell'antichità tutti gli invasori di Messina provenivano dal mare di fronte (dall'Italia) mentre la montagna alle spalle forniva protezione. Lo stesso principio vale oggi per le viti che crescono qui. Il Faro DOC, sebbene privo del fertile terreno vulcanico come il vino dell'Etna DOC, ha la brezza del Mar Mediterraneo con una freschezza che previene le malattie nelle viti, mentre le montagne fungono da protezione alle spalle. Passeggiando fuori dal tunnel ho camminato dall'oscurità alla leggerezza, dalla storia passata ai tempi moderni e davanti a me c'erano 15 ettari di vitigni sani che si estendevano felici contro il vento.

知識小方塊

(中) 法洛葡萄酒產區 (E) Regulations of Faro DOC (I) *Disciplinare di Faro DOC*	
中文	**產區範圍：**義大利莫西納區域 **葡萄品種必須遵循以下葡萄品種比例：** 內雷洛馬斯卡雷瑟葡萄 Nerello Mascalese 45%-60%; 諾伽拉葡萄 Nocera 5%-10%; 內雷洛卡布奇歐葡萄 Nerello Cappuccio 15%-30%; 可混合或單一品種、總數不多的 15% 的黑達沃拉葡萄 Calabrese (Nero d'Avola), 加伊歐波葡萄 Gaglioppo (Montonico Nero) 或聖爵維斯葡萄 Sangiovese。
English	**Production area :** The Messina township **Grape variety :** Nerello Mascalese 45%-60%; Nocera 5%-10%; Nerello Cappuccio 15%-30%; up to a maximum of 15% of Grapes, alone or together: Calabrese (Nero d'Avola), Gaglioppo (Montonico Nero), Sangiovese.
Italiano	***Zone di Produzione* :** *Nel territorio del comune di Messina* ***Vitigno* :** *Nerello Mascalese 45%-60%; Nocera 5%-10%; Nerello Cappuccio 15%-30%; possono concorrere da sole o congiuntamente, fino ad un massimo del 15%, le uve provenienti dai vitigni: Calabrese (Nero d'Avola), Gaglioppo (Montonico Nero), Sangiovese.*

750
2016
2016

CHAPTER 3

第三章照片由各酒莊提供
Photos of chapter 3 are from each winery
Foto di TRE sono da tutti produttori

AITALA GIUSEPPA RITA

Martinella 2017
Etna Bianco DOC

單一園	Contrada
酒精度 Alcohol	13% vol.
產量 Bottles	1,500 瓶

首次生產年份	2008
是否每年生產	是
葡萄園位置	位於火山東北部 Linguaglossa 區 Contrada Martinella 葡萄園
葡萄品種	80% Carricante, 10% Catarratto, 5% Inzolia, 5% Minnella
葡萄樹齡	15年
海拔	550公尺
土壤	火山熔岩土壤
面向	東北
平均產量	5,000公斤/公頃
種植方式	直架式栽種
採收日期	2017年10月17日
釀造製程	置於不鏽鋼桶，溫控
浸漬溫度與時間	無
陳年方式	無
顏色	稻草黃色
建議餐搭選擇	如右方「筱雯老師的品飲紀錄」

筱雯老師的品飲紀錄 |

優雅而新鮮的紅蘋果香氣，有如從蘋果樹上鮮摘下一顆紅蘋果，開瓶後五分鐘亦帶著草本植物香氣；其口感十分柔順，蘋果與水梨的果香綿延，淡而不明顯的迷迭香氣尾隨在後，酸度與甜感十分平衡，尾韻帶著澀度與鹽度，乾淨的口感令人印象深刻。搭配特級初榨橄欖油淋芝麻葉生菜沙拉（建議橄欖品種：Coratina，口感偏苦）、米蘭傳統炸雞排（特徵：裹薄脆麵包粉）、黑鮪魚生魚片、蒜炒豆苗。

First year production	2008	**Exposure**	Northeast
Produced every year	Yes	**Average yield**	50 ql/ha
Vineyard location	Etna Northeast: Contrada Martinella, Linguaglossa		
Grape composition	80% Carricante, 10% Catarratto, 5% Inzolia, 5% Minnella		
Vineyard age	15 years		
Altitude	550 meters		
Soil	Vulcanic		
Growing system	Espalier		
Harvest	Oct. 17, 2017		
Vinification	In steel, temperature controlled		
Maceration	No		
Aging	No		
Color	Straw yellow		
Food match	Rocket salad with extra virgin olive oil (variety: Coratina, more bitter sensation), Milanese chicken stake (fried with crumble bread), Black tuna sashimi, stir fried vegetables		
Tasting note of Xiaowen	Elegant and charming red apple note as if picking an apple freshly from its tree; 5 minutes after also herbal note appears. In the mouth, it is smooth with apple and pear flavors, long and profound, a light rosemary note follows, ends with a slight saltiness and astringent, good balance between sweetness and acidity, finish with pure cleanness.		

Prima produzione	2008	**Esposizione**	Nord-est
Prodotto ogni anno	Si	**Resa media**	50 ql/ha
Ubicazione del vigneto	Nord-est dell'Etna: Contrada Martinella, Linguaglossa		
Vitigno	80% Carricante, 10% Catarratto, 5% Inzolia, 5% Minnella		
Età dei vigneti	15 anni		
Altitudine	550 metri		
Terreno	Lavico		
Sistema di allevamento	Spalliera		
Vendemmia	17 Ott. 2017		
Vinificazione	In acciaio a temperatura controllata		
Macerazione	No		
Invecchiamento	No		
Colore	Giallo paglierino		
Abbinamenti	Insalata di rucola con olio extravergine di oliva (varietà: Coratina, amaro), pollo alla milanese, sashimi di tonno nero, verdure saltate in padella		
Note di degustazione da Xiaowen	Elegante e affascinante nota di mela rossa, come se si prendesse una mela fresca dal suo albero; 5 minuti dopo appare anche una nota erbacea; in bocca è morbido con aromi di mela e pera lunghi e profondi, segue una leggera nota di rosmarino, termina con un leggero sale e astringente, un buon equilibrio tra dolcezza e acidità, conclude con pura pulizia.		

AL-CANTÀRA

Luci Luci 2017
Etna Bianco DOC

單一園 Contrada

酒精度 Alcohol 12.5% vol.

產量 Bottles 3,600 瓶

Etna

首次生產年份	2007
是否每年生產	是
葡萄園位置	位於火山北部 Randazzo 區 Contrada Feudo 葡萄園
葡萄品種	100% Carricante
葡萄樹齡	11年
海拔	650公尺
土壤	富含岩屑之火山熔岩土壤
面向	北
平均產量	7,000公斤/公頃
種植方式	二次短枝修剪
採收日期	2017年10月15日
釀造製程	置於不鏽鋼桶，溫控
浸漬溫度與時間	6-8°C，4至6小時
陳年方式	第一階段12個月：於不鏽鋼桶；第二階段6個月以上：靜置於玻璃瓶中
顏色	帶有綠色光澤的淺稻草黃色
建議餐搭選擇	炸魚及生魚片

筱雯老師的品飲紀錄 |

Carricante 葡萄品種經典的蘋果香氣明顯，略帶著小白花的優雅氣質散發於杯中；口中礦物質與適宜的酸度引出了些許鹹味，此款酒口感新鮮、中庸而不浮華，適合傍晚與親朋好友共飲。

First year production	2007	**Exposure**	North
Produced every year	Yes	**Average yield**	70 ql/ha
Vineyard location	Etna North: Contrada Feudo, Randazzo		
Grape composition	100% Carricante		
Vineyard age	11 years		
Altitude	650 meters		
Soil	Lava stone: volcanic rich in skeleton		
Growing system	Double spurred cordon espalier		
Harvest	Oct. 15, 2017		
Vinification	In steel, temperature controlled		
Maceration	6-8°C, 4-6 hours		
Aging	12 months in steel; at least 6 months in bottle		
Color	Pale straw yellow with greenish reflections		
Food match	Fried fish and sashimi		
Tasting note of Xiaowen	In the nose, there is a typical fresh apple note of Carricante grapes with the hint of elegance white floral bouquet. In the mouth, the minerality and mild acidity bring out the freshness and the savory in the taste. There's nothing fancy about this wine. It is humble and suitable for a lovely late afternoon with friends and family.		

Prima produzione	2007	**Esposizione**	Nord
Prodotto ogni anno	Yes	**Resa media**	70 ql/ha
Ubicazione del vigneto	Nord dell'Etna: Contrada Feudo, Randazzo		
Vitigno	100% Carricante		
Età dei vigneti	11 anni		
Altitudine	650 metri		
Terreno	Pietra lavica: vulcanico ricco in scheletro		
Sistema di allevamento	Controspalliera a doppio cordone speronato		
Vendemmia	15 Ott. 2017		
Vinificazione	In acciaio a temperatura controllata		
Macerazione	6-8°C, 4-6 ore		
Invecchiamento	12 mesi in acciaio; almeno 6 mesi in bottiglia		
Colore	Giallo paglierino tenue con riflessi verdolini		
Abbinamenti	Fritture di pesce e Contradadità di mare		
Note di degustazione da Xiaowen	Al naso, ci sono letipiche note di mela fresca dell'uva Carricante con il tocco elegante del bouquet floreale bianco; in bocca, la mineralità e la lieve acidità esaltano la freschezza e il sapore sapido. Non c'è niente di speciale in questo vino. È umile e adatto per un bel tardo pomeriggio con amici e familiari.		

ALTA MORA (CUSUMANO)

Etna Bianco DOC 2017

酒精度 Alcohol 12.5% vol.

產量 Bottles 30,000瓶

Etna

首次生產年份	2013
是否每年生產	是
葡萄園位置	混三處葡萄園。位於火山東部Milo區Contrada Praino葡萄園；火山北部Castiglione di Sicilia區Contrada Pietramarina葡萄園及Contrada Verzella葡萄園
葡萄品種	100% Carricante
葡萄樹齡	15年
海拔	600公尺
土壤	含火山灰的土壤
面向	Praino葡萄園面南，Verzella及Pietramarina葡萄園面北
平均產量	6,500公斤/公頃
種植方式	直架式栽種
採收日期	2017年10月中旬
釀造製程	置於不鏽鋼桶中
浸漬溫度與時間	18-20°C，4個月
陳年方式	6個月靜置於玻璃瓶中
顏色	檸檬黃色
建議餐搭選擇	適合作為餐前酒，亦可搭配魚肉或蔬食料理享用

筱雯老師的品飲紀錄 |

紅蘋果香氣明顯，似香米般的草本香氣帶著澄花香氣，如同點著法國澄香蠟燭般的浪漫；入口紅蘋果香甜，帶著優雅酸度與薄荷香氣，如同飲用柑橘草本茶一般的平靜感受，酸度於後點綴著兩頰與舌尖，平衡而具果香，香甜而新鮮如同早晨的柳橙汁。此款酒具西方禪意境。

First year production	2013	**Exposure**	South in Milo; North in Verzella and Pietramarina
Produced every year	Yes		
Vineyard location	Etna East and North: Contrada Praino, Milo; Contrada Verzella and Contrada Pietramarina, Castiglione di Sicilia		
Grape composition	100% Carricante	**Average yield**	65 ql/ha
Vineyard age	15 years	**Altitude**	600 meters
Soil	Volcanic		
Growing system	Espallier		
Harvest	Second decade of October, 2017		
Vinification	In stainless steel containers		
Maceration	18-20°C, 4 months		
Aging	6 months in bottles		
Color	Lemon		
Food match	Very flexible as appetizer. You can drink it with fish or vegetables dishes		
Tasting note of Xiaowen	Noticeable fresh red apple smell, rice leaf note with the orange flower as if lighting up a natural scent candle; the red apple note appears sweeter sense in the mouth with mint and elegant acidity, yet the acidity lingers by the cheeks and tip of the tongue that brings great balance with the fruit notes. This wine brings tranquil sensation like herbal tea of nights or like fresh juice of beautiful sunny mornings. It is not the Asian Zen but western Zen.		

Prima produzione	2013	**Esposizione**	Sud - Milo; Nord - Verzella e Pietramarina
Prodotto ogni anno	Sì		
Ubicazione del vigneto	Est e Nord dell'Etna: Contrada Praino, Milo; Contrada Verzella e Contrada Pietramarina, Castiglione di Sicilia		
Vitigno	100% Carricante	**Resa media**	65 ql/ha
Età dei vigneti	15 anni	**Altitudine**	600 metri
Terreno	Vulcanico		
Sistema di allevamento	A spalliera		
Vendemmia	Seconda decade di Ottobre 2017		
Vinificazione	In acciaio		
Macerazione	18-20°C, 4 mesi		
Invecchiamento	6 mesi in bottiglia		
Colore	Giallo paglierino		
Abbinamenti	Anche da antipasto, si abbina a piatti di pesce e verdure		
Note di degustazione da Xiaowen	Evidente odore di mela rossa fresca, nota di foglia di riso con fiore d'arancio come se si accendesse una candela profumata naturale; la nota di mela rossa sembra più dolce in bocca con menta ed elegante acidità, eppure l'acidità indugia sulle guance e sulla punta della lingua e porta grande equilibrio con le note di frutta. Questo vino porta una sensazione tranquilla come una tisana di notti o come un succo fresco di belle mattine di sole. Non è Zen asiatico ma Zen occidentale.		

BARONE DI VILLAGRANDE

Etna Bianco DOC Superiore 2017

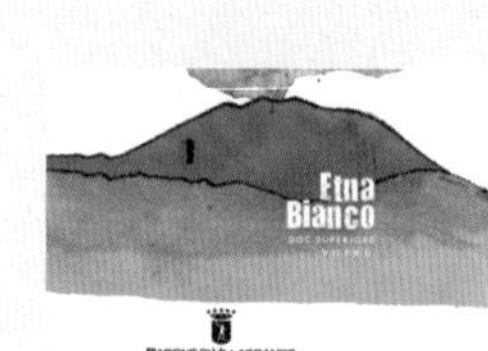

單一園	Contrada
酒精度 Alcohol	13.5% vol.
產量 Bottles	30,000瓶

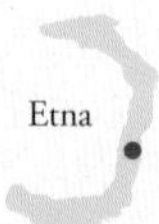

首次生產年份	1968
是否每年生產	是
葡萄園位置	位於火山東部Milo區Contrada Villagrande葡萄園
葡萄品種	90% Carricante 10% Minnella Binca及Visparola
葡萄樹齡	40年
海拔	700公尺
土壤	鬆軟且深層的火山熔岩
面向	東南
平均產量	4,000公斤/公頃
種植方式	長枝修剪
採收日期	2017年9月
釀造製程	置於不鏽鋼桶
浸漬溫度與時間	無
陳年方式	第一階段6個月：於不鏽鋼桶；第二階段6個月：靜置於玻璃瓶中
顏色	淺稻草黃色
建議餐搭選擇	如右方「筱雯老師的品飲紀錄」

筱雯老師的品飲紀錄｜

這是一開瓶就好香的一款白酒。輕盈的豐富果香令人食慾大開；入口後的果香、花香與舒服的酸度，令人感到身心整體滿足，深怕吃了東西反而破壞這一刻的美好。這是一款可以單喝、也很適合搭配各類健康蔬食、起司、甲殼類海鮮、生魚片及白肉的酒款，值得推薦。

First year production	1968	**Exposure**	Southeast
Produced every year	Yes	**Average yield**	40 ql/ha
Vineyard location	Etna East: Contrada Villagrande, Milo		
Grape composition	90% Carricante, 10% Minnella Binca and Visparola		
Vineyard age	40 years	**Altitude**	700 meters
Growing system	Guyot	**Soil**	Melted and deep lava
Harvest	September 2017		
Vinification	In stainless steel		
Maceration	No		
Aging	6 months in stainless steel; 6 months in bottles		
Color	Light staw yellow		
Food match	This is a wine to drink by itself or to combine with light vegetable, cheese, shellfish, sashimi or simple white meat		
Tasting note of Xiaowen	This wine is a natural perfume. Once open, there are the pleasant smell and energy to drink. The fresh fruity bouquets in the nose are abundant in different layers which encourage much appetite. In the mouth, the splendid flavors of fruits, flowers, and the comfortable acidity enrich the dimensions of taste. It smoothes five senses as drinking alone or matching with food.		

Prima produzione	1968	**Esposizione**	Sud-est
Prodotto ogni anno	Si	**Resa media**	40 ql/ha
Ubicazione del vigneto	Est dell'Etna: Contrada Villagrande, Milo		
Vitigno	90% Carricante, 10% Minnella Binca e Visparola		
Età dei vigneti	40 anni	**Altitudine**	700 metri
Sistema di allevamento	Guyot	**Terreno**	Lavico sciolto e profondo
Vendemmia	Settembre 2017		
Vinificazione	In acciaio		
Macerazione	No		
Invecchiamento	6 mesi in acciaio; 6 mesi in bottiglia		
Colore	giallo paglierino scarico		
Abbinamenti	È un vino da bere da solo o da abbinare a verdure leggere, formaggi, molluschi, sashimi o carni bianche semplici		
Note di degustazione da Xiaowen	Questo vino è un profumo naturale. Una volta aperto, si sente il buon odore e l'energia da bere. I diversi strati di freschi bouquet fruttati nel naso sono abbondanti e incoraggiano l'appetito; in bocca, i sapori di frutta, di fiori e la piacevole acidità sono complessi, con diverse dimensioni che levigano i 5 sensi e rendono questo vino abbastanza ricco da essere bevuto sia da solo che abbinato al cibo.		

BARONE DI VILLAGRANDE

Contrada Villagrande 2015
Etna Bianco DOC Superiore

單一園	Contrada
酒精度 Alcohol	13% vol.
產量 Bottles	4,000瓶

首次生產年份	2007
是否每年生產	是
葡萄園位置	位於火山東部Milo區Contrada Villagrande葡萄園
葡萄品種	90% Carricante 10% Minnella Binca及Visparola
葡萄樹齡	50年
海拔	700公尺
土壤	鬆軟且深層的火山熔岩
面向	東南
平均產量	4,000公斤/公頃
種植方式	長枝修剪
採收日期	2015年10月
釀造製程	12個月置於木桶，12個月置於玻璃瓶
浸漬溫度與時間	無
陳年方式	第一階段12個月：於法製橡木桶；第二階段12個月以上：靜置於玻璃瓶中
顏色	淺稻草黃色
建議餐搭選擇	如右方「筱雯老師的品飲紀錄」

筱雯老師的品飲紀錄｜

一開瓶即為豐富且新鮮的香氣如澄花、香柚、檸檬皮、香蕉皮、蘋果、礦物質與少許草本香氣，十分清新；入口為優雅的杏桃、水梨、橘皮、青蘋果果香與紫羅蘭花香，酸度雖高然其美妙的香氣、適中的結構與清脆的礦物質，使其口感十分圓融且新鮮。此酒來自西西里最古老酒莊，極具歷史代表性，為必嘗之西西里火山酒款之一。適合搭配精緻且濃郁的前菜、豆莢類蔬食及湯品。

First year production	2007	**Exposure**	Southeast
Produced every year	Yes	**Average yield**	40 ql/ha
Vineyard location	Etna East: Contrada Villagrande, Milo		
Grape composition	90% Carricante, 10% Minnella Binca and Visparola		
Vineyard age	50 years	**Altitude**	700 meters
Growing system	Guyot	**Soil**	Melted and deep lava
Harvest	October, 2015		
Vinification	12 months in barrels and 12 months in bottles		
Maceration	No		
Aging	12 months in Franch oak tonneau; at least 12 months in bottle		
Color	Light straw yellow		
Food match	Elaborate first courses, well-cooked first dishes, legumes and soups		
Tasting note of Xiaowen	Luxurious and fresh bouquets of orange blossom, apple, pomelo fruit, lemon and banana peel with minerality and hints of herbs in the nose. In the mouth, it is fresh, elegant and round for the excellent balance of apricot, pear, green apple, orange peel flavors with notes of the violet paddle, of the high acidity, of the good body structure, and of the crispy minerality which make the ending fresh and prolonged. This wine represents a part of Etna history, and it is one of the Etna Bianco that you must taste.		

Prima produzione	2007	**Esposizione**	Sud-est
Prodotto ogni anno	Si	**Resa media**	40 ql/ha
Ubicazione del vigneto	Est dell'Etna: Contrada Villagrande, Milo		
Vitigno	90% Carricante, 10% Minnella Binca e Visparola		
Età dei vigneti	50 anni	**Altitudine**	700 metri
Sistema di allevamento	Guyot	**Terreno**	Lavico sciolto e profondo
Vendemmia	Ottobre 2015		
Vinificazione	12 mesi in botte e 12 mesi in bottiglia		
Macerazione	No		
Invecchiamento	12 mesi in tonneau di rovere Francese; almeno 12 mesi in bottiglia di vetro		
Colore	Giallo paglierino		
Abbinamenti	Primi piatti elaborati, pescato con cotture decise, legumi e zuppe		
Note di degustazione da Xiaowen	Ricco e fresco bouquet di fiori d'arancio, mela, pomelo, buccia di limone e di banana, con mineralità e un sentore di erbe nel naso; in bocca è fresco, elegante e rotondo grazie al grande equilibrio di albicocca, pera, mela verde e aromi di buccia d'arancia con una nota di paddle viola, all'elevata acidità, alla buona struttura corporea, e alla mineralità croccante che rende il finale fresco e prolungato. Questo vino rappresenta una parte della storia dell'Etna ed è uno degli Etna Bianco che devi assaggiare.		

BENANTI

Pietra Marina 2015
Etna Bianco DOC Superiore

單一園	Contrada
酒精度 Alcohol	12.5% vol.
產量 Bottles	8,000 瓶

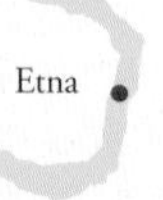

首次生產年份	1990
是否每年生產	是
葡萄園位置	位於火山東部 Milo 區 Contrada Rinazzo 葡萄園
葡萄品種	100% Carricante
葡萄樹齡	混合樹齡90年以下之葡萄樹
海拔	800公尺
土壤	含火山灰的土壤
面向	東
平均產量	5,000公斤/公頃
種植方式	傳統樹叢型
採收日期	2015年10月中
釀造製程	置於不鏽鋼桶，溫控
浸漬溫度與時間	無
陳年方式	24個月於不鏽鋼桶
顏色	淺檸檬黃色
建議餐搭選擇	適合搭配白酒牡蠣、胡椒蝦、蒜味或番茄海鮮義大利麵、西西里海鹽烤白魚。

筱雯老師的品飲紀錄 |

剛開瓶時有明顯的礦物質，之後果香漸漸顯現且轉變為柚香、柑橘、與些許櫻花香氣，轉變十分優雅；入口時果香豐富卻不過度濃郁、酸度雖高然口齒清爽且乾淨，且最後呼吸時果香的甜美又回來了，此甜美於後鼻腔的香氣延續；開瓶四小時後，其礦物質依然明顯。此款酒為西西里火山白葡萄酒最經典且歷史最悠久的酒款之一，可以明顯感受 Milo 區的葡萄受火山土壤與海風雙重影響的清新。

First year production	1990	**Exposure**	East
Produced every year	Yes	**Average yield**	50 ql/ha
Vineyard location	Etna East: Contrada Rinazzo, Milo		
Grape composition	100% Carricante	**Altitude**	800 meters
Vineyard age	Mixed, rangig from 90 years to young vines		
Soil	Volcanic	**Harvest**	Mid October, 2015
Growing system	Head-trained bush vines		
Vinification	In stainless steel vats, temperature controlled		
Maceration	No		
Aging	24 months in stainless steel vats		
Color	Pale lemon		
Food match	Suitable for fried clams or cooked oyster, black pepper shrimp, garlic or tomato based pasta and Sicilian sea salt baked fish		
Tasting note of Xiaowen	The minerality is the main characteristic of this wine. In the nose, the fruity note gently turns into sub-tropical pomelo, tangerine, and elegant cherry blossom. The rich fruity notes in the mouth are not overwhelmed by the high acidity. It is fresh and clean. The best sensation of this wine is the sweetness in breathing, which lingers in the posterior nasal cavity. After 4 hours from opening, the clean and fresh minerality remains. It is one of the most representative white wines from Milo, which shows the freshness of the double influence from volcanic soil and sea breeze.		

Prima produzione	1990	**Esposizione**	Est
Prodotto ogni anno	Si	**Resa media**	50 ql/ha
Ubicazione del vigneto	Est dell'Etna: Contrada Rinazzo, Milo		
Vitigno	100% Carricante	**Altitudine**	800 metri
Età dei vigneti	Variabile, sia 90 anni che giovani		
Terreno	Vulcanico	**Vendemmia**	Metà Ottobre 2015
Sistema di allevamento	Alberello etneo		
Vinificazione	In acciaio inox a temperatura controllata		
Macerazione	No		
Invecchiamento	24 mesi in acciaio inox		
Colore	Giallo paglierino scarico		
Abbinamenti	Adatto per vongole fritte o ostriche cotte, gamberetti al pepe nero, pasta a base di aglio o pomodoro e pesce al sale marino siciliano		
Note di degustazione da Xiaowen	La nota minerale è la caratteristica di questo vino. Al naso, la nota fruttata si trasforma delicatamente in pomelo sub-tropicale, mandarino e fiori di ciliegio; ricche note fruttate in bocca ma non travolgenti, acidità elevata ma fresca e pulita, la parte migliore è la dolcezza del respiro che si permane nella cavità nasale posteriore. Dopo 4 ore dall'apertura, c'è ancora il minerale pulito e fresco, davvero impressionante. Questo è uno dei vini bianchi più rappresentativi di Milo che mostra la freschezza della doppia influenza del suolo vulcanico e della brezza marina.		

BENANTI

Contrada Cavaliere 2017
Etna Bianco DOC

單一園	Contrada
酒精度 Alcohol	12.5% vol.
產量 Bottles	5,300 瓶

首次生產年份	2017
是否每年生產	是
葡萄園位置	位於火山西南部Santa Maria di Licodia區Contrada Cavaliere葡萄園
葡萄品種	100% Carricante
葡萄樹齡	約50年
海拔	近950公尺
土壤	富含岩石及岩屑土之火山灰土壤
面向	西南
平均產量	約6,000公斤/公頃
種植方式	短枝修剪
採收日期	2017年10月中
釀造製程	置於不鏽鋼桶，溫控
浸漬溫度與時間	無
陳年方式	12個月於不鏽鋼桶
顏色	淺檸檬黃色
建議餐搭選擇	餐搭適合單喝或搭配魚類料理、尤其是魚肚或較肥嫩的部位；不建議太辣的料理

筱雯老師的品飲紀錄｜

開瓶即為十分優雅的香氣，漫溢的花果香如同漫步歐洲貴族的春天花果園，香氣如此豐富多元令人自顧不暇，有一股衝動認為與其講究有哪些香氣不如享受當下，然深究一下，其香氣有：富士山青蘋果肉、小白花、甜瓜、澄花、草本植物、高山烏龍清茶（第一泡），且尾韻帶優雅鹹度如鹽之花。值得注意的是此為此酒款生產首年，可以期待來年表現。

First year production	2017	**Exposure**	Southwest
Produced every year	Yes	**Average yield**	About 60 ql/ha
Vineyard location	Etna Southwest: Contrada Cavaliere, Santa Maria di Licodia		
Grape composition	100% Carricante	**Vineyard age**	About 50 years
Altitude	Almost 950 meters	**Harvest**	Mid October, 2017
Soil	Volcanic, rich in stones and skeleton		
Growing system	Spur-pruned cordon		
Vinification	In stainless steel vats, temperature controlled		
Maceration	No		
Aging	12 months in stainless steel vats		
Color	Pale lemon		
Food match	It is good to drink alone or to match with fat parts of fish; do not recommend too much spicy cuisine		
Tasting note of Xiaowen	Elegant perfumes fly upon opening, the overwhelming floral and fruity notes spread out like walking in the royal garden in summer. It is vibrant, fresh, and clean. For one second I do not want to analyze the taste because it is so appealing that I would like to drink: there are Fuji apple, white flower, melon, orange blossom, herbs, high mountain Wulong tea (first drip), and the ending is slightly salty of fleur de sel. It is only the first year of production of this wine, and we can have even higher expectations for future vintages.		

Prima produzione	2017	**Esposizione**	Sud-ovest
Prodotto ogni anno	Si	**Resa media**	Circa 60 ql/ha
Ubicazione del vigneto	Sud-ovest dell'Etna: Contrada Cavaliere, Comune Santa Maria di Licodia		
Età dei vigneti	100% Carricante	**Età dei vigneti**	Circa 50 anni
Altitudine	Quasi 950 metri	**Terreno**	Lavico, ricco di scheletro
Sistema di allevamento	Cordone speronato	**Vendemmia**	Metà Ottobre 2017
Vinificazione	In acciaio inox a temperatura controllata		
Macerazione	No		
Invecchiamento	12 mesi in acciaio inox		
Colore	Giallo paglierino scarico		
Abbinamenti	Bere da solo o abbinare a parti grasse di pesce; non consiglio pietanze eccessivamente piccanti		
Note di degustazione da Xiaowen	Profumi eleganti si sprigionano all'apertura, sentori travolgenti di fiori e note fruttate si diffondono come se stessi camminando nel Giardino Reale in estate. È un vino ricco, fresco e pulito. Per un attimo, vorrei poter non analizzare il gusto perché il vino è così invitante che vorrei semplicemente berlo. Si trovano mela Fuji, fiori bianchi, melone, fiori d'arancio, erbe, tè Wulong di alta montagna (primo gocciolamento) e il finale è leggermente sapido come il fleur de sel. Questa è solo la prima annata di questo vino e posiamo sicuramente aspettarci molto dalle prossime annate.		

BIONDI

Pianta 2016
Etna Bianco DOC

單一園	Contrada
酒精度 Alcohol	12.5% vol.
產量 Bottles	3,798 瓶

Etna

首次生產年份	2011
是否每年生產	是
葡萄園位置	位於火山東南部 Trecastagni 區 Contrada Ronzini 葡萄園
葡萄品種	80% Carricante, 15% Cataratto, 5% Minnella
葡萄樹齡	30 年
海拔	700 公尺
土壤	含火山灰的土壤
面向	東
平均產量	5,000 公斤 / 公頃
種植方式	傳統樹叢型
採收日期	2016 年 10 月 12 日
釀造製程	置於法製橡木桶中
浸漬溫度與時間	5°C，12 小時
陳年方式	11 個月於法製橡木桶
顏色	白色
建議餐搭選擇	新鮮起司、西西里炸飯糰、雞肉湯、昆布海鮮火鍋、涼麵

筱雯老師的品飲紀錄｜

一開瓶即為十分吸引人的香甜氣息，如糖果般但帶著草本香氣與杏桃香，酒精味中依舊顯示其十分優雅的果香，略似德國萊茵河酒，然入口的完整結構與花香顯示西西里火山風土環境帶來的影響，優雅圓融的口感甚於高溫 18 度依舊順口、絲毫沒有苦澀味。此酒產於西西里火山國家公園 (Parco dell'Etna) 土地內，傳統方式栽種於祖傳葡萄園、人工採收且為精挑細選葡萄後的完美呈現。

First year production	2011	**Exposure**	East
Produced every year	Yes	**Average yield**	50 ql/ha
Vineyard location	Etna Southeast: Contrada Ronzini, Trecastagni		
Grape composition	80% Carricante, 15% Cataratto, 5% Minnella		
Vineyard age	30 years		
Altitude	700 meters		
Soil	Volcanic		
Growing system	Free standing bush		
Harvest	Oct. 12, 2016		
Vinification	In French oak tonneau		
Maceration	5°C, 12 hours		
Aging	11 months in French oak tonneau		
Color	White		
Food match	Fresh cheese, Arancini (typical Sicilian fried rice ball), chicken soup, Japanese seaweed base hot pot with seafood, pasta salad		
Tasting note of Xiaowen	Charming candied apricot bouquet with sweet herbs and floral notes, a bit of alcohol in the elegant perfume with the well-structured body in the mouth demonstrate the influence of south-west volcanic soil. The round and smooth texture remain elegant and no bitterness even at 18 degrees. The vines are inside of Etna National Park (Parco dell'Etna).		

Prima produzione	2011	**Esposizione**	Est
Prodotto ogni anno	Si	**Resa media**	50 ql/ha
Ubicazione del vigneto	Sud-est dell'Etna: Contrada Ronzini, Trecastagni		
Vitigno	80% Carricante, 15% Cataratto, 5% Minnella		
Età dei vigneti	30 anni		
Altitudine	700 metri		
Terreno	Lavico		
Sistema di allevamento	Alberello		
Vendemmia	12 Ott. 2016		
Vinificazione	In tonneau rovere Francese		
Macerazione	5°C, 12 ore		
Invecchiamento	11 mesi in tonneau rovere Francese		
Colore	Bianco		
Abbinamenti	Formaggio fresco, arancini, zuppa di pollo, stufato giapponese alghe-base con frutti di mare, insalata di pasta		
Note di degustazione da Xiaowen	Affascinante bouquet di albicocca candita con erbe dolci e note floreali, un po' di alcol nell'elegante profumo, con corpo ben strutturato in bocca che dimostra l'influenza del suolo vulcanico sud-occidentale; la consistenza rotonda e liscia rimane elegante e senza amarezza anche a 18 gradi. Questo vino è prodotto all'interno del Parco dell'Etna.		

BIONDI

Outis 2017
Etna Bianco DOC

單一園	Contrada
酒精度 Alcohol	12.5% vol.
產 量 Bottles	8,000 瓶

首次生產年份	2004
是否每年生產	是
葡萄園位置	位於火山東南部 Trecastagni 區 Contrada Ronzini 葡萄園
葡萄品種	80% Carricante, 15% Cataratto, 5% Minnella
葡萄樹齡	30 年
海拔	700 公尺
土壤	含火山灰的土壤
面向	東
平均產量	5,000 公斤 / 公頃
種植方式	傳統樹叢型
採收日期	2017 年 10 月 8 日
釀造製程	置於不鏽鋼桶
浸漬溫度與時間	13-17°C，11 天
陳年方式	11 個月於不鏽鋼桶
顏色	黃色如富士蘋果肉
建議餐搭選擇	酥炸新鮮裹粉鯷魚、生蠔

筱雯老師的品飲紀錄｜

十分清涼的紅蘋果肉香氣迎面而來，帶著一些春天百合與草本植物的香氣，十分吸引人；口感與其香氣頗具一致性，柔順香甜的蘋果香甜帶著優雅酸度似奇異果皮、兩頰花香延續為其特性，結尾乾淨而令人玩味；此款酒雖為該酒莊的入門白酒，然其實力絲毫不似一般入門酒款的簡單，推薦嚐試。

First year production	2004	**Exposure**	East
Produced every year	Yes	**Average yield**	50 ql/ha
Vineyard location	Etna Southeast: Contrada Ronzini, Trecastagni		
Grape composition	80% Carricante, 15% Cataratto, 5% Minnella		
Vineyard age	30 years	**Altitude**	700 meters
Growing system	Free standing bush	**Soil**	Volcanic
Harvest	Oct. 8, 2017		
Vinification	In inox steel tanks		
Maceration	13-17°C, 11 days		
Aging	11 months in inox steel tanks		
Color	Yellow like Fuji apple pulp		
Food match	Fried anchovies, oysters		
Tasting note of Xiaowen	Fresh red apple bouquet, spring lily flower, and herbal notes fill the nose with joy. In the mouth, the flavor is entirely coherent with the nose: gentle soft apple sweetness, elegant acidity like kiwi skin, clean ending with prolonged floral scents on the cheeks, and the unforgettable aftertaste fragrant in the mouth even continues to encourage another drink. Though some might consider this wine as entry-level, this Etna Bianco is more complex and not at all a basic white wine. Highly recommended.		

Prima produzione	2004	**Esposizione**	Est
Prodotto ogni anno	Si	**Resa media**	50 ql/ha
Ubicazione del vigneto	Sud-est dell'Etna: Contrada Ronzini, Trecastagni		
Vitigno	80% Carricante, 15% Cataratto, 5% Minnella		
Età dei vigneti	30 anni	**Altitudine**	700 metri
Sistema di allevamento	Alberello	**Terreno**	Lavico
Vendemmia	8 Ott. 2017		
Vinificazione	In acciaio inox		
Macerazione	13-17°C, 11 giorni		
Invecchiamento	11 mesi in acciaio inox		
Colore	Giallo come polpa di mela Fuji		
Abbinamenti	Alici fritte, ostriche		
Note di degustazione da Xiaowen	Il bouquet di polpa di mela rossa fresca con note di fiori di giglio primaverile ed erbe aromatiche riempiono il naso di allegria, mentre in bocca il sapore è abbastanza coerente, con la dolcezza delicata della mela morbida, l'elegante acidità come la pelle di kiwi, il finale pulito con prolungati profumi floreali sulle guance e l'indimenticabile retrogusto fragrante in bocca che continua a incoraggiare un altro drink. Anche se alcuni potrebbero considerare questo vino come di livello base, questo Etna Bianco è più complesso e non è affatto un vino bianco basilare. Consigliato.		

BONACCORSI

Valcerasa 2016
Etna Bianco DOC

單一園	Contrada
酒精度 Alcohol	13% vol.
產量 Bottles	6,000 瓶

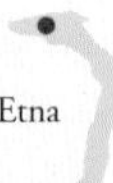
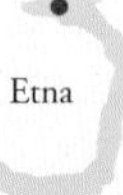

首次生產年份	1999
是否每年生產	否，2002, 2003, 2008, 2010 及 2014年未生產
葡萄園位置	位於火山北部 Randazzo 區 Contrada Croce Monaci 葡萄園
葡萄品種	100% Carricante
葡萄樹齡	15年
海拔	800公尺
土壤	火山砂質土壤
面向	多面向
平均產量	3,000公斤/公頃
種植方式	傳統樹叢型
採收日期	2016年10月第二週
釀造製程	置於不鏽鋼桶
浸漬溫度與時間	無溫控，3或4天
陳年方式	18個月於不鏽鋼桶
顏色	淡黃色
建議餐搭選擇	地中海傳統料理、生魚片及辛辣的異國風味料理

筱雯老師的品飲紀錄 |

鼻聞時有新鮮青森蘋果汁且略帶草本植物的香氣；入口柔順，結構明顯且具優雅酸度、青蘋果香與花香互相平衡且綿延不絕；好似初雪時節的雪花，浪漫而平靜，口感十分乾淨，甚有薄荷葉的清涼。此款酒十分適合於夏日與三五好友開瓶飲用，升溫後甜度越顯，好的白酒不需計較溫度，約於18度上下十分順口、香氣迎人且無苦味或酒精味。

First year production	1999	**Exposure**	Several different expositions
Produced every year	No, 2002, 2003, 2008, 2010 and 2014 not produced		
Vineyard location	Etna North: Contrada Croce Monaci, Randazzo		
Grape composition	100% Carricante	**Average yield**	30 ql/ha
Vineyard age	15 years	**Altitude**	800 meters
Growing system	Bush tree	**Soil**	Volcanic sandy
Harvest	Second week of October, 2016		
Vinification	In steel tanks		
Maceration	3 or 4 days without temperature controlled		
Aging	18 months in steel tanks		
Color	Light yellow		
Food match	Tipical dishes of mediterranean tradition but also sushi and oriental spicy food		
Tasting note of Xiaowen	The bouquet is like fresh Japanese Aomori apple juice with hints of herbs. In the mouth, the floral and green apple flavors come with smooth texture, and the wine slides gently over the tongue with elegant acidity that leads the floral notes with a light mint scent; the ending is clean and clear as crystals. Tasting this wine is like watching snowflake of first winter falling from the sky: romantic and tranquil sensation with expectation for life; perfect for summer times with friends. At around 18 degrees, it gets sweeter sense from grapefruits. There are more fruity and floral perfumes without any bitterness, which is from respect to grapes in production.		

Prima produzione	1999	**Esposizione**	Varie esposizioni
Prodotto ogni anno	No, 2002, 2003, 2008, 2010 e 2014 non prodotto		
Ubicazione del vigneto	Nord dell'Etna: Contrada Croce Monaci, Randazzo		
Vitigno	100% Carricante	**Resa media**	30 ql/ha
Età dei vigneti	15 anni	**Altitudine**	800 metri
Sistema di allevamento	Alberello	**Terreno**	Sabbia vulcanica
Vendemmia	Seconda settimana di Ottobre 2016		
Vinificazione	In serbatoi di acciaio		
Macerazione	3 or 4 giorni senza temperatura controllata		
Invecchiamento	18 mesi in serbatoi di acciaio		
Colore	Giallo chiaro		
Abbinamenti	Piatti tipici della cucina mediterranea ma anche sushi e cucina orientale speziata		
Note di degustazione da Xiaowen	Il bouquet è come il fresco succo giapponese di mela Aimori con sentori di erbe; in bocca il sapore floreale e di mela verde si presenta con una consistenza morbida e il vino scivola delicatamente sulla lingua con elegante acidità che riporta le note floreali con un leggero profumo di menta; il finale è pulito e chiaro come cristalli. Assaggiare questo vino è come guardare il fiocco di neve del primo inverno che cade dal cielo: sensazione romantica e tranquilla con aspettativa di vita; perfetto per i periodi estivi con un amico; a circa 18 gradi, acquisisce un sapore più dolce dall'uva, profumi più fruttati e floreali e non amaro, che dimostrano nuovamente il rispetto delle uve in produzione.		

BUSCEMI

Il Bianco 2017
IGP Terre Siciliane

單一園	Contrada
酒精度 Alcohol	13% vol.
產量 Bottles	290 瓶

Etna

首次生產年份	2017
是否每年生產	否，僅於2017年生產
葡萄園位置	位於火山西北部Bronte區Contrada Tartaraci葡萄園
葡萄品種	70% Carricante, 30% Grecanico
葡萄樹齡	80年
海拔	980公尺
土壤	火山熔岩土壤
面向	北
平均產量	400公斤/公頃
種植方式	傳統樹叢型
採收日期	2017年10月底
釀造製程	置於橡木桶中，無溫控
浸漬溫度與時間	無
陳年方式	10個月於木桶
顏色	金黃色
建議餐搭選擇	魚類料理及白肉

筱雯老師的品飲紀錄｜

新鮮的澄橘、甘菊花與小白花的香氣環繞鼻腔；入口微煙燻的水梨、蘋果與澄花香氣偕同優雅酸度、礦物感與柔順結構提示著此款酒為於木桶無溫控的發酵製程，此款酒的香氣特殊外，喜愛自然酒的你一定也會喜歡。

First year production	2017	**Exposure**	North
Produced every year	No, only 2017 produced	**Average yield**	4 ql/ha

Vineyard location	Etna Northwest: Contrada Tartaraci, municipality of Bronte
Grape composition	70% Carricante, 30% Grecanico
Vineyard age	80 years
Altitude	980 meters
Soil	Volcanic rocky soil
Growing system	Alberello
Harvest	End October, 2017
Vinification	In barrique without temperature controlled
Maceration	No
Aging	10 months in barrique
Color	Gold yellow
Food match	Aged cheese, fish and white meet
Tasting note of Xiaowen	The fresh nuances of citrus, chamomile and white flowers with a roundness that circulates in the nose are refreshing. In the mouth, the smoked sweetness of white fruits and orange blossom with minerality, acidity, and smooth texture reveal its fermentation in barrique without temperature controlled. The taste itself distinguishes from other Etna white wine, especially for natural wine lovers.

Prima produzione	2017	**Esposizione**	Nord
Prodotto ogni anno	No, solo 2017 prodotto	**Resa media**	4 ql/ha

Ubicazione del vigneto	Nord-ovest dell'Etna: Contrada Tartaraci, Comune di Bronte
Vitigno	70% Carricante, 30% Grecanico
Età dei vigneti	80 anni
Altitudine	980 metri
Terreno	Terreno roccioso vulcanico
Sistema di allevamento	Alberello
Vendemmia	Fine di Ottobre 2016
Vinificazione	In barrique senza temperatura controllata
Macerazione	No
Invecchiamento	10 mesi in barrique
Colore	Giallo oro
Abbinamenti	Formaggi stagionati, pesce e carni bianche
Note di degustazione da Xiaowen	Le fresche sfumature di agrumi, camomilla e fiori bianchi con rotondità che circola nel naso sono rinfrescanti; in bocca, la dolcezza affumicata dei frutti bianchi con mineralità, buona acidità e consistenza morbida rivelano la sua fermentazione in barrique senza temperatura controllata. Questo gusto si distingue dagli altri vini bianchi dell'Etna, specialmente per gli amanti del vino naturale.

CANTINE DI NESSUNO

Nenti 2017
Etna Bianco DOC

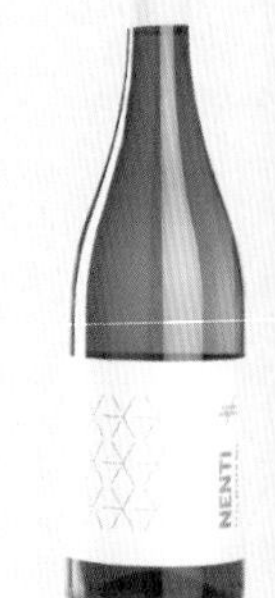

單一園 Contrada

酒精度 Alcohol 13% vol.

產量 Bottles 6,000 瓶

首次生產年份	2016
是否每年生產	是
葡萄園位置	位於火山東南部 Trecastagni 區 Contrada Carpene 葡萄園
葡萄品種	80% Carricante, 20% Catarratto
葡萄樹齡	10至100年
海拔	700至800公尺
土壤	含火山灰的砂質土壤
面向	東南
平均產量	3,000公斤/公頃
種植方式	傳統樹叢型兼直架式栽種
採收日期	2017年9月第四週
釀造製程	置於不鏽鋼桶，溫控
浸漬溫度與時間	19°C
陳年方式	6個月於不鏽鋼桶
顏色	稻草黃色
建議餐搭選擇	生魚片、烤魚、新鮮起司(非陳年型)

筱雯老師的品飲紀錄｜

開瓶後需約十分鐘香氣方展開，如同日本清酒的白米香氣帶著淡花香；入口十分柔順，柚子果香清 新卻不失其優雅，好似在喝柚子清酒般，尾韻乾淨而酸度延續。此為一款看似簡單卻不簡單的西西里火山白酒。

First year production	2016	**Exposure**	Southeast
Produced every year	Yes	**Average yield**	30 ql/ha
Vineyard location	Etna Southeast: Contrada Carpene, Trecastagni		
Grape composition	80% Carricante, 20% Catarratto		
Vineyard age	Between 10 and 100 years		
Altitude	Variable from 700 to 800 meters		
Soil	Volcanic sand		
Growing system	Bush with chestnut poles and espalier		
Harvest	Last week of September, 2017		
Vinification	In stainless steel tanks, temperature controlled		
Maceration	19°C		
Aging	6 months in stainless steel tanks		
Color	Straw yellow		
Food match	Sashimi, fish cuisine, fresh cheese (not aged)		
Tasting note of Xiaowen	Wait 10 minutes after opening. The light floral notes are dominated by rice note of Japanese sake, which is quite interesting also thinking of the food paring. In the mouth, smooth texture with fresh pomelo fruit note elegantly spread out in the posterior nasal cavity. It is as if tasting a pomelo sake with a clean ending and prolong acidity. It seems to be simple Etna Bianco, yet it requires some attention to understand its philosophy behind, which is coherent with the name of the winery.		

Prima produzione	2016	**Esposizione**	Sud-est
Prodotto ogni anno	Si	**Resa media**	30 ql/ha
Ubicazione del vigneto	Sud-est dell'Etna: Contrada Carpene, Trecastagni		
Vitigno	80% Carricante, 20% Catarratto		
Età dei vigneti	Tra i 10 e i 100 anni		
Altitudine	Variabile da 700 a 800 metri		
Terreno	Sabbia vulcanica		
Sistema di allevamento	Alberello e spalliera		
Vendemmia	Ultima settimana di Settembre 2017		
Vinificazione	In serbatoi in acciaio a temperatura controllata		
Macerazione	19°C		
Invecchiamento	6 mesi in serbatoi di acciaio		
Colore	Giallo paglierino		
Abbinamenti	Sashimi, piatti di pesce, formaggi freschi		
Note di degustazione da Xiaowen	Attendere 10 minuti dopo l'apertura, le leggere note floreali sono dominate dalla nota di riso del sake giapponese, che è abbastanza interessante anche pensando al cibo in scatola; in bocca, consistenza morbida con una fresca nota fruttata di pomelo, elegantemente distesa anche nella cavità nasale posteriore. È come se assaporassi un sake pomelo con finale pulito e acidità prolungata. Questo è un Etna Bianco apparentemente semplice, ma richiede attenzione per capire la sua filosofia, che è coerente con il nome della cantina.		

CANTINE EDOMÉ

Aitna 2016
Etna Bianco DOC

13% vol.

產 量 Bottles 5,000 瓶

首次生產年份	2013
是否每年生產	否，2014年生未產
葡萄園位置	位於火山西南部Santa Maria di Licodia區Contrada Cavaliere葡萄園
葡萄品種	100% Carricante
葡萄樹齡	30至50年
海拔	800至900公尺
土壤	砂土及火山灰土壤
面向	東南
平均產量	7,000-8,000公斤/公頃
種植方式	傳統樹叢型
採收日期	2016年10月
釀造製程	置於不鏽鋼桶，溫控
浸漬溫度與時間	8-10°C，24小時
陳年方式	12至18個月於不鏽鋼桶
顏色	帶有綠色光澤之稻草黃色
建議餐搭選擇	魚類料理

筱雯老師的品飲紀錄 |

哈密瓜、熟水梨的果香與百合花香，香氣十分吸引人；入口立刻感覺如檸檬不修飾的高酸度，舌根微苦的口感有如檸檬皮，也因此帶出舌尖的回甘，口中的結構與酒精度結合，尾韻在後鼻腔帶著水梨的果香；此款酒入口的結構與十分明顯的酸度為該原生葡萄品種的本性。

First year production	2013	**Exposure**	Southeast
Produced every year	No, 2014 not produced	**Average yield**	70-80 ql/ha
Vineyard location	Etna Southwest: Contrada Cavaliere, Santa Maria di Licodia		
Grape composition	100% Carricante	**Vineyard age**	35-50 years
Soil	Sandy and volcanic	**Altitude**	800-900 meters
Growing system	Alberello		
Harvest	October, 2016		
Vinification	In steel vats, temperature controlled		
Maceration	8-10°C, 24 hours		
Aging	12-18 months in steel vats		
Color	Straw yellow with green hues		
Food match	Fish dishes		
Tasting note of Xiaowen	Melon, ripe pear, and lily floral bouquets are charming and attractive in the nose. In the mouth, the immediate high acidity genuinely pops out like lemon juice. A subtle bitterness like lemon peel and it gives contrast to the sweetness on the tip of the tongue. In the end, the structure and the alcohol sensation leave the posterior nasal cavity the fruity pear note. The characteristics of Carricante grape are shown in this wine, especially the instinct structure and high acidity in the mouth.		

Prima produzione	2013	**Esposizione**	Sud-est
Prodotto ogni anno	No, 2014 non prodotto	**Resa media**	70-80 ql/ha
Ubicazione del vigneto	Sud-est dell'Etna: Contrada Cavaliere, Santa Maria di Licodia		
Vitigno	100% Carricante	**Età dei vigneti**	35-50 anni
Terreno	Sabbioso vulcanivo	**Altitudine**	800-900 metri
Sistema di allevamento	Alberello classico etneo		
Vendemmia	Ottobre 2016		
Vinificazione	In botti di acciaio a temperatura controllata		
Macerazione	8-10°C, 24 ore		
Invecchiamento	12-18 mesi in botti di acciao		
Colore	Giallo paglierino con sfumature verdi		
Abbinamenti	Pietanze a base di pesce		
Note di degustazione da Xiaowen	Bouquet floreali di melone, pera matura e fiori di giglio sono affascinanti e attraenti nel naso; in bocca l'alta acidità immediata spunta genuinamente come succo di limone, una leggera amarezza come la scorza di limone fa scaturire la dolcezza sulla punta della lingua, la struttura si combina con l'alcool e lascia nella cavità nasale posteriore la nota fruttata di pera. Le caratteristiche dell'uva Carricante sono rappresentate in questo vino, in particolare la struttura istintiva e l'elevata acidità in bocca.		

CANTINE RUSSO

Rampante 2017
Etna Bianco DOC

單一園	Contrada
酒精度 Alcohol	12.5% vol.
產　量 Bottles	20,000瓶

首次生產年份	1980
是否每年生產	是
葡萄園位置	位於火山北部Castiglione di Sicilia區Solicchiata鎮Contrada Crasà葡萄園
葡萄品種	80% Carricante, 20% Catarratto
葡萄樹齡	40年
海拔	700公尺
土壤	含火山灰的土壤
面向	東北
平均產量	7,000公斤/公頃
種植方式	傳統樹叢型暨直架式栽種
採收日期	2017年9月底至10月第一週
釀造製程	置於不鏽鋼桶，溫控
浸漬溫度與時間	無
陳年方式	無
顏色	帶有金色光澤之稻草黃色
建議餐搭選擇	適合搭配海鮮、貝類、生魚片、熱帶水果沙拉及鮮蔬沙拉

筱雯老師的品飲紀錄｜

剛剛開瓶時，乾淨的澄花香氣與清新礦物質撲鼻而來，緊追在後的橘皮、檸檬皮、水梨皮、柚子及優雅的迷迭香等香氣也絲毫不讓角，硬要一起演這齣好戲，且當溫度升至15度時，豐富的各式花香奔馳而來，如同在百貨公司香水專櫃逛街，十分吸引人；入口結構完整，明顯酸度中有柚子果肉香氣帶著草本植物的優雅，兩頰略帶澀味和海鹽味，舌尖略麻並隱隱回甘，且舌根癢癢的，一直想要吞口水；尾韻十分乾淨，此款酒充分表現了西西里火山北部白葡萄酒的雄性風格。

First year production	1980	**Exposure**	Northeast
Produced every year	Yes	**Average yield**	70 ql/ha
Vineyard location	Etna North: Contrada Crasà, Solicchiata, Castiglione di Sicilia		
Grape composition	80% Carricante, 20% Catarratto		
Vineyard age	40 years	**Soil**	Volcanic
Growing system	Espalier and alberello	**Altitude**	700 meters
Harvest	End September to first week of October, 2017		
Vinification	In stainless steel tanks, temperature controlled		
Maceration	No	**Aging**	No
Color	Straw yellow with golden hues		
Food match	Dishes based on seafood, shellfish, sashimi, tropical fruit salad and vegetable salad		
Tasting note of Xiaowen	The clean fleur d'orange and fresh minerality catch the full attention of the nose, followed by orange, lemon and pear peel with pomelo pulp and the elegant rosemary bouquets coming to the stage of this "theater." At 15 degrees, there are all kinds of floral aromas like shopping in perfume stores in La Rinascente. In the mouth, the complete structure, the apparent acidity with pomelo and herbal notes, the slightly salty and stringent sensation on both side of cheeks leave the sweet note on the tip of the tongue. On the root of the tongue, the saliva is encouraged, and the clean ending shows how a good Etna Bianco from the north can be.		

Prima produzione	1980	**Esposizione**	Nord-est
Prodotto ogni anno	Si	**Resa media**	70 ql/ha
Ubicazione del vigneto	Nord dell'Etna: Contrada Crasà, Solicchiata, Castiglione di Sicilia		
Vitigno	80% Carricante, 20% Catarratto		
Età dei vigneti	40 anni	**Terreno**	Vulcanico
Sistema di allevamento	Spalliera ed alberello	**Altitudine**	700 metri
Vendemmia	Fine Settembre-prima settimana di Ottobre, 2017		
Vinificazione	In vasche di acciaio a temperatura controllata		
Macerazione	No	**Invecchiamento**	No
Colore	Giallo chiaro che diventa dorato con l' invecchiamento		
Abbinamenti	Piatti a base di crostacei, pesce crudo, molluschi ed insalate di frutta tropicale e ortaggi		
Note di degustazione da Xiaowen	Il pulito fiore d'arancio e la mineralità fresca catturano tutta l'attenzione del naso, poi buccia d'arancia, limone e pera con polpa di pomelo e gli eleganti bouquet di rosmarino salgono sul palco di questo "teatro." A 15 gradi, ci sono tutti i tipi di bouquet floreali, come fare shopping nei negozi di profumi a La Rinascente; in bocca, la struttura completa, l'ovvia acidità con pomelo e note erbacee, la sensazione leggermente salata e stringente su entrambi i lati delle guance lasciano una nota dolce sulla punta della lingua, mentre sulla radice della lingua, la saliva è stata incoraggiata e il finale pulito mostra ancora meglio come può essere un buon Etna Bianco del versante nord.		

COTTANERA

Contrada Calderara 2016
Etna Bianco DOC

單一園	Contrada
酒精度 Alcohol	12.5% vol.
產量 Bottles	5,600瓶

首次生產年份	2014
是否每年生產	是
葡萄園位置	位於火山北部Randazzo區Contrada Calderara葡萄園
葡萄品種	100% Carricante
葡萄樹齡	45年
海拔	750公尺
土壤	含火山灰的土壤
面向	北、南
平均產量	5,000公斤/公頃
種植方式	短枝修剪
採收日期	2016年10月第一週
釀造製程	40%置於法製大型橡木桶，60%置於水泥大型容器，溫控
浸漬溫度與時間	2°C，24小時
陳年方式	12個月40%置於法製大型橡木桶，60%置於水泥大型容器
顏色	黃色
建議餐搭選擇	蔬食料理、生食魚類、炸魚、海鮮義大利麵、烤鮪魚佐地中海香料，檸檬草雞肉

筱雯老師的品飲紀錄 |

一開瓶即呈現明顯的果香，香氣如此香甜新鮮、引人入勝，等待五分鐘後香氣主調轉為礦物質與花香，果香綿延其中而略帶草本植物香氣，表現豐富出眾；入口初甚平坦，然立即出現完整結構，乾淨的口感開啟了味蕾，豐富而不妖豔的甜澄果肉如同中國年滿盈汁液的如意橘，亦如取春末盛開櫻花鹽漬後、水溫70度的櫻花茶，此酒款略帶鹹度而優雅酸度點綴其中，極為豐富好喝。

First year production	2014	**Exposure**	North and south
Produced every year	Yes	**Average yield**	50 ql/ha
Vineyard location	Etna North: Contrada Calderara, Randazzo		
Grape composition	100% Carricante	**Altitude**	750 meters
Vineyard age	45 years	**Soil**	Volcanic
Growing system	Espalier	**Harvest**	First week of October, 2016

Vinification 40% in large French oak barrel, 60% in cement tank, temperature controlled

Maceration 2°C, 24 hours

Aging 12 months 40% in large French oak barrel and 60% in cement tank with temperature controlled

Color Yellow

Food match Vegetarian food, raw fish, fish fry, pasta with shellfish, grilled tuna with mediterranean herbs, limegrass chicken

Tasting note of Xiaowen Vivid fresh fruity note well balanced with sweet sense was the first impression. After 5 minutes, it turns to mineral and floral scents, and a hint of elegant herbs is with the fruity note. It is vibrant in the different well-constructed layers of flavors. In the month, at first was plain, yet the full structure and the cleanness open up the palate for the upcoming sweet orange meat flavor. It is like the fortunate orange in Chinese new year that brings you luck; it is also like the cherry blossom tea made with salt by the end of Spring. This wine carries a note of salt by the end while the classical acidity of Cariccante grapes shines in between. It is a very well-done Etna Bianco that should not be missed out!

Prima produzione	2014	**Esposizione**	Nord e sud
Prodotto ogni anno	Si	**Resa media**	50 ql/ha
Ubicazione del vigneto	Nord dell'Etna: Contrada Calderara, Randazzo		
Vitigno	100% Carricante	**Altitudine**	750 metri
Età dei vigneti	45 anni	**Terreno**	Vulcanico
Sistema di allevamento	Cordone speronato	**Vendemmia**	1a settimana di Ottobre, 2016

Vinificazione 40% in botte di rovere Francese, 60% in vasca di cemento a temperatura controllata

Macerazione 2°C, 24 ore

Invecchiamento 12 mesi 40% in botte di rovere Francese e 60% in vasca di cemento a temperatura controllata

Colore Giallo

Abbinamenti Piatti vegetariani, Pesce Contradado, frittura di pesce, pasta con frutti di mare, pollo con citronella, tagliata di tonno alle erbe mediterranee

Note di degustazione da Xiaowen La vivida nota di frutta fresca ben bilanciata con un senso dolce è stata la prima impressione. Dopo 5 minuti, si trasforma in minerale e in fiore che conduce, mentre nel fruttato si sente un pizzico di erbe eleganti. Molto ricco di profumi diversi e strato di note ben costruito. In bocca all'inizio era semplice, ma subito la struttura completa dell'uva e la pulizia aprono il palato per l'imminente sapore di arancia dolce, come la fortunata arancia del nuovo anno cinese che ti porta fortuna; è anche come il tè ai fiori di ciliegio fatto con sale entro la fine della primavera. Questo vino porta una nota di sale alla fine, mentre l'acidità classica delle uve Cariccante brilla nel mezzo. Questo è un Etna Bianco molto ben fatto che non si dovrebbe perdere!

DONNAFUGATA

Sul Vulcano 2016
Etna Bianco DOC

12.5% vol.

7,000 瓶

首次生產年份	2016
是否每年生產	是
葡萄園位置	混五處葡萄園。位於火山北部Castiglione di Sicilia區Passopisciaro鎮Contrada Marchesa葡萄園及Randazzo區Contrada Montelaguardia葡萄園、Allegracore葡萄園、Calderara葡萄園與Campo Re葡萄園
葡萄品種	100% Carricante
葡萄樹齡	70年以上
海拔	730至750公尺
土壤	砂質火山熔岩土壤
面向	北
平均產量	4,500-6,500公斤/公頃
種植方式	傳統樹叢型或直架式栽種
採收日期	2016年9月30日至10月初
釀造製程	置於不鏽鋼桶，溫控於14-16°C
浸漬溫度與時間	無
陳年方式	第一階段10個月：部份於不鏽鋼桶、部份於使用第二、三次的法製橡木桶；第二階段7個月以上：靜置於玻璃瓶中
顏色	略帶金黃色澤之稻草黃色
建議餐搭選擇	如右方「筱雯老師的品飲紀錄」

筱雯老師的品飲紀錄｜

此款酒於不同溫度飲用大不同。13度時葡萄柚的香氣十分明顯、柚皮與花香輔佐使其更加清新；16度時轉為糖果的香甜帶著草本植物的優雅香氣，十分宜人而葡萄柚的香氣綿延，些許的白胡椒香氣點綴使其更加有趣。於溫度較低時入口，口感輕淡且酸度不明顯，綿延直至尾韻時升高且十分乾淨，此尾韻適合搭配麻辣類；16度入口則風味變得十分豐富，果香與花香皆十分明顯且怡人，口感香甜，適合搭配生魚片及蔬食料理。

First year production	2016	**Exposure**	North
Produced every year	Yes	**Average yield**	45-65 ql/ha
Vineyard location	Etna North: Contrada Marchesa, Passopisciaro, Castiglione di Sicilia; Contrada Montelaguardia, Contrada Allegracore, Contrada Calderara and Contrada Campo Re, Randazzo		
Grape composition	100% Carricante	**Vineyard age**	Older than 70 years
Altitude	730-750 meters	**Harvest**	Sep. 30 - early October, 2016
Soil	Sandy lavic soil offers subacid-neutral reactions with good organic endowment		
Growing system	Alberello or vertical shoot with spurred cordon pruning		
Vinification	In stainless steel at 14-16°C		
Maceration	No		
Aging	10 months partly in stainless steel tanks and partly in French oak barriques (2nd and 3rd passage); at least 7 months in bottle		
Color	Straw yellow with golden reflections		
Food match	As below "Tasting note of Xiaowen"		
Tasting note of Xiaowen	It is interesting to try this wine attwo different temperature as a game of food matching. At 13 degrees, the noticeable grapefruit bouquet with pomelo and floral notes are fresh in the nose. The bright texture with mild acidity in the mouth isperfect for super spicy food. At 16 degrees, the candied fruity sweetness, the delicate herbs, and prolonged grapefruit bouquets with a hint of white pepper arerefreshing. The flavor in the mouth is the pleasant, sweet, and easy-recognized fruity notes.It is perfect for sushi or vegetarian cuisine.		

Prima produzione	2016	**Esposizione**	Nord
Prodotto ogni anno	Si	**Resa media**	45-65 ql/ha
Ubicazione del vigneto	Nord dell'Etna: Contrada Marchesa, Passopisciaro, Castiglione di Sicilia; Contrada Montelaguardia, Contrada Allegracore, Contrada Calderara e Contrada Campo Re, Randazzo		
Vitigno	100% Carricante	**Età dei vigneti**	Vigne oltre 70 anni di età
Altitudine	730-750 metri	**Vendemmia**	30 Set.-primi di Ottobre 2016
Terreno	La composizione del suolo lavico atessitura sabbiosa, offe una reazione subacida-neutra, con buona dotazione organica		
Sistema di allevamento	Allevamento ad alberello o controspalliera costituita con potatura a cordone speronato		
Vinificazione	In acciaio a 14-16°C	**Macerazione**	No
Invecchiamento	10 mesi parzialmente in acciaio e parzialmente in rovere francese barrique (secondo e terzo passaggio); poi almeno 7 mesi in bottiglia		
Colore	Giallo paglierino con riflessi dorati		
Abbinamenti	Come "Note di degustazione da Xiaowen"		
Note di degustazione da Xiaowen	È interessante provare questo vino a 2 diverse temperature per il gioco di abbinamento del cibo: a 13 gradi, l'evidente bouquet di pompelmo con pomelo e note floreali è fresco al naso e in bocca si percepisce una consistenza brillante con leggera acidità, perfetta per cibi piccanti; a 16 gradi, la dolcezza fruttata candita, le erbe eleganti e il bouquet prolungato di pompelmo con sentore di pepe bianco sono davvero interessanti e il sapore in bocca è ricco di frutti e fiori che sono piacevoli e facili da riconoscere, perfetti per il sushi o piatti vegetariani.		

EUDES

Bianco di Monte 2015
Etna Bianco DOC

單一園	Contrada
酒精度 Alcohol	12.5% vol.
產量 Bottles	3,000 瓶

首次生產年份	2015
是否每年生產	是
葡萄園位置	位於火山東南部Trecastagni區Contrada Monte Gorna葡萄園
葡萄品種	80% Carricante, 20% Catarratto
葡萄樹齡	12年
海拔	750公尺
土壤	富含礦物質之砂土、火山土壤及帶有亞酸反應且滲透性佳之岩屑土
面向	東南
平均產量	700公斤/公頃
種植方式	Etna傳統樹叢型
採收日期	2015年10月第二週
釀造製程	置於不鏽鋼桶，溫控
浸漬溫度與時間	18°C，8-10天
陳年方式	15個月於不鏽鋼桶
顏色	稻草色、較深色的火山白酒
建議餐搭選擇	適合搭配魚類料理、前菜、主餐等餐點，亦適合搭配炸魚一起品嚐

筱雯老師的品飲紀錄｜

一開瓶即為熟蘋果肉味，證明為晚採收的白酒（正常為青蘋果或紅蘋果香氣），亦似德國萊茵河區域的某些遲摘白酒；入口甜度與果香明顯，然其酸度於最後展現並使口舌乾淨，十分精采；此酒靜置四小時後其酸度依舊，雖為白酒然頗具陳年實力；最適飲溫度為16度。

First year production	2015	**Exposure**	Southeast
Produced every year	Yes	**Average yield**	7 ql/ha
Vineyard location	Etna Southeast: Contrada Monte Gorna, Trecastagni		
Grape composition	80% Carricante, 20% Catarratto		
Vineyard age	12 years	**Altitude**	750 meters
Soil	Sandy, volcanic, rich in minerals, porous skeleton of subacid reaction		
Growing system	Etneo alberello		
Harvest	Second week of October, 2015		
Vinification	In steel silos, temperature controlled		
Maceration	18°C, 8-10 days		
Aging	15 months in steel vats		
Color	Yellow hay, darker Etna white wine		
Food match	This wine is matched with fish, starters, the first courses and with the second ones; to be tasted also in combinations with fried fish		
Tasting note of Xiaowen	The ripe apple pulpbouquet is the hint of late harvest Carricante and it reminds of some German Rheingau late harvest Riesling. The sweet and the fruity notes are evident while theacidity sweeps in at the end and cleans the mouth, leaving only some light floral hints in the nose. I've tried leaving this wine open for 4 hours, and it still has its apple note with bright acidity. The best temperature to observe this wine is 16 degrees.		

Prima produzione	2015	**Esposizione**	Sud-est
Prodotto ogni anno	Si	**Resa media**	7 ql/ha
Ubicazione del vigneto	Sud-est dell'Etna: Contrada Monte Gorna, Trecastagni		
Vitigno	80% Carricante, 20% Catarratto		
Età dei vigneti	12 anni	**Altitudine**	750 metri
Terreno	Sabbioso, vulcanico, ricchissimo di minerali, scheletro di pomice a reazione subacida		
Sistema di allevamento	Spalliera e alberello etneo		
Vendemmia	Seconda settimana di Ottobre 2015		
Vinificazione	In silos d'acciaio a temperatura controllata		
Macerazione	18°C, 8-10 giorni		
Invecchiamento	15 mesi in vasche di acciaio		
Colore	Giallo fieno, vino bianco dell'Etna un po più scuro		
Abbinamenti	Questo vino si abbina felicemente con il pesce, declinato negli antipasti, nei primi ma soprattutto nei secondi piatti; da gustare anche in abbinamento al fritto di pesce		
Note di degustazione da Xiaowen	Il bouquet è una polpa di mela matura che è il sentore del tardivo raccolto del Carricante che ricorda alcuni raccolti tedeschi del Rheingau Riesling; la dolcezza e le note fruttate sono evidenti mentre l'acidità si insinua alla fine e pulisce la bocca, lasciando solo un lieve accenno floreale nel naso. Ho provato a lasciare questo vino aperto per 4 ore e ha ancora la sua nota di mela con acidità brillante; la temperatura migliore per degustare questo vino dovrebbe essere di 16 gradi.		

FALCONE

Aitho 2017
Etna Bianco DOC

單一園	Contrada
酒精度 Alcohol	13% vol.
產量 Bottles	1,500 瓶

首次生產年份	2016
是否每年生產	是
葡萄園位置	位於火山西南部Santa Maria di Licodia區Contrada Cavaliere葡萄園
葡萄品種	90% Carricante, 10% Catarratto
葡萄樹齡	40年
海拔	900公尺
土壤	火山土壤
面向	西南
平均產量	7,000公斤/公頃
種植方式	直架式栽種
採收日期	2017年10月15日
釀造製程	置於不鏽鋼桶，溫控
浸漬溫度與時間	13-15°C，約20至25天
陳年方式	4個月於不鏽鋼桶中
顏色	鮮艷的稻草黃色
建議餐搭選擇	魚及新鮮起司

筱雯老師的品飲紀錄｜

剛開瓶為深沉草本香氣，然10分鐘後香氣明朗乾淨，草本植物與富士蘋果香交錯；入口柔順，輕盈的青果香伴隨著完整的結構與酸度齊於口中綻放，此款酒為西西里火山葡萄品種，然其口感略似Sauvignon Blanc白酒，唯尾韻的高酸度與舌尖澀度表現著原生品種的特性，青蘋果香綿延，後鼻腔帶著些許鳳梨甜味，耐人尋味。

First year production	2016	**Exposure**	Southwest
Produced every year	Yes	**Average yield**	70 ql/ha
Vineyard location	Etna Southwest: Contrada Cavaliere, Santa Maria di Licodia		
Grape composition	90% Carricante, 10% Catarratto		
Vineyard age	40 years	**Altitude**	900 meters
Soil	Volcanic		
Growing system	Espalier system		
Harvest	Oct. 15, 2017		
Vinification	In steel tanks, temperature controlled		
Maceration	13-15°C, about 20-25 days		
Aging	4 months in steel tanks		
Color	Brilliant straw-yellow colour		
Food match	Fish and fresh cheese		
Tasting note of Xiaowen	It takes 10 minutes to open up, and then the clear herbal and Fuji apple note are full in the nose. Smooth in the mouth with well-structured green fruits flavor that blooms up together with the acidity. Though it is from Carricante grapes, it seems a good Sauvignon Blanc, if without the high acidity at the ending and the astringent at the tip of the tongue. In the posterior nasal cavity, there's a charming pineapple sweet scent that follows the lingering green apple note. Interesting to try.		

Prima produzione	2016	**Esposizione**	Sud-ovest
Prodotto ogni anno	Si	**Resa media**	70 ql/ha
Ubicazione del vigneto	Sud-ovest dell'Etna: Contrada Cavaliere, Santa Maria di Licodia		
Vitigno	90% Carricante, 10% Catarratto		
Età dei vigneti	40 anni	**Altitudine**	900 metri
Terreno	Vulcanico		
Sistema di allevamento	Spalliera		
Vendemmia	15 Ott. 2017		
Vinificazione	In vasche d'acciaio a temperatura controllata		
Macerazione	13-15°C, circa 20-25 giorni		
Invecchiamento	4 mesi in vasche d'acciaio		
Colore	Giallo paglierino brillante con riflessi verdolini		
Abbinamenti	Pietanze di pesce e formaggi freschi		
Note di degustazione da Xiaowen	Le note profonde hanno bisogno di 10 minuti per aprirsi, poi la chiara nota erbacea e la mela Fuji sono piene nel naso; liscio in bocca con un sapore di frutta verde ben strutturato che fiorisce insieme all'acidità. Sebbene sia un'uva Carricante, ma senza al termine l'elevata acidità e astringente sulla punta della lingua, questo sapore sembra un buon Sauvignon Blanc. Nella cavità nasale posteriore, c'è questo delizioso e dolce profumo di ananas che segue la nota persistente di mela verde. Interessante da provare.		

FEDERICO GRAZIANI

Mareneve 2017
IGP Terre Siciliane

單一園	Contrada
酒精度 Alcohol	13% vol.
產量 Bottles	6,000 瓶

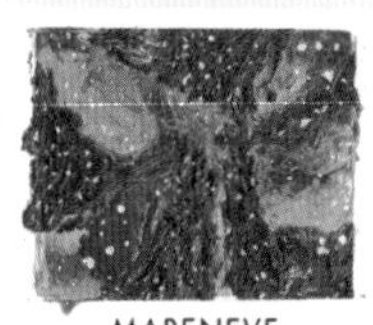

首次生產年份	2016
是否每年生產	是
葡萄園位置	位於火山西北部Bronte Common區Contrada Nava葡萄園
葡萄品種	30% Riesling, 30% Gewurztraminer, 20% Chenin Blanc, 12% Carricante, 8% Grecanico
葡萄樹齡	5及15年
海拔	1,180公尺
土壤	含火山灰的土壤
面向	西北
平均產量	5,500公斤/公頃
種植方式	傳統樹叢型
採收日期	2017年9月中旬
釀造製程	置於不鏽鋼桶
浸漬溫度與時間	無
陳年方式	第一階段10個月：於不鏽鋼桶；第二階段6個月：靜置於玻璃瓶中
顏色	白色
建議餐搭選擇	如右方「筱雯老師的品飲紀錄」

筱雯老師的品飲紀錄｜

建議於14度時飲用，一開瓶即為清脆的礦物質、優雅花香、青森蘋果香氣與新鮮橙皮慢慢展開；入口為綿延的野花蜜、甜香澄葉、其清純且柔順的果香好似新鮮紅蘋果汁般，順口易喝，酸度點綴其中、並與蘋果的香甜相互交錯著，舌面上可感受到其結構，後鼻腔依舊綿延著野花蜜與紅蘋果的香氣。溫度升至16度依舊柔順，然口感轉似清酒，甜而不苦，證明其製程的講究。搭配日本海鮮或蔬菜天婦羅、生魚片及生蠔十分完美。

First year production	2016	**Exposure**	Northwest
Produced every year	Yes	**Average yield**	55 ql/ha
Vineyard location	Etna Northwest: Contrada Nave, Bronte Common		
Grape composition	30% Riesling, 30% Gewurztraminer, 20% Chenin Blanc, 12% Carricante, 8% Grecanico		
Vineyard age	5 and 15 years	**Altitude**	1,180 meters
Growing system	Alberello training sistem	**Soil**	Volcanic
Harvest	Second decade of September, 2017		
Vinification	In stainless steel		
Maceration	No		
Aging	10 months in stainless steel; 6 months in bottle		
Color	Brilliant white with greenish nuanses		
Food match	Perfectly with Tempura of fish and vegetables, sashimi or oysters		
Tasting note of Xiaowen	The best temperature to enjoy this wine is at 14 degrees. The crispy minerality, elegant floral notes, Aomori apple from Japan, and fresh orange peel bouquets gently spread out in the nose. In the mouth, the lingering wild-flower honey, sweet orange leaf, and the red apple flavor are smooth and easy to drink. The elegant acidity interlaces with the sweetness as if drinking a ripe apple juice with soft lemon skin. On the surface of the tongue, there's the structure, and on the posterior nasal cavity you feel the prolonged honey and apple bouquets. At 16 degrees, the wine turns to sake-like sweetness without any bitterness.		

Prima produzione	2016	**Esposizione**	Nord-ovest
Prodotto ogni anno	Si	**Resa media**	55 ql/ha
Ubicazione del vigneto	Nord-ovest dell'Etna: Contrada Nave, Comune di Bronte		
Vitigno	30% Riesling, 30% Gewurztraminer, 20% Chenin Blanc, 12% Carricante, 8% Grecanico		
Età dei vigneti	5 e 15 anni	**Altitudine**	1.180 metri
Sistema di allevamento	Alberello	**Terreno**	Vulcanico
Vinificazione	In acciaio	**Vendemmia**	Metà Settembre, 2017
Macerazione	No		
Invecchiamento	10 mesi in acciaio; 6 mesi in bottiglia		
Colore	Bianco brillante con sfumature verdoline		
Abbinamenti	È perfetto per tempura Giaponese di pesce e verdure, sashimi o ostriche		
Note di degustazione da Xiaowen	La temperatura migliore per gustarlo è di 14 gradi. La mineralità croccante, le eleganti note floreali, la mela Aomori da Giaponne e i bouquet di scorza d'arancia fresca si diffondono delicatamente nel naso; in bocca il persistente miele di fiori selvatici, la dolce foglia di arancia e il sapore di mela rossa sono morbidi e facili da bere mentre l'elegante acidità si intreccia con la sua dolcezza, come se si stesse bevendo un succo di mela con una morbida buccia di limone. Sulla superficie della lingua si avverte la struttura, nella cavità nasale posteriore si percepiscono i prolungati bouquet di miele e mela. Elevato a 16 gradi il sapore si trasforma in sake, dolce ma non amaro.		

FEUDO CAVALIERE

Millemetri 2016
Etna Bianco DOC

單一園	Contrada
酒精度 Alcohol	13.5% vol.
產　量 Bottles	6,000 瓶

首次生產年份	2005
是否每年生產	是
葡萄園位置	位於火山西南部Santa Maria di Licodia區Contrada Cavaliere葡萄園
葡萄品種	100% Carricante
葡萄樹齡	70年
海拔	980至1,000公尺
土壤	含火山灰的砂質土壤
面向	西南
平均產量	3,500-4,000公斤/公頃
種植方式	傳統樹叢型與短枝修剪
採收日期	2016年10月29日
釀造製程	置於不鏽鋼桶，溫控
浸漬溫度與時間	5°C，5小時
陳年方式	約12個月置於不鏽鋼桶中
顏色	略帶綠色的淺金色
建議餐搭選擇	壽司、生魚片、冷肉切盤、蔬食料理及白肉

筱雯老師的品飲紀錄 |

杯中有著輕柔稻草香，甜美的鳳梨水果香氣中帶有鼠尾草；入口的結構少，其酸度與檸檬皮香氣共同出現，尾韻有濃郁椰奶的味道，對應其生長在高海拔的葡萄，令人感到詫異。

First year production	2005	**Exposure**	Southwest
Produced every year	Yes	**Average yield**	35-40 ql/ha

Vineyard location	Etna Southwest: Contrada Cavaliere, Santa Maria di Licodia
Grape composition	100% Carricante
Vineyard age	70 years
Altitude	980-1,000 meters
Soil	Volcanic sand
Growing system	Goblet and royal cordon
Harvest	Oct. 29, 2016
Vinification	In steel tanks, temperature controlled
Maceration	5°C, 5 hours
Aging	About 12 months in steel tanks with temperature controlled and frequent battonage
Color	Light gold colore with green notes
Food match	Fish, sushi, sashimi, cold cuts boards, vegetable dishes and white meat
Tasting note of Xiaowen	Light fresh hay, sweet pineapple with sage bouquets in the nose. In the mouth, the acidity of lemon peel note arrives together with the coconut ending which is rather bizarre considering the grapes are of high elevation, close to 1,000 meters above sea level.

Prima produzione	2005	**Esposizione**	Sud-ovest
Prodotto ogni anno	Si	**Resa media**	35-40 ql/ha

Ubicazione del vigneto	Sud-ovest dell'Etna: Contrada Cavaliere, Santa Maria di Licodia
Vitigno	100% Carricante
Età dei vigneti	70 anni
Altitudine	980-1.000 metri
Terreno	Vulcanico sabbia e ripiddu lavico profondo e fertile
Sistema di allevamento	Alberello e cordone royal
Vendemmia	29 Ott. 2016
Vinificazione	In vasche d'acciaio a temperaatura controllata
Macerazione	5°C, 5 ore
Invecchiamento	Circa 12 mesi in vasche d'acciaio a temperatura controllata e frequento battonages
Colore	Giallo oro chiaro con note verdi
Abbinamenti	Pesce crudo e cotto, sushi e sashimi, tempure, piatti di verdure anche elaborati, zuppe vegetariane
Note di degustazione da Xiaowen	Fiocchi freschi leggeri, ananas dolce con mazzi di salvia sul naso; in bocca l'acidità e le note di buccia di limone arrivano insieme al finale di cocco che è piuttosto bizzarro considerando che le uve sono di elevata altezza, vicino ai 1.000 metri sul livello del mare.

FIRRIATO

Cavanera Ripa di Scorciavacca 2016
Etna Bianco DOC

酒精度 Alcohol	13% vol.
產　量 Bottles	13,000 瓶

Etna

首次生產年份	2010
是否每年生產	是
葡萄園位置	位於火山北部Castiglione di Sicilia區Contrada Verzella葡萄園
葡萄品種	90% Carricante, 10% Catarratto
葡萄樹齡	30年
海拔	750至850公尺
土壤	高度排水、含火山灰的砂土
面向	北、東北
平均產量	5,600-5,800公斤/公頃
種植方式	短枝修剪
採收日期	2016年10月第二週
釀造製程	置於不鏽鋼桶，溫控
浸漬溫度與時間	16-18°C，約20天
陳年方式	第一階段6個月以上：於不鏽鋼桶、未過濾酒渣且每天攪拌；第二階段約12個月：靜置於玻璃瓶中
顏色	帶有綠色光澤的深稻草黃色
建議餐搭選擇	如右方「筱雯老師的品飲紀錄」

筱雯老師的品飲紀錄｜

鼠尾草與羅勒等草本植物與松露的香氣，如初夏清晨、置身森林的小河旁，手中握著新鮮樹葉，唱著中國元曲：「小橋流水平沙、古道西風瘦馬、夕陽西下、斷腸人在天涯」；入口時的果香濃郁且酒精與酸度皆高，這是有個性的一支白葡萄酒，適合搭配義式燉飯、肥魚、雞肉甚至西班牙伊比利豬肉。

First year production	2010	**Exposure**	North, Northeast
Produced every year	Yes	**Average yield**	56-58 ql/ha
Vineyard location	Etna North: Cavanera Etnea Estate, Contrada Verzella, Castiglione di Sicilia		
Grape composition	90% Carricante, 10% Catarratto		
Vineyard age	30 years	**Altitude**	750-850 meters
Soil	Sandy of volcanic origin, highly draining		
Growing system	Cordon Royat trained		
Harvest	Second week of October, 2016		
Vinification	In stainless steel, temperature controlled		
Maceration	16-18°C, about 20 days		
Aging	At least 6 months in stainless steel, sur lie with daily shaking; about 12 months in bottle		
Color	Intense straw yellow with green hues		
Food match	Suitable for risotto, oily fish, chicken and even Ibelico pork		
Tasting note of Xiaowen	Bouquets of sage, basil, and fresh summer black truffle give the sensations as if standing in a forest, next to the creek with a handful of fresh leaves. The emotions are similar to the Yuan lyrics: "Under the bridge, a stream of water and moistured sandy bank, on the ancient desolated road...." This wine is with various tastes and characters.		

Prima produzione	2010	**Esposizione**	Nord, Nord-est
Prodotto ogni anno	Yes	**Resa media**	56-58 ql/ha
Ubicazione del vigneto	Nord dell'Etna: Tenuta di Cavanera Etnea, Contrada Verzella, territorio di Castiglione di Sicilia		
Vitigno	90% Carricante, 10% Catarratto		
Età dei vigneti	30 anni	**Altitudine**	750-850 metri
Terreno	Franco sabbioso, di matrice vulcanica, con elevata capacità drenante		
Sistema di allevamento	Cordone Royat		
Vendemmia	Seconda settimana di Ottobre 2016		
Vinificazione	In acciaio a temperatura controllata		
Macerazione	16-18°C, circa 20 giorni		
Invecchiamento	Almeno 6 mesi sulle sur lie con agitazione giornaliera; circa 12 mesi in bottiglia		
Colore	Giallo paglierino con riflessi verdolini		
Abbinamenti	Adatto per risotto, pesce grasso, pollo e anche maiale Iberico		
Note di degustazione da Xiaowen	Bouquet di salvia, basilico e fresco tartufo nero estivo danno la sensazione di stare in piedi in una foresta, vicino al torrente con una manciata di foglie fresche, cantando il testo di Yuan: "Sotto il ponte, un fiume di acqua e sabbiosa umida, sull'antica strada desolata...." Questo vino ha un carattere ricco di sapore.		

FISCHETTI

Muscamento 2017
Etna Bianco DOC

單一園	Contrada
酒精度 Alcohol	13% vol.
產量 Bottles	1,130瓶

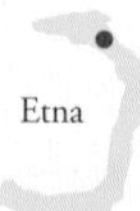

首次生產年份	2013
是否每年生產	是
葡萄園位置	位於火山東北部Castiglione di Sicilia區Rovittello鎮Contrada Moscamento葡萄園
葡萄品種	60% Carricante, 40% Catarratto
葡萄樹齡	80至100年
海拔	650公尺
土壤	火山灰土壤，主要部份為富含有機沈積物之沙土
面向	東北
平均產量	2,500-3,000公斤/公頃
種植方式	傳統樹叢型
採收日期	2017年10月底
釀造製程	置於不鏽鋼桶，溫控於14°C，20天
浸漬溫度與時間	無
陳年方式	6個月於不鏽鋼桶
顏色	稻草黃色
建議餐搭選擇	適合搭配魚料理、中度陳年起司、前菜或做為開胃酒飲用

筱雯老師的品飲紀錄｜

一開瓶即為清脆而香甜的富士蘋果、優雅的紫羅蘭花瓣香與糖漬西西里紅橙；口感為香甜的果香，十分順口易喝。酸度高而明顯，輕盈地與礦物質的新鮮口感結合，綿延的果香略帶鹹度並遇此酸度，使其尾韻有如喝台灣頂級得獎高山烏龍茶的回甘鮮味，香氣四溢且口齒乾淨。

First year production	2013	**Exposure**	Northeast
Produced every year	Yes	**Average yield**	25-30 ql/ha
Vineyard location	Etna Northeast: Contrada Moscamento, Rovittello, Castiglione di Sicilia		
Grape composition	60% Carricante; 40% Catarratto		
Vineyard age	80-100 years	**Altitude**	650 meters
Soil	Volcanic soil, mainly sandy, rich in organic substances		
Growing system	Alberello		
Harvest	End of October 2017		
Vinification	In stainless steel, temperature controlled at 14°C, 20 days		
Maceration	No		
Aging	6 months in stainless steel with the fine lees		
Color	Straw yellow		
Food match	Serve with fish dishes, medium-aged cheese, appetizers or as aperitif		
Tasting note of Xiaowen	The crispy sweet Fuji apple, elegant violet floral and candied Sicilian red orange bouquets are full in the glass when opening. In the mouth, it is sweet, smooth, and gentle to drink. The high and elegant acidity lightly combines with the minerality in the mouth, the fresh sweetness of fruitiness lingers and crashes into the hint of saltiness, and the umani together appear like Taiwan high mountain oolong tea. The ending is clear in the mouth while in the posterior nasal cavity, the subtle fruity note remains.		

Prima produzione	2013	**Esposizione**	Nord-est
Prodotto ogni anno	Sì	**Resa media**	25-30 ql/ha
Ubicazione del vigneto	Nord-est dell'Nord: Contrada Moscamento, Rovittello, Castiglione di Sicilia		
Vitigno	60% Carricante; 40% Catarratto		
Età dei vigneti	80-100 anni	**Altitudine**	650 metri
Terreno	Terreno vulcanico, sabbioso, ricco di scheletro e sostanza organica		
Sistema di allevamento	Alberello		
Vendemmia	Fine Ottobre 2017		
Vinificazione	In acciaio, controllo della temperatura a 14°C, 20 giorni		
Macerazione	No		
Invecchiamento	6 mesi in acciaio con le fecce fini		
Colore	Giallo paglierino		
Abbinamenti	Servire con piatti di pesce, formaggio di media stagionatura, antipasti o come aperitivo		
Note di degustazione da Xiaowen	La mela Fuji croccante e dolce, eleganti bouquet di viole e di arance rosse siciliane candite sono presenti nel bicchiere al momento dell'apertura; in bocca è dolce, morbido e delicato da bere. In bocca, l'alta ed elegante acidità si combina delicatamente con la mineralità, la fresca dolcezza del fruttato indugia e si precipita in un accenno di salsedine e l'umani sembra un tè oolong taiwanese di alta montagna. Il finale è chiaro in bocca mentre, nella cavità nasale posteriore, rimane una sottile nota fruttata.		

FRANCESCO TORNATORE

Pietrarizzo 2017
Etna Bianco DOC

單一園 Contrada

酒精度 Alcohol 13.5% vol.

產 量 Bottles  19,000 瓶

TORNATORE
PIETRARIZZO
2017
ETNA BIANCO

首次生產年份	2014
是否每年生產	是
葡萄園位置	位於火山北部Castiglione di Sicilia區Contrada Pietrarizzo葡萄園
葡萄品種	95% Carricante, 5% Cataratto
葡萄樹齡	約10年
海拔	650公尺
土壤	含火山灰的土壤
面向	西南
平均產量	6,000公斤/公頃
種植方式	短枝修剪暨直架式栽種
採收日期	2017年10月中旬
釀造製程	置於法製橡木桶，溫控
浸漬溫度與時間	無
陳年方式	5個月於法製大型橡木桶(5千公升)
顏色	深稻草黃色
建議餐搭選擇	如右方「筱雯老師的品飲紀錄」

筱雯老師的品飲紀錄｜

剛開瓶時即有紅蘋果香氣，約莫十分鐘後亦出現甜瓜、鳳梨和香蕉等熱帶水果香氣；入口首先顯現的是草本植物、之後酸度與青木瓜香氣同時顯現，舌尖帶甜如剛吃完日本低糖手工蛋糕般，尾韻十分乾淨，後鼻腔綿延著優雅的花香，十分精彩的一款白酒。適合搭配地中海魚類料理、橄欖油白肉料理、起司。

First year production	2014	**Exposure**	Southwest
Produced every year	Yes	**Average yield**	60 ql/ha
Vineyard location	Etna North: Contrada Pietrarizzo, Castiglione di Sicilia		
Grape composition	95% Carricante, 5% Cataratto		
Vineyard age	About 10 years	**Altitude**	650 meters
Soil	Volcanic		
Growing system	Counter-espalier, cordon pruned and tide-up vine		
Harvest	Second decade of Octber, 2017		
Vinification	In French oak barrel, temperature controlled		
Maceration	No		
Aging	5 months in French oak barrel (50 hl)		
Color	Intense straw yellow		
Food match	Mediterranian fish, white meat with extra virgin olive oil, cheese		
Tasting note of Xiaowen	It is a sophisticated yet easy-drinking Etna Bianco wine. The red apple bouquet at the beginning and later also tropical fruits like melon, pineapple and banana appear in the glass, quite exotic. In the mouth, there are fine herbs with subtle acidity and green papaya notes while on the tip of the tongue, a hint of sweetness like finishing a low-sugar Japanese homemade cake. The ending is clean with floral scents in the posterior nasal cavity. It is a lovely white wine to try.		

Prima produzione	2014	**Esposizione**	Sud-ovest
Prodotto ogni anno	Si	**Resa media**	60 ql/ha
Ubicazione del vigneto	Nord dell'Etna: Contrada Pietrarizzo, Castiglione di Sicilia		
Vitigno	95% Carricante, 5% Cataratto		
Età dei vigneti	Circa 10 anni	**Altitudine**	650 metri
Terreno	Vulcanico		
Sistema di allevamento	Controspalliera cordone speronato		
Vendemmia	Seconda decade di Ottobre, 2017		
Vinificazione	In botti di rovere Francese a temperatura controllata		
Macerazione	No		
Invecchiamento	5 mesi botte di rovere Francese (50 hl)		
Colore	Giallo paglerino intensi		
Abbinamenti	Pesce azzurro, carni bianche con olio extra vergine d'oliva, formaggio		
Note di degustazione da Xiaowen	Questo è un vino Etna Bianco complesso ma facile da bere. Il bouquet di mela rossa all'inizio e, successivamente, anche frutti tropicali come melone, ananas e banana appaiono nel bicchiere, piuttosto esotico; in bocca ci sono erbe eleganti con acidità sottile e note di papaya verde mentre, sulla punta della lingua, si percepisce un pizzico di dolcezza, come finire una torta giapponese fatta in casa a basso contenuto di zucchero. Il finale è pulito, con profumo floreale nella cavità nasale posteriore. Questo è un vino bianco molto piacevole da provare.		

Giovanni Rosso

Contrada Montedolce 2017
Etna Bianco DOC

單一園	Contrada
酒精度 Alcohol	13% vol.
產　量 Bottles	6,300 瓶

Etna

首次生產年份	2016
是否每年生產	是
葡萄園位置	位於火山北部 Castiglione di Sicilia 區 Solicchiata 鎮 Contrada Montedolce 葡萄園
葡萄品種	Carricante 及少量的其他原生葡萄品種
葡萄樹齡	41 年
海拔	750 公尺
土壤	含火山灰的土壤
面向	北至東北
平均產量	5,000 公斤 / 公頃
種植方式	橫架式栽種兼傳統樹叢型
採收日期	2017 年 10 月中
釀造製程	置於不鏽鋼桶
浸漬溫度與時間	6°C，僅數小時
陳年方式	7 個月於不鏽鋼桶
顏色	帶有金黃光澤之稻草黃色
建議餐搭選擇	如右方「筱雯老師的品飲紀錄」

筱雯老師的品飲紀錄 |

優雅的茉莉花香、杏桃、蘋果與香蕉葉果香，新鮮而充滿層次；入口有著明顯的礦物質、清新的蘋果、水梨果香與隨之而來的高酸度相互平衡，口中有種想要咬的感覺，結構完整且尾韻乾淨為此酒的特色。此酒最適合飲用溫度為 14 度，搭配西西里酸豆鮮魚、北義榛果牛奶雞與特級初榨橄欖油炸新鮮海鮮十分宜人。

First year production	2016	Exposure	North-northeast
Produced every year	Yes	Average yield	50 ql/ha
Vineyard location	Etna North: Contrada Montedolce, Solicchiata, Castiglione di Sicilia		
Grape composition	Carricante and small batches of other local grape varieties		
Vineyard age	41 years	Altitude	750 meters
Soil	Volcanic		
Growing system	Bilateral cordon, bush pruning		
Harvest	Mid October, 2017		
Vinification	In stainless steal tanks		
Maceration	6°C, for few hours		
Aging	7 months in steel tanks		
Color	Straw yellow with golden reflections		
Food match	Perfect with Sicilian fish with capers, Piemonte chestnut chicken and fish fried with extra virgin olive oil		
Tasting note of Xiaowen	Immediate elegant jasmine flower with apricot, apple, and banana leaf bouquets once open. It is a fresh and multi-layer sensation. In the mouth, the minerality is the first impression. Crispy apple and pear notes with high acidity come alone with perfect balance and leave in the mouth sensation to bite. The good structure and the clean mouth are the characteristics of this wine. This wine is ideal for drinking at 14 degrees.		

Prima produzione	2016	Esposizione	Nord-nord/est
Prodotto ogni anno	Si	Resa media	50 ql/ha
Ubicazione del vigneto	Nord dell'Etna: Contrada Montedolce, Solicchiata, Castiglione di Sicilia		
Vitigno	Carricante e altri vitigni auotctoni		
Età dei vigneti	41 anni	Altitudine	750 metri
Terreno	Vulcanico		
Sistema di allevamento	Cordone bilaterale, potatura ad alberello		
Vendemmia	Metà Ottobre 2017		
Vinificazione	In vasche acciaio		
Macerazione	6°C, per poche ore		
Invecchiamento	7 mesi in acciaio		
Colore	Giallo paglierino scarico con riflessi dorati		
Abbinamenti	Perfetto con pesce siciliano con capperi, pollo alla castagna Piemonte, e frittura di paranza con olio extravergine d'oliva.		
Note di degustazione da Xiaowen	Immediato gelsomino elegante con bouquet di albicocca, mela e foglia di banana una volta aperto. È una sensazione fresca e multistrato; in bocca la mineralità è la prima impressione. Le note fresche di mela e pera ad alta acidità arrivano da sole con un perfetto equilibrio e lasciano in bocca la sensazione di mordere. La buona struttura e la bocca pulita sono le caratteristiche di questo vino. Questo vino è perfetto da bere a 14 gradi.		

GRACI

Arcurìa 2016
Etna Bianco DOC

有機酒	BIO
單一園	Contrada
酒精度 Alcohol	12.5% vol.
產　量 Bottles	3,800瓶

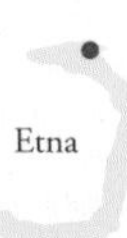

ETNA BIANCO
D.O.C.
ARCURÌA
2016
GRACI

首次生產年份	2009年，名為Etna Bianco DOC Quota 600直至2011年更名至今
是否每年生產	是
葡萄園位置	位於火山北部Castiglione di Sicilia區Passopisciaro鎮Contrada Arcurìa葡萄園
葡萄品種	100% Carricante
葡萄樹齡	15年
海拔	650公尺
土壤	含火山灰的土壤
面向	北
平均產量	4,500公斤/公頃
種植方式	直架式栽種
採收日期	2016年10月中
釀造製程	部份置於水泥材質之大型容器，部份置於大型橡木桶中長達12個月
浸漬溫度與時間	無
陳年方式	12個月靜置於玻璃瓶中
顏色	亮黃色
建議餐搭選擇	魚及甲殼類海鮮，起司及白肉

筱雯老師的品飲紀錄｜

開瓶即有清爽的果香，約十四度時可完整感受到其香澄、柚子皮、洋甘菊花瓣、鼠尾草、微微薰衣草花香帶著鹽之花的香氣，十分吸引人；入口輕柔但舌面可感受到其結構，冰糖燉新鮮水梨、炭烤水梨皮香氣與礦物質的清脆感同時出現，酸度隱於其柔美果香中，尾韻花香綿延不斷然口齒乾淨。此葡萄園可謂身處"萬叢紅中一點白(周圍都是紅葡萄)"，為西西里火山北區表現特別優異的白酒。

First year production	2009 with the name Etna Bianco DOC Quota 600, since 2011 with the name Etna Bianco DOC Arcurìa		
Produced every year	Yes	**Exposure**	North
Vineyard location	Etna North: Contrada Arcurìa, Passopisciaro, Castiglione di Sicilia		
Grape composition	100% Carricante	**Average yield**	45 ql/ha
Vineyard age	15 years	**Altitude**	650 meters
Growing system	Espallier	**Soil**	Volcanic soil
Harvest	Mid October, 2016		
Vinification	Partitally in concrete tanks and partitally in large oak barrels for 12 months		
Maceration	No		
Aging	12 months in bottle		
Color	Shiny yellow		
Food match	Fish and crustaceans, cheese and white meet		
Tasting note of Xiaowen	Fresh fruity bouquet rushes out gently once opened, then around 14 degrees, there are sweet orange, pomelo skin, chamomile flower paddle, salvia with hints of lavender and fleur de sel, incredibly charming. In the mouth, it is gentle yet on the floor of the tongue you feel the structure while the flavor of roasted peer skin and braised fresh pear with rock sugar (a traditional Asian recipe) comes with the crispy minerality. The ending is floral and prolonged. This wine comes from the vines that surrounded by red grapes for red wine, and it is an excellent Etna Bianco from the north.		

Prima produzione	2009 con il nome Etna Bianco DOC Quota 600, dal 2011 con il nome Etna Bianco DOC Arcurìa		
Prodotto ogni anno	Si	**Esposizione**	Nord
Ubicazione del vigneto	Nord dell'Etna: Contrada Arcurìa, Passopisciaro, Castiglione di Sicilia		
Vitigno	100% Carricante	**Resa media**	45 ql/ha
Età dei vigneti	15 anni	**Altitudine**	650 metri
Sistema di allevamento	Spalliera	**Terreno**	Vulcanico
Vendemmia	Metà di Ottobre 2016		
Vinificazione	Parte in vasca di cemento e parte in botte grande di rovere per 12 mesi		
Macerazione	No		
Invecchiamento	12 mesi in bottiglia		
Colore	Giallo brillante		
Abbinamenti	Pesce e crostacei, formaggi e carni bianche		
Note di degustazione da Xiaowen	Il bouquet fresco e fruttato si libera elegantemente una volta aperto, poi, intorno ai 14 gradi, si percepiscono arancia dolce, buccia di pompelmo, paddle di fiori di camomilla, salvia con sentori di lavanda e fleur de sel, estremamente affascinante; in bocca è delicato, sulla superficie della lingua si avverte la struttura mentre il sapore della pelle di pera arrostita e di pera fresca brasata con zucchero candito (una ricetta tradizionale asiatica) arriva con la mineralità croccante. Il finale è floreale e prolungato. Questo vino proviene dai vigneti che circondano le uve per il vino rosso ed è un ottimo Etna Bianco del nord.		

GUIDO COFFA

Etna Bianco DOC 2017

有機酒	BIO
單一園	Contrada
酒精度 Alcohol	13% vol.
產量 Bottles	3,500 瓶

首次生產年份	2015
是否每年生產	是
葡萄園位置	位於火山東部Zafferana Etnea區 Contrada Pietralunga葡萄園
葡萄品種	100% Carricante
葡萄樹齡	7年
海拔	500公尺
土壤	火山土壤
面向	東北
平均產量	6,000公斤/公頃
種植方式	傳統樹叢型及行列式種植
採收日期	2017年9月底
釀造製程	置於不鏽鋼桶，溫控
浸漬溫度與時間	無
陳年方式	第一階段7個月：於不鏽鋼桶；第二階段7個月：靜置於玻璃瓶中
顏色	稻草黃色
建議餐搭選擇	魚、白肉義大利麵、義式燉飯

筱雯老師的品飲紀錄｜

一開瓶即為明顯的青蘋果味且有些許酵母的味道，五分鐘後出現白杏仁花的香氣，算是此款白酒特別處。入口柔順自然，果香和酸度皆很明顯，口中唾液呼應著盤中飧，十分開胃。簡單不複雜、結構適中不做作的風格，表現出西西里火山小農意欲呈現葡萄品種特性的樸實個性。

First year production	2015	**Exposure**	Northeast
Produced every year	Yes	**Average yield**	60 ql/ha

Vineyard location	Etna East: Contrada Pietralunga, Zafferana Etnea
Grape composition	100% Carricante
Vineyard age	7 years
Altitude	500 meters
Soil	Volcanic soil
Growing system	Mainly alberello, somerows
Harvest	End September, 2017
Vinification	In steel barrels, temperature controlled
Maceration	No
Aging	7 months in stainless steel barrel; 7 months in bottle
Color	Straw yellow
Food match	Fish, pasta and white meats, risotto
Tasting note of Xiaowen	Vivid green apple with a bit of yeast which turns to white almond flower note after 5 minutes, beautiful and not typical to find in Etna Bianco. In the mouth, it is smooth and naturally comes the fruity notes and acidity. As the ancient Chinese poet LiShan wrote about how difficult it is to have rice in a plate to eat, and how to finish it with gratitude, the flavor of this wine certainly opens up your appetizing. The style is simple with moderation which expresses the real character of a modest farm.

Prima produzione	2015	**Esposizione**	Nord est
Prodotto ogni anno	Si	**Resa media**	60 ql/ha

Ubicazione del vigneto	Est dell'Etna: Contrada Pietralunga, Zafferana Etnea
Vitigno	100% Carricante
Età dei vigneti	7 anni
Altitudine	500 metri
Terreno	Vulcanico
Sistema di allevamento	Principalmente alberello e filare
Vendemmia	Fine Settembre 2017
Vinificazione	In acciaio a temperatura controllata
Macerazione	No
Invecchiamento	7 mesi in acciaio; 7 mesi in bottiglia
Colore	Giallo paglierino
Abbinamenti	Pesce, paste e carni bianche, risotto
Note di degustazione da Xiaowen	Vivida mela verde con un po' di lievito che, dopo 5 minuti, si trasforma in bianco fiore di mandorla; bello ma non comune da trovare in un Etna Bianco; in bocca è morbido e arrivano naturalmente le note fruttate e l'acidità. Come l'antico poeta cinese LiShan ha scritto su quanto sia difficile avere il riso nel piatto da mangiare e come finirlo con gratitudine, il sapore di questo vino attrae certamente l'appetito. Lo stile è semplice ma con moderazione ed esprime il vero carattere delle fattorie modeste.

I CUSTODI DELLE VIGNE DELL'ETNA

Ante 2016
Etna Bianco DOC

單一園 Contrada

酒精度 Alcohol 12.5% vol.

產量 Bottles 8,759 瓶

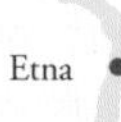

首次生產年份	2009
是否每年生產	是
葡萄園位置	位於火山東部Sant'Alfio鎮Contrada Puntalazzo葡萄園
葡萄品種	90% Carricante, 10% Grecanico及Minnella
葡萄樹齡	10至40年
海拔	900公尺
土壤	富含礦物質的火山灰砂土
面向	東
平均產量	5,000公斤/公頃
種植方式	傳統樹叢型
採收日期	2016年9月中旬
釀造製程	置於不鏽鋼桶，溫控於16-18°C
浸漬溫度與時間	無
陳年方式	第一階段1年：於不鏽鋼桶；第二階段6個月：靜置於玻璃瓶中
顏色	稻草黃綠色
建議餐搭選擇	海鮮料理或西西里風味開胃菜

筱雯老師的品飲紀錄 |

剛開瓶時的清酒米灶香氣為「I Vigneri」小農團體的葡萄酒特徵。此香氣逐漸轉為新鮮的草本與糖果、風信子花香、北海道輕薄荷葉。約莫30分鐘後，增添了怡人的野蜂蜜香氣，香氣的迂迴路轉是此款酒的有趣之處；入口有著鮮明的酸度與豐富的口感、澄花、檸檬皮與橘汁的果香，酸度流竄其中。舌面上能感受到來自火山土壤的葡萄酒結構，好像是在咬一顆芭樂，最後乾淨的口感，令人可以舒服自在地多喝一杯；建議此酒不妨使用紅酒杯於14度飲用，更能感其豐富口感。

First year production	2009	**Exposure**	East
Produced every year	Yes	**Average yield**	50 ql/ha
Vineyard location	Etna East: Contrada Puntalazzo, Sant'Alfio		
Grape composition	90% Carricante, 10% Grecanico and Minnella		
Vineyard age	10-40 years	**Altitude**	900 meters
Soil	Sandy, volcanic, very rich in minerals		
Growing system	Bush training	**Harvest**	Mid-September, 2016
Vinification	In steel vat, temperature controlled at 16-18°C		
Maceration	No		
Aging	12 months in stainless steel; 6 months in the bottle		
Color	Greenish straw yellow		
Food match	Seafood, Sicilian hors d'oeuvres		
Tasting note of Xiaowen	The smell of Japanese sake rice is the characteristics of I Vigneri group which turns gently to bouquets of fresh herbs, candy, hyacinth flower, and a light mint leaf of Hokkaido. After 30 minutes, there is also a wild honey note. The richness and the turning of smells are the most interesting part of this wine. In the mouth, there are fresh acidity, orange blossom, lemon peel, and tangerine juice flavors in which the acidity strolls in between. On the surface of the tongue, the solid structure of wine from volcanic soil is as solid as biting a piece of guava. The clean ending is the guarantee for taking another glass comfortably. Suggest drinking at 14 degrees with a red-wine glass, which helps to show the richness.		

Prima produzione	2009	**Esposizione**	Est
Prodotto ogni anno	Sì	**Resa media**	50 ql/ha
Ubicazione del vigneto	Est dell'Etna: Contrada Puntalazzo, Sant'Alfio		
Vitigno	90% Carricante, 10% Grecanico e Minnella		
Età dei vigneti	10-40 anni	**Altitudine**	900 metri
Terreno	Vulcanico-sabbioso, ricco di minerali		
Sistema di allevamento	Alberello	**Vendemmia**	Metà Settembre 2016
Vinificazione	In serbatoi di acciaio a 16-18°C		
Macerazione	No		
Invecchiamento	12 mesi in acciaio; 6 mesi in bottiglia		
Colore	Giallo paglierino-verdognolo		
Abbinamenti	Frutti di mare, antipasti siciliani di mare e terra		
Note di degustazione da Xiaowen	L'odore del riso sake giapponese è la caratteristica del gruppo I Vigneri che si trasforma delicatamente in bouquet di erbe fresche, caramelle, fiori di giacinto e leggere foglie di menta di Hokkaido. Dopo 30 minuti, ci sono anche note di miele selvatico. La ricchezza e la trasformazione degli odori sono la parte più interessante di questo vino; in bocca troviamo fresca acidità, fiori d'arancio, scorza di limone e aromi di succo di mandarino in cui l'acidità passeggia nel mezzo. Sulla superficie della lingua si può sentire la solida struttura del vino proveniente dal terreno vulcanico, come mordere un pezzo di guaiava. Il finale pulito è una garanzia naturale per prendere comodamente un altro bicchiere. Consiglio di berlo a 14 gradi con un bicchiere di vino rosso che aiuta a mostrare la ricchezza.		

I VIGNERI DI SALVO FOTI

Vignadi Milo 2016
Etna Bianco DOC Superiore

單一園	Contrada
酒精度 Alcohol	12% vol.
產量 Bottles	1,000瓶

首次生產年份	2011
是否每年生產	是
葡萄園位置	位於火山東部Milo區Contrada Caselle葡萄園
葡萄品種	100% Carricante
葡萄樹齡	8年
海拔	750公尺
土壤	火山砂質土壤
面向	東
平均產量	7,000公斤/公頃
種植方式	傳統樹叢型
採收日期	2016年10月10日
釀造製程	置於大型木桶
浸漬溫度與時間	自然發酵，8天
陳年方式	1年於大型木桶(2千公升)
顏色	略帶綠色光澤的白色
建議餐搭選擇	如右方「筱雯老師的品飲紀錄」

筱雯老師的品飲紀錄 |

剛開瓶時呈顯草本植物的香氣，約莫一小時後明顯轉為紅蘋果肉的清香、薄荷香點綴後，出現綿延不絕的烏龍茶香氣，甚為有趣。入口時酸度與甜度同時在口中展開，其酸度十分美妙令唾液不知不覺的分泌，自然順口的口感，繼續呼應著紅蘋果肉的香氣。適合餐前飲用開胃、亦適合搭配高油脂的白肉、如四川水煮魚、川燙肥豬肉片或海鹽包烤比目魚。

First year production	2011	**Exposure**	East
Produced every year	Yes	**Average yield**	70 ql/ha
Vineyard location	Etna East: Contrada Caselle, Milo		
Grape composition	100% Carricante		
Vineyard age	8 years		
Altitude	750 meters		
Soil	Volcanic sand with lapilli		
Growing system	Etnean alberello		
Harvest	Oct. 10, 2016		
Vinification	In barrels without temperature controlled		
Maceration	No		
Aging	1 year in big barrel (20 hl)		
Color	White with green reflections		
Food match	As below "Tasting note of Xiaowen"		
Tasting note of Xiaowen	Herbal notes dominate the nose when first open which turns into fresh red apple pulp with sparkles of mint note and even Oolong tea after one hour. It is interesting to discover this wine by smell. In the mouth spreads out sweetness and acidity at the same time, smooth texture, apple sweetness with pleasant acidity trigger appetites. This wine is perfect for an aperitif as well as fatty white meat, such as Sichuan fish fillet in hot chilly boil or salt-baked ocean floor flatfish.		

Prima produzione	2011	**Esposizione**	Est
Prodotto ogni anno	Si	**Resa media**	70 ql/ha
Ubicazione del vigneto	Est dell'Etna: Contrada Caselle, Milo		
Vitigno	100% Carricante		
Età dei vigneti	8 anni		
Altitudine	750 metri		
Terreno	Vulcanico sabbioso con lapilli		
Sistema di allevamento	Alberello etneo		
Vendemmia	10 Ott. 2016		
Vinificazione	In botti senza controllo temperatura		
Macerazione	No		
Invecchiamento	1 anno in botte grande (20 hl)		
Colore	Bianco con riflessi verdi		
Abbinamenti	Come "Note di degustazione da Xiaowen"		
Note di degustazione da Xiaowen	Appena aperto, le note di erbe dominano il naso, dopo un'ora si trasforma in polpa fresca di mela rossa con note di menta e persino tè Oolong. È interessante scoprire questo vino dall'odore; in bocca si diffondono dolcezza e acidità allo stesso tempo, consistenza morbida, dolcezza di mela con piacevole acidità innesca gli appetiti. Questo vino è perfetto per l'aperitivo così come per la carne bianca grassa, come il filetto di pesce del Sichuan in acqua bollente o il pesce piatto del fondo oceanico.		

MONTEROSSO

Crater 2017
Etna Bianco DOC

單一園	Contrada
酒精度 Alcohol	12.5% vol.
產量 Bottles	840 瓶

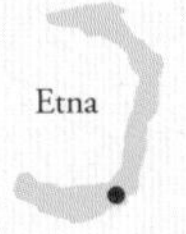

首次生產年份	2015
是否每年生產	是
葡萄園位置	位於火山東南部Viagrande區Contrada Monte Rosso葡萄園
葡萄品種	85% Carricante, 10% Catarratto, 5% Minnella
葡萄樹齡	100年
海拔	600公尺
土壤	紅色火山灰
面向	東南
平均產量	600公斤/公頃
種植方式	傳統樹叢型
採收日期	2017年9月最後一個週日至10月第一個週日
釀造製程	置於不鏽鋼桶
浸漬溫度與時間	8-10°C，24小時
陳年方式	8個月於不鏽鋼桶
顏色	稻草黃色
建議餐搭選擇	壽司、青蔥/薑蒸鮮魚、凱撒沙拉

筱雯老師的品飲紀錄｜

在13度時有著十分優雅、細緻而豐富的滿天星、小白花與茉莉花香，聞到如此精緻不明顯的香氣反而令人驚艷。十分鐘後約15度，香氣轉變成為天然糖漬橙肉與冰糖燉水梨，清淡的薄荷香氣迎面而來；入口柔順帶甘甜、水梨的果香輕盈且新鮮、舌面上能感受到火山土壤的結構、十分乾淨的口感與隱晦綿延的酸度，使這瓶酒更加迷人、令人一飲再飲。

＊值得注意的是，這款酒在六個小時後，依舊如此優雅，我能想像其製程極其尊重對待葡萄。

First year production	2015	**Exposure**	Southeast
Produced every year	Yes	**Average yield**	6 ql/ha
Vineyard location	Etna Southeast: Contrada Monte Rosso, Viagrande		
Grape composition	85% Carricante, 10% Catarratto, 5% Minnella		
Harvest	Last sunday of September - first sunday of October, 2017		
Vineyard age	100 years	**Altitude**	600 meters
Growing system	Alberello	**Soil**	Red volcanic pozzolana
Vinification	In steel vats	**Color**	Straw yellow
Maceration	8-10°C, 24 hours		
Aging	8 months in steel vats		
Food match	Sushi, steam fresh white fish with ginger or green onion, Caesar salad		

Tasting note of Xiaowen

Open at 13 degrees, the elegant, soft yet creamy floral bouquets of gypsophila, jasmine and little white flowers are in the glass, which are subtle and impressive. After 10 minutes at 15 degrees, the bouquets turn to natural candied orange and ice sugar strew pears (typical Asian dessert) with a hint of mint. In the mouth, it is smooth with gentle sweetness, and the fruity pear note lingers with freshness and lightness, while on the surface of the tongue you feel the structure of typical volcanic soil with Carricante grapes. The ending is very clean with long, elegant, and round acidity which make this wine charming and unstoppable to drink one glass after another.
** What is worthy of attention is that after 6 hours, this wine still shows its elegance, which demonstrates how respectfully and carefully the grapes were treated in growing, harvest and vinification.*

Prima produzione	2015	**Esposizione**	Sud-est
Prodotto ogni anno	Si	**Resa media**	6 ql/ha
Ubicazione del vigneto	Sud-est dell'Etna: Contrada Monte Rosso, Viagrande		
Vitigno	85% Carricante, 10% Catarratto, 5% Minnella		
Vendemmia	Ultimo domenica di Settembre - prima domenica di Ottobre 2017		
Età dei vigneti	100 anni	**Altitudine**	600 metri
Sistema di allevamento	Alberello	**Terreno**	Pozzolana vulcanica rossa
Vinificazione	In acciaio	**Colore**	Giallo paglierino
Macerazione	8-10°C, 24 ore		
Invecchiamento	8 mesi in acciaio		
Abbinamenti	Sushi, pesce bianco fresco al vapore con zenzero o cipolla verde, insalata Caesar		

Note di degustazione da Xiaowen

Aperto a 13 gradi, gli eleganti e ricchi bouquet floreali di gypsophila, gelsomino e piccoli fiori bianchi, anche se non evidenti, sono nel bicchiere, e sono così sottili da sembrare ancora più speciali e impressionanti. Dopo 10 minuti a 15 gradi, i bouquet si trasformano in arance candite naturali e pere cosparse di zucchero a velo (tipico dessert asiatico) con un tocco di menta; in bocca è morbido con delicata dolcezza e la nota di pera fruttata indugia con freschezza e leggerezza, mentre sulla superficie della lingua si avverte la struttura del tipico terreno vulcanico con uve Carricante. Il finale è molto pulito con acidità lunga, elegante e rotonda che rende questo vino affascinante e rende impossibile smettere di bere un bicchiere dopo l'altro.
** Ciò che merita attenzione è che dopo 6 ore, questo vino mostra ancora la sua eleganza che dimostra quanto siano rispettosi e attenti verso l'uva nella coltivazione, raccolta e vinificazione.*

MURGO

Tenuta San Michele 2016
Etna Bianco DOC

Contrada

13% vol.

3,500 瓶

首次生產年份	2010
是否每年生產	是
葡萄園位置	位於火山東部Zafferana區Santa Venerina鎮San Michele葡萄園
葡萄品種	60% Carricante, 30% Catarrattto, 10% Altre Varietà
葡萄樹齡	14年
海拔	550公尺
土壤	含火山灰的沙土
面向	西南、東北
平均產量	5,000公斤/公頃
種植方式	直架式栽種
採收日期	2016年9月16日
釀造製程	置於不鏽鋼桶，溫控
浸漬溫度與時間	14°C，20天
陳年方式	10個月於不鏽鋼桶及大型橡木桶
顏色	深稻草黃色
建議餐搭選擇	烤石斑魚、西西里式龍蝦

筱雯老師的品飲紀錄｜

蘋果、檸檬皮、梨子等豐富果香、些許花香與輕柔麝香點綴是此款酒的特性；入口的柚子果香、香草與草本植物香氣對應口中的高酒精與酸度，微苦微辣的口感中帶著礦物質與結構感，此酒雖然簡單然亦表現著其風土環境。

First year production	2010	**Exposure**	Southwest, northeast
Produced every year	Yes	**Average yield**	50 ql/ha

Vineyard location Etna East: San Michele, Santa Venerina, Zafferana
Grape composition 60% Carricante, 30% Catarrattto, 10% Altre varietà
Vineyard age 14 years
Altitude 550 meters
Soil Volcanic sand
Growing system Esplaier
Harvest Sep. 16, 2016
Vinification In steel tanks, temperature controlled
Maceration 14°C, 20 days
Aging 10 months in steel tanks and oak barrels
Color Intense straw yellow
Food match Grilled grouper, Catalan style lobster
Tasting note of Xiaowen The apple, lemon peel, and fruity pear bouquets with a hint of flower and soft musk are in the nose. In the mouth, the pomelo fruit, vanilla and herbal notes with a sense of alcohol and high acidity bring out slightly the bitterness and pungency with minerality and structure. This wine is not complicated, and it shows the character of Etna Bianco of different areas.

Prima produzione	2010	**Esposizione**	Sud-ovest, nord-est
Prodotto ogni anno	Si	**Resa media**	50 ql/ha

Ubicazione del vigneto Est dell'Etna: San Michele, Santa Venerina, Zafferana
Vitigno 60% Carricante, 30% Catarrattto, 10% Altre varietà
Età dei vigneti 14 anni
Altitudine 550 metri
Terreno Sabbioso vulcanico
Sistema di allevamento Spalliera
Vendemmia 16 Set. 2016
Vinificazione In serbatoi di acciaio a temperatura controllata
Macerazione 14°C, 20 giorni
Invecchiamento 10 mesi acciaio e botti di rovere
Colore Giallo paglierino intenso
Abbinamenti Cernia alla griglia, aragosta alla Catalana
Note di degustazione da Xiaowen La mela, la buccia di limone e il bouquet fruttato di pera con un tocco di fiore e morbido muschio sono nel naso, mentre in bocca, il pomelo, la vaniglia e le note erbacee con sentore alcolico e alta acidità esaltano leggermente l'amaro e il piccante con mineralità e struttura. Questo vino non è complicato e mostra il carattere dell'Etna Bianco in diverse aree.

NICOSIA

Vulkà 2017
Etna Bianco DOC

有機酒	BIO
酒精度 Alcohol	12.5% vol.
產量 Bottles	30,000瓶

首次生產年份	2013
是否每年生產	是
葡萄園位置	混四處葡萄園。位於火山東南部Trecastagni區Contrada Monte Gorna葡萄園、Ronzini葡萄園與Monte San Nicolò葡萄園及火山東部Zafferana Etnea區Contrada Cancelliere Spuligni葡萄園
葡萄品種	60% Carricante, 40% Catarratto
葡萄樹齡	約15年
海拔	600至750公尺
土壤	富含礦物質的火山灰土壤
面向	東南
平均產量	6,000公斤/公頃
種植方式	短枝修剪暨直架式栽種
採收日期	2017年10月上旬
釀造製程	置於不鏽鋼桶，溫控15-18°C，約20至25天
浸漬溫度與時間	24小時低溫浸漬
陳年方式	第一階段4至5個月：於不鏽鋼桶；第二階段約2個月：靜置於玻璃瓶中
顏色	淺黃色
建議餐搭選擇	如右方「筱雯老師的品飲紀錄」

筱雯老師的品飲紀錄｜

豐富且新鮮的蘋果肉香氣，礦物質與鹽之花香氣充沛，彷彿太平洋浪花打上岩石的海風，緊湊來到卻悠然散去；入口香甜口感，未成熟的蜜桃果香更顯優雅，尾韻帶著草本植物香氣、舌尖上的酸度眷戀著而遲遲不肯告別，青蘋果皮的香氣綿延。非常適合作為開胃酒或搭配海鮮、壽司、炸魚及蔬菜天婦羅。

First year production	2013	**Exposure**	Southeast
Produced every year	Yes	**Average yield**	60 ql/ha
Vineyard location	Etna Southeast and East: Contrada Monte Gorna, Contrada Ronzini and Contrada Monte San Nicolò, Trecastagni; Contrada Cancelliere Spuligni, Zafferana Etnea		
Grape composition	60% Carricante, 40% Catarratto		
Vineyard age	about 15 years	**Altitude**	600-750 meters
Soil	Volcanic, rich in minerals		
Growing system	Espalier spurred cordon		
Harvest	First ten days of October, 2017		
Vinification	In stainless steel vats, at 15-18°C, about 20-25 days		
Maceration	Cold maceration for 24 hours		
Aging	4-5 months in stainless steel vats; about 2 months in the bottle		
Color	Light yellow		
Food match	Ideal as an aperitif or match with seafood, sushi, fried fish and vegetable tempura		
Tasting note of Xiaowen	Vibrant and fresh apple pulp bouquet with full minerality and fleur de sel note as if the Pacific Ocean waves hit the rock on the shore, short but intense. In the mouth, it is sweet with a hint of unripe peach pulp. The acidity shows up with elegant herbal notes which lingers on the tip of the tongue with green apple peel fragrant that doesn't leave the palate.		

Prima produzione	2013	**Esposizione**	Sud-est
Prodotto ogni anno	Si	**Resa media**	60 ql/ha
Ubicazione del vigneto	Sud-Est e Est dell'Etna: Contrada Monte Gorna, Contrada Ronzini and Contrada Monte San Nicolò, Trecastagni; Contrada Cancelliere Spuligni, Zafferana Etnea		
Vitigno	60% Carricante, 40% Catarratto		
Età dei vigneti	15 anni circa	**Altitudine**	600-750 metri
Terreno	Sabbie vulcaniche, derivate dal disfacimento delle masse laviche, ricche di minerali		
Sistema di allevamento	Contro-spalliera a cordone speronato		
Vendemmia	Prima decade di Ottobre, 2017		
Vinificazione	In vasche d'acciaio a 15-18°C, circa 20-25 giorni		
Macerazione	a freddo per 24 ore		
Invecchiamento	4-5 mesi in vasche d'acciaio; circa 2 mesi in bottiglia		
Colore	Giallo chiaro		
Abbinamenti	Ideale come aperitivo o per accompagnare piatti di pesce e crostacei, fritture di mare e verdure in tempura		
Note di degustazione da Xiaowen	Profumo ricco e fresco di polpa di mela con piena mineralità e note di fleur du sel, come se le onde del mare pacifico colpissero la roccia sulla riva, breve ma intenso; in bocca ha un sapore dolce con una nota acerba di polpa di pesca che mostra più eleganza grazie ai sentori erbacei. L'acidità indugia sulla punta della lingua con buccia di mela verde profumata che rimane nel palato.		

PALMENTO COSTANZO

Mofete 2017
Etna Bianco DOC

有機酒	BIO
單一園	Contrada
酒精度 Alcohol	13% vol.
產量 Bottles	20,000 瓶

Etna

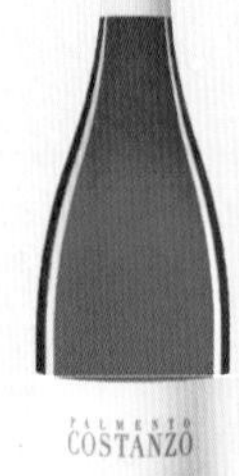

首次生產年份	2015
是否每年生產	是
葡萄園位置	位於火山北部Castiglione di Sicilia區Passopisciaro鎮Contrada Santo Spirito葡萄園
葡萄品種	70% Carricante, 30% Catarratto
葡萄樹齡	5至30年
海拔	650至780公尺
土壤	混合火山岩石的火山灰砂土
面向	北
平均產量	5,500公斤/公頃
種植方式	傳統樹叢型
採收日期	2017年9月最後一週
釀造製程	置於不鏽鋼桶
浸漬溫度與時間	無
陳年方式	6個月置於不鏽鋼桶
顏色	稻草黃色
建議餐搭選擇	如右方「筱雯老師的品飲紀錄」

筱雯老師的品飲紀錄 |

開瓶為紅蘋果和香澄的果香，十分新鮮；入口柚子與柚皮果香柔順，略帶柚子皮香，舌尖略帶澀度，舌根感受其酒精度而舌面則十分乾淨。此款酒的果香在口中短暫，然其顯現的酸度清脆而令人想要咬一口；尾韻果香綿延，建議從14度開始飲用，升至16度時出現香甜感，可搭配辣雞翅或滷豆腐料理、新鮮柔軟的起司、蔬食料理及清淡的魚料理。

First year production	2015	**Exposure**	North
Produced every year	Yes	**Average yield**	55 ql/ha
Vineyard location	Etna North: Contrada Santo Spirito, Passopisciaro, Castiglione di Sicilia		
Grape composition	70% Carricante, 30% Catarratto		
Vineyard age	5-30 years	**Altitude**	650-780 meters
Soil	Volcanic sandy soil, mixed with lava rocks		
Growing system	Alberello, single-trained system, bush vines		
Harvest	Last week of September, 2017		
Vinification	In stainless steel vats		
Maceration	No		
Aging	6 months in stainless steel vats		
Color	Straw yellow		
Food match	Good with spicy fried chicken, fresh and soft cheese, tofu cuisine, vegetarian dishes and light fish dishes		
Tasting note of Xiaowen	In the nose, the red apple and fruity orange notes are fresh. In the mouth, the flavors of pomelo fruit slightly with the peel seems short because the crispy acidity and the alcohol by the root of the tongue clear up the sensation. In a second the lingering, pleasant fruity note is found again and even with sweeter taste at the tip of the tongue. Recommended to open at 14 degrees and feel the changes at 16 degrees.		

Prima produzione	2015	**Esposizione**	Nord
Prodotto ogni anno	Si	**Resa media**	55 ql/ha
Ubicazione del vigneto	Nord dell'Etna: Contrada Santo Spirito, Passopisciaro, Castiglione di Sicilia		
Vitigno	70% Carricante, 30% Catarratto		
Età dei vigneti	5-30 anni	**Altitudine**	650-780 metri
Terreno	Vulcanico di matrice sabbiosa, con presenza di rocce effusive		
Sistema di allevamento	Alberello		
Vendemmia	Ultima settimana di Settembre, 2017		
Vinificazione	In acciaio		
Macerazione	No		
Invecchiamento	6 mesi in acciaio		
Colore	Giallo paglierino		
Abbinamenti	Buono con il pollo fritto picante, formaggi freschi, ricette, la cucina tofu, vegetarian o piatti di pesce delicati		
Note di degustazione da Xiaowen	Nel naso, la mela rossa e le note fruttate di aranciasono fresche; in bocca, il sapore di pomelo eil leggero sentore di buccia sembranobrevipoiché l'acidità croccante e l'alcol alla radice della lingua chiariscono la sensazione; eppure, in un secondo, la persistente e piacevole nota fruttata riapparecon un gusto ancora più dolce sulla punta della lingua. Consigliato daaprire a 14 gradi per poi sentire i cambiamenti a 16 gradi.		

PIETRADOLCE

Archineri 2017
Etna Bianco DOC

單一園	Contrada
酒精度 Alcohol	13.5% vol.
產量 Bottles	4,000瓶

首次生產年份	2011
是否每年生產	是
葡萄園位置	位於火山東部Milo區Contrada Caselle葡萄園
葡萄品種	100% Carricante
葡萄樹齡	100至120年
海拔	850公尺
土壤	岩石、沙質壤土
面向	東
平均產量	2,000公斤/公頃
種植方式	傳統樹叢型
採收日期	2017年10月中旬
釀造製程	置於不鏽鋼桶，溫控於20-28°C
浸漬溫度與時間	未浸漬
陳年方式	6個月於不鏽鋼桶
顏色	黃色
建議餐搭選擇	建議搭配麻辣火鍋或泰式料理、鮮魚料理、生海鮮及烤物

筱雯老師的品飲紀錄 |

青蘋果與稻草香氣迷人，略帶草本植物與礦物質，香氣清香而乾淨，溫度升高後優雅的澄花香漸顯並帶法國橘酒香；此為入口結構完整的白酒，青蘋果與花香同時綻放，花香後迴轉為水梨與新鮮草本植物香氣，酸度隨之而來，口感十分乾淨。這是筆者最喜歡的火山白酒之一。

First year production	2011	**Exposure**	East
Produced every year	Yes	**Average yield**	20 ql/ha
Vineyard location	Etna East: Contrada Caselle, Milo		
Grape composition	100% Carricante	**Altitude**	850 meters
Vineyard age	100-120 years	**Soil**	Stony, light sandy loam
Growing system	Bush		
Harvest	Second ten days of October, 2017		
Vinification	In stainless steel tank, temperature controlled at 20-28°C		
Maceration	No maceration		
Aging	6 months in steel tanks		
Color	Yellow		
Food match	It is extremely suitable for spicy Asia cuisine like Thai seafood or Taiwanese hot pot, fresh sashimi, baked fish or grilled seafood.		
Tasting note of Xiaowen	The charming green apple, yellow grass, herbs, and mineral notes are vivid and clean at 14 degrees; at 16 degrees begin to appear the elegant orange flower with a bit Cointreau on fire. In the mouth, it is well-structured with both green apple and apple flowers, and then it turns to pear and fresh herbs, then the acidity arrives to clean all senses like Zen. It is one of the best Etna Bianco and extremely suitable for spicy Asia cuisine.		

Prima produzione	2011	**Esposizione**	Est
Prodotto ogni anno	Si	**Resa media**	20 ql/ha
Ubicazione del vigneto	Est dell'Etna: Contrada Caselle, Milo		
Vitigno	100% Carricante	**Altitudine**	850 metri
Età dei vigneti	100-120 anni		
Terreno	Franco sabbioso con abbondante presenza di scheletro		
Sistema di allevamento	Alberello		
Vendemmia	Seconda decade di Ottobre 2017		
Vinificazione	In acciaio a 20-28°C		
Macerazione	No macerazione		
Invecchiamento	6 mesi in acciaio		
Colore	Giallo		
Abbinamenti	Estremamente adatto per la cucina asiatica speziata come il pesce Tailandese o il hot pot piccante di Taiwan, Sashimi, pesce e grigliate.		
Note di degustazione da Xiaowen	L'affascinante mela verde, erba gialla, erbe aromatiche e note minerali sono vivide e pulite a 14 gradi; a 16 gradi cominciano ad apparire l'elegante fiore d'arancio con un po' di Cointreau in fiamme. In bocca è ben strutturato con entrambi i fiori di mela verde e melone, poi si trasforma in pera ed erbe fresche, poi l'acidità arriva a pulire tutti i sensi come lo Zen. È uno dei migliori Etna Bianco ed è estremamente adatto per la cucina asiatica speziata.		

PLANETA

Etna Bianco DOC 2017

單一園	Contrada
酒精度 Alcohol	13% vol.
產量 Bottles	69,000瓶

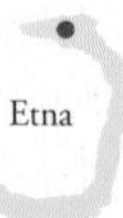

首次生產年份	2012
是否每年生產	是
葡萄園位置	位於火山北部Randazzo區Montelaguardia鎮Contrada Taccione葡萄園
葡萄品種	100% Carricante
葡萄樹齡	8年
海拔	690至720公尺
土壤	含火山灰的鬆軟砂質土壤
面向	北、東
平均產量	7,000公斤/公頃
種植方式	長枝修剪
採收日期	2017年10月5至12日
釀造製程	置於不鏽鋼桶，15%於圓木桶，溫控於15°C
浸漬溫度與時間	無
陳年方式	5個月85%置於不鏽鋼桶，15%置於法國阿列省製橡木桶(5百公升)
顏色	稻草色
建議餐搭選擇	適合搭配生魚片及水果、魚類開胃菜及新鮮起司，亦適合當作開胃酒飲用

筱雯老師的品飲紀錄 |

青蘋果與琵琶果肉香氣在開瓶後即十分明顯，之後出現如糖果般的美好甜味並帶些許新鮮奶油鹹味，有如看電影時必買的混合甜鹹爆米花，令人一口接著一口的不停往嘴裡放；剛開瓶時入口微氣泡，很快穩定後其糖漬蘋果香氣即於口中無限展開，於後轉折為礦物質與高酸度的優雅，結構好令人想要咬一咬。此款酒雖為西西里大廠所生產，然其個性鮮明且十足表現該產區特性，算是難得可貴。

First year production	2012	**Exposure**	North, east
Produced every year	Yes	**Average yield**	70 ql/ha
Vineyard location	Etna North: Contrada Taccione, Montelaguardia, Randazzo		
Grape composition	100% Carricante	**Altitude**	690-720 meters
Vineyard age	8 years	**Soil**	Loosy volcanic sand
Growing system	Guyot	**Harvest**	Oct. 5-12, 2017
Vinification	In inox stainless steel and 15% of the must in tonneaux, temperature controlled at 15°C		
Maceration	No		
Aging	5 months 85% in stainless steel vats and 15% in Allier oak tonneaux (500 l)		
Color	Straw yellow		
Food match	Perfect with raw fish and fresh fruit, fish appetisers and soft cheese, also a refined aperitif		
Tasting note of Xiaowen	Prominent green apple and loquat fruit bouquets, then the pleasant sweetness of childhood-memory-candy comes with a bit of fresh-butter saltiness. It is like the desire to take a handful of American popcorn when watching movies in cinema. In the mouth, it could be a bit uncertain at the beginning, yet soon the candied apple perfume spreads out pleasantly in the mouth with high minerality, elegant acidity and good structure that encourage a bite. This wine shows the capacity of Planeta in expressing the Etna terroir and characteristics.		

Prima produzione	2012	**Esposizione**	Nord, est
Prodotto ogni anno	Si	**Resa media**	70 ql/ha
Ubicazione del vigneto	Nord dell'Etna: Contrada Taccione, Montelaguardia, Randazzo		
Vitigno	100% Carricante	**Altitudine**	690-720 metri
Età dei vigneti	8 anni	**Terreno**	Sbbia vulcanica sciolta
Sistema di allevamento	Guyot	**Vendemmia**	5-12 Ott. 2017
Vinificazione	In acciaio inox e 15% del mosto in tonneaux, temperatura controllata a 15 °C		
Macerazione	No		
Invecchiamento	5 mesi 85% in vasche di acciaio inox e 15% in tonneaux di rovere di Allier (500 l)		
Colore	Giallo paglierino		
Abbinamenti	Perfetto con carpacci di pesce e frutta fresca, primi di pesce e formaggi a pasta filata, è anche un raffinato aperitivo		
Note di degustazione da Xiaowen	Ovvio bouquets di mela verde e nespola, poi la meravigliosa dolcezza delle caramelle che ricordano l'infanzia arriva con un po' di sapore salato di burro fresco come se si stesse godendo dei popcorn americani guardando un film al cinema, una manciata dopo l'altra; in bocca potrebbe essere un po' incerto all'inizio, ma presto il profumo di mela candita si diffonde piacevolmente in bocca con alta mineralità, elegante acidità e buona struttura danno la sensazione di morderlo. Questo vino mostra la capacità di Planeta nell'esprimere il terroir e le caratteristiche dell'Etna.		

PLATANIA GIUSEPPE

Bizantino 2017
Etna Bianco DOC

單一園 Contrada

酒精度 Alcohol 12.5-13% vol.

產 量 Bottles 3,000 瓶

首次生產年份	2016
是否每年生產	是
葡萄園位置	位於火山北部Castiglione di Sicilia區Contrada Santa Domenica葡萄園
葡萄品種	60% Carricante, 40% Catarratto
葡萄樹齡	6年
海拔	550公尺
土壤	含豐富鉀素的火山灰土壤
面向	北
平均產量	5,000-6,000公斤/公頃
種植方式	短枝修剪
採收日期	2017年10月初
釀造製程	置於不鏽鋼桶，溫控13-15°C
浸漬溫度與時間	13°C，6小時
陳年方式	第一階段3個月：1/3於橡木桶；第二階段5至6個月：靜置於玻璃瓶中
顏色	稻草黃色
建議餐搭選擇	如右方「筱雯老師的品飲紀錄」

筱雯老師的品飲紀錄｜

甘蔗皮、竹葉香與枇杷果香中帶有礦物質，此非經典西西里火山葡萄酒香氣，十分容易分辨；入口時的檸檬皮如香港凍檸紅茶，尾韻微苦，適合搭配油脂較多的白肉、亞州料理如四川水煮魚或豬血糕。

First year production	2016	**Exposure**	North
Produced every year	Yes	**Average yield**	50-60 ql/ha
Vineyard location	Etna North: Contrada Santa Domenica, Castiglione di Sicilia		
Grape composition	60% Carricante, 40% Catarratto		
Vineyard age	6 years		
Altitude	550 meters		
Soil	Volcanic, rich in potassium		
Growing system	Cordon		
Harvest	early October, 2017		
Vinification	In steel container, temperature controlled at 13-15°C		
Maceration	13°C, 6 hours		
Aging	3 months 1/3 in barrique; 5-6 months in bottle		
Color	Straw yellow		
Food match	Suitable for fatter white meat, Asian cuisine such as Sichuan spicy boiled fish or pork rice cake		
Tasting note of Xiaowen	Sugarcane peel, bamboo leaf and fruity loquat notes with minerality in the nose, which are easily recognized. In the mouth, the lemon peel taste is as if a Hong Kong lemon ice tea with an ending of slight bitterness.		

Prima produzione	2016	**Esposizione**	Nord
Prodotto ogni anno	Si	**Resa media**	50-60 ql/ha
Ubicazione del vigneto	Nord dell'Etna: Contrada Santa Domenica, Castiglione di Sicilia		
Vitigno	60% Carricante, 40% Catarratto		
Età dei vigneti	6 anni		
Altitudine	550 metri		
Terreno	Vulcanico ricco di potassio		
Sistema di allevamento	Cordone speronato		
Vendemmia	Inizio Ottobre 2017		
Vinificazione	In acciaio, temperatura controllata a 13-15°C		
Macerazione	13°C, 6 ore		
Invecchiamento	3 mesi 1/3 in barrique; 5-6 mesi in bottiglia		
Colore	Giallo paglierino		
Abbinamenti	Adatto per parte grasso di carni bianche, la cucina asiatica come il bollito piccante del Sichuan o la torta di riso di maiale		
Note di degustazione da Xiaowen	Buccia di canna da zucchero, foglia di bambù e note fruttate di nespolo con mineralità facilmente riconoscibili al naso; in bocca la buccia di limone ha il sapore di il tè freddo al limone di Hong Kong con un finale leggermente amaro.		

QUANTICO VINI - RAITI EMANUELA

Etna Bianco DOC 2016

單一園 Contrada

酒精度 Alcohol 13% vol.

產量 Bottles 7,100瓶

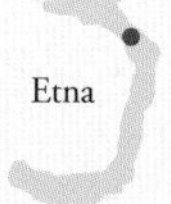

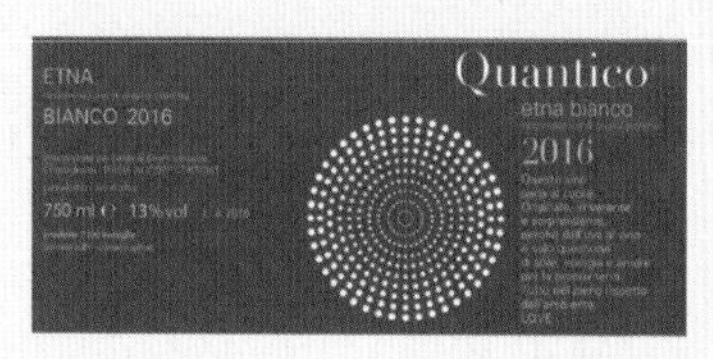

首次生產年份	2009
是否每年生產	是
葡萄園位置	位於火山東北部Linguaglossa區Contrada Lavina葡萄園
葡萄品種	70 % Carricante, 15% Catarratto, 15% Grillo
葡萄樹齡	多數為12年，少數為80年
海拔	600公尺
土壤	火山土壤，鬆軟、排水好且根分布強而有力；各種深度且富含岩屑土之沙質土壤
面向	南
平均產量	6,500公斤/公頃
種植方式	直架式栽種兼傳統樹叢型
採收日期	2016年9月28日
釀造製程	置於不鏽鋼桶中，溫控15-18°C，15至20天
浸漬溫度與時間	7-8°C，12小時與葡萄皮浸漬
陳年方式	第一階段10個月以上：於不鏽鋼桶；第二階段6個月：靜置於玻璃瓶中
顏色	如硫磺水晶般的濃郁金黃色
建議餐搭選擇	如右方「筱雯老師的品飲紀錄」

筱雯老師的品飲紀錄 |

鼻聞時的青蘋果皮香氣中帶著榲子花；入口結構完整，滿溢口鼻的青蘋果香氣維持數秒後，遲來的優雅酸度駕凌卻十分宜人，顯現該品種的十足本性。或許相同優越葡萄轉換到其他酒莊手裡將會被置於法製木桶而呈現更多市場潛力，然該莊主堅持自己的哲學，釀出屬於該產區的代表好酒，我十分同意其作法；可於14至15度飲用。建議搭配烹煮或生食魚類及新鮮起司，或特級初榨橄欖油烹調的旗魚及蔬菜，並佐以香草植物之馬鈴薯享用。

First year production	2009	**Exposure**	South
Produced every year	Yes	**Average yield**	65 ql/ha
Vineyard location	Etna Northeast: Contrada Lavina, Linguaglossa		
Grape composition	70 % Carricante, 15% Catarratto, 15% Grillo		
Vineyard age	Mostly 12 but few are 80 years		
Altitude	600 meters		
Soil	Volcanic, loose, well drained soil and strong root exploration; variable depth, sandy loam with abundant skeleton		
Growing system	Mostly upwards-trained vertical-trellised with the rest being bush-trained		
Harvest	Sep. 28, 2016		
Vinification	In steel tanks, fermentation clean at 15-18°C, 15-20 days		
Maceration	7-8°C, 12 hours with skin-must contact		
Aging	At least 10 months in steel; 6 months in bottle		
Color	Intense golden yellow colour reminiscent of sulphur crystals		
Food match	Cooked or raw fish dishes and fresh cheese, good with a swordfish fillet cooked in extra virgin olive oil and served with crunchy vegetables and potatoes with aromatic herbs.		
Tasting note of Xiaowen	The bouquet is green apple skin with Gardenia flower in the nose while in the mouth the full green apple flavor, well-structured with elegant acidity that pleasantly and charmingly overwhelms senses. This wine shows the nature and the quality of its grape variety and terroir without barrel influences, which also shows the philosophy of this farm; suggest to drink at 15 degrees.		

Prima produzione	2009	**Esposizione**	Sud
Prodotto ogni anno	Si	**Resa media**	65 ql/ha
Ubicazione del vigneto	Nord-est dell'Etna: Contrada Lavina, Linguaglossa		
Vitigno	70 % Carricante, 15% Catarratto, 15% Grillo		
Età dei vigneti	Impianto principale 12 anni ed alcune piante 80 anni		
Altitudine	600 metri		
Terreno	Suolo vulcanico, sciolto, ben drenato ed a forte esplorazione radicale; profondità variabile, tessitura franco sabbiosa con abbondante scheletro		
Sistema di allevamento	Controspalliera (80x120), alberello (120x120)		
Vendemmia	28 Set. 2016		
Vinificazione	In vasca d'acciaio, fermentazione del pulito a 15-18°C, 15-20 giorni		
Macerazione	7-8°C, 12 ore con contatto bucce-mosto		
Invecchiamento	10 mesi in acciaio sulle fecce fini; almeno 6 mesi in bottiglia		
Colore	Colore giallo dorato intenso che ricorda i cristalli di zolfo		
Abbinamenti	Piatti di pesce servito crudo o cotto e formaggi freschi, buono con un filetto di pesce spada cotto all'olio extra vergine di oliva contornato da verdure croccanti e patate alle erbette aromatiche.		
Note di degustazione da Xiaowen	Il bouquet è di mela verde con fiore di Gardenia nel naso, mentre in bocca il gusto della mela verde piena, ben strutturato con elegante acidità, affascina piacevolmente e deliziosamente i sensi. Questo vino mostra pienamente la natura e la qualità del suo vitigno e del suo terroir senza influenze della botte, il che dimostra anche la filosofia di questa azienda; consiglio di berlo a 15 gradi.		

TENUTA BASTONACA

Etna Bianco DOC 2017

單一園	Contrada
酒精度 Alcohol	14% vol.
產量 Bottles	3,500瓶

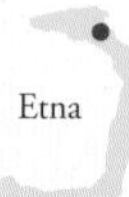

首次生產年份	2017
是否每年生產	是
葡萄園位置	位於火山北部Castiglione di Sicilia區Solicchiata鎮Contrada Piano dei Daini葡萄園
葡萄品種	100% Carricante
葡萄樹齡	80年以上
海拔	780公尺
土壤	砂質火山土壤
面向	北
平均產量	6,000公斤/公頃
種植方式	傳統樹叢型
採收日期	2017年10月中
釀造製程	置於不鏽鋼桶
浸漬溫度與時間	6°C，8小時
陳年方式	第一階段12個月：於不鏽鋼桶；第二階段6個月以上：靜置於玻璃瓶中
顏色	鵝黃色
建議餐搭選擇	海鮮開胃菜、海鮮義大利麵、酥炸魚肉

筱雯老師的品飲紀錄 |

鼻聞果香清雅，溫度漸升高後為甘蔗香氣；入口輕柔香甜，酸度緩緩出現且綿延不絕，酒體輕盈且易飲，此為簡單的西西里火山白葡萄酒酒款，簡單但不見得為入門酒，了解當地葡萄酒特性後方能理解此酒，結構簡單背後哲學卻不簡單。

First year production	2017	**Exposure**	North
Produced every year	Yes	**Average yield**	60 ql/ha
Vineyard location	Etna North: Contrada Piano dei Daini, Solicchiata, Castiglione di Sicilia		
Grape composition	100% Carricante		
Vineyard age	At least 80 years		
Altitude	780 meters		
Soil	Sandy volcanic soil		
Growing system	Traditional free standing bushes		
Harvest	Mid October, 2017		
Vinification	In steel vats		
Maceration	6°C, 8 hours		
Aging	12 months in steel vats; minimum 6 months in the bottle		
Color	Light yellow		
Food match	Seafood appetizers, pasta with seafood, fried fish		
Tasting note of Xiaowen	Fresh and elegant smell at 14 degrees, sugar cane smell at 17 degrees. In the mouth, it is light and sweet, the acidity is mild but lingers, light-body, easy-drinking wine. It is a simple Etna Bianco, yet it is not necessarily suitable for beginners. Only when understanding well of the grape itself, finally one can realize even an easy wine has its own philosophy.		

Prima produzione	2017	**Esposizione**	Nord
Prodotto ogni anno	Si	**Resa media**	60 ql/ha
Ubicazione del vigneto	Nord dell'Etna: Contrada Piano dei Daini, Solicchiata, Castiglione di Sicilia		
Vitigno	100% Carricante		
Età dei vigneti	Più di 80 anni		
Altitudine	780 metri		
Terreno	Terreni sabbiosi di origine lavica		
Sistema di allevamento	Alberello		
Vendemmia	Metà Ottobre 2017		
Vinificazione	In serbatoi d'acciaio		
Macerazione	6°C, 8 ore		
Invecchiamento	12 mesi in acciaio; minimo 6 mesi in bottiglia		
Colore	Giallo chiaro		
Abbinamenti	Antipasti di pesce, primi con crostacei, fritture di pesce		
Note di degustazione da Xiaowen	Odore fresco ed elegante a 14 gradi, odore di canna da zucchero a 17 gradi; in bocca è leggero e dolce, l'acidità è mite ma persistente, corpo leggero, vino facile da bere. Questo è un semplice Etna Bianco, ma non è necessariamente adatto per i principianti. Solo quando comprendi bene l'uva stessa, finalmente realizzi che anche un vino facile come questo ha una sua filosofia.		

TENUTA BENEDETTA

Bianco di Mariagrazia 2016
Etna Bianco DOC

13% vol.

1,883 瓶

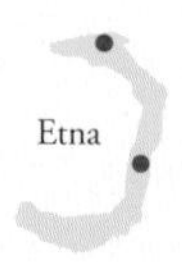

首次生產年份	2015
是否每年生產	是
葡萄園位置	混兩處葡萄園。位於火山東部Milo區Contrada Caselle葡萄園；火山北部Castiglione di Sicilia區Contrada Verzella葡萄園
葡萄品種	80% Carricante, 20% Catarratto
葡萄樹齡	8至96年
海拔	900及600公尺
土壤	含火山灰的土壤
面向	東北
平均產量	4,000公斤/公頃
種植方式	傳統樹叢型
採收日期	2016年9月
釀造製程	置於不鏽鋼桶中，溫控
浸漬溫度與時間	約20°C，3至4天
陳年方式	第一階段4至5個月：50%於不鏽鋼桶，50%於法製圓橡木桶(5百公升)；第二階段12個月：靜置於玻璃瓶中
顏色	淡黃色，明亮且帶有綠色及金色光澤
建議餐搭選擇	起司、魚、白肉

筱雯老師的品飲紀錄 |

一開瓶即為米香味，香澄與花香相互堆疊，約十分鐘後香氣更加明顯；入口層次豐富，紅蘋果香立即出現而於尾韻轉為草本植物，另帶著清酒般的米香與新鮮檸檬皮於後出現。此酒結構不多，然簡單易飲，尾韻略帶鹹感，甚有西西里火山白葡萄原生品種Carricante葡萄的特性。值得一提的是其酒標專為盲人設計，手摸可感受其凹凸文字。

First year production	2015	**Exposure**	Northeast
Produced every year	Yes	**Average yield**	40 ql/ha
Vineyard location	Etna East and North: Contrada Caselle, Milo; Contrada Verzella, Castiglione di Sicilia		
Grape composition	80% Carricante, 20% Catarratto		
Vineyard age	8-96 years	**Altitude**	900 and 600 meters
Growing system	Etna bush	**Soil**	Volcanic soil
Harvest	September 2016		
Vinification	In steel vats, temperature controlled		
Maceration	About 20°C, 3-4 days		
Aging	50% in steel vats for 4-5 months and 50% in French oak tonneaux (500 L); 12 months in bottles		
Color	Pale yellow, bright, with green and golden reflections		
Food match	Cheese, fish, white meat		
Tasting note of Xiaowen	The steamed rice, sweet orange, and floral bouquets appear one after another upon opening, which becomes more vivid after 10 minutes. In the mouth, there are many layers of flavors composed of sake, fresh red apple and salty lemon peels that instantly evolved to herbal notes. The slightly salty ending shows how Carricante wine is. This wine isn't much structure, yet it is pleasant and easy to drink; the label is also in Braille, a tactile writing system used by people who are visually impaired.		

Prima produzione	2015	**Esposizione**	Nord-est
Prodotto ogni anno	Si	**Resa media**	40 ql/ha
Ubicazione del vigneto	Est e Nord dell'Etna: Contrada Caselle, Milo; Contrada Verzella, Castiglione di Sicilia		
Vitigno	80% Carricante, 20% Catarratto		
Età dei vigneti	8-96 anni	**Altitudine**	900 e 600 metri
Sistema di allevamento	Alberello etneo	**Terreno**	Vulcanico
Vendemmia	Settembre 2016		
Vinificazione	In acciaio a temperatura controllata		
Macerazione	Circa 20°C, 3-4 giorni		
Invecchiamento	4-5 mesi 50% in solo acciaio e 50% in tonneaux di rovere francese (500 L); 12 mesi minimo in bottiglia		
Colore	Giallo paglierino, paglierino brillante		
Abbinamenti	Formaggi, pesce, carni binche		
Note di degustazione da Xiaowen	Il riso cotto a vapore, l'arancia dolce e i bouquets floreali appaiono uno dopo l'altro all'apertura e diventano più vividi dopo 10 minuti; in bocca ci sono molti strati di sapori composti da sake, mela rossa fresca e bucce di limone salato che si evolvono immediatamente in note erbacee. In finale, il leggermente salato mostra come è il vino Carricante. Questo vino non è molto strutturato ma è molto piacevole e facile da bere; l'etichetta è anche in Braille, un sistema di scrittura tattile usato da persone ipovedenti.		

TENUTA DELLE TERRE NERE

Santo Spirito 2017
Etna Bianco DOC

有機酒	BIO
單一園	Contrada
酒精度 Alcohol	13.5% vol.
產量 Bottles	7,000瓶

首次生產年份	2014
是否每年生產	是
葡萄園位置	位於火山北部Castiglione di Sicilia區Passopisciaro鎮Contrada Santo Spirito葡萄園
葡萄品種	100% Carricante
葡萄樹齡	20至90年
海拔	700至750公尺
土壤	深段且易碎之深色火山土壤，富含火山灰
面向	北
平均產量	6,000公斤/公頃
種植方式	傳統樹叢型兼直架式栽種
採收日期	2017年9月底至10月第一週
釀造製程	置於橡木桶，溫控
浸漬溫度與時間	15-21°C，7天
陳年方式	第一階段10個月：於法製橡木桶；第二階段8個月：靜置於玻璃瓶中
顏色	帶有金黃光澤之稻草黃色
建議餐搭選擇	如右方「筱雯老師的品飲紀錄」

筱雯老師的品飲紀錄 |

好比冬雪融化而春天到來的喜悅，剛開瓶時此酒有清淡橘子香、略帶白花香，約十分鐘後開始出現Carricante葡萄的明顯特徵，氣味中已經帶有結構，非常引人入勝；入口一開始為優雅的果香，特別是青蘋果肉以及柑橘，之後轉變為野草及草本植物香，酸度雖較不明顯然依舊優雅，此為口感圓融、容易飲用的西西里火山白酒。適合搭配地中海蛤蠣與烏魚子義大利麵、炸魚、烤鮑魚、初榨橄欖油煎雞排。

First year production	2014	**Exposure**	North
Produced every year	Yes	**Average yield**	60 ql/ha
Vineyard location	Etna North: Contrada Santo Spirito, Passopisciaro, Castiglione di Sicilia		
Grape composition	100% Carricante		
Vineyard age	20-90 years		
Altitude	700-750 meters		
Soil	Deep, soft and dark volcanic soil, rich in volcanic ash		
Growing system	En goblet and modified en goblet		
Harvest	End September, first week of October, 2017		
Vinification	In oak barrels, temperature controlled		
Maceration	15-21°C, 7 days		
Aging	10 months in French oak barriques; 8 months in bottle		
Color	Straw yellow with golden hues		
Food match	Clam and bottarga spaghetti, sea urchins, fried fish, roast abalone, chicken baked in extra virgin olive oil.		
Tasting note of Xiaowen	A hint of the orange flower with the white flower bouquet in the nose is like the joy to see the winter snow melting upon arrival of spring. After 10 minutes, the well-structured, charming characteristic of Carricante grapes arrives in the mouth. The elegant green apple pulp and the fresh orange juice later tune into wild herbs. The beautiful acidity conquers the sensation. It is a vibrant, crispy Etna Bianco that you don't get bored.		

Prima produzione	2014	**Esposizione**	Nord
Prodotto ogni anno	Si	**Resa media**	60 ql/ha
Ubicazione del vigneto	Nord dell'Etna: Contrada Santo Spirito, Passopisciaro, Castiglione di Sicilia		
Vitigno	100% Carricante		
Età dei vigneti	20-90 anni		
Altitudine	700-750 metri		
Terreno	Vulcanico, profondo, in prevalenza cenere vulcanica, molto sciolto e scuro		
Sistema di allevamento	Alberello tradizionale e alberello a spalliera		
Vendemmia	Fine Settembre, prima settimana di Ottobre, 2017		
Vinificazione	In botti di rovere a temperatura controllata		
Macerazione	15-21°C, 7 giorni		
Invecchiamento	10 mesi in barriques di rovere francese; 8 mesi in bottiglia		
Colore	Giallo paglierino con riflessi dorati		
Abbinamenti	Spaghetti con vongole e bottarga, ricci di mare, arrosto orecchia di mare, pollo cotto in olio extravergine d'oliva.		
Note di degustazione da Xiaowen	Un sentore di fiori d'arancio con un po' di bouquet di fiori bianchi nel naso, come la gioia guando la neve invernale che si scioglie all'arrivo della primavera, poi, dopo 10 minuti, la ben strutturata e affascinante caratteristica dell'uva Carricante arriva in bocca con elegante polpa di mela verde e succo di arancia fresca, più tardi si sintonizza con erbe selvatiche che, con elegante acidità, conquistano la tua sensazione. Questo è un Etna Bianco ricco e fresco che non ti annoierà.		

TENUTA DI FESSINA

A'Puddara 2016
Etna Bianco DOC

單一園	Contrada
酒精度 Alcohol	12% vol.
產量 Bottles	10,000 瓶

Etna

首次生產年份	2009
是否每年生產	是
葡萄園位置	位於火山西南部 Biancavilla 區 Contrada Manzuedda 葡萄園
葡萄品種	100% Carricante
葡萄樹齡	70年
海拔	980公尺
土壤	富含多孔的黃色火山散灰岩且古老易碎的火山砂質土壤
面向	西南
平均產量	5,000公斤/公頃
種植方式	傳統樹叢型
採收日期	2016年10月10日
釀造製程	置於法製大型橡木桶(3,500公升)
浸漬溫度與時間	無
陳年方式	第一階段12個月：於法製橡木桶；第二階段12個月：靜置於玻璃瓶中
顏色	稻草黃色
建議餐搭選擇	魚、兔肉、雞肉

筱雯老師的品飲紀錄 |

一開瓶即為明顯的清新果香，酸中帶著青蘋果與橘香、迷迭香並略帶薄荷香氣，如同春天清晨綠葉上的甘露，令人愉悅；入口柔順帶甜、富含礦物質的口感中閃耀著具柑橘皮的優雅酸度，乾淨且平衡；此為西西里火山白酒中必買酒款之一，不僅因為酒莊具有歷史代表性，更因為此酒完美表現了該葡萄品種的優雅與豐富層次。

First year production	2009	**Exposure**	Southwest
Produced every year	Yes	**Average yield**	50 ql/ha
Vineyard location	Etna Southwest: Contrada Manzuedda, Biancavilla		
Grape composition	100% Carricante		
Vineyard age	70 years		
Altitude	980 meters		
Soil	Old, light and sandy soil, rich in pumice and yellow tufo		
Growing system	Alberello		
Harvest	Oct. 10, 2016		
Vinification	In French oak barrels (35 hl)		
Maceration	No		
Aging	12 months in French oak; 12 months in bottle		
Color	Straw yellow		
Food match	Fish, rabbit, cheese		
Tasting note of Xiaowen	Fresh and vivid fruity notes of green apple, tangerine, and slight rosemary and mint scents appear together in one glass as the dew on the green leaf at sunrise. The gentle acidity is pleasant. In the mouth, it is smooth and sweet. The minerality and the elegant acidity are clean like slicing a piece of orange peel; it is balanced. It is one of the Volcano white wine that perfectly expresses the richness and the grace of the indigenous grape variety of the region. Must have!		

Prima produzione	2009	**Esposizione**	Sud ovest
Prodotto ogni anno	Si	**Resa media**	50 ql/ha
Ubicazione del vigneto	Sud-ovest dell'Etna: Contrada Manzuedda, Biancavilla		
Vitigno	100% Carricante		
Età dei vigneti	70 anni		
Altitudine	980 metri		
Terreno	Un suolo antico, destrutturato e sabbioso, ricco in pomice e tufo giallo		
Sistema di allevamento	Alberello		
Vendemmia	10 Ott. 2016		
Vinificazione	In botte di rovere Francese (35 hl)		
Macerazione	No		
Invecchiamento	12 mesi in rovere; 12 mesi in bottiglia		
Colore	Giallo paglierino		
Abbinamenti	Pesce, carne Bianca, formaggi		
Note di degustazione da Xiaowen	Fresche e vivide note fruttate di mela verde, mandarino con un po'di rosmarino, profumi di menta e delicata acidità appaiono insieme in un bicchiere come la rugiada sulla foglia verde all'alba, estremamente piacevole; in bocca è morbido, dolce ma minerale, con un'acidità elegante, come affettare un pezzetto di buccia d'arancia, pulito ed equilibrato. Questo è uno dei vini bianchi del Vulcano che esprime perfettamente la ricchezza e la grazia della sua varietà di uva e della storia di una regione. Da avere!		

TENUTA MASSERIA SETTEPORTE

N'Ettaro 2017
Etna Bianco DOC

有機酒	BIO
單一園	Contrada
酒精度 Alcohol	13% vol.
產量 Bottles	9,700 瓶

Etna

首次生產年份	2013
是否每年生產	是
葡萄園位置	位於火山西南部Biancavilla區Contrada Sparadrappo葡萄園
葡萄品種	80% Carricante, 20% Catarratto
葡萄樹齡	約30年
海拔	700至730公尺
土壤	含火山灰的砂質土壤
面向	西南
平均產量	4,500公斤/公頃
種植方式	傳統樹叢型
採收日期	2017年9月上旬
釀造製程	置於不鏽鋼桶
浸漬溫度與時間	16°C，約2週
陳年方式	3個月以上靜置於玻璃瓶中
顏色	帶有綠色調之稻草黃色
建議餐搭選擇	適合搭配魚類、各式起司、蔬菜類餐餚

筱雯老師的品飲紀錄｜

青蘋果香迷人、猶如在市場選購水果時手中的青蘋果，果香中微帶酒精味與淡花香，最佳飲用溫度應為15度（高於其他白酒更能表現香氣）；入口最明顯的是紅蘋果肉與杏桃香氣，果香圓融且其結構良好，清脆口感延續然不過於濃艷，難得的是尾韻十分乾淨，無拖泥帶水的果香或酸度。

First year production	2013	**Exposure**	Southwest
Produced every year	Yes	**Average yield**	45 ql/ha
Vineyard location	Etna Southwest: Contrada Sparadrappo, Biancavilla		
Grape composition	80% Carricante, 20% Catarratto		
Vineyard age	About 30 years		
Altitude	700-730 meters		
Soil	Sandy volcanic soil		
Growing system	Espalier from alberello		
Harvest	Second decade of September, 2017		
Vinification	In steel tanks		
Maceration	16°C, about 2 weeks		
Aging	At least 3 months in bottle		
Color	Straw yellow with green hues		
Food match	Perfect with fish dish and cheeses of various ages, also excellent with vegetable-based dishes.		
Tasting note of Xiaowen	The charming green apple scent like holding a fresh apple in hand at morning market. With a bit of alcohol in the floral note and the fruity scent, the best temperature to enjoy this wine shall be at 15 degrees. In the mouth, there's Fuji red apple pulp with apricot flavor, spreading out with the fine structure. The crispy sensation is prolonged and moderate, witha clean end in the mouth.		

Prima produzione	2013	**Esposizione**	Sud-ovest
Prodotto ogni anno	Si	**Resa media**	45 ql/ha
Ubicazione del vigneto	Sud-ovest dell'Etna: Contrada Sparadrappo, Territorio di Biancavilla		
Vitigno	80% Carricante, 20% Catarratto		
Età dei vigneti	Circa 30 anni		
Altitudine	700-730 metri		
Terreno	Sabbie laviche		
Sistema di allevamento	Alberello adattato a spalliera		
Vendemmia	Seconda decade di Settembre 2017		
Vinificazione	In serbatoi di acciaio		
Macerazione	16°C, circa 2 settimane		
Invecchiamento	Almeno 3 mesi in bottiglia		
Colore	Giallo paglierino con leggere sfumature verdi		
Abbinamenti	Perfetto con piatto di pesce e formaggi di varia stagionatura, ottimo anche con piatti a base di verdure.		
Note di degustazione da Xiaowen	Incantevole profumo di mela verde, come tenere in mano una mela fresca al mercato del mattino; un po' di alcol con note floreali nel profumo di frutta, la temperatura migliore per goderne non deve essere fredda ma a 15 gradi. In bocca c'è la polpa di mela rossa Fuji con aroma di albicocca che si espande in bocca con la sua fine struttura; la sensazione croccante è prolungata ma moderata con un finale molto pulito in bocca.		

TENUTA MONTE GORNA

Jancu di Carpene 2017
Etna Bianco DOC

酒精度 Alcohol	13% vol.
產量 Bottles	4,500 瓶

Etna

首次生產年份	2010
是否每年生產	是
葡萄園位置	混兩處葡萄園。位於火山東南部Trecastagni區Contrada Monte Gorna葡萄園及Contrada Carpene葡萄園
葡萄品種	60% Carricante, 40% Catarratto
葡萄樹齡	15年
海拔	760公尺
土壤	分佈於梯田式(高低梯塊)、含有礦物質及有機物之火山土壤、砂土及屑岩土壤
面向	東南
平均產量	7,000公斤/公頃
種植方式	短枝修剪兼直架式栽種
採收日期	2017年10月第二週
釀造製程	置於不鏽鋼桶，溫控約1個月
浸漬溫度與時間	8°C，24小時
陳年方式	3至4個月以上：靜置於玻璃瓶
顏色	帶有金黃色光澤的亮稻草黃色
建議餐搭選擇	如右方「筱雯老師的品飲紀錄」

筱雯老師的品飲紀錄 |

優雅的草本植物香氣，升溫至15度後開始出現小白花香；入口為輕柔的紅蘋果香甜味道，口感柔順、尾韻帶高酸度外亦回甘，加上中等的結構使此款酒變得更簡單易飲。適合搭配橄欖油炒海鮮或龍蝦義大利麵。

First year production	2010	**Exposure**	Southeast
Produced every year	Yes	**Average yield**	70 kg/ha

Vineyard location	Etna Southeast: Contrada Monte Gorna and Contrada Carpene, Trecastagni
Grape composition	60% Carricante, 40% Catarratto
Vineyard age	15 years
Altitude	760 meters
Soil	Volcanic, sandy, skeletal soil with organic and mineral substances, arranged in terraces
Growing system	Single cordon espalier with mt 2.20 x 0.85
Harvest	By the 2nd week of October, 2017
Vinification	In steel tanks with temperature controlled for about one month
Maceration	8°C, 24 hours
Aging	No less than 3-4 months in bottle
Color	Brillant straw yellow with golden reflects
Food match	Perfect with fried seafood in extra virgin olive oil, grilled clams or delicate pasta like lobster linguine
Tasting note of Xiaowen	At 15 degrees, the elegant herbal bouquet appears first, followed by the white floral notes. In the mouth, the lightly gentle red apple sweetness and the smooth texture slide over the tongue. The acidity arrives the sweetness at the tip of the tongue. It is as the ending of a good Japanese green tea. Its moderate body makes this wine easy to drink.

Prima produzione	2010	**Esposizione**	Sud est
Prodotto ogni anno	Si	**Resa media**	70 ql/ha

Ubicazione del vigneto	Sud-est dell'Etna: Contrada Monte Gorna e Contreada Carpene, Trecastagni
Vitigno	60% Carricante, 40% Catarratto
Età dei vigneti	15 anni
Altitudine	760 metri
Terreno	Terreno vulcanico, sabbioso, scheletrico con sostanze organiche e minerali, sistemato in terrazze
Sistema di allevamento	A spalliera, a cordone speronato singolo con sesto mt 2,20 x 0,85
Vendemmia	Entro la 2° settimana di Ottobre, 2017
Vinificazione	In vasche d'acciaio a temperatura controllata, e fatto fermentare in vasche d'acciaio per circa un mese
Macerazione	8°C, 24 ore
Invecchiamento	Non meno di 3-4 mesi in bottiglia
Colore	Giallo paglierino brillante, con riflessi dorati
Abbinamenti	Perfetto con pesce fritto, vongole alla griglia o pasta delicata come le linguine all'aragost
Note di degustazione da Xiaowen	Bouquet di erbe eleganti in un primo momento, poi note di fiori bianchi quando la temperatura è di 15 gradi; In bocca ha la delicata dolcezza della mela rossa con una consistenza morbida che scivola sulla lingua, l'acidità arriva mentre la punta della lingua percepisce ancora la dolcezza, come alla fine di un buon tè verde giapponese; il corpo moderato lo rende ancora più facile da bere.

TENUTA TASCANTE (TASCA D'ALMERITA)

Buonora 2017
Etna Bianco DOC

酒精度 Alcohol 12% vol.

產量 Bottles 25,000 瓶

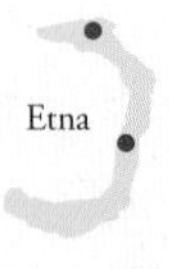

首次生產年份	2012
是否每年生產	是
葡萄園位置	混三處葡萄園。位於火山北部Randazzo區Contrada Feudo葡萄園及Castiglione di Sicilia區Contrada Verzella葡萄園；火山東部Milo區Punta Lazzo葡萄園
葡萄品種	100% Carricante
葡萄樹齡	7至20年
海拔	北邊650公尺，東邊500公尺
土壤	富含養份之酸性砂質土壤，帶有火山碎屑、火山礫、火山渣及火山灰
面向	北
平均產量	7,000公斤/公頃
種植方式	傳統樹叢型及直架式栽種
採收日期	2017年9月20至25日
釀造製程	置於不鏽鋼桶，溫控
浸漬溫度與時間	無
陳年方式	6個月於不鏽鋼桶
顏色	黃色中帶透明綠光澤
建議餐搭選擇	如右方「筱雯老師的品飲紀錄」

筱雯老師的品飲紀錄｜

開瓶約十分鐘後有著如法國鹽之花香氣，伴隨著果香呼喚著即刻品飲；此款酒簡單易飲，雖不如其他西西里火山白酒的特殊，然其香氣味道確實為當地品種的教科書，如果你無法掌握 Carricante 葡萄品種，可品嘗此酒並記得最後那跳躍在舌尖的酸度，此為十分容易辨認的西西里火山白酒特徵。適合搭配亞洲的麻辣火鍋或紅燒料理、義大利的鮪魚奶油筆管麵佐豌豆及檸檬、或紅鮋魚佐柑橘醬與醃漬羅勒。

First year production	2012	**Exposure**	North
Produced every year	Yes	**Average yield**	70 ql/ha
Vineyard location	Etna North and East: Contrada Feudo, Randazzo and Contrada Verzella, Castiglione di Sicilia; Punta Lazzo, Milo		
Grape composition	100% Carricante	**Vineyard age**	7-20 years
Altitude	650 meters in nord; 500 meters in east		
Soil	Pyroclastic material, lapilli, slag and ash; sandy consistency, acid pH, rich in nutrients		
Growing system	Espalier and alberello	**Harvest**	Sep. 20-25, 2017
Vinification	In stainless steel tank, temperature controlled		
Maceration	No		
Aging	6 months in stainless steel tanks		
Color	Yellow with glows of clear green		
Food match	Suitable for Asian spicy cuisine or braised fish, or helicoidal with tuna bottarga in cream, shelled peas and lemon, or red mullet with citrus sauce and pickled basil		
Tasting note of Xiaowen	It is an easy-drinking Etna wine, highly recognizable.10 minutes after opening, the smell of French fleur del sel with fruity notes call for desires to taste.It is not a magical wine, but itis never bored as the taste is easy to be remembered. It is one of the most classic Etna Bianco made from Carricante grapes and highly recommend to beginners who hopes to understand Etna wine and its grapes.		

Prima produzione	2012	**Esposizione**	Nord
Prodotto ogni anno	Si	**Resa media**	70 ql/ha
Ubicazione del vigneto	Nord e Est dell'Etna: Contrada Feudo, Randazzo e Contrada Verzella, Castiglione di Sicilia; Punta Lazzo, Milo		
Vitigno	100% Carricante	**Età dei vigneti**	7-20 anni
Altitudine	650 metri a nord; 500 metri a est		
Terreno	Materiale piroclastico, lapilli, scorie e cenere; consistenza sabbiosa, a pH acido, ricco di nutrienti		
Sistema di allevamento	Spalliera e alberello a parete		
Vendemmia	20-25 Set. 2017		
Vinificazione	In acciaio a temperatura controllata		
Macerazione	No		
Invecchiamento	6 mesi in acciaio		
Colore	Giallo con verde limpido		
Abbinamenti	Adatto per cucina asiatica piccante o pesce brasato, o elicoidali con bottarga di tonno in crema, piselli sgusciati e limone, o triglia a beccafico con salsa di agrumi e basilico in salamoia		
Note di degustazione da Xiaowen	10 minuti dopo l'apertura, l'odore del Fleur du sel francese con note fruttate richiama i desideri al gusto. Questo è un vino dell'Etna che si beve facilmente, altamente riconoscibile. Tuttavia è buono da bere e non annoia mai. Inoltre, questo è uno degli Etna Bianco più classici prodotti con uve Carricante e questo gusto è da ricordare; altamente raccomandato ai principianti che sperano di capire il vino dell'Etna e le sue uve.		

TENUTE MANNINO DI PLACHI

Palmento '810 2017
IGP Terre Siciliane

單一園	Contrada
酒精度 Alcohol	12.5% vol.
產量 Bottles	6,000 瓶

首次生產年份	2012
是否每年生產	是
葡萄園位置	位於火山東南部 Viagrande 區 Contrada Sciarelle 葡萄園
葡萄品種	90% Carricante, 10% Catarratto
葡萄樹齡	9年
海拔	450公尺
土壤	源自火山熔岩的砂質土壤
面向	南
平均產量	8,000公斤/公頃
種植方式	直架式栽種
採收日期	2017年10月初
釀造製程	置於不鏽鋼桶，14-15°C，2週
浸漬溫度與時間	無
陳年方式	6個月於不鏽鋼桶
顏色	稻草黃色
建議餐搭選擇	適合做為餐前酒，搭配白肉、日本烤物或炸魚

筱雯老師的品飲紀錄｜

剛開瓶即有熱帶水果香氣如鳳梨、百香果等，果香中亦帶著淡淡的花香與草本植物香氣，甚有晚夏於滿布荷花的湖上划船之感；入口淡雅梨果香，結構不多然其高酸度十分明顯，後鼻腔帶著薄荷香氣，十分優雅的一款白酒。

First year production	2012	**Exposure**	South
Produced every year	Yes	**Average yield**	80 ql/ha

Vineyard location	Etna Southeast: Contrada Sciarelle, Viagrande
Grape composition	90% Carricante, 10% Catarratto
Vineyard age	9 years
Altitude	450 meters
Soil	Sandy soils of volcanic origin
Growing system	Breeding in espalier
Harvest	October, 2017
Vinification	In stainless steel, temperature controlled at 14-15°C, 2 weeks
Maceration	No
Aging	6 months in stainless steel
Color	Straw yellow
Food match	It is perfect for aperitifs, white meat, Japanese BBQ or fried fish
Tasting note of Xiaowen	The vibrant tropical fruity bouquets are the pineapple and passion fruits with delicate flower and herbal notes. It is elegant as if punting over the surface of the lake full of lotus flowers in late summer days. In the mouth, there is a subtle fruity note. The light structure, the high acidity, and the mint scent in the posterior nasal cavity upgrade the flavor to a different level. It is an elegant wine.

Prima produzione	2012	**Esposizione**	Sud
Prodotto ogni anno	Si	**Resa media**	80 ql/ha

Ubicazione del vigneto	Sud-est dell'Etna: Contrada Sciarelle, Viagrande
Vitigno	90% Carricante, 10% Catarratto
Età dei vigneti	9 anni
Altitudine	450 metri
Terreno	Terreni sabbiosi di origine lavica
Sistema di allevamento	Allevamento a contro spalliera
Vendemmia	Ottobre 2017
Vinificazione	In acciaio, temperatura controllata a 14-15°C, 2 settimane
Macerazione	No
Invecchiamento	6 mesi in acciaio inox
Colore	Giallo paglierino
Abbinamenti	È perfetto per aperitivi, carni bianche, barbecue giapponesi o pesce fritto
Note di degustazione da Xiaowen	Il bouquet è ricco di frutti tropicali come ananas e frutto della passione con delicati sentori floreali ed erbacei, elegante come una gita in barca sulla superficie di un lago ricoperto di fiori di loto nei giorni di fine estate; in bocca esprime eleganti note fruttate con struttura leggera e alta acidità, mentre mentre il profumo di menta nella cavità nasale posteriore conferisce l'eleganza che migliora il sapore a diversi livelli.

TERRA COSTANTINO

DeAetna 2017
Etna Bianco DOC

有機酒	BIO
單一園	Contrada
酒精度 Alcohol	13.5% vol.
產量 Bottles	13,274 瓶

首次生產年份	2013
是否每年生產	是
葡萄園位置	位於火山東南部Viagrande區Contrada Blandano葡萄園
葡萄品種	80% Carricante, 15% Catarratto, 5% Minnella
葡萄樹齡	15年
海拔	450至550公尺
土壤	含火山灰的砂質土壤
面向	東南
平均產量	4,500公斤/公頃
種植方式	短枝修剪與傳統樹叢型
採收日期	2017年9月
釀造製程	置於不鏽鋼桶，溫控於16°C，15天
浸漬溫度與時間	無
陳年方式	6至8個月靜置於玻璃瓶中
顏色	偏金色之稻草黃色
建議餐搭選擇	各式義大利麵

筱雯老師的品飲紀錄｜

乾淨的輕淡果香；入口剛開始微鹹，然香甜的草本香氣如同漫步於森林般，花香同時綻開如同清晨陽光灑落於落花土泥、升溫後的柔和香氣，尾韻十分乾淨，若狀況良好，可察覺後鼻腔尾韻的玫瑰花香。

First year production	2013	**Exposure**	Southeast
Produced every year	Yes	**Average yield**	45 ql/ha
Vineyard location	Etna Southeast: Contrada Blandano, Viagrande		
Grape composition	80% Carricante, 15% Catarratto, 5% Minnella		
Vineyard age	15 years		
Altitude	450-550 meters		
Soil	Volcanic sands		
Growing system	Cordon spur, alberello (bush tree)		
Harvest	September, 2017		
Vinification	In stainless steel, temperature controlled at 16°C, 15 days		
Maceration	No		
Aging	6-8 months in bottle		
Color	Yellow to gold		
Food match	Norma pasta		
Tasting note of Xiaowen	The light and gentle fruity bouquets arein the nose. In the mouth, the sweet herbal scents with a hint of saltiness are like walking in the forest. The floral notes bloom as morning sunlight shining on soil with awarm perfume of new paddles. The ending is clean, and you might notice the rose note in the posterior nasal cavity when tasting in less-influential circumstances.		

Prima produzione	2013	**Esposizione**	Sud-est
Prodotto ogni anno	Si	**Resa media**	45 ql/ha
Ubicazione del vigneto	Sud-est dell'Etna: Contrada Blandano, Viagrande		
Vitigno	80% Carricante, 15% Catarratto, 5% Minnella		
Età dei vigneti	15 anni		
Altitudine	450-550 metri		
Terreno	Sabbie di natura vulcanica		
Sistema di allevamento	Cordone speronato, alberello		
Vendemmia	Settembre 2017		
Vinificazione	In vasche di acciaio, temperatura controllata a 16°C, 15 giorni		
Macerazione	No		
Invecchiamento	6-8 mesi in bottiglia		
Colore	Giallo paglierino con riflessi dorati		
Abbinamenti	Pasta alla Norma		
Note di degustazione da Xiaowen	Bouquet fruttati, leggeri e delicati al naso; in bocca inizia dolci profumi erbacei con sentori di salato come camminare nella foresta, e infine sbocciano le note floreali, come quando la luce del sole splende sul terreno con un caldo profumo di freschi paddle che cadono. Il finale è pulito e si potrebbe notare la nota di rosa nella cavità nasale posteriore quando si assaggia in circostanze meno influenti.		

THERESA ECCHER

Alizée 2016
Etna Bianco DOC

單一園	Contrada
酒精度 Alcohol	12.5% vol.
產量 Bottles	9,804 瓶

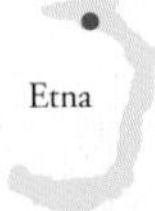

首次生產年份	2014
是否每年生產	是
葡萄園位置	位於火山北部Castiglione di Sicilia區Solicchiata鎮Contrada Marchesa葡萄園
葡萄品種	70% Carricante, 30% Catarratto
葡萄樹齡	25年
海拔	800公尺
土壤	含火山灰的土壤
面向	東
平均產量	8,000公斤/公頃
種植方式	短枝修剪
採收日期	2016年9月11日
釀造製程	置於不鏽鋼桶，溫控
浸漬溫度與時間	18-20°C，48小時
陳年方式	第一階段6個月：於不鏽鋼桶；第二階段6個月以上：靜置於玻璃瓶中
顏色	亮黃色
建議餐搭選擇	開胃菜、義式燉飯、魚類料理及新鮮起司

筱雯老師的品飲紀錄｜

一開瓶即為明顯熱帶水果香氣，尤其是糖漬鳳梨與水梨香氣誘人，之後的糖果香氣甜美得像是穿著長裙的女孩在海邊回眸一笑；入口結構完整、新鮮得像是在喝鳳梨汁、酸度高然甜度亦不甘示弱。口齒留香，十分適合夏天品飲的酒款，已經到了最適飲年份，不須等待。

First year production	2014	**Exposure**	East
Produced every year	Yes	**Average yield**	80 ql/ha
Vineyard location	Etna North: Contrada Marchesa, Solicchiata, Castiglione di Sicilia		
Grape composition	70% Carricante, 30% Catarratto		
Vineyard age	25 years		
Altitude	800 meters		
Soil	Volcanic		
Growing system	Spurred cordon		
Harvest	Sep. 11, 2016		
Vinification	In steel tanks, temperature controlled		
Maceration	18-20°C, 48 hours		
Aging	About 6 months in steel tanks; at least 6 months in bottle		
Color	Bright yellow		
Food match	Starter plates, risotto, fish, fresh cheese		
Tasting note of Xiaowen	The bouquet of the lavish passionfruit, the cooked pineapple, and pear turn into fresh candy sweetness like a young girl in her long-skirt turning her head with a smile. In the mouth, it is well-structured and clean like the pineapple juice of the season. The high acidity, freshness, and sweetness give balance to the taste and make this wine perfect for summertime. Now it is time to drink and no need to wait.		

Prima produzione	2014	**Esposizione**	Est
Prodotto ogni anno	Si	**Resa media**	80 ql/ha
Ubicazione del vigneto	Nord dell'Etna: Contrada Marchesa, Solicchiata, Castiglione di Sicilia		
Vitigno	70% Carricante, 30% Catarratto		
Età dei vigneti	25 anni		
Altitudine	800 metri		
Terreno	Vulcanico		
Sistema di allevamento	Cordone speronato		
Vendemmia	11 Set. 2016		
Vinificazione	In vasche d'acciaio a temperatura controllata		
Macerazione	18-20°C, 48 ore		
Invecchiamento	Circa 6 mesi in acciaio; almeno 6 mesi in bottiglia		
Colore	Giallo brillante		
Abbinamenti	Antipasti, risotti, pesce, formaggi freschi		
Note di degustazione da Xiaowen	Fresco e ricco bouquet di frutto della passione di ananas e pera cotti che si trasformano in dolci caramelle dolci, come una ragazza con una gonna lunga che gira la testa e sorride sulla spiaggia; in bocca è ben strutturato e fresco, come se assaggi il succo d'ananas di stagione. L'elevata acidità, freschezza e dolcezza bilanciano il gusto e rendono questo vino perfetto per l'estate. Ora è tempo di bere e non c'è bisogno di aspettare.		

TORRE MORA (TENUTE PICCINI)

Scalunera 2017
Etna Bianco DOC

有機酒 BIO

單一園 Contrada

13% vol.

13,000 瓶

首次生產年份	2016
是否每年生產	是
葡萄園位置	位於火山東北部Linguaglossa區 Contrada Alboretto-Chiuse del Signore 葡萄園
葡萄品種	95% Carricante, 5% Catarratto
葡萄樹齡	8年
海拔	650公尺
土壤	深層且肥沃的黑色砂土
面向	東北
平均產量	5,000公斤 / 公頃
種植方式	短枝修剪
採收日期	2017年9月24日
釀造製程	置於不鏽鋼桶，溫控
浸漬溫度與時間	15°C，15天
陳年方式	3個月於不鏽鋼桶
顏色	帶有淺綠色光澤之深稻草黃色
建議餐搭選擇	這是支老饕葡萄酒，適合搭配烤海鮮或義大利麵

筱雯老師的品飲紀錄 |

剛開瓶即有清淡優雅的百香果、木瓜等熱帶水果香氣，同時有柚子、無花果葉、黃花酢漿草、以及依蘭依蘭花的香氣輔佐，十分迷人；入口的青蘋果與柚子香帶著些許優雅的花香，酸度尾隨並在口中綿延此酒的結構，尾韻檸檬皮的香氣使得舌尖能感受甜的滋味，品完此酒再喝一口水，感覺水都變甜了。

First year production	2016	**Exposure**	Northeast
Produced every year	Yes	**Average yield**	50 ql/ha
Vineyard location	Etna Northeast: Contrada Alboretto-Chiuse del Signore, Linguaglossa		
Grape composition	95% Carricante, 5% Catarratto		
Vineyard age	8 years	**Altitude**	650 meters
Soil	Black sandy soil, deep and fertile		
Growing system	Spurred cordon		
Harvest	Sep. 24, 2017		
Vinification	In stainless steel tanks, temperature controlled		
Maceration	15°C, 15 days		
Aging	3 months in stainless steel tanks		
Color	Intense straw yellow with pale green reflections		
Food match	A foodie wine, it goes wonderfully with grilled seafood and pasta		
Tasting note of Xiaowen	This wine is charming. In the nose, there are various tropical fruity bouquets like the fresh passionfruit and papaya. There are hints of pomelo, fig leaf, creeping oxalis, and ylang-ylang flowers too. In the mouth, the green apple, pomelo fruit, and a hint of floral note with high acidity enhance the elegance and the structure. At the end, there's a perfume of lemon peel that brings the sweetness more evident on the tip of the tongue. After tasting this wine, a sip of water in the mouth may seem sweeter.		

Prima produzione	2016	**Esposizione**	Nord-est
Prodotto ogni anno	Si	**Resa media**	50 ql/ha
Ubicazione del vigneto	Nord-est dell'Etna: Contrada Alboretto-Chiuse del Signore, Linguaglossa		
Vitigno	95% Carricante, 5% Catarratto		
Età dei vigneti	8 anni	**Altitudine**	650 metri
Terreno	Sabbioso, di colore nerastro, profondo ed assai fertile		
Sistema di allevamento	Cordone speronato		
Vendemmia	24 Set. 2017		
Vinificazione	In acciaio vasche, temperatura controllata		
Macerazione	15°C, 15 giorni		
Invecchiamento	3 mesi in acciaio vasche		
Colore	Giallo paglierino intenso con tenui riflessi verdognoli		
Abbinamenti	Si sposa meravigliosamente con pescato alla griglia e pasta		
Note di degustazione da Xiaowen	I freschi ed eleganti bouquet tropicali di papaya e frutto della passione, con sentori di pomelo, foglie di fico, cxalis strisciante e fiore di ylang ylang rendono questo vino affascinante nel naso, mentre in bocca la mela verde, il pomelo e un accenno di note floreali ad alta acidità esaltano l'eleganza e la struttura. Alla fine, c'è anche un profumo di scorza di limone che porta la dolcezza più ovvia sulla punta della lingua. Dopo aver assaggiato questo vino, un sorso d'acqua in bocca può sembrare più dolce.		

VIVERA

Salisire 2014
Etna Bianco DOC

有機酒	BIO
單一園	Contrada
酒精度 Alcohol	13% vol.
產 量 Bottles	13,000瓶

首次生產年份	2008
是否每年生產	是
葡萄園位置	位於火山東北部Linguaglossa區Contrada Martinella葡萄園
葡萄品種	100% Carricante
葡萄樹齡	15年
海拔	550至600公尺
土壤	深度超過250公尺的火山土壤
面向	東北
平均產量	6,000公斤/公頃
種植方式	短枝修剪兼傳統樹叢型
採收日期	2014年9月底
釀造製程	置於不鏽鋼桶，溫控14-16°C
浸漬溫度與時間	無
陳年方式	第一階段24個月：於不鏽鋼桶；第二階段18個月以上：靜置於玻璃瓶中
顏色	帶有淺綠色調之稻草黃色
建議餐搭選擇	生蠔、西西里開心果青醬鮮蝦義大利寬麵、巧達濃湯、酥炸鮮蔬及魚塊

筱雯老師的品飲紀錄 |

香甜的蘋果肉與新鮮的橘子皮香氣滿溢，約5分鐘後亦出現百合花香與草本植物香氣；入口柔順，紅蘋果肉的香氣迷人並帶著檸檬皮的清爽，果香綿延不絕中帶著Carricante葡萄的經典酸度，且於開瓶30分鐘後，其尾韻竟帶有糖果與松露香氣。此款酒特別之處在於其每一年平穩的表現，總不令人失望。

First year production	2008	**Exposure**	Northeast
Produced every year	Yes	**Average yield**	60 ql/ha
Vineyard location	Etna Northeast: Contrada Martinella, Linguaglossa		
Grape composition	100% Carricante	**Altitude**	550-600 meters
Vineyard age	15 years		
Soil	Volcanic more then 250 meters deep		
Growing system	Pruned-spur cordon-trained and head-trained		
Harvest	End Septemper, 2014		
Vinification	In stainless-steel tank, temperature controlled at 14-16°C		
Maceration	No		
Aging	24 months rests on the fine lees in stainless steel tanks; at least 18 months in bottles		
Color	Straw-yellow color with light greenish hue		
Food match	Oysters, tagliatelle with mush of Sicilian pistachio from Etna Bronte, shrimps, chowder, fried fish and vegetables		
Tasting note of Xiaowen	Sweet apple pulp and fresh orange peel bouquets are full in the nose which, after 5 minutes, are rich with also lily flower and herbal notes. In the mouth, it is very smooth with the charming red apple pulp and fresh lemon peel fruity flavor while the classical acidity of Carricante grapes lingers. After 30 minutes, the ending starts to have candy and truffle notes. The best part of this wine is the stability of its performance each vintage which is always satisfying.		

Prima produzione	2008	**Esposizione**	Nord-est
Prodotto ogni anno	Si	**Resa media**	60 ql/ha
Ubicazione del vigneto	Nord-est dell'Etna: Contrada Martinella, Linguaglossa		
Vitigno	100% Carricante	**Altitudine**	550-600 metri
Età dei vigneti	15 anni		
Terreno	Vulcanico profondo oltre 250 metri		
Sistema di allevamento	Cordone speronato e alberello		
Vendemmia	Fine Settembre 2014		
Vinificazione	In acciaio, temperatura controllata a 14-16°C		
Macerazione	No		
Invecchiamento	2 anni sulle fecce fini in acciaio e 1 anno e mezzo almeno in bottiglia		
Colore	Giallo chiaro brillante con riflessi verdognoli		
Abbinamenti	Ostriche, tagliatelle al pesto di pistacchio dell'Etna con gamberi, zuppa di pesce, frittura mista di pesce e verdure		
Note di degustazione da Xiaowen	I bouquets di polpa di mela dolce e di buccia d'arancia fresca sono pieni nel naso e, dopo 5 minuti, si arricchiscono di fiori di giglio e note erbacee; in bocca è molto morbido, con affascinante polpa di mela rossa e il sapore fresco di scorza di limone, mentre la classica acidità delle uve di Carricante indugia. Dopo 30 minuti, il finale inizia ad avere note di caramelle e tartufo. La parte migliore di questo vino è la stabilità delle sue prestazioni ogni annata che è sempre soddisfacente.		

AITALA GIUSEPPA RITA

Martinella 2016
Etna Rosso DOC

單一園 Contrada

13.5% vol.

5,000 瓶

首次生產年份	2003
是否每年生產	是
葡萄園位置	位於火山東北部Linguaglossa區 Contrada Martinella葡萄園
葡萄品種	95% Nerello Mascalese 5% Nerello Cappuccio
葡萄樹齡	15年
海拔	550公尺
土壤	火山熔岩土壤
面向	東北
平均產量	5,000公斤/公頃
種植方式	直架式栽種
採收日期	2016年10月16日
釀造製程	置於不鏽鋼桶，溫控
浸漬溫度與時間	25°C，10天
陳年方式	12個月於圓木桶
顏色	紅寶石色
建議餐搭選擇	如右方「筱雯老師的品飲紀錄」

筱雯老師的品飲紀錄｜

溫柔的紫芋氣息與花香於剛開瓶時即慢慢綻放，約五分鐘後更添櫻桃與香草香氣，令人聯想到某些法國勃根地葡萄酒；入口果香柔順，澀度尾隨出現並帶出濃郁酒漬櫻桃果醬香氣，舌面上結構平穩，酸度跳躍其中，屬於穩健的酒款。建議搭配義大利番茄肉醬料理、伊比利豬肉、紅肉及野禽或陳年起司。

First year production	2003	**Exposure**	Northeast
Produced every year	Yes	**Average yield**	50 ql/ha
Vineyard location	Etna Northeast: Contrada Martinella, Linguaglossa		
Grape composition	95% Nerello Mascalese, 5% Nerello Cappuccio		
Vineyard age	15 years		
Altitude	550 meters		
Soil	Vulcanic		
Growing system	Espalier		
Harvest	Oct. 16, 2016		
Vinification	In steel, temperature controlled		
Maceration	25°C, 10 Days		
Aging	12 months in tonneau		
Color	Red ruby		
Food match	Tomato ragu, Iberico pork dishes, red meat and game,aged cheese		
Tasting note of Xiaowen	The tender taro and floral notes bloom in the glass, five minutes after, also comes the cheery and vanilla notes, similar to a young French Burgundy. In the mouth, the fruity flavor smoothes the tongue while the tannin appears on the cheeks, followed by rich cherry liquor marmalade note with acidity dancing between the sensations.		

Prima produzione	2003	**Esposizione**	Nord-est
Prodotto ogni anno	Si	**Resa media**	50 ql/ha
Ubicazione del vigneto	Nord-est dell'Etna: Contrada Martinella, Linguaglossa		
Vitigno	95% Nerello Mascalese, 5% Nerello Cappuccio		
Età dei vigneti	15 anni		
Altitudine	550 metri		
Terreno	Lavico		
Sistema di allevamento	Spalliera		
Vendemmia	16 Ott. 2016		
Vinificazione	In acciaio, temperatura controllata.		
Macerazione	25°C, 10 giorni		
Invecchiamento	12 mesi in tonneau		
Colore	Rosso rubino		
Abbinamenti	Si sposa bene con ragù di pomodoro, piatti di maiale iberico, carne rossa, selvaggina, e formaggi stagionati		
Note di degustazione da Xiaowen	Tenero taro e note floreali sbocciano in vetro, 5 minuti dopo arrivano anche note allegre e vanigliate che ricordano la Borgogna francese; in bocca il sapore fruttato leviga la lingua mentre il tannino appare sulle guance, seguito da una ricca marmellata di liquore di ciliegie con acidità danzante nel mezzo; ben strutturato.		

AL-CANTÀRA

La Fata Galanti 2015
IGP Terre Siciliane

單一園	Contrada
酒精度 Alcohol	13% vol.
產 量 Bottles	10,000 瓶

Etna

首次生產年份	2008
是否每年生產	是
葡萄園位置	位於火山北部Randazzo區Contrada Feudo葡萄園
葡萄品種	100% Nerello Cappuccio
葡萄樹齡	11年
海拔	650公尺
土壤	富含礦物質及岩屑之火山土壤
面向	北
平均產量	7,500-8,000公斤/公頃
種植方式	二次短枝修剪
採收日期	2015年10月12日
釀造製程	置於不鏽鋼桶，溫控22至28°C
浸漬溫度與時間	28°C，約12至15日
陳年方式	第一階段12個月：於使用第四、五次的木桶；第二階段12個月：於不鏽鋼桶；第三階段6至9個月：靜置於玻璃瓶中
顏色	帶有紫羅蘭光澤之深紅寶石色
建議餐搭選擇	適合搭配佐辛香料及草本植物之燉紅肉享用

筱雯老師的品飲紀錄 |

鼻聞時有著酸櫻桃、煙燻甘草香氣與深沉香料；口嚐時、輕柔果香與單寧同步呈現，此款酒無太多酒體然其口感持續，此款酒由西西里火山較少見的百分百 Nerello Cappuccio 葡萄品種釀成(詳p.51)，可滿足你的好奇心。

First year production 2008 **Exposure** North
Produced every year Yes **Average yield** 75-80 ql/ha
Vineyard location Etna North: Contrada Feudo, Randazzo
Grape composition 100% Nerello Cappuccio
Vineyard age 11 years
Altitude 650 meters
Soil Volcanic, rich in minerals and skeleton
Growing system Counter-espalier and double cordon rammed
Harvest Oct. 12, 2015
Vinification In stainless steel, temperature controlled between 22-28°C
Maceration 28°C, about 12-15 days
Aging 12 months in barriques (4th and 5th passage); 12 months in steel; 6-9 months in bottles
Color Intense ruby red with violet-tinged reflections
Food match Combine it with spicy red meat, stewed with herbs
Tasting note of Xiaowen The sour cherry and smoked licorice notes are in the nose with hints of deep spices. In the mouth, the soft fruity flavor comes with tannins. The taste is without much body but long and persistent. It is one of the rare 100% Nerello Cappuccio wine in Etna (see p.51) that satisfies your curiosity.

Prima produzione 2008 **Esposizione** Nord
Prodotto ogni anno Yes **Resa media** 75-80 ql/ha
Ubicazione del vigneto Nord dell'Etna: Contrada Feudo, Randazzo
Vitigno 100% Nerello Cappuccio
Età dei vigneti 11 anni
Altitudine 650 metri
Terreno Vulcanico, ricco di minerali e di scheletro
Sistema di allevamento Controspalliera e doppio cordone speronato
Vendemmia 12 Ott. 2015
Vinificazione In acciaio inox a temperatura controllata tra i 22-28°C
Macerazione 28°C, circa 12-15 giorni
Invecchiamento 12 mesi in barriques (4° e 5° passaggio); 12 mesi in acciaio; 6-9 mesi in bottiglia
Colore Rosso rubino intenso con riflessi tendenti al violaceo
Abbinamenti Lo possiamo abbinare a carni rosse speziate, stufati alle erbe
Note di degustazione da Xiaowen Le note di amarena e liquirizia affumicata sono presentate al naso con sentori di spezie profonde, mentre, in bocca, il morbido sapore fruttato si presenta in tannini senza molto corpo ma con gusto lungo e persistente. Questo è uno dei rari vini Nerello Cappuccio al 100% dell'Etna (vedi p.51) chesoddisfa la tuacuriosità.

AZIENDA AGRICOLA SRC

Alberello 2016
***classified as Vino da Tavola**

單一園	Contrada
酒精度 Alcohol	13.5% vol.
產量 Bottles	1,980 瓶

首次生產年份	2014
是否每年生產	是
葡萄園位置	位於火山北部Castiglione di Sicilia區Contrada Crasà葡萄園
葡萄品種	100% Nerello Mascalese
葡萄樹齡	100年以上
海拔	650公尺
土壤	火山土壤
面向	東北
平均產量	3,500公斤/公頃
種植方式	傳統樹叢型
採收日期	2016年10月第三週
釀造製程	置於頂部開啟之容器
浸漬溫度與時間	25-28°C，21天
陳年方式	13個月於水泥材質之圓桶
顏色	深紅寶石色
建議餐搭選擇	烤肉、野禽、陳年起司

筱雯老師的品飲紀錄 |

若開瓶時有酒精味，可稍待片刻，酒精味消散後，新鮮的黑醋栗、微酸的青紅莓果、菸草與深沉香料的香氣渾然天成；入口柔順、濃郁的果香與優雅的香料給人十分新鮮的感受，尾韻乾淨怡人，最後兩頰帶著經典Nerello Mascalese葡萄的澀度與綿延不絕的新鮮果香，是自然釀造西西里火山紅酒的兩大特徵。

First year production	2014	**Exposure**	Northeast
Produced every year	Yes	**Average yield**	35 ql/ha

Vineyard location Etna North: Contrada Crasà, Castiglione di Sicilia
Grape composition 100% Nerello Mascalese
Vineyard age More then 100 years
Altitude 650 meters
Soil Lava origin
Growing system Bush tree
Harvest Third week of October, 2016
Vinification In open containers
Maceration 25-28°C, 21 days
Aging 13 months in concrete barrels
Color Dark ruby red
Food match Different kinds of grilled meat (including wild ones), and aged cheese
Tasting note of Xiaowen After some minutes in the glass, the alcohol sensation disappears. In the nose, the fresh black current, the unripe green berry with tobacco and deep spices bouquets are perfectly in circulation. In the mouth, it is soft, fresh, and full of fruity and spicy notes. The pleasant classic Nerello Mascalese tannins and the lingering freshness of fruity notes are the two main characteristics for natural-made Etna red wine.

Prima produzione	2014	**Esposizione**	Nord-est
Prodotto ogni anno	Si	**Resa media**	35 ql/ha

Ubicazione del vigneto Nord dell'Etna: Contrada Crasà, Castiglione di Sicilia
Vitigno 100% Nerello Mascalese
Età dei vigneti Più di 100 anni
Altitudine 650 metri
Terreno Di origine lavica
Sistema di allevamento Alberello
Vendemmia Terza settimana di Ottobre 2016
Vinificazione In mastelli aperti
Macerazione 25-28°C, 21 giorni
Invecchiamento 13 mesi in botti di cemento
Colore Rosso rubino intenso
Abbinamenti Carne grigliata arrosto, selvaggina, formaggi stagionati
Note di degustazione da Xiaowen Se si apre con la sensazione dell'alcol nel bicchiere, attendete un po'. Dopo alcuni minuti, il fresco ribes nero e l'acerba bacca verde con bouquet di tabacco e spezie profonde circolano perfettamente nel naso; in bocca è morbido, fresco e ricco di note di frutta e spezie, mentre le due principali caratteristiche alla fine rappresentano il più naturale vino rosso dell'Etna: i piacevoli tannini Nerello Mascalese classici e la persistente freschezza delle note fruttate.

AZIENDA AGRICOLA SRC

Rivaggi 2016
** classified as Vino da Tavola*

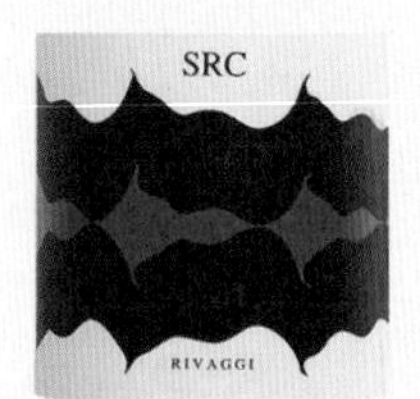

單一園	Contrada
酒精度 Alcohol	13.5% vol.
產量 Bottles	1,800 瓶

首次生產年份	2014
是否每年生產	是
葡萄園位置	位於火山北部Randazzo區 Contrada Rivaggi葡萄園
葡萄品種	80% Nerello Mascalese 20% Grenache
葡萄樹齡	70年
海拔	950公尺
土壤	火山土壤
面向	東北
平均產量	3,500公斤/公頃
種植方式	傳統樹叢型
採收日期	2016年10月第三週
釀造製程	置於頂部開啟之容器
浸漬溫度與時間	25-28°C，21天
陳年方式	5個月於不鏽鋼桶
顏色	深紅寶石色
建議餐搭選擇	烤肉、野禽、陳年起司

筱雯老師的品飲紀錄 |

烏龍茶、玫瑰花瓣、熱帶水果果乾的香氣十分迷人；入口柔順、熟梨子的果香與多層次的口感令人一飲再飲，尾韻留存在兩頰的澀味與在後鼻腔的果香一起綿延，舌面上仍帶著單寧，接近自然酒的釀造方式使得口感柔順、層次多也容易飲用，不會難懂，一般人皆會喜歡，適合朋友聚會。

First year production	2014	**Exposure**	Northwest
Produced every year	Yes	**Average yield**	35 ql/ha
Vineyard location	Etna North: Contrada Rivaggi, Randazzo		
Grape composition	80% Nerello Mascalese, 20% Grenache		
Vineyard age	70 years	**Altitude**	950 meters
Soil	Lava origin		
Growing system	Bush tree		
Harvest	Third week of October, 2016		
Vinification	In open containers		
Maceration	25-28°C, 21 days		
Aging	5 months in steel		
Color	Deep ruby red		
Food match	Different kinds of grilled meat (including wild ones), and aged cheese		
Tasting note of Xiaowen	The oolong tea, rose paddle, and dry tropical fruity bouquets are charming in the nose. In the mouth, the smooth and ripe pear note encourages one drink after another. The tannins appear on the cheeks and the surface of the tongue. They are coherent with the fresh fruity note in the posterior nasal cavity. The vinification of this wine makes the texture in the mouth soft and multi-layer without difficulty to understand. It is great for party time or to share with friends.		

Prima produzione	2014	**Esposizione**	Nord-ovest
Prodotto ogni anno	Si	**Resa media**	35 ql/ha
Ubicazione del vigneto	Nord dell'Etna: Contrada Rivaggi, Randazzo		
Vitigno	80% Nerello Mascalese, 20% Grenache		
Età dei vigneti	70 anni	**Altitudine**	950 metri
Terreno	Di origine lavica		
Sistema di allevamento	Alberello		
Vendemmia	Terza settimana di Ottobre 2016		
Vinificazione	In mastelli aperti		
Macerazione	25-28°C, 21 giorni		
Invecchiamento	5 mesi in acciaio		
Colore	Rosso rubino profondo		
Abbinamenti	Carne grigliatta arrosto, selvaggina, formaggi stagionati		
Note di degustazione da Xiaowen	Il tè oolong, il paddle di rosa e i bouquet di frutta secca tropicale sono affascinanti nel naso mentrein bocca è morbido, con note di pera matura e altri sapori di frutta bianca che incoraggiano un sorso dopo l'altro. I tannini apparsi sulle guance e sulla superficie della lingua sono coerenti con le note fruttate fresche nella cavità nasale posteriore sul finale. La vinificazione di questo vino rende la trama in bocca morbida e multistrato, senza difficoltà di comprensione; fantastico da portare ad una festa e da condividere con gli amici.		

BARONE DI VILLAGRANDE

Contrada Villagrande 2014
Etna Rosso DOC

單一園 Contrada

酒精度 Alcohol 13.5% vol.

產量 Bottles 4,000瓶

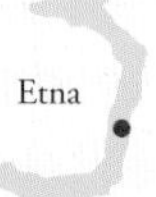

首次生產年份	2009
是否每年生產	否，2015及2016未生產
葡萄園位置	位於火山東部Milo區Contrada Villagrande葡萄園
葡萄品種	80% Nerello Mascalese, 20% Nerello Cappuccio及Nerello Mantellato
葡萄樹齡	50年
海拔	700公尺
土壤	鬆軟且深層的火山熔岩
面向	東南
平均產量	4,000公斤/公頃
種植方式	長枝修剪
採收日期	2014年10月
釀造製程	置於不鏽鋼桶
浸漬溫度與時間	約25°C，12天
陳年方式	第一階段24個月：於大型栗木桶；第二階段12個月：靜置於玻璃瓶中
顏色	紅寶石色
建議餐搭選擇	如右方「筱雯老師的品飲紀錄」

筱雯老師的品飲紀錄｜

紅櫻桃、澄花與陳皮香氣，入口時其優雅的口感有種法國勃根地酒的錯覺，然之後立刻轉回西西里火山紅酒的在地葡萄口感。此酒莊為該產區最古老酒莊之一，秉承傳統的法式釀製傳統，酒體入口柔順、果香豐盈並帶花香，看似平實口感然其後韻綿延不絕，非常具代表性的酒款。適合搭配慢火燉煮的餐點、火山上知名Nebrodi黑豬肉冷肉切盤及糖醋類料理。

First year production	2009	**Exposure**	Southeast
Produced every year	No, 2015, 2016 not produced		
Vineyard location	Etna East: Contrada Villagrande, Milo		
Grape composition	80% Nerello Mascalese, 20% Nerello Cappuccio and Nerello Mantellato		
Vineyard age	50 years	**Average yield**	40 ql/ha
Soil	Melted and deep lava	**Altitude**	700 meters
Growing system	Guyot		
Harvest	October 2014		
Vinification	In stainless steel		
Maceration	About 25°C, 12 days		
Aging	24 months in chestnut barrels; 12 months in bottles		
Color	Ruby red		
Food match	Main dishes of slowly cooked meat, culd cuts of the black pork of Nebrodi and sweet and sour dishes		
Tasting note of Xiaowen	The elegant red cherry, orange blossom, and dry tangerine peel bouquets are in the nose. In the mouth, the fruitiness with flower paddle note is silky, soft, and prolonged. For half a second, it seems French burgundy. This wine is from the oldest winery of Sicily. Though this is not the most ancient label, it still represents the philosophy and traditions of this historic family.		

Prima produzione	2009	**Esposizione**	Sud-est
Prodotto ogni anno	No, 2015 e 2016 non prodotto		
Ubicazione del vigneto	Est dell'Etna: Contrada Villagrande, Milo		
Vitigno	80% Nerello Mascalese, 20% Nerello Cappuccio e Nerello Mantellato		
Età dei vigneti	50 anni	**Resa media**	40 ql/ha
Terreno	Lavico sciolto e profondo	**Altitudine**	700 metri
Sistema di allevamento	Guyot		
Vendemmia	Ottobre 2014		
Vinificazione	In acciaio		
Macerazione	Circa 25°C, 12 giorni		
Invecchiamento	24 mesi in botte di castagno; 12 mesi in bottiglia		
Colore	Rosso rubino		
Abbinamenti	Grandi piatti di carne cotture lunghe e succulenti, il Maialino Nero dei Nebrodi e piatti agrodolci		
Note di degustazione da Xiaowen	L'elegante ciliegia rossa, fiori d'arancio e bouquet di scorza di mandarino disidratata al naso e in bocca; il fruttato, con una nota di paddle floreale, è setoso, morbido e prolungato. Per mezzo secondo sembra Borgogna francese. Questo vino proviene da una delle più antiche cantine della Sicilia e, sebbene non sia il vino più antico prodotto, rappresenta ancora la filosofia e le tradizioni di questa famiglia storica.		

BENANTI

Contrada Monte Serra 2016
Etna Rosso DOC

單一園	Contrada
酒精度 Alcohol	13.5% vol.
產　量 Bottles	6,900 瓶

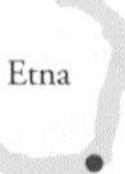

首次生產年份	2016
是否每年生產	是
葡萄園位置	位於火山東南部 Viagrande 區 Contrada Monte Serra 葡萄園
葡萄品種	100% Nerello Mascalese
葡萄樹齡	13至100年
海拔	450公尺
土壤	火山灰土壤，富含排水性的浮石
面向	東南、南
平均產量	6,000公斤/公頃
種植方式	傳統樹叢型
採收日期	2016年9月底
釀造製程	置於不鏽鋼桶，溫控
浸漬溫度與時間	約25°C，約21天
陳年方式	12個月於法製橡木桶 (5百公升)
顏色	淺紅寶石色
建議餐搭選擇	使用處女初榨橄欖油炸雞腿塊、豬排或牛肉丸

筱雯老師的品飲紀錄｜

該酒莊釀酒哲學充分表現於此款酒入口的果香與經典 Nerello Mascalese 葡萄的酸度上，相較於其他酒款，此款酒紅莓果香氣雖不出眾、口感卻十分優雅可人。筆者於 2018 年多次拜訪該酒莊時，亦曾品嘗九十年代創始年份的其他葡萄酒，仍具陳年實力。就西西里火山葡萄酒如此簡短歷史，期待此款酒在未來能再度證明該產區陳年實力。

First year production	2016	**Exposure**	Southeast and south
Produced every year	Yes	**Average yield**	60 ql/ha
Vineyard location	Etna Southeast: Contrada Monte Serra, Viagrande		
Grape composition	100% Nerello Mascalese		
Vineyard age	13-100 years		
Altitude	450 meters		
Soil	Volcanic, rich in pumice stones		
Growing system	Head-trained bush vines		
Harvest	End September, 2016		
Vinification	In stainless steel vats, temperature controlled		
Maceration	About 25°C, about 21 days		
Aging	12 months in used French oak tonneaux (500 liters)		
Color	Pale ruby red		
Food match	Chicken thigh, pork chop, or beef meatballs fried in extra virgin olive oil		
Tasting note of Xiaowen	Though this wine is less impressive in the nose than other wines from Benanti winery, the red berry note with elegant acidity in the mouth still performs in his classic style. The taste reminds me of the 1990s vintage that I tasted in 2018. Perhaps in the future, this wine will prove again the aging capacity and potential of Benanti Etna wine.		

Prima produzione	2016	**Esposizione**	Sud-est e sud
Prodotto ogni anno	Si	**Resa media**	60 ql/ha
Ubicazione del vigneto	Sud-Est dell'Etna: Contrada Monte Serra, Viagrande		
Vitigno	100% Nerello Mascalese	**Altitudine**	450 metri
Età dei vigneti	13-100 anni	**Terreno**	Lavico, ricco di pomice
Sistema di allevamento	Alberello etneo		
Vendemmia	Ultimi giorni di Settembre 2016		
Vinificazione	In acciaio inox a temperatura controllata		
Macerazione	Circa 25°C, circa 21 giorni		
Invecchiamento	12 mesi in tonneaux (500 litri) di rovere Francese, mai nuovi, tostatura leggera o media, grana fine		
Colore	Rosso rubino scarico		
Abbinamenti	Coscia di pollo, braciole di maiale o polpette di manzo fritte in olio extravergine di oliva		
Note di degustazione da Xiaowen	Anche se questo vino al naso è meno impressionante rispetto ad altri vini della cantina Benanti, le note di bacca rossa con elegante acidità in bocca dimostrano ancora la classica prestazione di questa azienda vinicola: il gusto mi ricorda l'annata degli anni '90 che avevo assaggiato nel 2018 ed era ancora abbastanza fresca. Spero che in futuro questo vino possa dimostrare ancora una volta la capacità di invecchiamento del vino Benanti dell'Etna.		

BENANTI

Rovittello 2014
Etna Rosso DOC

單一園 Contrada

酒精度 Alcohol 13.5% vol.

產量 Bottles 6,000 瓶

首次生產年份	1990
是否每年生產	否，2006, 2008, 2009 年未生產
葡萄園位置	位於火山北部 Castiglione di Sicilia 區 Rovittello 鎮 Contrada Dafara Galluzzo 的 Vidalba 葡萄園
葡萄品種	95% Nerello Mascalese 5% Nerello Cappuccio
葡萄樹齡	約 90 至 95 年
海拔	750 公尺
土壤	砂土中帶小石頭的火山灰土壤
面向	北
平均產量	4,500-5,000 公斤 / 公頃
種植方式	傳統樹叢型
採收日期	2014 年 10 月下旬
釀造製程	置於不鏽鋼桶，溫控
浸漬溫度與時間	約 25°C，約 21 天
陳年方式	18 至 20 個月於法製舊橡木桶或法國與斯拉夫尼亞製大型橡木桶 (3 千公升)
顏色	漸趨石榴紅色之淺紅寶石色
建議餐搭選擇	特別適合烤羊肩與和牛料理

筱雯老師的品飲紀錄 |

此為該酒莊的經典創始酒款，開瓶後需要約 30 分鐘方不顯硬，香氣一開始並不明顯，然入口可立刻感受其圓融果香，結構完整且酸甜合宜。約一小時後隱約出現澄花與橘皮新鮮果香，入口則轉變成為輕盈的酸度點綴於其圓融紅酒香氣中，再次品嚐可感受其香草香氣。筆者曾品嘗過該酒 1996 年份，其果香與酸度平衡維持良好，可期待其陳年實力。

First year production	1990 **Exposure** North
Produced every year	No, 2006, 2008 and 2009 not produced
Vineyard location	Etna North: Vidalba area, Contrada Dafara Galluzzo, Rovittello, Castiglione di Sicilia **Average yield** 45-50 ql/ha
Grape composition	95% Nerello Mascalese, 5% Nerello Cappuccio
Vineyard age	About 90-95 years **Altitude** 750 meters
Soil	Volcanic, sandy with a presence of stones
Growing system	Head-trained bush vines
Harvest	Last 10 days of October, 2014
Vinification	In stainless steel vats, temperature controlled
Maceration	About 25°C, about 21 days
Aging	18-20 months in used French oak or French and Slavonia oak large barrels (30 hl) with light-to-medium toasting and a fine grain
Color	Ruby with garnet nuances pale
Food match	Especially good with roast lamb and kobe beef
Tasting note of Xiaowen	It is one of the first labels of Benanti winery. The first 30 minutes, the smell is less than the taste, which is round fruity flavor with good structure and balance between sweetness and acidity. After 1 hour from opening, the fresh orange peel and orange flowers arrive. In the mouth, the pleasant acidity jumps in. Try to taste again; there are also herbs. I tasted the 1996 vintage in 2018, and it still showed great potential in aging with the balance of fruit, acidity, and tannins.

Prima produzione	1990 **Esposizione** Nord
Prodotto ogni anno	No, 2006, 2008 e 2009 non prodotto
Ubicazione del vigneto	Nord dell'Etna: Area Vidalba, Contrada Dafara Galluzzo, Frazione Rovittello, Castiglione di Sicilia
Vitigno	95% Nerello Mascalese, 5% Nerello Cappuccio
Età dei vigneti	Circa 90-95 anni **Resa media** 45-50 ql/ha
Terreno	Lavico, sabbioso con presenza di pietre
Sistema di allevamento	Alberello etneo **Altitudine** 750 metri
Vendemmia	Ultima decade di Ottobre 2014
Vinificazione	In acciaio a temperatura controllata
Macerazione	Circa 25°C, circa 21 giorni
Invecchiamento	18-20 mesi in botti (30 hl) grandi di rovere Francese e misto Francia e Slavonia, mai nuove, tostatura leggera o media, grana fine
Colore	Rosso rubino scarico tendente al granato
Abbinamenti	Perfetto con arrosto di agnello e manzo di kobe
Note di degustazione da Xiaowen	Questa è una delle prime etichette della cantina Benanti. Ha bisogno di almeno 30 minuti per aprirsi del tutto: l'odore è inferiore al gusto che è rotondo, fruttato, con una buona struttura ed equilibrio tra dolcezza e acidità. Dopo 1 ora dall'apertura, la buccia d'arancia fresca ei fiori d'arancio arrivano, mentre in bocca la piacevole acidità salta in mezzo. Provate ad assaggiare di nuovo, ci sono anche delle erbe. Ho assaggiato l'annata 1996 nel 2018 e mostra ancora un grande potenziale nell'invecchiamento con l'equilibrio di frutta, acidità e tannicità.

BENANTI

Nerello Cappuccio 2016
IGP Terre Siciliane

單一園	Contrada
酒精度 Alcohol	13.5% vol.
產量 Bottles	6,000 瓶

Etna

首次生產年份	1998
是否每年生產	否，2007、2008、2009及2011年未生產
葡萄園位置	位於火山西南部Santa Maria di Licodia區Contrada Cavaliere葡萄園
葡萄品種	100% Nerello Cappuccio
葡萄樹齡	約25至30年
海拔	900公尺
土壤	富含岩石及岩屑土之火山灰土壤
面向	西南
平均產量	6,500公斤/公頃
種植方式	短枝修剪
採收日期	2016年10至15日
釀造製程	置於不鏽鋼桶，溫控
浸漬溫度與時間	約25°C，約20天
陳年方式	約14個月於不鏽鋼桶
顏色	紫色及紅寶石色
建議餐搭選擇	肉醬或起司義大利麵、牛肝菌菇燉飯、肉羹湯佐紅醋。

筱雯老師的品飲紀錄｜

在西西里火山地區，傳統的葡萄種植與葡萄酒釀造方式一向為混合紅白葡萄，更不用說單取一葡萄品種Nerello Cappuccio釀製單一品種葡萄酒。Benanti家族為火山上少有如此勇氣做此款酒的酒莊，並將原本口感不被看好的葡萄品種釀製為優雅具花香的易飲紅酒，此酒難得可貴之處在於其尾韻，雖非圓融然其酸度點綴於果香間，兩頰澀度適中，十分易飲且難得。

First year production	1998	**Exposure**	Southwest
Produced every year	No, 2007, 2008, 2009, 2011 not produced		
Vineyard location	Etna Southwest: Contrada Cavaliere, Santa Maria di Licodia		
Grape composition	100% Nerello Cappuccio		
Vineyard age	About 25-30 years	**Average yield**	65 ql/ha
Altitude	900 meters		
Soil	Volcanic, rich in stones and skeleton		
Growing system	Spur-pruned cordon		
Harvest	Oct. 10-15, 2016		
Vinification	In stainless steel vats, temperature controlled		
Maceration	About 25°C, about 20 days		
Aging	About 14 months in stainless steel		
Color	Purple and ruby, medium to pale		
Food match	Pasta with ragù or parmigiano reggiano, wild mushroom risotto, Taiwanese pork soup with red vinegar.		
Tasting note of Xiaowen	Etna tradition is to mix the red and white grapes. Therefore, the varietal wine was unusual at its early times. However, Benanti family used 100% Nerello Cappuccio grapes and made this wine 20 years ago. The result is an elegant, easy-drinking wine. The balanced ending of fruity notes and acidity is great, and the tannin is perfect.		

Prima produzione	1998	**Esposizione**	Sud-ovest
Prodotto ogni anno	No, 2007, 2008, 2009 e 2011 non prodotto		
Ubicazione del vigneto	Sud-ovest dell'Etna: Contrada Cavaliere, Comune Santa Maria di Licodia		
Vitigno	100% Nerello Cappuccio		
Età dei vigneti	Circa 25-30 anni	**Resa media**	65 ql/ha
Altitudine	900 metri		
Terreno	Lavico, ricco di scheletro		
Sistema di allevamento	Cordone speronato		
Vendemmia	Inizio della seconda decade di Ottobre 2016		
Vinificazione	In acciaio a temperatura controllata		
Macerazione	Circa 25°C, circa 20 giorni		
Invecchiamento	Circa 14 mesi in acciaio inossidabile		
Colore	Rosso porpora e rubino, mediamente scarico		
Abbinamenti	Pasta con ragù o salsa di parmigiano reggiano, risotto ai funghi selvatici, zuppa di maiale taiwanese con aceto rosso		
Note di degustazione da Xiaowen	La tradizione dell'Etna è quella di mescolare le uve rosse e bianche. Pertanto, il monovitigno era inusuale ai suoi primi tempi, La famiglia Benanti usa 100% Nerello Cappuccio e il risultato è un vino elegante, facile da bere, con una finale equilibrato. Il finale equilibrato tra note fruttate e acidità non è rotondo ma il tannino è perfetto.		

BIONDI

Cisterna Fuori 2014
Etna Rosso DOC

單一園	Contrada
酒精度 Alcohol	13.5% vol.
產量 Bottles	2,000瓶

C. & S. BIONDI PROPRIETARI IN TRECASTAGNI
ETNA D.O.C. ROSSO
cisterna fuori
CONTRADA RONZINI

首次生產年份	2010
是否每年生產	是
葡萄園位置	位於火山東南部 Trecastagni 區 Contrada Ronzini 葡萄園
葡萄品種	80% Nerello Mascalese 20% Nerello Cappuccio
葡萄樹齡	40年
海拔	700公尺
土壤	含火山灰的土壤
面向	東
平均產量	5,000公斤/公頃
種植方式	傳統樹叢型
採收日期	2014年10月14至15日
釀造製程	置於不鏽鋼桶
浸漬溫度與時間	20-25°C，10天
陳年方式	20個月於法製大型橡木桶
顏色	紅寶石色
建議餐搭選擇	紅肉、野禽、起司

筱雯老師的品飲紀錄｜

此為西西里火山南部的紅酒，相較於北部紅酒雖較不出名、然此酒的表現卻絲毫不遜色，口感豐富多層次、充滿優雅果香與春天的花香，鼻聞略帶成熟芋頭糕的甜感、經典法式木桶香草味，然於口中其果香優雅且酸度不減，其香氣口感之兩極完整度為其風土完美表現；此款酒適合今年飲用卻也有陳年實力，值得收藏。

First year production	2010	**Exposure**	East
Produced every year	Yes	**Average yield**	50 ql/ha
Vineyard location	Etna Southeast: Contrada Ronzini, Trecastagni		
Grape composition	80% Nerello Mascalese, 20% Nerello Cappuccio		
Vineyard age	40 years	**Altitude**	700 meters
Soil	Volcanic		
Growing system	Free standing bush		
Harvest	Oct. 14-15, 2014		
Vinification	In inox steel tanks		
Maceration	20-25°C, 10 days		
Aging	20 months in French oak barrels		
Color	Ruby red		
Food match	Red meat, game, cheese		
Tasting note of Xiaowen	This Etna red wine is from the southwest Etna, less famous than those from north Etna, yet it is no less impressive. The mature fruity and elegant floral fragrant with hints of French vanilla and taro are in the nose. The red berry fruity flavor in soft texture allows the acidity echoing in the mouth. It has a personality and aging potential. Recommended for collection.		

Prima produzione	2010	**Esposizione**	Est
Prodotto ogni anno	Si	**Resa media**	50 ql/ha
Ubicazione del vigneto	Sud-est dell'Etna: Contrada Ronzini, Trecastagni		
Vitigno	80% Nerello Mascalese, 20% Nerello Cappuccio		
Età dei vigneti	40 anni		
Altitudine	700 metri		
Terreno	Lavico		
Sistema di allevamento	Alberello		
Vendemmia	14-15 Ott. 2014		
Vinificazione	In acciaio		
Macerazione	20-25°C, 10 giorni		
Invecchiamento	20 mesi il botti rovere Francese		
Colore	Rosso rubino		
Abbinamenti	Carni, cacciagioni, formaggi		
Note di degustazione da Xiaowen	Anche se questo è un vino rosso dell'Etna sud-occidentale, meno famoso di quelli del nord dell'Etna, non è meno impressionante grazie ai suoi ricchi sapori: fruttato maturo ed elegante fragranza floreale, con sentore di vaniglia francese e bouquet di taro nel naso, sapore fruttato di frutti rossi con una consistenza morbida e rotonda; l'acidità risuona in bocca. Entrambe le estreme ricchezze di fruttato e acidità esprimono le sue caratteristiche. Potenziale di invecchiamento e buono da aprire anche adesso. Consigliato per la collezione.		

BIONDI

San Nicolo' 2014
Etna Rosso DOC

單一園	Contrada
酒精度 Alcohol	14% vol.
產量 Bottles	3,500瓶

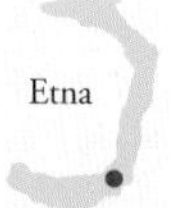

首次生產年份	2012
是否每年生產	是
葡萄園位置	位於火山東南部Trecastagni區 Contrada Monte San Nicolò葡萄園
葡萄品種	80% Nerello Mascalese 20% Nerello Cappuccio
葡萄樹齡	12年
海拔	700公尺
土壤	含火山灰的土壤
面向	西南
平均產量	5,000公斤/公頃
種植方式	傳統樹叢型
採收日期	2014年10月2日
釀造製程	置於不鏽鋼桶
浸漬溫度與時間	20-25°C，10天
陳年方式	17個月於法製大型橡木桶
顏色	清透的紅寶石色
建議餐搭選擇	紅肉、野禽、起司

筱雯老師的品飲紀錄 |

此款酒十分優雅且特別，充滿薑花的香氣且略帶龍膽香；口感主要為蔬菜味略帶嫩薑，結構完整且果香滿溢，澀度於兩頰間做為完美結尾。此款酒來自西西里火山保護公園，因國家公園的自然環境受法規保護，除了歷史上已種植葡萄叢的區域能翻新種植新苗、任何人皆不得於國家公園內任意種植或釀造葡萄酒，更顯此款酒的獨特性。

First year production	2012	**Exposure**	Southwest
Produced every year	Yes	**Average yield**	50 ql/ha
Vineyard location	Etna Southeast: Contrada Monte San Nicolò, Trecastagni		
Grape composition	80% Nerello Mascalese, 20% Nerello Cappuccio		
Vineyard age	12 years		
Altitude	700 meters		
Soil	Volcanic		
Growing system	Free standing bush		
Harvest	Oct. 2, 2014		
Vinification	In inox steel tanks		
Maceration	20-25°C, 10 days		
Aging	17 months in French oak barrels		
Color	Transparent ruby red		
Food match	Red meat, game, cheese		
Tasting note of Xiaowen	It is a special Etna red wine. In the nose, it is the elegant ginger flower bouquet with soft blue gentian floral scent. In the mouth, there are vegetable notes with slightly young ginger flavor and rich fruitiness. The well-structure ends perfectly with the sweet tannin on the cheeks. The vines are grown and made with Etna traditions that respect Mother Nature, and you can sense it by the gentleness on the tongue.		

Prima produzione	2012	**Esposizione**	Sud-ovest
Prodotto ogni anno	Si	**Resa media**	50 ql/ha
Ubicazione del vigneto	Sud-est dell'Etna: Contrada Monte San Nicolò, Trecastagni		
Vitigno	80% Nerello Mascalese, 20% Nerello Cappuccio		
Età dei vigneti	12 anni		
Altitudine	700 metri		
Terreno	Lavico		
Sistema di allevamento	Alberello		
Vendemmia	2 Ott. 2014		
Vinificazione	In acciaio		
Macerazione	20-25°C, 10 giorni		
Invecchiamento	17 mesi il botti rovere Francese		
Colore	Rosso rubino trasparente		
Abbinamenti	Carni, cacciagioni, formaggi		
Note di degustazione da Xiaowen	Un vino rosso dell'Etna speciale. Il bouquet è elegante fiore di zenzero con morbido profumo floreale di genziana blu; in bocca ci sono note vegetali dal sapore leggermente giovane di zenzero e un fruttato ricco con una buona struttura, che si chiude perfettamente con un morbido tannino sulle guance. Le viti sono coltivate e il vino è fatto con le tradizioni dell'Etna, le quali rispettano Madre Natura, puoi percepirlo grazie alla delicatezza sulla lingua.		

BONACCORSI

Valcerasa 2014
Etna Rosso DOC

單一園	Contrada
酒精度 Alcohol	14.5% vol.
產量 Bottles	15,000 瓶

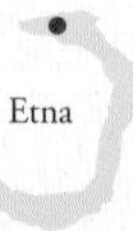

首次生產年份	1997
是否每年生產	否，2003及2012年未生產
葡萄園位置	位火山北部Randazzo區Contrada Croce Monaci葡萄園
葡萄品種	80% Nerello Mascalese 20% Nerello Cappuccio
葡萄樹齡	15、30及90年
海拔	800公尺
土壤	火山砂質土壤
面向	多面向
平均產量	3,000公斤 / 公頃
種植方式	傳統樹叢型
採收日期	2014年10月第二週
釀造製程	置於不鏽鋼桶
浸漬溫度與時間	28-30°C，10天
陳年方式	第一階段1年：20%於舊木桶、80%於不鏽鋼桶；第二階段2年：於不鏽鋼桶；第三階段1年：靜置於玻璃瓶中
顏色	鮮紅色
建議餐搭選擇	地中海傳統料理、肉及起司

筱雯老師的品飲紀錄 |

此款酒十分柔順優雅、果香清香、口鼻縈繞香料與草本香氣外，更微帶法國澄花點綴其間，十分引人入勝；入口為青櫻桃果香，然完美圓潤口感絲毫不帶青澀，結構完整且層次豐富，令人忍不住一飲再飲；約四小時後其果香更為圓融且呈現青蘋果香氣，尾韻乾淨舒服。此為西西里火山紅酒中最精采之酒款之一，也是最表現風土環境與當地民情的酒莊。

First year production	1997	**Exposure**	Several different expositions
Produced every year	No, 2003 and 2012 not produced		
Vineyard location	Etna North: Contrada Croce Monaci, Randazzo		
Grape composition	80% Nerello Mascalese, 20% Nerello Cappuccio		
Vineyard age	15, 30 and 90 years	**Average yield**	30 ql/ha
Growing system	Bush tree	**Altitude**	800 meters
Harvest	Second week of October, 2014		
Vinification	In steel tanks	**Soil**	Volcanic sandy
Maceration	28-30°C, 10 days		
Aging	1 year 20% in used barriques and 80% in steel; 2 years in steel tanks; 1 year in bottle		
Color	Brilliant red		
Food match	Typical dishes of mediterranean tradition, meat and cheese		
Tasting note of Xiaowen	A smooth and elegant wine with bouquets of fresh fruit, spices, herbs, and orange blossom floral notes in the nose. In the mouth, the green cherry flavor is noticeable. It is round, well-structured, and rich in layers without astringency. After 4 hours (if strangely you still have not finished the bottle), the fruity notes become more coherent and round with the bouquet of green apple skin. It is an easy-drinking wine, and the ending is clean. Drinking this wine satisfies the five senses. It is one of the must-try Etna red wines.		

Prima produzione	1997	**Esposizione**	Varie esposizioni
Prodotto ogni anno	No, 2003 e 2012 non prodotto		
Ubicazione del vigneto	Nord dell'Etna: Contrada Croce Monaci, Randazzo		
Vitigno	80% Nerello Mascalese, 20% Nerello Cappuccio		
Età dei vigneti	15, 30 e 90 anni	**Resa media**	30 ql/ha
Sistema di allevamento	Alberello	**Altitudine**	800 metri
Vendemmia	Seconda settimana di Ottobre 2014		
Vinificazione	In serbatoi di acciaio	**Terreno**	Sabbia vulcanica
Macerazione	28-30°C, 10 giorni		
Invecchiamento	Un anno in barriques usate 20% e in acciaio 80%; almeno 2 anni in acciao; un anno in bottiglia		
Colore	Rosso brillante		
Abbinamenti	Piatti tipici della cucina mediterranea, carni e formaggi		
Note di degustazione da Xiaowen	Un vino morbido ed elegante con un bouquet di frutta fresca, spezie, erbe e persino alcune note floreali di fiori d'arancio nel naso; in bocca il sapore fruttato di ciliegia verde è evidente ma rotondo, ben strutturato e ricco di strati senza astringenza, il che lo rende da facile bere; dopo 4 ore (se stranamente non lo hai ancora finito), le note fruttate diventano più coerenti e rotonde con il bouquet che si trasforma in buccia di mela verde; il finale è pulito e il processo di bere questo vino ha soddisfatto i 5 sensi. Questo è uno dei vini rossi dell'Etna.		

BUSCEMI

Tartaraci 2016
IGP Terre Siciliane

單一園	Contrada
酒精度 Alcohol	14% vol.
產量 Bottles	2,930 瓶

Etna

首次生產年份	2016
是否每年生產	是
葡萄園位置	位於火山西北部Bronte區Contrada Tartaraci葡萄園
葡萄品種	70% Nerello Mascalese 30% Grenache
葡萄樹齡	80年
海拔	980公尺
土壤	火山熔岩土壤
面向	北
平均產量	2,700公斤/公頃
種植方式	傳統樹叢型
採收日期	2016年10月底
釀造製程	置於橡木桶中，無溫控
浸漬溫度與時間	自然發酵，約20天
陳年方式	18個月於橡木桶及不鏽鋼桶
顏色	紅寶石-紫羅蘭色
建議餐搭選擇	松阪豬、五花肉、鹽烤牛肉卷包蔥、沙茶火鍋、炸雞皮、烤洋蔥或胡蘿蔔

筱雯老師的品飲紀錄｜

這是一支絕對不能錯過的稀有酒。鼻聞時有著優雅花香、而後出現新鮮甜菜根的蔬菜香氣，入口感受新鮮青梅的果香、如同台灣奶奶的手釀梅酒，果香中依舊略帶甜菜根香甜味，口中結構輕柔、尾韻綿綿不絕。這是一支在重要晚宴、眾多紅酒與菜餚後，仍適合開瓶飲用、看似簡單卻不簡單的難得紅酒。

First year production	2016	**Exposure**	North
Produced every year	Yes	**Average yield**	27 ql/ha
Vineyard location	Etna Northwest: Contrada Tartaraci, municipality of Bronte		
Grape composition	70% Nerello Mascalese, 30% Grenache		
Soil	Volcanic rocky soil	**Vineyard age**	80 years
Growing system	Alberello	**Altitude**	980 meters
Harvest	End of October, 2016		
Vinification	In oak cask, no temperature controlled		
Maceration	No temperature controlled, about 20 days		
Aging	18 months in oak casks and steel tanks		
Color	Ruby - violaceous		
Food match	Roasted onion or carrot, Matsusaka pig (cheek), salty roast beef roll with green onion, barbeque sauce hot pot, olive-oil-fried chicken skin (special)		
Tasting note of Xiaowen	It is one of the not-to-miss wine; the elegant flower scent in the nose turns into fresh beetroot vegetable note. In the mouth, the green plum flavor reminds of the hand-made plum liquor by Taiwanese grandmothers. In the fresh plum notes, there's a slight beetroot sweet sense, and it opens up a light body with prolonged taste. It seems simple, yet it is not at all a simple red wine. It is the kind of red wine you can open at the very end of important dinners, even after dessert wine and amaro (bitter Italian liquor).		

Prima produzione	2016	**Esposizione**	Nord
Prodotto ogni anno	Si	**Resa media**	27 ql/ha
Ubicazione del vigneto	Nord-ovest dell'Etna: Contrada Tartaraci, comune di Bronte		
Vitigno	70% Nerello Mascalese, 30% Grenache		
Terreno	Terreno roccioso vulcanico	**Età dei vigneti**	80 anni
Sistema di allevamento	Alberello	**Altitudine**	980 metri
Vendemmia	Fine di Ottobre 2016		
Vinificazione	In tini di rovere senza temperatura controllata		
Macerazione	20 giorni circa, senza temperatura controllata		
Invecchiamento	18 mesi in tini di rovere e vasche d'acciaio		
Colore	Rubino - violaceo		
Abbinamenti	Cipolla o carota arrostita, maiale di Matsusaka (guancia), involtino di manzo arrosto con cipolla verde, zuppa con tutti ingredienti con salsa barbecue, pelle di pollo fritta con olio d'oliva (speciale)		
Note di degustazione da Xiaowen	Questo è uno dei vini da non perdere; eleganti sentori floreali nel naso che si trasformano in note vegetali di barbabietola fresca; in bocca il fresco sapore fruttato di prugna verde è come il liquore di prugne fatto a mano nelle case dalle nonne taiwanesi. Nelle fresche note di prugna c'è anche un leggero sentore di barbabietola che apre un corpo leggero con un retrogusto prolungato. Sembra semplice ma non è affatto semplice vino rosso: questo è il tipo di vino rosso che puoi aprire anche alla fine di cene importanti, anche dopo un passito o un amaro.		

CALABRETTA

Nonna Concetta, Nerello Mascalese 2016
IGP Terre Siciliane

單一園	Contrada
酒精度 Alcohol	14% vol.
產量 Bottles	300-400 瓶

首次生產年份	2006
是否每年生產	是
葡萄園位置	位於火山北部 Castiglione di Sicilia 區 Passopisciaro 鎮 Contrada Feudo di Mezzo 葡萄園
葡萄品種	97% Nerello Mascalese 3% Nerello Cappuccio
葡萄樹齡	100年
海拔	680公尺
土壤	含火山灰的砂土、火山礫石及中型火山岩石
面向	南
平均產量	3,500公斤/公頃
種植方式	傳統樹叢型
採收日期	2016年10月初
釀造製程	置於小型不鏽鋼桶，溫控
浸漬溫度與時間	20-30°C，5天
陳年方式	12個月於舊木桶中
顏色	紅色
建議餐搭選擇	搭配烤肉、野禽等肉類料理

筱雯老師的品飲紀錄 |

櫻桃與莓果的香氣撲鼻而來，皮革味道與深沉的香料亦逐漸顯現，升溫至18度時會出現草本植物香氣；入口櫻桃果香平順，伴隨著兩頰感受到的葡萄澀度與木桶味相互較勁而綿延，此酒款為百分百 Nerello Mascalese 原生葡萄品種，最後於舌面上的果香、木桶澀味與酒精感皆令人玩味，可謂西西里火山有趣的自然酒款。

First year production	2006	**Exposure**	South
Produced every year	Yes	**Average yield**	35 ql/ha

Vineyard location	Etna North: Contrada Feudo di Mezzo, Passopisciaro, Castiglione di Sicilia
Grape composition	97% Nerello Mascalese, 3% Nerello Cappuccio
Vineyard age	100 years
Altitude	680 meters
Soil	Volcanic sand and medium volcanic stones, ripiddu
Growing system	Bush
Harvest	Beginning of October, 2016
Vinification	In small steel tanks, temperature controlled
Maceration	20-30°C, 5 days
Aging	12 mounths in used barrique
Color	Red
Food match	Great wine for roast meat and game
Tasting note of Xiaowen	The bouquets of cherry and different berries spread out abundantly with leather and deep spices. At 18 degrees, there are also hints of herbs. In the mouth, the smooth cherry flavor is in the excellent company of vivid tannins from both Nerello Mascalese grapes and the barrel in use. This wine manages to reach a profound balance between the powerful fruity flavors and the round tannins.

Prima produzione	2006	**Esposizione**	Sud
Prodotto ogni anno	Si	**Resa media**	35 ql/ha

Ubicazione del vigneto	Nord dell'Etna: Contrada Feudo di Mezzo, Passopisciaro, Castiglione di Sicilia
Vitigno	97% Nerello Mascalese, 3% Nerello Cappuccio
Età dei vigneti	100 anni
Altitudine	680 metri
Terreno	Sabbia vulcanica e pietre vulcaniche medie, ripide
Sistema di allevamento	Alberello
Vendemmia	Primi giorni di Ottobre 2016
Vinificazione	In piccolo serbatoio di acciaio, temperatura controllata
Macerazione	20-30°C, 5 giorni
Invecchiamento	12 mesi in barrique usata
Colore	Rosso
Abbinamenti	Perfetto con arrosti, cacciagione etc.
Note di degustazione da Xiaowen	I bouquet di ciliegie e bacche diverse si diffondono abbondantemente con note di cuoio e spezie profonde arrivano lentamente. A 18 gradi troviamo anche sentori di erbe; in bocca il sapore di ciliegia liscia è ben accompagnato dal tannino vivido proveniente sia dalla stessa uva Nerello Mascalese che dalla botte in uso. Questo vino riesce a raggiungere un interessante e profondo equilibrio tra i potenti aromi fruttati e il tannino rotondo.

CALABRETTA

Nerello Cappuccio 2015
IGP Terre Siciliane

Contrada

12% vol.

3,000瓶

首次生產年份	2007
是否每年生產	是
葡萄園位置	位於火山北部Randazzo區Contrada Taccione葡萄園
葡萄品種	100 % Nerello Cappuccio
葡萄樹齡	6及10年
海拔	700公尺
土壤	含火山灰的砂土、大型火山岩石及火山礫石
面向	南
平均產量	6,000公斤/公頃
種植方式	長枝修剪
採收日期	2015年10月初
釀造製程	置於不鏽鋼桶，溫控
浸漬溫度與時間	20-30°C，7天
陳年方式	18至24個月於中型斯洛維尼亞橡木桶(1,300與2,300公升)
顏色	紅色
建議餐搭選擇	適合作為開胃酒，搭配前菜及炙燒紅肉

筱雯老師的品飲紀錄|

優雅的紫羅蘭花香帶著深沉的香料，似颱風肆虐後、首日陽光灑落森林與矮木欉的新鮮清晨感；入口柔順但其香甜立即轉折為葡萄柚皮甚而帶苦瓜肉，甚為有趣，舌面殘留的澀味表現該品種的特性，最後口中味覺十分乾淨卻能令人想起夏日裡的冰涼葡萄。

First year production	2007	**Exposure**	South
Produced every year	Yes	**Average yield**	60 ql/ha
Vineyard location	Etna North: Contrada Taccione, Randazzo		
Grape composition	100 % Nerello Cappuccio		
Vineyard age	6 and 10 years		
Altitude	700 meters		
Soil	Volcanic sand and big volcanic stones, great ripiddu		
Growing system	Guyot		
Harvest	Beginning of October, 2015		
Vinification	In steel vats, temperature controlled		
Maceration	20-30°C, 7 days		
Aging	18-24 months in medium Slavonian oak barrel (13 and 23 hl)		
Color	Red		
Food match	Aperitif, first dishes, roast red meat		
Tasting note of Xiaowen	The elegant and fresh violet floral bouquet and the deep spices in the nose remind of the early morning forest when the first sunlight of the day shines on wood and leaf. In the beginning, it is smooth and sweet of fruity flavor in the mouth, which turns into interesting of grapefruit peel and bitter cucumber. Meanwhile, the structure felt on the surface of the tongue expresses the character of the grape. The ending is clean, and the freshness in the aftertaste gives extra credits to this wine.		

Prima produzione	2007	**Esposizione**	Sud
Prodotto ogni anno	Si	**Resa media**	60 ql/ha
Ubicazione del vigneto	Nord dell'Etna: Contrada Taccione, Randazzo		
Vitigno	100 % Nerello Cappuccio		
Età dei vigneti	6 e 10 anni		
Altitudine	700 metri		
Terreno	Sabbia vulcanica e grandi pietre vulcaniche, molto ripiddu		
Sistema di allevamento	Guyot		
Vendemmia	Primi giorni di Ottobre 2015		
Vinificazione	In acciaio, temperatura controllata		
Macerazione	20-30°C, 7 giorni		
Invecchiamento	18-24 mesi in botte media di rovere di Slavonia (13 e 23 hl)		
Colore	Rosso		
Abbinamenti	Aperitivo, primi piatti, arrosto di carne rossa		
Note di degustazione da Xiaowen	Elegante e fresco bouquet floreale di viole con profonde spezie al naso che ricordano la freschezza mattutina nella foresta, quando la prima luce del sole splende sul legno e sulle foglie degli alberi; all'inizio in bocca è morbido e dolce con sapore fruttato, ma poi si trasforma in interessanti note di buccia di pompelmo e cetriolo amaro. Nel frattempo, la struttura che si percepisce sulla superficie della lingua esprime la caratteristica dell'uva la quale è audace con il tannino. Il finale è molto pulito e la freschezza nel retrogusto conferisce un tocco in più a questo vino.		

58-1 紅葡萄酒 | *Red Wine* | *Vino Rosso*

CALCAGNO

Arcuria 2016
Etna Rosso DOC

Contrada

14% vol.

產 量 Bottles 5,000 瓶

首次生產年份	2007
是否每年生產	是
葡萄園位置	位於火山北部Castiglione di Sicilia區Passopisciaro鎮Contrada Arcuria葡萄園
葡萄品種	90% Nerello Mascalese 10% Nerello Cappuccio
葡萄樹齡	80至90年
海拔	650公尺
土壤	火山土壤
面向	北
平均產量	5,000公斤/公頃
種植方式	傳統樹叢型暨直架式栽種
採收日期	2016年10月
釀造製程	置於不鏽鋼桶，溫控
浸漬溫度與時間	22°C，8天
陳年方式	12個月於法製橡木桶(2千公升)
顏色	紅寶石色
建議餐搭選擇	燒烤、紅肉、野禽及起司

筱雯老師的品飲紀錄 |

剛開瓶時香氣若牡丹花，入口的優雅櫻桃果香與淡花香容易誤認為北義Nebbiolo品種的葡萄酒，然其結構簡單且無太多後韻果香，輕微的酸度暗示著此為西西里火山上的葡萄品種，最後舌尖上的完整澀度顯示其火山灰土壤影響著葡萄酒的口感。此為簡單的西西里火山紅葡萄酒，炎熱盛夏午餐亦能飲用的新鮮酒款（歐洲夏天因為天候炎熱而較不飲用紅酒，盛夏午候飲用白酒或粉紅酒居多）。

First year production	2007	**Exposure**	North
Produced every year	Yes	**Average yield**	50 ql/ha

Vineyard location	Etna North: Contrada Arcuria, Passopisciaro, Castiglione di Sicilia
Grape composition	90% Nerello Mascalese, 10% Nerello Cappuccio
Vineyard age	80-90 years
Altitude	650 meters
Soil	Lavic soil
Growing system	Spalliera and alberello
Harvest	October 2016
Vinification	In stainless steel tank, temperature controlled
Maceration	22°C, 8 days
Aging	12 months in French oak barrels (20 hl)
Color	Ruby red
Food match	Rost, red meat, game and cheese
Tasting note of Xiaowen	First, the Chinese peony flower paddle and the elegant cherry note seem to be Nebbiolo of Piemonte. However, the straightforward structure and the tannins with fruity note tell its real identity. The astringent taste and its body on the tip of the tongue show that it is an Etna wine. It is a simple fresh red wine that you may also enjoy in summer afternoons.

Prima produzione	2007	**Esposizione**	Nord
Prodotto ogni anno	Si	**Resa media**	50 ql/ha

Ubicazione del vigneto	Nord dell'Etna: Arcuria, Passopisciaro, Castiglione di Sicilia
Vitigno	90% Nerello Mascalese, 10% Nerello Cappuccio
Età dei vigneti	80-90 anni
Altitudine	650 metri
Terreno	Lavico
Sistema di allevamento	Spalliera e alberello
Vendemmia	Ottobre 2016
Vinificazione	In botti di acciaio a temperatura controllata
Macerazione	22°C, 8 giorni
Invecchiamento	12 mesi in botti di rovere Francesce (20 hl)
Colore	Rosso rubino
Abbinamenti	Arrosti, carni rosse, selvaggina e formaggi
Note di degustazione da Xiaowen	All'inizio appare un paddle di peonia cinese e in bocca l'elegante nota di ciliegia sembra essere il Nebbiolo del Piemonte, tuttavia la struttura semplice e tannica con diminuzione delle note fruttate alla fine racconta la sua vera identità. Il finale gusto astringente e il suo corpo sulla punta della lingua mostrano l'uve dell'Etna. Questo è un semplice vino rosso fresco che potresti anche gustare nei pomeriggi estivi.

CALCAGNO

Feudo di Mezzo 2016
Etna Rosso DOC

單一園	Contrada
酒精度 Alcohol	14% vol.
產量 Bottles	5,000 瓶

首次生產年份	2006
是否每年生產	是
葡萄園位置	位於火山北部Castiglione di Sicilia區Passopisciaro鎮Contrada Feudo di Mezzo葡萄園
葡萄品種	90% Nerello Mascalese 10% Nerello Cappuccio
葡萄樹齡	80至90年
海拔	650公尺
土壤	火山土壤
面向	北
平均產量	5,000公斤/公頃
種植方式	傳統樹叢型暨直架式栽種
採收日期	2016年10月
釀造製程	置於不鏽鋼桶，溫控
浸漬溫度與時間	22°C，8天
陳年方式	12個月於法製橡木桶(2千公升)
顏色	深紅寶石色
建議餐搭選擇	如右方「筱雯老師的品飲紀錄」

筱雯老師的品飲紀錄｜

開瓶有小白花香和銀杏香氣，然30分鐘內香氣即不明顯；入口青櫻桃果香與澄花香氣十分輕盈優雅，舌尖再次感受澀度、顯示Nerello Mascalese簡樸特性與火山灰土壤的影響。此為簡單的西西里火山葡萄紅酒，炎熱盛夏午餐亦能飲用的新鮮酒款，此酒於舌尖上具結構、然若果香更綿延則更佳，建議搭配白肉、野禽，尤其可搭配台灣臭豆腐或四川水煮魚。

First year production	2006	**Exposure**	North
Produced every year	Yes	**Average yield**	50 ql/ha

Vineyard location Etna North: Contrada Feudo di Mezzo, Passopisciaro, Castiglione di Sicilia
Grape composition 90% Nerello Mascalese, 10% Nerello Cappuccio
Vineyard age 80-90 years
Altitude 650 meters
Soil Lavic soil
Growing system Spalliera and alberello
Harvest October 2016
Vinification In stainless steel tank, temperature controlled
Maceration 22°C, 8 days
Aging 12 months in French oak barrels (20 hl)
Color Intense ruby red
Food match Goes well with white meat, game, stinky tofu or Sichuan hot chilly fish fillets
Tasting note of Xiaowen The little white flower and ginkgo (Chinese herb) floral notes last for the first 30 minutes. In the mouth, the green cherry note is light and elegant, with the astringent of Nerello Mascalese grapes at the tip of the tongue. It is a simple Etna Rosso, fresh and well with stinky tofu or Sichuan hot chilly fish fillet. It would have been better if the fruity note continues a bit longer.

Prima produzione	2006	**Esposizione**	Nord
Prodotto ogni anno	Si	**Resa media**	50 ql/ha

Ubicazione del vigneto Nord dell'Etna: Contrada Feudo di Mezzo, Passopisciaro, Castiglione di Sicilia
Vitigno 90% Nerello Mascalese, 10% Nerello Cappuccio
Età dei vigneti 80-90 anni
Altitudine 650 metri
Terreno Lavico
Sistema di allevamento Spalliera e alberello
Vendemmia Ottobre 2016
Vinificazione In botti di acciaio a temperatura controllata
Macerazione 22°C, 8 giorni
Invecchiamento 12 mesi in botti di rovere Francesce (20 hl)
Colore Rosso rubino vivo
Abbinamenti Si sposa bene con carni bianche, selvaggina, il puzzolente tofu o il filetto di pesce freddo del Sichuan
Note di degustazione da Xiaowen Piccole note di fiori bianchi e gingko (erba cinese) per i primi 30 minuti. In bocca le note di ciliegia verde e fiori d'arancio sono leggere ed eleganti, con la punta della lingua si sente l'astringente dell'uva Nerello Mascalese coltivata in terra vulcanica. Un semplice Etna Rosso che è fresco e si sposa bene con il puzzolente tofu o il filetto di pesce freddo del Sichuan. Sarebbe stato ancora meglio se la nota fruttata continuasse un po' più a lungo.

CANTINE DI NESSUNO

Nuddu 2016
Etna Rosso DOC

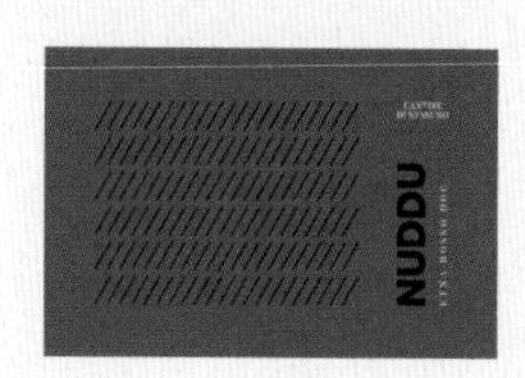

單一園	Contrada
酒精度 Alcohol	13.5% vol.
產量 Bottles	4,000 瓶

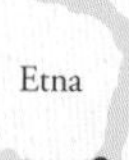

首次生產年份	2011
是否每年生產	是
葡萄園位置	位於火山東南部 Trecastagni 區 Contrada Carpene 葡萄園
葡萄品種	85% Nerello Mascalese 15% Nerello Cappuccio
葡萄樹齡	30至100年
海拔	700至800公尺
土壤	含火山灰的砂質土壤
面向	東南
平均產量	3,000公斤/公頃
種植方式	傳統樹叢型兼直架式栽種
採收日期	2016年10月中旬
釀造製程	置於不鏽鋼桶，溫控
浸漬溫度與時間	19°C，8至10天
陳年方式	第一階段20個月：於大型橡木桶；第二階段4個月：靜置於玻璃瓶中
顏色	紅寶石色
建議餐搭選擇	適合搭配佐濃郁醬料之餐餚、陳年起司、肉類、野禽

筱雯老師的品飲紀錄 |

青櫻桃與紅莓香氣明顯而優雅，開瓶約10分鐘後開始出現花香，完全感受西西里火山當地品種的特性；入口兩頰立即感受澀度，果香與結構皆不重，易飲，最後兩頰感受木桶的影響稍多（因澀度與皮革味過度延續），然此酒的香氣持續轉換，或許再兩三年可達更佳飲用年。值得一提的是，該酒莊位於西西里火山 Monte Ilice 葡萄園呈現自然45度傾斜，為該區域最陡斜的葡萄園之一。

First year production	2011	**Exposure**	Southeast
Produced every year	Yes	**Average yield**	30 ql/ha
Vineyard location	Etna Southeast: Contrada Carpene, Trecastagni		
Grape composition	85% Nerello Mascalese, 15% Nerello Cappuccio		
Vineyard age	Between 30 and 100 years		
Altitude	Variable from 700 to 800 meters		
Soil	Volcanic sand		
Growing system	Bush with chestnut poles and espalier		
Harvest	Second decade of October 2016		
Vinification	In stainless steel tanks, temperature controlled		
Maceration	19°C, 8-10 Days		
Aging	20 months in large oak barrels; 4 months in the bottle		
Color	Ruby red		
Food match	Sauces, aged cheeses, meats, game		
Tasting note of Xiaowen	In the nose, there are the elegant bouquets of vivid green cherry and red berries. After 10 minutes, the floral scent comes and shows the female side of this Etna red wine. In the mouth, the overwhelmed tannins come first at both cheeks, and the light fruity note makes it easy-drinking. With a few years in bottle, it will be more balanced and pleasant. One interesting fact is that their Monte Ilice vineyard is one of the steepest ones of the Etna area. It is with a 45% slope without terraces.		

Prima produzione	2011	**Esposizione**	Sud-est
Prodotto ogni anno	Si	**Resa media**	30 ql/ha
Ubicazione del vigneto	Sud-est dell'Etna: Contrada Carpene, Trecastagni		
Vitigno	85% Nerello Mascalese, 15% Nerello Cappuccio		
Età dei vigneti	Tra i 30 e i 100 anni		
Altitudine	Variabile da 700 a 800 metri		
Terreno	Sabbia vulcanica		
Sistema di allevamento	Alberello e spalliera		
Vendemmia	Seconda decade di Ottobre 2016		
Vinificazione	Serbatoi in acciaio a temperatura controllata		
Macerazione	19°C, 8-10 giorni		
Invecchiamento	20 mesi in botti grandi di rovere; 4 mesi in bottiglia		
Colore	Rosso rubino		
Abbinamenti	Salse, formaggi stagionati, carni, cacciagione		
Note di degustazione da Xiaowen	Il bouquet è l'elegante e vivida ciliegia verde e le note di frutti rossi, dopo 10 minuti arriva il profumo floreale che mostra il lato femminile del vino rosso dell'Etna. In bocca arriva prima il tannino, che si fa sentire da entrambe le guance con leggere note fruttate. È facile da bere in questo momento. Tra qualche anno in bottiglia, sarà più equilibrato. Un fatto interessante è che loro vigneto posto sul dorso di Monte Ilice con una pendenza del 45% senza terrazzamenti è forse il più eroico dell'Etna.		

CANTINE EDOMÉ

Vigna Nica Aitna 2015
Etna Rosso DOC

單一園	Contrada
酒精度 Alcohol	13.5% vol.
產量 Bottles	5,000 瓶

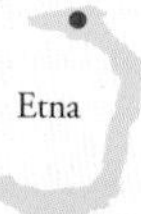

首次生產年份	2013
是否每年生產	是
葡萄園位置	位於火山北部Castiglione di Sicilia區Passopisciaro鎮Contrada Feudo di Mezzo葡萄園
葡萄品種	90% Nerello Mascalese 10% Nerello Cappuccio
葡萄樹齡	35年
海拔	700公尺
土壤	砂土及火山灰土壤
面向	北
平均產量	6,000-7,000公斤/公頃
種植方式	傳統樹叢型
採收日期	2015年10月
釀造製程	置於不鏽鋼桶，溫控
浸漬溫度與時間	26°C，約22天
陳年方式	第一階段12個月：於不鏽鋼桶；第二階段6個月以上：靜置於玻璃瓶中
顏色	紅寶石色
建議餐搭選擇	紅肉及白肉

筱雯老師的品飲紀錄｜

杯中聞到的櫻桃果香令人感到十分舒服，優雅的香料隨著與氧氣的接觸而越發明顯；入口的青櫻桃新鮮而清爽，果香直接而乾脆，絲毫不拖泥帶水，兩頰的澀度為該原生葡萄品種的經典表現，除此之外，酸度隱含表彰於上頰，舌面上雖無明顯結構，然這款酒最令人驚豔的地方在其尾韻，後鼻腔美妙的葡萄乾與櫻桃乾果香，令你覺得接下來的每一口呼吸都想感謝上帝。

First year production	2013	**Exposure**	North
Produced every year	Yes	**Average yield**	60-70 ql/ha
Vineyard location	Etna North: Contrada Feudo di Mezzo, Passopisciaro, Castiglione di Sicilia		
Grape composition	90% Nerello Mascalese, 10% Nerello Cappuccio		
Vineyard age	35 years	**Altitude**	700 meters
Growing system	Alberello	**Soil**	Sandy and volcanic
Harvest	October, 2015		
Vinification	In steel vats, temperature controlled		
Maceration	26°C, about 22 days		
Aging	12 mounths in steel casks; at least 6 mounths in bottle		
Color	Ruby red		
Food match	Red and white meat		
Tasting note of Xiaowen	The cherry bouquet is smooth, easily detected, and it evolved in domination with more extended contacts with oxygen. The cherry green flavor in the mouth is fresh and light. This initial fruity flavor is direct and clean without other intervenes, yet soon later you find the classical character of Nerello Mascalese grapes. With the tannins on the cheeks, and the acidity squirreling in the upper mouth, this wine ends with amazingly raisin and dry cherry fruit notes that every breath inhaled after, we thank God for giving life to you and the grape.		

Prima produzione	2013	**Esposizione**	Nord
Prodotto ogni anno	Si	**Resa media**	60-70 ql/ha
Ubicazione del vigneto	Nord dell'Etna: Contrada Feudo di Mezzo, Passopisciaro, Castiglione di Sicilia		
Vitigno	90% Nerello Mascalese, 10% Nerello Cappuccio		
Età dei vigneti	35 anni	**Altitudine**	700 metri
Sistema di allevamento	Alberello classico etneo	**Terreno**	Sabbioso e vulcanico
Vendemmia	Ottobre 2015		
Vinificazione	In botti di acciaio a temperatura controllata		
Macerazione	26°C, 22 giorni circa		
Invecchiamento	12 mesi in botti di acciaio; almeno 6 mesi in bottiglia		
Colore	Rosso rubino		
Abbinamenti	Carni rosse e bianche		
Note di degustazione da Xiaowen	Il bouquet di ciliegie è morbido, facilmente percepibile e si è evoluto più dominato da un maggiore contatto con l'ossigeno; il sapore di ciliegia verde in bocca è fresco e leggero. Questo sapore fruttato iniziale è diretto e pulito, senza altri interventi, ma subito dopo si ritrova la classica caratteristica dell'uve Nerello Mascalese: i tannini sulla guancia, l'acidità che si cela nella parte superiore della bocca. Questo vino termina con una sorprendente nota fruttata di uvetta e di ciliegia disidratata tale che, ogni respiro che inaliamo, ringrazi Dio per aver dato la vita a te e all'uve.		

CANTINE EDOMÉ

Aitna 2014
Etna Rosso DOC

Contrada

14.5% vol.

5,000 瓶

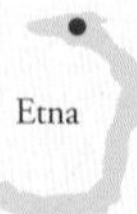

首次生產年份	2005
是否每年生產	是
葡萄園位置	位於火山北部Castiglione di Sicilia區Passopisciaro鎮Contrada Feudo di Mezzo葡萄園
葡萄品種	90% Nerello Mascalese 10% Nerello Cappuccio
葡萄樹齡	80年
海拔	700公尺
土壤	砂土及火山灰土壤
面向	北
平均產量	8,000公斤/公頃
種植方式	傳統樹叢型
採收日期	2014年10月
釀造製程	置於不鏽鋼桶，溫控
浸漬溫度與時間	26°C，約21天
陳年方式	12個月於木桶中
顏色	帶有紫羅蘭色澤之紅寶石色
建議餐搭選擇	紅肉及陳年起司

筱雯老師的品飲紀錄 |

此酒莊雖不為人知，然所生產的三支酒皆十分值得推薦。此支酒無論鼻聞或口嚐都十分優雅，香氣如酒漬櫻桃香草蛋糕，略帶木桶味；入口為草本香氣、青蘋果中帶著葡萄澀酸感，尾韻綿延、酸度與酒精感持續然圓融舒服，絲毫不覺得需要等待才能品飲。

First year production	2005	**Exposure**	North
Produced every year	Yes	**Average yield**	80 ql/ha
Vineyard location	Etna North: Contrada Feudo di Mezzo, Passopisciaro, Castiglione di Sicilia		
Grape composition	90% Nerello Mascalese, 10% Nerello Cappuccio		
Vineyard age	80 years		
Altitude	700 meters		
Soil	Sandy and volcanic		
Growing system	Alberello		
Harvest	October, 2014		
Vinification	In steel vats, temperature controlled		
Maceration	26°C, about 21 days		
Aging	12 months in wood casks		
Color	Ruby red with fine hints of violet		
Food match	Red meat and aged cheese		
Tasting note of Xiaowen	This wine is elegant both in the nose and in the mouth. In the nose, the sweet cherry liquor bouquet is with hints of vanilla and wood. In the mouth, there are herbs and fruits like green apple with tannins that prolongs. The acidity is round and comfortable though there is also the alcohol sensation . It is a wine that you don't need to wait to drink. Drink now!		

Prima produzione	2005	**Esposizione**	Nord
Prodotto ogni anno	Si	**Resa media**	80 ql/ha
Ubicazione del vigneto	Nord dell'Etna: Contrada Feudo di Mezzo, Passopisciaro, Castiglione di Sicilia		
Vitigno	90% Nerello Mascalese, 10% Nerello Cappuccio		
Età dei vigneti	80 anni		
Altitudine	700 metri		
Terreno	Sabbioso vulcanico		
Sistema di allevamento	Alberello classico etneo		
Vendemmia	Ottobre 2014		
Vinificazione	In botti di acciaio a temperatura controllata		
Macerazione	26°C, 21 giorni circa		
Invecchiamento	12 mesi in botti di rovere		
Colore	Rosso rubino con sfumature granate		
Abbinamenti	Carni rosse, selvaggina e formaggi stagionati		
Note di degustazione da Xiaowen	Questo vino è elegante sia nel naso che nella bocca. Al naso, il bouquet di liquore di ciliegie dolci con sentori di vaniglia e legno; in bocca troviamo erbe e frutti, come la mela verde con il tannini dell'uve che si protrae. L'acidità è rotonda e confortevole da sentire, nonostante la sensazione di alcol. Questo è un vino che non si deve aspettare di bere. Bevetelo ora!		

CANTINE RUSSO

Contrada Crasà 2014
Etna Rosso DOC

單一園	Contrada
酒精度 Alcohol	13.5% vol.
產量 Bottles	30,000瓶

Etna

首次生產年份	2014
是否每年生產	是
葡萄園位置	位於火山北部Castiglione di Sicilia區Solicchiata鎮Contrada Crasà葡萄園
葡萄品種	80% Nerello Mascalese 20% Nerello Cappuccio
葡萄樹齡	25年
海拔	700公尺
土壤	含火山灰的土壤
面向	東北
平均產量	7,000-8,000公斤/公頃
種植方式	直架式栽種
採收日期	2014年10月第二週
釀造製程	置於不鏽鋼桶，溫控
浸漬溫度與時間	24°C，15天
陳年方式	12個月於小型與中圓型法製橡木桶
顏色	紅寶石色
建議餐搭選擇	燒烤牛肉

筱雯老師的品飲紀錄｜

剛開瓶即為十分吸引人的香水百合與梔子花香帶著甘草、葡萄乾與優雅香料；入口為巴薩米克醋與葡萄乾、成熟的果香、兩頰的單寧成熟且柔順易飲，尾韻豐腴的葡萄乾香氣，過了一天依舊圓融和諧，後鼻腔有成熟的果香。

First year production	2014	**Exposure**	Northeast
Produced every year	Yes	**Average yield**	70-80 ql/ha
Vineyard location	Etna North: Contrada Crasà, Solicchiata, Castiglione di Sicilia		
Grape composition	80% Nerello Mascalese, 20% Nerello Cappuccio		
Vineyard age	25 years		
Altitude	700 meters		
Soil	Volcanic		
Growing system	Espalier		
Harvest	Second week of October, 2014		
Vinification	In stainless steel tank, temperature controlled		
Maceration	24°C, 15 days		
Aging	12 months in barrique and French oak tonneaux		
Color	Ruby red		
Food match	Grilled beaf		
Tasting note of Xiaowen	There are the lily and gardenia floral bouquets with licorice, raisin and elegant spices in the nose. In the mouth, the balsamic, ripe fruits, and a hint of raisin enhances the soft and round tannins on the cheeks. The abundant raisin and ripe fruit notes lingering in the posterior nasal cavity make perfect closing of sensation. This wine is good to drink even the next day.		

Prima produzione	2014	**Esposizione**	Nord-est
Prodotto ogni anno	Si	**Resa media**	70-80 ql/ha
Ubicazione del vigneto	Nord dell'Etna: Contrada Crasà, Solicchiata, Castiglione di Sicilia		
Vitigno	80% Nerello Mascalese, 20% Nerello Cappuccio		
Età dei vigneti	25 anni		
Altitudine	700 metri		
Terreno	Vulcanico		
Sistema di allevamento	Spalliera		
Vendemmia	Seconda settimana di Ottobre, 2014		
Vinificazione	In vasche di acciaio a temperatura controllata		
Macerazione	24°C, 15 giorni		
Invecchiamento	12 mesi in tonneaux e barrique di rovere Francese		
Colore	Rosso rubino brillante		
Abbinamenti	Carni rosse grigliate		
Note di degustazione da Xiaowen	Nel naso si percepiscono i bouquet floreali di giglio e gardenia con liquirizia, uva passa e spezie eleganti, mentre in bocca, sono evidenti i balsamici, i frutti maturi e il sentore di uva con tannini morbidi e rotondi sulle guance. L'abbondanza di uvetta e note di frutta matura che persistono nella cavità nasale posteriore rendono perfetta la chiusura della sensazione. Questo vino è buono da bere anche il giorno dopo.		

CANTINE RUSSO

Rampante 2012
Etna Rosso DOC

單一園	Contrada
酒精度 Alcohol	12.5% vol.
產量 Bottles	10,000瓶

Etna

首次生產年份	1980
是否每年生產	是
葡萄園位置	位於火山北部Castiglione di Sicilia區Solicchiata鎮Contrada Crasà葡萄園
葡萄品種	80% Nerello Mascalese 20% Nerello Cappuccio
葡萄樹齡	70年
海拔	980公尺
土壤	含火山灰的土壤
面向	東北
平均產量	6,000公斤/公頃
種植方式	傳統樹叢型
採收日期	2012年10月第三週
釀造製程	置於不鏽鋼桶，溫控
浸漬溫度與時間	24°C，15天
陳年方式	12個月於法式小型木桶及法製圓橡木桶
顏色	亮紅寶石色
建議餐搭選擇	烤肉、燉肉、番茄菜餚、西西里慢煮料理、半陳年起司及義大利沙拉米冷肉切片

筱雯老師的品飲紀錄｜

明顯而柔順的果香展現該酒莊之釀酒哲學及其上市前的堅持陳年 **(按：在酒窖裡陳年越久則釀酒成本越高)*，果香中亦有梔子花香氣，十分優雅且易飲；入口為輕柔的葡萄乾味，十分輕柔的花香伴隨著綿延的果香，兩頰澀味亦綿延，結構完整然柔順，開瓶立即可感受此酒莊不同的哲學。此酒款雖為2012年然才剛上市，酒莊存放許久僅為完美上市。此刻已十分美好，然筆者認為2年後將以更圓融口感呈現。

First year production	1980	**Exposure**	Northeast
Produced every year	Yes	**Average yield**	60 ql/ha
Vineyard location	Etna North: Contrada Crasà, Solicchiata, Castiglione di Sicilia		
Grape composition	80% Nerello Mascalese, 20% Nerello Cappuccio		
Vineyard age	70 years	**Altitude**	980 meters
Growing system	Alberello	**Soil**	Volcanic
Harvest	3rd week of October, 2012		
Vinification	In stainless steel tank, temperature controlled		
Maceration	24°C, 15 days		
Aging	12 months in barrique and French oak tonneaux		
Color	Brilliant ruby red		
Food match	Grilled meat, meat stew, lamb, meat with tomato sauce, typical Sicilian long cooking, semi-seasoned cheese and salami		
Tasting note of Xiaowen	The vivid and soft fruity bouquet in the nose shows the philosophy of the winery. The gardenia floral note enhances the elegant and the drinkability. In the mouth, the raisin and light dried fruit notes linger with a hint of soft flower. The tannins are soft, smooth, and long on the cheeks. It is a well-structured wine. It has a long aging process before launching to the market, and the new release is 2012 vintage. In 2 years, it will have more roundness. Now it is also perfect to open and drink.		

Prima produzione	1980	**Esposizione**	Nord-est
Prodotto ogni anno	Si	**Resa media**	60 ql/ha
Ubicazione del vigneto	Nord dell'Etna: Contrada Crasà, Solicchiata, Castiglione di Sicilia		
Vitigno	80% Nerello Mascalese, 20% Nerello Cappuccio		
Età dei vigneti	70 anni	**Altitudine**	980 metri
Sistema di allevamento	Alberello	**Terreno**	Vulcanico
Vendemmia	Terza settimana di Ottobre, 2012		
Vinificazione	In vasche di acciaio a temperatura controllata		
Macerazione	24°C, 15 giorni		
Invecchiamento	12 mesi in tonneaux e barrique di rovere Francese		
Colore	Rosso rubino brillante		
Abbinamenti	Carne rossa alla griglia, stufato, carne di agnello, carne al sugo formaggi semi stagionati e salumi		
Note di degustazione da Xiaowen	Il bouquet fruttato, vivace e morbido al naso mostra la filosofia della cantina e le note floreali di gardenia esaltano l'eleganza e la bevibilità che derivano dal lungo processo di invecchiamento prima del lancio sul mercato; in bocca l'uva passa e le leggere note di frutta secca indugiano con un tocco di morbido fiore. I tannini sono morbidi, lisci e lunghi sulla guancia e si manifestano insieme alla struttura di questo vino. Questa nuova versione è vintage 2012 perché è stata conservata in cantina per anni; in 2 anni dovrebbe esibire ancora più rotondità, anche se ora è perfetto da aprire e da bere.		

COTTANERA

Contrada Diciassettesalme 2017
Etna Rosso DOC

單一園	Contrada
酒精度 Alcohol	14% vol.
產量 Bottles	15,000瓶

首次生產年份	2014
是否每年生產	是
葡萄園位置	位於火山北部Castiglione di Sicilia區Contrada Diciassettesalme葡萄園
葡萄品種	100% Nerello Mascalese
葡萄樹齡	12年
海拔	750公尺
土壤	火山灰土壤及沖積土壤
面向	北、南
平均產量	7,000公斤/公頃
種植方式	短枝修剪
採收日期	2017年10月第一週
釀造製程	置於不鏽鋼桶，溫控
浸漬溫度與時間	28°C，25天
陳年方式	8個月於法製大型橡木桶
顏色	深紅色
建議餐搭選擇	建議搭配番茄義大利麵、兔肉義大利寬麵 (pappardelle)、燉豬肉或牛肉、烤牛肉、蘑菇派、甚至餐後起司盤。

筱雯老師的品飲紀錄 |

剛開瓶即為明顯為咖啡與牛奶糖香氣，果香圓融而有趣，開瓶後二十分鐘為香草與芋頭，入口和順、口感圓融然結構輕鬆，看似容易入門的酒款然其結構卻不簡單，此款酒為西西火山使用法國木桶的最佳代表作，亦極能代表西西里火山北部的風土環境，這是一款可以從餐前喝到餐後的難得酒款，十分推薦。

First year production	2014	**Exposure**	North and south
Produced every year	Yes	**Average yield**	70 ql/ha
Vineyard location	Etna North: Contrada Diciassettesalme, Castiglione di Sicilia		
Grape composition	100% Nerello Mascalese	**Altitude**	750 meters
Vineyard age	12 years	**Soil**	Volcanic, alluvial
Growing system	Espalier		
Harvest	First week of October, 2017		
Vinification	In stainless steel, temperature controlled		
Maceration	28°C, 25 days		
Aging	8 months in large French oak barrel		
Color	Deep red		
Food match	Perfect for tomato pasta, pappardelle with rabbit ragout, stew pork/beef, roasted beef, mushroom pie, even with cheese plate at the end of the meal		
Tasting note of Xiaowen	The vivid Italian coffee, the Japanese brown sugar, and the round fruity notes make this wine extremely interesting. After 20 minutes from opening, the gentle vanilla and taro appear. In the mouth, it is smooth and round. The structure remains, and the fruity note lingers. It seems to be a simple wine, yet it is not simple at all. It is the best example of Etna wine that respects the terroir. It is a bottle to drink from the beginning of a fine dinner to the end. Highly recommended.		

Prima produzione	2014	**Esposizione**	Nord e sud
Prodotto ogni anno	Si	**Resa media**	70 ql/ha
Ubicazione del vigneto	Nord dell'Etna: Contrada Diciassettesalme, Castiglione di Sicilia		
Vitigno	100% Nerello Mascalese	**Altitudine**	750 metri
Età dei vigneti	12 anni	**Terreno**	Vulcanico, alluvionale
Sistema di allevamento	Cordone speronato		
Vendemmia	Prima settimana di Ottobre, 2017		
Vinificazione	In acciaio a temperatura controllata		
Macerazione	28°C, 25 giorni		
Invecchiamento	8 mesi in botte grande di rovere Francese		
Colore	Rosso intenso		
Abbinamenti	È perfetto per la pasta al pomodoro, pappardelle al ragut di coniglio, lo stufato di maiale/manzo, roastbeef, tortino di funghi, anche con un piatto di formaggi alla fine del pasto		
Note di degustazione da Xiaowen	Vivido caffè italiano e caramelle di zucchero di canna giapponesi con note fruttate rotonde rendono questo vino estremamente interessante. Dopo 20 minuti dall'apertura, appaiono la delicata vaniglia e il taro; in bocca è molto liscio e rotondo. Sembra leggero come un vino semplice, eppure non è affatto semplice. La struttura rimane mentre le note fruttate indugiano. Questo è il miglior esempio di vino dell'Etna che rispetti il terroir. È anche una bottiglia da bere dall'inizio alla fine di una buona cena con ottima compagnia. Altamente raccomandato.		

COTTANERA

Contrada Feudo di Mezzo 2014
Etna Rosso DOC

單一園	Contrada
酒精度 Alcohol	13.5% vol.
產量 Bottles	8,000瓶

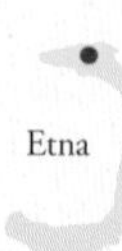

首次生產年份	2014
是否每年生產	是
葡萄園位置	位於火山北部Castiglione di Sicilia區Contrada Feudo di Mezzo葡萄園
葡萄品種	100% Nerello Mascalese
葡萄樹齡	25年
海拔	770公尺
土壤	火山熔岩石塊
面向	北、南
平均產量	5,500公斤/公頃
種植方式	短枝修剪
採收日期	2014年10月第二週
釀造製程	置於不鏽鋼桶，溫控
浸漬溫度與時間	28°C，30天
陳年方式	14個月於法製大型橡木桶
顏色	深紅色
建議餐搭選擇	牛肉鮮蔬義大利麵、烤肉、陳年起司

筱雯老師的品飲紀錄｜

香料與黑可可豆香氣明顯，芋頭與咖啡，甜菜根香氣，入口甘草味與紅莓香氣夾雜香草香氣，酸度與單寧適中，非簡單易懂之酒、然口感柔順易飲且口感綿延不絕，此款好酒亦適合初學者，因為就算不懂酒的人也能立刻了解「好喝」。

First year production	2014	**Exposure**	North and south
Produced every year	Yes	**Average yield**	55 ql/ha

Vineyard location	Etna North: Contrada Feudo di Mezzo, Castiglione di Sicilia
Grape composition	100% Nerello Mascalese
Vineyard age	25 years
Altitude	770 meters
Soil	Lava stone
Growing system	Espalier
Harvest	Second week of October, 2014
Vinification	In stanless steel, temperature controlled
Maceration	28°C, 30 days
Aging	14 months in large French oak barrel
Color	Deep red
Food match	Pasta with beef ragout, meat barbeque, aged cheese
Tasting note of Xiaowen	In the nose, the spices and black cocoa beans are evident with a bit of coffee and beetroot hints. In the month, there are licorice, red berries, and a hint of vanilla. It is well-balanced between acidity and tannins, and the long-lasting after taste smoothly glides over the tongue. It is an excellent wine though not an easy-understanding one. However, when a wine is good, there's no need to understand. Just drink!

Prima produzione	2014	**Esposizione**	Nord e sud
Prodotto ogni anno	Si	**Resa media**	55 ql/ha

Ubicazione del vigneto	Nord dell'Etna: Contrada Feudo di Mezzo, Castiglione di Sicilia
Vitigno	100% Nerello Mascalese
Età dei vigneti	25 anni
Altitudine	770 metri
Terreno	Lavico
Sistema di allevamento	Cordone speronato
Vendemmia	Seconda settimana di Ottobre, 2014
Vinificazione	In acciaio a temperatura controllata
Macerazione	28°C, 30 giorni
Invecchiamento	14 mesi in botte grande di rovere francese
Colore	Rosso intenso
Abbinamenti	Pasta con ragout di manzo, grigliata mista di carne, formaggi stagionati
Note di degustazione da Xiaowen	Le spezie e le fave di cacao nere sono forti con un po' di caffè e un accenno di barbabietola rossa; in bocca ci sono Liquirizia e bacche rosse con sentore di vaniglia, ben bilanciato tra acidità e tannico, scivola dolcemente sulla lingua con un retrogusto persistente. Questo non è un vino facile da capire, ma quando un vino è buono, non è necessario capire per bere. Tu bevi!

COTTANERA

Contrada Zottorinoto 2013
Etna Rosso DOC Riserva

單一園	Contrada
酒精度 Alcohol	14% vol.
產量 Bottles	1,994 瓶

Etna

首次生產年份	2011
是否每年生產	是
葡萄園位置	位於火山北部Castiglione di Sicilia區Contrada Zottoninoto葡萄園
葡萄品種	100% Nerello Mascalese
葡萄樹齡	60年
海拔	800公尺
土壤	含火山灰的土壤
面向	北、南
平均產量	4,000公斤/公頃
種植方式	短枝修剪兼傳統樹叢型
採收日期	2013年10月最後一週
釀造製程	置於不鏽鋼桶，溫控
浸漬溫度與時間	28°C，30天
陳年方式	24個月於法製大型橡木桶
顏色	深紅色
建議餐搭選擇	蘑菇及松露，野豬燉菜義大利麵，烤羊肉、陳年起司

筱雯老師的品飲紀錄｜

此款酒十分有層次，充滿著新鮮紅莓果香、帶著些許煙燻皮革、香草、甚而咖啡、黑可可粉等深沉宜人香氣；入口圓融、新鮮果香中帶有澄花與草本植物香氣，酒精感與酸度互相平衡，最後於兩頰帶著Nerello Mascalese葡萄的經典澀度卻能再度迴轉為咖啡與新鮮果香，十分耐人尋味的一款酒，也極具陳年實力。

First year production	2011	**Exposure**	North and south
Produced every year	Yes	**Average yield**	40 ql/ha
Vineyard location	Etna North: Contrada Zottoninoto, Castiglione di Sicilia		
Grape composition	100% Nerello Mascalese	**Altitude**	800 meters
Vineyard age	60 years		
Soil	Volcanic		
Growing system	Cordon spur and gobelet		
Harvest	Last week of October, 2013		
Vinification	In stainless steel, temperature controlled		
Maceration	28°C, 30 days		
Aging	24 months in large French oak barrel		
Color	Deep red		
Food match	Mushrooms and truffles, pasta with boar ragout, baked lamb, long aged cheese		
Tasting note of Xiaowen	Many layers: fresh red berries with smoke leather, vanilla, coffee, dark chocolate, and spices perfumes that are warm and peaceful. The bright fruity notes with orange flower and herbs are round in the mouth, and there's a perfect balance between the alcohol and the acidity. On the cheeks, the classic tannins of Nerello Mascalese turn to coffee and fresh fruits again. It is a fantastic wine with great potential to age.		

Prima produzione	2011	**Esposizione**	Nord e sud
Prodotto ogni anno	Si	**Resa media**	40 ql/ha
Ubicazione del vigneto	Nord dell'Etna: Contrada Zottoninoto, Castiglione di Sicilia		
Vitigno	100% Nerello Mascalese	**Altitudine**	800 metri
Età dei vigneti	60 anni		
Terreno	Vulcanic		
Sistema di allevamento	Cordone speronato e alberello		
Vendemmia	Ultima settimana di Ottobre 2013		
Vinificazione	In acciaio a temperatura controllata		
Macerazione	28°C, 30 giorni		
Invecchiamento	24 mesi in botte di rovere Francese		
Colore	Rosso intenso		
Abbinamenti	Funghi e tartufi, pasta con ragout di cinghiale, agnello al forno, formaggi stagionati a lungo		
Note di degustazione da Xiaowen	Molti strati: bacche rosse fresche con cuoio affumicato, vaniglia, caffè, cioccolato fondente e spezie profumate che sono calde e pacifiche; rotondo in bocca, nota di frutta fresca con fiori d'arancio ed erbe aromatiche, un perfetto equilibrio tra alcol e acidità. Sulle guance, il classico tannico di Nerello Mascalese si trasforma nuovamente in caffè e frutta fresca. Vino sorprendente con grande potenzialità di invecchiamento.		

FATTORIE ROMEO DEL CASTELLO DI CHIARA VIGO

Allegracore 2016
Etna Rosso DOC

單一園 Contrada

14% vol.

12,000瓶

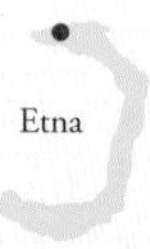

首次生產年份	2009
是否每年生產	是
葡萄園位置	位於火山北部Randazzo區Contrada Allegracore葡萄園
葡萄品種	100% Nerello Mascalese
葡萄樹齡	15年
海拔	700公尺
土壤	來自兩萬年前火山熔岩的火山灰、砂土及礦質土壤
面向	北
平均產量	5,000公斤/公頃
種植方式	直架式栽種
採收日期	2016年10月中
釀造製程	置於不鏽鋼桶，溫控
浸漬溫度與時間	26°C，20天
陳年方式	12個月於不鏽鋼桶
顏色	紅寶石色
建議餐搭選擇	義大利沙拉米冷肉切片、起司、紅肉及豬肉

筱雯老師的品飲紀錄｜

開瓶即有明顯青櫻桃和幸運草的香氣，不明顯的杏花點綴其間，相較於其他西西里火山紅酒的青櫻桃香氣，此款酒更顯層次；入口香甜柔順，然於果香中多了一分堅實結構，暗示著火山灰土壤的影響，兩頰澀度明顯，高酸度暗藏其中，充分顯示Nerello Mascalese葡萄品種的特性；此酒具陳年實力、可期待其於來年的表現。

First year production	2009	**Exposure**	North
Produced every year	Yes	**Average yield**	50 ql/ha
Vineyard location	Etna North: Contrada Allegracore, Randazzo		
Grape composition	100% Nerello Mascalese		
Vineyard age	15 years		
Altitude	700 meters		
Soil	Volcanic, sandy and mineral soil from 20,000 years old lava flows		
Growing system	Espaliers		
Harvest	Mid October, 2016		
Vinification	In stainless steel vats, temperature controlled		
Maceration	26°C, 20 days		
Aging	12 months in stainless steel vats		
Color	Ruby red		
Food match	Salami, cheese, red meat and pork		
Tasting note of Xiaowen	The hint of herbs and the almond floral bouquet enrich the green cherry note and give identity to this wine. In the mouth, it is smooth. The sweet fruity flavor balances the backbones of acidity and tannins. The high acidity prolongs, and the tannins on the cheeks attract sensory attention. This wine can be interesting to age and see how it performs in a few years.		

Prima produzione	2009	**Esposizione**	Nord
Prodotto ogni anno	Sì	**Resa media**	50 ql/ha
Ubicazione del vigneto	Nord dell'Etna: Contrada Allegracore, Randazzo		
Vitigno	100% Nerello Mascalese		
Età dei vigneti	15 anni		
Altitudine	700 metri		
Terreno	Vulcanico, sabbioso e minerale, risalente a colate laviche di 20.000 anni fa		
Sistema di allevamento	Spalliera		
Vendemmia	Metà Ottobre 2016		
Vinificazione	In vasche di acciaio, temperatura controllata		
Macerazione	26°C, 20 giorni		
Invecchiamento	12 mesi in vasche di acciaio		
Colore	Rosso rubino		
Abbinamenti	Salumi, formaggi, carni rosse e maiale		
Note di degustazione da Xiaowen	I sentori di erbe e il bouquet floreale di mandorlo arricchiscono la nota di ciliegia verde e danno identità a questo vino; in bocca è morbido e dolce, con i sapori fruttati che sono bilanciati da acidità e tannino come spine dorsali. L'elevata acidità è prolungata, ma il tannino sulle guance attira più attenzione sensoriale. Questo vino può essere interessante da far invecchiare per vedere come si evolve nei prossimi anni.		

FATTORIE ROMEO DEL CASTELLO DI CHIARA VIGO

Vigo 2014
Etna Rosso DOC

Contrada

14.5% vol.

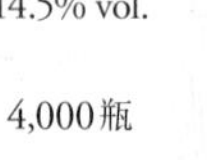

產量 Bottles 4,000瓶

Etna

首次生產年份	2007
是否每年生產	否，2009、2010、2011及2015年未生產
葡萄園位置	位於火山北部Randazzo區Contrada Allegracore葡萄園
葡萄品種	95% Nerello Mascalese 5% Nerello Cappuccio
葡萄樹齡	70至100年
海拔	700公尺
土壤	來自兩萬年前火山熔岩的火山灰、砂土及礦質土壤
面向	北
平均產量	3,000公斤/公頃
種植方式	傳統樹叢型暨直架式栽種
採收日期	2014年10月中
釀造製程	置於不鏽鋼桶，溫控
浸漬溫度與時間	26°C，18至20天
陳年方式	12個月以上一半於法式木桶(255公升)、一半於法式中圓木桶(5百公升)
顏色	紅寶石色
建議餐搭選擇	陳年起司、紅肉、豬肉及鮪魚

筱雯老師的品飲紀錄｜

剛開瓶時即為香甜的葡萄乾香氣、夾雜著強烈的酒精味，然當酒精消散後，出現了令人驚豔的薔薇粉嫩花香與黑可可、胡椒、檀木等深沉香料並存，如此甜美誘人卻又帶著另一極端的因子，如同嬌豔的女人內心還是個甜美女孩兒，腦中直接出現舞台上穿著馬甲裝的瑪丹娜，因此我戲稱此酒為瑪丹娜；入口十分柔順，咖啡、黑可可、深沉香料口感，於兩頰的澀度擴散至臼齒根部、然單寧極其柔軟且與其深沉口感平衡著，於尾韻再次感受葡萄乾的香甜，是一款蠻適合搭配亞州料理的酒款。

First year production	2007	**Exposure**	North
Produced every year	No, 2009, 2010, 2011 and 2015 not produced		
Vineyard location	Etna North: Contrada Allegracore, Randazzo		
Grape composition	95% Nerello Mascalese, 5% Nerello Cappuccio		
Vineyard age	70-100 years	**Average yield**	30 ql/ha
Soil	Volcanic, sandy and mineral soil from 20,000 years old lava flows		
Growing system	Alberello transformed in espaliers		
Harvest	Mid October, 2014	**Altitude**	700 meters
Vinification	In stainless steel vats, temperature controlled		
Maceration	26°C, 18-20 days		
Aging	Minimum 12 months 50% in barrique (225 l) and 50% in tonneau (500 l)		
Color	Ruby red		
Food match	Aged cheese, red meat, pork and tuna fish		
Tasting note of Xiaowen	The vivid raisin bouquet arises with strong alcohol when open. When the alcohol disappears, the impressive pink floral bouquet co-exists with black chocolate, coffee, and sandalwood notes of deep spices. The two extremes are like a sexy woman with naïve heart, as if young rock star Madonna on stage with a bit shyness in her black petticoat (therefore I call this wine "Madonna"). In the mouth, it is smooth. The flavors coherent with the nose, and the tannins dance around the roots of teeth. It spreads all over the mouth, round and balanced with the deep spices. In the end, the raisin notes come back, and the sweetness remains. This wine is especially good to match with Asian cuisine.		

Prima produzione	2007	**Esposizione**	Nord
Prodotto ogni anno	No, 2009, 2010, 2011 e 2015 non prodotto		
Ubicazione del vigneto	Nord dell'Etna: Contrada Allegracore, Randazzo		
Vitigno	95% Nerello Mascalese, 5% Nerello Cappuccio		
Età dei vigneti	70-100 anni	**Resa media**	30 ql/ha
Terreno	Vulcanico, sabbioso e minerale, risalente a colate laviche di 20.000 anni fa		
Sistema di allevamento	Alberello modificato in spalliera		
Vendemmia	Metà Ottobre 2014	**Altitudine**	700 metri
Vinificazione	In vasche di acciaio, temperatura controllata		
Macerazione	26°C, 18-20 giorni		
Invecchiamento	Minimo 12 mesi 50% in barrique (225 l) e 50% in tonneau (500 l)		
Colore	Rosso rubino		
Abbinamenti	Formaggi stagionati, carni rosse, maiale e tonno		
Note di degustazione da Xiaowen	Il vivido bouquet all'uvetta si presenta con alcol forte quando viene aperto, eppure, quando l'alcol scompare, l'impressionante bouquet floreale rosa coesiste con note di cioccolato fondente, caffè e note di sandalo e spezie profonde. I due estremi sono come una donna sexy con un cuore ingenuo, come la giovane rock star Madonna sul palco leggermente timida nella sua sottoveste nera (perciò chiamo questo vino "Madonna"); in bocca è morbido con caffè, cioccolato nero e aromi speziati intensi, mentre il tannino scende fino alle radici dei denti. Lo senti diffondersi in tutta la bocca, rotondo ed equilibrato con sentore di spezie profonde. Alla fine, le note di uvetta tornano e la dolcezza rimane. Questo vino è particolarmente adatto agli abbinamenti con la cucina asiatica.		

FEDERICO GRAZIANI

Profumo di Vulcano 2014
Etna Rosso DOC

單一園	Contrada
酒精度 Alcohol	13% vol.
產量 Bottles	1,300 瓶

Etna

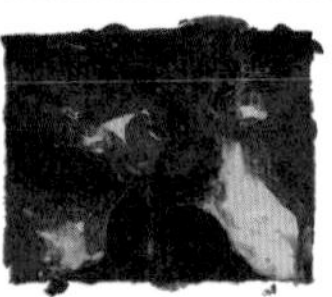

首次生產年份	2010
是否每年生產	是
葡萄園位置	位於火山北部Castiglione di Sicilia區Passopisciro鎮Contrada Feudo di Mezzo葡萄園
葡萄品種	75% Nerello Mascalese, 14% Nerello Cappuccio, 7% Alicante, 4% Francisi
葡萄樹齡	100年
海拔	650公尺
土壤	含火山灰的土壤
面向	北
平均產量	3,300公斤/公頃
種植方式	傳統傳統樹叢型
採收日期	2014年9月30日
釀造製程	置於開放式桶子
浸漬溫度與時間	自然發酵，10天
陳年方式	第一階段32個月：於木桶中（5百公升，50% 為新桶）；第二階段12個月：靜置於玻璃瓶中
顏色	清透鮮明的紅寶石色
建議餐搭選擇	義式炸黑豬肉佐杜松子

筱雯老師的品飲紀錄 |

此酒莊雖年輕然其釀酒師經驗豐富且小有名氣（詳p.130）。鼻聞為青櫻桃與香草莢，酒精度略為明顯而略帶香料；入口之果香柔順且新鮮，深沉的香料與其葡萄皮之澀度點綴其中，結構適中且尾韻綿延，最後在舌尖殘留著葡萄香氣，令人印象深刻。

First year production	2010	**Exposure**	North
Produced every year	Yes	**Average yield**	33 ql/ha

Vineyard location	Etna North: Contrada Feudo di Mezzo, Passopisciro, Castiglione di Sicilia
Grape composition	75% Nerello Mascalese, 14% Nerello Cappuccio, 7% Alicante, 4% Francisi
Vineyard age	100 years
Altitude	650 meters
Soil	Volcanic sand and ash, lavic stones
Growing system	Alberello
Harvest	Sept. 30, 2014
Vinification	In open cask
Maceration	10 days, no temperature controlled
Aging	32 months in tonneaux (500 liters, 50% new); 12 months in bottle
Color	Transparent vivid ruby red
Food match	Black pig cotolette with juniper berries
Tasting note of Xiaowen	This wine is made from a talented yet humble enologist, Federico Graziani (p.130). Bouquets are the green cherry with the vanilla beans with a hint of spices and alcohol. In the mouth, it is smooth of fresh fruits, deep spices, and tannin from grape peels with good structure and prolonged ending of all fragrances. The sweetness of grapes on the tip of the tongue is truly impressive. Highly recommended.

Prima produzione	2010	**Esposizione**	Nord
Prodotto ogni anno	Si	**Resa media**	33 ql/ha

Ubicazione del vigneto	Nord dell'Etna: Contrada Feudo di Mezzo, Passopisciro, Castiglione di Sicilia
Vitigno	75% Nerello Mascalese, 14% Nerello Cappuccio, 7% Alicante, 4% Francisi
Età dei vigneti	100 anni
Altitudine	650 metri
Terreno	Sabbie e ceneri vulcaniche, pietra lavica
Sistema di allevamento	Alberello
Vendemmia	30 Set. 2014
Vinificazione	In tini aperti
Macerazione	10 giorni senza temperatura controllata
Invecchiamento	32 mesi in tonneaux (500 litri, parte nuovi); 12 mesi in bottiglia
Colore	Rosso rubino trasparente e brilante
Abbinamenti	Costoletta di Maialino nero al ginepro
Note di degustazione da Xiaowen	Questo vino è prodotto da un umile enologo di talento, Federico Graziani (p.130). I bouquet sono ciliegia verde e baccelli di vaniglia con sentori di spezie e alcol; in bocca è morbido, con aroma di frutta fresca, spezie profonde e il tannico di bucce d'uva, con buona struttura e finale prolungato di tutte le fragranze, in particolare la dolcezza dell'uva sulla punta della lingua, il che è davvero impressionante e altamente raccomandato.

FISCHETTI

Muscamento 2013
Etna Rosso DOC

單一園	Contrada
酒精度 Alcohol	13% vol.
產 量 Bottles	3,400瓶

首次生產年份	2011
是否每年生產	是
葡萄園位置	位於火山東北部Castiglione di Sicilia區Rovittello鎮Contrada Moscamento葡萄園
葡萄品種	80% Nerello Mascalese 20% Nerello Cappuccio
葡萄樹齡	80至100年
海拔	650公尺
土壤	火山灰土壤，主要部份為富含有機沈積物之沙土
面向	東北
平均產量	2,500-3,000公斤/公頃
種植方式	傳統樹叢型
採收日期	2013年10月底
釀造製程	置於不鏽鋼桶，溫控
浸漬溫度與時間	22°C，7至10天
陳年方式	第一階段16個月：於使用第三、四次的法製大型橡木桶；第二階段3個月：靜置於玻璃瓶中；未過濾。
顏色	紅寶石色
建議餐搭選擇	肉類、辛辣食物或陳年起司

筱雯老師的品飲紀錄 |

剛開瓶需要等待10分鐘、最適飲温度為17度。此款酒十分優雅，杯中佳釀散發出各式草本植物的香氣，有如清晨漫步於大自然森林中，充滿多酚的香氛中帶著薄荷與櫻桃果香；入口柔順而令人舒坦、如同觀看朝露自綠葉滴落的剎那定格，温度逐漸升高會感受到兩頰的澀感，此為Nerello Mascalese葡萄的特性，這款紅酒十分傳統，頗適合初級者學習西西里火山酒使用。

First year production	2011	**Exposure**	Northeast
Produced every year	Yes	**Average yield**	25-30 ql/ha
Vineyard location	Etna Northeast: Contrada Moscamento, Rovittello, Castiglione di Sicilia		
Grape composition	80% Nerello Mascalese; 20% Nerello Cappuccio		
Vineyard age	80-100 years	**Altitude**	650 meters
Soil	Volcanic soil, mainly sandy, rich in organic substances		
Growing system	Alberello	**Harvest**	End of October 2013
Vinification	In stainless steel, temperature controlled		
Maceration	22°C, 7-10 days		
Aging	16 months with fine lees in French oak barrels of third and fourth passage; 3 months in bottle; no clarification and filtration		
Color	Ruby red		
Food match	Meat course, spicy food or mature cheese		
Tasting note of Xiaowen	It takes 10 minutes to decant in the glass. The best temperature to enjoy this elegant wine is at 17 degrees. In the wine glass, there are various herbal bouquets, as if strolling in the forest of natural force full of polyphenol with hints of mint and cherry. In the mouth, it is smooth and comfortable like the moment of observing morning dew dripping from the tip of green leaf. As the time and temperature increase, the tannins start to appear on the cheeks, which are characteristics of Nerello Mascalese. It is a traditional Etna red wine and perfect for beginners to drink and learn about Etna.		

Prima produzione	2011	**Esposizione**	Nord-est
Prodotto ogni anno	Si	**Resa media**	25-30 ql/ha
Ubicazione del vigneto	Nord-est dell'Nord: Contrada Moscamento, Rovittello, Castiglione di Sicilia		
Vitigno	80% Nerello Mascalese; 20% Nerello Cappuccio		
Età dei vigneti	80-100 anni	**Altitudine**	650 metri
Terreno	Terreno vulcanico, sabbioso, ricco di scheletro e sostanza organica		
Sistema di allevamento	Alberello	**Vendemmia**	Fine Ottobre 2013
Vinificazione	In acciaio, temperatura controllata		
Macerazione	22°C, 7-10 giorni		
Invecchiamento	16 mesi con le fecce fini in botti di rovere Francese di terzo e quarto passaggio; 3 mesi in bottiglia; no chiarificazione e filtrazione		
Colore	Rosso rubino		
Abbinamenti	Piatti di carne, cibi speziati o formaggi stagionati		
Note di degustazione da Xiaowen	Ci vogliono 10 minuti nel bicchiere perchè si risvegli; la temperatura migliore per gustarlo è di 17 gradi. Questo vino è elegante. Nel bicchiere di vino ci sono tutti i tipi di bouquet di erbe, come se stessimo passeggiando nella foresta, piena di polifenoli con sentori di menta e ciliegia; in bocca è morbio e confortevole da bere, come osservare la rugiada del mattino che scende dalla punta della foglia verde. All'aumentare del tempo e della temperatura, il tannino appare sulle guance, una delle caratteristiche di Nerello Mascalese. Questo è un Etna rosso della tradizione ed è perfetto per i principianti per bere e conoscere l'Etna.		

FRANCESCO TORNATORE

Pietrarizzo 2016
Etna Rosso DOC

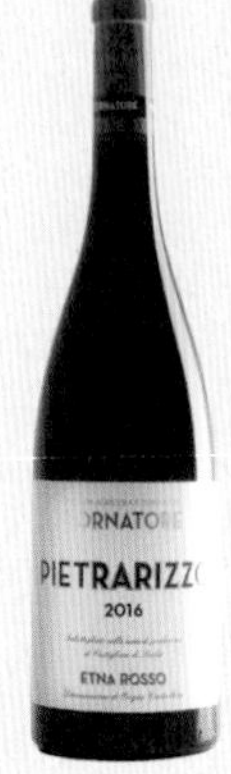

單一園	Contrada
酒精度 Alcohol	14% vol.
產量 Bottles	30,000 瓶

TORNATORE
PIETRARIZZO
2016
ETNA ROSSO

首次生產年份	2014
是否每年生產	是
葡萄園位置	位於火山北部Castiglione di Sicilia區Contrada Pietrarizzo葡萄園
葡萄品種	100% Nerello Mascalese
葡萄樹齡	12年
海拔	600公尺
土壤	含火山灰的土壤
面向	西南
平均產量	6,000公斤/公頃
種植方式	短枝修剪暨直架式栽種
採收日期	2016年10月中旬至下旬
釀造製程	置於水泥材質之大型容器
浸漬溫度與時間	22-25°C，10-12天
陳年方式	1年以上於法製橡木桶(3千公升)
顏色	紅寶石色
建議餐搭選擇	野禽及紅肉起司

筱雯老師的品飲紀錄 |

濃郁的花香、紅莓果帶著草本植物如薄荷與新鮮木質調，後來漸漸出現熱帶乾燥水果與糖漬水果的香氣；入口為濃郁的紅莓果與櫻桃香氣，口感圓融、香甜且富有層次，水梨、熟蘋果果醬、梅子與花香同時綻放，於十分鐘後 Nerello Mascalese 葡萄經典澀度增加了口感的層度，其優雅之處在於薄荷香氣於後鼻腔綿延不絕，最後的酸度與澀度可以感受其年輕葡萄櫒尚未完全發揮，值得期待來年的表現。

First year production	2014	**Exposure**	Southwest
Produced every year	Yes	**Average yield**	60 ql/ha
Vineyard location	Etna North: Contrada Pietrarizzo, Castiglione di Sicilia		
Grape composition	100% Nerello Mascalese	**Altitude**	600 meters
Vineyard age	12 years	**Soil**	Volcanic
Growing system	Counter-spalier, cordon pruned and tied-up vine		
Harvest	2th and 3th decade of October, 2016		
Vinification	In cement tank		
Maceration	22-25°C, 10-12 days		
Aging	More than 1 year in French oak barrel (30 hl)		
Color	Ruby with faint purple		
Food match	Game and red meat		
Tasting note of Xiaowen	Bouquets of different flowers, red berry with mint and fresh wood notes are the first impression. It later turns to dried tropical fruits and candied white fruits bouquets. In the mouth, the vibrant red berry and cheery notes bring up the different sweet marmalade flavors such as pear, ripe apple, plum and flowers. The taste is round. After 10 minutes, the classic tannins of Nerello Mascalese arrive with a hint of elegant mint note in the posterior nasal cavity. The seemly-unripe tannins show that the young vines have not fully developed, and it is interesting to observe the upcoming vintage.		

Prima produzione	2014	**Esposizione**	Sud-ovest
Prodotto ogni anno	Si	**Resa media**	60 ql/ha
Ubicazione del vigneto	Nord dell'Etna: Contrada Pietrarizzo, Castiglione di Sicilia		
Vitigno	100% Nerello Mascalese	**Altitudine**	600 metri
Età dei vigneti	12 anni	**Terreno**	Vulcanico
Sistema di allevamento	Controspalleria, cordone speronato		
Vendemmia	Tra la 2a e la 3a decade di Ottobre, 2016		
Vinificazione	In vasche di cemento		
Macerazione	22-25°C, 10-12 giorni		
Invecchiamento	Più di un anno in botti di legno (30 hl)		
Colore	Rosso rubino scarico		
Abbinamenti	Cacciagione e carni rosse		
Note di degustazione da Xiaowen	Bouquet floreali di ricche bacche rosse con menta e note fresche di corteccia d'albero sono la prima impressione, più tardi si trasforma in frutta tropicale essiccata e bouquet di frutta candita; in bocca, la ricca bacca rossa e le note allegre richiamano le diverse gusto di marmellata dolce di pera, mela matura e fiori. Il gusto è rotondo. Dopo 10 minuti, i classici tannini di Nerello Mascalese appaiono con un pizzico di elegante nota di menta nella cavità nasale posteriore. I tannini apparentemente non maturi dimostrano che le giovani viti non si sono completamente sviluppate ed è interessante osservare l'imminente vendemmia.		

FRANCESCO TORNATORE

Trimarchisa 2016
Etna Rosso DOC

Contrada

14% vol.

19,000 瓶

Etna

TORNATORE
TRIMARCHISA
2016
ETNA ROSSO

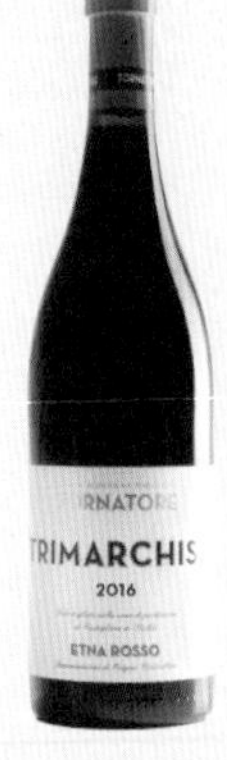

首次生產年份	2014
是否每年生產	是
葡萄園位置	位於火山北部Castiglione di Sicilia區Contrada Trimarchisa葡萄園
葡萄品種	95% Nerello Mascalese 5% Nerello Cappuccio
葡萄樹齡	45年
海拔	350公尺
土壤	含火山灰的土壤
面向	西南
平均產量	6,000公斤/公頃
種植方式	短枝修剪暨直架式栽種
採收日期	2016年10月中旬至下旬
釀造製程	置於圓錐柱狀木桶
浸漬溫度與時間	25°C，10-12天
陳年方式	18個月置於法製中型橡木桶(2,500公升)
顏色	帶有淡紫色光澤之紅寶石色
建議餐搭選擇	如右方「筱雯老師的品飲紀錄」

筱雯老師的品飲紀錄 |

開瓶為風乾熱帶果香如鳳梨果乾香並帶著野花香，入口為陳皮香與葡萄乾香氣，兩頰的澀度帶著梅子果香，如同日本的梅酒般十分討喜。此酒雖非傳統製法，然其掌握了火山環境與現代科技，值得品飲甚而讚賞其勇氣。適合搭配陳年起司、牛肝菌菇燉飯、梅干控肉、黑胡椒牛排。

First year production	2014	**Exposure**	Southwest
Produced every year	Yes	**Average yield**	60 ql/ha
Vineyard location	Etna North: Contrada Trimarchisa, Castiglione di Sicilia		
Grape composition	95% Nerello Mascalese, 5% Nerello Cappuccio		
Vineyard age	45 years	**Altitude**	350 meters
Soil	Volcanic		
Growing system	Counter-spalier, cordon pruned and tied-up vine		
Harvest	2th and 3th decade of October, 2016		
Vinification	In truncated cone shaped wooden vat		
Maceration	25°C, 10-12 days		
Aging	18 months in French oak barrel (25 hl)		
Color	Red ruby with light purple reflections		
Food match	Aged cheese, mushroom risotto, stew pork with fermented taikun, steak with black papper sauce		
Tasting note of Xiaowen	The bouquets of dry pineapple pulp, tropical fruit, and wildflowers (millefiori) are in the nose while in the mouth, raisin and dry orange peel are the dominating notes. On the cheeks there are tannins with plum flavor that make it easy-drinking like Japanese plum sake. It is not a traditional wine, yet it has done its research with modern technology and conventionally preserve the terroir with courage and vision.		

Prima produzione	2014	**Esposizione**	Sud-ovest
Prodotto ogni anno	Si	**Resa media**	60 ql/ha
Ubicazione del vigneto	Nord dell'Etna: Contrada Trimarchisa, Castiglione di Sicilia		
Vitigno	95% Nerello Mascalese, 5% Nerello Cappuccio		
Età dei vigneti	45 years	**Altitudine**	350 metri
Terreno	Vulcanico		
Sistema di allevamento	Controspalleria, cordone speronato		
Vendemmia	Tra la 2a e la 3a decade di Ottobre, 2016		
Vinificazione	In tini di legno tronco conici		
Macerazione	25°C, 10-12 giorni		
Invecchiamento	18 mesi in botte di rovere Francese (25 hl)		
Colore	Rosso rubino con lievi riflessi violacei		
Abbinamenti	Formaggio stagionato, risotto ai funghi, maiale in umido con taikun fermentato, bistecca con salsa al pepe nero		
Note di degustazione da Xiaowen	Nel naso troviamo un bouquet di polpa di ananas disidratato, frutta tropicale e fiori selvatici (millefiori) mentre in bocca, uva passa e buccia d'arancia disidratata sono le note chiave. Sulle guance si sente tannino con sapore di prugna, la quale lo rende facile da bere come il sake giapponese. Questo non è un vino tradizionale, ma ha fatto la sua ricerca con la tecnologia moderna e preserva convenzionalmente il terroir con coraggio e visione.		

FRANK CORNELISSEN

Magma 2016
IGP Terre Siciliane

有機酒	BIO
單一園	Contrada
酒精度 Alcohol	15% vol.
產 量 Bottles	1,800瓶

首次生產年份	2001
是否每年生產	否，2005、2010及2018年未生產
葡萄園位置	位於火山北部Castiglione di Sicilia區Solicchiata鎮Contrada Barbabecchi葡萄園
葡萄品種	100% Nerello Mascalese
葡萄樹齡	約106年
海拔	870至970公尺
土壤	含火山灰的土壤
面向	北、東北
平均產量	2,000公斤/公頃
種植方式	傳統樹叢型
採收日期	2016年10底至11月初
釀造製程	置於玻璃纖維或HDPE材質之中型容器
浸漬溫度與時間	29-35°C，約2個月
陳年方式	第一階段約15個月：於環氧樹脂材質之容器；第二階段6個月：靜置於玻璃瓶中
顏色	紅色
建議餐搭選擇	適合搭配煎烤牛排佐西西里海鹽、嫩肩羊排、伊比利豬肉

筱雯老師的品飲紀錄 |

這是火山上最溫柔卻又強壯的紅酒之一。一開瓶即為香料、櫻桃、酸梅與草本植物的香氣環繞，其從頭到尾的新鮮果香是絕對的主角，伴隨著酒精味與少許可可豆瓣與甘草的香氣，深沉而富含生命；入口時的果香十分令人驚艷，溫柔的澀度與緩緩綻開的花香綿延不絕，最後兩頰感受的澀度、後舌根的微苦帶動著舌尖回甘、與後鼻腔的果香十分平衡且怡人。值得一提的是，酒瓶上的文字為莊主日本籍太太一瓶一瓶手繪而成，更添其收藏價值。

First year production	2001	**Exposure**	North, northeast
Produced every year	No, 2005, 2010 and 2018 not produced		
Vineyard location	Etna North: Contrada Barbabecchi, Frazione Solicchiata, Castiglione di Sicilia		
Grape composition	100% Nerello Mascalese	**Average yield**	20 ql/ha
Vineyard age	About 106 years	**Altitude**	870-910 meters
Growing system	Bush shape vine	**Soil**	Volcanic
Harvest	End October - early November, 2016		
Vinification	In fiberglass tanks or HDPE tubs		
Maceration	29-35°C, about 2 months		
Aging	About 15 months in epoxy tanks; 6 months in bottle		
Color	Red		
Food match	Steak with Sicilian sea salt, soft lamb shoulder, Iberico pork		

Tasting note of Xiaowen

It is one of the Etna wines with both positive extremes: the softest and the strongest in its characteristics. The vivid spices, cherry, plum, and herbal notes circulated the only absolute unrest role on stage, the fresh fruit bouquet. It dances with hints of coco bean and licorice of deep lively inspiration for life. In the mouth, the bright fruity note is astonishing and unique with soft tannins. The lingering floral bouquet gently blooms. The tannins move on the cheeks and trigger the slight bitterness on the back of the tongue, which is impressively in echo with the sweetness on the tip of the tongue and the balanced, pleasant freshness in the posterior nasal cavity. What's more, every bottle is written by Akiko, the wife of Frank, giving each bottle its own identity and worthy for collection.

Prima produzione	2001	**Esposizione**	Nord, nord-est
Prodotto ogni anno	No, 2005, 2010 e 2018 non prodotto		
Ubicazione del vigneto	Nord dell'Etna: Contrada Barbabecchi, Solicchiata, Castiglione di Sicilia		
Vitigno	100% Nerello Mascalese	**Resa media**	20 ql/ha
Età dei vigneti	Circa 106 anni	**Altitudine**	870-910 metri
Sistema di allevamento	Alberello	**Terreno**	Vulcanico
Vendemmia	Fine ottobre - inizio novembre 2016		
Vinificazione	In vasche di vetroresina o vasche in HDPE		
Macerazione	29-35°C, circa 2 mesi	**Colore**	Rosso
Invecchiamento	Circa 15 mesi in vasche di vetroresina; 6 mesi in bottiglia		
Abbinamenti	Buono con bistecca con sale marino siciliano, spalla di agnello, maiale Iberico		

Note di degustazione da Xiaowen

Questo è uno dei vini dell'Etna che presenta due caratteristiche opposte: morbidezza e forza. Le spezie vivaci, la ciliegia, la prugna e le note erbacee circolano intorno al protagonista assoluto della scena, il bouquet di frutta fresca, il quale danza con note di fava di cacao e liquirizia, di profonda ispirazione per la vita; in bocca, la nota fruttata fresca è sorprendente e unica, con tannini morbidi e un bouquet floreale persistente che fiorisce delicatamente. I tannini si muovono sulle guance e innescano la leggera amarezza sul dorso della lingua, la quale è straordinariamente in eco con la dolcezza sulla punta della lingua e l'equilibrata, piacevole freschezza nella cavità nasale posteriore. Inoltre, ogni bottiglia è ideata da Akiko, la moglie di Frank, il che conferisce a ogni bottiglia una propria identità rendendola degna di essere collezionata.

FRANK CORNELISSEN

Munjebel Rosso CR 2016
IGP Terre Siciliane

單一園	Contrada
酒精度 Alcohol	15% vol.
產量 Bottles	1,800瓶

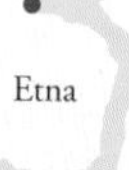

首次生產年份	2015
是否每年生產	是
葡萄園位置	位於火山北部Randazzo區 Contrada Campo Re葡萄園
葡萄品種	100% Nerello Mascalese
葡萄樹齡	約66年
海拔	約740公尺
土壤	含火山灰的土壤
面向	北
平均產量	3,500公斤/公頃
種植方式	短枝修剪
採收日期	2016年10月中下旬
釀造製程	置於玻璃纖維或HDPE材質之中型容器
浸漬溫度與時間	29-35°C，約2個月
陳年方式	第一階段約15個月：於環氧樹脂材質之容器；第二階段6個月：靜置於玻璃瓶中
顏色	紅色
建議餐搭選擇	如右方「筱雯老師的品飲紀錄」

筱雯老師的品飲紀錄 |

明顯的紅莓果香和柔順的酒精相互平衡，一開瓶即感受和諧而不覺此為15度的葡萄酒；其葡萄汁液入口時的和順果香與Nerello Mascalese葡萄的經典澀度滿溢口鼻，尾隨著畫龍點睛的一點清新香料更顯其自然優雅。此款酒的特徵十分明顯，作為初學者的盲飲教材，不難猜出酒莊是誰。

* 適合搭配沙拉米冷肉盤（有開心果的更好）、西華火腿熬湯、各式港式燒臘與飲茶。

First year production	2015	**Exposure**	North
Produced every year	Yes	**Average yield**	35 ql/ha
Vineyard location	Etna North: Contrada Campo Re, Randazzo		
Grape composition	100% Nerello Mascalese		
Vineyard age	About 66 years		
Altitude	About 740 meters		
Soil	Volcanic		
Growing system	Rows, spur cordon		
Harvest	Mid to end October, 2016		
Vinification	In fiberglass tanks or HDPE tubs		
Maceration	29-35°C, about 2 months		
Aging	About 15 months in epoxy tanks; 6 months in bottle		
Color	Red		
Food match	Perfect with fresh salami (with pistachio even better), Chinese ham soup, various Hong Kongese roast meat and dim sum.		
Tasting note of Xiaowen	Fresh red berry is presented both in the nose and in the mouth. The soft and balanced texture makes it hard to believe it is a red wine of 15 degrees of alcohol. The liquid of wine flows smoothly from mouth, tongue, and to throat with fragrance of fresh fruity and elegant spicy notes followed by the classic tannins of Nerello Mascalese grapes. The characteristic of this wine is evident and perfect for Etna wine beginners.		

Prima produzione	2015	**Esposizione**	Nord
Prodotto ogni anno	Si	**Resa media**	35 ql/ha
Ubicazione del vigneto	Nord dell'Etna: Contrada Campo Re, Randazzo		
Vitigno	100% Nerello Mascalese	**Altitudine**	Circa 740 metri
Età dei vigneti	Circa 66 anni	**Terreno**	Vulcanico
Sistema di allevamento	Cordone speronato		
Vendemmia	Metà a fine Ottobre 2016		
Vinificazione	In vasche di vetroresina o vasche in HDPE		
Macerazione	29-35°C, circa 2 mesi		
Invecchiamento	Circa 15 mesi in vasche di vetroresina; 6 mesi in bottiglia		
Colore	Rosso		
Abbinamenti	Perfetto con salumi freschi (con pistacchio ancora migliore), zuppa di prosciutto cinese, arrosti di Hong Kong e dim sum		
Note di degustazione da Xiaowen	La bacca rossa fresca è presente sia nel naso che nella bocca, mentre l'alcol morbido ed equilibrato rende difficile credere che questo sia un vino rosso di 15 gradi. Il liquido del vino scorre dolcemente dalla bocca alla lingua e alla gola, con fragranza di fresche note fruttate, eleganti e speziate, mentre seguono i classici tannini dell'uva Nerello Mascalese. La caratteristica di questo vino è ovvia ed è perfetta per i principianti del vino dell'Etna per una degustazione alla cieca.		

FRANK CORNELISSEN

MunJebel Rosso PA 2016
IGP Terre Siciliane

有機酒	BIO
單一園	Contrada
酒精度 Alcohol	15% vol.
產量 Bottles	2,000 瓶

首次生產年份	2014
是否每年生產	是
葡萄園位置	位於火山北部Castiglione di Sicilia區Contrada Feudo di Mezzo葡萄園海拔較高的Porcaria地塊
葡萄品種	100% Nerello Mascalese
葡萄樹齡	約66年
海拔	約650公尺
土壤	含火山灰的土壤
面向	北
平均產量	3,500公斤/公頃
種植方式	傳統樹叢型
採收日期	2016年10月中
釀造製程	置於玻璃纖維或HDPE材質之中型容器
浸漬溫度與時間	29-35°C，約2個月
陳年方式	第一階段約15個月：於環氧樹脂材質之容器；第二階段6個月：靜置於玻璃瓶中
顏色	紅色
建議餐搭選擇	如右方「筱雯老師的品飲紀錄」

筱雯老師的品飲紀錄 |

溫和的紅莓果、紅櫻桃果肉與杏桃果香奔放於杯中，於二十分鐘後更出現了優雅迷人的花香，宜人的香氣令人想要趕快喝一口；入口為香料與紅莓果的口感，兩頰澀味圓融而帶著活潑的果香，可以感受到深色水果果香、柔性香料香氣與潮溼的甘草綿延不絕，尾韻為熱帶水果香氣，十分值得推薦。適合特級初榨橄欖油煎雞腿肉、培根炒高麗菜、迷迭香煎里肌、烤火雞肉。

First year production	2014	**Exposure**	North
Produced every year	Yes	**Average yield**	35 ql/ha
Vineyard location	Etna North: Porcaria, Contrada Feudo di Mezzo, Castiglione di Sicilia		
Grape composition	100% Nerello Mascalese	**Altitude**	About 650 meters
Vineyard age	About 66 years	**Soil**	Volcanic
Growing system	Alberello, bush vine		
Harvest	Mid October, 2016		
Vinification	In fiberglass tanks or HDPE tubs		
Maceration	29-35°C, about 2 months		
Aging	About 15 months in epoxy tanks; 6 months in bottle		
Color	Red		
Food match	Suitable with chicken thigh cooked in extra virgin olive oil, fried cabbage with bacons, pork chop with fresh rosemary, roast turkey		
Tasting note of Xiaowen	The soft red berry, cherry, and apricot bouquets are enthusiastically running in the glass, and it turns into elegant floral note after 20 minutes. The pleasant smells in the nose encourage to taste. In the mouth, there are spice and lively red berry notes that circulate and linger around the round tannins. There are moisture licorice, soft spices, and dark fruits. This wine has a fruity tropical ending, which gives extra characteristic. Recommended.		

Prima produzione	2014	**Esposizione**	Nord
Prodotto ogni anno	Si	**Resa media**	35 ql/ha
Ubicazione del vigneto	Nord dell'Etna: Porcaria, Contrada Feudo di Mezzo, Castiglione di Sicilia		
Vitigno	100% Nerello Mascalese	**Altitudine**	Circa 650 metri
Età dei vigneti	Circa 66 anni	**Terreno**	Vulcanico
Sistema di allevamento	Alberello		
Vendemmia	Metà Ottobre 2016		
Vinificazione	In vasche di vetroresina o vasche in HDPE		
Macerazione	29-35°C, circa 2 mesi		
Invecchiamento	Circa 15 mesi in vasche di vetroresina; 6 mesi in bottiglia		
Colore	Rosso		
Abbinamenti	Adatto con coscia di pollo in olio extravergine di oliva, cavolo fritto con pancetta, maiale con rosmarino fresco, tacchino arrosto		
Note di degustazione da Xiaowen	I morbidi bouquet di bacche rosse, ciliegia e albicocche corrono nel bicchiere con entusiasmo e si trasformano in eleganti note floreali dopo 20 minuti. I piacevoli odori nel naso incoraggiano a gustare; in bocca ci sono spezie e vivaci note di bacche rosse che circolano e si attardano intorno ai tannini rotondi con liquirizia umida, spezie morbide e frutti scuri. Questo vino ha un finale fruttato tropicale, il che fornisce caratteristiche extra raccomandato.		

FRANK CORNELISSEN

MunJebel Rosso VA 2016
IGP Terre Siciliane

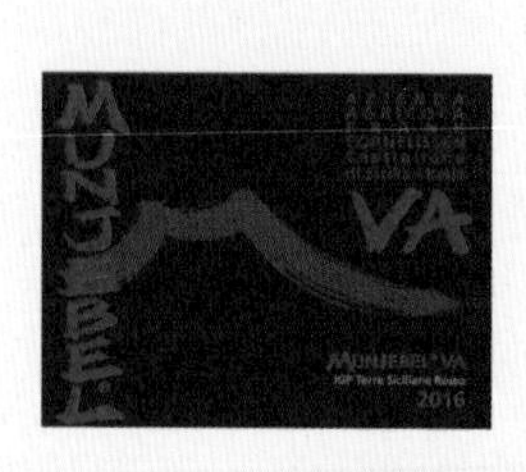

酒精度 Alcohol	14% vol.
產量 Bottles	2,500 瓶

首次生產年份	2009
是否每年生產	是
葡萄園位置	混三處葡萄園。位於火山北部Castiglione di Sicilia區Contrade Barbabecchi及Contrade Rampante的Chiusa Spagnolo葡萄園，Bronte區Contrade Tartaraci葡萄園
葡萄品種	100% Nerello Mascalese
葡萄樹齡	約96年
海拔	800至1,000公尺
土壤	含火山灰的土壤
面向	北
平均產量	3,500公斤/公頃
種植方式	傳統樹叢型
採收日期	2016年10月底至11月初
釀造製程	置於玻璃纖維或HDPE材質之中型容器
浸漬溫度與時間	29-35°C，約2個月
陳年方式	第一階段約15個月：於環氧樹脂材質之容器；第二階段6個月：靜置於玻璃瓶中
顏色	紅色
建議餐搭選擇	如右方「筱雯老師的品飲紀錄」

筱雯老師的品飲紀錄｜

開瓶即有明顯的果香與些許香料味、入口的些許氣泡感讓此酒更顯新鮮自然；此酒莊為西西里火山自然葡萄酒的先驅之一，入口可感受明顯葡萄乾香氣與優雅酸度、此外亦帶著野花香，如同身置於野花園般的幸福滋味，但開瓶後請小心，因為一不小心自己一個人可能會喝完一瓶；適合單喝或與朋友共飲。搭配義大利麵口味如：特級初榨橄欖油與胡椒、奶油培根、肉醬等義大利各區經典口味。

First year production	2009	**Exposure**	North
Produced every year	Yes	**Average yield**	35 ql/ha
Vineyard location	Etna North: Contrade Barbabecchi and Chiusa Spagnolo in Contrada Rampante, Castiglione di Sicilia; Contrade Tartaraci, Bronte		
Grape composition	100% Nerello Mascalese	**Altitude**	800-1,000 meters
Vineyard age	About 96 years		
Soil	Volcanic		
Growing system	Alberello, bush vine		
Harvest	End October - early November, 2016		
Vinification	In fiberglass tanks or HDPE tubs		
Maceration	29-35°C, about 2 months		
Aging	About 15 months in epoxy tanks; 6 months in bottle		
Color	Red		
Food match	As aperitif or match with classic Italian pasta such as oil and pepper, Carbonara, and ragù (meat-base sauce)		
Tasting note of Xiaowen	Thre are fresh fruity bouquets with spice note in the nose. A bit of unstable sensation in the mouth disappears in a few seconds, leaving vivid raisin and elegant acidity with wildflower notes as if walking in the abandon royal garden. This wine is fresh to drink and it is not difficult to finish one bottle by oneself in no time. It is perfect for sharing with friends.		

Prima produzione	2009	**Esposizione**	Nord
Prodotto ogni anno	Sì	**Resa media**	35 ql/ha
Ubicazione del vigneto	Nord dell'Etna: Contrade Barbabecchi e Chiusa Spagnolo in Contrada Rampante, Castiglione di Sicilia; Contrade Tartaraci, Bronte		
Vitigno	100% Nerello Mascalese	**Altitudine**	800-1.000 metri
Età dei vigneti	Circa 96 anni		
Terreno	Vulcanico		
Sistema di allevamento	Alberello		
Vendemmia	Fine Ottobre - inizio Novembre 2016		
Vinificazione	In vasche di vetroresina o vasche in HDPE		
Macerazione	29-35°C, circa 2 mesi		
Invecchiamento	Circa 15 mesi in vasche di vetroresina; 6 mesi in bottiglia		
Colore	Rosso		
Abbinamenti	Come aperitivo o abbinamento con classicapasta italiana come olio e pepe, carbonara o ragù.		
Note di degustazione da Xiaowen	Vivido bouquet fruttato con note speziate nel naso, mentre, in bocca, un accenno di sensazione instabile scompare in pochi secondi, lasciando vividi il sentore di uva passa e l'elegante acidità con note di fiori selvaggi, come se stessimo cammindando in un giardino reale abbandonato. Questo vino è fresco e di profumi naturali. Non è difficile finire da soli una bottiglia in pochissimo tempo; è perfetto anche da condividere con gli amici.		

GIODO

Alberelli di Giodo 2016
Sicilia DOC

單一園	Contrada
酒精度 Alcohol	14% vol.
產量 Bottles	6,500瓶

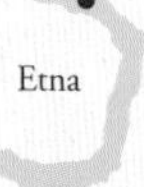

首次生產年份	2016
是否每年生產	是
葡萄園位置	位於火山北部Castiglione di Sicilia區Contrada Rampante葡萄園
葡萄品種	100% Nerello Mascalese
葡萄樹齡	80年
海拔	950公尺
土壤	含火山灰的土壤
面向	北
平均產量	5,000公斤/公頃
種植方式	傳統樹叢型
採收日期	2016年10月初
釀造製程	置於不鏽鋼桶7天
浸漬溫度與時間	始於20-22°C止於28°C，20天
陳年方式	約12個月於木桶中(5百與7百公升)
顏色	帶有石榴色澤之紅寶石色
建議餐搭選擇	紅肉、烤魚料理、起司

筱雯老師的品飲紀錄

杯中有紫羅蘭花香、優雅香料與紅莓果的香氣，圓融的氣息隱然而生，令人期待入口的滋味；口中明顯的櫻桃味與鳶尾花的香氣迷人且幽雅，香料在口中繼續蔓延，優雅地點綴果香，澀度不高然酸度明顯且直接，乾淨明朗的結尾與線性的坦率表現，使其口感更豐富活潑；具陳年實力。

First year production	2016	**Exposure**	North
Produced every year	Yes	**Average yield**	50 ql/ha
Vineyard location	Etna North: Contrada Rampante, Castiglione di Sicilia		
Grape composition	100% Nerello Mascalese	**Altitude**	950 meters
Vineyard age	80 years		
Soil	Volcanic		
Growing system	Alberello		
Harvest	Early October, 2016		
Vinification	7 days in steel tanks		
Maceration	from 20-22°C arrives at 28°C, 20 days		
Aging	About 12 months in wooden barrels (500 and 700 l)		
Color	Ruby red with garnet hues		
Food match	Red meet, fish baked in the oven, cheese		
Tasting note of Xiaowen	In the glass, there are elegant, balanced, and charming bouquets of violet flower, spice, and red berry. In the mouth, the vivid cherry fruity, vibrant Iris floral, and the prolonged spices notes with soft tannins sparkling in between make this wine appealing. The bright acidity boosts the taste and leaves the ending clean and round with perfumes in the posterior nasal cavity. Aging potential.		

Prima produzione	2016	**Esposizione**	Nord
Prodotto ogni anno	Si	**Resa media**	50 ql/ha
Ubicazione del vigneto	Nord dell'Etna: Contrada Rampante, Castiglione di Sicilia		
Vitigno	100% Nerello Mascalese	**Altitudine**	950 metri
Età dei vigneti	80 anni		
Terreno	Vulcanico		
Sistema di allevamento	Alberello		
Vendemmia	Inizio Ottobre, 2016		
Vinificazione	7 giorni in vasche di acciaio		
Macerazione	Da 20-22°C arriva a 28°C, 20 giorni		
Invecchiamento	12 mesi in tonneaux (500 e 700 l)		
Colore	Rosso rubino con sfumature granate		
Abbinamenti	Carne rossa, pesce al forno, formaggi		
Note di degustazione da Xiaowen	Nel bicchiere, ci sono eleganti, equilibrati e affascinanti bouquet di fiori viola, spezie e bacche rosse; in bocca, il sapore fruttato di ciliegia vivace, il ricco aroma floreale di Iris e le note speziate prolungate con tannini morbidi che si sprigionano tra loro rendono questo vino ancora più interessante. L'acidità brillante e diretta aumenta il gusto e lascia il finale pulito e rotondo, con i profumi nella cavità nasale posteriore. Potenziale d'invecchiamento.		

GIOVANNI ROSSO

Contrada Montedolce 2016
Etna Rosso DOC

單一園	Contrada
酒精度 Alcohol	13% vol.
產 量 Bottles	15,500 瓶

首次生產年份	2016
是否每年生產	是
葡萄園位置	位於火山北部Castiglione di Sicilia區Solicchiata鎮Contrada Montedolce葡萄園
葡萄品種	Nerello Mascalese及少量的其他原生葡萄品種
葡萄樹齡	41年
海拔	750公尺
土壤	含火山灰的土壤
面向	北至東北
平均產量	5,000公斤/公頃
種植方式	橫架式栽種兼傳統樹叢型
採收日期	2016年10月中
釀造製程	置於不鏽鋼桶，溫控
浸漬溫度與時間	28°C，約10天
陳年方式	12個月置於各種大小之法製橡木桶
顏色	紅寶石色
建議餐搭選擇	威靈頓牛排，磨菇湯佐麵包丁

筱雯老師的品飲紀錄 |

開瓶即有明亮且圓融的果香如紅莓、草莓葉與綿延不絕的甘草；入口十分平衡，紅莓與香草的平衡香氣，令人感受釀酒師熟悉如何應用木桶強化該葡萄的特點，亦可感受Nerello Mascalese葡萄的特性修飾於高操釀酒技術中，既不失其風土特性與葡萄本性、口感亦十分接地氣，酸度優雅且慢慢延展，圓融且十分易飲，屬於一等一的好酒。無論你是西西里葡萄酒的新手或是熟客，對於此款酒的表現都絕對不會覺得陌生或失望，此款酒十分適合宴客。

First year production	2016	**Exposure**	North-northeast
Produced every year	Yes	**Average yield**	50 ql/ha
Vineyard location	Etna North: Contrada Montedolce, Solicchiata, Castiglione di Sicilia		
Grape composition	Nerello Mascalese and small batches of other local grape varieties		
Vineyard age	41 years		
Altitude	750 meters		
Soil	Volcanic		
Growing system	Bilateral cordon, bush pruning		
Harvest	Mid October, 2016		
Vinification	In stainless steal tanks, temperature controlled		
Maceration	28°C, about 10 days		
Aging	12 months in French oak barrels of different sizes		
Color	Ruby red		
Food match	Wellington style fillet, mushroom soup with croutons		
Tasting note of Xiaowen	The bouquets of cheerful red berry, strawberry leaf, and licorice are beautifully prolonged and roundly express its character. In the mouth, it is balanced between red berry and vanilla note which shows the experience and knowledge of using barrels. The authentic taste of its terroir and quality of the grape is kept. It is the wine perfect for a party of friends.		

Prima produzione	2016	**Esposizione**	Nord-nord/est
Prodotto ogni anno	Si	**Resa media**	50 ql/ha
Ubicazione del vigneto	Nord dell'Etna: Contrada Montedolce, Solicchiata, Castiglione di Sicilia		
Vitigno	Nerello Mascalese e altri vitigni auotctoni		
Età dei vigneti	41 anni		
Altitudine	750 metri		
Terreno	Vulcanico		
Sistema di allevamento	Cordone bilaterale, potatura ad alberello		
Vendemmia	Metà Ottobre 2016		
Vinificazione	In vasche acciaio, temperatura controllata		
Macerazione	28°C, circa 10 giorni		
Invecchiamento	12 mesi in botti di rovere di varia capacità		
Colore	Rosso rubino		
Abbinamenti	Filetto alla Wellington, zuppa di funghi con crostini		
Note di degustazione da Xiaowen	I bouquet di allegra bacca rossa, foglia di fragola e liquirizia si prolungano magnificamente ed esprimono tutto il suo carattere. In bocca è equilibrato tra bacca rossa e vaniglia, il che mostra l'esperienza e la conoscenza dell'utilizzo di barrique e non perde il vero sapore del suo terroir e della qualità dell'uva. Questo è il vino perfetto per una festa con gli amici.		

22-1 紅葡萄酒 | *Red Wine* | *Vino Rosso*

GIOVI SRL

Akraton 2014
Etna Rosso DOC

酒精度 Alcohol	14% vol.
產量 Bottles	4,000 瓶

Etna

首次生產年份	2010
是否每年生產	是
葡萄園位置	混二處葡萄園。位於火山北部Randazzo區Contrada Allegracore葡萄園，Castiglione di Sicilia區Passopisciaro鎮Contrada Feudo di Mezzo葡萄園海拔較高的Porcaria地塊
葡萄品種	90% Nerello Mascalese 10% Nerello Cappuccio
葡萄樹齡	40至60年
海拔	700公尺
土壤	含火山灰的土壤
面向	北
平均產量	3,500-4,000公斤/公頃
種植方式	傳統樹叢型
採收日期	2014年10月底至11月中
釀造製程	置於不鏽鋼桶
浸漬溫度與時間	22-24°C，12-14天
陳年方式	24個月於使用第三至四次法式圓木桶
顏色	紅色
建議餐搭選擇	肉類料理、義大利沙拉米冷肉切片及起司

筱雯老師的品飲紀錄｜

當義大利其他各產區哀嚎於2014年的炎熱夏日，位處高海拔西西里火山的2014年卻是近年來最好的年份之一。此款酒來自火山北區兩個知名單一園傳統的葡萄園，表現自然不在話下。我初次品嘗此酒十分驚訝口中的柔順，明顯的紅櫻桃香氣、香料與酸度點綴其中，尾韻可感受採收葡萄時的熟度，再再顯示莊主「葡萄要甜再釀」的釀酒哲學。

First year production	2010	**Exposure**	North
Produced every year	Yes	**Average yield**	35-40 ql/ha
Vineyard location	Etna North: Contrada Allegracore, Randazzo; Porcaria, Contrada Feudo di Mezzo, Passopisciaro, Castiglione di Sicilia		
Grape composition	90% Nerello Mascalese, 10% Nerello Cappuccio		
Vineyard age	40-60 years	**Altitude**	700 meters
Soil	Volcanic		
Growing system	Alberello / rows		
Harvest	End October-mid November, 2014		
Vinification	In stainless steel vats		
Maceration	22-24°C, 12-14 days		
Aging	24 months in tonneaux (3rd-4th passage)		
Color	Red		
Food match	Meat, salami and cheese		
Tasting note of Xiaowen	2014, one of the hottest nightmare for many Italian wine regions, is one of the best vintages for high-altitude Mount Etna. This wine is from 2 contrada in the northern slope of Etna where old vines grow. It is smooth. The vivid cherry note with spices and elegant acidity are in the mouth. In the end, the raisin bouquet (full maturity of grapes) demonstrates the philosophy of Giovanni La Fauci.		

Prima produzione	2010	**Esposizione**	Nord
Prodotto ogni anno	Si	**Resa media**	35-40 ql/ha
Ubicazione del vigneto	Nord dell'Etna: Contrada Allegracore, Randazzo; Porcaria, Contrada Feudo di Mezzo, Passopisciaro, Castiglione di Sicilia		
Vitigno	90% Nerello Mascalese, 10% Nerello Cappuccio		
Età dei vigneti	40-60 anni	**Altitudine**	700 metri
Terreno	Vulcanico		
Sistema di allevamento	Alberello / filari		
Vendemmia	Fine Ottobre-metà Novembre, 2014		
Vinificazione	In inox		
Macerazione	22-24°C, 12-14 giorni		
Invecchiamento	24 mesi in tonneaux (3°-4° passaggio)		
Colore	Rosso		
Abbinamenti	Carni, salumi e formaggi		
Note di degustazione da Xiaowen	Il 2014, uno degli incubi più caldi per la maggior parte della regione vinicola italiana, è una delle migliori vendemmie per la Sicilia, soprattutto per il punto di più elevata altitudine dell'Etna. Questo vino proviene dal 2 comune in nord dell'Etna, è prodotto con vecchie viti, e sono morbidezza: la vivida nota di ciliegia con le spezie e l'elegante acidità, mentre alla fineviene percepita la piena maturità delle uve, il che dimostra la filosofia di Giovanni La Fauci della distilleria Giovi.		

GIOVI SRL

Pirao' 2011
Etna Rosso DOC

單一園	Contrada
酒精度 Alcohol	14% vol.
產量 Bottles	1,050 瓶

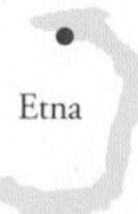

首次生產年份	2010
是否每年生產	否，僅於2010及2011年生產
葡萄園位置	位於火山北部Randazzo區 Contrada Pirao葡萄園
葡萄品種	100% Nerello Mascalese
葡萄樹齡	60至70年
海拔	950公尺
土壤	含火山灰的土壤
面向	北
平均產量	2,000-2,500公斤/公頃
種植方式	傳統樹叢型
採收日期	2011年11月
釀造製程	置於不鏽鋼桶
浸漬溫度與時間	22-24°C，18-20天
陳年方式	36個月於使用第三至四次法式圓木桶
顏色	紅色
建議餐搭選擇	義大利沙拉米冷肉切片、日本醬燒豬排、台灣三杯雞

筱雯老師的品飲紀錄｜

剛開瓶即為多層次的香料與櫻桃果香，香料隨著與氧氣的接觸越發綿延且顯優雅，甘草香料與櫻桃果香中逐漸轉增為濃郁的紫羅蘭花香；入口為新鮮的日本梅酒香氣，口感十分圓融，不知不覺便能喝好幾口，輕雅的花香與最後在兩頰溫柔的單寧澀味暗示著Nerello Mascalese葡萄品種的特性，酸度持續點綴到最後。此酒或許無法再陳年二十年以上，然十年內飲用都絕對能令人滿意（請妥善保存）。

First year production	2010	**Exposure**	North
Produced every year	No, only 2010 and 2011 produced		
Vineyard location	Etna North: Contrada Pirao, Randazzo		
Grape composition	100% Nerello Mascalese	**Average yield**	20-25 ql/ha
Vineyard age	60-70 years	**Altitude**	950 meters
Growing system	Alberello	**Soil**	Volcanic
Harvest	November, 2011		
Vinification	In stainless steel vats		
Maceration	22-24°C, 18-20 days		
Aging	36 months in tonneaux (3rd-4th passage)		
Color	Red		
Food match	Italian salami, Japanese soy sauce pork, Taiwanese sweet-sour-salty chicken in pot		
Tasting note of Xiaowen	The rich, multi-layer spices and cherry bouquets in the nose are surprisingly fresh. The soft licorice nuance increases with contact to oxygen and turns into an elegant violet floral note. In the mouth it is quite similar to fresh Japanese plum sake which is round and easy to drink. It is with the light floral bouquet and gentle tannins on the cheeks. It is a classic wine of Nerello Mascalese grapes with persistent acidity until the end. This wine will still be perfect for another 10 years if being stored in the right temperature.		

Prima produzione	2010	**Esposizione**	Nord
Prodotto ogni anno	No, solo 2010 e 2011 prodotto		
Ubicazione del vigneto	Nord dell'Etna: Contrada Pirao, Randazzo		
Vitigno	100% Nerello Mascalese	**Resa media**	20-25 ql/ha
Età dei vigneti	60-70 anni	**Altitudine**	950 metri
Sistema di allevamento	Alberello	**Terreno**	Vulcanico
Vendemmia	Novembre 2011		
Vinificazione	In inox		
Macerazione	22-24°C, 18-20 giorni		
Invecchiamento	36 mesi in tonneaux (3°-4° passaggio)		
Colore	Rosso		
Abbinamenti	Salumi, maiale con salsa di soia giapponese, pollo con tre gusti (dolce, acido e salato) di Taiwan		
Note di degustazione da Xiaowen	I ricchi bouquet multistrato di spezie e ciliegia sono sorprendentemente freschi. La morbida liquirizia a contatto con l'ossigeno è diventata elegante, trasformandosi in una nota floreale di viole; in bocca è abbastanza simile al sake giapponese fresco, rotondo e facile da bere, con una leggera nota floreale, tannini dolci sulle guance, alla fine, scintille di acidità, classiche caratteristiche dell'uva Nerello Mascalese. Questo vino resterà perfetto per altri 10 anni se sarà conservato alla giusta temperatura.		

16-1 紅葡萄酒 | *Red Wine* | *Vino Rosso*

GIROLAMO RUSSO

Feudo 2016
Etna Rosso DOC

單一園	Contrada
酒精度 Alcohol	14.5% vol.
產量 Bottles	5,000瓶

首次生產年份	2006
是否每年生產	是
葡萄園位置	位於火山北部Randazzo區 Contrada Feudo葡萄園
葡萄品種	95% Nerello Mascalese 5% Nerello Cappuccio
葡萄樹齡	70年
海拔	650公尺
土壤	含火山灰的土壤
面向	北
平均產量	3,500公斤/公頃
種植方式	傳統樹叢型；直架式栽種
採收日期	2016年10月中下旬
釀造製程	置於不鏽鋼桶，溫控
浸漬溫度與時間	最高32°C，20天
陳年方式	16個月部份置於斯拉夫尼亞製橡木桶(2,600公升)、部份置於小型木桶(225公升)
顏色	紅寶石色
建議餐搭選擇	肉粽、竹筒飯、烤牛小排

筱雯老師的品飲紀錄｜

迷人的櫻桃香氣與花香立即奔放，香料與甘草相得益彰，尾韻帶著竹葉的香氣，更感其高清氣節；入口柔順的果香十分迷人、令人不禁想要趕快喝下一口，很快地果香衝至後鼻腔，明顯的紫羅蘭花香十分優雅，兩頰單寧與酸度適度地再次帶回果香的循環，圓融且平衡；尾韻口齒乾淨，後鼻腔則香氣綿延不已；難得的是開瓶五小時後，其香料的優雅度與圓融感依舊；有陳年實力。

First year production	2006	**Exposure**	North
Produced every year	Yes	**Average yield**	35 ql/ ha
Vineyard location	Etna North: Contrada Feudo, Randazzo		
Grape composition	95% Nerello Mascalese, 5% Nerello Cappuccio		
Vineyard age	70 years	**Altitude**	650 meters
Soil	Volcanic		
Growing system	Gobelet, modified to an espalier system		
Harvest	Second half of October, 2016		
Vinification	In stainless steel vats, temperature controlled		
Maceration	Max 32°C, 20 days		
Aging	16 months in Slavonian big oak barrels (26 hl) and barriques (225 l)		
Color	Ruby red		
Food match	Roast beef, rice with pork steamed in bamboo leaf or bamboo tube		
Tasting note of Xiaowen	Charming cherry and floral bouquets run like hummer car in the glass with spices and licorice notes. There's a hint of the bamboo leaf at the end of the smell that gives the oriental zen sensation of balance. In the mouth, the smooth texture gives curiosity while the fruity flavor with elegant violet note rushes to the posterior nasal cavity and filled with satisfaction. The round and balanced tannins join the circulation of taste, ending with perfumes in breaths. This wine is still elegant and round after 5 hours. Aging potential.		

Prima produzione	2006	**Esposizione**	Nord
Prodotto ogni anno	Si	**Resa media**	35 ql/ha
Ubicazione del vigneto	Etna North: Contrada Feudo, Randazzo		
Vitigno	95% Nerello Mascalese, 5% Nerello Cappuccio		
Età dei vigneti	70 anni	**Altitudine**	650 metri
Terreno	Vulcanico		
Sistema di allevamento	Alberello modificato spalliera		
Vendemmia	Seconda metà di Ottobre, 2016		
Vinificazione	In fermentini di acciaio a temperatura controllata		
Macerazione	32°C max, 20 giorni		
Invecchiamento	16 mesi in grandi botti di Slavonia (26 hl) e barrique (225 l)		
Colore	Rosso rubino		
Abbinamenti	Arrosto di manzo, riso con maiale cotto a vapore in foglia di bambù o tubo di bambù		
Note di degustazione da Xiaowen	Affascinanti bouquet di ciliegie e fiori scorrono come un macchina hummer nel bicchiere con note di speziee liquirizia. C'è una punta di foglia di bambù all'estremità dell'odore che dà la sensazione orientale di equilibrio zen; in bocca la consistenza morbida desta curiosità mentre il sapore fruttato con elegante nota viola si riversa nella cavità nasale posteriore e riempie di soddisfazione. I tannini si uniscono alla circolazione rotonda ed equilibratadel gusto. Il finale è pulito con la respirazione dei profumi. Questo vino è ancora elegante e rotondo dopo 5 ore; potenziale di invecchiamento.		

16-2 紅葡萄酒 | *Red Wine* | *Vino Rosso*

GIROLAMO RUSSO

San Lorenzo 2016
Etna Rosso DOC

單一園	Contrada
酒精度 Alcohol	14.5% vol.
產量 Bottles	6,500瓶

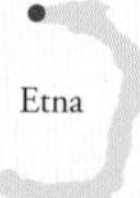

首次生產年份	2005
是否每年生產	是
葡萄園位置	位於火山北部Randazzo區Contrada San Lorenzo葡萄園
葡萄品種	100% Nerello Mascalese
葡萄樹齡	80年以上
海拔	780公尺
土壤	含火山灰的土壤
面向	北
平均產量	3,000公斤/公頃
種植方式	傳統樹叢型；直架式栽種
採收日期	2016年10月底
釀造製程	置於不鏽鋼桶，溫控
浸漬溫度與時間	最高32°C，20天
陳年方式	16個月部份置於斯拉夫尼亞製橡木桶(2,600公升)、部份置於小型木桶(225公升)
顏色	紅寶石色
建議餐搭選擇	伊比利豬肉、橙汁豬排、鳳梨燉雞

筱雯老師的品飲紀錄 |

青櫻桃與蘭花香氣首先顯現，楊桃、未成熟的鳳梨與百香果仔等酸性水果、優雅的香料與甘草香氣隨之而來，約莫20分鐘後更可感受其香氣之圓融，絲毫沒有酒精度的嗆辣感；入口為濃郁的熟櫻桃果香，其中亦帶著熱帶水果的優雅香氣，兩頰呈現的丹寧柔軟，結構與酸度完整且宜人，十分鐘後果香更加明顯、略帶香草香氣的口感更加柔順，尾韻的酸度十分低調然隱晦帶出舌尖的回甘香甜感，此款酒十分能代表Contrada San Lorenzo單一葡萄園的活潑性。

First year production	2005	**Exposure**	North
Produced every year	Yes	**Average yield**	30 ql/ha
Vineyard location	Etna North: Contrada San Lorenzo, Randazzo		
Grape composition	100% Nerello Mascalese	**Altitude**	780 meters
Vineyard age	At least 80 years	**Soil**	Volcanic
Growing system	Gobelet, modified to an espalier system		
Harvest	End October, 2016		
Vinification	In stainless steel vats, temperature controlled		
Maceration	Maximum 32°C, 20 days		
Aging	16 months in Slavonian big oak barrels (26 hl) and barriques (225 l)		
Color	Ruby red		
Food match	Iberico pork, orange pork chops and pineapple chicken		
Tasting note of Xiaowen	The green cheery and orchid floral bouquets appear, followed by unripe pineapple, passion fruit, elegant spices, and licorice notes. Soon after 20 minutes, in the nose, there is the gentle sensation of different natural perfumes. In the mouth, the rich ripe cherry flavor with hints of elegant tropical fruity notes soften the tannins on the cheeks and reflect the well-structure and pleasant acidity. After 10 minutes, the fruity flavor stands out with a subtle vanilla note. A low-profiled acidity brings out the sweetness on the tip of the tongue. This wine represents the lively side of Contrada San Lorenzo.		

Prima produzione	2005	**Esposizione**	Nord
Prodotto ogni anno	Si	**Resa media**	30 ql/ha
Ubicazione del vigneto	Nord dell'Etna: Contrada San Lorenzo, Randazzo		
Vitigno	100% Nerello Mascalese	**Altitudine**	780 metri
Età dei vigneti	80 e più anni	**Terreno**	Vulcanico
Sistema di allevamento	Alberello modificato a spalliera		
Vendemmia	Fine Ottobre, 2016		
Vinificazione	In fermentini di acciaio, temperatura controllata		
Macerazione	32°C max, 20 giorni		
Invecchiamento	16 mesi in grandi botti di Slavonia (26 hl) e barrique (225 l)		
Colore	Rosso rubino		
Abbinamenti	Carne di maiale iberica, braciole di maiale all'arancia e pollo all'ananas		
Note di degustazione da Xiaowen	I bouquet di ciliegia verde e fiori di orchidea appaiono, seguiti da ananas acerbo, frutto della passione, spezie eleganti e note di liquirizia. Poco dopo 20 minuti, nel naso c'è la delicata sensazione di diversi profumi naturali; in bocca, il ricco sapore di ciliegia matura con sentori di eleganti note fruttate tropicali ammorbidisce i tannini sulle guance e riflette la buona struttura e la piacevole acidità. Dopo 10 minuti, il sapore fruttato si distingue ancora di più grazie a una sottile nota di vaniglia, mentre alla fine l'acidità poco profilata fa risaltare la dolcezza sulla punta della lingua. Questo vino rappresenta il lato vivace della Contrada San Lorenzo.		

GIROLAMO RUSSO

Feudo di Mezzo 2016
Etna Rosso DOC

單一園	Contrada
酒精度 Alcohol	14.5% vol.
產 量 Bottles	2,200 瓶

首次生產年份	2011
是否每年生產	是
葡萄園位置	位於火山北部Castiglione di Sicilia區Passopisciaro鎮附近Contrada Feudo di Mezzo葡萄園
葡萄品種	100% Nerello Mascalese
葡萄樹齡	100年以上
海拔	670公尺
土壤	含火山灰的土壤
面向	東北
平均產量	2,000公斤/公頃
種植方式	傳統樹叢型
採收日期	2016年10月中
釀造製程	置於可開啟之塑膠容器，無溫控(自然發酵)
浸漬溫度與時間	最高32°C，20天
陳年方式	16個月於斯拉夫尼亞製橡木桶(1千公升)與法製小型木桶(225公升)
顏色	紅寶石色
建議餐搭選擇	烤雉雞、山豬肉、肋眼牛排

筱雯老師的品飲紀錄 |

優雅的花香與紅莓果、紅櫻桃的香氣於杯中展開，十分鐘後轉為更迷人的酒漬櫻桃、香料與鳶尾花的香氣；口中濃郁的紅莓果香與來自木桶的香草合為一體，圓融且適度地呼應兩頰的丹寧，口中奔放的櫻桃果香於後鼻腔仍綿延不絕的特性，使得此酒十分適合所有場合飲用，是任何人一喝即能上手的酒款，開瓶兩小時後(如果能忍住一小時內不喝完)依舊優雅、柔順且易飲，十分推薦。

First year production	2011	**Exposure**	Northeast
Produced every year	Yes	**Average yield**	20 ql/ha
Vineyard location	Etna North: Contrada Feudo di Mezzo, near Passopisciaro, Castiglione di Sicilia		
Grape composition	100% Nerello Mascalese	**Altitude**	670 meters
Vineyard age	At least 100 years	**Soil**	Volcanic
Growing system	Gobelet (bush training)	**Harvest**	Mid October, 2016
Vinification	In open plastic containers, no temperature controlled		
Maceration	Max 32°C, 20 days		
Aging	16 months in Slavonian oak barrels (10 hl) and barriques (225 l)		
Color	Ruby red		
Food match	Roast goose, wild boar or rib-eye steak		
Tasting note of Xiaowen	Elegant floral, red berry and cherry bouquets spread out in the glass and turn into charming cherry liqueur, soft spices, and Iris floral notes after ten minutes. In the mouth, the vivid red berry fruity flavor with hints of vanilla note is in coherence with each other and balanced perfectly with the tannins on both cheeks. The runny and prolonged cheery note in the posterior nasal cavity gives extra characteristics to this wine. It is enjoyable on different occasions, also suitable for people who don't usually drink wine. After two hours, if you can resist not to finish at the first hour, this wine keeps changing. The elegance remains. Highly recommended.		

Prima produzione	2011	**Esposizione**	Nord-est
Prodotto ogni anno	Si	**Resa media**	20 ql/ha
Ubicazione del vigneto	Nord dell'Etna: Contrada Feudo di Mezzo, vicino Passopisciaro, Castiglione di Sicilia		
Vitigno	100% Nerello Mascalese	**Altitudine**	670 metri
Età dei vigneti	100 e più anni	**Terreno**	Vulcanico
Sistema di allevamento	Alberello	**Vendemmia**	Metà Ottobre, 2016
Vinificazione	In contenitori di plastica aperti, senza temperatura controllata		
Macerazione	32°C max, 20 giorni		
Invecchiamento	16 mesi in botti di Slavonia (10 hl) e barriques (225 l)		
Colore	Rosso rubino		
Abbinamenti	Arrosto d'oca, cinghiale o costata d'occhio		
Note di degustazione da Xiaowen	Eleganti bouquet floreali di bacca rossa e ciliegia sparsi in un bicchiere che si trasformano in un delizioso liquore di ciliegia, spezie morbide e note floreali di Iris dopo dieci minuti; in bocca, il sapore vivido di frutti di bosco rossi e la nota di vaniglia sono coerenti con ciascuno ed equilibrati perfettamente con i tannini su entrambe le guance. La nota allegra, liquidae prolungata nella cavità nasale posteriore conferisce caratteristiche extra a questo vino e lo rende piacevole in diverse occasioni. Questo è il vino adatto anche alle persone chesolitamente non bevonovino. Dopo due ore, se si riesce a resistere a non finirlodurante la prima ora, questo vino continua a cambiare e l'eleganza rimane ancora; altamente raccomandato.		

GRACI

Arcurìa 2016
Etna Rosso DOC

有機酒	BIO
單一園	Contrada
酒精度 Alcohol	14.5% vol.
產量 Bottles	5,600瓶

Etna

首次生產年份	2005年，名為Etna Rosso DOC Quota 600直至2012年更名至今
是否每年生產	是
葡萄園位置	位於火山北部Castiglione di Sicilia區Passopisciaro鎮Contrada Arcurìa葡萄園
葡萄品種	100% Nerello Mascalese
葡萄樹齡	15至70年
海拔	650公尺
土壤	火山岩及粗砂層混合夾層
面向	北
平均產量	2,800公斤/公頃
種植方式	直架式傳統樹叢型
採收日期	2016年10月最後一週
釀造製程	置於大型橡木桶(4千2百公升)，無溫控
浸漬溫度與時間	無溫控，1個月以上
陳年方式	第一階段18個月：於大型橡木桶；第二階段6個月以上：靜置於玻璃瓶中
顏色	紅寶石色
建議餐搭選擇	如右方「筱雯老師的品飲紀錄」

筱雯老師的品飲紀錄｜

開瓶後等待約十分鐘香氣漸顯，甜桔葉、普洛旺斯香料、橘皮果香等香氣豐富而淡雅，建議於十六度時倒少量葡萄酒於杯中開始飲用，感受其變化。逐漸升溫後出現花香，十分優雅；入口圓融、果香與花香相互出現，並其紅莓果香中出現高酸度、結構與優雅澀度，從頭到尾的變化是趟美妙旅程。此款酒搭配陳年起司、鮪魚、台灣滷肉飯、肉羹湯、炙燒或燉煮紅肉、十分適合。

First year production	2005 with the name Etna Rosso DOC Quota 600, since 2012 with the name Etna Rosso DOC Arcurìa		
Produced every year	Yes	**Exposure**	North
Vineyard location	Etna North: Contrada Arcurìa, Passopisciaro, Castiglione di Sicilia		
Grape composition	100% Nerello Mascalese	**Average yield**	28 ql/ha
Vineyard age	15-70 years	**Altitude**	650 meters
Soil	Lyers of volcanic stone and coarse sand		
Growing system	Alberello on espalier		
Harvest	Last week of October, 2016		
Vinification	In large oak tini (42 hl) without temperature controlled		
Maceration	More than 1 month without temperature control		
Aging	18 months in large oak tini; at least 6 months in bottle		
Color	Ruby red		
Food match	This wine is perfect for aged cheese, tuna, Taiwanese ragu rice, meatball soup with corn fleur, grilled and stew red meat		
Tasting note of Xiaowen	Wait 10 minutes in the glass. A vibrant bouquet of the skin of tangerine, sweet orange leaf, and French Provence spices appear in the nose. I recommend to pure only few drops of the wine into the glass at 16 degrees, taste slowly, and feel the transformation of bouquet to elegantly floral notes with the natural increase of temperature. In the mouth, it is round. The fruity and floral notes take turns until the high acidity comes elegantly with the red berry note and friendly tannins. Drinking this wine is a beautiful journey.		

Prima produzione	2005 con il nome Etna Rosso DOC Quota 600; 2012 con il nome Etna Rosso DOC Arcurìa		
Prodotto ogni anno	Si	**Esposizione**	Nord
Ubicazione del vigneto	Nord dell'Etna: Contrada Arcurìa, Passopisciaro, Castiglione di Sicilia		
Vitigno	100% Nerello Mascalese	**Resa media**	28 ql/ha
Età dei vigneti	15-70 anni	**Altitudine**	650 metri
Terreno	Strati di roccia lavica e sabbia grossa		
Sistema di allevamento	Alberello su spalliera		
Vendemmia	Ultima settimana di Ottobre 2016		
Vinificazione	In grandi tini di rovere (42 hl), senza temperatura controllata		
Macerazione	Più di 1 mese, senza temperatura controllata		
Invecchiamento	18 mesi in grandi tini; almeno 6 mesi in bottiglia		
Colore	Rosso rubino		
Abbinamenti	Questo vino è perfetto per formaggi invecchiati, tonno, il riso al ragù taiwanese, la zuppa di polpette con farina di mais, carni rosse alla griglia, o stufati di carne		
Note di degustazione da Xiaowen	Lasciatelo 10 minuti nel bicchiere e sentirete un ricco bouquet di buccia di mandarino, foglie di arancio dolce e spezie francesi provenzali. Raccomando di mettere poche gocce nel bicchiere a 16 gradi, assaggiare lentamente, attendere l'aumento naturale della temperatura e sentire la trasformazione del bouquet in note elegantemente floreali. In bocca è rotondo, le note fruttate e floreali si alternano fino all'elevata acidità si presenta elegantemente con una nota di bacche rosse e tannino. Un bel viaggio.		

GRACI

Feudo di Mezzo 2016
Etna Rosso DOC

有機酒	BIO
單一園	Contrada
酒精度 Alcohol	14.5% vol.
產量 Bottles	2,900瓶

首次生產年份	2014
是否每年生產	是
葡萄園位置	位於火山北部Castiglione di Sicilia區Passopisciaro鎮Contrada Feudo di Mezzo葡萄園
葡萄品種	95% Nerello Mascalese 5 % Nerello Cappuccio
葡萄樹齡	80年
海拔	600公尺
土壤	質地細緻、含有火山灰的砂土
面向	北
平均產量	2,800公斤/公頃
種植方式	直架式傳統樹叢型
採收日期	2016年10月第一週
釀造製程	置於大型橡木桶，無溫控
浸漬溫度與時間	無溫控，約30天
陳年方式	第一階段18個月：於大型橡木桶；第二階段6個月以上：靜置於玻璃瓶中
顏色	深紅寶石色
建議餐搭選擇	烤或燉紅肉、陳年起司、鮪魚

筱雯老師的品飲紀錄 |

一開瓶即為優雅的玫瑰花瓣香氣，略帶草本植物的優雅與輕淡紅莓果香；入口輕柔的花香與果香一次展開於口齒，如同夏日湖邊交響樂般，味覺回音迴盪於水上，清涼乾淨且令人難忘，兩頰的澀度圓融優雅且尾韻乾淨，不愧為該酒莊之作。

First year production	2014	**Exposure**	North
Produced every year	Yes	**Average yield**	28 ql/ha

Vineyard location	Etna North: Contrada Feudo di Mezzo, Passopisciaro, Castiglione di Sicilia
Grape composition	95% Nerello Mascalese, 5 % Nerello Cappuccio
Vineyard age	80 years
Altitude	600 meters
Soil	Volcanic sandy soil, fine texture
Growing system	Alberello trained vineyard
Harvest	First week of October, 2016
Vinification	In large oak tini without temperature controlled
Maceration	About 30 days without temperature control
Aging	18 months in large oak tini; at least 6 months in bottle
Color	Intense ruby red
Food match	Grilled and stew red meat, aged cheese, tuna
Tasting note of Xiaowen	The elegant rose paddle, graceful herbs, and light red berry bouquets are vivid and well-performed in the nose. In the mouth, the gentle floral and fruity flavors spread out at the same time like a symphony by a summer lake and the "notes" echo over freshwater. It is clean, pleasant, and unforgettable. The round and elegant tannins appear with a clean taste at the end. There's no doubt that it is a beautiful wine.

Prima produzione	2014	**Esposizione**	Nord
Prodotto ogni anno	Si	**Resa media**	28 ql/ha

Ubicazione del vigneto	Nord dell'Etna: Contrada Feudo di Mezzo, Passopisciaro, Castiglione di Sicilia
Vitigno	95% Nerello Mascalese, 5 % Nerello Cappuccio
Età dei vigneti	80 anni
Altitudine	600 metri
Terreno	Vulcanico e sabbioso di trama fine
Sistema di allevamento	Alberello tradizionale
Vendemmia	Prima settimana di Ottobre 2016
Vinificazione	In grandi tini di rovere, senza temperatura controllata
Macerazione	Circa 30 giorni senza temperatura controllata
Invecchiamento	18 mesi in grandi tini di rovere; almeno 6 mesi in bottiglia
Colore	Rosso rubino intenso
Abbinamenti	Carni rosse alla griglia, stufati di carne, formaggi invecchiati, tonno
Note di degustazione da Xiaowen	L'elegante paddle di rosa con erbe aggraziate e bouquet di bacche rosse chiare sono vividi e ben presentati nel naso; in bocca, i dolci sapori floreali e fruttati si diffondono allo stesso tempo, come la sinfonia di un lago estivo, e le "note" (significa "sapore" e "nota musicale," doppio significato) risuonano sull'acqua fresca, pulite, piacevoli e indimenticabili. Il tannino rotondo ed elegante appare quindi alla fine nella bocca pulita. Non dovete dubitare ma questo è un vino meraviglioso.

GRACI

Barbabecchi Quinta 1000 IGP 2014
IGP Terre Siciliane

有機酒	BIO
單一園	Contrada
酒精度 Alcohol	13% vol.
產量 Bottles	1,200瓶

Etna

首次生產年份	2009
是否每年生產	否，2012年未生產
葡萄園位置	位於火山北部Castiglione di Sicilia區Solicchiata鎮Contrada Barbabecchi葡萄園
葡萄品種	100% Nerello Mascalese
葡萄樹齡	100年
海拔	1,000公尺
土壤	火山岩石
面向	北
平均產量	1,000公斤/公頃
種植方式	傳統樹叢型
採收日期	2014年11月第一週
釀造製程	置於大型橡木桶，無溫控
浸漬溫度與時間	無溫控，約30天
陳年方式	第一階段24個月：於大型橡木桶；第二階段12個月：靜置於玻璃瓶中
顏色	紅寶石色
建議餐搭選擇	燉煮肉類、蘑菇、烤肉、辛辣或口味較重的食物

筱雯老師的品飲紀錄 |

這是我喝過最好喝的西西里火山紅酒之一，剛開瓶風味仍鎖著，然搖晃酒杯十五分鐘後，豐富且多層次的香氣逐漸出現。首先是青櫻桃、柚皮等果香開始擴散，接著優雅的杏桃花香、吸引人的牡丹與混合草本植物的香氣，感覺如同觀察窗外夏末初秋落花飄至樹根的平靜與浪漫；入口香甜的櫻桃果香、柔順的口感中帶著榛果木、櫻桃木等木質調性，而酸度優雅點綴其中。有趣的是，當此酒升至22度且在杯中不搖晃時，竟出現了如日本沖繩黑糖般的果香，然搖晃後立刻轉為原本櫻桃的香氣。此款酒長時間在大木桶的接觸與薰陶下，如同剛硬壯碩的青少年轉為氣度翩翩的俊俏男子，令人一飲再飲卻不厭倦煩膩。

First year production	2009	**Exposure**	North
Produced every year	No, 2012 not produced	**Average yield**	10 ql/ha
Vineyard location	Etna North: Contrada Barbabecchi, Solicchiata, Castiglione di Sicilia		
Grape composition	100% Nerello Mascalese	**Altitude**	1,000 meters
Vineyard age	100 years, ungrafted	**Soil**	Volcanic stone
Growing system	Alberello		
Harvest	First week of November, 2014		
Vinification	In large oak barrels without temperature controlled		
Maceration	About 30 days without temperature control		
Aging	24 months in large oak barrels; at least 12 months in bottle		
Color	Ruby red		
Food match	Stewed meat, mushroom, grilled meat, spicy food		

Tasting note of Xiaowen

It is one of the best red wines on Mount Etna. It is close at the beginning, but after 15 minutes, the luxurious and multi-layer bouquets arrive. First come the fruity notes of green cherry and pomelo peel, then the elegant nectarine blossom, the charming peony flower, and mix herbal notes give the tranquil and romance. It is as if observing from the window the fallen flower paddles at the beginning of autumn. In the mouth, it is sweet cherry, and in the smoothness, there is a nuance of wood with acidity dancing in it. It's interesting that at 22 degrees if without moving the glass for 20 minutes, you smell the south Japan Okinawa natural brown sugar from sugarcane. It instantly disappears by stirring the glass, and the smell switches back to green cherry. This wine is in contact with big barrel for enough time, and it is like an energetic teenager turning to a gentleman, soft outside but hard inside.

Prima produzione	2009	**Esposizione**	Nord
Prodotto ogni anno	No, 2012 non prodotto	**Resa media**	10 ql/ha
Ubicazione del vigneto	Nord dell'Etna: Contrada Barbabecchi, Solicchiata, Castiglione di Sicilia		
Vitigno	100% Nerello Mascalese	**Altitudine**	1.000 metri
Età dei vigneti	A piede franco100 anni	**Terreno**	Roccia lavica
Sistema di allevamento	Alberello tradizionale		
Vendemmia	Prima settimana di Novembre 2014		
Vinificazione	In grandi botti di rovere senza temperatura controllata		
Macerazione	Circa 30 giorni senza temperatura controllata		
Invecchiamento	24 mesi in grandi botti di rover; almeno 12 mesi in bottiglia		
Colore	Rosso rubino		
Abbinamenti	Carni stufate, funghi, carni alla griglia, cibi speziati		

Note di degustazione da Xiaowen

Questo è uno dei migliori vini rossi sull'Etna. È chiuso all'inizio, ma dopo 15 minuti appaiono i ricchi bouquet multi-strato: prima le note fruttate di ciliegia verde e buccia di pomelo, poi l'elegante fiore di nettarina, l'affascinante fiore di peonia e una mescolanza di note erbacee che infondono una sensazione di tranquillità e romanticismo, come se stessimo osservando dalla finestra i fiori colorati caduti all'inizio dell'autunno; in bocca si percepisce la ciliegia dolce, nella morbidezza ci sono note di legno e acidità danzante nel mezzo. A 22 gradi senza spostare il bicchiere per 20 minuti, si sente l'aroma dello zucchero di canna naturale giapponese di Okinawa, che scompare all'istante quando si agita di nuovo il bicchiere e torna di nuovo alla ciliegia verde. Questo vino è rimasto a contatto con la grande botte per un tempo sufficiente da sembrare un adolescente forte che si trasforma in un gentiluomo, morbido all'esterno ma duro all'interno.

GULFI

Reseca 2014
Etna Rosso DOC

有機酒	BIO
單一園	Contrada
酒精度 Alcohol	13.5% vol.
產量 Bottles	3,500 瓶

首次生產年份	2004
是否每年生產	否，2009至2013年未生產
葡萄園位置	位於火山北部Randazzo區Contrada Montelaguardia的Vigna Poggio葡萄園
葡萄品種	90% Nerello Mascalese 10% Nerello Cappuccio
葡萄樹齡	100年以上
海拔	850公尺
土壤	含火山灰的土壤
面向	北
平均產量	6,000公斤/公頃
種植方式	傳統樹叢型
採收日期	2014年10月中下旬
釀造製程	置於不鏽鋼桶，溫控
浸漬溫度與時間	約25°C，約2週
陳年方式	第一階段24個月以上：於法製橡木桶(5百公升)；第二階段12個月以上：靜置於玻璃瓶中
顏色	淺亮紅寶石色，酒杯邊緣顏色深且飽滿
建議餐搭選擇	如右方「筱雯老師的品飲紀錄」

筱雯老師的品飲紀錄 |

一開瓶即為豐富且吸引人的香氣，杯中充滿著新鮮香料、濃郁果香、紫羅蘭花香與柔和的草本植物香氣；入口為豐富且圓融的果香，結構完整的口感中帶著柔和且濃郁的香草木桶香氣，酸度一躍成為主角，帶領著滿盈的味覺如高山無光害的夜半星燦天空。兩頰無太多澀味然單寧完整，這是一支易喝且柔順的西西里火山紅酒。建議搭配各式肉類料理、油炸或辛辣食物與義大利麵。

First year production	2004	**Exposure**	North
Produced every year	No, 2009-2013 not produced		
Vineyard location	Etna North: Vigna Poggio, Contrada Montelaguardia, Randazzo		
Grape composition	90% Nerello Mascalese, 10% Nerello Cappuccio		
Vineyard age	Above 100 years	**Average yield**	60 ql/ha
Soil	Volcanic soil	**Altitude**	850 meters
Growing system	Alberello		
Harvest	Second half of October, 2014		
Vinification	In steel vats, temperature controlled		
Maceration	About 25°C, about 2 weeks		
Aging	At least 24 months in French oak barriques (500 l); at least 12 month in bottle		
Color	Light brilliant ruby, intense and full coloured at the rim		
Food match	Different meat cuisine, oil fried or spicy food and pasta		
Tasting note of Xiaowen	In the nose, there are vibrant and charming bouquets of fresh spices, condense fruits, violet flower, and soft herbs. In the mouth, the round fruity and well-structured flavor with a hint of sweet vanilla note is smooth and soft. Then the acidity pops up, which leads the different layers of taste. It is like watching stars twinkling over sky from mountain hill without disturbance of light. There are not many tannins on the cheeks. It is a red wine of high drinkability.		

Prima produzione	2004	**Esposizione**	Nord
Prodotto ogni anno	No, 2009-2013 non prodotto		
Ubicazione del vigneto	Nord dell'Etna: Vigna Poggio, Contrada Montelaguardia, Randazzo		
Vitigno	90% Nerello Mascalese, 10% Nerello Cappuccio		
Età dei vigneti	Viti centenarie	**Resa media**	60 ql/ha
Terreno	Vulcanico	**Altitudine**	850 metri
Sistema di allevamento	Alberello		
Vendemmia	Seconda metà di Ottobre 2014		
Vinificazione	In acciaio a temperatura controllata		
Macerazione	Circa 25°C, circa 2 settimane		
Invecchiamento	Oltre 24 mesi in botti (500 l); oltre 12 mesi in bottiglia		
Colore	Rubino chiaro, brillante, con sfumature blu a centro bicchiere		
Abbinamenti	Carni rosse e bianche, brasati, cibi grassi e speziati, anche pasta		
Note di degustazione da Xiaowen	Nel bicchiere, i ricchi e affascinanti bouquet di spezie fresche, frutta condensata, fiori viola e erbe morbide; in bocca il gusto rotondo, fruttato e ben strutturato con una leggera nota di vaniglia è morbido, mentre l'acidità si apre e conduce lo spettacolo di diversi strati di gusto. È come guardare le stelle brillare nel cielo dalla collina di montagna, senza disturbi di altre luci. Non ci sono molti tannini sulle guance. Questo è un vino rosso di alta bevibilità.		

I CUSTODI DELLE VIGNE DELL'ETNA

Pistus 2016
Etna Rosso DOC

Contrada

13% vol.

21,031 瓶

首次生產年份	2012
是否每年生產	是
葡萄園位置	位於火山北部 Castiglione di Sicilia 區 Contrada Moganazzi 葡萄園
葡萄品種	80% Nerello Mascalese 20% Nerello Cappuccio
葡萄樹齡	10年
海拔	650公尺
土壤	富含礦物質的火山灰砂土
面向	北
平均產量	5,000公斤/公頃
種植方式	傳統樹叢型
採收日期	2016年10月中
釀造製程	置於不鏽鋼桶，溫控於25-28°C
浸漬溫度與時間	25-28°C，7天
陳年方式	第一階段12個月：於不鏽鋼桶； 第二階段3個月：靜置於玻璃瓶中
顏色	帶有亮紅寶石光澤之紅色
建議餐搭選擇	義大利麵或批薩

筱雯老師的品飲紀錄｜

有著明顯的櫻桃與香料香氣，優雅且多層次，令人想到北義的 Nebbiolo 紅葡萄酒；入口為濃郁的果香，十分明亮討喜的紅櫻桃香氣在口中翩翩起舞，兩頰出現單寧並在些許澀度中能再次感受到果香，圓融且香氣綿延不絕，最後很想吞吞口水，表示這款酒雖有著高酸度，但包含在圓融濃郁櫻桃果香中，令人難以查覺且一杯接著一杯。

First year production	2012	**Exposure**	North
Produced every year	Yes	**Average yield**	50 ql/ha
Vineyard location	Etna North: Contrada Moganazzi, Castiglione di Sicilia		
Grape composition	80% Nerello Mascalese, 20% Nerello Cappuccio		
Vineyard age	10 years	**Altitude**	650 meters
Soil	Sandy, volcanic, rich in minerals		
Growing system	Bush training		
Harvest	Mid October, 2016		
Vinification	In stainless steel, temperature controlled at 25-28°C		
Maceration	25-28°C, 7 days		
Aging	12 months in stainless steel, 3 months in bottle		
Color	Red with bright ruby glares		
Food match	Pasta or pizza		
Tasting note of Xiaowen	The vivid cherry and spices bouquets are elegant and rich in different layers in the nose which reminds me of Nebbiolo wine of Piemonte. In the mouth, it is not likewise. The fruity flavor is strong and independent, especially the bright, pleasant red cherry note flying everywhere freely on the palate. On the cheek, the round tannins come with the fruity flavor and lingers. The ending indicates the hardly-detected high acidity. Compliments to the balance and coherence of this wine.		

Prima produzione	2012	**Esposizione**	Nord
Prodotto ogni anno	Sì	**Resa media**	50 ql/ha
Ubicazione del vigneto	Nord dell'Etna: Contrada Moganazzi, Castiglione di Sicilia		
Vitigno	80% Nerello Mascalese, 20% Nerello Cappuccio		
Età dei vigneti	10 anni	**Altitudine**	650 metri
Terreno	Vulcanico-sabbioso, ricco di minerali		
Sistema di allevamento	Alberello		
Vendemmia	Metà Ottobre, 2016		
Vinificazione	In serbatoi di acciaio a 25-28°C		
Macerazione	25-28°C, 7 giorni		
Invecchiamento	12 mesi in acciaio, 3 mesi in bottiglia		
Colore	Rosso con accessi riflessi rubino		
Abbinamenti	Primi, secondi semplici		
Note di degustazione da Xiaowen	I bouquet di ciliegia e spezie sono eleganti e ricchi di diversi strati nel naso, che mi ricorda il vino Nebbiolo del Piemonte; in bocca non lo è. Il gusto fruttato è forte e indipendente, in particolare la nota di ciliegia rossa brillante e piacevole che vola ovunque liberamente e, sulla guancia, i tannini rotondi arrivano con il sapore fruttato e indugiano. Il finale indica l'acidità appena rilevata, eppure alta. Complimenti per l'equilibrio e la coerenza di questo vino.		

I VIGNERI DI SALVO FOTI

Vinupetra 2014
Etna Rosso DOC

Contrada

13.5% vol.

3,000瓶

首次生產年份	2001
是否每年生產	否，2009及2013年未生產
葡萄園位置	位於火山北部Castiglione di Sicilia區Contrada Feudo di Mezzo葡萄園海拔較高的Porcaria地塊
葡萄品種	70%以上為Nerello Mascalese及Nerello Cappuccio，其他為Grenache及Francisi
葡萄樹齡	100年以上
海拔	580公尺
土壤	含火山灰的砂質土壤
面向	北
平均產量	5,000公斤/公頃
種植方式	傳統樹叢型
採收日期	2014年10月8日
釀造製程	置於木桶中，無溫控
浸漬溫度與時間	自然發酵，15天
陳年方式	12個月於木桶(225與500公升)
顏色	紅寶石色
建議餐搭選擇	肉類及陳年起司

筱雯老師的品飲紀錄 |

此款酒為傳統西西里火山酒的最佳典範：莊主為本書2號酒莊長達20年的首席農學專家，對於西西里火山上的每一塊土地皆了如指掌，因此該葡萄欉為「傳統樹叢型(詳p.46)」於「高低梯塊(詳p.48)」通風生長、並使用驢或是馬施力的石壓方式和人腳採葡萄的方式來處理葡萄；完全自然釀造，完全不靠機器或現代科技。因此雖同款酒的每一瓶可能會不同，卻亦是其精彩特別之處，相同特徵為從濃郁果香到日本梅酒香氣，類似老酒然不失酸度。建議開瓶後立刻開始飲用，才不錯過此酒接觸氧氣後的變化。

First year production	2001	**Exposure**	North
Produced every year	No, 2009 and 2013 not produced		
Vineyard location	Etna North: Porcaria, Contrada Feudo di Mezzo, Castiglione di Sicilia		
Grape composition	More than 70% are Nerello Mascalese and Nerello Cappuccio, others are Grenache and Francisi	**Average yield**	50 ql/ha
Vineyard age	Over 100 years	**Altitude**	580 meters
Soil	Volcanic sand		
Growing system	Etnean alberello		
Harvest	Oct. 8, 2014		
Vinification	In wooden vats without temperature controlled		
Maceration	15 days without temperature control		
Aging	12 months in barrels (225 and 500 liters)		
Color	Ruby red		
Food match	Meats and aged cheese		
Tasting note of Xiaowen	This wine is an excellent example of traditional method Etna wine of alberello (bush vines, p.44) on terrazzamenti (stair-like steps, p.48) It is made in palmento (p.46), and there's no modern technology in the process. Highly suggest to drink from the moment of opening and enjoy the ride with your nose and the mouth from rich fruity notes to Japanese plum sake notes. At one point it is like drinking an old wine with a nice acidity of a new one. Recommended to try for sure.		

Prima produzione	2001	**Esposizione**	Nord
Prodotto ogni anno	No, 2009 e 2013 non prodotto		
Ubicazione del vigneto	Nord dell'Etna: Porcaria, Contrada Feudo di Mezzo, Castiglione di Sicilia		
Vitigno	Più del 70% sono Nerello Mascalese e Nerello Cappuccio, altri è Grenache e Francisioltre	**Resa media**	50 ql/ha
Età dei vigneti	Oltre 100 anni	**Altitudine**	580 metri
Sistema di allevamento	Alberello etneo	**Terreno**	Sabbioso vulcanico
Vendemmia	8 Ott. 2014		
Vinificazione	In tini di legno senza controllo temperatura		
Macerazione	15 giorni senza controllo temperatura		
Invecchiamento	12 mesi in botti da 225 e 500 litri		
Colore	Rosso rubino		
Abbinamenti	Carni e formaggi stagionati		
Note di degustazione da Xiaowen	Questo vino è un buon esempio del metodo tradizionale del vino Etna che è fatto da viti con alberello (sistema di coltivazione a spazzole) su terrazzamenti (gradinata a gradini) e lavorato con piedi di contadini e un Palmento (antica macchina che schiaccia l'uva). Non c'è né tecnologia moderna né macchine in nessun processo. Consiglio vivamente di bere dal momento dell'apertura e di godersi il viaggio con il proprio naso e la propria bocca, dalle ricche note fruttate alle note di prugna saia giapponese. Ad un certo punto è come bere un vino vecchio, ma la bella acidità ti dice che non è così. Consiglio sicuramente di provarlo.		

I VIGNERI DI SALVO FOTI

I Vigneri 2016
** classified as Vino da Tavola*

單一園	Contrada
酒精度 Alcohol	13% vol.
產量 Bottles	5,000瓶

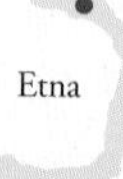

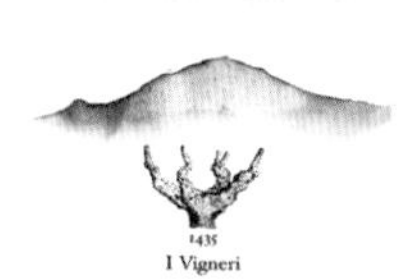

首次生產年份	2005
是否每年生產	是
葡萄園位置	位於火山北部Castiglione di Sicilia區Contrada Feudo di Mezzo葡萄園海拔較高的Porcaria 地塊
葡萄品種	90% Nerello Mascalese 10% Nerello Cappuccio
葡萄樹齡	12年
海拔	580公尺
土壤	含火山灰的砂質土壤
面向	北
平均產量	8,000公斤/公頃
種植方式	傳統樹叢型
採收日期	2016年10月12日
釀造製程	置於Palmento底下之火山岩牆面與古羅馬式陶甕
浸漬溫度與時間	自然發酵，8-10天
陳年方式	無
顏色	紅寶石色
建議餐搭選擇	如右方「筱雯老師的品飲紀錄」

筱雯老師的品飲紀錄｜

優雅的中國紹興酒與葡萄乾香氣，鼻聞感受其葡萄酒的溫柔和順 **註：品飲多家西西里火山酒莊後、可理解「溫柔和順」，此為該產區傳統樹叢型栽種與傳統手工釀製特徵；* 入口為柔順的櫻桃香氣，葡萄汁液輕鬆滑過舌面，呼喚著飲下此口趕快接下一口。值得一提的是該莊主堅持傳統釀製方法，甚接近現代自然酒的概念。適合搭配燉野兔肉、烤山豬肉、炒松阪豬與烤神戶牛排。

First year production	2005	**Exposure**	North
Produced every year	Yes	**Average yield**	80 ql/ha
Vineyard location	Etna North: Porcaria, Contrada Feudo di Mezzo, Castiglione di Sicilia		
Grape composition	90% Nerello Mascalese, 10% Nerello Cappuccio		
Vineyard age	12 years	**Altitude**	580 meters
Growing system	Etnean alberello	**Soil**	Volcanic sand
Harvest	Oct. 12, 2016		
Vinification	In traditional Etna Palmento, lavic stone and coccio pesto to cover palmento wall		
Maceration	8-10 days wothout temperature controlled		
Aging	No		
Color	Ruby red		
Food match	Stewed hare meat, grilled wild boar, Matsusaka pig (cheek of pig) and grilled Kobe steak		
Tasting note of Xiaowen	Starts with a delightful and mild smell of raisin and Chinese yellow liquor (called Shaoxing). In the mouth, silky structure with cherry juice note slides over the tongue, gently and softly, calling for the next sip of wine. The best part of it is the soft texture without any aggressiveness. Thanks to Etna traditional alberello (p.44) and Salvo Foti (p.164), the owner of this winery.		

Prima produzione	2005	**Esposizione**	Nord
Prodotto ogni anno	Si	**Resa media**	80 ql/ha
Ubicazione del vigneto	Nord dell'Etna: Porcaria, Contrada Feudo di Mezzo, Castiglione di Sicilia		
Vitigno	90% Nerello Mascalese, 10% Nerello Cappuccio		
Età dei vigneti	12 anni	**Altitudine**	580 metri
Sistema di allevamento	Alberello etneo	**Terreno**	Sabbioso vulcanico
Vendemmia	12 Ott. 2016		
Vinificazione	Palmento Etneo Tradizionale, pietra lavica e coccio pesto per coprire il muro di palmento		
Macerazione	8-10 giorni senza controllo temperatura		
Invecchiamento	No		
Colore	Rosso rubino		
Abbinamenti	Coniglio in umido, cinchiare grigliato, maiale di Matsusaka (guancia di maiale) e bistecca Kobe alla griglia		
Note di degustazione da Xiaowen	Inizia con un odore interessante e delicato di uva passa e liquore giallo cinese (chiamato Shaoxing); in bocca, la struttura setosa con note di succo di ciliegia scivola sulla lingua, dolce e liscia, chiedendo il prossimo sorso di vino. La parte migliore di questo vino è la levigatezza senza alcuna aggressività, il tutto grazie al tradizionale alberello (p.44) dell'Etna (sistema di coltivazione delle spazzole) e Salvo Foti (p.164), il proprietario di questa azienda vinicola.		

NICOSIA

Fondo Filara, Contrada Monte Gorna 2016 Etna Rosso DOC

有機酒	BIO
單一園	Contrada
酒精度 Alcohol	13% vol.
產量 Bottles	13,000 瓶

首次生產年份	2003
是否每年生產	是
葡萄園位置	位於火山東南部 Trecastagni 區 Contrada Monte Gorna 葡萄園
葡萄品種	80% Nerello Mascalese 20% Nerello Cappuccio
葡萄樹齡	15 年
海拔	700 至 750 公尺
土壤	富含礦物質之火山灰土壤
面向	東南
平均產量	6,000 公斤 / 公頃
種植方式	短枝修剪暨直架式栽種
採收日期	2016 年 10 月第二週
釀造製程	置於不鏽鋼桶，溫控
浸漬溫度與時間	24-26°C，約 10-15 天
陳年方式	第一階段：一半的酒 12 個月於不鏽鋼桶，另一半 5 至 6 個月於小型木桶及 3 至 4 個月於大型橡木桶；第二階段 6 個月：靜置於玻璃瓶中
顏色	紅寶石色，隨陳年漸呈石榴光澤
建議餐搭選擇	如右方「筱雯老師的品飲紀錄」

筱雯老師的品飲紀錄｜

櫻桃香氣明顯且帶紫羅蘭花香；入口為優雅的玫瑰花瓣汁液香氣，隨後跟著不太明顯的酸度與澀度，隱晦而優雅。此款酒為該酒莊最傳統的酒標之一，雖為單一園葡萄酒，然為長年舊客戶的辨識度而選擇維持原本的名稱「Fondo Filara」，此酒款雖來自大廠卻不失其個性，值得推薦。建議搭配義大利麵、炙燒野禽、烤肉及半陳年起司。

First year production	2003	**Exposure**	Southeast
Produced every year	Yes	**Average yield**	60 ql/ha
Vineyard location	Etna Southeast: Contrada Monte Gorna, Trecastagni		
Grape composition	80% Nerello Mascalese, 20% Nerello Cappuccio		
Vineyard age	15 years	**Altitude**	700-750 meters
Growing system	Espalier spurred cordon	**Soil**	Volcanic, rich in minerals
Harvest	Second week of October, 2016		
Vinification	In stainless steel vats, temperature controlled		
Maceration	24-26°C, about 10-15 days		
Aging	50% aging 12 months in stainless steel vats, 50% aging 5-6 months in barrique and 3-4 months in large oak casks; 6 months in the bottle		
Color	Ruby red with garnet highlights due to ageing		
Food match	Pasta dishes, roasted game, grilled meat and semi-aged cheese		
Tasting note of Xiaowen	There are the vivid cherry and violet floral bouquets in the nose. In the mouth, the elegantly rose paddle drain in drops with gentle acidity and soft tannins are beautiful. It is one of the oldest labels of this winery. Though being single contrada wine, they still keep the original name "Fondo Filara" for their clients of many years in respect of their loyalty. Though this wine isn't from small producer with a limited production, the quality is still without doubt, worthy of recommendation.		

Prima produzione	2003	**Esposizione**	Sud-est
Prodotto ogni anno	Si	**Resa media**	60 ql/ha
Ubicazione del vigneto	Etna Southeast: Contrada Monte Gorna, Trecastagni		
Vitigno	80% Nerello Mascalese, 20% Nerello Cappuccio		
Età dei vigneti	15 anni	**Altitudine**	700-750 metri
Terreno	Sabbie vulcaniche, derivati dal disfacimento delle masse laviche, ricchi di minerali		
Sistema di allevamento	Contro-spalliera a cordone speronato		
Vendemmia	Seconda settimana di Ottobre 2016		
Vinificazione	In vasche d'acciaio inox, temperatura controllata		
Macerazione	24-26°C, circa 10-15 giorni		
Invecchiamento	50% 12 mesi in acciaio, il 50% del vino matura per 5-6 mesi in barrique e altri 3-4 mesi in botte grande; 6 mesi in bottiglia		
Colore	Rosso rubino tendente ad assumere riflessi granati con l'invecchiamento		
Abbinamenti	Primi piatti con sughi saporiti, carni alla griglia, arrosti, selvaggina e formaggi semi-stagionati		
Note di degustazione da Xiaowen	La ciliegia vivida con bouquet floreali viola nel naso; in bocca, il paddle di rosa drena elegantemente in gocce con delicata acidità e tannico, morbido e leggero. Questa è una delle etichette più antiche di questa azienda vinicola. Pur essendo il singolo vino di contrada, mantengono ancora l'etichetta originale scritta "Fondo Filara" per i loro clienti affezzionati per rispettare la loro lealtà. Sebbene questo vino non provenga da piccoli produttori con poca produzione, la qualità è senza dubbio degna di raccomandazione.		

NICOSIA

Monte Gorna 2012
Etna Rosso DOC Riserva

有機酒	BIO
單一園	Contrada
酒精度 Alcohol	13.5% vol.
產量 Bottles	4,000瓶

首次生產年份	2011
是否每年生產	是
葡萄園位置	位於火山東南部Trecastagni區 Contrada Monte Gorna葡萄園
葡萄品種	90% Nerello Mascalese 10% Nerello Cappuccio
葡萄樹齡	40年
海拔	700至750公尺
土壤	富含礦物質之火山灰土壤
面向	東南
平均產量	6,000公斤/公頃
種植方式	傳統樹叢型
採收日期	2012年10月第二週
釀造製程	置於不鏽鋼桶，溫控
浸漬溫度與時間	22°C，3週
陳年方式	第一階段24個月：於法製小型橡木桶；第二階段12個月以上：靜置於玻璃瓶中
顏色	紅寶石色，隨陳年漸呈石榴光澤
建議餐搭選擇	如右方「筱雯老師的品飲紀錄」

筱雯老師的品飲紀錄｜

滿滿一杯温柔的紅櫻桃果醬與甜香料的香氣、帶著少許的櫻花與香草香氣，這是一款有法國春天花季氣息的西西里火山紅酒；入口為圓融的櫻桃與紅柿子果香，帶著輕盈的紫羅蘭花香、草本植物與香料的香氣，酸度輕盈跳躍、延續並於尾韻挑大樑，伴隨著兩頰的澀度與香草香氣，後鼻腔迷漫著濃郁櫻桃果香與少許的迷迭香香氣，十分令人滿足。

**適合搭配炸里肌豬排、羊肉排、牛排、牛肝菌義大利麵、番茄起司義大利麵、滷味、肉羹麵與奶茶火鍋。*

First year production	2011	**Exposure**	Southeast
Produced every year	Yes	**Average yield**	60 ql/ha
Vineyard location	Etna Southeast: Contrada Monte Gorna, Trecastagni		
Grape composition	90% Nerello Mascalese, 10% Nerello Cappuccio		
Vineyard age	40 years	**Altitude**	700-750 meters
Growing system	Alberello	**Soil**	Volcanic, rich in minerals
Harvest	Second week of October, 2012		
Vinification	In stainless steel vats, temperature controlled		
Maceration	22°C, 3 weeks		
Aging	24 months in French oak barrique; at least 12 months in the bottle		
Color	Ruby red with garnet highlights due to ageing		
Food match	Pork ribs, lamb, steak, mushroom pappardelle, pasta with tomato and Parmigiano Reggiano, Chinese herbal stew meat and milk tea hot pot		
Tasting note of Xiaowen	It is a full glass of tender red cheery marmalade and sweet spices bouquets with hints of cherry blossom and vanilla. It is an Etna Rosso with French spring flowers. In the mouth, there are flavors of round cherry, persimmon pulp, light violet flower, herbs, and spices. The acidity dances elegantly and continues until becoming the main role in taste. This wine ends with tannins on both cheeks. The vanilla and rich cherry note and the hint of rosemary in the posterior nasal cavity are extraordinarily rare. It is a wine of satisfaction. Recommended.		

Prima produzione	2011	**Esposizione**	Sud-est
Prodotto ogni anno	Si	**Resa media**	60 ql/ha
Ubicazione del vigneto	Sud-Est dell'Etna: Contrada Monte Gorna, Trecastagni		
Vitigno	90% Nerello Mascalese, 10% Nerello Cappuccio		
Età dei vigneti	40 anni	**Altitudine**	700-750 metri
Terreno	Sabbie vulcaniche, derivate dal disfacimento delle masse laviche ricche di minerali		
Sistema di allevamento	Alberello		
Vendemmia	Seconda settimana di Ottobre 2012		
Vinificazione	In vasche d'acciaio inox, temperatura controllata		
Macerazione	22°C circa, 3 settimane		
Invecchiamento	24 mesi in barrique di rovere francese di secondo e terzo passaggio; almeno 12 mesi in bottiglia		
Colore	Rosso rubino tendente ad assumere riflessi granati con l'invecchiamento		
Abbinamenti	Costine di maiale, agnello, bistecca, pappardelle con funghi, pasta con pomodoro e parmigiano reggiano, carne cinese a base di erbe spezzatino e zuppa calda cucina con te e latte		
Note di degustazione da Xiaowen	Un bicchiere pieno di tenera marmellata rossa e bouquets di spezie dolci con un sentore di fiori di ciliegio e vaniglia. Questo è un Etna Rosso simile a un fiore di primavera francese; in bocca ha sapori rotondo di ciliegia, polpa di cachi, fiore di violetta, erbe e spezie. L'acidità danza elegantemente e continua fino alla fine, diventando il ruolo principale. Questo vino si chiude con il tannino su entrambe le guance, note di vaniglia e ricca ciliegia persistono nella cavità nasale posteriore e il sentore di erba rosmarino; un vino di soddisfazione, consigliato.		

PALMENTO COSTANZO

Mofete 2016
Etna Rosso DOC

有機酒	BIO
單一園	Contrada
酒精度 Alcohol	13% vol.
產量 Bottles	30,000 瓶

首次生產年份	2012
是否每年生產	是
葡萄園位置	位於火山北部Castiglione di Sicilia區Passopisciaro鎮Contrada Santo Spirito葡萄園
葡萄品種	80% Nerello Mascalese 20% Nerello Cappuccio
葡萄樹齡	5至30年
海拔	650至780公尺
土壤	混合火山岩石的火山灰砂土
面向	北
平均產量	5,500公斤/公頃
種植方式	傳統樹叢型
採收日期	2016年10月上旬
釀造製程	置於不鏽鋼桶
浸漬溫度與時間	18-20°C，15天
陳年方式	第一階段12個月：於不鏽鋼桶及法製橡木桶；第二階段6個月：靜置於玻璃瓶中
顏色	紅寶石色
建議餐搭選擇	如右方「筱雯老師的品飲紀錄」

筱雯老師的品飲紀錄 |

柔和的果香如日本鹽漬梅肉香氣，輕微煙燻味與優雅的礦物質更增其魅力；入口紅莓果的口感，酸度與單寧十分平衡。這是Nerello Mascalese葡萄反應其真實風土的口感，如同一個沒有過多裝飾或妝容的女人，無論你喜歡與否，自然樸實如是。

＊建議搭配味道濃郁的魚料理、鮪魚及箭魚等烤魚、紅肉及義大利沙拉米冷肉切片。

First year production	2012	**Exposure**	North
Produced every year	Yes	**Average yield**	55 ql/ha

Vineyard location	Etna North: Contrada Santo Spirito, Passopisciaro, Castiglione di Sicilia
Grape composition	80% Nerello Mascalese, 20% Nerello Cappuccio
Vineyard age	5-30 years
Altitude	650-780 meters
Soil	Volcanic sandy soil, mixed with lava rocks
Growing system	Alberello, single-trained system, bush vines
Harvest	First ten days of October, 2016
Vinification	In stainless steel vats, temperature controlled
Maceration	18-20°C, 15 days
Aging	12 months in stainless tanks and French oak barrels; 6 months in bottle
Color	Ruby red
Food match	Complex and rich fish dishes, grilled fish (tuna, swordfish), red meat, salami
Tasting note of Xiaowen	Soft fruity bouquet of Japanese salty plum and the elegant minerality in the nose make the smell charming. The red berry flavor in the mouth and the balance between acidity and tannins make this wine pleasant to drink. It is the taste of simple Nerello grapes without much influence. It is the expression of its terroir as if a woman without much makeup nor accessories. Either you like it or not, it is real.

Prima produzione	2012	**Esposizione**	Nord
Prodotto ogni anno	Si	**Resa media**	55 ql/ha

Ubicazione del vigneto	Nord dell'Etna: Contrada Santo Spirito, Passopisciaro, Castiglione di Sicilia
Vitigno	80% Nerello Mascalese, 20% Nerello Cappuccio
Età dei vigneti	5-30 anni
Altitudine	650-780 metri
Terreno	Vulcanico di matrice sabbiosa, con presenza di rocce effusive
Sistema di allevamento	Alberello
Vendemmia	Prima decade di Ottobre, 2016
Vinificazione	In acciaio inox a temperatura controllata
Macerazione	18-20°C, 15 giorni
Invecchiamento	12 mesi in acciaio e botti di rovere Francese; 6 mesi in bottiglia
Colore	Rosso rubino
Abbinamenti	Ricette ricche di pesce, pesci grassi alla griglia, carni, salumi, zuppe di legumi
Note di degustazione da Xiaowen	Morbido bouquet fruttato di prugna salato giapponese e l'elegante mineralità nel naso rendono l'odore più affascinante e in bocca si percepisce il sapore della bacca rossa e l'equilibrio tra acidità e tannini rendono questo vino facile da bere. Questo è il gusto delle uve Nerello Mascalese semplici, riflettono il loro terroir sebbene non ne abbiano l'influenza, come una donna senza trucchi né accessori. O ti piace o no, è reale.

PALMENTO COSTANZO

Nero di Sei 2015
Etna Rosso DOC

有機酒 BIO

單一園 Contrada

14% vol.

9,000 瓶

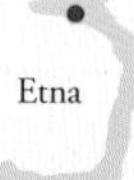

首次生產年份	2011
是否每年生產	是
葡萄園位置	位於火山北部Castiglione di Sicilia區Passopisciaro鎮Contrada Santo Spirito葡萄園
葡萄品種	80% Nerello Mascalese 20% Nerello Cappuccio
葡萄樹齡	30至100年
海拔	650至780公尺
土壤	混合火山岩石的火山灰砂土
面向	北
平均產量	2,800公斤/公頃
種植方式	傳統樹叢型
採收日期	2015年10月第二週
釀造製程	置於法製頂部開啟之圓錐柱狀橡木桶
浸漬溫度與時間	18-20°C，15天
陳年方式	第一階段24個月：於大型法製橡木桶；第二階段10個月：靜置於玻璃瓶中
顏色	亮紅寶石色
建議餐搭選擇	紅肉與起司

筱雯老師的品飲紀錄 |

櫻桃果香、明顯的甘草與可可豆的香氣縈繞（**於球狀杯中亦聞到柔嫩花香、香草及日本沖繩黑糖的香氣*）；入口除了有紅莓與櫻桃香氣外，另帶有些許鹹奶油、香草與咖啡口感，強勁有個性的口感，結構與單寧典雅宜人，此款酒不須陳年，現在開飲最為合適。

First year production	2011	**Exposure**	North
Produced every year	Yes	**Average yield**	28 ql/ha
Vineyard location	Etna North: Contrada Santo Spirito, Passopisciaro, Castiglione di Sicilia		
Grape composition	80% Nerello Mascalese, 20% Nerello Cappuccio		
Vineyard age	30-100 years		
Altitude	650-780 meters		
Soil	Volcanic sandy soil, mixed with lava rocks		
Growing system	Alberello, single-trained system, bush vines		
Harvest	Second week of October, 2015		
Vinification	In French oak truncated-shape vats		
Maceration	18-20°C, 15 days		
Aging	24 months in big size French oak barrels; 10 months in bottle		
Color	Brilliant ruby red		
Food match	Red meat and aged cheese		
Tasting note of Xiaowen	Cherry, licorice and coco bean bouquets in the nose (* *in the ball-shape glass there are also pinky flower, vanilla, and Japanese brown sugar notes*). In the mouth, not only red berry and cherry flavors, there are also hints of salty butter, vanilla and coffee beans. It is a wine of strong character in flavor with soft structure and tannins. It is a wine to drink now, and there's no need to wait for aging.		

Prima produzione	2011	**Esposizione**	Nord
Prodotto ogni anno	Si	**Resa media**	28 ql/ha
Ubicazione del vigneto	Nord dell'Etna: Contrada Santo Spirito, Passopisciaro, Castiglione di Sicilia		
Vitigno	80% Nerello Mascalese, 20% Nerello Cappuccio		
Età dei vigneti	30-100 anni		
Altitudine	650-780 metri		
Terreno	Vulcanico di matrice sabbiosa, con presenza di rocce effusive		
Sistema di allevamento	Alberello		
Vendemmia	Seconda settimana di Ottobre 2015		
Vinificazione	In tini tronco-conici in rovere Francese		
Macerazione	18-20°C, 15 giorni		
Invecchiamento	24 mesi in botti grandi in rovere francese; 10 mesi in bottiglia		
Colore	Rosso rubino brillante		
Abbinamenti	Carni rosse e formaggi stagionati		
Note di degustazione da Xiaowen	Bouquet di ciliegia, liquirizia e fave di cacaonel naso (* *in un bicchiere a forma sferica si percepiscono anche note di fiori rosa, vaniglia e zucchero di canna giapponese*); in bocca non ci sono solo i sapori di bacca rossa e ciliegia, ma anche note di burro salato, vaniglia e caffè. È un vino dal carattere deciso nel gusto, ma la struttura e i tannini sono morbidi; un vino da bere ora, non c'è bisogno di aspettare l'invecchiamento.		

PALMENTO COSTANZO

Contrada Santo Spirito 2015
Etna Rosso DOC

有機酒	BIO
單一園	Contrada
酒精度 Alcohol	14% vol.
產量 Bottles	5,000 瓶

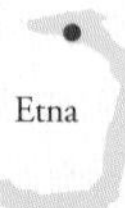

首次生產年份	2015
是否每年生產	是
葡萄園位置	位於火山北部Castiglione di Sicilia區Passopisciaro鎮Contrada Santo Spirito葡萄園
葡萄品種	90% Nerello Mascalese 10% Nerello Cappuccio
葡萄樹齡	30至108年
海拔	650至780公尺
土壤	混合火山岩石的火山灰砂土
面向	北
平均產量	2,800公斤/公頃
種植方式	傳統樹叢型
採收日期	2015年10月第二週
釀造製程	置於法製頂部開啟的圓錐柱狀橡木桶
浸漬溫度與時間	18-20°C，20天
陳年方式	第一階段24個月：於法製橢圓形橡木桶；第二階段10個月：靜置於玻璃瓶中
顏色	亮紅寶石色
建議餐搭選擇	野禽與燒肉、適合野外露營烤肉

筱雯老師的品飲紀錄｜

經典的青櫻桃與紅莓果香中帶有優雅的紫羅蘭花香、如佛壇沉木的香料更顯特別；入口圓融，清雅且濃郁的香料與紅櫻桃香氣近似北義Nebbiolo紅酒，然其酸度更高且兩頰的酸度顯示此為火山Nerello葡萄的特性，此酒的優雅酸度與青櫻桃香氣為西西里火山北部Contrada Santo Spirito的特徵，適合練習盲飲使用。

First year production	2015	**Exposure**	North
Produced every year	Yes	**Average yield**	28 ql/ha
Vineyard location	Etna North: Contrada Santo Spirito, Passopisciaro, Castiglione di Sicilia		
Grape composition	90% Nerello Mascalese, 10% Nerello Cappuccio		
Vineyard age	30-108 years	**Altitude**	650-780 meters
Soil	Volcanic sandy soil, mixed with lava rocks		
Growing system	Alberello, single-trained system, bush vines		
Harvest	Second week of October, 2015		
Vinification	In French oak truncated-shape vats		
Maceration	18-20°C, 20 days		
Aging	24 months in French oak oval barrels; 10 months in bottle		
Color	Brilliant ruby red		
Food match	Game, roast, red meat and BBQ party		
Tasting note of Xiaowen	In the nose, there are the classic green cherry and red berry bouquets with elegant notes of violet and spice of sandalwood, similar to the Zen of a Buddha table. In the mouth, it is round, elegant, and luxurious of spices and red cherry flavors. If not for the higher acidity and tannins on the cheeks, this wine is very similar to Nebbiolo red wine from Piedmont. It is the taste of Contrada Santo Spirito for its characteristics of green cherry and elegant acidity. It is perfect for beginners to practice in a blind taste.		

Prima produzione	2015	**Esposizione**	Nord
Prodotto ogni anno	Si	**Resa media**	28 ql/ha
Ubicazione del vigneto	Nord dell'Etna: Contrada Santo Spirito, Passopisciaro, Castiglione di Sicilia		
Vitigno	90% Nerello Mascalese, 10% Nerello Cappuccio		
Età dei vigneti	30-108 anni	**Altitudine**	650-780 metri
Terreno	Vulcanico di matrice sabbiosa, con presenza di rocce effusive		
Sistema di allevamento	Alberello		
Vendemmia	Seconda settimana di Ottobre, 2015		
Vinificazione	In tini tronco-conici in rovere Francese		
Macerazione	18-20°C, 20 giorni		
Invecchiamento	24 mesi in botti ovali in rovere Francese; 10 mesi in bottiglia		
Colore	Rosso rubino brillante		
Abbinamenti	Selvaggina, arrosti, carni rosse e BBQ party		
Note di degustazione da Xiaowen	Classici bouquet di ciliegie verdi e bacche rosse con eleganti note di viola e spezie di sandalo come il Buddha table; in bocca è rotondo, elegante e ricco di sapori di spezie e di ciliegia rossa. Se non consideriamola maggiore acidità e i tannini sulle guance, questo vino è molto simile al vino Nebbiolo di Piemonte. Questo vino è il sapore di Contrada Santo Spirito del nord per le sue caratteristiche di ciliegia verde ed elegante acidità; perfetto per i principianti per fare praticanella degustazione alla cieca.		

PASSOPISCIARO (VINI FRANCHETTI SRL)

Contrada Chiappemacine 2016
IGP Terre Siciliane

單一園 Contrada

14.5% vol.

4,000瓶

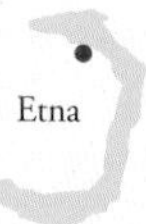

首次生產年份	2008
是否每年生產	是
葡萄園位置	位於火山北部Castiglione di Sicilia區Contrada Chiappemacin葡萄園
葡萄品種	100% Nerello Mascalese
葡萄樹齡	100年
海拔	550公尺
土壤	1911年火山岩與石灰岩之混合土壤
面向	北
平均產量	3,070公斤/公頃
種植方式	傳統樹叢型
採收日期	2016年10月21日
釀造製程	置於不鏽鋼桶，溫控
浸漬溫度與時間	28°C，15天
陳年方式	18個月於大型橡木桶
顏色	鮮豔的紅寶石色
建議餐搭選擇	如右方「筱雯老師的品飲紀錄」

筱雯老師的品飲紀錄 |

香料與小白花香點綴其間，靜待15分鐘後香氣開始變化，略帶草本香氣且酒精味雖強烈卻不嗆鼻；入口花香、優雅，木調澀度在兩頰慢慢展開，酸度引著口水溢發滋潤著舌尖，而和諧的果香漸漸滿盈口鼻，連呼吸都充滿著其美妙和諧。此款酒適合搭配簡單的料理如清蒸或水煮牛肉、淋上大蒜醬的三層肉、雞腿肉及油脂豐富的魚類。

First year production	2008	**Exposure**	North
Produced every year	Yes	**Average yield**	30.7 ql/ha

Vineyard location	Etna North: Contrada Chiappemacine, Castiglione di Sicilia
Grape composition	100% Nerello Mascalese
Vineyard age	100 years
Altitude	550 meters
Soil	Mix of volcanic and limestone soils, at the end of the 1911 lava flow
Growing system	Bush-trained vines
Harvest	Oct. 21, 2016
Vinification	In stainless steel vats, temperature controlled
Maceration	28°C, 15 days
Aging	18 months in large, neutral oak barrels
Color	Bright ruby color
Food match	This wine is for dishes like bollito misto, bacon slices with garlic sauce, chicken leg or oily fish
Tasting note of Xiaowen	It takes 15 minutes to develop. Gentle spices, flower, and herbal notes flow around with mild alcohol in the nose. In the mouth, smoothly white flower note with the elegant tannins spreads out on both cheeks, and the seemly-mild acidity leads the saliva that warms the tip of the tongue while. The balanced fruity notes fill up the posterior cavity, and even breathing becomes pleasant.

Prima produzione	2008	**Esposizione**	Nord
Prodotto ogni anno	Si	**Resa media**	30.7 ql/ha

Ubicazione del vigneto	Nord dell'Etna: Contrada Chiappemacine, Castiglione di Sicilia
Vitigno	100% Nerello Mascalese
Età dei vigneti	100 anni
Altitudine	550 metri
Terreno	Terreno calcareo e vulcanico circondato dalla lava del 1911
Sistema di allevamento	Alberello
Vendemmia	21 Ott. 2016
Vinificazione	In acciaio a temperatura controllata
Macerazione	28°C, 15 giorni
Invecchiamento	18 mesi in botti grandi di rovere
Colore	Rosso rubino
Abbinamenti	Questo vino è per piatti come il bollito misto, fette di pancetta con salsa all'aglio, coscia di pollo, o pesce grasso
Note di degustazione da Xiaowen	Ci vogliono 15 minuti perché si sviluppi. Le spezie delicate, i fiori e le note erbacee fluiscono con una lieve nota alcolica al naso; le note di fiori bianchi con l'elegante tannino si diffondono su entrambe le guance e l'acidità, apparentemente mite, conduce la saliva che scalda la punta della lingua, mentre le equilibrate note fruttate riempiono tutta la cavità del naso e persino il respiro diventa piacevole.

PASSOPISCIARO (VINI FRANCHETTI SRL)

Contrada Porcaria 2016
IGP Terre Siciliane

單一園	Contrada
酒精度 Alcohol	14.5% vol.
產量 Bottles	3,100瓶

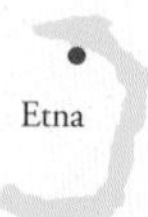

首次生產年份	2008
是否每年生產	是
葡萄園位置	位於火山北部Castiglione di Sicilia區Contrada Feudo di Mezzo葡萄園海拔較高的Porcaria地塊
葡萄品種	100% Nerello Mascalese
葡萄樹齡	90年
海拔	650公尺
土壤	含火山灰的土壤
面向	北
平均產量	2,060公斤/公頃
種植方式	傳統樹叢型
採收日期	2016年10月22日
釀造製程	置於不鏽鋼桶，溫控
浸漬溫度與時間	28°C，15天
陳年方式	18個月於大型橡木桶
顏色	紅寶石色
建議餐搭選擇	家禽、豬肉、油脂豐富的魚類及蔬食料理

筱雯老師的品飲紀錄｜

此款較帶甜感，稍有芋頭味道，然香料與草本香氣十分濃郁；入口較為強勁然十分圓融，果香與優雅的草本植物完美結合，口感綿延不絕。此酒莊的所有單一波葡萄酒皆很精彩，完整表現西西里火山不同葡萄園的個性。

First year production	2008	**Exposure**	North
Produced every year	Yes	**Average yield**	20.6 ql/ha
Vineyard location	Etna North: Porcaria, Contrada Feudo di Mezzo, Castiglione di Sicilia		
Grape composition	100% Nerello Mascalese		
Vineyard age	90 years		
Altitude	650 meters		
Soil	Volcanic		
Growing system	Bush-trained		
Harvest	Oct. 22, 2016		
Vinification	In stainless steel vats, temperature controlled		
Maceration	28°C, 15 days		
Aging	18 months in large, neutral oak barrels		
Color	Ruby red		
Food match	Pairs well with poultry, pork, oily fish, and hearty vegetarian dishes		
Tasting note of Xiaowen	It is the sweeter red of single-cru contrada wine from Andrea Franchetti. A bit of taro, rich spices, and herbal notes in the nose make it elegant. In the mouth, the notes develop stronger characters. A combination of fruity and herbal notes that linger in the mouth, round and balanced. All the Franchetti Etna red wine are the reflections to the land and show different terroir of different personalities of SHE Etna.		

Prima produzione	2008	**Esposizione**	Nord
Prodotto ogni anno	Si	**Resa media**	20.6 ql/ha
Ubicazione del vigneto	Nord dell'Etna: Porcaria, Contrada Feudo di Mezzo, Castiglione di Sicilia, dentro il DOC		
Vitigno	100% Nerello Mascalese		
Età dei vigneti	90 anni		
Altitudine	650 metri		
Terreno	Vulcanico		
Sistema di allevamento	Alberello		
Vendemmia	22 Ott. 2016		
Vinificazione	In acciaio a temperatura controllata		
Macerazione	28°C, 15 giorni		
Invecchiamento	18 mesi in botti grandi di rovere		
Colore	Rosso rubino		
Abbinamenti	Carne bianca, primi piatti a base di pomodoro o verdure		
Note di degustazione da Xiaowen	Questo è il rosso più dolce tra i vini single-cru contrada di Franchetti. Un po' di taro con ricche note di spezie ed erbe; in bocca le note hanno un carattere forte ma rotondo ed equilibrato, una combinazione di note fruttate ed erbacee che indugia in bocca. Tutto il vino Etna rosso di Franchetti è fedele alla sua contrada e mostra diversi terroir, come se fossero diversa personalità di LEI Etna.		

PASSOPISCIARO (VINI FRANCHETTI SRL)

Contrada Guardiola 2016
IGP Terre Siciliane

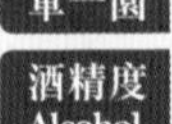

單一園	Contrada
酒精度 Alcohol	14.5% vol.
產量 Bottles	4,000瓶

首次生產年份	2011
是否每年生產	是
葡萄園位置	位於火山北部Castiglione di Sicilia區Contrada Guardiola、DOC分界兩側的葡萄園
葡萄品種	100% Nerello Mascalese
葡萄樹齡	100年
海拔	850公尺
土壤	含火山灰的土壤
面向	北
平均產量	1,800公斤/公頃
種植方式	傳統樹叢型
採收日期	2016年10月25日
釀造製程	置於不鏽鋼桶，溫控
浸漬溫度與時間	28°C，15天
陳年方式	18個月於大型橡木桶
顏色	紅寶石色
建議餐搭選擇	適合搭配牛肉、豬肉等肉類及魚類，番茄口味之料理

筱雯老師的品飲紀錄 |

此款紫羅蘭香氣盈人，然20分鐘後轉為蔬菜與香料，優雅依舊然其轉換可能令人困惑，而此點也正表現西西里火山葡萄酒的地域特殊性；此款酒的口感非常能表現Nerello Mascalese葡萄的優雅香料感，澀度適中，具存放實力。

First year production	2011	**Exposure**	North
Produced every year	Yes	**Average yield**	18 ql/ha

Vineyard location	Etna North: Contrada Guardiola, Castiglione di Sicilia, vines on either side of DOC demarcation line
Grape composition	100% Nerello Mascalese
Vineyard age	100 years
Altitude	850 meters
Soil	Volcanic soil
Growing system	Bush-trained
Harvest	Oct. 25, 2016
Vinification	In stainless steel vats, temperature controlled
Maceration	28°C, 15 days
Aging	18 months in large, neutral oak barrels
Color	Ruby red
Food match	Pairs with meat like beef, pork and fish, tomato-based dishes
Tasting note of Xiaowen	The elegant violet flower note speaks out and turns into vegetable and spices after 20 minutes of oxygen contact. This turn in the nose expresses the exciting side of Etna wine and its terroir. This wine also shows perfectly how the grape of Nerello Mascalese can be elegant. Its balanced tannins show the potential of aging.

Prima produzione	2011	**Esposizione**	Nord
Prodotto ogni anno	Si	**Resa media**	18 ql/ha

Ubicazione del vigneto	Nord dell'Etna: Contrada Guardiola, Castiglione di Sicilia, parzialmente nella DOC
Vitigno	100% Nerello Mascalese
Età dei vigneti	100 anni
Altitudine	850 metri
Terreno	Suolo vulcanico
Sistema di allevamento	Alberello
Vendemmia	25 Ott. 2016
Vinificazione	In acciaio a temperatura controllata
Macerazione	28°C, 15 giorni
Invecchiamento	18 mesi in botti grandi di rovere
Colore	Rosso rubino
Abbinamenti	Carne bianca, primi piatti a base di pomodoro o verdure, pesce
Note di degustazione da Xiaowen	Un'elegante nota di fiori viola si diffonde e si trasforma in verdure e spezie dopo 20 minuti a contatto con l'ossigeno. Questo giro di note si muove elegantemente ed esprime i lati interessanti del vino dell'Etna e del suo terroir. Questo vino mostra anche perfettamente come l'uva del Nerello Mascalese può essere elegante; il tannino equilibrato con potenziale di invecchiamento.

PASSOPISCIARO (VINI FRANCHETTI SRL)

Contrada Rampante 2016
IGP Terre Siciliane

單一園 Contrada

酒精度 Alcohol 13.5% vol.

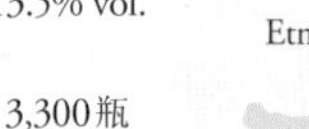

產量 Bottles 3,300瓶

首次生產年份	2008
是否每年生產	是
葡萄園位置	位於火山北部Castiglione di Sicilia區Contrada Rampante葡萄園
葡萄品種	100% Nerello Mascalese
葡萄樹齡	100年
海拔	1,000公尺
土壤	含火山灰的土壤
面向	北
平均產量	1,950公斤/公頃
種植方式	傳統樹叢型
採收日期	2016年10月25日
釀造製程	置於不鏽鋼桶，溫控
浸漬溫度與時間	28°C，15天
陳年方式	18個月於大型橡木桶
顏色	紅寶石色
建議餐搭選擇	魚、蔬菜及以番茄為主的料理

筱雯老師的品飲紀錄 |

粉嫩香氣如同春天剛開的花苞，香料點綴其中；入口柔順，果香優雅，然明顯的酸度立刻襲擊味蕾，而後圓融的甜度即刻包圍味蕾，其澀度最後綿延，證明其陳年實力。

First year production	2008	**Exposure**	North
Produced every year	Yes	**Average yield**	19.5 ql/ha
Vineyard location	Etna Norht: Contrada Rampante, Castiglione di Sicilia		
Grape composition	100% Nerello Mascalese		
Vineyard age	100 years		
Altitude	1,000 meters		
Soil	Volcanic soil		
Growing system	Bush-trained		
Harvest	Oct. 25, 2016		
Vinification	In stainless steel vats, temperature controlled		
Maceration	28°C, 15 days		
Aging	18 months in large, neutral oak barrels		
Color	Ruby red		
Food match	Light fish, tomato-based and vegetarian dishes		
Tasting note of Xiaowen	Spring has arrived! The smell is like hundreds of pink buds ready to bloom to flowers. The spice notes pop up in the nose and add the curiosity. It is smooth in the mouth with the elegant fruity flavor, and the sudden acidity strikes the palate with the round sweetness hugging the sensation. Right after, the tannins come and linger. This wine is with aging potential.		

Prima produzione	2008	**Esposizione**	Nord
Prodotto ogni anno	Si	**Resa media**	19.5 ql/ha
Ubicazione del vigneto	Nord dell'Etna: Contrada Rampante, Castiglione di Sicilia		
Vitigno	100% Nerello Mascalese		
Età dei vigneti	100 anni		
Altitudine	1.000 metri		
Terreno	Suolo vulcanico		
Sistema di allevamento	Alberello		
Vendemmia	25 Ott. 2016		
Vinificazione	In acciaio a temperatura controllata		
Macerazione	28°C, 15 giorni		
Invecchiamento	18 mesi in botti grandi di rovere		
Colore	Rosso rubino		
Abbinamenti	Primi piatti a base di pomodoro o verdure, pesce		
Note di degustazione da Xiaowen	La primavera è arrivata! L'odore è come centinaia di boccioli rosa pronti a fiorire in fiori mentre le note speziate scoppiettano nel mezzo; morbido in bocca con eleganti gusti fruttate, un'improvvisa acidità colpisce il palato ma la rotonda dolcezza lo abbraccia subito dopo, lasciando il tannino che indugia; questo vino ha un potenziale di invecchiamento.		

PIETRADOLCE

Barbagalli 2015
Etna Rosso DOC

單一園	Contrada
酒精度 Alcohol	14.5% vol.
產量 Bottles	2,500瓶

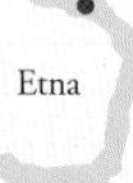

首次生產年份	2010
是否每年生產	是
葡萄園位置	位於火山北部Castiglione di Sicilia區Contrada Rampante的Barbagalli葡萄園
葡萄品種	100% Nerello Mascalese
葡萄樹齡	100年以上
海拔	900公尺
土壤	岩石、沙質壤土
面向	北
平均產量	2,000公斤/公頃
種植方式	樹叢型（19世紀葡萄樹根瘤蚜病前的百年老欉種植方式）
採收日期	2015年10月中旬
釀造製程	置於不鏽鋼桶，溫控於20-28°C
浸漬溫度與時間	26°C，16天
陳年方式	20個月於法製細緻紋理之橡木桶
顏色	紅色
建議餐搭選擇	羊肉及烤肉類餐餚

筱雯老師的品飲紀錄 |

此為筆者最喜歡的西西里火山紅酒之一，其於盲飲競賽中不僅奪冠、亦領先第二名多達20分，可見其實力不凡。剛開瓶時香氣平緩不明顯，然約莫十分鐘後顯現新鮮香澄皮與陳皮梅香、略帶煙燻水果如火烤水梨皮，香甜而引人入勝；入口即刻感受果香圓融多層次，口感充滿各式果香、花香、以及草本植物的優雅香氣，不勝列舉。此款酒來自生長於Etna DOC邊界最高海拔處之一的百年葡萄老欉，產量少而珍貴。

**適合每年開一瓶品飲，紀錄其陳年實力，筆者認為此款酒除私人飲用外，其陳年實力雄厚亦適投資。*

First year production	2010	**Exposure**	North
Produced every year	Yes	**Average yield**	20 ql/ha
Vineyard location	Etna North: Barbagalli, Contrada Rampante, Castiglione di Sicilia		
Grape composition	100% Nerello Mascalese	**Altitude**	900 meters
Vineyard age	100 years	**Soil**	Stony, light sandy loam
Growing system	Bush pre-phylloxera		
Harvest	Second ten days of October, 2015		
Vinification	In stainless steel tank, temperature controlled at 20-28°C		
Maceration	26°C, 16 days		
Aging	20 months in French, fine grain oak barrels, light toast.		
Color	Red		
Food match	Lamb and grilled steak		
Tasting note of Xiaowen	It is one of the best Etna red wine. It not only outstands in blind taste as the top one in the panel but also wins more than 20 points from the 2nd wine. Wait 10 minutes from opening, the vivid orange peel and Japanese fresh plum snotes start to appear with a bit toasted sense like fire on wild peer with skin. It is sweet and charming. In the mouth, it is round with multi-layers of various flowers, herbal and fruity notes. This wine is from tpre-phylloxera vines close to the borderline of Contrada Rampante of Etna DOC regulation. ** Suggest to purchase 12 bottles and open one bottle each year. It is interesting to do so not only for pleasure but the last bottles could be side-investment.*		

Prima produzione	2010	**Esposizione**	Nord
Prodotto ogni anno	Si	**Resa media**	20 ql/ha
Ubicazione del vigneto	Nord dell'Etna: Barbagalli, Contrada Rampante, Castiglione di Sicilia		
Vitigno	100% Nerello Mascalese	**Altitudine**	900 metri
Età dei vigneti	100 anni		
Terreno	Franco sabbioso con abbondante presenza di scheletro		
Sistema di allevamento	Alberello pre-phylloxera		
Vendemmia	Seconda decade di Ottobre 2015		
Vinificazione	In acciaio a 20-28°C		
Macerazione	26°C, 16 giorni		
Invecchiamento	20 mesi in tonneaux di rovere Francese a grana fine e tostatura leggera.		
Colore	Rosso		
Abbinamenti	Agnello e Carne alla griglia		
Note di degustazione da Xiaowen	Questo è uno dei migliori vini dell'Etna; non solo spicca nelle degustazioni alla cieca come il primo in classifica ma prevale anche più di 20 punti sul 2° vino. Attendi 10 minuti dall'apertura, la vivida buccia d'arancia e l'odore di prugna giapponese fresco iniziano ad apparire, un po 'di tostato, come il fuoco sulle pere selvatiche con la pelle. È dolce e affascinante. In bocca è rotondo e multistrato, con innumerevoli note di fiori, erbe e frutta. Questo vino proviene dall'ultimo confine dell'Etna DOC. ** Suggerisco di acquistare un cartone e aprire una bottiglia ogni anno. È interessante farlo non solo per piacere ma potrebbe anche essere un investimento secondario.*		

PIETRADOLCE

Contrada Rampante 2016
Etna Rosso DOC

單一園	Contrada
酒精度 Alcohol	14.5% vol.
產量 Bottles	5,000瓶

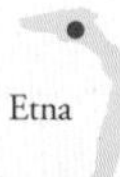

首次生產年份	2014
是否每年生產	是
葡萄園位置	位於火山北部Castiglione di Sicilia區Contrada Rampante葡萄園
葡萄品種	100% Nerello Mascalese
葡萄樹齡	90年以上
海拔	850公尺
土壤	岩石、沙質壤土
面向	北
平均產量	2,000公斤/公頃
種植方式	樹叢型(19世紀葡萄樹根瘤蚜病前的百年老欉種植方式)
採收日期	2016年10月中旬
釀造製程	置於不鏽鋼桶，溫控於20-28°C
浸漬溫度與時間	26°C，16天
陳年方式	14個月於法製細緻紋理橡木桶
顏色	紅寶石色
建議餐搭選擇	菲力牛排佐蘑菇醬

筱雯老師的品飲紀錄 |

此款酒十分內斂而優雅，明顯的花香如同春天降臨，入口立刻顯現其圓融果香如紅莓果與玫瑰花瓣，兩頰澀度與尾韻之優雅酸度不停拍打著味蕾，果香則於其中點綴著，如同交響樂般，此款酒擁有豐富的香氣與口感，堪稱為西西里火山紅酒中的經典之作。

First year production	2014	**Exposure**	North
Produced every year	Yes	**Average yield**	20 ql/ha
Vineyard location	Etna North: Contrada Rampante, Castiglione di Sicilia		
Grape composition	100% Nerello Mascalese		
Vineyard age	90 years		
Altitude	850 meters		
Soil	Stony, light sandy loam		
Growing system	Bush pre-phylloxera		
Harvest	Second ten days of October, 2016		
Vinification	In stainless steel tank, temperature controlled at 20-28°C		
Maceration	26°C, 16 days		
Aging	14 month in French, fine grain oak barrels, light toast.		
Color	Ruby red		
Food match	Filet with mushrooms		
Tasting note of Xiaowen	This wine is the cherry blossom ready to bloom. The prominent flower notes in the nose show the arrival of spring. In the mouth, there are red fruit and rose paddle nuances which are round and pleasant. The elegant acidity hits the palate with tannins on the cheeks, and the rich fruity flavor shines like a violin-solo performance in the orchestra. This flavor in the nose and the mouth is the classic example of a good Etna Rosso.		

Prima produzione	2014	**Esposizione**	Nord
Prodotto ogni anno	Si	**Resa media**	20 ql/ha
Ubicazione del vigneto	Nord dell'Etna: Contrada Rampante, Castiglione di Sicilia		
Vitigno	100% Nerello Mascalese		
Età dei vigneti	90 anni		
Altitudine	850 metri		
Terreno	Franco sabbioso con abbondante presenza di scheletro		
Sistema di allevamento	Alberello pre-phylloxera		
Vendemmia	Seconda decade di Ottobre 2016		
Vinificazione	In acciaio a 20-28°C		
Macerazione	26°C, 16 giorni		
Invecchiamento	14 mesi in tonneaux di rovere Francese a grana fine e tostatura leggera.		
Colore	Rosso rubino		
Abbinamenti	Filetto con funghi porcini		
Note di degustazione da Xiaowen	Questo vino è il fiore di ciliegio pronto a fiorire. Le evidenti note floreali mostrano l'arrivo della primavera e in bocca si percepisce frutto rosso e rosa, rotondo e piacevole. L'elegante acidità colpisce il palato con tannini sulle guance, note di frutta ricca brillano come un assolo di violino in orchestra. Questo sapore nel naso e nella bocca è un classico esempio di un buon Etna Rosso.		

PIETRADOLCE

Archineri 2016
Etna Rosso DOC

單一園	Contrada
酒精度 Alcohol	14% vol.
產量 Bottles	7,000瓶

首次生產年份	2007
是否每年生產	是
葡萄園位置	位於火山北部Castiglione di Sicilia區Contrada Rampante葡萄園
葡萄品種	100% Nerello Mascalese
葡萄樹齡	80至90年
海拔	850公尺
土壤	岩石、沙質壤土
面向	北
平均產量	2,000公斤/公頃
種植方式	傳統樹叢型
採收日期	2016年10月中旬
釀造製程	置於不鏽鋼桶，溫控於20-28°C
浸漬溫度與時間	26°C，16天
陳年方式	14個月於法製細緻紋理橡木桶
顏色	珊瑚紅色
建議餐搭選擇	茄子義大利麵及紅肉

筱雯老師的品飲紀錄｜

鼻聞的輕盈果香呼應著入口的甜美口感，酒名Archineri為該區域古老民族，此名非單一園的法定名稱，因其實來自Rampante葡萄園。此酒充分顯現其老欉實力，其水梨香與小白花香充分呼應著後鼻腔的優雅香氣與舌尖的酸度，令人不禁一飲再飲。

First year production	2007	**Exposure**	North
Produced every year	Yes	**Average yield**	20 ql/ha

Vineyard location	Etna North: Contrada Rampante, Castiglione di Sicilia
Grape composition	100% Nerello Mascalese
Vineyard age	80-90 years
Altitude	850 meters
Soil	Stony, light sandy loam
Growing system	Bush
Harvest	Second ten days of October, 2016
Vinification	In stainless steel tank, temperature controlled at 20-28°C
Maceration	26°C, 16 days
Aging	14 month in French, fine grain oak barrels, light toast.
Color	Coral red
Food match	Pasta alla norma (with aubergines) and red meats
Tasting note of Xiaowen	The feather-like lightness fruity note calls for the sweetness in the mouth. The pear and the white flower bouquets continue at the posterior nasal cavity with elegance. This wine shows the potential of old vines in Contrada Rampante, and the best proof is the drinkability once it is open.

Prima produzione	2007	**Esposizione**	Nord
Prodotto ogni anno	Si	**Resa media**	20 ql/ha

Ubicazione del vigneto	Nord dell'Etna: Contrada Rampante, Castiglione di Sicilia
Vitigno	100% Nerello Mascalese
Età dei vigneti	80-90 anni
Altitudine	850 metri
Terreno	Franco sabbioso con abbondante presenza di scheletro
Sistema di allevamento	Alberello
Vendemmia	Seconda decade di Ottobre 2016
Vinificazione	In acciaio a 20-28°C
Macerazione	26°C, 16 giorni
Invecchiamento	14 mesi in tonneaux di rovere Francese a grana fine e tostatura leggera.
Colore	Rosso corallo
Abbinamenti	Pasta alla norma e carne rossa
Note di degustazione da Xiaowen	La nota di frutta leggera come una piuma richiama il dolce in bocca. L'aroma di pera e fiori bianchi in bocca continua anche nella cavità nasale posteriore con eleganza. Questo vino mostra il potenziale delle vecchie viti di Rampante e non puoi smettere di berlo una volta aperto.

QUANTICO VINI - AZ. AGR. RAITI EMANUELA

Etna Rosso DOC 2016

單一園	Contrada
酒精度 Alcohol	13.5% vol.
產量 Bottles	3,540瓶

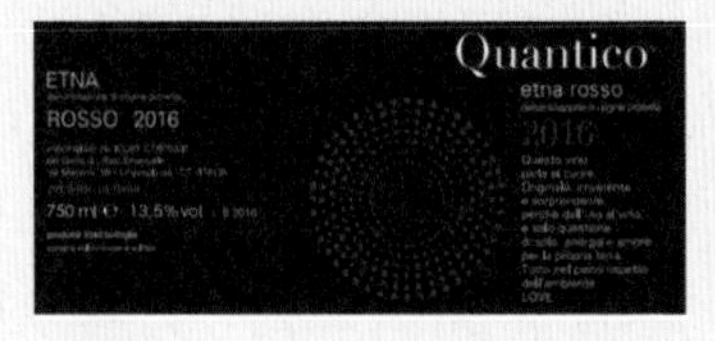

首次生產年份	2010
是否每年生產	是
葡萄園位置	位於火山東北部Linguaglossa區Contrada Lavina葡萄園
葡萄品種	97% Nerello Mascalese 3% Nerello Cappuccio
葡萄樹齡	老藤80年，新藤7年
海拔	600公尺
土壤	火山土壤，鬆軟、排水良好且根分布強而有力；各種深度且富含岩屑土之沙質土壤
面向	東南
平均產量	5,500公斤/公頃
種植方式	直架式栽種兼短叢修枝
採收日期	2016年10月8日
釀造製程	置於不鏽鋼桶中，溫控
浸漬溫度與時間	24°C，12至15天以上
陳年方式	第一階段14個月：於不鏽鋼桶、圓木桶及橡木桶；第二階段4至5個月以上：靜置於玻璃瓶中
顏色	深紅寶石色
建議餐搭選擇	肉類料理、西西里陳年羊起司

筱雯老師的品飲紀錄｜

鼻聞時為明顯的青櫻桃果香，開瓶約十分鐘後，酒漬櫻桃的香氣展開，優雅迎人；入口時輕柔的果香順過舌頭，酒精度、酸度、澀度及果香等各項指標皆高，證明此款酒十分具有特色並能同時表現西西里火山葡萄酒的純樸特性，十分難得。

First year production	2010	**Exposure**	Southeast
Produced every year	Yes	**Average yield**	55 ql/ha
Vineyard location	Etna Northeast: Contrada Lavina, Linguaglossa		
Grape composition	97% Nerello Mascalese, 3% Nerello Cappuccio		
Vineyard age	Old vineyard 80 years and new vineyard 7 years		
Altitude	600 meters		
Soil	Volcanic, loose, well drained soil and strong root exploration; variable depth, sandy loam with abundant skeleton		
Growing system	Mostly upwards-trained vertical-trellised with the rest being bush-trained		
Harvest	Oct. 8, 2016		
Vinification	In steel, temperature controlled		
Maceration	24°C, at least 12-15 days		
Aging	14 months 50% in steel, 50% in tonneaux and barrique; at least 4-5 months in bottle		
Color	Intense ruby red		
Food match	Meat dishes and aged Sicilian pecorino.		
Tasting note of Xiaowen	The bouquet is the bright green cheery, and it turns into elegant cherry liquor notes after 10 minutes in the glass. It is charming and welcoming. In the mouth, the texture is gentle, and the wine smoothly slides over the tongue. There's fruity flavor with alcohol, astringent and tannins. This wine expresses Etna and its terroir in a humble way. It is not to be missed in your collection.		

Prima produzione	2010	**Esposizione**	Sud-est
Prodotto ogni anno	Si	**Resa media**	55 ql/ha
Ubicazione del vigneto	Nord-est dell'Etna: Contrada Lavina, Linguaglossa		
Vitigno	97% Nerello Mascalese, 3% Nerello Cappuccio		
Età dei vigneti	Vigneto principale 80 anni e nuovo impianto 7 anni		
Altitudine	600 metri		
Terreno	Suolo vulcanico, sciolto, ben drenato ed a forte esplorazione radicale; profondità variabile, tessitura franco sabbiosa con abbondante scheletro		
Sistema di allevamento	Controspalliera e alberello		
Vendemmia	8 Ott. 2016		
Vinificazione	In acciaio a temperatura controllata		
Macerazione	24°C per almeno 12-15 giorni		
Invecchiamento	14 mesi in acciaio, tonneaux e barrique e almeno 4-5 mesi in bottiglia		
Colore	Colore rosso rubino intenso.		
Abbinamenti	Secondi piatti di carne, arrosti o brasati, o pecorino siciliano stagionato.		
Note di degustazione da Xiaowen	Il bouquet è chiara ciliegia verde che dopo 10 minuti nel bicchiere si trasforma in eleganti note di liquore di ciliegie che sono affascinanti e accoglienti; in bocca la consistenza è delicata e il vino scivola dolcemente sulla lingua, chiaramente c'è sapore fruttato con alcool, astringente e tannico; questo vino esprime bene l'Etna con il suo vitigno e il suo terroir in modo umile ed è da non perdere nella tua collezione.		

Santa Maria La Nave di Sonia Spadaro

Calmarossa 2015
Etna Rosso DOC

有機酒	BIO
單一園	Contrada
酒精度 Alcohol	13.5% vol.
產量 Bottles	1,786 瓶

Etna

首次生產年份	1980
是否每年生產	是
葡萄園位置	位於東南部Trecastagni區Contrada Monte Ilice葡萄園
葡萄品種	85% Nerello Mascalese 15% Nerello Cappuccio
葡萄樹齡	100至130年至近年新栽種的葡萄藤
海拔	750至850公尺
土壤	近千年前噴發的Monte Ilice火山砂土及火山灰
面向	東南
平均產量	不超過2,000公斤/公頃
種植方式	傳統樹叢型
採收日期	2015年10月中
釀造製程	置於不鏽鋼發酵容器
浸漬溫度與時間	26°C，約3週
陳年方式	第一階段9個月以上：於法製橡木桶；第二階段6個月以上：靜置於玻璃瓶中
顏色	略帶紫色光澤之亮紅寶石色
建議餐搭選擇	如右方「筱雯老師的品飲紀錄」

筱雯老師的品飲紀錄｜

明亮的新鮮櫻桃果香夾帶非常少許的菸草、五分鐘後開始出現紫羅蘭花瓣的香氣且綿延不絕，其香氣自然顯現而且親切，這是平常沒有喝酒習慣的人也會喜歡的香氣；入口為酒釀櫻桃與香草的香氣，圓融的芋頭味道隨著酒精散播於口鼻腔、兩頰澀味十分柔順且優雅地綿延著。此款酒現在就可以喝、也可期待其陳年表現。建議搭配紅肉、熟成起司、沙丁魚番茄義大利麵、炸田雞或威尼斯軟殼蟹。

First year production	1980	**Exposure**	Southeast
Produced every year	Yes	**Average yield**	Less than 20 ql/ha
Vineyard location	Etna Southeast: Contrada Monte Ilice, Trecastagni		
Grape composition	85% Nerello Mascalese, 15% Nerello Cappuccio		
Vineyard age	Mixed from 100-130 years to newly planted vines		
Soil	Less than 1,000 years old volcanic sands and ashes exploded by the Monte Ilice crater	**Altitude**	750-850 meters
Growing system	Traditional bush trained vines		
Harvest	Mid October, 2015		
Vinification	In stainless steel fermentation vessels		
Maceration	26°C, about 3 weeks		
Aging	At least 9 months in French oak barrels; at least 6 months in bottles		
Color	Brilliant ruby red with subtle purple reflections		
Food match	Served with red meat, seasoned cheese, pasta with sardines and tomatoes, fried frog or Venice soft shell crab		
Tasting note of Xiaowen	Bright cherry bouquet with a hint of tobacco. After 5 minutes, the violet paddle note comes and it dominates and lingers. The smell is gentle and natural. In the mouth, it is cherry liquor with vanilla note. The round, smooth taro flavor spreads out, squirreling in the nose and the mouth. The tannins are mild, soft, and gently prolonged. For seldom-wine-drinkers, they'd prefer. This wine is good to drink now with also age potential.		

Prima produzione	1980	**Esposizione**	Sud-est
Prodotto ogni anno	Sì	**Resa media**	Meno di 20 ql/ha
Ubicazione del vigneto	Sud-est dell'Etna: Contrada Monte Ilice, Trecastagni		
Vitigno	85% Nerello Mascalese, 15% Nerello Cappuccio		
Età dei vigneti	Età mista da 100-130 anni a nuove piante		
Terreno	Ceneri e sabbie vulcaniche esplose dal cratere di Monte Ilice meno di 1.000 anni fa	**Altitudine**	750-850 metri
Sistema di allevamento	Antico alberello etneo	**Vendemmia**	Metà Ottobre, 2015
Vinificazione	In acciaio inox		
Macerazione	26°C, circa 3 settimane		
Invecchiamento	Almeno 9 mesi in barrique di rovere francese; almeno 6 mesi in bottiglia		
Colore	Un brillante manto rubino e delicati riflessi purpurei		
Abbinamenti	Servito con carni rosse, formaggi stagionati, pasta con sarde e pomodori, rana fritta o moeche Veneziano		
Note di degustazione da Xiaowen	Profumo intenso di ciliegia con un tocco di tabacco già fresco, dopo 5 minuti arriva anche il paddle di viola che domina e indugia. L'odore è così delicato e naturale che anche i bevitori di vino occasionali lo preferirebbero; in bocca si sente liquore di ciliegia con una nota di vaniglia, il sapore rotondo e morbido che si espande permane irrequieto nel naso e nella bocca. Il tannino è delicato, morbido e dolcemente prolungato. Questo vino è buono da bere ora, ma possiede anche un buon potenziale di invecchiamento.		

SCIARA

750 metri 2016
IGP Terre Siciliane

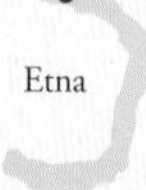

酒精度 Alcohol	14% vol.
產量 Bottles	7,506 瓶

首次生產年份	2015
是否每年生產	是
葡萄園位置	混兩處葡萄園。位於火山北部 Randazzo 區 Contrada Sciaranuova 葡萄園及 Contrada Taccoine 葡萄園
葡萄品種	100% Nerello Mascalese
葡萄樹齡	11、46、70至90年以上
海拔	750公尺
土壤	含火山灰的土壤
面向	北
平均產量	5,800公斤/公頃
種植方式	傳統樹叢型
採收日期	2016年10月中
釀造製程	置於大小不同的木桶，無溫控
浸漬溫度與時間	18-23°C，15-18天
陳年方式	第一階段20個月：於圓木桶(5百公升)及大小不同的法製木桶；第二階段4至5個月：靜置於玻璃瓶中
顏色	亮紅寶石色
建議餐搭選擇	炙燒豬五花，烤肉及地中海料理

筱雯老師的品飲紀錄 |

這隻酒開瓶後等待約十分鐘，開始出現薄荷草本香氣，之後逐漸帶著紅櫻桃果香和隱約沉木香，十分令人心感寧靜；入口迎來非常優雅且完美中庸的紅櫻桃果香，後面逐漸轉為日本櫻花初綻花香，但口中仍咬著紅櫻桃味道，其相似卻有不同的味道交錯、極為有趣；此酒於口中結構完整、香氣轉換間口齒留香，約三十分鐘後再出現香料與木質香氣，更顯其優雅本質，最後尾韻乾淨且酸度點綴其間，此為筆者最喜歡之西西里火山葡萄酒之一，令人玩味的香氣及味覺轉換，值得推薦。

First year production	2015	**Exposure**	North
Produced every year	Yes	**Average yield**	58 ql/ha
Vineyard location	Etna North: Contrada Sciaranuova and Contrada Taccoine, Randazzo		
Grape composition	100% Nerello Mascalese	**Altitude**	750 meters
Soil	Volcanic	**Vineyard age**	11, 46, 70-90 and more years
Growing system	Alberello		
Harvest	Middle October, 2016		
Vinification	In various size of barrels naturally, no temperature controlled		
Maceration	18-23°C, 15-18 days		
Aging	20 months in barrels (500L) and various size of French barriques; 4-5 months in glass bottles		
Color	Lustrous ruby		
Food match	Roasted pork belly, BBQ and Mediterranean cuisine		
Tasting note of Xiaowen	Shortly 10 minutes after opening, this wine starts mint herbal bouquet, and it turns to red cherry and smooth sandalwood note. In the mouth, the red cherry note is round and moderate. It turns elegantly into the Japanese cherry flower, and then back to red cherry with herbal and spices notes, leaving the whole posterior nasal cavity with different but coherent scents. The ending of the good acidity is clean. It is one of the unknown new Etna red wines worthy of discovering. Highly recommended!		

Prima produzione	2015	**Esposizione**	Nord
Prodotto ogni anno	Si	**Resa media**	58 ql/ha
Ubicazione del vigneto	Nord dell'Etna: Contrada Sciaranuova e Contrada Taccoine, Randazzo		
Vitigno	100% Nerello Mascalese	**Altitudine**	750 metri
Terreno	Vulcanico	**Età dei vigneti**	11, 46, 70-90 e più anni
Sistema di allevamento	Alberello		
Vendemmia	Metà Ottobre, 2016		
Vinificazione	In tonneaux e barriques naturalmente, sanza temperatura controllata		
Macerazione	18-23°C, 15-18 giorni		
Invecchiamento	20 mesi in tonneaux e botte; 4-5 mesi in vetro bottiglia		
Colore	Rubino brillante		
Abbinamenti	Pancetta di maiale arrosto, barbecue e cucina Mediterranea		
Note di degustazione da Xiaowen	A distanza di 10 minuti dall'apertura, questo vino inizia con un bouquet a base di erbe che si trasforma in ciliegia rossa con un sentore di legno di sandalo, liscio e calmo; in bocca la nota di ciliegia rossa è rotonda e moderata e si trasforma elegantemente in un fiore di ciliegio giapponese, poi torna alla ciliegia rossa con più note di erbe e spezie, lasciando l'intera cavità nasale posteriore con profumi diversi ma coerenti. Il finale è pulito con una buona acidità. Questo è uno dei più nuovi e sconosciuti vini rossi dell'Etna degno di essere scoperto. Altamente raccomandato!		

SCIARA

980 metri Carrana 2014
Etna Rosso DOC

單一園 Contrada

14% vol.

5,200瓶

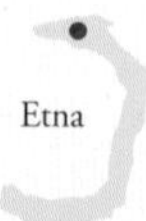

首次生產年份	2014
是否每年生產	是
葡萄園位置	位於火山北部Randazzo區Contrada Carrana葡萄園
葡萄品種	100% Nerello Mascalese
葡萄樹齡	21至76及105年以上
海拔	920至1,000公尺
土壤	火山土壤
面向	北
平均產量	2,800-3,300公斤/公頃
種植方式	傳統樹叢型
採收日期	2014年10月中至10月底
釀造製程	置於陶瓦罐和大小不同的木桶中，無溫控
浸漬溫度與時間	18-23°C，15-30天
陳年方式	第一階段6個月：於陶瓦罐；第二階段9個月：於大型橡木桶；第三階段12至16個月：靜置於玻璃瓶中
顏色	亮紅寶石色
建議餐搭選擇	鵪鶉、黑松露義大利麵、鮪魚及鮭魚生魚片等

筱雯老師的品飲紀錄｜

優雅的紫羅蘭香氣帶著濃郁紅莓果香，非常有個性且深具實力；入口感受濃郁果香，紅櫻桃香氣洋溢口鼻，幸福感十足；此酒除現飲好喝外，亦具有未來陳年實力，此為筆者認為最值得發掘之西西里火山葡萄酒之一，由於酒莊產量少、創立僅五年、品質好然莊主非西西里人，使此酒莊在火山上屬新穎代表。

First year production	2014	**Exposure**	North
Produced every year	Yes	**Average yield**	28-33 ql/ha

Vineyard location	Etna North: Contrada Carrana, Randazzo
Grape composition	100% Nerello Mascalese
Vineyard age	21-76, 105 and more years
Altitude	920-1,000 meters
Soil	Volcanic
Growing system	Alberello
Harvest	Middle to end October, 2014
Vinification	In clay and various size of barrels vinified naturally, no temperature controlled
Maceration	18-23°C, 15-30 days
Aging	6 months in clay; 9 months oak barrels; 12-16 months in glass bottles
Color	Lustrous ruby
Food match	Quails, pasta with black truffles and tuna and salmon sushi etc
Tasting note of Xiaowen	The elegant violet floral bouquet with rich red berry note shows the potential of this wine to become in 3 years. In the mouth, the rich cherry fruity flavor spreads out like joyful carols at Christmas time. It has aging-potential though now it is already good to drink. It is one of the most "new-must-try-but-mysterious" wine of Etna for the early production of a new winery. Considering the little experience in Etna for the non-Italian owners, the excellent quality of this wine is impressive.

Prima produzione	2014	**Esposizione**	Nord
Prodotto ogni anno	Si	**Resa media**	28-33 ql/ha

Ubicazione del vigneto	Nord dell'Etna: Contrada Carrana, Randazzo
Vitigno	100% Nerello Mascalese
Età dei vigneti	21-76, 105 e più anni
Altitudine	920-1.000 metri
Terreno	Vulcanico
Sistema di allevamento	Alberello
Vendemmia	Dalla metà alla fine di Ottobre, 2014
Vinificazione	In terracotta e tonneaux naturalmente, sanza temperatura controllata
Macerazione	18-23°C, 15-30 giorni
Invecchiamento	6 mesi in terracotta; 9 mesi in botte; 12-16 mesi in vetro bottiglia
Colore	Rubino brillante
Abbinamenti	Quaglia, pasta al tartufo, tonno e salmone Contradado etc.
Note di degustazione da Xiaowen	Il bouquet è elegante e floreale viola con ricche note di bacche rosse che possono potenzialmente evolvere in vino ancora migliore nell'arco di 3 anni; il ricco aroma fruttato di ciliegia in bocca si diffonde come canti gioiosi nel periodo natalizio. Potenziale di invecchiamento, ma anche ora è buono da bere. Questo è uno dei più "nuovi-deve-provare-ma-misterioso" vino dell'Etna per la sua piccola produzione, per la sua breve storia, per la sua alta qualità e per i suoi proprietari che non sono italiani.

25-1 紅葡萄酒 | *Red Wine* | *Vino Rosso*

TENUTA DELLE TERRE NERE

Prephylloxera - La Vigna di Don Peppino 2016
Etna Rosso DOC

Contrada

酒精度 Alcohol 14% vol.

6,000瓶

首次生產年份 2006

是否每年生產 是

葡萄園位置 位於火山北部Randazzo區Contrada Calderara葡萄園

葡萄品種 98% Nerello Mascalese
2% Nerello Cappuccio

葡萄樹齡 140年以上

海拔 700公尺

土壤 淺層、富含岩石及火山灰的火山土壤

面向 北

平均產量 3,000-3,500公斤/公頃

種植方式 傳統樹叢型兼直架式栽種

採收日期 2016年10月

釀造製程 置於不鏽鋼桶，溫控於28-30°C

浸漬溫度與時間 25-30°C，10至15天

陳年方式 第一階段16至18個月：於法製橡木桶及圓木桶(15%新桶)；第二階段1個月：於不鏽鋼桶

顏色 棕赤色調之深紅寶石色

建議餐搭選擇 紅肉、野禽、陳年起司

筱雯老師的品飲紀錄 |

開瓶時的鳶尾花香氣漫溢，好似浸在新鮮鳶尾花瓣提煉的精油浴般，然此浪漫艷麗的香氣尾韻卻同時帶著松針等木質調的平衡，舒服極了；入口為明顯卻優雅的櫻桃果香、漸轉為櫻桃果醬，酸度與澀度點綴其中，圓融的口感令人一口接著一口。此款酒來自百年老欉，其表現果然不令人失望。

First year production	2006	**Exposure**	North
Produced every year	Yes	**Average yield**	30-35 ql/ha
Vineyard location	Etna North: Contrada Calderara, Randazzo		
Grape composition	98% Nerello Mascalese, 2% Nerello Cappuccio		
Vineyard age	More than 140 years	**Altitude**	700 meters
Soil	Volcanic, shallow, rich in rocks, traces of ash		
Growing system	En goblet and modified en goblet		
Harvest	October, 2016		
Vinification	In steel, temperature controlled at 28-30°C		
Maceration	25-30°C, 10-15 days		
Aging	16-18 months in French oak barriques and tonneaux (15% new wood); 1 month in steel		
Color	Intense ruby with mahogany hues		
Food match	Red meat, game, seasoned cheese		
Tasting note of Xiaowen	The bouquet of Iris spreads out like taking a bath of Iris essence oil and its paddle floating over the water. In the nose, this romantic and splendid bouquet has a pine needle wood tone that balances its richness. In the mouth, the prominent cherry note turns to cheery marmalade with the right acidity and tannins. The flavor is round and smooth, which makes it a wine unstoppable to drink.This wine is from pre-phylloxera vines.		

Prima produzione	2006	**Esposizione**	Nord
Prodotto ogni anno	Si	**Resa media**	30-35 ql/ha
Ubicazione del vigneto	Nord dell'Etna: Contrada Calderara, Randazzo		
Vitigno	98% Nerello Mascalese, 2% Nerello Cappuccio		
Età dei vigneti	Più di 140 anni		
Altitudine	700 metri		
Terreno	Vulcanico, poco profondo, molto ricco di scheletro, tracce di cenere		
Sistema di allevamento	Alberello tradizionale etneo convertito a spalliera		
Vendemmia	Ottobre, 2016		
Vinificazione	In acciaio a temperatura controllata (28-30°C)		
Macerazione	25-30°C, 10-15 giorni		
Invecchiamento	16-18 mesi in barriques e tonneaux di rovere francese (15% legno nuovo); 1 mese di affinamento in acciaio		
Colore	Rubino carico con riflessi mogano		
Abbinamenti	Carni rosse, selvaggina, formaggi stagionati		
Note di degustazione da Xiaowen	Il bouquet di Iris si diffonde come un bagno con olio essenziale di Iris e il suo paddle galleggia sull'acqua, ma al termine di questo romantico e splendido bouquet, troviamo anche il tono del legno di aghi di pino che bilancia la sua ricchezza; in bocca è evidente la nota di ciliegia che successivamente si trasforma in vivida marmellata con la giusta acidità e il tannino che rende il sapore rotondo e il bere inarrestabile. Questo vino proviene da vitigni pre-fillossera.		

TENUTA DELLE TERRE NERE

Caldera Sottana 2016
Etna Rosso DOC

單一園	Contrada
酒精度 Alcohol	14% vol.
產量 Bottles	14,000瓶

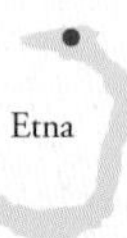

首次生產年份	2003
是否每年生產	是
葡萄園位置	位於火山北部Randazzo區 Contrada Calderara葡萄園
葡萄品種	98% Nerello Mascalese 2% Nerello Cappuccio
葡萄樹齡	50至100年
海拔	750公尺
土壤	壓碎火山黑灰石產生之火山灰及堅硬的火山岩石
面向	北
平均產量	5,000公斤/公頃
種植方式	傳統樹叢型兼直架式栽種
採收日期	2016年10月
釀造製程	置於不鏽鋼桶，溫控於28-30°C
浸漬溫度與時間	25-30°C，10至15天
陳年方式	第一階段16至18個月：於法製橡木桶及圓木桶(15%新桶)；第二階段1個月：於不鏽鋼桶
顏色	棕赤色調之淺紅寶石色
建議餐搭選擇	如右方「筱雯老師的品飲紀錄」

筱雯老師的品飲紀錄｜

開瓶約10分鐘後開始顯現優雅白花香與印度輕咖哩的清柔香料；入口果香十足，如烤過的甘蔗般香甜於後鼻腔中展開，但口感不甜反而出現其優雅酸度。相較於該酒莊的其他紅酒，此款酒更接地氣，可推薦給入門者。適合搭配番茄義大利麵、洋蔥湯、漢堡、任何起司，此為隨便都好搭的酒款。

First year production	2003	**Exposure**	North
Produced every year	Yes	**Average yield**	50 ql/ha
Vineyard location	Etna North: Contrada Calderara, Randazzo		
Grape composition	98% Nerello Mascalese, 2% Nerello Cappuccio		
Vineyard age	50-100 years	**Altitude**	750 meters
Soil	Volcanic ash speckled by black pumice and solid volcanic rock		
Growing system	En goblet and modified en goblet		
Harvest	October, 2016		
Vinification	In steel, temperature controlled at 28-30°C		
Maceration	25-30°C, 10-15 days		
Aging	16-18 months in French oak barriques and tonneaux (15% new wood); 1 month in steel		
Color	Pale ruby with mahogany hues		
Food match	Tomato-based pasta, onion soup, hamburger, and almost all kinds of cheese. This wine easily goes with food.		
Tasting note of Xiaowen	10 minutes waiting in the glass, then comes the elegant white floral bouquet with light Indian spices note. In the mouth, there are rich in fruity flavors. The sweet scent is the fresh-baked sugarcane, and it spreads out in the posterior nasal cavity, giving contracts to the elegant acidity on the tongue. It is an excellent choice for those who have never tasted Etna wine.		

Prima produzione	2003	**Esposizione**	Nord
Prodotto ogni anno	Si	**Resa media**	50 ql/ha
Ubicazione del vigneto	Nord dell'Etna: Contrada Calderara, Randazzo		
Vitigno	98% Nerello Mascalese, 2% Nerello Cappuccio		
Età dei vigneti	50-100 anni	**Altitudine**	750 metri
Terreno	Vulcanico, estremamente pietroso, poco profondo, molto ricco di scheletro		
Sistema di allevamento	Alberello tradizionale etneo convertito a spalliera		
Vendemmia	Ottobre 2016		
Vinificazione	In acciaio a temperatura controllata (28-30°C)		
Macerazione	25-30°C, 10-15 giorni		
Invecchiamento	16-18 mesi in barriques e tonneaux di rovere francese (15% legno nuovo); 1 mese in acciaio		
Colore	Rubino tenue con riflessi aranciati		
Abbinamenti	Pasta di pomodoro, zuppa di cipolle, hamburger e quasi tutti i tipi di formaggio. Questo vino va facilmente con il cibo.		
Note di degustazione da Xiaowen	Bisogna aspettare 10 minuti, poi arriva l'elegante bouquet di fiori bianchi con una leggera nota di spezie indiane; in bocca è ricco di aromi fruttati e il profumo dolce è come la canna fresca da zucchero al forno che si allarga nella cavità nasale posteriore e contrasta l'elegante acidità sulla lingua. Questa è una buona scelta per chi non ha mai assaggiato il vino dell'Etna.		

TENUTA DELLE TERRE NERE

Guardiola 2016
Etna Rosso DOC

單一園	Contrada
酒精度 Alcohol	14% vol.
產量 Bottles	5,000瓶

首次生產年份	2002
是否每年生產	是
葡萄園位置	位於火山北部Castiglione di Sicilia區Passopisciaro鎮Contrada Guardiola葡萄園
葡萄品種	98% Nerello Mascalese 2% Nerello Cappuccio
葡萄樹齡	90至100年
海拔	900至1,000公尺
土壤	混合沙土、浮石及火山灰之火山土壤
面向	北
平均產量	3,500-4,500公斤/公頃
種植方式	傳統樹叢型
採收日期	2016年11月
釀造製程	置於不鏽鋼桶，溫控於28-30°C
浸漬溫度與時間	25-30°C，10至15天
陳年方式	第一階段16至18個月：於法製橡木桶及圓木桶(15%新桶)；第二階段1個月：於不鏽鋼桶
顏色	帶有橘色調之淺紅寶石色
建議餐搭選擇	如右方「筱雯老師的品飲紀錄」

筱雯老師的品飲紀錄｜

剛開瓶即為十足的香料味，優雅香氣引人入勝；入口初為柔順香甜感與甜橙花香，後轉為紅莓與香料的綜合，澀度點綴其中。此款酒的結構雖然不強，然於口鼻的香氣綿延不絕，十分值得推薦。建議搭配燉肉、烤野豬、牛雜湯、起司燉飯、烤新鮮牛肝菌菇。

First year production	2002	**Exposure**	North
Produced every year	Yes	**Average yield**	35-45 ql/ha
Vineyard location	Etna North: Contrada Guardiola, Passopisciaro, Castiglione di Sicilia		
Grape composition	98% Nerello Mascalese, 2% Nerello Cappuccio		
Vineyard age	90-100 years		
Altitude	900-1,000 meters		
Soil	Volcanic, mixture of sand, pumice and volcanic ash		
Growing system	En goblet		
Harvest	November, 2016		
Vinification	In steel, temperature controlled at 28-30°C		
Maceration	25-30°C, 10-15 days		
Aging	16-18 months in French oak barriques and tonneaux (15% new wood); 1 month in steel		
Color	Pale ruby with orange hues		
Food match	Stew meat, roast wild boar, mix boil beef, or grilled fresh mushroom.		
Tasting note of Xiaowen	The charming, elegant spices bouquet opens up in the nose. And in the mouth, the smooth, soft, sweet orange floral scent turns into red berry and spices. The tannins are the backbones that support the prolonged spices in the nose and the mouth. Highly recommended.		

Prima produzione	2002	**Esposizione**	Nord
Prodotto ogni anno	Si	**Resa media**	35-45 ql/ha
Ubicazione del vigneto	Nord dell'Etna: Contrada Guardiola, Passopisciaro, Castiglione di Sicilia		
Vitigno	98% Nerello Mascalese, 2% Nerello Cappuccio		
Età dei vigneti	90-100 anni		
Altitudine	900-1.000 metri		
Terreno	Vulcanico, misto di sabbia, pomice e cenere vulcanica, discreta presenza di scheletro		
Sistema di allevamento	Alberello tradizionale etneo con tutore singolo		
Vendemmia	Novembre 2016		
Vinificazione	In acciaio a temperatura controllata (28-30°C)		
Macerazione	25-30°C, 10-15 giorni		
Invecchiamento	16-18 mesi in barriques e tonneaux di rovere francese (15% legno nuovo); 1 mese in acciaio		
Colore	Rubino tenue con riflessi aranciati		
Abbinamenti	Stufato di carne, arrosto di cinghiale, bollito misto, funghi freschi grigliata.		
Note di degustazione da Xiaowen	Incantevole profumo di spezie eleganti che si apre nel naso, mentre in bocca il profumo floreale, morbido, liscio e dolce dell'arancia si trasforma in bacche rosse e spezie con tannico come spina dorsale che supporta le spezie prolungate nel naso e nella bocca. Altamente raccomandato.		

Tenuta delle Terre Nere

Feudo di Mezzo - Il Quadro delle Rose 2016
Etna Rosso DOC

單一園	Contrada
酒精度 Alcohol	14.5% vol.
產量 Bottles	7,000瓶

首次生產年份	2004
是否每年生產	是
葡萄園位置	位於火山北部Castiglione di Sicilia區Passopisciaro鎮Feudo di Mezzo葡萄園
葡萄品種	98% Nerello Mascalese 2% Nerello Cappuccio
葡萄樹齡	40至60年
海拔	650公尺
土壤	富含火山灰的淺段火山土壤
面向	北
平均產量	5,000公斤/公頃
種植方式	傳統樹叢型
採收日期	2016年10月
釀造製程	置於不鏽鋼桶，溫控於28-30°C
浸漬溫度與時間	25-30°C，10至15天
陳年方式	第一階段16至18個月：於法製橡木桶及圓木桶(15%新桶)；第二階段1個月：於不鏽鋼桶
顏色	淺紅寶石色
建議餐搭選擇	如右方「筱雯老師的品飲紀錄」

筱雯老師的品飲紀錄｜

開瓶時優雅的花香與紅莓果香迎面而來，香氣狀似北義的Nebbiolo紅酒，入口首先有明顯的紅莓果香、酸度與澀度互相平衡，口感滿溢優雅果香然稍候即縱然又尾隨而來，好似繞場馬拉松般，其果香如光速般地不停交錯，尾韻花香綿延、乾淨口感略帶酒精味；此款酒具陳年實力，值得期待。建議搭配北義皮爾蒙特生牛肉、托斯卡尼牛肚包、培根奶油義大利麵、帕馬森起司。

First year production	2004	**Exposure**	North
Produced every year	Yes	**Average yield**	50 ql/ha

Vineyard location Etna North: Contrada Feudo di Mezzo, Passopisciaro, Castiglione di Sicilia
Grape composition 98% Nerello Mascalese, 2% Nerello Cappuccio
Vineyard age 40-60 years
Altitude 650 meters
Soil Volcanic, shallow, with a prevalence of volcanic ash
Growing system En goblet
Harvest October, 2016
Vinification In steel, temperature controlled at 28-30°C
Maceration 25-30°C, 10-15 days
Aging 16-18 months in French oak barriques and tonneaux (15% new wood); 1 month in steel
Color Pale ruby
Food match Raw beef tartare, trippa and lampredotto(Tuscan beef stomach), Carbonara (egg bacon pasta), and aged parmigiano reggiano cheese.
Tasting note of Xiaowen There is an elegant floral bouquet with red berries in the nose, which is similar to Piemonte Nebbiolo. The red berry and a good balance between acidity and tannins are in the mouth, and the rich fruity flavor seems to run a marathon with light speed in the glass. It has a long-lasting floral fragrant and a clean ending. This wine has aging potential.

Prima produzione	2004	**Esposizione**	Nord
Prodotto ogni anno	Si	**Resa media**	50 ql/ha

Ubicazione del vigneto Nord dell'Etna: Contrada Feudo di Mezzo, Passopisciaro, Castiglione di Sicilia
Vitigno 98% Nerello Mascalese, 2% Nerello Cappuccio
Età dei vigneti 40-60 anni
Altitudine 650 metri
Terreno Vulcanico, poco profondo, con prevalenza di cenere e scarsa presenza di scheletro
Sistema di allevamento Alberello tradizionale etneo con tutore singolo
Vendemmia Ottobre 2016
Vinificazione In acciaio a temperatura controllata (28-30° C)
Macerazione 25-30°C, 10-15 giorni
Invecchiamento 16-18 mesi in barriques e tonneaux di rovere francese (15% legno nuovo); 1 mese in acciaio
Colore Rubino tenue
Abbinamenti Tartare di manzo crudo, trippa e lampredotto, carbonara e parmigiano reggiano.
Note di degustazione da Xiaowen Elegante bouquet floreale con bacche rosse al naso, un po' simile al Nebbiolo del Piemonte. In bocca si sentono chiaramente le bacche rosse e un buon equilibrio tra acidità e tannicità, mentre il ricco sapore fruttato sta correndo una maratona alla velocità della luce. Lungo finale floreale, fragrante e pulito, potenziale di invecchiamento.

TENUTA DELLE TERRE NERE

Santo Spirito 2016
Etna Rosso DOC

單一園	Contrada
酒精度 Alcohol	14% vol.
產量 Bottles	7,000瓶

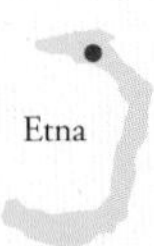

首次生產年份	2007
是否每年生產	是
葡萄園位置	位於火山北部Castiglione di Sicilia區Passopisciaro鎮Contrada Santo Spirito葡萄園
葡萄品種	98% Nerello Mascalese 2% Nerello Cappuccio
葡萄樹齡	40至100年
海拔	750至850公尺
土壤	深段且易碎之深色火山土壤，富含火山灰
面向	北
平均產量	6,000公斤/公頃
種植方式	傳統樹叢型兼直架式栽種
採收日期	2016年10月
釀造製程	置於不鏽鋼桶，溫控於28-30°C
浸漬溫度與時間	25-30°C，10至15天
陳年方式	第一階段16至18個月：於法製橡木桶及圓木桶(15%新桶)；第二階段1個月：於不鏽鋼桶
顏色	深紅寶石色
建議餐搭選擇	如右方「筱雯老師的品飲紀錄」

筱雯老師的品飲紀錄｜

一開始酒精味道與花香相互交換、甜美的果香輕巧的點綴其中，帶著百花果香與平衡的鈣質與香氣、酒精味持續、證明有陳年實力；入口柔美、單寧適中，略帶中藥與新鮮菜香，最後的澀味充滿兩頰與舌尖，木革與酸度適中，十分平衡，是一瓶男人酒。搭配生火腿或烤牛豬肉香腸十分合適。

First year production	2007	**Exposure**	North
Produced every year	Yes	**Average yield**	60 ql/ha
Vineyard location	Etna North: Contrada Santo Spirito, Passopisciaro, Castiglione di Sicilia		
Grape composition	98% Nerello Mascalese, 2% Nerello Cappuccio		
Vineyard age	40-100 years	**Altitude**	750-850 meters
Soil	Deep, soft and dark volcanic soil, rich in volcanic ash		
Growing system	En goblet and modified en goblet		
Harvest	October, 2016		
Vinification	In steel, temperature controlled at 28-30°C		
Maceration	25-30°C, 10-15 days		
Aging	16-18 months in French oak barriques and tonneaux (15% new wood); 1 month in steel		
Color	Intense ruby		
Food match	Perfect with prosciutto or beef/pork sausage.		
Tasting note of Xiaowen	It seems to be a young wine with high alcohol in the glass at first, and then it soon develops a floral bouquet and sweet fruity notes. In the nose, the passionfruit note is in balance with the alcohol, which gives hints of the aging potential. In the mouth, the tannins are soft, the texture is gentle, and the mild structure reflects the fresh spices and vegetable notes. The astringent fills with both cheeks and the tip of the tongue. The ending is moderate leather note with balanced acidity. If Etna wine has a gender (male or female, like the Barolo wine), this wine is for sure a HE.		

Prima produzione	2007	**Esposizione**	Nord
Prodotto ogni anno	Si	**Resa media**	60 ql/ha
Ubicazione del vigneto	Nord dell'Etna: Contrada Santo Spirito, Passopisciaro, Castiglione di Sicilia		
Vitigno	98% Nerello Mascalese, 2% Nerello Cappuccio		
Età dei vigneti	40-100 anni	**Altitudine**	750-850 metri
Terreno	Vulcanico, profondo, in prevalenza cenere vulcanica, molto sciolto e scuro, quasi assenza di scheletro		
Sistema di allevamento	Alberello tradizionale etneo con tutore singolo, alberello a spalliera		
Vendemmia	Ottobre 2016		
Vinificazione	In acciaio a temperatura controllata (28-30° C)		
Macerazione	25-30°C, 10-15 giorni		
Invecchiamento	16-18 mesi in barriques e tonneaux di rovere francese (15% legno nuovo); 1 mese in acciaio		
Colore	Rubino intenso		
Abbinamenti	Perfetto con prosciutto o salsiccia di manzo/maiale		
Note di degustazione da Xiaowen	Apparentemente giovane e con alti livelli alcolici, presto sviluppa un bouquet floreale e note fruttate dolci, trasformandosi in frutto della passione con alcol equilibrato e solidità che lascia intravedere il potenziale di invecchiamento; tuttavia in bocca il tannino è morbido e la consistenza è delicata con una struttura mite che porta spezie fresche e note vegetali; tannico e astringente riempiono entrambe le guance e la punta della lingua, il finale è pelle moderata e acidità equilibrata nel mezzo. Se un giorno il vino dell'Etna dovesse essere distinto in genere maschile o femminile (come il vino Barolo), questo vino sarebbe sicuramente un LUI.		

TENUTA DELLE TERRE NERE

San Lorenzo 2016
Etna Rosso DOC

單一園	Contrada
酒精度 Alcohol	14.5% vol.
產　量 Bottles	10,000瓶

首次生產年份	2015
是否每年生產	是
葡萄園位置	位於火山北部Randazzo區Contrada San Lorenzo葡萄園
葡萄品種	98% Nerello Mascalese 2% Nerello Cappuccio
葡萄樹齡	50至100年
海拔	700至770公尺
土壤	含有火山岩石的深層火山土壤
面向	北
平均產量	5,000公斤/公頃
種植方式	傳統樹叢型兼直架式栽種
採收日期	2016年10月
釀造製程	置於不鏽鋼桶，溫控於28-30°C
浸漬溫度與時間	25-30°C，10至15天
陳年方式	第一階段16至18個月：於法製橡木桶及圓木桶(15%新桶)；第二階段1個月：於不鏽鋼桶
顏色	帶有赤褐色調之深紅寶石色
建議餐搭選擇	如右方「筱雯老師的品飲紀錄」

筱雯老師的品飲紀錄｜

剛開瓶即有明顯的香料味，優雅而深沉，回溫2度後其果香與香草味平衡；入口為青櫻桃與紅莓果香帶著澀度，酸度後來顯現並與澀度相互較勁，回溫後回甘而宜人，停留30分鐘後其甜味滿溢口中，絲毫不感其高酸度。此款精彩的西西里火山紅酒，適合搭配肉類及陳年起司、亦適合烤蔬菜、烤豬肉，特別是中秋時節，適合闔家歡聚烤肉時飲用。

First year production	2015	**Exposure**	North
Produced every year	Yes	**Average yield**	50 ql/ha
Vineyard location	Etna North: Contrada San Lorenzo, Randazzo		
Grape composition	98% Nerello Mascalese, 2% Nerello Cappuccio		
Vineyard age	50-100 years		
Altitude	700-770 meters		
Soil	Volcanic, the soil is quite deep and with a small presence of stones		
Growing system	En goblet and modified en goblet		
Harvest	October, 2016		
Vinification	In steel, temperature controlled at 28-30°C		
Maceration	25-30°C, 10-15 days		
Aging	16-18 months in French oak barriques and tonneaux (15% new wood); 1 month in steel		
Color	Intense ruby with mahogany hues		
Food match	Barbecue meat, vegetable, pork, seasoned cheese, and BBQ.		
Tasting note of Xiaowen	At 18 degrees, there is the elegant deep spices bouquet. At 20 degrees, there are fruity notes with a hint of vanilla. It is balanced. In the mouth, there are green cherry, red berry, and tannins, competing the circulation with the late-arrival acidity. Wait 30 minutes in the glass, and you find the sweetness of fruits. It is an excellent Etna Rosso and perfect for a family BBQ day.		

Prima produzione	2015	**Esposizione**	Nord
Prodotto ogni anno	Si	**Resa media**	50 ql/ha
Ubicazione del vigneto	Nord dell'Etna: Contrada San Lorenzo, Randazzo		
Vitigno	98% Nerello Mascalese, 2% Nerello Cappuccio		
Età dei vigneti	50-100 anni		
Altitudine	700-770 metri		
Terreno	Vulcanico, cenere vulcanica con pomice nera e roccia vulcanica		
Sistema di allevamento	Alberello tradizionale etneo convertito a spalliera		
Vendemmia	Ottobre 2016		
Vinificazione	In acciaio a temperatura controllata (28-30° C)		
Macerazione	25-30°C, 10-15 giorni		
Invecchiamento	16-18 mesi in barriques e tonneaux di rovere francese (15% legno nuovo); 1 mese in acciaio		
Colore	Rubino carico con riflessi mogano		
Abbinamenti	Barbecue carni, verdure, maiale, formaggi stagionati o grigliata.		
Note di degustazione da Xiaowen	Il bouquet è di eleganti spezie profonde, ma a 20 gradi troverete fruttato e vanigliato abbastanza in equilibrio; in bocca ci sono ciliegia verde e bacca rossa, con il tannino che compete con l'acidità tardiva; lasciatelo 30 minuti nel bicchiere e troverete la dolcezza delle ricche note fruttate. Questo è un eccellente Etna rosso ed è perfetto per una giornata di grigliata in famiglia.		

Tenuta di Aglaea

Contrada Santo Spirito 2015
Etna Rosso DOC

有機酒	BIO
單一園	Contrada
酒精度 Alcohol	13.5% vol.
產量 Bottles	3,024 瓶

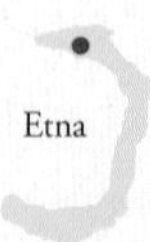

首次生產年份	2015
是否每年生產	否，2018年將不裝瓶
葡萄園位置	位於火山北部Castiglione di Sicilia區Contrada Santo Spirito葡萄園
葡萄品種	100% Nerello Mascalese
葡萄樹齡	40年，部份約80年
海拔	700至800公尺
土壤	火山熔岩、火山細粉及火山灰等透水性佳之土壤，富含礦物質及矽酸鹽，非常肥沃
面向	東南
平均產量	6,000公斤/公頃
種植方式	傳統樹叢型
採收日期	2015年10月12日
釀造製程	置於不鏽鋼桶，溫控
浸漬溫度與時間	20-25°C，8天；溫度最高達28°C且持續約1天
陳年方式	13個月置於法製新橡木桶(3百公升)
顏色	淺櫻桃紅色
建議餐搭選擇	適合搭配幼雞、鵪鶉、鷓鴣、雉雞或鴿子等家禽料理，亦可搭配牛肉塔、義式生牛肉片、小牛肉及豬肉料理佐以清淡醬汁

筱雯老師的品飲紀錄｜

莊主為女性丹麥人，多年來在義大利從事釀酒工作，在以義大利男性為主的葡萄酒世界中，實屬難得。此款酒為其單一園的代表作。開瓶時優雅的花香、香草、木質調、隨後跟著櫻桃與紅莓果的果香；入口可感受紅色莓果、黑可可、而其單寧與酸度明顯，兩頰的澀度顯示 Nerello Mascalese 葡萄的特性、豐富且互相平衡。若尾韻能更乾淨明亮、則能大增易飲度。

First year production	2015	**Exposure**	Southast
Produced every year	No, not expected to bottle in 2018		
Vineyard location	Etna North: Contrada Santo Spirito, Castiglione di Sicilia		
Grape composition	100% Nerello Mascalese	**Average yield**	60 ql/ha
Altitude	770-800 meters	**Vineyard age**	40 years with some 80 years
Growing system	Alberello	**Harvest**	Oct. 12, 2015
Soil	Porous soil of lava rocks, powder and ashes - abundant in minerals, and silicates, extremely fertile		
Vinification	In stainless steel tanks, temperature controlled		
Maceration	20-25°C, about 8 days; max temperature at 28°C for about a day		
Aging	13 months in new fine grained french oak barrels (300 L)		
Color	Ligth cherry red with depth		
Food match	Poultry dishes like poussin, quail, partridge, pheasant or pigeon. Delicate with steak tartare, carpaccio and veal and pork dishes without too heavy gravings		
Tasting note of Xiaowen	The owner is a female Danish enologist who works and lives in Italy for many years. This wine represents her idea of a single contrada. The elegant floral bouquet, vanilla, wood tones with cherry and red berry notes are vibrant in the nose. In the mouth, there are red berry, black chocolate with vivid tannins and acidity around the cheeks. It is a rich wine, and it'd be perfect with a cleaner ending.		

Prima produzione	2015	**Esposizione**	Sud-est
Prodotto ogni anno	No, non è previsto farlo in 2018		
Ubicazione del vigneto	Nord dell'Etna: Contrada Santo Spirito, Castiglione di Sicilia		
Vitigno	100% Nerello Mascalese	**Resa media**	60 ql/ha
Altitudine	770-800 metri	**Età dei vigneti**	40 anni e alcune a 80 circa
Sistema di allevamento	Alberello	**Vendemmia**	12 Ott. 2015
Terreno	Un terreno di terra e polvere lavica - molto poroso, ricco di minerali, e silicati ed estremamente fertile		
Vinificazione	In serbatoi di acciaio inossidabile a temperatura controllata		
Macerazione	20-25°C, circa 8 giorni; salito al 28°C per un giorno circa		
Invecchiamento	13 mesi in nuove barricques francese di grano fino (300 L)		
Colore	Rosso ciliegia leggero		
Abbinamenti	Per piatti a base di pollame come galletto, pernice, quaglia, fagiano o piccione. Delicato anche con tartare di carne o carpaccio, le carni di vitello e maiale con salse leggere		
Note di degustazione da Xiaowen	La proprietaria è un'enologa danese che lavora e vive in Italia da molti anni. Questo vino rappresenta la sua idea di singola contrada. L'elegante bouquet floreale, la vaniglia, i toni del legno con sentore di ciliegia e frutti rossi sono ricchi nel naso; in bocca ci sono bacche rosse e cioccolato nero con il tannino vivace e acidità intorno alle guance. È ricco ed equilibrato e sarebbe perfetto con un finale più pulito.		

TENUTA MASSERIA SETTEPORTE

Nerello Mascalese 2016
Etna Rosso DOC

有機酒	BIO
單一園	Contrada
酒精度 Alcohol	14.5% vol.
產量 Bottles	6,000 瓶

首次生產年份	2008
是否每年生產	否，2009、2014及2015年未生產
葡萄園位置	位於火山西南部Biancavilla區Contrada Sparadrappo葡萄園
葡萄品種	100% Nerello Mascalese
葡萄樹齡	40年
海拔	700至730公尺
土壤	含火山灰的砂質土壤
面向	西南
平均產量	5,500公斤/公頃
種植方式	傳統樹叢型
採收日期	2016年10月上旬
釀造製程	置於水泥材質之大型容器
浸漬溫度與時間	24-26°C，約5至7天
陳年方式	第一階段12個月：於木桶；第二階段8至10個月：靜置於玻璃瓶中
顏色	深紅寶石色
建議餐搭選擇	如右方「筱雯老師的品飲紀錄」

筱雯老師的品飲紀錄｜

剛開瓶即為優雅的櫻桃香氣與草本植物香氣，雖似北義Nebbiolo紅酒，但卻多了一絲櫻桃皮與鈴蘭花草香，更添優雅；入口為濃郁的酒漬櫻桃果醬香氣，兩頰澀度雖為Nerello Mascalese葡萄的經典特色，然此款酒成熟的澀度與其柔順的櫻桃果香相互呼應，口齒鼻滿滿皆為其香氣，十分令人驚艷。建議搭配肉醬義大利麵、牛肝菌義式燉飯、烤香腸、牛肉及豬肉等排餐、義大利沙拉米冷肉切片及陳年起司。

First year production	2008	**Exposure**	Southwest
Produced every year	No, 2009, 2014 and 2015 not produced		
Vineyard location	Etna Southwest: Contrada Sparadrappo, Biancavilla		
Grape composition	100% Nerello Mascalese	**Average yield**	55 ql/ha
Vineyard age	40 years	**Altitude**	700-730 meters
Growing system	Espalier from alberello	**Soil**	Sandy volcanic soil
Harvest	First decade of October, 2016		
Vinification	In concrete vats		
Maceration	24-26°C, about 5-7 days		
Aging	12 months in wood; 8-10 months in bottle		
Color	Intense ruby red		
Food match	First courses based on meat sauces, risotto with porcini mushrooms, main courses such as sausage, meatball, grilled horse meat, beef and pork, salami and aged cheese.		
Tasting note of Xiaowen	The elegant cherry and herb notes remind the Piemonte Nebbiolo wine, but instantly the ripe cherry skin and the orchid grass give a twist and point out the real identity. In the mouth, the cherry liquor marmalade flavor with tannins is on both cheeks, which is one of the classic Nerello Mascalese characteristics. The most surprising sensation of this wine is the never-ending scents in the nose and the mouth. The balance between gentle astringent and smooth cherry fruit is also impressive.		

Prima produzione	2008	**Esposizione**	Sud-ovest
Prodotto ogni anno	No, 2009, 2014 e 2015 non prodotto		
Ubicazione del vigneto	Sud-ovest dell'Etna: Contrada Sparadrappo, Territorio di Biancavilla		
Vitigno	100% Nerello Mascalese	**Resa media**	55 ql/ha
Età dei vigneti	40 anni	**Altitudine**	700-730 metri
Terreno	Sabbie laviche		
Sistema di allevamento	Alberello adattato a spalliera		
Vendemmia	Prima decade di Ottobre 2016		
Vinificazione	In vasche di cemento		
Macerazione	24-26°C, circa 5-7 giorni		
Invecchiamento	12 mesi in legno; 8-10 mesi in bottiglia		
Colore	Rosso rubino intenso		
Abbinamenti	Primi a base di sughi di carne, risotto ai funghi porcini e secondi quali salsicce, carni rosse, polpette, grigliate, carne di cavallo alla brace, carni bovine e suine, salumi e formaggi stagionati.		
Note di degustazione da Xiaowen	Eleganti note di ciliegia e di erbe ricordano il vino Nebbiolo del Piemonte, ma istantaneamente la buccia di ciliegia matura e l'erba di orchidea danno i punti in più per l'uva Nerello Mascalese; in bocca è ricco del sapore della marmellata di liquore di ciliegie con tannino su entrambe le guance, una classica caratteristica del Nerello Mascalese. La sensazione più sorprendente è il profumo senza fine completamente nel naso e nella bocca, l'equilibrio tra il dolce astringente e il fruttato morbido di ciliegia.		

TENUTA MONTE GORNA

Etna Rosso DOC 2014

酒精度 Alcohol 13% vol.

產量 Bottles 5,000 瓶

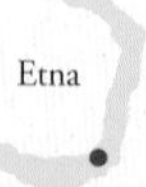

首次生產年份	2008
是否每年生產	是
葡萄園位置	混兩處葡萄園。位於火山東南部Trecastagni區Contrada Monte Gorna葡萄園及Contrada Carpene葡萄園
葡萄品種	80% Nerello Mascalese 20% Nerello Cappuccio
葡萄樹齡	17年
海拔	760公尺
土壤	分佈於梯田式(高低梯塊)、含有礦物質及有機物之火山土壤、砂土及屑岩土壤
面向	東南
平均產量	7,000公斤/公頃
種植方式	短枝修剪兼直架式栽種
採收日期	2014年10月第三週
釀造製程	置於不鏽鋼桶,溫控
浸漬溫度與時間	22°C,10-15天
陳年方式	第一階段6個月:於木桶;第二階段12個月以上:靜置於玻璃瓶中
顏色	深紅寶石色
建議餐搭選擇	如右方「筱雯老師的品飲紀錄」

筱雯老師的品飲紀錄 |

香料與熱帶果肉味道明顯,入口主調依舊為香料、然其於兩頰的澀度如芭蕉皮般,澀而香氣迷人。尾韻果香綿延且香料味道點綴其中,相較於義大利其他產區實屬奇怪酒,然西西里火山葡萄酒包羅萬象,筆者認為此款酒極具特色且為小莊園之絕佳表現。適合搭配烤紅肉,如戰斧牛排、伊比利豬肉、羊肋排。

First year production	2008	**Exposure**	Southeast
Produced every year	Yes	**Average yield**	70 kg/ha
Vineyard location	Etna Southeast: Contrada Monte Gorna and Contreda Carpene, Trecastagni		
Grape composition	80% Nerello Mascalese, 20% Nerello Cappuccio		
Vineyard age	17 years	**Altitude**	760 meters
Soil	Volcanic, sandy, skeletal soil with organic and mineral substances, arranged in terraces		
Growing system	Single cordon espalier with mt 2.20 x 0.85		
Harvest	By the 3rd week of October, 2014		
Vinification	In stainless steel thermo controlled fermenters		
Maceration	22°C, 10-15 days		
Aging	6 months in barrique; more than 12 months in bottle		
Color	Intense ruby red		
Food match	Grilled red meat, especially fiorentina beef, Iberico pork, lamp rib		
Tasting note of Xiaowen	In the nose, there are the spices and fruity tropical bouquets. In the mouth, the spices note dominates the light fruity with the tannins attach to the cheeks. The astringent sensation appears like the skin of the banana with a charming but not aggressive personality. The fruity flavor continues, and it prolongs to the end with hints of spices sparkle. Compared with the other Italian regions, Etna wine has not a stereotype. Visiting and witnessing how a wine expresses its volcanic terroir through the hands of little farm is the better way to understand this wine.		

Prima produzione	2008	**Esposizione**	Sud est
Prodotto ogni anno	Si	**Resa media**	70 ql/ha
Ubicazione del vigneto	Sud-est dell'Etna: Contrada Monte Gorna e Contrada Carpene, Trecastagni		
Vitigno	80% Nerello Mascalese, 20% Nerello Cappuccio		
Età dei vigneti	17 anni	**Altitudine**	760 metri
Terreno	Terreno vulcanico, sabbioso, scheletrico con sostanze organiche e minerali, sistemato in terrazze		
Sistema di allevamento	A spalliera, a cordone speronato singolo con sesto mt 2.20 x 0.85		
Vendemmia	Entro la 3° settimana di Ottobre, 2014		
Vinificazione	In acciaio fermentini termo controllati		
Macerazione	22°C, 10-15 giorni		
Invecchiamento	6 mesi in barrique, non meno di 12 in bottiglia		
Colore	Rosso rubino intenso		
Abbinamenti	Carni rosse alla griglia, in particolare fiorentina, iberico, costola d'agnello		
Note di degustazione da Xiaowen	Spezie e note fruttate tropicali nel bouquet, mentre in bocca le spezie dominano con leggere note fruttate che si esprimono soprattutto quando il tannino si attacca alle guance e la sensazione astringente appare come la buccia della banana; affascinante ma non aggressivo; il sapore fruttato continua prolungato fino alla fine mentre le note speziate brillano nel mezzo. Confrontandolo con altre regioni italiane, l'Etna non ha uno stereotipo e il vino può essere al di là della comprensione, se non visitando e testimoniando come un vino esprime il suo territorio vulcanico.		

45-1 紅葡萄酒 | *Red Wine* | *Vino Rosso*

Tenute Bosco

Piano dei Daini 2016
Etna Rosso DOC

單一園	Contrada
酒精度 Alcohol	14% vol.
產量 Bottles	20,000 瓶

Etna

首次生產年份	2012
是否每年生產	是
葡萄園位置	位於火山北部Castiglione di Sicilia區Solicchiata鎮Contrada Piano dei Daini葡萄園
葡萄品種	90% Nerello Mascalese 10% Nerello Cappuccio
葡萄樹齡	20年
海拔	600公尺
土壤	利於植物根部生長之砂質火山土壤(砂來自火山岩)
面向	北
平均產量	約7,000公斤/公頃
種植方式	短枝修剪
採收日期	2016年10月中旬
釀造製程	置於圓錐柱狀不鏽鋼桶
浸漬溫度與時間	26-29°C，20天
陳年方式	第一階段10個月：於法製橡木桶(7百公升)；第二階段約3個月：於不鏽鋼桶；第三階段6個月以上：靜置於玻璃瓶中
顏色	紅寶石色
建議餐搭選擇	肉類、半陳年起司、義大利麵

筱雯老師的品飲紀錄 |

剛開瓶時青櫻桃的果香即十分明顯，此為不複雜且十分直接的簡單酒款；入口時輕柔的果香撫摸著舌尖，兩頰帶著些許酸度而無過度的矯情，結尾十分乾淨且呼吸時仍帶著果香。此款酒十分適合西西里火山葡萄酒入門者選擇飲用，此酒簡單直接表現其葡萄的特性，可幫助了解此區域葡萄酒的特性。

First year production	2012	**Exposure**	North
Produced every year	Yes	**Average yield**	about 70 ql/ha
Vineyard location	Etna North: Contrada Piano dei Daini, Solicchiata, Castiglione di Sicilia		
Grape composition	90% Nerello Mascalese, 10% Nerello Cappuccio		
Vineyard age	20 years	**Altitude**	600 meters
Soil	Volcanic soil, sandy matrix, with strong root expansion		
Growing system	Espalier		
Harvest	Second and third week of October, 2016		
Vinification	In truncated cone shape steel vats		
Maceration	26-29°C, 20 days		
Aging	10 months in tonneau French oak barrels (700 liters); about 3 months in steel vats; minimum 6 months in the bottle		
Color	Ruby red		
Food match	Meat, semi-seasoned cheese, pasta dishes.		
Tasting note of Xiaowen	The simple, direct green cherry bouquet is in the nose. In the mouth, the light and gentle fruity notes touch the tip of the tongue with mild acidity around the cheeks. There's no drama in this wine. The ending is clean, and in breathing you find prolonged fruity notes lingering. Highly recommended to Etna beginners because this wine can help better understand how indigenous grapes are, and how a simple good Etna wine can never be dull.		

Prima produzione	2012	**Esposizione**	Nord
Prodotto ogni anno	Si	**Resa media**	circa 70 ql/ha
Ubicazione del vigneto	Nord dell'Etna: Contrada Piano dei Daini, Solicchiata, Castiglione di Sicilia		
Vitigno	90% Nerello Mascalese, 10% Nerello Cappuccio		
Età dei vigneti	20 anni	**Altitudine**	600 metri
Terreno	Vulcanico di matrice sabbiosa		
Sistema di allevamento	Cordone speronato		
Vendemmia	Seconda decade Ottobre, 2016		
Vinificazione	In acciaio inossidabile di forma troncoconica		
Macerazione	26-29°C, 20 giorni		
Invecchiamento	Almeno 10 mesi in tonneau di rovere Francese (700 litri); 3 mesi in vasca di acciaio; minimo 6 mesi in bottiglia		
Colore	Rosso rubino		
Abbinamenti	Carne, formaggi poco stagionati, primi piatti.		
Note di degustazione da Xiaowen	Il bouquet è semplice e diretto con note di ciliegia verde mentre, in bocca, note fruttate, leggere e delicate toccano la punta della lingua con una delicata acidità intorno alle guance. Non c'è dramma in questo vino; il finale è pulito ma nel respiro si trovano lunghe note fruttate persistenti. Altamente raccomandato ai principianti dell'Etna perché questo vino può aiutare a capire meglio come sono veramente autoctome e come un semplice buon vino dell'Etna non può mai essere semplice.		

45-2 紅葡萄酒 | *Red Wine* | *Vino Rosso*

TENUTE BOSCO

Vico Prephylloxera 2014
Etna Rosso DOC

單一園	Contrada
酒精度 Alcohol	14.5% vol.
產量 Bottles	4,000 瓶

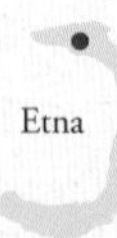

首次生產年份	2013
是否每年生產	是
葡萄園位置	位於火山北部Castiglione di Sicilia區Passopisciaro鎮Contrada Santo Spirito葡萄園
葡萄品種	90% Nerello Mascalese 10% Nerello Cappuccio
葡萄樹齡	80至150年
海拔	750公尺
土壤	火山砂質土，混合少部份岩石
面向	北
平均產量	5,000公斤/公頃
種植方式	傳統樹叢型
採收日期	2014年10月第三週
釀造製程	置於圓錐柱狀不鏽鋼桶
浸漬溫度與時間	26-30°C，20天
陳年方式	第一階段14個月以上：於法製橡木桶(7百公升)；第二階段3個月以上：於不鏽鋼桶；第三階段12個月以上：靜置於玻璃瓶中
顏色	石榴紅色
建議餐搭選擇	陳年起司、烤肉、野生菌菇

筱雯老師的品飲紀錄 |

剛開瓶時可能木桶味過多，然20分鐘後氣味轉變為各式莓果香而略顯香料，十分優雅且具吸引力，如同約會時透過燭光看著心儀對象的笑容；喝一口，口中充滿果香、新鮮如葡萄乾，帶著深沉香料與柑橘皮香，尾韻帶著香料優雅澀味，令人不禁一飲再飲。火山上的老欉如此表現為期望中的常態，然老欉產量不多而莊主不顧經濟效益如此堅持生產，即為傳承、亦為年輕一化的理想，著實令人敬佩。

First year production	2013	**Exposure**	North
Produced every year	Yes	**Average yield**	50 ql/ha
Vineyard location	Etna North: Contrada Santo Spirito, Passopisciaro, Castiglione di Sicilia		
Grape composition	90% Nerello Mascalese, 10% Nerello Cappuccio		
Vineyard age	80-150 years	**Altitude**	750 meters
Soil	Volcanic soil, sandy matrix, in a few parcels with presence of stones		
Growing system	Alberello	**Harvest**	Third week of October, 2014
Vinification	In truncated cone shape steel vats		
Maceration	26-30°C, 20 days		
Aging	At least 14 months in tonneau french oak barrels (700 liters); at least 3 months in steel vats; a minimum of 12 months in the bottle		
Color	Ruby-garnet red		
Food match	Mature cheese, roasted meat, mushrooms		

Tasting note of Xiaowen

It takes 20 minutes to open up. The bouquets are vivid fresh fruits full of different berries and spices, charming and appealing like watching your date smiling over candlelight on the dinner table. In the mouth, the full fruity notes satisfy the previous sensation, and the fresh raisin and deep spices enlighten the orange peel scent. It ends with silky tannins accompanied by lighter spices. The extraordinary taste might encourage many glasses. Another important fact, like many other wines in this book, the production of this wine is too small to comprehend by economic rewards. The reason for the continuation of the production deserves some cheers to the persistence and belief of Sofia and Alice.

Prima produzione	2013	**Esposizione**	Nord
Prodotto ogni anno	Si	**Resa media**	50 ql/ha
Ubicazione del vigneto	Nord dell'Etna: Contrada Santo Spirito, Passopisciaro, Castiglione di Sicilia		
Vitigno	90% Nerello Mascalese, 10% Nerello Cappuccio		
Età dei vigneti	80-150 anni	**Altitudine**	750 metri
Terreno	Vulcanico di matrice sabbiosa		
Sistema di allevamento	Alberello	**Vendemmia**	Seconda decade Ottobre 2014
Vinificazione	In acciaio inossidabile di forma troncoconica		
Macerazione	26-30°C, 20 giorni		
Invecchiamento	Almeno 14 mesi in tonneaux di rovere francese (700 litri); almeno 3 mesi in vasca di acciaio; minimo 12 mesi in bottiglia		
Colore	Rosso granato		
Abbinamenti	Formaggi stagionati, carne arrosto, funghi		

Note di degustazione da Xiaowen

Ci vogliono 20 minuti per aprire. Il bouquet è vivida frutta fresca piena di diversi frutti di bosco e spezie, allettante e accattivante come guardare il proprio compagno o la propria compagna sorridere a lume di candela sul tavolo da pranzo; in bocca, le note fruttate piene di tutte le aspettative esprimono uvetta fresca e spezie profonde per la meditazione, illuminando con la buccia d'arancia e terminando con tannino setoso accompagnato da spezie più chiare. Questo gusto è straordinario e incoraggia molti bicchieri. Un altro dato importante, come molti altri vini in questo libro, è che la produzione di questo vino è troppo piccola per comprendere ricompense economiche, tuttavia la produzione continua e, quindi, complimenti alla persistenza e alla convinzione di Sofia e Alice.

TENUTE MANNINO DI PLACHI

Etna Rosso DOC 2012

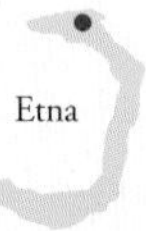

單一園	Contrada
酒精度 Alcohol	13.5% vol.
產量 Bottles	3,200 瓶

首次生產年份	1998
是否每年生產	是
葡萄園位置	位於火山北部Castglione di Sicilia區Contrada Pietramarina葡萄園
葡萄品種	95% Nerello Mascalese 5% Nerello Cappuccio
葡萄樹齡	20至80年
海拔	550公尺
土壤	源自火山熔岩的砂質土壤
面向	北
平均產量	7,000-8,000公斤/公頃
種植方式	傳統樹叢型與樹叢直架栽種
採收日期	2012年10月
釀造製程	置於不鏽鋼桶
浸漬溫度與時間	開始的溫度為10°C，接著升至20-21°C，一週
陳年方式	第一階段24個月：於法製橡木桶(5百公升)及中型木桶 (1,500公升)；第二階段12個月：靜置於玻璃瓶中
顏色	紅寶石色
建議餐搭選擇	如右方「筱雯老師的品飲紀錄」

筱雯老師的品飲紀錄｜

櫻桃皮與優雅的綜合花香，像是漫步在皇室後花園般，法式木桶的香草與圓融芋頭香氣（一般要口嚐、此款鼻聞即可感受），顯示此款酒的國際口感走向與優雅度；口中的櫻桃果香與兩頰的澀度顯示其Nerello Mascalese葡萄品種的特性，酸度點綴其中，尾韻延續著果香、酸度與澀度之間的平衡令人一口接著一口。

＊適合搭配番茄義大利麵、米蘭番紅花燉飯、台灣滷肉飯、紅燒肉料理及陳年起司。

First year production	1998	**Exposure**	North
Produced every year	Yes	**Average yield**	70-80 ql/ha
Vineyard location	Etna North: Contrada Pietramarina, Castglione di Sicilia		
Grape composition	95% Nerello Mascalese, 5% Nerello Cappuccio		
Vineyard age	20-80 years	**Growing system**	Espalier and bush
Harvest	October 2012	**Altitude**	550 meters
Vinification	In stainless steel	**Soil**	Sandy soils of origin lava
Maceration	Starts from 10°C then up to 20-21°C, 1 week		
Aging	24 months in French oak barrels (500 l) and barrels (15 hl); 12 months in bottle		
Color	Ruby red		
Food match	Perfect for tomato-based pasta, Milan saffron risotto, Taiwanese stew pork rice, Japanese braised pork and aged cheese.		
Tasting note of Xiaowen	Cherry peel with sumptuous, various floral bouquets as if walking in the royal garden full of exotic flowers and fruits. In the nose, there are gentle vanilla and taro notes from French barrels that also appear in the mouth. It shows the elegance and the international tendency of this wine. The cherry flavor with tannins on the cheeks indicates the characteristics of Nerello Mascalese grapes. The acidity sparkles and ends with the balance between fruity notes, acidity, and stringency. Can't stop drinking it.		

Prima produzione	1998	**Esposizione**	Nord
Prodotto ogni anno	Si	**Resa media**	70-80 ql/ha
Ubicazione del vigneto	Nord dell'Etna : Contrada Pietramarina, Castglione di Sicilia		
Vitigno	95% Nerello Mascalese, 5% Nerello Cappuccio		
Età dei vigneti	20-80 anni	**Altitudine**	550 metri
Terreno	Terreno sabbioso di origine lavica		
Sistema di allevamento	Contro spalliera e alberello		
Vinificazione	In acciaio	**Vendemmia**	Ottobre 2012
Macerazione	Inizia da 10°C e poi fino a 20-21°C, 1 settimana		
Invecchiamento	24 mesi in botti di rovere francese (500 l) e botti (15 hl); 12 mesi in bottiglia		
Colore	Rosso rubino		
Abbinamenti	Perfetto per la pasta a base di pomodoro, risotto allo zafferano di Milano, Taiwanese riso di maiale stufato, maiale brasato giapponese e formaggi stagionati		
Note di degustazione da Xiaowen	Buccia di ciliegia con ricchi e vari bouquet floreali, come se camminassimo nel giardino reale pieno di fiori e frutti. Nel naso ci sono anche le dolci note di vaniglia e taro dei barili francesi che per lo più appaiono in bocca e non nel naso, mostrando l'eleganza e la tendenza internazionale di questo vino; il sapore di ciliegia con tannino sulle guance mostra le caratteristiche dell'uva Nerello Mascalese con acidità brillante nel mezzo; termina con grande equilibrio tra note fruttate, acidità e astringenza. Non posso smettere di berlo.		

TERRA COSTANTINO

DeAetna 2016
Etna Rosso DOC

有機酒	BIO
單一園	Contrada
酒精度 Alcohol	13.5% vol.
產量 Bottles	18,978 瓶

首次生產年份	2013
是否每年生產	是
葡萄園位置	位於火山東南部Viagrande區Contrada Blandano葡萄園
葡萄品種	90% Nerello Mascalese 10% Nerello Cappuccio
葡萄樹齡	35年
海拔	450至550公尺
土壤	含火山灰的砂質土壤
面向	東南
平均產量	4,500公斤/公頃
種植方式	短枝修剪與傳統樹叢型
採收日期	2016年9月底
釀造製程	置於不鏽鋼桶中
浸漬溫度與時間	24°C，10天
陳年方式	第一階段8至10個月：部份置於橡木桶，部份於大型水泥材質容器；第二階段10個：靜置於玻璃瓶中
顏色	紅寶石色
建議餐搭選擇	如右方「筱雯老師的品飲紀錄」

筱雯老師的品飲紀錄 |

一開瓶即為清雅的紅莓果香，約十分鐘後轉換為類似芋頭地瓜的香氣；入口為濃郁的蔓越莓果香，而後酸度出現並轉為玫瑰花香，兩頰澀度為Nerello Mascalese葡萄的特徵，尾韻和順的果香十分宜人且易飲。此款酒彎適合搭配西西里烤肉串、紅燒排骨或醬燒豬肉。

First year production	2013	**Exposure**	Southeast
Produced every year	Yes	**Average yield**	45 ql/ha
Vineyard location	Etna Southeast: Contrada Blandano, Viagrande		
Grape composition	90% Nerello Mascalese, 10% Nerello Cappuccio		
Vineyard age	35 years	**Altitude**	450-550 meters
Soil	Volcanic sands		
Growing system	Cordon spur, alberello (bush tree)		
Harvest	Late September, 2016		
Vinification	In stainless steel vats		
Maceration	24°C, 10 days		
Aging	8-10 months part in oak barrels, part in cements; 10 months in bottle		
Color	Ruby red		
Food match	Good with meat skewers in Messinese style, braised pork ribs or meat with soy sauce		
Tasting note of Xiaowen	Fresh red berry bouquet appears when opening the bottle, and it turns to taro/sweet potato note after 10 minutes in the glass at 18 degrees. In the mouth, the rich cranberry flavor with acidity leads to elegant rose paddle note, and the tannins on both cheeks show the characteristic of Nerello Mascalese grape. This wine is smooth from the beginning to the end, and it is easy to drink.		

Prima produzione	2013	**Esposizione**	Sud-est
Prodotto ogni anno	Sì	**Resa media**	45 ql/ha
Ubicazione del vigneto	Sud-est dell'Etna: Contrada Blandano, Viagrande		
Vitigno	90% Nerello Mascalese, 10% Nerello Cappuccio		
Età dei vigneti	35 anni	**Altitudine**	450-550 metri
Terreno	Sabbie di natura vulcanica		
Sistema di allevamento	Cordone speronato, alberello		
Vendemmia	Fine Settembre 2016		
Vinificazione	In acciaio		
Macerazione	24°C, 10 giorni		
Invecchiamento	8-10 mesi parzialmente in botti di rovere, parzialmente in cemento; 10 mesi in bottiglia		
Colore	Rosso rubino		
Abbinamenti	Buono con spiedini alla Messinese, costolette di maiale brasate o carne con salsa di soia		
Note di degustazione da Xiaowen	All'apertura della bottiglia appare un fresco bouquet di bacche rosse e si trasforma in nota di taro/patata dolce dopo 10 minuti nel bicchiere a 18 gradi; in bocca il ricco sapore di mirtillo con l'acidità porta all'elegante nota di paddle rosa mentre il tannino su entrambe le guance mostra la vera caratteristica dell'uva Nerello Mascalese. Questo vino è morbido dall'inizio alla fine ed è facile da bere.		

TERRA COSTANTINO

Contrada Blandano 2014
Etna Rosso DOC

有機酒	BIO
單一園	Contrada
酒精度 Alcohol	13.5% vol.
產量 Bottles	2,353 瓶

Etna

首次生產年份	2014
是否每年生產	是
葡萄園位置	位於火山東南部Viagrande區 Contrada Blandano葡萄園
葡萄品種	90% Nerello Mascalese 10% Nerello Cappuccio
葡萄樹齡	35年
海拔	450至550公尺
土壤	含火山灰的砂質土壤
面向	東南
平均產量	4,500公斤/公頃
種植方式	短枝修剪與傳統樹叢型
採收日期	2014年10月初
釀造製程	置於水泥材質之大型容器中
浸漬溫度與時間	24°C，10天
陳年方式	第一階段12至14個月：於大型橡木桶；第二階段24個月：靜置於玻璃瓶中
顏色	紅寶石色
建議餐搭選擇	如右方「筱雯老師的品飲紀錄」

筱雯老師的品飲紀錄 |

紅莓果香氣為剛開瓶時的果香，一開始雖然香氣尚未完全開啟然已優雅且新鮮，難以相信此為釀造多年才上市的酒款；初入口時雖無明顯結構，酒精感之外，舌尖已有些許梅香、尾韻略帶清新果香、兩頰澀味優雅而不搶戲；開瓶後30分鐘開始精彩，優雅完整的果香最後口感乾淨。這是一瓶十分適合輕鬆搭配瘦豬肉或牛肉飲用的酒款。

First year production	2014	**Exposure**	Southeast
Produced every year	Yes from 2014	**Average yield**	45 ql/ha
Vineyard location	Etna Southeast: Contrada Blandano, Viagrande		
Grape composition	90% Nerello Mascalese, 10% Nerello Cappuccio		
Vineyard age	35 years	**Altitude**	450-550 meters
Soil	Volcanic sands		
Growing system	Cordon spur, alberello (bush tree)		
Harvest	Early October, 2014		
Vinification	In cement		
Maceration	24°C, 10 days		
Aging	12-14 months in oak barrels; 24 months in bottle		
Color	Ruby red		
Food match	As below "Tasting note of Xiaowen"		
Tasting note of Xiaowen	Red berry bouquet is the first impression. The smell is fresh and elegant. It seems a young wine, unlike an aged wine. In the mouth, you feel most alcohol with plum note at first. After 30 minutes, it starts to be a wonderful wine with freshness of different fruits and the right amount of tannins on both cheeks. The ending is clean. It is an easy-finishing Etna Rosso, especially combining with slim pork and beef.		

Prima produzione	2014	**Esposizione**	Sud-est
Prodotto ogni anno	Sì a partire dal 2014	**Resa media**	45 ql/ha
Ubicazione del vigneto	Sud-est dell'Etna: Contrada Blandano, Viagrande		
Vitigno	90% Nerello Mascalese, 10% Nerello Cappuccio		
Età dei vigneti	35 anni	**Altitudine**	450-550 metri
Terreno	Sabbie di natura vulcanica		
Sistema di allevamento	Cordone speronato, alberello		
Vendemmia	Inizi di Ottobre 2014		
Vinificazione	In cemento		
Macerazione	24°C, 10 giorni		
Invecchiamento	12-14 mesi in botti di rovere; 24 mesi in bottiglia		
Colore	Rosso rubino		
Abbinamenti	Come "Note di degustazione da Xiaowen"		
Note di degustazione da Xiaowen	Si ha subito l'impressione di percepire un bouquet di bacche rosse. Il profumo è fresco ed elegante e sembra un vino giovane, a differenza di un vino di anni; in bocca, in un primo momento, si sente maggiormente l'alcol con note di prugna, eppure, dopo 30 minuti, inizia ad essere un vino meraviglioso e ricco, con la freschezza di frutti diversi, giusta quantità di tannini su entrambe le guance e finale pulito. Si tratta di un Etna Rosso facile da finire se abbinato a carne di maiale e manzo magro.		

TORRE MORA (TENUTE PICCINI)

Scalunera 2015
Etna Rosso DOC

有機酒	BIO
單一園	Contrada
酒精度 Alcohol	13.5% vol.
產量 Bottles	20,000 瓶

首次生產年份	2012
是否每年生產	是
葡萄園位置	位於火山北部Castiglione di Sicilia區Rovittello鎮Contrada Dafara Galluzzo葡萄園
葡萄品種	95% Nerello Mascalese 5% Nerello Cappuccio
葡萄樹齡	15年
海拔	700公尺
土壤	混合岩石的黑色鬆軟火山土壤
面向	東北
平均產量	6,000公斤/公頃
種植方式	梯田式(高低梯塊);傳統樹叢型
採收日期	2015年10月2日
釀造製程	置於不鏽鋼桶，溫控
浸漬溫度與時間	28°C，10天
陳年方式	24個月於橡木桶(1,500及5百公升)
顏色	紅色
建議餐搭選擇	如右方「筱雯老師的品飲紀錄」

筱雯老師的品飲紀錄 |

主調為花香與輕香料的香氣，雖類似北義高海拔的Nebbiolo葡萄酒然此香氣不如北義濃郁持久；入口為鳶尾花，十分優雅且帶香料。此款酒的莊主雖來自托斯卡尼酒莊，然其於西西里火山上的表現卻令人驚艷。建議搭配傳統西西里餐點、豬肉、起司及茄子和紅椒等蔬菜。

First year production	2012	**Exposure**	Northeast
Produced every year	Yes	**Average yield**	60 ql/ha
Vineyard location	Etna North: Contrada Dafara Galluzzo, Rovittello, Castiglione di Sicilia		
Grape composition	95% Nerello Mascalese 5% Nerello Cappuccio		
Vineyard age	15 years		
Altitude	700 meters		
Soil	Black lose volcanic soil mixed with rocks		
Growing system	Bush vine, terraced vineyards		
Harvest	Oct. 2, 2015		
Vinification	In stainless steel tanks, temperature controlled		
Maceration	28°C, 10 days		
Aging	24 months in oak barrels (15 hl and 500 l)		
Color	Red		
Food match	Typical Sicilian cuisine, pork, ham, cheese and vegetables like eggplants and red peppers		
Tasting note of Xiaowen	The floral and light spices bouquets are similar to Piemonte Nebbiolo wine of higher altitude. In the mouth, the vibrant iris floral and spices notes with a bit of red berry make an excellent impression. The owner is of Tuscany, but this red wine speaks of the Etna terroir. It is an elegant Etna Rosso wine.		

Prima produzione	2012	**Esposizione**	Nord-est
Prodotto ogni anno	Si	**Resa media**	60 ql/ha
Ubicazione del vigneto	Nord dell'Etna: Contrada Dafara Galluzzo, Rovittello, Castiglione di Sicilia		
Vitigno	95% Nerello Mascalese 5% Nerello Cappuccio		
Età dei vigneti	15 anni		
Altitudine	700 metri		
Terreno	Sciolto, polvere vulcanica nera mista a rocce		
Sistema di allevamento	Alberello etneo, terrazzamenti		
Vendemmia	2 Ott, 2015		
Vinificazione	In acciaio vasche, temperatura controllata		
Macerazione	28°C, 10 giorni		
Invecchiamento	24 mesi in botte di rovere (15 hl e 500 l)		
Colore	Rosso		
Abbinamenti	Tipico della cucina siciliana, maiale, agnello, formaggio, melanzane e peperoni		
Note di degustazione da Xiaowen	I bouquet floreali e speziati sono simili al vino Nebbiolo piemontese d'altura; in bocca c'è solo un lieve sentore di bacche rosse, ma con un profumo intenso di note floreali di iris e spezie, il che è di buona impressione. Anche se il proprietario è toscano, questo vino rosso parla del suo terroir nel nord dell'Etna; un elegante Etna Rosso.		

VIVERA

Martinella 2013
Etna Rosso DOC

有機酒	BIO
單一園	Contrada
酒精度 Alcohol	13.5% vol.
產量 Bottles	14,000瓶

首次生產年份	2008
是否每年生產	是
葡萄園位置	位於火山東北部Linguaglossa區Contrada Martinella葡萄園
葡萄品種	90% Nerello Mascalese 10% Nerello Cappuccio
葡萄樹齡	15年
海拔	550至600公尺
土壤	深度超過250公尺的火山土壤
面向	東北
平均產量	6,000公斤/公頃
種植方式	短枝修剪兼傳統樹叢型
採收日期	2013年10月第一週
釀造製程	置於不鏽鋼桶，溫控
浸漬溫度與時間	26-29°C，15天
陳年方式	第一階段24個月：於法製橡木桶(225公升)；第二階段16個月以上：靜置於玻璃瓶中
顏色	亮紅寶石色
建議餐搭選擇	如右方「筱雯老師的品飲紀錄」

筱雯老師的品飲紀錄 |

這是一瓶擁有國際口感的西西里火山紅葡萄酒。紅櫻桃香氣、春末盛開的粉紅花香與優雅的香草，對平日喝法國酒的人來說，感覺並不陌生；入口十分柔順，濃郁果香、結構中等、優雅的酸度高且藏在果香中，使人覺得這是一款圓融的紅酒，然最後殘留在兩頰與齒間的澀度依舊能顯示Nerello Mascalese葡萄的特性，值得推薦；具陳年實力。適合搭配五分熟的牛肉、鐵板燒、鮪魚塔、牛肝菌義大利寬麵、豬肉扁豆湯、或有番茄與培根的料理。

First year production	2008	**Exposure**	Northeast
Produced every year	Yes	**Average yield**	60 ql/ha
Vineyard location	Etna Northeast: Contrada Martinella, Linguaglossa		
Grape composition	90% Nerello Mascalese, 10% Nerello Cappuccio		
Vineyard age	15 years	**Altitude**	550-600 meters
Soil	Volcanic more then 250 meters deep		
Growing system	Pruned-spur cordon-trained and head-trained		
Harvest	First week of October, 2013		
Vinification	In stainless-steel tank, temperature controlled		
Maceration	26-29°C, 15 days		
Aging	24 months in French oak barriques (225 liters); at least 16 months in bottles		
Color	Clear ruby red		
Food match	Suitable for medium-cooked beef, teppanyaki (Authentic Japanese cooking with hot steel), tuna tartare, tagliatelle with porcini mushrooms, lentils with pig's jowl, and cuisine with ingredients like tomato or bacon		
Tasting note of Xiaowen	It is an Etna Rosso with an international approach. The red cherry, fully-bloom-spring-pink floral, and elegant vanilla bouquets are no stranger to French wine lovers. In the mouth, it is smooth and gentle, the rich fruity flavor has a good body structure, and the elegant acidity is hidden subtly in between. It is round and pleasant. The tannins on the cheeks and between the teeth indicate the variety of Nerello Mascalese grapes. It is with aging potential. Recommended.		

Prima produzione	2008	**Esposizione**	Nord-est
Prodotto ogni anno	Si	**Resa media**	60 ql/ha
Ubicazione del vigneto	Nord-est dell'Etna: Contrada Martinella, Linguaglossa		
Vitigno	90% Nerello Mascalese, 10% Nerello Cappuccio		
Età dei vigneti	15 anni	**Altitudine**	550-600 metri
Terreno	Vulcanico profondo oltre 250 metri		
Sistema di allevamento	Cordone speronato e alberello		
Vendemmia	Prima settimana di Ottobre 2013		
Vinificazione	In acciaio a temperatura controllata		
Macerazione	26-29°C, 15 giorni		
Invecchiamento	24 mesi in barriques di rovere francese di più passaggi; 16 mesi almeno in bottiglia		
Colore	Rosso scarico brillante		
Abbinamenti	Adatto per carne di manzo a cottura media, teppanyaki (cucina giapponese autentica con acciaio caldo), tartare di tonno, tagliatelle con funghi porcini, zuppa di lenticchie e salsiccia e cucina con ingredienti come pomodoro o pancetta		
Note di degustazione da Xiaowen	Questo è un Etna Rosso con approccio apparentemente internazionale. I bouquet floreali di ciliegie rosse e fiori rosa primaverili, ed elegante vaniglia non sono estranei agli amanti del vino francese; in bocca è morbido e delicato, percepiamo il ricco sapore fruttato con buona struttura corporea e l'elegante acidità nascosta nel mezzo, la rotondità diventa una sensazione generale tranne che alla fine e il tannino nelle guance e tra i denti ricorda ancora l'uva Nerello Mascalese. Consigliato e con potenziale d'invecchiamento.		

BARONE DI VILLAGRANDE

Etna Rosato DOC 2017

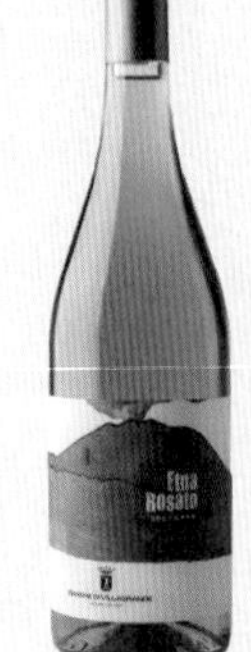

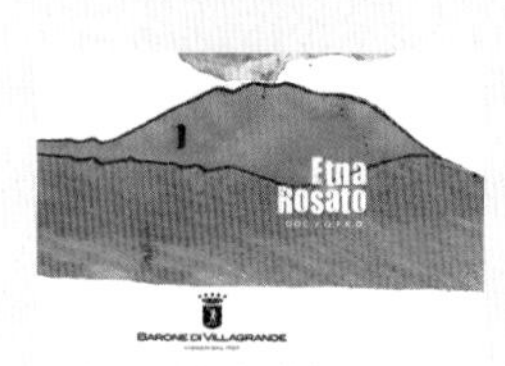

單一園	Contrada
酒精度 Alcohol	13.5% vol.
產量 Bottles	8,000瓶

Etna

首次生產年份	1968
是否每年生產	是
葡萄園位置	位於火山東部Milo區Contrada Villagrande葡萄園
葡萄品種	90% Nerello Mascalese 10% Carricante
葡萄樹齡	40年
海拔	700公尺
土壤	鬆軟且深層的火山熔岩
面向	東南
平均產量	5,000公斤/公頃
種植方式	長枝修剪
採收日期	2017年10月
釀造製程	置於不鏽鋼桶
浸漬溫度與時間	無
陳年方式	6個月於不鏽鋼桶
顏色	色度3.5；草莓淡紅色 (自0至10，10最深)
建議餐搭選擇	如右方「筱雯老師的品飲紀錄」

筱雯老師的品飲紀錄 |

一開瓶即為明顯的花香、後轉為薄荷草本香氣，十分優雅；入口初為草莓果香，緊接著蘋果香氣、小白花與草本植物香氣，優雅的酸度出現後亦出現些許酒精感，十分平衡，最後口感十分乾淨且蘋果酸綿延。夏日作為餐前酒飲用或是搭配西西里燉菜、海鮮或及茄汁餐點，十分美妙。

First year production	1968	**Exposure**	Southeast
Produced every year	Yes	**Average yield**	50 ql/ha
Vineyard location	Etna East: Contrada Villagrande, Milo		
Grape composition	90% Nerello Mascalese, 10% Carricante		
Vineyard age	40 years	**Altitude**	700 meters
Growing system	Guyot	**Soil**	Melted and deep lava
Harvest	October, 2017		
Vinification	In stainless steel		
Maceration	No		
Aging	6 months in stainless steel		
Color	Classified as 3.5 (from 0~10, 10 darkest), light strawberry red		
Food match	Perfect as aperitif or served with seafood, caponata and tomato-based first dishes		
Tasting note of Xiaowen	When the bottle is open, the vivid, multi-layer floral bouquets spread out and later turn to a mix of herbs which is fresh, elegant and pleasant. In the mouth, it is at first fresh strawberry and red apple flavors, then white flowers and herbs, then acidity comes in between the fruity sweetness with a hint of alcohol which brings the balance. The ending is clean in the mouth, and in the nose you can still sense the apple note with acidity lingers. Perfect for summertime.		

Prima produzione	1968	**Esposizione**	Sud-est
Prodotto ogni anno	Si	**Resa media**	50 ql/ha
Ubicazione del vigneto	Est dell'Etna: Contrada Villagrande, Milo		
Vitigno	90% Nerello Mascalese, 10% Carricante		
Età dei vigneti	40 anni	**Altitudine**	700 metri
Sistema di allevamento	Guyot	**Terreno**	Lavico sciolto e profondo
Vendemmia	Ottobre 2017		
Vinificazione	In acciaio		
Macerazione	No		
Invecchiamento	6 mesi in acciaio		
Colore	Classificato 3.5 (da 0~10, 10 più scuro), rosso fragola chiaro		
Abbinamenti	Perfetto come aperitivo, accompagnato da frutti di mare, caponata e ai primi piatti a base di pomodoro		
Note di degustazione da Xiaowen	Nel momento in cui la bottiglia viene aperta, i bouquet floreali e multistrato si diffondono e in seguito si trasformano in un mix di erbe fresche, eleganti e piacevoli; in bocca si percepiscono dapprima sapori di fragola fresca e mela rossa, poi fiori bianchi ed erbe aromatiche e infine l'acidità si unisce alla dolcezza fruttata con un sentore di alcol che porta l'equilibrio. Il finale è pulito in bocca e nel naso si percepisce ancora la nota di mela con l'acidità che indugia. Perfetto per l'estate.		

CANTINE DI NESSUNO

Nerosa 2017
Etna Rosato DOC

單一園 Contrada

酒精度 Alcohol 12.5% vol.

產 量 Bottles 3,500 瓶

首次生產年份	2016
是否每年生產	是
葡萄園位置	位於火山東南部Trecastagni區 Contrada Carpene葡萄園
葡萄品種	85% Nerello Mascalese 15% Nerello Cappuccio
葡萄樹齡	30至10年
海拔	700至800公尺
土壤	含火山灰的砂質土壤
面向	東南
平均產量	3,000公斤/公頃
種植方式	傳統樹叢型兼直架式栽種
採收日期	2017年9月第四週
釀造製程	置於不鏽鋼桶，溫控
浸漬溫度與時間	19°C
陳年方式	6個月於不鏽鋼桶
顏色	色度7.5；橘紅色 (自0至10，10最深)
建議餐搭選擇	如右方「筱雯老師的品飲紀錄」

筱雯老師的品飲紀錄 |

宜人的香橙果肉與優雅薄荷香氣，像是夏日消暑的果汁或雞尾酒；入口帶著米香和青檸檬的明顯酸度，伴隨著青蘋果香氣。這款酒簡單易飲的輕鬆酒體，使其可能搭配平日不易搭配的食材如醃製　魚或辛香味重的食材，亦適合搭配醬汁清淡低脂料理、生魚片、鮮魚或白肉料理及新鮮起司。

First year production	2016	**Exposure**	Southeast
Produced every year	Yes	**Average yield**	30 ql/ha
Vineyard location	Etna Southeast: Contrada Carpene, Trecastagni		
Grape composition	85% Nerello Mascalese, 15% Nerello Cappuccio		
Vineyard age	Between 30 and 100 years		
Altitude	Variable from 700 to 800 meters		
Soil	Volcanic sand		
Growing system	Bush with chestnut poles and espalier		
Harvest	Last week of September, 2017		
Vinification	In stainless steel tanks, temperature controlled		
Maceration	19°C		
Aging	6 months in stainless steel tanks		
Color	Classified as 7.5 (from 0-10, 10 darkest), dark orange		
Food match	It is for non-fat sauce cuisine, sashimi, fresh cheeses, fish dishes or white meat; it is also possible to match with anchovy, nduja or green curry		
Tasting note of Xiaowen	The bouquet is pleasant orange pulp with a mint note, fresh and elegant like a cocktail by the pool in the summertime. In the mouth, it is ripe round fruit like steam rice with acidity of green lemon and apple peel. The easy-drinking, pleasant flavor and light body of this wine make it possible to match with dishes like anchovy, nduja (Calabria's spicy pork salami, soft and spreadable) or green curry.		

Prima produzione	2016	**Esposizione**	Sud-est
Prodotto ogni anno	Si	**Resa media**	30 ql/ha
Ubicazione del vigneto	Sud-est dell'Etna: Contrada Carpene, Trecastagni		
Vitigno	85% Nerello Mascalese, 15% Nerello Cappuccio		
Età dei vigneti	Tra i 30 e i 100 anni		
Altitudine	Variabile da 700 a 800 metri		
Terreno	Sabbia vulcanica		
Sistema di allevamento	Alberello e spalliera		
Vendemmia	Ultima settimana di Settembre 2017		
Vinificazione	Serbatoi in acciaio a temperatura controllata		
Macerazione	19°C		
Invecchiamento	6 mesi in serbatoi di acciaio		
Colore	Classificato 7.5 (da 0-10, 10 più scuro), arancione scuro		
Abbinamenti	Primi piatti, sughi non grassi, piatti di pesce, sashimi, formaggi freschi, carni bianche, e anche possibile con acciughe, nduja o curry verde		
Note di degustazione da Xiaowen	Il bouquet è una piacevole polpa d'arancia con una nota di menta, fresca ed elegante come un cocktail a bordo piscina nel periodo estivo; in bocca è un frutto rotondo e maturo, come riso al vapore, con acidità di limone verde e buccia di mela. Il gusto facile da bere, il sapore piacevole e il corpo leggero di questo vino permettono di abbinarlo a piatti come l'acciughe o la nduja (salame piccante calabrese di maiale, morbido e spalmabile) o il curry verde.		

CANTINE RUSSO

Rampante 2017
Etna Rosato DOC

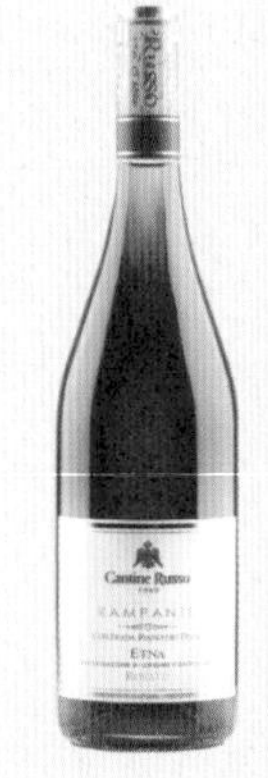

單一園 Contrada

酒精度 Alcohol 12.5% vol.

產量 Bottles 5,000瓶

首次生產年份	2014
是否每年生產	否，僅於2014, 2016, 2017年生產
葡萄園位置	位於火山北部Castiglione di Sicilia區Solicchiata鎮Contrada Crasà葡萄園
葡萄品種	80% Nerello Mascalese 20% Nerello Cappuccio
葡萄樹齡	40至50年
海拔	800公尺
土壤	含火山灰的土壤
面向	東北
平均產量	7,000公斤/公頃
種植方式	傳統樹叢型暨直架式栽種
採收日期	2017年10月第一週
釀造製程	置於不鏽鋼桶，溫控
浸漬溫度與時間	無
陳年方式	無
顏色	色度8.5；深橘色 （自0至10，10最深）
建議餐搭選擇	如右方「筱雯老師的品飲紀錄」

筱雯老師的品飲紀錄 |

優雅的草本植物香氣是這一款粉紅酒最大的特色，不同於其他粉紅酒，此款酒鼻聞的香氣中帶著鼠尾草及紫羅蘭的高貴優雅氣質；入口時花香持續、隨之而來可以感受到Nerello紅葡萄的完整結構感，有一種可以咬的感覺，伴隨著草莓葉的香氣與明顯酸度，這款酒非常適合餐搭、尤其搭配具油脂的白肉和魚類，亦可作為餐前酒飲用。

First year production	2014		
Produced every year	No, only 2014, 2016 and 2017 produced		
Vineyard location	Etna North: Contrada Crasà, Solicchiata, Castiglione di Sicilia		
Grape composition	80% Nerello Mascalese, 20% Nerello Cappuccio		
Vineyard age	40-50 years	**Exposure**	Northeast
Altitude	800 meters	**Average yield**	70 ql/ha
Soil	Volcanic		
Growing system	Espalier and alberello		
Harvest	First week of October, 2017		
Vinification	In stainless steel tanks, temperature controlled		
Maceration	No		
Aging	No		
Color	Classified as 8.5 (from 0~10, 10 darkest), dark orange		
Food match	As an aperitif or in combination with fish or fatty white meat		
Tasting note of Xiaowen	The most obvious characteristic of this Rosé is its elegant herbal bouquet. Unlike other Etna Rosé Wine, there are sage and violet flower bouquets in the nose, and in the mouth, the floral note continues with well-structured that seems to be a light Nerello red wine. The biting sensation and the strawberry leaf notes with pleasant acidity make this wine good with food.		

Prima produzione	2014		
Prodotto ogni anno	No, solo 2014, 2016 e 2017 prodotto		
Ubicazione del vigneto	Nord dell'Etna: Contrada Crasà, Solicchiata, Castiglione di Sicilia		
Vitigno	80% Nerello Mascalese, 20% Nerello Cappuccio		
Età dei vigneti	40-50 anni	**Esposizione**	Nord-est
Altitudine	800 metri	**Resa media**	70 ql/ha
Terreno	Vulcanico		
Sistema di allevamento	Spalliera ed alberello		
Vendemmia	Prima settimana di Ottobre, 2017		
Vinificazione	In vasche di acciaio inox, temperatura controllata		
Macerazione	No		
Invecchiamento	No		
Colore	Classificato 8.5 (da 0 ~ 10, 10 più scuro), arancione scuro		
Abbinamenti	Come aperitivo o in abbinamento a pesce o la carne bianca grassa		
Note di degustazione da Xiaowen	La caratteristica più ovvia di questo Rosato è il suo elegante bouquet erbaceo. A differenza di altri Etna Rosato, nel naso ci sono bouquet di fiori di salvia e violetta e in bocca, la nota floreale continua con il ben strutturato come un sentore di vino rosso Nerello. La sensazione pungente e le note di foglie di fragola con una buona acidità rendono questo vino ottimo per l'abbinamento.		

COTTANERA

Etna Rosato DOC 2017

酒精度 Alcohol	13% vol.
產量 Bottles	17,000瓶

Etna

首次生產年份	2013
是否每年生產	是
葡萄園位置	混兩處葡萄園。位於火山北部Castiglione di Sicilia區Contrada Diciassettesalme葡萄園及Contrada Cottanera葡萄園
葡萄品種	100% Nerello Mascalese
葡萄樹齡	15至20年
海拔	750公尺
土壤	火山沖積土壤
面向	北
平均產量	7,000公斤/公頃
種植方式	短枝修剪
採收日期	2017年9月上旬
釀造製程	置於不鏽鋼桶，溫控於4°C以下
浸漬溫度與時間	17°C，約20天
陳年方式	無
顏色	色度3；淡黃似蘋果肉色（自0至10，10最深）
建議餐搭選擇	魚及蔬菜天婦羅，南瓜義大利燉飯，馬玲薯派

筱雯老師的品飲紀錄｜

優雅的水梨香氣令人想要趕快喝一口，帶著一點紅蘋果肉的尾韻、優雅而不過甜；入口結構完整、清脆的水梨香氣綿延不絕、香而不甜與其圓融的酸度是這一款酒的特色，非常適合炎炎夏日午後消暑飲用。

First year production	2013	**Exposure**	North
Produced every year	Yes	**Average yield**	70 ql/ha

Vineyard location	Etna North: Contrada Diciassettesalme and Contrada Cottanera, Castiglione di Sicilia
Grape composition	100% Nerello Mascalese
Vineyard age	15-20 years
Altitude	750 meters
Soil	Volcanic alluvial
Growing system	Espalier
Harvest	First 10 days of September
Vinification	In stainless steel, temperature controlled below 4°C
Maceration	17°C, about 20 days
Aging	No
Color	Classified as 3 (from 0~10, 10 darkest), light yellow like apple pulp
Food match	Fish and vegetables tempura, pumpkin risotto, potato pie
Tasting note of Xiaowen	The charming yet elegant pear smell encourages a drink while at the same time, the red apple note is right and perfectly lingers in the nose. In the mouth, the crispy pear flavor with the well-structured body characterizes this wine. It seems sweet, yet the round acidity keeps lingering over the tongue, which makes it perfect to open by a hot summer afternoon and instantly cool down the heat.

Prima produzione	2013	**Esposizione**	Nord
Prodotto ogni anno	Si	**Resa media**	70 ql/ha

Ubicazione del vigneto	Nord dell'Etna: Contrada Diciassettesalme e Contrada Cottanera, Castiglione di Sicilia
Vitigno	100% Nerello Mascalese
Età dei vigneti	15-20 anni
Altitudine	750 metri
Terreno	Vulcanico alluvionale
Sistema di allevamento	Cordone speronato
Vendemmia	Prima decade di Settembre
Vinificazione	In acciaio inossidabile a temperatura controllata inferiore a 4°C
Macerazione	17°C, circa 20 giorni
Invecchiamento	No
Colore	Classificato 3 (da 0~10, 10 più scuro), giallo chiaro come mela
Abbinamenti	Tempura di pesce e verdure, risotto alla zucca rossa, tortino di patate
Note di degustazione da Xiaowen	L'odore di pera, affascinante ma elegante, incoraggia un drink mentre allo stesso tempo la nota di mela rossa è giusta e si attarda perfettamente nel naso; in bocca il sapore di pera croccante con il corpo ben strutturato caratterizza questo vino. Sembra dolce ma l'acidità rotonda continua a soffermarsi sulla lingua, che lo rende perfetto per aprirsi in un caldo pomeriggio estivo e rinfrescare all'istante il caldo.

Fattorie Romeo del Castello di Chiara Vigo

Vigorosa 2017
Etna Rosato DOC

Contrada

14% vol.

3,500瓶

首次生產年份	2015
是否每年生產	是
葡萄園位置	位於火山北部Randazzo區 Contrada Allegracore葡萄園
葡萄品種	100% Nerello Mascalese
葡萄樹齡	70至100年
海拔	700公尺
土壤	來自兩萬年前火山熔岩的火山灰、砂土及礦質土壤
面向	北
平均產量	2,000公斤/公頃
種植方式	傳統樹叢型
採收日期	2017年10月初
釀造製程	置於不鏽鋼桶，溫控
浸漬溫度與時間	10°C，4小時
陳年方式	第一階段4個月：於不鏽鋼桶；第二階段2個月：靜置於玻璃瓶中
顏色	色度6；橘紅色 (自0至10，10最深)
建議餐搭選擇	如右方「筱雯老師的品飲紀錄」

筱雯老師的品飲紀錄 |

明顯的草莓葉、成熟草莓果肉香氣、新鮮的草本香，這是一款口感深沉而結構完整的火山粉紅酒；眼觀顏色，從其深色可知此為西西里火山傳統製法，十分容易分辨，更因其為百分百的Nerello Mascalese葡萄粉紅酒，其結構之完整接近紅酒結構亦為此酒款的特色；這是一款亦可搭配肉類的粉紅酒，難得的是其尾端酸度十分明顯卻乾淨，適合搭配油花均勻的培根、義大利沙拉米冷肉切片、新鮮起司、及油脂量多的鮭魚和鮪魚肚。

First year production	2015	**Exposure**	North
Produced every year	Yes	**Average yield**	20 ql/ha
Vineyard location	Etna North: Contrada Allegracore, Randazzo		
Grape composition	100% Nerello Mascalese	**Altitude**	700 meters
Vineyard age	70-100 years		
Soil	Volcanic, sandy and mineral soil from 20,000 years old lava flows		
Growing system	Alberello		
Harvest	Early October, 2017		
Vinification	In stainless steel vats, temperature controlled		
Maceration	10°C, 4 hours		
Aging	4 months in stainless steel tanks; 2 months in the bottles		
Color	Classified as 6 (from 0~10, 10 darkest), dark orange		
Food match	Bacon, pig white fat (lardo), salami, cheese, white meat, sashimi of salmon or tuna fish		
Tasting note of Xiaowen	Vivid strawberry leaf and ripe strawberry bouquets with a fresh herbal note in the nose, while in the mouth, it is well-structured, deep and prolonged. From the color we know it is quite a traditional Etna Rosato with skin contacts and from the taste, it is a classical Nerello Mascalese grapes with a clean but acid ending. The particular fact about this rosè wine is the seemly-red-wine structure and the deep color which make it easy to be recognized; a rare rosè wine that I want to match with bacon or fat pig.		

Prima produzione	2015	**Esposizione**	Nord
Prodotto ogni anno	Sì	**Resa media**	20 ql/ha
Ubicazione del vigneto	Nord dell'Etna: Contrada Allegracore, Randazzo		
Vitigno	100% Nerello Mascalese	**Altitudine**	700 metri
Età dei vigneti	70-100 anni		
Terreno	Vulcanico, sabbioso e minerale, risalente a colate laviche di 20.000 anni fa		
Sistema di allevamento	Alberello		
Vendemmia	Inizio Ottobre 2017		
Vinificazione	In vasche di acciaio, temperatura controllata		
Macerazione	10°C, 4 ore		
Invecchiamento	4 mesi in vasche di acciaio; 2 mesi in bottiglia		
Colore	Classificato 6 (da 0 ~ 10, 10 più scuro), arancione scuro		
Abbinamenti	Pancetta, lardo, salumi, formaggi, carni bianche, sashimi di salmone e tonno		
Note di degustazione da Xiaowen	Foglia di fragola vivace e bouquet di fragole mature con una nota di erba fresca al naso, mentre in bocca è ben strutturato, profondo e prolungato. Dal colore si capisce che è un Etna Rosato piuttosto tradizionale con un contatto sulle bucce, mentre al gusto è un classico Nerello Mascalese con un finale pulito ma apparentemente acido. Le particolarità di questo Rosato sono la struttura che sembra di un vino rosso e il colore profondo, che lo rendono facilmente riconoscibile. Un Rosato raro che consiglio di abbinare con pancetta o lardo.		

GIROLAMO RUSSO

Etna Rosato DOC 2017

酒精度 Alcohol	12.5% vol.
產量 Bottles	8,000瓶

首次生產年份	2013
是否每年生產	是
葡萄園位置	混兩處葡萄園。位於火山北部Randazzo區Contrada San Lorenzo葡萄園及Contrada Feudo葡萄園
葡萄品種	100% Nerello Mascalese
葡萄樹齡	15至100年
海拔	650至800公尺
土壤	含火山灰的土壤
面向	北
平均產量	5,000公斤/公頃
種植方式	傳統樹叢型兼直架式栽種
採收日期	2017年10月第一週
釀造製程	置於不鏽鋼桶，溫控
浸漬溫度與時間	無
陳年方式	5個月於不鏽鋼桶
顏色	色度4；淡橘偏黃、蘋果色（自0至10，10最深）
建議餐搭選擇	魚類與炸物

筱雯老師的品飲紀錄｜

剛開瓶即迎來十分新鮮的蜜桃果香、各種草本植物香氣，和難得一見的紫羅蘭花香，十分吸引人；口感豐富且結構完整，蜜桃與紅蘋果的果香綿延不絕，好似在喝鮮榨果汁般的順口，酸度點綴其中然其口感柔順而難以察覺。此款粉紅酒的香氣、口感與結構都十分能夠表達Nerello Mascalese的老欉特性，柔軟中生力量，如同莫札特的音樂般（莊主如是說）；粉嫩的設計質感適合各式場合。

First year production	2013	**Exposure**	North
Produced every year	Yes	**Average yield**	50 ql/ ha
Vineyard location	Etna North: Contrada San Lorenzo and Contrada Feudo, Randazzo		
Grape composition	100% Nerello Mascalese	**Altitude**	650-800 meters
Vineyard age	15-100 years	**Soil**	Volcanic
Growing system	Gobelet (bush) and espalier		
Harvest	First week of October, 2017		
Vinification	In steel vats, temperature controlled		
Maceration	No		
Aging	5 months in steel vats		
Color	Classified as 4 (from 0-10, 10 darkest), light orange to yellow		
Food match	Fish, fried food		
Tasting note of Xiaowen	Bouquets of fresh peach juice and different herbs with interesting violet paddle note in the nose. It is charming and elegant. In the mouth, the fruity flavors of red apple and white peach are rich and prolonged with good structure. The texture is smooth, and the freshness in the mouth makes it difficult not to finish one bottle in no time. It is an Etna Rosato that expresses old vines of Nerello Mascalese grapes like "music of Mozart that is gentle but deep with strength," according to Giuseppe Russo; recommended for oneself drinking alone or with friends and family. The pink label is suitable for a holiday gift.		

Prima produzione	2013	**Esposizione**	Nord
Prodotto ogni anno	Si	**Resa media**	50 ql/ha
Ubicazione del vigneto	Nord dell'Etna: Contrada San Lorenzo e Contrada Feudo, Randazzo		
Vitigno	100% Nerello Mascalese	**Altitudine**	650-800 metri
Età dei vigneti	15-100 anni	**Terreno**	Vulcanico
Sistema di allevamento	Alberello e spalliera		
Vendemmia	Prima settimana di Ottobre, 2017		
Vinificazione	In acciaio a temperatura controllata		
Macerazione	No		
Invecchiamento	5 mesi in acciaio		
Colore	Classificato 4 (da 0 - 10, 10 più scuro), da arancione chiaro a giallo		
Abbinamenti	Pesce, fritti		
Note di degustazione da Xiaowen	Bouquet di succo di pesca fresca e diverse erbe con interessanti note di paddle viola nel naso. È affascinante ed elegante; in bocca i sapori fruttati di mela rossa e pesca bianca sono ricchi e prolungati con una buona struttura. La consistenza è morbida e la freschezza in bocca rende difficile non finire una bottiglia in pochissimo tempo. Questo è un Etna Rosato da cui scaturiscono le vecchie viti dell'uva Nerello Mascalese come "musica di Mozart, gentile ma profondo con forza," secondo Giuseppe Russo; consigliato da bere da soli o con amici e familiari. L'etichetta rosa può essere adatta per un regalo.		

GRACI

Etna Rosato DOC 2017

有機酒	BIO
單一園	Contrada
酒精度 Alcohol	13.5% vol.
產量 Bottles	15,000瓶

首次生產年份	2013
是否每年生產	是
葡萄園位置	位於火山北部Castiglione di Sicilia區Passopisciaro鎮Contrada Arcurìa葡萄園
葡萄品種	100% Nerello Mascalese
葡萄樹齡	15及20年
海拔	650公尺
土壤	含火山灰的土壤
面向	北
平均產量	5,000公斤/公頃
種植方式	直架式栽種
採收日期	2017年9月底
釀造製程	置於水泥材質之大型容器
浸漬溫度與時間	無
陳年方式	6個月於水泥材質之大型容器
顏色	色度5；淺黃色（自0至10，10最深）
建議餐搭選擇	魚、甲殼類海鮮、白肉及蔬食

筱雯老師的品飲紀錄 |

這是一瓶給人極端反應的粉紅酒，品嘗後只有"很愛"或是"很奇怪，這是粉紅酒嗎"的兩種反應。這款酒沒有一般粉紅酒的嬌嫩果香、也沒有香甜的口感，從頭到尾是十分乾淨的果香帶有薄荷葉香氣，明亮的酸度優雅而回甘，尾韻帶鹹更使其酸、甘、鹹三者口感平衡。如同在喝水般，自然易飲且不無聊。最後在後鼻腔找到的果香，使呼吸都變得美妙；這是筆者最喜歡的粉紅酒之一。

First year production	2013	**Exposure**	North
Produced every year	Yes	**Average yield**	50 ql/ha
Vineyard location	Etna North: Contrada Arcurìa, Passopisciaro, Castiglione di Sicilia		
Grape composition	100% Nerello Mascalese	**Altitude**	650 meters
Vineyard age	15 and 20 years	**Soil**	Volcanic soil
Growing system	Espallier		
Harvest	End September, 2017		
Vinification	In concrete tanks		
Maceration	No		
Aging	6 months in concrete tanks		
Color	Classified as 5 (from 0~10, 10 darkest), light yellow		
Food match	Fish, crustaceans, white meat and vegetables		
Tasting note of Xiaowen	It is a wine of extreme response: either "love it" or "strange, sure this is rosé wine?" This rosé wine doesn't have the ordinary pinky or vibrant fruity bouquets in the nose nor the sweet flavor in the mouth; on the contrary, there are clean and subtle fruity bouquets with mint. In the mouth, the beautiful bright acidity, the slight sweetness you find on the tip of the tongue, and the saltiness flashing elegantly at the end form the balance of sensory triangle. And the fruity notes in the posterior nasal cavity make breathing pleasant and interesting. It is a wine easy to drink without getting bored. One of my favorite Etna Rosato.		

Prima produzione	2013	**Esposizione**	Nord
Prodotto ogni anno	Si	**Resa media**	50 ql/ha
Ubicazione del vigneto	Nord dell'Etna: Contrada Arcurìa, Passopisciaro, Castiglione di Sicilia		
Vitigno	100% Nerello Mascalese	**Altitudine**	650 metri
Età dei vigneti	15 e 20 anni	**Terreno**	Vulcanico
Sistema di allevamento	Spalliera	**Vendemmia**	Fine di Settembre 2017
Vinificazione	In vasche di cemento		
Macerazione	No		
Invecchiamento	6 mesi in vasca di cemento		
Colore	Classificato 5 (da 0 ~ 10, 10 più scuro), giallo chiaro		
Abbinamenti	Pesce, crostacei, carni bianche e verdure		
Note di degustazione da Xiaowen	Questo è un vino di estrema risposta: o "lo amo" o "strano, sei sicuro che questo è rosato?" Questo rosato non ha il più usuale rosato o i ricchi bouquet fruttati al naso né il sapore dolce in bocca; al contrario, è un bouquet fruttato, pulito e sottile con una nota di menta; in bocca, la bella e brillante acidità, la leggera dolcezza che troviamo sulla punta della lingua e la salsedine che lampeggia alla fine formano elegantemente l'equilibrio del triangolo sensoriale. Le note fruttate nella cavità nasale posteriore rendono la respirazione piacevole e interessante. È un vino facile da bere senza annoiarsi. Uno dei miei Etna Rosato preferiti.		

I CUSTODI DELLE VIGNE DELL'ETNA

Alnus 2017
Etna Rosato DOC

單一園 Contrada

13% vol.

2,773 瓶

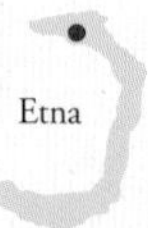

首次生產年份	2011
是否每年生產	是
葡萄園位置	位於火山北部Castiglione di Sicilia區Contrada Moganazzi葡萄園
葡萄品種	80% Nerello Mascalese 20% Nerello Cappuccio
葡萄樹齡	10年
海拔	650公尺
土壤	富含礦物質的火山灰砂土
面向	北
平均產量	5,000公斤/公頃
種植方式	傳統樹叢型
採收日期	2017年10月初
釀造製程	置於不鏽鋼桶，溫控於16-18°C
浸漬溫度與時間	16-18°C，6小時
陳年方式	第一階段4個月：於不鏽鋼桶；第二階段1個月：靜置於玻璃瓶中
顏色	色度8；深橘偏紅色 (自0至10, 10最深)
建議餐搭選擇	如右方「筱雯老師的品飲紀錄」

筱雯老師的品飲紀錄 |

明顯青果香氣伴隨著清淡小白花香、與氧氣接觸後開始出現藍莓果醬的味道；入口結構完整、香甜口感平衡，綠色奇異果肉味道與明顯酸度結尾，喝著這一款酒就像漫步於孤島上的奇幻花果園中。建議搭配除甜點及肉類料理外的開胃菜。

First year production	2011	**Exposure**	North
Produced every year	Yes	**Average yield**	50 ql/ha
Vineyard location	Etna North: Contrada Moganazzi, Castiglione di Sicilia		
Grape composition	80% Nerello Mascalese, 20% Nerello Cappuccio		
Vineyard age	10 years		
Altitude	650 meters		
Soil	Sandy, volcanic, rich in minerals		
Growing system	Bush training		
Harvest	Early October, 2017		
Vinification	In stainless steel, temperature controlled at 16-18°C		
Maceration	16-18°C, 6 hours		
Aging	4 months in stainless steel; 1 month in bottle		
Color	Classified as 8 (from 0~10, 10 darkest), dark orange to red		
Food match	Aperitif, except meat and dessert		
Tasting note of Xiaowen	Fresh green fruity bouquet with a light white floral note which turns to blueberry marmalade after contacts with oxygen. In the mouth, the structure is evident with the balance of sweetness and acidity of green kiwi. Drinking this wine is like walking in the fruit garden of the isolated island.		

Prima produzione	2011	**Esposizione**	Nord
Prodotto ogni anno	Sì	**Resa media**	50 ql/ha
Ubicazione del vigneto	Nord dell'Etna: Contrada Moganazzi, Castiglione di Sicilia		
Vitigno	80% Nerello Mascalese, 20% Nerello Cappuccio		
Età dei vigneti	10 anni		
Altitudine	650 metri		
Terreno	Vulcanico-sabbioso, ricco di minerali		
Sistema di allevamento	Alberello		
Vendemmia	Inizio Ottobre, 2017		
Vinificazione	In serbatoi di acciaio a 16-18°C		
Macerazione	16-18°C, 6 ore		
Invecchiamento	4 mesi in acciaio; 1 mese in bottiglia		
Colore	Classificato 8 (da 0 ~ 10, 10 più scuro), da arancione a rosso scuro		
Abbinamenti	A tutto pasto, dall'aperitivo ai primi		
Note di degustazione da Xiaowen	Profumo di fresca frutta verde con una leggera nota floreale bianca che si trasforma in marmellata di mirtilli dopo il contatto con l'ossigeno; in bocca la struttura sta evidente con l'equilibrio di dolcezza e acidità del kiwi verde. Bere questo vino è come passeggiare nel frutteto di l'isola isolata.		

I VIGNERI DI SALVO FOTI

Vinudilice 2017
** classified as Vino da Tavola*

單一園	Contrada
酒精度 Alcohol	12% vol.
產量 Bottles	3,000瓶

Etna

首次生產年份	2007
是否每年生產	是
葡萄園位置	位於火山西北部Bronte區Contrada Nave葡萄園
葡萄品種	50%以上為Granache及Minnella Nera，其他為Minnella Bianca及Grecanico
葡萄樹齡	100年以上
海拔	1,200公尺
土壤	含火山灰的砂質土壤
面向	西
平均產量	6,000公斤/公頃
種植方式	傳統樹叢型
採收日期	2017年11月2日
釀造製程	置於不鏽鋼桶，溫控
浸漬溫度與時間	無
陳年方式	無
顏色	色度7；草莓紅色（自0至10，10最深）
建議餐搭選擇	生魚片、魚類料理

筱雯老師的品飲紀錄 |

開瓶時有著似溫熱清酒的熟白米香、檸檬皮酸、悠然的草莓葉與草莓汁流溢其中；入口時個性明顯，此款粉紅酒與其他火山粉紅酒截然不同，一喝一聞即可知此為Salvo Foti之作，喜歡自然酒的人亦會欣賞此款酒的天然本性，此外，其最後的酸度高，唾液自然產生後的舌尖甜，甚為討喜。

First year production	2007	**Exposure**	West
Produced every year	Yes	**Average yield**	60 ql/ha
Vineyard location	Etna Northwest: Contrada Nave, Bronte		
Grape composition	More than 50% are Granache and Minnella Nera, others are Grecanico and Minnella Bianca		
Vineyard age	Over 100 years		
Altitude	1,200 meters		
Soil	Volcanic sand		
Growing system	Etnean alberello		
Harvest	Nov. 2, 2017		
Vinification	In stainless steel, temperature controlled		
Maceration	No		
Aging	No		
Color	Classified as 7 (from 0~10, 10 darkest), strawberry red		
Food match	Sashimi, first courses		
Tasting note of Xiaowen	The ripe rice smell like warm Japanese sake with lemon skin, strawberry leaf, and juice fly in the scent. In the mouth, it is in particular and easy recognized. It is different from other Rosato with the signature of Salvo Foti. This wine shows honestly its natural character which is appreciated by many. The ending acidity is vivid which triggers pleasant sweetness at the tip of tongue. It is a rosè wine that either you love or you don't.		

Prima produzione	2007	**Esposizione**	Ovest
Prodotto ogni anno	Si	**Resa media**	60 ql/ha
Ubicazione del vigneto	Nord-ovest dell'Etna: Contrada Nave, Bronte		
Vitigno	Più del 50% sono Granache e Minnella Nera, altri è Grecanico e Minnella Bianca		
Età dei vigneti	Oltre 100 anni		
Altitudine	1.200 metri		
Terreno	Sabbioso vulcanico		
Sistema di allevamento	Alberello etneo		
Vendemmia	2 Nov. 2017		
Vinificazione	In acciaio a temperatura controllata		
Macerazione	No		
Invecchiamento	No		
Colore	Classificato 7 (da 0~10, 10 più scuro), rosso fragola		
Abbinamenti	Pesce crudo, primi piatti		
Note di degustazione da Xiaowen	Il riso maturo odora di caldo sake giapponese con buccia di limone, foglie e succo di fragola volano nell'odore; in bocca questo vino è particolare. È diverso dagli altri Etna Rosato e facilmente riconosciuto come vino di Salvo Foti. Questo vino mostra onestamente il suo carattere naturale che è apprezzato da molti. L'acidità finale è vivida e innesca una piacevole dolcezza sulla punta della lingua. È un rosato che ami o no.		

PALMENTO COSTANZO

Mofete 2017
Etna Rosato DOC

有機酒	BIO
單一園	Contrada
酒精度 Alcohol	13% vol.
產量 Bottles	5,000 瓶

首次生產年份	2015
是否每年生產	是
葡萄園位置	位於火山北部 Castiglione di Sicilia 區 Passopisciaro 鎮 Contrada Santo Spirito 葡萄園
葡萄品種	100% Nerello Mascalese
葡萄樹齡	5至30年
海拔	650至780公尺
土壤	混合火山岩石的火山灰砂土
面向	北
平均產量	5,500公斤 / 公頃
種植方式	傳統樹叢型
採收日期	2017年9月第二週
釀造製程	置於不鏽鋼桶
浸漬溫度與時間	16-18°C，12小時
陳年方式	6個月置於不鏽鋼桶
顏色	色度4，淡橘草莓紅 (自0至10，10最深)
建議餐搭選擇	如右方「筱雯老師的品飲紀錄」

筱雯老師的品飲紀錄 |

優雅的梔子花香、蘋果皮與草本植物香氣奔放於杯中，升溫至 20 度時，蘋果皮漸漸轉換成為香甜的蘋果肉與玫瑰花瓣，香氣濃郁；入口微鹹、蘋果與柚子皮香氣首先出現，約十分鐘升溫至 17 度後，開始出現香甜的果香與輕柔花香，高酸度在口中綿延，尾韻的柑橘皮香氣如同水果蛋糕上的星形糖，為此款酒加分許多；十分適合搭配鮮魚料理、水牛莫札瑞拉起司及風乾生火腿。

First year production	2015	**Exposure**	North
Produced every year	Yes	**Average yield**	55 ql/ha
Vineyard location	Etna North: Contrada Santo Spirito, Passopisciaro, Castiglione di Sicilia		
Grape composition	100% Nerello Mascalese	**Altitude**	650-780 meters
Vineyard age	5-30 years		
Soil	Volcanic sandy soil, mixed with lava rocks		
Growing system	Alberello, single-trained system, bush vines		
Harvest	Second week of September, 2017		
Vinification	In stainless steel vats		
Maceration	16-18°C, 12 hours		
Aging	6 months in stainless steel vats		
Color	Classified as 4 (from 0~10, 10 darkest), light orange to strawberry red		
Food match	Match well with fresh fish cuisine, mozzarella cheeses and prosciutto		
Tasting note of Xiaowen	Bouquets of the elegant gardenia flower, apple peel, and herbs are blooming in the glass. At 20 degrees, the apple peel changes to sweet apple pulp and rich in rose paddle note. In the mouth, it first appears slight saltiness, apple, and pomelo skin flavors. After ten minutes at 17 degrees, the sweet fruity flavor, the soft floral notes, and high acidity start to dominate the taste while the ending tangerine peel is like the sugar candy on the top of the cake, adding more character to this wine.		

Prima produzione	2015	**Esposizione**	Nord
Prodotto ogni anno	Si	**Resa media**	55 ql/ha
Ubicazione del vigneto	Contrada Santo Spirito, Passopisciaro, Etna nord		
Vitigno	100% Nerello Mascalese	**Altitudine**	650-780 metri
Età dei vigneti	5-30 anni		
Terreno	Vulcanico di matrice sabbiosa, con presenza di rocce effusive		
Sistema di allevamento	Alberello		
Vendemmia	Seconda settimana di Settembre, 2017		
Vinificazione	In acciaio		
Macerazione	16-18°C, 12 ore		
Invecchiamento	6 mesi in acciaio		
Colore	Classificato 4 (da 0~10, 10 più scuro), arancione chiaro a rosso fragola		
Abbinamenti	Si abbina bene con la cucina di pesce fresco,mozzarella di bufala, e prosciutto crudo		
Note di degustazione da Xiaowen	Bouquet di fiori eleganti di gardenia, buccia di mela ed erbe fioriscono nel bicchiere. A 20 gradi, la buccia di mela si trasforma in polpa di mela dolce con una ricca nota di paddle di rosa; in bocca appaionoinizialmentesapori di salinitàleggera, mela e pomelo. Eppure, dopo dieci minuti a 17 gradi, il dolce sapore fruttato, le morbide note floreali e l'alta acidità iniziano a dominare il gusto, mentre la buccia finale di mandarino è come una caramella a forma di stella sulla torta, aggiungendo più caratteristiche a questo vino.		

PIETRADOLCE

Etna Rosato DOC 2017

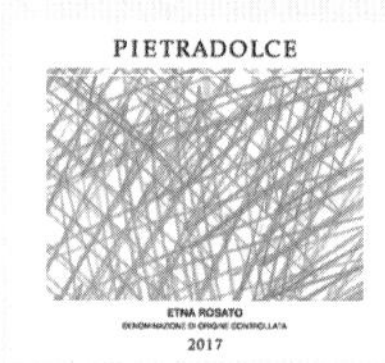

單一園 Contrada

14% vol.

10,000瓶

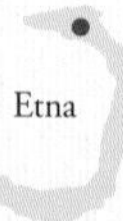

首次生產年份	2012
是否每年生產	是
葡萄園位置	位於火山北部Castiglione di Sicilia區Contrada Rampante葡萄園
葡萄品種	100% Nerello Mascalese
葡萄樹齡	40年
海拔	700公尺
土壤	岩石、沙質壤土
面向	北
平均產量	6,000公斤/公頃
種植方式	傳統樹叢型
採收日期	2017年10月中旬
釀造製程	置於不鏽鋼桶，溫控於20-28°C
浸漬溫度與時間	5小時
陳年方式	6個月於不鏽鋼桶
顏色	色度5.5；黃色偏橘（自0至10，10最深）
建議餐搭選擇	新鮮起司、烤蔬菜及披薩

筱雯老師的品飲紀錄｜

青蘋果與草本植物的香氣優雅迷人，薄荷與礦物質交替，其中帶有青蘋果皮的清香；入口感受其美好結構，青蘋果、迷迭香、橙之花與橘皮等豐富香氣包圍著味蕾，令人忍不住想要再喝下一口，是一瓶不小心就會喝完的好酒。

First year production	2012	**Exposure**	North
Produced every year	Yes	**Average yield**	60 ql/ha
Vineyard location	Etna North: Contrada Rampante, Castiglione di Sicilia		
Grape composition	100% Nerello Mascalese		
Vineyard age	40 years		
Altitude	700 meters		
Soil	Stony, light sandy loam		
Growing system	Bush		
Harvest	Second ten days of October, 2017		
Vinification	In stainless steel tank, temperature controlled at 20-28°C		
Maceration	5 hours		
Aging	6 months in stainless steel tanks		
Color	Classified as 5.5 (from 0~10, 10 darkest), yellow-orange		
Food match	Fresh cheeses, grilled vegetables and pizza		
Tasting note of Xiaowen	Charming green apple and herbs smell with mint and mineral notes. The freshness is similar to the skin of a newly-picked green apple. In the mouth, there are rosemary, orange flower with rich fruity notes which make you want to drink again. It is a bottle to finish without notice; naturally you drink.		

Prima produzione	2012	**Esposizione**	Nord
Prodotto ogni anno	Si	**Resa media**	60 ql/ha
Ubicazione del vigneto	Nord dell'Etna: Contrada Rampante, Castiglione di Sicilia		
Vitigno	100% Nerello Mascalese		
Età dei vigneti	40 anni		
Altitudine	700 metri		
Terreno	Franco sabbioso con abbondante presenza di scheletro		
Sistema di allevamento	Alberello		
Vendemmia	Seconda decade di Ottobre 2017		
Vinificazione	In acciaio a 20-28°C		
Macerazione	5 ore		
Invecchiamento	6 mesi in acciaio		
Colore	Classificato 5.5 (da 0 ~ 10, 10 più scuro), giallo-arancio		
Abbinamenti	Formaggi freschi, verdure grigliate e pizza		
Note di degustazione da Xiaowen	Affascinanti note di mela verde ed erbe aromatiche con note di menta e minerali. La freschezza è pari a quella che si prova annusando la pelle della mela verde appena colta. In bocca ci sono rosmarino, fiori d'arancio con ricche note fruttate che ti fanno venir voglia di bere ancora. È una bottiglia da finire senza preavviso; naturalmente bevi.		

TENUTA DELLE TERRE NERE

Etna Rosato DOC 2017

TENUTA
DELLE
TERRE NERE
ETNA ROSATO
DENOMINAZIONE DI ORIGINE CONTROLLATA
2017

有機酒	BIO
酒精度 Alcohol	13% vol.
產量 Bottles	28,000瓶

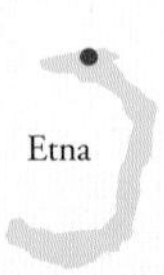

首次生產年份	2006
是否每年生產	是
葡萄園位置	位於火山北部，該酒莊所有較年輕的葡萄園
葡萄品種	100% Nerello Mascalese
葡萄樹齡	25至60年
海拔	600至900公尺
土壤	火山土壤
面向	北
平均產量	6,000公斤/公頃
種植方式	傳統樹叢型兼直架式栽種
採收日期	2017年10月上旬
釀造製程	置於不鏽鋼桶，溫控於13-15°C
浸漬溫度與時間	8°C，12小時
陳年方式	6個月於不鏽鋼桶
顏色	色度3；淡黃、清澈鵝黃色(自0至10，10最深)
建議餐搭選擇	如右方「筱雯老師的品飲紀錄」

筱雯老師的品飲紀錄 |

一開瓶即為令人驚艷的十足果香，青蘋果肉香氣、果香迎人；入口的蘋果香甜味令人想起蘋果園，口感中帶有清脆的蘋果香與優雅酸度，如同在吃一顆富士蘋果般。適合搭配地中海醋漬沙丁魚、西西里海鹽烤全魚、日本芥末章魚、烤味噌魚或五香醬油魚。

First year production	2006	**Exposure**	North
Produced every year	Yes	**Average yield**	60 ql/ha
Vineyard location	Etna North: the young vines in all the vineyards of the estate		
Grape composition	100% Nerello Mascalese		
Vineyard age	25-60 years		
Altitude	600-900 metres		
Soil	Volcanic		
Growing system	Modified en goblet		
Harvest	First decade of October, 2017		
Vinification	In steel vats, low temperature controlled (13-15°C)		
Maceration	8°C, 12 hours		
Aging	6 months in steel vats		
Color	Classified as 3 (from 0~10, 10 darkest), light yellow		
Food match	Mediterranean vinegar sardines, Sicilian sea salt grilled fish, wasabi (Japanese mustard) octopus, or fish with soy sauce or miso (bean-fermentated).		
Tasting note of Xiaowen	The bouquet is impressively rich fruitiness of green apple pulp while the sweetness of Fuji apple in the mouth reminds me of apple trees in the family backyard; elegant acidity with rich, crispy apple flavor make drinking like eating (want to bite this apple).		

Prima produzione	2006	**Esposizione**	Nord
Prodotto ogni anno	Si	**Resa media**	60 ql/ha
Ubicazione del vigneto	Nord dell'Etna: tutti i vigneti aziendali		
Vitigno	100% Nerello Mascalese		
Età dei vigneti	25-60 anni		
Altitudine	600-900 metri		
Terreno	Vulcanico		
Sistema di allevamento	Alberello a spalliera		
Vendemmia	Prima decade di Ottobre, 2017		
Vinificazione	In acciaio a temperatura controllata (13-15° C)		
Macerazione	8°C, 12 ore		
Invecchiamento	6 mesi in vasche acciaio		
Colore	Classificato 3 (da 0~10, 10 più scuro), giallo chiaro		
Abbinamenti	Mediterraneo sarde all'aceto, pesce alla griglia con sale marino siciliano, polpo alla wasabi (senape giapponese) o pesce con salsa di soia o miso (fermentato con fagioli).		
Note di degustazione da Xiaowen	Il bouquet è fruttato incredibilmente ricco di polpa di mela verde, mentre la dolcezza della mela Fuji in bocca mi ricorda i meli nel cortile di famiglia. L'elegante acidità con il sapore di mela ricco e croccante rende il bere come il mangiare (viene voglia di mordere questa mela).		

TENUTE BOSCO

Piano dei Daini 2017
Etna Rosato DOC

有機酒	BIO
單一園	Contrada
酒精度 Alcohol	14.5% vol.
產量 Bottles	8,000 瓶

首次生產年份	2014
是否每年生產	是
葡萄園位置	位於火山北部Castiglione di Sicilia區Passopisciaro鎮Contrada Santo Spirito葡萄園
葡萄品種	100% Nerello Mascalese
葡萄樹齡	80至150年
海拔	750公尺
土壤	火山砂質土，混合少部份岩石
面向	北
平均產量	5,000公斤/公頃
種植方式	傳統樹叢型
採收日期	2017年10月第一週
釀造製程	置於不鏽鋼桶
浸漬溫度與時間	13-15°C，10天以上
陳年方式	4個月於不鏽鋼桶
顏色	色度4；淡橘色（自0至10，10最深）
建議餐搭選擇	如右方「筱雯老師的品飲紀錄」

筱雯老師的品飲紀錄 |

來自該酒莊最低海拔葡萄園(700公尺)、由百分百Nerello Mascalese葡萄釀造而成，香氣豐富如滿滿盛開的小白花，入口轉為輕柔的茉莉花香帶著明顯果香，結構好、酸度適中、優雅卻同時強烈的口感，如同中秋月正圓、月光滿照江河、詩人單影飲酒而不孤單的情景；建議搭配生魚片、義式生牛肉薄片、麻辣火鍋、咖哩料理或義大利托斯卡尼牛肚佐紅綠雙醬。

First year production	2014	**Exposure**	North
Produced every year	Yes	**Average yield**	50 ql/ ha
Vineyard location	Etna North: Contrada Santo Spirito, Passopisciaro, Castiglione di Sicilia		
Grape composition	100% Nerello Mascalese		
Vineyard age	80-150 years		
Altitude	750 meters		
Soil	Volcanic soil, sandy matrix, in a few parcels with presence of stones		
Growing system	Alberello		
Harvest	First week of October, 2017		
Vinification	In stainless steel vats		
Maceration	13-15°C, at least 10 days		
Aging	4 months in steel vats		
Color	Classified as 4 (from 0~10, 10 darkest), light orange		
Food match	It is perfect with spicy food, Indian curry or Italian tripe with green and red sauce; also good with fish dishes, sashimi or beef carpaccio.		
Tasting note of Xiaowen	Made from 100% Nerello Mascalese grapes from the lowest slopes of the winery (700 meters high). The bouquet is little white flowers fully in bloom, vibrant and gorgeous. In the mouth, it is light, but obvious jasmine flower as the shadow of moonlight shines over the sea, elegantly supported by fruity notes, well-structured body and pleasant acidity.		

Prima produzione	2014	**Esposizione**	Nord
Prodotto ogni anno	Si	**Resa media**	50 ql/ ha
Ubicazione del vigneto	Nord dell'Etna: Contrada Santo Spirito, Passopisciaro, Castiglione di Sicilia		
Vitigno	100% Nerello Mascalese		
Età dei vigneti	80-150 anni		
Altitudine	750 metri		
Terreno	Vulcanico		
Sistema di allevamento	Alberello		
Vendemmia	Prima decade Ottobre, 2017		
Vinificazione	In tini di acciaio inossidabile		
Macerazione	13-15°C, circa 10 giorni		
Invecchiamento	Circa 4 mesi in acciaio		
Colore	Classificato 4 (da 0~10, 10 più scuro), arancione chiaro		
Abbinamenti	È perfetto con cibi piccanti, curry indiano o trippa italiana con salsa verde and rossa; buono anche con piatti a base di pesce, sashimi, o carpaccio di carne magra		
Note di degustazione da Xiaowen	Ottenuto da uve 100% Nerello Mascalese provenienti dalle pendici più basse della cantina (700 metri di altezza). Il bouquet è di fiorellini bianchi completamente fioriti, ricco e sfarzoso; mentre in bocca è leggero ma evidente il fiore di gelsomino, come l'ombra del chiaro di luna che risplende sul mare, elegantemente sostenuto da note fruttate, corpo ben strutturato e piacevole acidità.		

TERRA COSTANTINO

DeAetna 2017
Etna Rosato DOC

有機酒	BIO
單一園	Contrada
酒精度 Alcohol	13.5% vol.
產量 Bottles	2,266瓶

Etna

首次生產年份	2013
是否每年生產	是
葡萄園位置	位於火山東南部Viagrande區 Contrada Blandano葡萄園
葡萄品種	90% Nerello Mascalese 10% Nerello Cappuccio
葡萄樹齡	35年
海拔	450至550公尺
土壤	含火山灰的砂質土壤
面向	東南
平均產量	4,500公斤/公頃
種植方式	短枝修剪與傳統樹叢型
採收日期	2017年9月
釀造製程	置於不鏽鋼桶，溫控16°C，15天
浸漬溫度與時間	無
陳年方式	2個月靜置於玻璃中
顏色	色度6；粉橘色 （自0至10，10最深）
建議餐搭選擇	如右方「筱雯老師的品飲紀錄」

筱雯老師的品飲紀錄｜

剛開瓶即展現乾淨的糖果清香，之後出現了清雅的薄荷葉、草莓果醬及蓮花香氣；入口時介於甜度與鹹度的完美平衡，十分令人玩味。搭配焗烤千層茄子及地中海各式魚類正好，無論新鮮吃、鹽漬、或是油漬加工魚產品，如油漬或鹽漬鯷魚罐頭。

First year production	2013	**Exposure**	Southeast
Produced every year	Yes	**Average yield**	45 ql/ha
Vineyard location	Etna Southeast: Contrada Blandano, Viagrande		
Grape composition	90% Nerello Mascalese, 10% Nerello Cappuccio		
Vineyard age	35 years		
Altitude	450-550 meters		
Soil	Volcanic sands		
Growing system	Cordon spur, alberello (bush tree)		
Harvest	September 2017		
Vinification	In stainless steel vat at 16°C, 15 days		
Maceration	No		
Aging	2 months in bottle		
Color	Classified as 6 (from 0-10, 10 darkest), light orange		
Food match	Perfect for eggplant parmigiana and fish fresh in raw, salted, or in olive oil		
Tasting note of Xiaowen	This is one of my favorite Etna Rosato wine. It is fresh and clean in the nose sweet candy bouquet with elegant mint, strawberry marmalade, and lotus floral notes. In the mouth, it is balanced between the sweetness and saltiness.		

Prima produzione	2013	**Esposizione**	Sud-est
Prodotto ogni anno	Sì	**Resa media**	45 ql/ha
Ubicazione del vigneto	Sud-est dell'Etna: Contrada Blandano, Viagrande		
Vitigno	90% Nerello Mascalese, 10% Nerello Cappuccio		
Età dei vigneti	35 anni		
Altitudine	450-550 metri		
Terreno	Sabbie di natura vulcanica		
Sistema di allevamento	Cordone speronato, alberello		
Vendemmia	Settembre 2017		
Vinificazione	In acciaio a 16°C, 15 giorni		
Macerazione	No		
Invecchiamento	2 mesi in bottiglia		
Colore	Classificato 6 (da 0 - 10, 10 più scuro), arancione chiaro		
Abbinamenti	Perfetto per parmigiana di melanzane e pesce fresco, salato e in olio d'oliva		
Note di degustazione da Xiaowen	Questo è uno dei miei Etna Rosato preferiti. È fresco e pulito nel naso, con bouquet di caramelle dolci, menta elegante, marmellata di fragole e fiori di loto; in bocca è bilanciato tra dolcezza e salinità.		

TORRE MORA (TENUTE PICCINI)

Scalunera 2017
Etna Rosato DOC

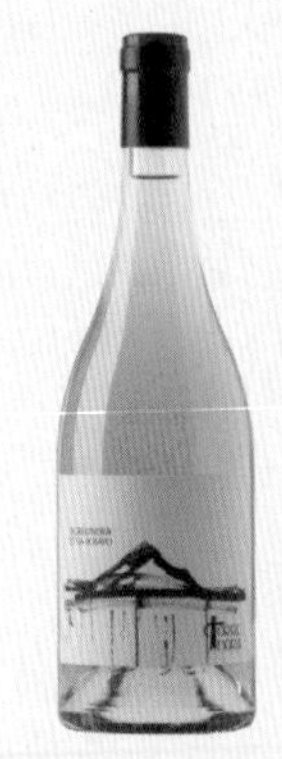

有機酒	BIO
單一園	Contrada
酒精度 Alcohol	13% vol.
產量 Bottles	13,000 瓶

首次生產年份	2017
是否每年生產	是
葡萄園位置	位於火山北部Castiglione di Sicilia區Rovittello鎮Contrada Dafara Galluzzo葡萄園
葡萄品種	95% Nerello Mascalese 5% Nerello Cappuccio
葡萄樹齡	15年
海拔	700公尺
土壤	混合岩石的黑色鬆軟火山土壤
面向	東北
平均產量	5,000公斤/公頃
種植方式	梯田式(高低梯塊);傳統樹叢型
採收日期	2017年9月4日
釀造製程	置於不鏽鋼桶,溫控
浸漬溫度與時間	15°C,16天
陳年方式	3個月於不鏽鋼桶
顏色	色度6;粉橘色 (自0至10,10最深)
建議餐搭選擇	如右方「筱雯老師的品飲紀錄」

筱雯老師的品飲紀錄 |

開瓶立即有清雅草莓與草莓葉的味道,十分新鮮且乾淨;入口為明顯的紅蘋果、水梨與澄花香,以粉紅酒來說,此款酒剛開始一般,然飲用後其草莓果香與澄花香於舌面口感綿延不絕,尾韻回甘而酸度在此時亦溫柔降臨,酸甜口感之間的平衡實屬難得。

* 可搭配日本和食料理或任何有Umami的海鮮鍋料理,亦適合作為開胃酒飲用。

First year production	2017	**Exposure**	Northeast
Produced every year	Yes	**Average yield**	50 ql/ha
Vineyard location	Etna North: Contrada Dafara Galluzzo, Rovittello, Castiglione di Sicilia		
Grape composition	95% Nerello Mascalese, 5% Nerello Cappuccio		
Vineyard age	15 years	**Altitude**	700 meters
Soil	Black lose volcanic soil mixed with rocks		
Growing system	Bush vine, terraced vineyards		
Harvest	Sep. 4, 2017		
Vinification	In stainless steel tanks, temperature controlled		
Maceration	15°C, 16 days		
Aging	3 months in stainless steel tanks		
Color	Classified as 6 (from 0~10, 10 darkest), light orange		
Food match	This wine is perfect as aperitif or matching with Japanese Kaiseki or Umami seafood cuisine.		
Tasting note of Xiaowen	Strawberry and its leaf notes appear in the glass right away. The freshness and cleanness are crystal clear without confusion. In the mouth, there are vivid red apple, pear, and orange blossom notes. As a rosè wine, it seems normal at first, yet when the acidity arrives at the very end with balance of sweet notes of strawberry fruit and orange blossom floral notes, the long and lingering after-taste on the surface of the tongue reflects the softness of this wine and elevates the sensation.		

Prima produzione	2017	**Esposizione**	Nordest
Prodotto ogni anno	Si	**Resa media**	50 ql/ha
Ubicazione del vigneto	Nord dell'Etna: Contrada Dafara Galluzzo, Rovittello, Castiglione di Sicilia		
Vitigno	95% Nerello Mascalese, 5% Nerello Cappuccio		
Età dei vigneti	15 anni	**Altitudine**	700 metri
Terreno	Sciolto, polvere vulcanica nera mista a rocce		
Sistema di allevamento	Alberello etneo, terrazzamenti		
Vendemmia	In vasche d'acciaio, temperatura controllata		
Vinificazione	4 Set. 2017		
Macerazione	15°C, 16 giorni		
Invecchiamento	3 mesi in vasche d'acciaio		
Colore	Classificato 6 (da 0~10, 10 più scuro), arancione chiaro		
Abbinamenti	Questo vino è perfetto per l'aperitivo o con la cucina di pesce giapponese Kaiseki o la cucina di pesce di umami		
Note di degustazione da Xiaowen	Le note di fragola e delle sue foglie appaiono subito nel bicchiere e la freschezza e la pulizia sono cristalline, senza confusione; in bocca ci sono vivide note di mela rossa, pera e fiori d'arancio. Come un vino rosato, all'inizio sembra normale, eppure, quando l'acidità arriva alla fine con un equilibrio di note dolci di fragola e note floreali di fiori d'arancio, il lungo e persistente retrogusto sulla superficie della lingua riflette la morbidezza di questo vino e eleva la sensazione.		

VIVERA

Rosato di Martinella 2017
Etna Rosato DOC

有機酒	BIO
單一園	Contrada
酒精度 Alcohol	13% vol.
產量 Bottles	3,000瓶

Etna

首次生產年份	2014
是否每年生產	是
葡萄園位置	位於火山東北部Linguaglossa區Contrada Martinella葡萄園
葡萄品種	100% Nerello Mascalese
葡萄樹齡	15年
海拔	500至600公尺
土壤	深度超過250公尺的火山土壤
面向	東北
平均產量	6,000公斤/公頃
種植方式	短枝修剪
採收日期	2017年9月中旬
釀造製程	4小時於真空系統擠壓，溫控16-18°C、於不鏽鋼桶發酵15天
浸漬溫度與時間	無
陳年方式	第一階段4個月：於不鏽鋼桶；第二階段1個月：靜置於玻璃瓶中
顏色	色度7；玫瑰紅偏橘色（自0至10，10最深）
建議餐搭選擇	如右方「筱雯老師的品飲紀錄」

筱雯老師的品飲紀錄｜

開瓶即為明顯的熟蘋果與蜂蜜香氣；入口第一口似無太多結構然其香氣迷人，再次入口時酸度與結構雙雙提高且秋天的柚香、青森蘋果、野花香等縈繞口鼻，柚皮香氣明顯而延續，為一值得慢慢品嘗的粉紅酒。適合搭配酥炸魚肉、義大利24個月陳年生火腿、鷹嘴豆濃湯、蘆荀燉飯、烤魚、豬肉卷、白披薩。

First year production	2014	**Exposure**	Northeast
Produced every year	Yes	**Average yield**	60 ql/ha
Vineyard location	Etna Northeast: Contrada Martinella, Linguaglossa		
Grape composition	100% Nerello Mascalese	**Vineyard age**	15 years
Altitude	500-600 meters		
Soil	Volcanic more then 250 meters deep		
Growing system	Pruned-spur cordon-trained		
Harvest	Mid September, 2017		
Vinification	4 hours in vacuum system press, then 15 days in stainless steel tank at 16-18°C		
Maceration	No		
Aging	4 months on the fine lees in stainless steel tanks; 1 month in bottles		
Color	Classified as 7 (from 0~10, 10 darkest), rose paddle red to orange		
Food match	Deep fried fish, San Daniele ham, fava beans or chickpea cream, risotto with asparagus, baked turbot, pork rolls, white pizza		
Tasting note of Xiaowen	The prominent ripe apple with honey bouquets in the nose; at first in the mouth not much structure with only charming notes, yet the second zip in the mouth, the increase of acidity and structure bring out also Autumn pomelo, Aomori apple, and wild floral notes in both nose and mouth while the pomelo bouquet lingers in the posterior nasal cavity. Recommend to taste with time.		

Prima produzione	2014	**Esposizione**	Nord-est
Prodotto ogni anno	Si	**Resa media**	60 ql/ha
Ubicazione del vigneto	Nord-est dell'Etna: Contrada Martinella, Linguaglossa		
Vitigno	100% Nerello Mascalese	**Età dei vigneti**	15 anni
Altitudine	500-600 metri		
Terreno	Vulcanico profondo oltre 250 metri		
Sistema di allevamento	Cordone speronato		
Vendemmia	Metà Settembre 2017		
Vinificazione	4 ore all'interno della pressa sottovuoto poi fermentazione in acciaio per 15 giorni a 16-18°C		
Macerazione	No		
Invecchiamento	4 mesi sulle fecce fini in acciai; 1 mese di bottiglia		
Colore	Classificato 7 (da 0~10, 10 più scuro), paddle di rosa da rosso ad arancione		
Abbinamenti	Pesce fritto o al forno, prosciutto crudo di San Daniele, crema di fave o zuppa di ceci, risotto con asparagi, involtini di maiale, e pizza bianca		
Note di degustazione da Xiaowen	Ovvia mela matura con bouquets di miele nel naso; inizialmente in bocca non ha molta struttura ma solo note affascinanti, tuttavia al secondo sorso, l'aumento di acidità e la struttura mettono in risalto anche il pomelo autunnale, la mela Aomori e le note di fiori bianchi sia nel naso che nella bocca, mentre il bouquet di pomelo indugia nella cavità nasale posteriore. Consiglio di gustarlo con il tempo.		

THE BEST 30 ETNA RED

西西里火山紅酒前 30 強
Il migliore 30 Etna Rosso

按字母 A-Z 順序排列 / In Alphabetical order / *Ordine alfabetico*

TOP 5

BONACCORSI WWW

Valcerasa 2014 ------------------------------ *p.320*

GRACI WWW

Feudo di Mezzo 2016 --------------------- *p.384*

PIETRADOLCE WWW

Barbagalli 2015 ---------------------------- *p.414*

SCIARA WWW

750 metri 2016 ----------------------------- *p.424*

TENUTA DELLE TERRE NERE WWW

Prephylloxera 2016 ------------------------ *p.428*

BENANTI WW

Nerello Cappuccio 2016 ------------------ *p.314*

BIONDI WW

San Nicolo' 2014 ---------------------------- *p.318*

CALABRETTA WW

Nonna Concetta 2016 --------------------- *p.324*

COTTANERA WW

Contrada Zottorinoto 2013 --------------- *p.346*

FRANK CORNELISSEN WW

Munjebel Rosso CR 2016 ----------------- *p.362*

FRANK CORNELISSEN W W

MunJebel Rosso PA 2016 ---------------- *p.364*

GIROLAMO RUSSO W W

Feudo di Mezzo 2016 -------------------- *p.380*

GRACI W W

Barbabecchi Quinta 1000 IGP 2014 ---- *p.386*

NICOSIA W W

Monte Gorna 2012 ----------------------- *p.398*

TENUTA DELLE TERRE NERE W W

Guardiola 2016 ---------------------------- *p.432*

BENANTI W

Rovittello 2014 ---------------------------- *p.312*

CALCAGNO W

Feudo di Mezzo 2016 -------------------- *p.330*

CANTINE EDOMÉ W

Aitna 2014 ---------------------------------- *p.336*

CANTINE RUSSO W

Rampante 2012 -------------------------- *p.340*

FRANCESCO TORNATORE W

Pietrarizzo 2016 -------------------------- *p.356*

THE BEST 30 ETNA RED

西西里火山紅酒前 30 強
Il migliore 30 Etna Rosso

按字母 A-Z 順序排列 / In Alphabetical order / *Ordine alfabetico*

THE BEST 6 ETNA ROSÉ

西西里火山粉紅酒前 6 強
Il migliore 6 Etna Rosato

按字母 A-Z 順序排列 / In Alphabetical order / *Ordine alfabetico*

TOP 3

TERRA COSTANTINO
DeAetna 2017 ---------- *p.486*

BARONE DI VILLAGRANDE
Etna Rosato DOC 2017 ---------- *p.460*

PALMENTO COSTANZO
Mofete 2017 ---------- *p.478*

GRACI
Etna Rosato DOC 2017 ---------- *p.472*

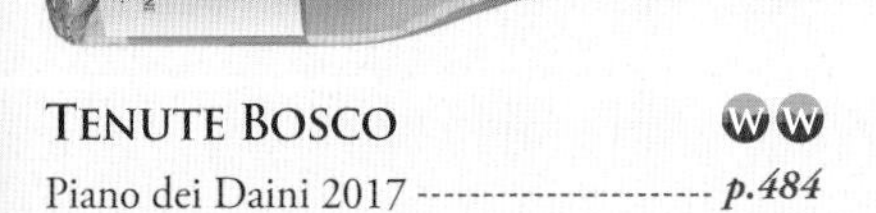

TENUTE BOSCO
Piano dei Daini 2017 ---------- *p.484*

TORRE MORA
Scalunera 2017 ---------- *p.488*

THE BEST 18 ETNA WHITE

西西里火山白酒前 18 強
Il migliore 18 Etna Bianco

按字母 A-Z 順序排列 / In Alphabetical order / *Ordine alfabetico*

TOP 3

DONNAFUGATA W W W

Sul Vulcano 2016 ---------- *p.234*

PIETRADOLCE W W W

Archineri 2017 ---------- *p.268*

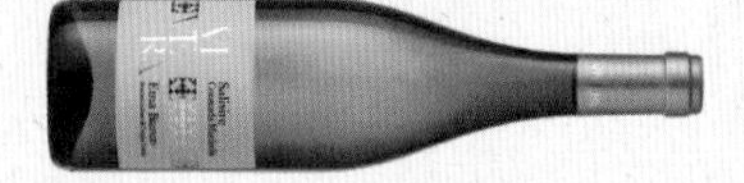

VIVERA W W W

Salisire 2014 ---------- *p.298*

I VIGNERI DI SALVO FOTI W W

Vignadi Milo 2016 ---------- *p.258*

NICOSIA W W

Vulkà 2017 ---------- *p.264*

TENUTA DELLE TERRE NERE W W

Santo Spirito 2017 ---------- *p.280*

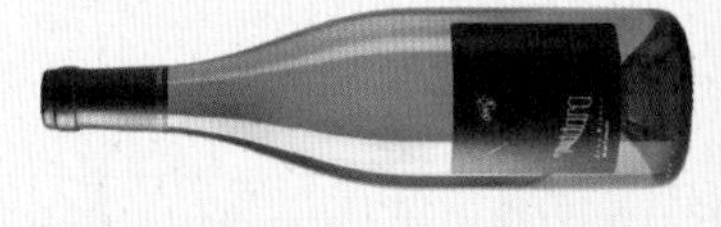

TENUTA DI FESSINA W W

A'Puddara 2016 ---------- *p.282*

THERESA ECCHER W W

Alizée 2016 ---------- *p.294*

TORRE MORA W W
Scalunera 2017 ---------- *p.296*

FRANCESCO TORNATORE W
Pietrarizzo 2017 ---------- *p.248*

ALTA MORA W
Etna Bianco DOC 2017 ---------- *p.208*

GRACI W
Arcurìa 2016 ---------- *p.252*

BONACCORSI W
Valcerasa 2016 ---------- *p.222*

TENUTA MASSERIA SETTEPORTE W
N'Ettaro 2017 ---------- *p.284*

EUDES W
Bianco di Monte 2015 ---------- *p.236*

TENUTA MONTE GORNA W
Jancu di Carpene 2017 ---------- *p.286*

FIRRIATO W
Cavanera Ripa di Scorciavacca 2016 ---------- *p.244*

TENUTA TASCANTE W
Buonora 2017 ---------- *p.288*

《字典補充—特別推薦篇》

SPECIAL MENTION / *La Menzione Speciale*

特別推薦篇的第一支酒為西西里火山白葡萄酒浸漬最長時間者，由Pietradolce酒莊生產，此為西西里火山售價最高的白酒之一，其結構與香氣能凌駕各款紅酒，因此於搭餐時可不將其視為白酒使用。第二種類為本書中未進行盲飲評鑑的「西西里火山氣泡酒」，以Murgo酒莊與Cantine Russo酒莊作為代表，Murgo酒莊位於西西里火山東部，其氣泡酒品種為當地原生品種Nerello Mascalese；Russo酒莊位於西西里火山東北部，選入此篇推薦酒款的葡萄品種為非當地原生的Moscato葡萄品種，不同於其他氣泡酒而更顯其特別。第三種類為種植於鄰近Etna火山區域法洛葡萄酒產區(Faro DOC)的Nerello Mascalese，該品種應為當地原生葡萄品種之一，有Le Casematte酒莊的Faro DOC紅葡萄酒與自成一格的Palari di Salvatore Geraci酒莊的同名紅葡萄酒。第四種類則為種植於西西里火山區域的非特別規範或非原生品種，如Santa Maria la Nave di Sonia Spadaro酒莊的Grecanico Dorato白葡萄；Franchetti酒莊的Chardonnay白葡萄、Petit Verdot與Cesanese d'Affile紅葡萄；Calabretta酒莊與Feudi Barone Spitaleri酒莊的Pinot Noir葡萄；Feudi Barone Spitaleri酒莊的Carbernet Franc、Carbernet Sauvignon與Merlot紅葡萄，總共十五支特別推薦葡萄酒，必讓讀者品嘗時驚訝不已或讚不絕口的酒款。

The first special-mentioned wine is the most-extracted maceration white wine in Etna. It is produced by Pietradolce winery. The structure and aroma can be considered as red wine in the food matching. The second category is the "Etna Sparkling Wine," which is represented by Murgo and Cantine Russo. Murgo winery, located in the eastern slope of Etna and use the indigenous Nerello Mascalese grapes for their sparkling wine. Cantine Russo winery, located in the northeastern Etna, uses not only the indigenous grapes but also Moscato grapes in the traditional method. It is a unique existence. The third category is the Nerello Mascalese grape variety grown in Faro DOC, close to Etna. The Faro DOC red wine from Le Casematte winery and Palari di Salvatore Geraci winery are selected to represent Faro DOC area. The fourth category is the non-native varieties or the non-mentioned or regulated grapes planted in Etna area, such as the Grecanico Dorato white grape of Santa Maria la Nave di Sonia Spadaro winery; the Chardonnay white grape, the Petit Verdot, and the Cesanese d'Affile red grapes of Franchetti winery; the Pinot Noir grapes from Calabretta winery and Feudi Barone Spitaleri winery; the Carbernet Franc, Carbernet Sauvignon, and Merlot red grapes from Feudi Barone Spitaleri winery. In total, there are 15 special mentioned wines and the goal is to surprise the readers when tasting.

La prima menzione speciale va al vino bianco con il maggior estratto da macerazione di tutto l'Etna, prodotto dalla cantina Pietradolce. La struttura e l'aroma possono essere assimilati ad un vino un rosso in abbinamento con il cibo. La seconda è per lo "Spumante dell'Etna," rappresentato da Murgo e da Cantine Russo. L'azienda vinicola Murgo, è situata nella parte orientale dell'Etna e utilizza uve autoctone di Nerello Mascalese per il suo spumante. La Cantine Russo, situata invece nell'Etna nord-orientale, utilizza non solo l'uva autoctona ma anche l'uva Moscato nel suo metodo classico. È un'esistenza singolare. La terza menzione speciale è per il vitigno Nerello Mascalese coltivato nella denominazione Faro DOC, poco distante dall'Etna. Ho selezionato il vino rosso DOC Faro dell'azienda Le Casematte e dell'azienda Palari di Salvatore Geraci. La quarta menzione specialeva alle varietà non autoctone o le uve non menzionate o abitualmente piantate nella zona dell'Etna DOC, come l'uva bianca Grecanico Dorato della cantina Santa Maria la Nave di Sonia Spadaro; l'uva bianca Chardonnay, il Petit Verdot e l'uva rossa Cesanese d'Affile della cantina Franchetti; le uve Pinot Nero della cantina Calabretta e della cantina Feudi Barone Spitaleri; l'uva rossa Carbernet Franc, Carbernet Sauvignon e Merlot sempre della cantina Feudi Barone Spitaleri. In totale, ci sono 15 vini menzionati come speciali e l'obiettivo è quello di sorprendere i lettori quando li assaggeranno.

PIETRADOLCE

Sant'Andrea 2016
IGT Terre Siciliane

Contrada

13.5% vol.

1,800瓶

首次生產年份	2015
是否每年生產	是
葡萄園位置	位於火山東部Milo區 Contrada Caselle葡萄園
葡萄品種	100% Carricante
葡萄樹齡	100至120年
海拔	850公尺
土壤	岩石、沙質帶黏性的土壤
面向	東
平均產量	2,000公斤/公頃
種植方式	樹叢型(19世紀葡萄樹瘤蚜病前的百年老欉種方式)
採收日期	2016年10月中旬
釀造製程	置於橡木桶(2千公升)，溫
浸漬溫度與時間	15-16°C，10個月
陳年方式	第一階段10個月：於橡桶(2千公升)；第二階段個月：靜置於玻璃瓶中
顏色	金黃色
建議餐搭選擇	海鮮、生蠔及陳年起司

筱雯老師的品飲紀錄｜

開瓶為輕脆的礦物質、清雅的果香細緻而迷人、鼠尾草的草本植物香氣，等候十分鐘後香氣逐漸轉變為金黃蘋果與水梨的水果香氣與迷迭香、薰衣草等森林自然香氣，一小時後香氣更轉甜美果香與野生蜂蜜的香氣，伴隨著澄花與西西里檸檬的香氣、兩小時候轉為新鮮蘋果泥與草本植物的香氣；入口典雅的花香中帶有雄性麝香，清雅的水梨果香於口鼻中蔓延且礦物質和花香亦於此時同時出現，優雅的酸度點綴其中。此款酒擁有各式花香、草本植物與清雅果香，過於低温或剛開瓶不易察覺，建議開瓶 30 分鐘後、於 17 度時開始飲用；可將此酒視為陳年紅酒，低温醒酒二小時後可置主餐後甜點前，其結構與香氣能凌駕各款紅酒外，更能清除口齒感官的魚肉油膩感。

First year production	2015	**Harvest**	Second ten days of October, 2016
Produced every year	Yes	**Vinification**	In oak vats (20 hl), temperature controlled
Vineyard location	Etna East: Contrada Caselle, Milo	**Maceration**	15-16°C, 10 months on the skins
Grape composition	100% Carricante	**Aging**	10 months in oak vat (20 hl); 18 months in bottle
Vineyard age	100-120 years	**Color**	Golden yellow
Altitude	850 meters	**Food match**	Seafood, oyster and aged cheese
Soil	Stony, light sandy loam		
Exposure	East		
Average yield	20 ql/ha		
Growing system	Bush pre-phylloxera		

Tasting note of Xiaowen

Crispy minerality, elegant fruit, and sage herbal nuances are subtle and charming, which turn to the natural forest and fruity bouquets of golden apple, pear, rosemary, and lavender. In 1 hour, wild honey, orange blossom, and Sicilian lemon note also arrive in the nose. In 2 hours, the sensation of sweet apple puree and elegant herbs lightly dancing in the glass. In the mouth, the first thing that impresses me is the strenuous texture, then comes a hint of musk hidden in the floral and Madernassa pears notes. It is smooth with perfect minerality and acidity. This wine shows most flavors at 17 degrees starting from 30 minutes, and in food matching, it is ideal after main course for its well-structured, vibrant personality and the ability to clean the mouth for desserts.

Prima produzione	2015	**Sistema di allevamento**	Alberello pre-phylloxera
Prodotto ogni anno	Si	**Vendemmia**	Seconda decade di Ottobre 2016
Ubicazione del vigneto	Est dell'Etna: Contrada Caselle, Milo	**Vinificazione**	In tino di rovere (20 hl) a temperatura controllata
Vitigno	100% Carricante	**Macerazione**	15-16°C, 10 mesi sulle bucce
Età dei vigneti	100-120 anni	**Invecchiamento**	10 mesi in tino di rovere (20 hl); 18 mesi in bottigliao
Altitudine	850 metri	**Colore**	Giallo dorato
Terreno	Franco sabbioso con abbondante presenza di scheletro	**Abbinamenti**	Primi e secondi di pesce, formaggi stagionati
Esposizione	Est		
Resa media	20 ql/ha		

Note di degustazione da Xiaowen

Mineralità croccante, eleganti note di frutta e sfumature di salvia sono belle e affascinanti e, dopo alcuni istanti, si trasformano in bouquet naturali e fruttati di mela dorata, pera, rosmarino e lavanda. Dopo 1 ora, arrivano nel naso anche miele selvatico, fiori d'arancio e note di limone siciliano. Dopo 2 ore, la sensazione di purea di mele dolce e le erbe eleganti danzano leggermente nel bicchiere; in bocca, la prima cosa che mi colpisce è la trama intensa, poi appare un sentore di muschio nascosto nelle note floreali delle pere di Madernassa. È liscio con perfetta mineralità e acidità. Questo vino fa scaturire la maggior parte dei sapori a 17 gradi a partire da 30 minuti e, negli abbinamenti alimentari, è ideale da servire dopo il piatto principale per la sua consistenza ben strutturata, la sua personalità ricca e la capacità di pulire la bocca preparandola per i dessert.

MURGO

Murgo Extra Brut 2010 Spumante Metodo Classico VSQ

單一園	Contrada
酒精度 Alcohol	12.5% vol.
產量 Bottles	4,000 瓶

首次生產年份	1999	**面向**	各葡萄園之面各不同
是否每年生產	是	**平均產量**	5,000-6,000公斤/公頃
葡萄園位置	位於火山東部Zafferana區Santa Venerina鎮San Michele葡萄園	**種植方式**	直架式栽種
		採收日期	2010年9月
		釀造製程	置於不鏽鋼桶
葡萄品種	100% Nerello Mascalese	**浸漬溫度與時間**	無
葡萄樹齡	60年	**陳年方式**	80個月靜置於玻璃瓶中
海拔	500公尺	**顏色**	金黃色
土壤	含火山灰之砂質土壤	**建議餐搭選擇**	來自地中海之生魚片、紅蝦、蚌殼類海鮮等

筱雯老師的品飲紀錄｜

細緻而均勻的氣泡由杯底向上冒升，眼觀其輕盈的金黃色與鼻聞的香脆紅蘋果香氣相互呼應，與空氣接觸後花香與迷迭香亦逐漸顯現；乾淨爽快的口感綿延如同一場馬拉松競賽，這是草本植物、果香優雅香氣和其酸度的相互平衡競賽，三者於此杯酒的馬拉松競賽中攜手相伴、令人印象良好且深刻。此款酒的高品質與優雅度使其與法國香檳的盲飲中，恐亦難以分辨國別，令人為之驚豔之餘，更令人驚訝於西西里火山原生品種氣泡酒的未來潛力，筆者於本書中僅以此酒作為代表，其他眾多西西里火山酒莊的氣泡酒亦值得品嘗。

First year production	1999	**Average yield**	50-60 ql/ha
Produced every year	Yes	**Growing system**	Spalliera (cordon)
Vineyard location	Etna East: San Michele, Comune di Santa Veneria, Zafferana	**Harvest**	September, 2010
		Vinification	In stainless steel vats
		Maceration	No
Grape composition	100% Nerello Mascalese	**Aging**	80 months in bottle
Vineyard age	60 years	**Color**	Golden yellow
Altitude	500 meters	**Food match**	Sashimi of fish, shrimps and shells from the Mediterranean Sea
Soil	Sandy volcanic		
Exposure	Different exposures		

Tasting note of Xiaowen

Subtle and smooth bubbles arise from the bottom of the glass, and the golden color insight gives pleasure to the eyes as the smell of crispy red apple to the nose. Some contacts to oxygen, the floral and rosemary bouquets appear and become more evident. In the mouth, the refreshing, elegant herbal and fruity flavors perfectly balance with the high acidity and precisely accompany each other in each step of this marathon of taste. This Etna sparkling wine is of high quality and elegance that even in blind taste, it is difficult to differ from French Champagne. On the one hand this wine is of surprises; on the other hand, it shows the potential of Etna indigenous grapes of sparkling in traditional method. This wine is chosen to be Etna representation for the Etna sparkling category: there are still many other good sparkling wine in Etna.

Prima produzione	1999	**Resa media**	50-60 ql/ha
Prodotto ogni anno	Si	**Sistema di allevamento**	Spalliera (cordon)
Ubicazione del vigneto	Est dell'Etna: San Michele, Comune di Santa Veneria, Zafferana	**Vendemmia**	Settembre 2010
		Vinificazione	In acciaio inox
Vitigno	100% Nerello Mascalese	**Macerazione**	No
Età dei vigneti	60 anni	**Invecchiamento**	80 mesi in bottiglia
Altitudine	500 metri	**Colore**	Giallo d'ore
Terreno	Vulcanico sabbioso	**Abbinamenti**	Sashimi di pesce del mediterraneo
Esposizione	Terrazze con diverse esposizione		

Note di degustazione da Xiaowen

Bolle sottili e lisce si sollevano dalla punta inferiore del bicchiere e il colore dorato in vista dà piacere agli occhi come l'odore di mela rossa croccante al naso. Alcuni contatti con l'ossigeno e i bouquet floreali e il rosmarino compaiono e si diventa più evidente; in bocca, i rinfrescanti ed eleganti sapori erbacei e fruttati si bilanciano perfettamente con l'elevata acidità e si accompagnano precisamente in ogni passaggio di questa maratona del gusto. Questo vino spumante dell'Etna è di così alta qualità ed eleganza che anche in una degustazione alla cieca è difficile distinguerlo dallo Champagne francese. Da un lato questo vino è una sorpresa, dall'altro mostra il potenziale dell'uva indigena dell'Etna nel spumante metodo classico. Questo vino è una rappresentazione della categoria Etna spumeggiante e ci sono molti altri buoni spumanti nell'Etna.

Cantine Russo

Mon Pit 2016
VSQ

單一園	Contrada
酒精度 Alcohol	12.5% vol.
產量 Bottles	5,000瓶

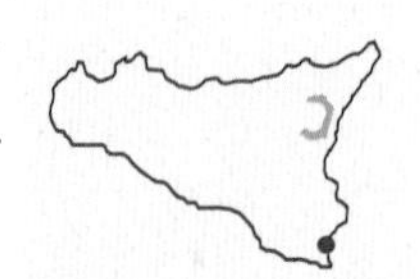

首次生產年份	2016	**面向**	南
是否每年生產	否，僅於2016年生產	**平均產量**	3,500公斤/公頃
葡萄園位置	位於西西里島東南部Siracusa省Vendicari葡萄園	**種植方式**	短枝修剪
		採收日期	2016年8月中
		釀造製程	無
葡萄品種	100% Moscato d'Alessandria	**浸漬溫度與時間**	無
		陳年方式	9個月靜置於玻璃瓶中
葡萄樹齡	30年	**顏色**	金黃色
海拔	1.5公尺，距離海岸100公尺	**建議餐搭選擇**	如下方「筱雯老師的品飲紀錄」
土壤	砂質黏土		

筱雯老師的品飲紀錄｜

明顯的百香果與草本植物鼠尾草，令人難以置信此款酒為麝香葡萄Moscato，此為傳統氣泡酒製法（香檳製法）中的Brut，含糖量為每公升12.5公克（每杯約為半茶匙的糖），然其新鮮酸度與酸度令人不感其含糖量。此葡萄種植之土壤為古老鹽湖，因此雖為麝香葡萄卻有非常優雅的鹹味並帶著一點手工餅乾的樸實麵粉香，十分適合搭配新鮮椰子肉或椰子冰淇淋，亦適合搭配新鮮川燙或碳烤海鮮。此款酒為義大利十分少見的Moscato香檳製法，雖為第一年製造，然十分令人驚艷。

First year production	2016	**Exposure**	South
Produced every year	No, only 2016 produced	**Average yield**	35 ql/ha
Vineyard location	Sicily Southeast: Vineyard Vendicari, Siracusa	**Growing system**	Spurred cordon
		Harvest	Mid August, 2016
Grape composition	100% Moscato d'Alessandria	**Vinification**	No
		Maceration	No
Vineyard age	30 years	**Aging**	9 months in bottle
Altitude	1.5 meters, 100 meters to the sea	**Color**	Golden yellow
		Food match	As below "Tasting note of Xiaowen"
Soil	Sandy clay		

Tasting note of Xiaowen

It is one of the strangest wine produced in Italy by Etna winery. In the nose, there's passion fruit and sage notes, making it hard to believe this is a Moscato method classical sparkling wine (like Champaign). It is a Brut of 12.5-gram sugar contain (one glass equal to 2 gram or half teaspoon of sugar), yet with the extreme elegance and excellent acidity, it's not easy to detect sugar but only the unique charms in the glass. The Moscato grapes are grown on the land previously as an ancient salt lake and thus gives the aromatic Moscato grapes a hint of saltiness and the wine may express a scent of homemade cookies from natural flour with mother yeast. It is a sparkling suitable with seafood yet even with fresh coconut or the ice cream. Though this is the first year production, it is already excellent-made and impressive.

Prima produzione	2016	**Resa media**	35 ql/ha
Prodotto ogni anno	No, solo 2016 prodotto	**Sistema di allevamento**	Cordone speronato
Ubicazione del vigneto	Sud-est della Sicilia: Vigneto Vendicari, Siracusa	**Vendemmia**	Metà Agosto 2016
Vitigno	100% Moscato d'Alessandria	**Vinificazione**	No
Età dei vigneti	30 anni	**Macerazione**	No
Altitudine	1,5 metri, 100 metri dal mare	**Invecchiamento**	9 mesi in bottiglila
Terreno	Argilloso sabbioso	**Colore**	Giallo oro
Esposizione	Sud	**Abbinamenti**	Come "Note di degustazione da Xiaowen"

Note di degustazione da Xiaowen

Questo è uno dei vini più strani prodotti in Italia dalla cantina dell'Etna. Nel naso ci sono note di frutto della passione e salvia, il che rende difficile credere che questo sia un classico spumante prodotto col metodo Moscato, come lo Champaign. Questo è un Brut che contiene 12,5 grammi di zucchero (un bicchiere pari a 2 grammi o mezzo cucchiaino di zucchero) e mostra estrema eleganza e la meravigliosa acidità, non è facile individuare lo zucchero ma solo gli fascini unici nel bicchiere. Le uve Moscato sono coltivate in un terreno precedentemente occupato da un antico lago salato, il che conferisce quindi alle uve aromatiche di Moscato un tocco di salsedine e al vino poi mostrare un accenno di biscotti di farina naturale fatti a mano con lievito madre. Questa è uno spumante adatto da gustare con pesce ma anche con cocco fresco o gelato. Anche se questa è la produzione del primo anno, è già eccellente e impressionante.

S4 *Special Mention*

LE CASEMATTE

Faro DOC 2016

有機酒 BIO

13.5% vol.

10,000 瓶

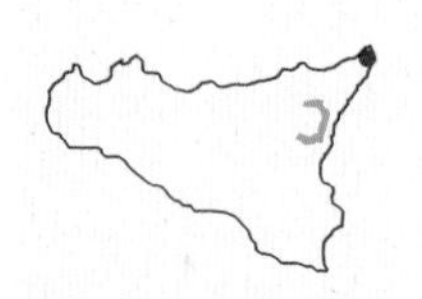

首次生產年份	2011
是否每年生產	是
葡萄園位置	位於西西里島東北部 Messina省Faro DOC產區葡萄園
葡萄品種	55% Nerello Mascalese, 25% Nerello Cappuccio, 10% Nocera, 10% Nero d'avola
葡萄樹齡	20年
海拔	400公尺
土壤	黏土與砂土
面向	北、東
平均產量	5,000公斤/公頃
種植方式	直梯式栽種暨傳統樹叢型
採收日期	2016年9月第二週
釀造製程	置於不鏽鋼桶，溫控
浸漬溫度與時間	22°C，12天
陳年方式	18個月於法製中型橡木桶
顏色	明亮的深紅寶石色
建議餐搭選擇	各式肉類料理，中西式皆適宜

筱雯老師的品飲紀錄｜

一開瓶即為十分優雅的深色莓果與黑巧克力香氣，伴隨著香料、黑胡椒與來自木桶的香草與雪茄，香氣十分吸引人且圓融、令人心動，過了一小時後，香氣更加圓融外、更增添了肉桂與咖啡的香氣；入口萬分柔順香甜，紅櫻桃、黑醋栗等香甜果香與明亮的酸度間、有著十分完美的平衡，兩頰的澀度顯示著Nerello Mascalese葡萄的特性，而舌面上的結構完整且持續閃爍著果香和草本植物香氣，後鼻腔的黑醋栗與香料不斷；開瓶三小時後、味道還在循環轉變，此款酒是亞州市場尚未發掘，然為必定發光發亮的一款義大利西西里紅酒。非常推薦。

First year production	2011	**Growing system**	Espalier and bush
Produced every year	Yes	**Harvest**	2nd week of September, 2016
Vineyard location	Sicily Northeast: Faro DOC, Messina	**Vinification**	In steel tanks, temperature controlled
Grape composition	55% Nerello Mascalese, 25% Nerello Cappuccio, 10% Nocera, 10% Nero d'avola	**Maceration**	22°C, 12 days
		Aging	18 months in medium French oak barrels
Vineyard age	20 years		
Altitude	400 meters	**Color**	Brilliant hues of beautiful ruby red, dense and bright
Soil	Clay and sandy		
Exposure	North and east	**Food match**	All kinds of meat cuisine both of western and eastern style
Average yield	50 ql/ha		

Tasting note of Xiaowen

Elegant berry and dark chocolate bouquets with spices, black pepper, vanilla and tobacco in the nose. It is a round, charming, even sexy wine which, after one hour, becomes even more pleasant with cinnamon and coffee notes. In the mouth, it is smooth, sweet, soft and balanced between the red cherry, black currant, and the bright acidity. The tannin on the cheeks speaks of Nerello Mascalese grapes while the structure on the tongue brings back the fruity and herbal notes, leaving the posterior nasal cavity full of spices and black currant notes. It is fantastic how this wine still changes after 3 hours. Age potential and highly recommended.

Prima produzione	2011	**Sistema di allevamento**	Spalliera e alberello
Prodotto ogni anno	Si		
Ubicazione del vigneto	Nord-est della Sicilia: Faro DOC, Messina	**Vendemmia**	Seconda settimana di Settembre 2016
Vitigno	55% Nerello Mascalese, 25% Nerello Cappuccio, 10% Nocera, 10% Nero d'avola	**Vinificazione**	In acciaio a temperatura controllata
		Macerazione	22°C, 12 giorni
Età dei vigneti	20 anni	**Invecchiamento**	18 mesi in tonneaux
Altitudine	400 metri	**Colore**	Di un bel rosso rubino venato da riflessi più scuri e brillanti
Terreno	Argilloso e sabbioso		
Esposizione	Nord e Est	**Abbinamenti**	Tutti i tipi di cucina a base di carne sia occidentali che orientali
Resa media	50 ql/ha		

Note di degustazione da Xiaowen

Bacca elegante e bouquet di cioccolato fondente con spezie, pepe nero, vaniglia e tabacco nel naso. È un vino rotondo, affascinante, anche sexy che, dopo un'ora, diventa ancora più piacevole con note di cannella e caffè; in bocca è morbido, dolce, liscio ed equilibrato tra la ciliegia rossa, il ribes nero e la brillante acidità. Il tannino sulle guance fa pensare all'uva Nerello Mascalese mentre la struttura sulla lingua riporta le note fruttate e erbacee, lasciando la cavità nasale posteriore piena di spezie e ribes nero. È incredibile come questo vino cambi ancora dopo 3 ore. Potenziale di invecchiamento e altamente raccomandato.

PALARI DI SALVATORE GERACI

Palari Faro DOC 2011

酒精度 Alcohol	13.5% vol.
產量 Bottles	16,000瓶

首次生產年份	1990
是否每年生產	是
葡萄園位置	位於西西里島東北部Messina區Santo Stefano Briga鎮Contrada Palari葡萄園
葡萄品種	33% Nerello Mascalese, 33% Nerello Cappuccio, 33% Nocera及1%其他次要葡萄品種
葡萄樹齡	80年
海拔	600公尺
土壤	砂質土壤
面向	東南
平均產量	3,500公斤/公頃
種植方式	傳統樹叢型
採收日期	2011年10月初
釀造製程	置於不鏽鋼桶，溫控
浸漬溫度與時間	28℃，12天
陳年方式	第一階段26個月：於法 小型新橡木桶；第二階 36個月：靜置於玻璃瓶中
顏色	帶有石榴光澤之紅寶石色
建議餐搭選擇	地中海風味的肉類料理 野禽及陳年起司

筱雯老師的品飲紀錄 |

開瓶即有明顯的梅香與白米煮熟時的香甜感，甚至帶著竹葉肉粽感；入口感受其豐富果香帶著酒精度，結構完好且優雅，再再顯示其陳年的實力；自始至終梅香持續，其平衡之口感令人不感其高酸度或高酒精度，口齒留香之外令筆者後悔現在即開瓶，若於三、五年後再開瓶，肯定更精采。值得一提的是，此款酒為紅蝦指南當中，第一款得到最高榮耀的三杯獎的西西里酒款。

First year production	1990
Produced every year	Yes
Vineyard location	Sicily Northeast: Contrada Palari, Santo Stefano Briga, Messina
Grape composition	33% Nerello Mascalese, 33% Nerello Cappuccio, 33% Nocera and 1% other minors
Vineyard age	80 years
Altitude	600 meters
Soil	Sandy soil
Exposure	Southeast
Average yield	35 ql/ha
Growing system	Old head trained vines
Harvest	Early October, 2011
Vinification	In stainless steel tanks, temperature controlled
Maceration	28°C, 12 days
Aging	26 months in new Tronçais and Allier medium toasted oak barriques; 36 months in bottle
Color	Ruby red with garnet reflections
Food match	Mediterranean meat dishes, game, aged cheese

Tasting note of Xiaowen

The bouquet is clean plum with a sweet note like steam rice of Asian dragon festival. In the mouth, the rich, round, and multi-layer fruity flavors elegantly arrive with a well-structured yet smooth texture, with an excellent balance of all senses that hardly detect alcohol nor acidity which demonstrates not only the aging capacity but also a full mouth of regret to open it now.

Prima produzione	1990
Prodotto ogni anno	Si
Ubicazione del vigneto	Nord-est della Sicilia: Contrada Palari, Santo Stefano Briga, Messina
Vitigno	33% Nerello Mascalese, 33% Nerello Cappuccio, 33% Nocera e 1% altri minori
Età dei vigneti	80 anni
Altitudine	600 metri
Terreno	Sabbioso
Esposizione	Sud-est
Resa media	35 ql/ha
Sistema di allevamento	Alberello
Vendemmia	Primi di Ottobre 2011
Vinificazione	In tini di acciaio a temperatura controllata
Macerazione	28°C, 12 giorni
Invecchiamento	26 mesi in barrique nuove di Troncais e Allier media tostatura; 36 mesi in bottiglia
Colore	Rosso rubino con riflessi granato
Abbinamenti	Piatti di carne con aromi mediterranei , cacciagione e selvaggina, formaggi stagionati

Note di degustazione da Xiaowen

Il bouquet è prugna pulita con note dolci come il riso al vapore del festival del drago asiatico; in bocca i sapori fruttati, ricchi, rotondi e multistrato arrivano elegantemente con una consistenza ben strutturata ma liscia, con un grande equilibrio di tutti i sensi che difficilmente rilevano alcol o acidità, il che dimostra non solo la capacità di invecchiamento ma anche una bocca piena di rimpianto nell'aprilo ora.

SANTA MARIA LA NAVE DI SONIA SPADARO

Millesulmare 2016
Sicilia Bianco DOC

單一園	Contrada
酒精度 Alcohol	12.5% vol
產量 Bottles	3,860 瓶

Etna

首次生產年份	2004
是否每年生產	是
葡萄園位置	位於火山西北部Bronte區Contrada Nave葡萄園
葡萄品種	100% Grecanico Dorato
葡萄樹齡	15年
海拔	1,100公尺
土壤	一萬至兩萬年古老火山熔岩
面向	西北
平均產量	500公斤/公頃
種植方式	長枝修剪

採收日期	2016年10月底
釀造製程	置於不鏽鋼桶，溫控
浸漬溫度與時間	無
陳年方式	第一階段9個月：於不鏽鋼桶；第二階段6個月：靜置於玻璃瓶中
顏色	帶有深金黃光澤的亮稻草黃色
建議餐搭選擇	適合甲殼類、炸蝦天婦羅、茴香沙丁魚義大利麵、酥炸義大利燉飯球、義式炸點佐鯷魚、壽司及生魚片

筱雯老師的品飲紀錄｜

此款酒的葡萄品種亦為火山原生品種然已失傳，經過少數莊主的努力再次栽種，值得品嚐。開瓶即散發豐富而優雅的香氣：首先是如糖果般的香甜而礦物質同時環繞其中，接著有不同的果香，特別是蘋果和水梨，像是在吃水梨糖葫蘆。酒精味中帶著杏花、鼠尾草、白胡椒的香氣，十分耐人尋味；入口柔順香甜、水梨的香氣與優雅的酸度輕巧地於舌面滑過、其酸度綿延且後鼻腔略帶檸檬皮和柚子香氣，酸度漫布兩頰且綿延的同時、舌尖回甘。

First year production	2004	**Vinification**	In steel, temperature controlled
Produced every year	Yes	**Maceration**	No
Vineyard location	Etna Northwest: Contrada Nave, Bronte	**Aging**	9 months in steel; 6 monthes in bottle
Grape composition	100% Grecanico Dorato	**Color**	Bright straw yellow with strong golden reflections
Vineyard age	15 years	**Food match**	Perfect with crustacean, shrimp tempura, pasta with sardines and wild fennel, arancini and crispelle with anchovies, sublime with sushi and sashimi
Altitude	1,100 meters		
Soil	10-20 thousand-year-old lava		
Exposure	Northwest		
Average yield	5 ql/ha		
Growing system	Guyot		
Harvest	End October, 2016		

Tasting note of Xiaowen

It is a different white indigenous grape of Etna which was almost lost, and it's interesting to taste: the vibrant and elegant bouquets instantly spread out upon opening. First, a right balance between candy and minerality, the two extremes in the nose that chasing and circulating each other, then the apple and pear fruity notes with almond flower, sage, and white pepper bouquets arrive with the alcohol; in the mouth, it is very smooth. The sweet pear flavor slides over the tongue with the elegant acidity that prolongs while the lemon peel and pomelo scents spread in the posterior nasal cavity. At the end, the acidity still lingers on both cheeks while the tip of the tongue is sweet; highly recommended.

Prima produzione	2004	**Vendemmia**	Fine October 2016
Prodotto ogni anno	Sì	**Vinificazione**	In acciaio a temperatura controllata
Ubicazione del vigneto	Nord-est dell'Etna: Contrada Nave, Bronte	**Macerazione**	No
Vitigno	100% Grecanico Dorato	**Invecchiamento**	9 mesi in acciaio; 6 mesi in bottiglia
Età dei vigneti	15 anni	**Colore**	Luminoso giallo paglierino con intensi riflessi dorati
Altitudine	1.100 metri	**Abbinamenti**	Perfetto con i crostacei, tempura di gamberi, pasta alle sarde e finocchietto selvatico, arancini, crispelle con acciuga, sublime in abbinamento al sushi e sashimi
Terreno	Scheletro lavico antico 10-20 mila anni		
Esposizione	Nord-ovest		
Resa media	5 ql/ha		
Sistema di allevamento	Guyot		

Note di degustazione da Xiaowen

Questo vino è da uva autoctona bianca diversa dell'Etna che era quasi persa è interessante da assaggiare: i bouquet ricchi ed eleganti si spargono all'istante all'apertura. In primo luogo, un buon equilibrio tra caramelle e mineralità, i due estremi nel naso che si rincorrono e circolano a vicenda, quindi le note fruttate di mela e pera con bouquet di fiori di mandorla, salvia e pepe bianco arrivano con l'alcol; in bocca è molto morbido. Il dolce sapore di pera scivola sulla lingua con l'elegante acidità che si prolunga mentre i sentori di buccia di limone e pomelo si diffondono nella cavità nasale posteriore. Alla fine, l'acidità permane su entrambe le guance mentre la punta della lingua è dolce; altamente raccomandato.

PASSOPISCIARO (VINI FRANCHETTI SRL)

Passobianco 2016
IGP Terre Siciliane

酒精度 Alcohol 13.5% vol.

產量 Bottles 37,000瓶

2016
passobianco
TERRE SICILIANE
13,5%vol
e 75 cl

首次生產年份	2007
是否每年生產	是
葡萄園位置	位於火山北部Castiglione di Sicilia區Contrada Guardiola及Contrada Montedolce、Etna DOC產區範圍外較高海拔的葡萄園
葡萄品種	100% Chardonnay
葡萄樹齡	15年
海拔	850至1,000公尺
土壤	含火山灰的土壤
面向	北
平均產量	6,500公斤/公頃
種植方式	長枝修剪
採收日期	2016年9月10至17日
釀造製程	置於不鏽鋼桶，23°C，20天
浸漬溫度與時間	無
陳年方式	第一階段10個月：於水泥材質容器及大型橡木桶；第二階段6個月：靜置於玻璃瓶中
顏色	白色透明
建議餐搭選擇	開胃酒，搭配魚及義大利麵

筱雯老師的品飲紀錄｜

**備註：Chardonnay葡萄品種中文翻譯為霞多丽(中國)、夏多內(台灣)、莎当妮(香港)，為統一寫法便利讀者閱讀，本書提到此葡萄品種時，統一使用原文寫法 Chardonnay。*

建議在11度時開瓶先體驗其礦物質口感，當升溫至14度時，澄柑、葡萄柚與草本植物的優雅香氣及專屬於該原生葡萄的酸度與礦物質能充分顯現(好像在吃真正的葡萄)；稍微陳年同款酒更添加了水梨與蜂蜜香氣。開始喝西西里火山葡萄酒的人或是平常喜愛法國勃根地白酒的讀者，不可錯過此款酒，必品嚐。

First year production	2007	**Growing system**	Guyot
Produced every year	Yes	**Harvest**	Sept. 10-17, 2016
Vineyard location	Etna North: Contrada Montedolce and Contrada Guardiola, Castiglione di Sicilia, higher than Etna DOC area	**Vinification**	In steel vats, 20 days at 23°C
		Maceration	No
		Aging	10 months in cement vats and large oak barrels; 6 months in bottle
Grape composition	100% Chardonnay		
Vineyard age	15 years	**Color**	White
Altitude	850-1,000 meters	**Food match**	Great aperitif, fish, pasta dishes
Soil	Volcanic		
Exposure	North		
Average yield	65 ql/ha		

Tasting note of Xiaowen

I suggest for first beginners to open it at 11 degrees and feel the minerality, then when it rises to 14 degrees, bouquets are grapefruit, citrus, and few herb notes; after a few years of aging, there are also pear and honey notes while the acidity and minerality remain elegant and persistent. This wine is good to drink now as well as to be potentially aged.

Prima produzione	2007	**Sistema di allevamento**	Guyot
Prodotto ogni anno	Si		
Ubicazione del vigneto	Nord dell'Etna: Contrada Montedolce e Contrada Guardiola , Castiglione di Sicilia, più alta e fuori dalla zona Etna DOC	**Vendemmia**	10-17 Set. 2016
		Vinificazione	In vasche d'acciaio, 20 giorni, 23°C
		Macerazione	No
		Invecchiamento	10 mesi in botti di cemento e grandi botti in legno; 6 mesi in bottiglia
Vitigno	100% Chardonnay		
Età dei vigneti	15 anni		
Altitudine	850-1.000 metri	**Colore**	Bianco
Terreno	Vulcanico	**Abbinamenti**	Aperitivo, pesce, primi piatti
Esposizione	Nord		
Resa media	65 ql/ha		

Note di degustazione da Xiaowen

Suggerisco ai primi principianti di aprirlo a 11 gradi e sentire la mineralità, poi, quando sale a 14 gradi, i bouquet sono pompelmo, agrumi e un po'di note erbacee; dopo alcuni anni di invecchiamento, ci sono anche note di pera e miele mentre l'acidità e la mineralità rimangono eleganti e persistenti. Questo vino è buono da bere ora così come può essere potenzialmente invecchiato.

S8 *Special Mention*

PASSOPISCIARO (VINI FRANCHETTI SRL)

Franchetti 2016
IGP Terre Siciliane

單一園 Contrada

酒精度 Alcohol 14.5% vol.

產量 Bottles 4,000瓶

首次生產年份	2005
是否每年生產	否，2007年未生產
葡萄園位置	位於火山北部Castiglione di Sicilia區Contrada Guardiola葡萄園、Etna DOC產區範圍外較高海拔的葡萄園
葡萄品種	60% Petit Verdot, 40% Cesanese d'Affile
葡萄樹齡	15年
海拔	900公尺
土壤	含火山灰的土壤
面向	北
平均產量	5,000公斤/公頃
種植方式	長枝修剪
採收日期	2016年10月22日
釀造製程	置於不鏽鋼桶(3千公升)
浸漬溫度與時間	28°C，15天
陳年方式	第一階段6個月：於新的法製橡木桶；第二階段14個月：於水泥材質之大型容器
顏色	墨紫色
建議餐搭選擇	法式白醬黑胡椒牛排、烤肉、波爾多葡萄酒燉野禽或佐水果醬汁等肉類料理

筱雯老師的品飲紀錄｜

此酒無論於視覺、嗅覺、味覺皆出眾：深沉飽滿的紫羅蘭色、充滿黑胡椒香料而後溫柔粉嫩花香迎面而來且綿延不絕；圓融的口感、綿延的酸度、完美的法式木桶香草香氣帶著經典波爾多紅酒的優雅澀度，胡椒香料與紅柚果香不絕於口，令人一口接著一口，無法停止卻又怕喝完這瓶沒有下一瓶。

First year production	2005	**Average yield**	50 ql/ha
Produced every year	No, 2007 not produced	**Growing system**	Guyot
Vineyard location	Etna North: Contrada Guardiola, Castiglione di Sicilia, higher than Etna DOC area	**Harvest**	Oct. 22, 2016
		Vinification	In steel vats (30 hl)
		Maceration	28°C, 15 days
Grape composition	60% Petit Verdot, 40% Cesanese d'Affile	**Aging**	6 months in new French oak barriques; 14 months in large cement vessels
Vineyard age	15 years	**Color**	Inky purple
Altitude	900 meters	**Food match**	Meat (steak au poivre, barbecue, game with a Port or fruit sauce)
Soil	Volcanic		
Exposure	North		

Tasting note of Xiaowen

This wine challenges 5 senses of a wine taster: deep full violet purple color with black pepper note and prolonged pink floral scents. In the mouth, it is round. The perfect vanilla note from French barrel and the long-lasting acidity with classic Bordeaux style, while black pepper and blood grapefruit notes linger and encourage another drink. It is difficult to stop drinking while in fear to finish the bottle too soon.

Prima produzione	2005	**Sistema di allevamento**	Guyot
Prodotto ogni anno	No, 2007 non prodotto		
Ubicazione del vigneto	Nord dell'Etna: Contrada Guardiola, Castiglione di Sicilia, più alta e fuori dalla zona Etna DOC	**Vendemmia**	22 Ott. 2016
		Vinificazione	In botti d'acciaio (30 hl)
		Macerazione	28°C, 15 giorni
Vitigno	60% Petit Verdot, 40% Cesanese d'Affile	**Invecchiamento**	Circa 6 mesi in barriques nuove di rovere Francese; 14 mesi in vasche di cemento
Età dei vigneti	15 anni	**Colore**	Colore di inchiostro
Altitudine	900 metri	**Abbinamenti**	Carne (bistecca con la salsa di pepe, barbecue, selvaggina con salse di frutta o con Porto)
Terreno	Vulcanico		
Esposizione	Nord		
Resa media	50w ql/ha		

Note di degustazione da Xiaowen

Questo vino sfida i 5 sensi di un degustatore: profondo e pieno sentore colore violaceo con note di pepe nero e profumi prolungati di fiori rosa, rotondo in bocca, lunga acidità, perfetta nota di vaniglia dal barile francese e acidità con il classico stile bordolese, mentre pepe nero e note di pompelmo indugiano e incoraggiano un altro sorso. È difficile smettere di bere ma si haanche paura di finire la bottiglia troppo presto.

S9 *Special Mention*

CALABRETTA

Pinot Nero 2016
IGP Terre Siciliane

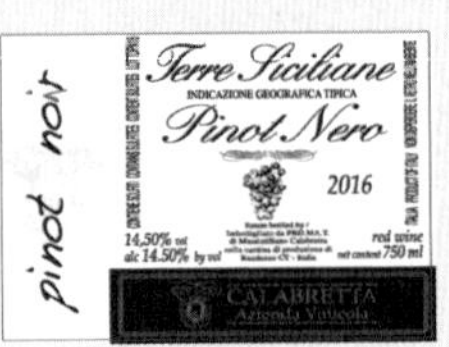

酒精度 Alcohol	14.5% vol.
產量 Bottles	2,400瓶

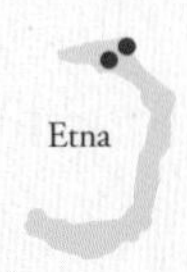

首次生產年份	2010
是否每年生產	是
葡萄園位置	混兩處葡萄園。位於火山北部Castiglione di Sicilia區Contrada Zocconero葡萄園及Contrada Battisti葡萄園
葡萄品種	100 % Pinot Noir，8種綜合克隆次品種
葡萄樹齡	10年
海拔	900公尺
土壤	含火山灰的砂質土壤
面向	南
平均產量	2,500公斤/公頃
種植方式	長枝修剪
採收日期	2016年9月20日至25日
釀造製程	部份置於木桶，部份置於不鏽鋼桶
浸漬溫度與時間	28°C，10至15天
陳年方式	18至24個月於小型法式舊木桶(225公升)及不鏽鋼桶
顏色	深紅寶石色
建議餐搭選擇	適合搭配義大利番茄、肉醬、帕瑪森起司、野禽及牛肉料理；適合中秋烤肉闔家共飲

筱雯老師的品飲紀錄｜

鼻聞時紫羅蘭花香明顯，不似一般常見的皮諾黑葡萄，此款酒入口輕柔但口感多段循環，極具個性；二十分鐘後呈現玫瑰香氣，口感十分平衡且乾淨，且無論是開瓶當下、兩小時或隔天皆能呈現其個性，等待過程中，其紫羅蘭香不減且更增添葡萄乾香氣；此酒能示範西西里火山對於外來葡萄品種的影響，亦為一款十分引人入勝的好酒。

First year production	2010	**Harvest**	Sep. 20-25, 2016
Produced every year	Yes	**Vinification**	Partially in wood and partially in steel vats
Vineyard location	Etna North: Contrada Zocconero and Contrada Battisti, Castiglione di Sicilia	**Maceration**	28°C, 10-15 days
		Aging	18-24 months in used French barrique (225 l) and steel
Grape composition	100% Pinot Noir, 8 different clones		
Vineyard age	10 years	**Color**	Deep ruby red
Altitude	900 meters	**Food match**	Match nicely with cuisine of tomato, meat sauce, pammiggiano cheese, game and Iberico pork; suitable for barbeque
Soil	Volcanic sand		
Exposure	South		
Average yield	25 ql/ha		
Growing system	Guyot		

Tasting note of Xiaowen

The beautiful and vivid violet floral bouquet in the nose are not common of Pinot Noir wine. In the mouth, it is gentle and smooth with soft turns of flavors from black currant to rose paddle that circulate. After hours, it only gets better and also comes raisin note that is sweet, long, and clean. This wine is balanced with its own signature of violet flower and it is an excellent example of the volcanic influence to Pinot Noir grape on Etna.

Prima produzione	2010	**Vendemmia**	20-25 Set. 2016
Prodotto ogni anno	Si	**Vinificazione**	Parte in legno e parte in acciaio
Ubicazione del vigneto	Nord dell'Etna: Contrada Zocconero e Contrada Battisti, Castiglione di Sicilia	**Macerazione**	28°C, 10-15 giorni
		Invecchiamento	18-24 mesi in barrique Francese usata (225 l) e acciaio
Vitigno	100% Pinot Nero, 8 differenti cloni		
Età dei vigneti	10 anni	**Colore**	Rosso rubino intenso
Altitudine	900 metri	**Abbinamenti**	Piacevolmente con piatti a base di pomodoro, ragù, parmigiano, selvaggina e maiale iberico; adatto per barbecue
Terreno	Sabbia vulcanica		
Esposizione	Sud		
Resa media	25 ql/ha		
Sistema di allevamento	Guyot		

Note di degustazione da Xiaowen

Lo stupendo e vivido bouquet floreale violaceo nel naso non è comune in vini Pinot Nero; in bocca è dolce e liscio, con morbidi giri di sapori che circolano, dal ribes nero al paddle di rose. Dopo ore, migliora solamente e appare anche una dolce, lunga e pulita nota di uva passa. Questo vino è equilibrato con la sua unica firma di fiore viola ed è un buon esempio dell'influenza vulcanica sull'uva Pinot Nero dell'Etna.

FEUDI BARONE SPITALERI

Sant'Elia 2013
IGP Terre Siciliane

酒精度 Alcohol	13% vol.
產量 Bottles	35,000瓶

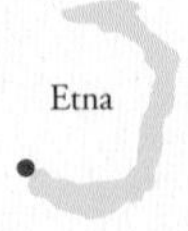

首次生產年份	1870
是否每年生產	否，1907-2010未生產
葡萄園位置	位於火山西南部Adrano區Feudo del Boschetto葡萄園
葡萄品種	100% Pinot Noir
葡萄樹齡	12年及部份150年老欉
海拔	950至1,050公尺
土壤	火山灰土壤
面向	西南
平均產量	1,500公斤/公頃
種植方式	傳統樹叢型
採收日期	2013年9月
釀造製程	置於圓錐柱狀橡木桶
浸漬溫度與時間	平均25-26°C，1個月
陳年方式	第一階段3年：於法製橡木桶；第二階段3年：靜置於玻璃瓶中
顏色	帶有石榴光澤的深紅寶石色
建議餐搭選擇	脆皮烤鴨夾餅、烤鵪鶉、燒烤或燉煮甜菜根、以櫻桃、無花果或香菇入菜之料理

筱雯老師的品飲紀錄｜

剛開瓶明顯的蔬菜、香料與木質調香氣明顯，緊接而來的香甜果香令人忍不住想喝一口，其香氣明朗而清新淡雅，如貴族小姐獨自享受下午茶的靜好時光；入口酸度優雅且乾淨，圓融的濃郁果香、幽雅的百花香、香甜且宜人的紅菜根蔬菜香氣以及綿延至尾韻的熱帶椰子奶香氣令五感愉悅，此為該酒莊生產三款皮諾黑酒款中最早採摘者，其酸度與新鮮口感展現西西里火山土壤能量與風土環境對葡萄品種的影響。這是最令人驚豔的黑皮諾紅酒，十分值得推薦。

First year production	1870	**Harvest**	September 2013
Produced every year	No, 1907-2010 not produced	**Vinification**	In conical oak tanks
Vineyard location	Etna Southwest: Feudo del Boschetto, Adrano	**Maceration**	Average 25-26°C, 1 month
Grape composition	100% Pinot Noir	**Aging**	3 years in French Allier and Tronçais oak barrique; 3 years in the bottle
Vineyard age	12 years with some almost 150 years ungrafted	**Color**	Deep ruby red with garnet reflections
Altitude	950-1,050 meters		
Soil	Volcanic from lava flows	**Food match**	Crispy duck pancakes, grilled quail, roast or cooked beetroot, dishes with cherries, figs or shiitake mushroom
Exposure	Southwest		
Average yield	15 ql/ha		
Growing system	Bush		

Tasting note of Xiaowen

Vivid vegetable, spices, and fresh wood notes with sweet fruity bouquet are evident and delicious. The clean and bright aromas with elegant spices are like a royal lady with a pleasant afternoon tea. In the mouth, the acidity is high, and the elegant vegetable, clean floral and round coconut milk flavors give pleasure to five senses. The tropical coconut pulp note at the end makes this wine outstanding. Sant'Elia is the earliest harvest among all three Pinot Noir wines, and its acidity and freshness is the most energetic and vibrant interpretation of Boschetto terroir; highly recommended.

Prima produzione	1870	**Vendemmia**	Settembre 2013
Prodotto ogni anno	No, 1907-2010 non prodotto	**Vinificazione**	In tine troncoconiche di legno di rovere
Ubicazione del vigneto	Sud-ovest dell'Etna: Feudo del Boschetto, Adrano	**Macerazione**	Media 25-26°C, 1 mese
Vitigno	100% Pinot Nero	**Invecchiamento**	3 anni in barriques di rovere Francese (Allier e Tronçais); 3 anni in bottiglia
Età dei vigneti	12 anni con alcuni circa 150 anni		
Altitudine	950-1.050 metri	**Colore**	Rosso rubino intenso con riflessi granati
Terreno	Vulcanico frutto di colate laviche	**Abbinamenti**	Croccanti pancake d'anatra, quaglie grigliate, arrosto o piatti con barbabietole cotte, ciliegie, fichi o funghi shiitake
Esposizione	Sud-ovest		
Resa media	15 ql/ha		
Sistema di allevamento	Alberello		

Note di degustazione da Xiaowen

Vegetali vividi, spezie e fresche note di legno con un bouquet fruttato dolce sono evidenti e dolci. Questi bouquet puliti e chiari con spezie eleganti, sono come l'immagine di una donna di stirpe reale che prende il tè del pomeriggio; in bocca l'acidità è alta e l'elegante nota vegetale e i sapori puliti, floreali e rotondi del latte di cocco donano piacere ai cinque sensi. La nota finale di polpa di cocco tropicale rende questo vino eccezionale. Sant'Elia è il primo raccolto tra tutti e tre i vini Pinot Nero e la sua acidità e freschezza sono l'interpretazione più energica e vibrante del terroir Boschetto; altamente raccomandato.

FEUDI BARONE SPITALERI

Boschetto Rosso 2012
IGP Terre Siciliane

酒精度 Alcohol　13.5% vol.
產量 Bottles　15,000瓶

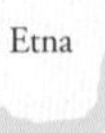

首次生產年份	1882	**採收日期**	2012年9月
是否每年生產	否，1907-2010未生產	**釀造製程**	置於圓錐柱狀橡木桶
葡萄園位置	位於火山西南部Adrano區Feudo del Boschetto葡萄園	**浸漬溫度與時間**	平均25-26°C，1個月
葡萄品種	100% Pinot Noir	**陳年方式**	第一階段3年：於法製橡木桶；第二階段3年：靜置於玻璃瓶中
葡萄樹齡	12年及部份150年老欉	**顏色**	帶有石榴光澤的深紅寶石色
海拔	1,050-1,150公尺		
土壤	火山灰土壤	**建議餐搭選擇**	茶醃、醬油及味噌料理、烤雞、嫩烤羊排、義式生牛肉及香草烤豬肉
面向	西南		
平均產量	1,200公斤/公頃		
種植方式	傳統樹叢型		

筱雯老師的品飲紀錄

Boschetto 原文意思為「小樹林」，果真酒如其名，杯中木頭香氣如同漫步於充滿芬多精的森林裡，香氣亦似 30 年前的老義大利酒王巴洛羅紅酒或托斯卡尼康帝紅酒；入口結構完整，成熟且圓潤的果香與單寧完美地結合，20 分鐘後開始出現薄荷草本香氣，優雅的酸度適度點綴著尾韻，口齒留香；此為該酒莊生產三款黑皮諾酒款中最晚採摘者，晚熟圓融且頗具陳年實力，期待五年後的更佳表現。

First year production	1882	**Vinification**	In conical oak tanks
Produced every year	No, 1907-2010 not produced	**Maceration**	Average 25-26°C, 1 month
Vineyard location	Etna Southwest: Feudo del Boschetto, Adrano	**Aging**	3 years in French Allier and Tronçais oak barrique; 3 years in bottle
Grape composition	100% Pinot Noir		
Vineyard age	12 years with some almost 150 years ungrafted	**Color**	Deep ruby red with garnet reflections
Altitude	1,050-1,150 meters	**Food match**	Tea marinades, soy sauce, and miso cuisine, roast chicken or guineafowl, rack of lamb served pink, rare fillet steak and carpaccio, roast pork with herbs and fennel
Soil	Volcanic from lava flows		
Exposure	Southwest		
Average yield	12 ql/ha		
Growing system	Bush		
Harvest	September 2012		

Tasting note of Xiaowen

The word "Boschetto" means little wood forest, and it is also the best description of the bouquets of this wine: like walking in a wood forest full of polyphenol. The smell is quite similar to the old Barolo or Chianti of 30 years ago. In the mouth, the full-body combines well with ripe and condense fruity flavor, the well structured tannins are evident, and after 20 minutes, a hint of mint arises with the elegant acidity that leaves pleasant perfume in the posterior nasal cavity. It is characterized by its maturation pushed to the climax in the choices of harvest; aging potential, in 5 years could be even better. Recommendation.

Prima produzione	1882	**Vinificazione**	In tine troncoconiche di legno di rovere
Prodotto ogni anno	No, 1907-2010 non prodotto		
Ubicazione del vigneto	Sud-ovest dell'Etna: Feudo del Boschetto, Adrano	**Macerazione**	Media 25-26°C, 1 mese
		Invecchiamento	3 anni in barriques di rovere Francese (Allier e Tronçais); 3 anni in bottiglia
Vitigno	100% Pinot Nero		
Età dei vigneti	12 anni con alcuni circa 150 anni	**Colore**	Rosso rubino intenso con riflessi granati
Altitudine	1.050-1.150 metri		
Terreno	Vulcanico frutto di colate laviche	**Abbinamenti**	Ricette che coinvolgono marinate di tè, salsa di soia e miso, pollo arrosto o faraona, carré di agnello servito rosa, filetto e carpaccio di filetto rari, arrosto di maiale con erbe e finocchio
Esposizione	Sud-ovest		
Resa media	12 ql/ha		
Sistema di allevamento	Alberello		
Vendemmia	Settembre 2012		

Note di degustazione da Xiaowen

Il nome del vino boschetto è anche la migliore descrizione dei bouquet di questo vino: pare di camminare in una foresta piena di polifenoli. Questo odore è abbastanza simile al vecchio Barolo o Chianti di 30 anni fa; in bocca, il corpo pieno si combina bene con il gusto fruttato maturo e condensato, i tannini ben strutturati sono evidenti e, dopo 20 minuti, una leggera nota di menta sorge con l'elegante acidità e lascia un gradevole profumo nella cavità nasale posteriore. Questo vino è caratterizzato dalla sua maturazione spinta il culmine delle scelte del raccolto; il potenziale di invecchiamento, tra 5 anni potrebbe essere ancora migliore.

FEUDI BARONE SPITALERI

Dagala del Barone 2009
IGP Terre Siciliane

14.5% vol.

10,000瓶

首次生產年份	1890	**採收日期**	2009年9月
是否每年生產	否，1907-2009未生產	**釀造製程**	置於圓錐柱狀橡木桶
葡萄園位置	位於火山西南部Adrano區Feudo del Boschetto葡萄園	**浸漬溫度與時間**	平均25-26°C，1個月
		陳年方式	第一階段5年：於法製橡木桶；第二階段5年：靜置於玻璃瓶中
葡萄品種	100% Pinot Noir		
葡萄樹齡	12年及部份150年老欉	**顏色**	帶有石榴光澤的深紅寶石色
海拔	1,150至1,200公尺		
土壤	火山灰土壤	**建議餐搭選擇**	蝴蝶羊肉、炭烤牛排、烤鵝肉等紅肉料理，黑皮諾紅酒燉香雞及藍紋起司
面向	西南		
平均產量	1,000公斤/公頃		
種植方式	傳統樹叢型		

筱雯老師的品飲紀錄｜

Dagala是阿拉伯文，意指「火山岩間」，由該酒莊最高海拔百分之百的黑皮諾葡萄釀造而成。近海拔一千二百公尺、於火山土壤上密集種植的黑皮諾葡萄，有著特別優雅的蔬菜清香；口感圓融美好，千百種花香與新鮮果香完全交錯於口鼻間，來自木桶的丹寧與葡萄本身的酸度適時給予完整的結構，此款黑皮諾葡萄酒實在展現了該葡萄優雅、簡樸及細緻的一面，品嘗完的每一口皆口齒留香。適合作為與法國黑皮諾葡萄酒品飲比較的絕佳教材；此款佳釀可以絲毫不費力喝完。

First year production	1890	**Harvest**	September 2009
Produced every year	No, 1907-2009 not produced	**Vinification**	In conical oak tanks
Vineyard location	Etna Southwest: Feudo del Boschetto, Adrano	**Maceration**	Average 25-26°C, 1 month
Grape composition	100% Pinot Noir	**Aging**	5 years in French Allier and Tronçais oak barrique; 5 years in bottle
Vineyard age	12 years with some almost 150 years ungrafted	**Color**	Deep ruby red with garnet reflections
Altitude	1,150-1,200 meters	**Food match**	Butterflied lamb, grilled steak, roast goose, coq au vin where the sauce is made with pinot noir, Gorgonzola blue cheese
Soil	Volcanic from lava flows		
Exposure	Southwest		
Average yield	10 ql/ha		
Growing system	Bush		

Tasting note of Xiaowen

The word "Dagala" is from the Arabic language, meaning between the lava stones. This wine is made from Pinot Noir grapes at the highest altitude of the estate with the high-intensity growing system at 1,150 meters above sea level, contributing to this extreme elegance of vegetable freshness in the nose. In the mouth, the taste is round, rich of fruity and floral flavors that can be named a dozen times differently. The tannins from the barrel and the acidity from the grapes give the perfect structure that demonstrates the fineness, elegance, and austerity of Pinot Noir from Etna. Each sip of wine leaves lingering perfumes in the mouth; interesting for blind taste with French Pinot Noir wine.

Prima produzione	1890	**Vendemmia**	Settembre 2009
Prodotto ogni anno	No, 1907-2009 non prodotto	**Vinificazione**	In tine troncoconiche di legno di rovere
Ubicazione del vigneto	Sud-ovest dell'Etna: Feudo del Boschetto, Adrano	**Macerazione**	Media 25-26°C, 1 mese
Vitigno	100% Pinot Nero	**Invecchiamento**	5 anni in barriques di rovere Francese (Allier e Tronçais); 5 anni in bottiglia
Età dei vigneti	12 anni con alcuni circa 150 anni		
Altitudine	1.150-1.200 metri	**Colore**	Rosso rubino intenso con riflessi granati
Terreno	Vulcanico frutto di colate laviche	**Abbinamenti**	Agnello aperto a farfalla, bistecca alla griglia, arrosto d'oca, coq au vin dove la salsa è fatta con pinot nero, Gorgonzola dolce
Esposizione	Sud-ovest		
Resa media	10 ql/ha		
Sistema di allevamento	Alberello		

Note di degustazione da Xiaowen

La parola "Dagala" proviene dalla lingua araba, che significa "tra le pietre di lava." Questo vino è ottenuto dalle uve di Pinot Nero coltivate nel punto più elevato della proprietà, con impianti ad alta intensità a 1.150 metri di altitudine sul livello del mare, il che contribuisce all'estrema eleganza della freschezza vegetale nel naso; in bocca il gusto è tondo, ricco di aromi fruttati e floreali che possono essere chiamati in mille modi diversi. I tannini che provengono dalle botti e l'acidità delle uve danno la struttura perfetta che dimostra la finezza, l'eleganza e l'austerità del Pinot Nero dell'Etna. Ogni sorso lascia nella bocca e nel naso profumi persistenti; meravigliosa morbidezza; interessante per una degustazione alla cieca con il vino francese Pinot Nero.

FEUDI BARONE SPITALERI

Secondo di Castello Solicchiata 2010
IGP Terre Siciliane

酒精度 Alcohol 13.5% vol.

產量 Bottles 100,000瓶

Etna

首次生產年份	2009	**種植方式**	傳統樹叢型
是否每年生產	否，2011及2013未生產	**採收日期**	2010年10月
葡萄園位置	位於火山西南部Adrano區Contrada Solicchiata葡萄園	**釀造製程**	置於圓錐柱狀橡木桶
葡萄品種	80% Cabernet Franc, 10% Cabernet Sauvignon, 10% Merlot	**浸漬溫度與時間**	平均25-26°C，1個月
葡萄樹齡	12年	**陳年方式**	第一階段2年：於法製橡木桶；第二階段4至5年：靜置於玻璃瓶中
海拔	800公尺	**顏色**	帶有石榴光澤的深紅寶石色
土壤	火山灰土壤	**建議餐搭選擇**	肉丸佐番茄醬汁、雞肉番茄咖哩、西班牙鹹派、綠橄欖、胡椒蝦、迷迭香豬排及薄荷醬羊排
面向	西南		
平均產量	1,500公斤/公頃		

筱雯老師的品飲紀錄｜

開瓶一分鐘內，優雅卻濃郁的花香立即撲鼻而來，於15度飲用更感其優雅香料與花香氣息，十分鐘後略有木頭與皮革香氣，難得可貴的是其香草味如同影子般存在卻不搶戲；入口時感受濃縮葡萄汁的香氣，多層次的果香濃郁、深沉的香料與蔬菜根香氣反覆交替，微苦的尾韻平衡著從頭至尾的葡萄乾香甜，兩頰澀味十分優雅且散布口齒間，於此時深呼吸，好似來到西西里古老城堡前的葡萄園，極具代表性的酒款。

First year production	2009	**Harvest**	October 2010
Produced every year	No, 2011 and 2013 not produced	**Vinification**	In conical oak tanks
Vineyard location	Etna Southwest: Contrada Solicchiata, Adrano	**Maceration**	Average 25-26°C, 1 month
Grape composition	80% Cabernet Franc, 10% Cabernet Sauvignon, 10% Merlot	**Aging**	2 years in French Allier and Tronçais oak barrique; 4-5 years in the bottle
Vineyard age	12 years	**Color**	Deep ruby red with garnet reflections
Altitude	800 meters	**Food match**	Meatballs in tomato sauce, chicken tomato curry, quiche with cheese and spinach, green olives, pepper shrimps, rosemary pork and mint sauce lamb
Soil	Volcanic from lava flows		
Exposure	Southwest		
Average yield	15 ql/ha		
Growing system	Bush		

Tasting note of Xiaowen

It is fresh with elegant spices and floral bouquets at 15 degrees. After 10 minutes, the gentle vanilla comes like the shadow of moonlight with hints of leather/wood notes, very noble in the nose. In the mouth, it is concentrated, multiple layers of flavors from fresh grapes, deep spices to vegetables that transform between the balance of sweetness and slight bitterness of the end. Close your eyes and breathe now, you might see the vineyards grown orderly in front of Solicchiata Castle. This wine represents the culture and the spirit left of old French influence over Mount Etna.

Prima produzione	2009	**Vendemmia**	Ottobre 2010
Prodotto ogni anno	No, 2011 e 2013 non prodotto	**Vinificazione**	In tine troncoconiche di legno di rovere
Ubicazione del vigneto	Sud-ovest dell'Etna: Contrada Solicchiata, Adrano	**Macerazione**	Media 25-26°C, 1 mese
Vitigno	80% Cabernet Franc, 10% Cabernet Sauvignon, 10% Merlot	**Invecchiamento**	2 anni in barriques di rovere Francese (Allier e Tronçais); 4-5 anni in bottiglia
Età dei vigneti	12 anni	**Colore**	Rosso rubino intenso con riflessi granati
Altitudine	800 metri		
Terreno	Vulcanico frutto di colate laviche	**Abbinamenti**	Polpette in salsa di pomodoro, pollo al curry, quiche di formaggio e spinaci, olive verdi, gamberi con pepe, maiale con rosmarino agnello con salsa alla menta
Esposizione	Sud-ovest		
Resa media	15 ql/ha		
Sistema di allevamento	Alberello		

Note di degustazione da Xiaowen

È fresco con spezie eleganti e bouquet floreali a 15 gradi. Dopo 10 minuti, la delicata vaniglia arriva come un'ombra di luce lunare con sentori leggeri di pelle e note di legno, molto nobile nel naso; in bocca è concentrato e presenta molteplici strati di sapori, dalle uve fresche e le spezie profonde alle radici di verdure che trasforma tra l'equilibrio della dolcezza e il leggero amaro della fine. Chiudi gli occhi e respira adesso, potresti vedere i vigneti coltivati ordinatamente di fronte al Castello Solicchiata. Questo vino rappresenta la cultura e lo spirito della antica influenza francese sull'Etna.

FEUDI BARONE SPITALERI

Solicchiata 2012
IGP Terre Siciliane

酒精度 Alcohol	14.5% vol.
產 量 Bottles	80,000瓶

首次生產年份	1858
是否每年生產	否，1907-2011未生產
葡萄園位置	位於火山西南部Adrano區Contrada Solicchiata葡萄園
葡萄品種	80% Cabernet Franc, 10% Cabernet Sauvignon, 10% Merlot
葡萄樹齡	12年
海拔	800公尺
土壤	火山灰土壤
面向	西南
平均產量	2,000公斤/公頃
種植方式	傳統樹叢型
採收日期	2012年10月
釀造製程	置於圓錐柱狀橡木桶
浸漬溫度與時間	平均25-26°C，1個月
陳年方式	第一階段2年：於法製橡木桶；第二階段3年：靜置於玻璃瓶中
顏色	帶有石榴光澤的深紅寶石色
建議餐搭選擇	起司玉米粥，義大利餃佐蔬菜，肋眼牛排佐菌菇及藍紋起司

筱雯老師的品飲紀錄｜

這是一瓶來自傳奇酒莊的葡萄酒。剛開瓶即顯現十分濃郁的花香和果香，如同盛夏萬物群開的榮景，濃郁的果香帶著經典法國波爾多葡萄酒的蔬菜與香料香氣，難得的是其尾韻的薄荷點綴，短短十秒鐘所聞到的，盡是令人興奮不已的氣息；入口為濃郁的果香，結構完整而明顯，再再顯示其依前人葡萄欉栽種方式的智慧。十分濃縮的口感、尾韻帶著優雅花香、後鼻腔略有香料與葡萄乾的圓融感，此款酒我十分推薦。

First year production	1858	**Harvest**	October 2012
Produced every year	No, 1907-2011 not produced	**Vinification**	In conical oak tanks
Vineyard location	Etna Southwest: Contrada Solicchiata, Adrano	**Maceration**	Average 25-26°C, 1 month
		Aging	2 years in French Allier and Tronçais oak barriques; 3 years in bottle
Grape composition	80% Cabernet Franc, 10% Cabernet Sauvignon, 10% Merlot	**Color**	Deep ruby red with garnet reflections
Vineyard age	12 years		
Altitude	800 meters	**Food match**	Cheesy polenta, ravioli with vegetables, ribeye steak with black trumpet mushrooms and blue cheese
Soil	Volcanic from lava flows		
Exposure	Southwest		
Average yield	20 ql/ha		
Growing system	Bush		

Tasting note of Xiaowen

Luxurious floral and fruity bouquets in the nose like the beginning of prosperous summer season. There are also vegetables and spices notes of typical French Bordeaux wine in this richness. The elegant mint note is rare and truly exciting. In the mouth, the rich, intense, multi-layer fruity flavors, with complete structure and elegant floral notes, show the influence of French wine culture. There are notes of spices and raisin in the posterior nasal cavity, providing a round closure of the taste; highly recommended.

Prima produzione	1858	**Vendemmia**	Ottobre 2012
Prodotto ogni anno	No, 1907-2011 non prodotto	**Vinificazione**	In tine troncoconiche di legno di rovere
Ubicazione del vigneto	Sud-ovest dell'Etna: Contrada Solicchiata, Adrano	**Macerazione**	Media 25-26°C, 1 mese
Vitigno	80% Cabernet Franc, 10% Cabernet Sauvignon, 10% Merlot	**Invecchiamento**	2 anni in barriques di rovere Francese (Allier e Tronçais); 3 anni in bottiglia
Età dei vigneti	12 anni	**Colore**	Rosso rubino intenso con riflessi granati
Altitudine	800 metri		
Terreno	Vulcanico frutto di colate laviche	**Abbinamenti**	Polenta con formaggio, ravioli con verdure, bistecca ribeye con funghi trombetta neri e formaggio blu
Esposizione	Sud-ovest		
Resa media	20 ql/ha		
Sistema di allevamento	Alberello		

Note di degustazione da Xiaowen

Ricco bouquet floreale e fruttato nel naso che ricorda l'inizio di una ricca stagione estiva; in questa ricchezza ci sono anche le note di verdure e spezie del tipico vino Bordeaux francese. L'elegante nota di menta alla fine del naso è rara e veramente eccitante. In bocca, i ricchi e densi sapori fruttati multi-strato, con struttura completa ed eleganti note floreali, mostrano l'influenza della cultura del vino francese. Ci sono inoltre note di spezie e uvetta nella cavità nasale posteriore che forniscono una chiusura rotonda del gusto; altamente raccomandato.

FEUDI BARONE SPITALERI

Castello Solicchiata 2013
IGP Terre Siciliane

酒精度 Alcohol 15% vol.

產量 Bottles 60,000瓶

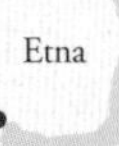

首次生產年份	1868
是否每年生產	否，1907-1997、2009、2010和2012年未生產
葡萄園位置	位於火山西南部Adrano區Contrada Solicchiata葡萄園
葡萄品種	80% Cabernet Franc, 10% Cabernet Sauvignon, 10% Merlot
葡萄樹齡	12年
海拔	800公尺
土壤	火山灰土壤
面向	西南
平均產量	1,500公斤/公頃
種植方式	傳統樹叢型
採收日期	2013年10月
釀造製程	置於圓錐柱狀橡木桶，溫控
浸漬溫度與時間	平均25-26°C，1個月
陳年方式	第一階段2年：於法製橡木桶；第二階段4至年：靜置於玻璃瓶中
顏色	帶石榴光澤的深紅寶石色
建議餐搭選擇	牛肉墨西哥玉米餅、千層麵、法式洋蔥湯、陳年起司及黑巧克力、烤豬肉、牛肉漢堡

筱雯老師的品飲紀錄

一開瓶各種香氣滿溢而出，沉靜的印度檀木香中有各式優雅香料，除了法國葡萄品種 Cabernet Sauvignon 常見的蔬菜香氣外，還有盛開的香雪蘭花香與輕盈的蔓越莓與百香果仔香氣，一開瓶即令人忍不住想要趕快喝一口；入口的口感十分濃郁且層次豐富，呼應著鼻聞時的所有香氣，兩頰為美好的單寧，結構十分穩健且果香柔順，在圓融且柔和的法式風格中似乎有著一絲苦楚、令其尾韻更加無限回甘如同台灣高山茶；20 分鐘後在果香中亦出現了薄荷香氣；有陳年實力；極度推薦。

First year production	1868	**Growing system**	Bush
Produced every year	No, 1907-1997, 2009, 2010 and 2012 not produced	**Harvest**	October 2013
Vineyard location	Etna Southwest: Contrada Solicchiata, Adrano	**Vinification**	In conical oak tanks, temperature controlled
Grape composition	80% Cabernet Franc, 10% Cabernet Sauvignon, 10% Merlot	**Maceration**	Average 25-26°C, 1 month
Vineyard age	12 years	**Aging**	2 years in French Allier and Tronçais oak barrique; 4-5 years in bottle
Altitude	800 meters	**Color**	Deep ruby red with garnet reflections
Soil	Volcanic from lava flows	**Food match**	Beef enchiladas or beef lasagne, French onion soup, aged Gouda, dark chocolate, roasted pork, beef burgers
Exposure	Southwest		
Average yield	15 ql/ha		

Tasting note of Xiaowen

All kinds of bouquets rush into the nose once opened the bottle: the tranquil sandalwood, the elegant spices, the vivid vegetable which is quite common in French Cabernet Sauvignon wine, the full bloom freesia flowers, the light cranberry and seeds of passion fruit, all these wonderful bouquets make it impossible not to drink right away. In the mouth, it is intense, condense, and rich of different layers while on the palate the tannin with good structure and soft fruity notes are perfect. In this round, gentle French style, there seems to be a hint of bitterness that provoke a sharp contrast finish: a bit sweet like an excellent Taiwanese high mountain tea and after 20 minutes, the mint note comes in the perfumes; great aging potential, highly recommended.

Prima produzione	1868	**Vendemmia**	Ottobre 2013
Prodotto ogni anno	No, 1907-1997, 2009, 2010 e 2012 non prodotto	**Vinificazione**	In tine troncoconiche di legno di rovere, temperatura controllata
Ubicazione del vigneto	Sud-ovest dell'Etna: Contrada Solicchiata, Adrano	**Macerazione**	Media 25-26°C, 1 mese
Vitigno	80% Cabernet Franc, 10% Cabernet Sauvignon, 10% Merlot	**Invecchiamento**	2 anni in barriques di rovere Francese (Allier e Tronçais); 4-5 anni in bottiglia
Età dei vigneti	12 anni	**Colore**	Rosso rubino intenso con riflessi granati
Altitudine	800 metri		
Terreno	Vulcanico frutto di colate laviche	**Abbinamenti**	Enchiladas di manzo o lasagne di manzo, zuppa di cipolle alla francese, Gouda stagionato, cioccolato fondente, carne di maiale arrosto, hambuwrger o stufato di manzo
Esposizione	Sud-ovest		
Resa media	15 ql/ha		
Sistema di allevamento	Alberello		

Note di degustazione da Xiaowen

Tutti i tipi di bouquet si riversano nel naso una volta aperta questa bottiglia: il tranquillo legno di sandalo, le eleganti spezie, il vivido vegetale - abbastanza comune nel vino Cabernet Sauvignon francese, il fiore di fresia in piena fioritura, il mirtillo rosso e i semi di frutto della passione; tutti questi meravigliosi bouquet di fiori rendono impossibile non berlo subito. In bocca è intenso, denso e ricco di diversi strati, mentre al palato il tannino è perfetto con la sua buona struttura e le morbide note fruttate. In questo tondo, dolce stile francese, sembra esserci un pizzico di amaro che dà un finale a contrasto: un po' dolce come un buon tè taiwanese di alta montagna e dopo 20 minuti, arriva la nota di menta nei profumi; grande potenziale di invecchiamento, altamente raccomandato.

CHAPTER 4

薩羅・瓜索 | 義大利

西西里火山中部慢食餐廳老闆

1995 年 7 月 7 日，在一個夜黑風高的夜晚，他決定要開餐廳。於是他與廚師莉娜開始合作至今、而他們的激情並不隨時間推移而減少。他的餐廳酒單上有最重要的西西里火山酒、義大利各區酒和國際名酒；他直接與小農合作且為慢食協會餐廳；他相信愛地球就要重視環保和百年傳統，如此才能創造一個純真、自然、乾淨的世界。

盧嘉耀 | 香港

香港麗思卡爾頓酒店一星米其林餐廳 Tosca 的首席品酒師、AIS 意大利侍酒師二級文憑、WSET 葡萄酒三級文憑

Tosca 餐廳位於全香港最高的 120 層摩天大厦內，他在此主理了八年並經常接觸 21 個義大利酒產區。他熟悉義大利餐酒搭配、每年拜訪義大利大小酒莊以了解當地的飲食文化與人事物。他希冀自己是一位永遠對義大利酒不僅專業兼有熱情的品酒師。

蒙瑞娜・蓓寧娜媞 | 義大利

西西里一星米其林餐廳副主廚

身為廚師的她，生活哲學是創意。她帶著環遊世界的新發現回到家鄉西西里，並與皮爾・德古斯汀主廚一起工作；她相信西西里葡萄酒和人一樣，有著靈魂也會呼吸、能說故事、散播文化、傳統與歷史，她認為好喝的葡萄酒都是由大智若愚的夢想家所釀造。

Saro Grasso (Italy)

Owner of Quattroarchi Restaurant, Milo, Sicily

On 7 July 1995, from a restless and stormy night, he decided to open his restaurant with legendary chef Lina and the passion does not decrease over time. His restaurant has a large cellar of wines from Etna, Italy, and International. He works directly with small producers who believe in philosophy of environmental friendly food and of traditions that contributes to the pleasure of genuine, natural and clean world, recognized by Slow Food.

Saro Grasso (Italia)

Proprietario del ristorante 4 Archi, Milo, Sicilia.

Il 7 luglio 1995, dopo una notte inquieta e tempestosa, decide di aprire il ristorante con la leggendaria Chef Lina, senza che la passione diminuisca nel tempo. Il suo ristorante ha una grande carta dei vini dell'Etna, dell'Italia e internazionali. Lavora direttamente con piccoli produttori che credono nella filosofia di un cibo naturale e tradizionale, contribuendo al piacere di un mondo genuino, naturale e pulito, consigliato da Slow food.

Leo Lo (Hong Kong)

Head sommelier of Tosca restaurant, Ritz Carlton Hotel in Hong Kong (1-star Michelin); AIS 2nd level and WSET 3rd level.

Situated at 120 floors, Tosca restaurant is in the tallest skyscraper of Hong Kong where Leo has worked for 8 years. He often tastes different Italian wines from 21 different regions and recommends the matching to the guests with full passion about Italian culture, people and food. His greatest goal is to always maintain the professionality and the passion in food matching as sommelier.

Leo Lo (Hong Kong)

Capo sommelier del ristorante Tosca del Ritz Carlton Hotel in Hong Kong (1-stella Michelin); AIS 2° livello e WSET 3° livello.

Situato a 120 piani, il ristorante Tosca è nel grattacielo più alto di Hong Kong, dove Leo ha lavorato per 8 anni. Assaggia spesso diversi vini italiani provenienti da 21 diverse regioni e li abbina e consiglia agli ospiti. Visita l'Italia ogni anno e continua il nuovo sviluppo di cibo, persone, prodotti e cultura. Il suo più grande obiettivo è quello di mantenere sempre la professionalità e la passione nel food matching come sommelier.

Morena Benenati (Italy)

Sous chef of Restaurant La Capinera, Sicily

Her lifestyle is to be a creative thinker so she travelled the world and returned to her home island with new perfumes discovered. She believes that in Sicily, wine has a soul as well as a breath which tells story of men, culture, tradition and antiquity; wine is the miracle created by wise and foolish dreamer. She lives in Taormina and works with Chef Pietro D'Agostino.

Morena Benenati (Italia)

Sous chef di Restaurant La Capinera, Sicily

Il suo stile di vita è essere una pensatrice creativa, così ha viaggiato per il mondo ed è tornata alla sua isola natale con tanti profumi nuovi scoperta. Crede che in Sicilia il vino abbia un'anima oltre che un respiroche racconta la storia di uomini, cultura, tradizione e antichità; il vino è il miracolo creato dal saggi e follisognatori. Vive a Taormina e lavora con lo chef Pietro D'Agostino.

評　審　團
JUDGES

布蘭登・塔卡西｜美國

西西里火山葡萄酒愛好者

住在西西里火山逾二十年，他參觀過幾乎每一家酒莊且他是此區域的第一鐵粉。他的妻子為有名紀錄片導演且曾錄製過中國長城葡萄酒的第一支短片。

班傑明・斯賓塞｜美國

埃特納葡萄酒學校主任、作家

於 2011 年獲得葡萄酒與烈酒教育信託基金會頒發之文憑後，他住在西西里島埃特納火山上主持葡萄酒教育課程（WSET）並獲得國際認可。

宋景之｜台灣

葡萄酒愛好者、WEST 葡萄酒四級學習中

對葡萄酒和旅行充滿熱情，已拜訪 20 多個葡萄酒生產國計逾 40 個葡萄酒產區和 160 餘葡萄酒廠 / 莊園。擁有侍酒師大師協會 (CMS) 的認證侍酒師資格，目前研讀葡萄酒與烈酒教育基金會（WSET）葡萄酒文憑認證，他對義大利葡萄酒特別感興趣，而他對葡萄酒的熱愛帶他來到了西西里火山。

Brandon Tokash (America)

Etna Wine lover

He knows almost every winery on this volcano. It has been more than 20 years that he lives in Milo of Etna DOC, and he is for sure the number one supporter of the area. His wife is a famous film director who makes the documentary of Chinese wine named "Great wall."

Brandon Tokash (America)

Amante del vino dell'Etna

Lui conosce quasi ogni azienda vinicola di vulcano Etna. È da più di 20 anni che vive a Milo dell'Etna DOC ed è sicuramente il numero uno del tifoso del vino dell questo zona. Sua moglie è una famosa regista che realizza il documentario del vino Cinese si chiama "Great wall."

Benjamin Spencer (America)

Author and director of Etna Wine School

In 2011, he was awarded the diploma by the Wine & Spirit Education Trust. Ben lives and works on Etna, Sicily, where his wine education programs have received international recognition.

Benjamin Spencer (America)

Autore e direttore dell'Etna Wine School

Nel 2011, è stato premiato con il diploma dal Wine & Spirit Education Trust. Ben vive e lavora sull'Etna, in Sicilia, dove i suoi programmi di educazione del vino hanno ottenuto riconoscimenti internazionali.

James Song (Taiwan)

Wine enthusiast and WSET 4th level.

His passion for wine and travel has taken him to over 20 wine producing countries for more than 40 wine regions and 160 wineries/estates. Certified Sommelier by the Court of Master Sommeliers (CMS) and currently undergoing his studies in the Wine & Spirit Education Trust (WSET) Diploma. He has a special interest in Italian wines, including Etna.

James Song (Taiwan)

Appassionato di vini e WSET di 4 ° livello.

La sua passione per il vino e i viaggi lo ha portato in oltre 20 paesi di vino per 40 regioni vinicole e 160 cantine, e non loso. Sommelier certificato dal Court of Master Sommeliers (CMS) e attualmente in fase di studio presso il Diploma Wine & Spirit Education Trust (WSET). Ha un interesse speciale per i vini italiani, incluso l'Etna.

米凱勒・法羅｜義大利

西西里海岸頂級度假酒店與火山名酒莊擁有人

他與他的家族是西西里火山的守護者之一。他真心擁抱西西里火山的悠久歷史、起源傳統、與她（“火山”在義大利文為陰性的女生）的靈魂；他致力於復興其家族並保護前人釀酒智慧；他熱愛品嘗法國好酒並從中思考西西里火山酒的未來。

亞力山德・埋庫守｜義大利

西西里米其林指南推薦餐廳經理

出生於西西里島卡塔尼亞省的加略鎮，年僅三十歲的他在環遊世界後決定回到故鄉貢獻所學，將西西里的好食、好酒發揚光大。他深信他的工作本質、更相信全世界獨一無二且令人難忘的西西里火山葡萄酒。

皮爾喬爾邱・亞樂奇｜義大利

西西里米其林指南推薦餐廳主廚

出生於西西里卡塔尼亞，年僅 28 歲的他，已遊走義大利與歐洲米其林餐廳並實習多年；他深知各食材與其產區的重要連結關係，並致力將其獨特文化性展現於餐廳每一季的菜單。

Michele Faro (Italy)

Co-owner, with his family, of Boutique Resort Donna Carmela and Etna winery

He is one of Mount Etna's guardians. Being a genuine Etna lover, he embraces the history, the origin, the tradition and her (Etna's) soul. He works to revive his family roots, to defend and protect the ancient wisdom in wine making. He loves to drink good French wine and think about Etna.

Michele Faro (Italia)

Comproprietario, assieme alla sua famiglia, del Boutique Resort DonnaCarmela e di una Cantina dell'Etna.

È uno dei guardiani del Monte Etna, è un vero amante dell'Etna, abbraccia la storia, l'origine, la tradizione e l'anima di lei (l'Etna). Lavora per far rivivere le sue radici familiari, per difendere e proteggere l'antica saggezza nella produzione del vino. Ama bere buoni vini francesi e pensare all'Etna.

Alessandro Mancuso (Italy)

Restaurant manager of Boutique Resort Donna Carmela, Sicily

He was born in Giarre, Catania, Sicily; a Sicilian young talent. He had travelled around the world yet decided to come back to his homeland, contributing himself to a wonderful evolution in good wine and good food. He believes strongly in his work and Etna wine which is born from volcanic soil, unique and unforgettable to the world.

Alessandro Mancuso (Italia)

Direttore del ristorante del Boutique Resort Donna Carmela, Sicilia

È nato a Giarre, Catania, in Sicilia; un giovane talento siciliano. Ha viaggiato nel mondo, ma ha deciso di tornare sempre nella sua terra per contribuire all'evoluzione del buon vino e del buon cibo in Sicilia. Crede fortemente nel suo lavoro e nel vino dell'Etna che nasce dal terreno vulcanico, e che reputa indimenticabile ed unico e al mondo.

Piergiorgio Alecci (Italy)

Chef of Boutique Resort Donna Carmela, Sicily

Born in Catania, a 28-year-old young talented Sicilian chef; his journey before in Michelin star restaurants of Italy and abroad has expended his cultural and professional background that he understands the importance in combination of ingredients and its territory, which is the idea in his every seasonal proposal menu.

Piergiorgio Alecci (Italia)

Chef del Boutique Resort Donna Carmela, Sicilia.

Nato a Catania, un siciliano giovane talentuoso chef di 28 anni; il suo viaggio prima nei ristoranti stellati d'Italia e all'estero ha speso il suo bagaglio culturale e professionale che capisce l'importanza in combinazione di ingredienti e del suo territorio, che è l'idea in ogni suo menù di proposte stagionali.

評　審　團
JUDGES

林映君｜台灣

葡萄酒文化愛好者與一個孩子的媽

與義大利酒結緣多年，熱愛歐洲飲食文化及流行時尚，追求餐桌上潮流與雋永之間的平衡，是個生活美學家，更是一位媽媽。

George 郭｜台灣

葡萄酒進口商與餐廳擁有人

悠遊自在於各國美酒美食文化的葡萄酒進口商，熱愛義大利的美酒佳餚，近來驚艷於西西里火山產區的葡萄酒。

莊尼．法布奇歐｜義大利

愛酒人士

只要有葡萄酒的地方，你就有可能看到他。他熱愛法國勃根地，住在義大利北部皮爾蒙特省，巴洛羅紅酒與芭巴瑞斯克紅酒產區。他認為西西里紅酒產區為酒界新寵兒、值得發掘。

Angela Lin (Taiwan)

Enthusiast of wine culture and mother of one baby

For many years she has been cultivated in Italian wine world and has drunk a lot of Barolo, Brunello, and not only. She loves European food culture and pays attention to new trends as well as traditions in terms of balance of culture on table. However her most important job is to be a Mother.

Angela Lin (Taiwan)

Entusiasta della cultura del vino e madre di un bambina

E' uno dei guardiani del Monte Etna, è un vero amante dell'Etna, abbraccia la storia, l'origine, la tradizione e l'anima di lei (l'Etna). Lavora per far rivivere le sue radici familiari, per difendere e proteggere l'antica saggezza nella produzione del vino. Ama bere buoni vini francesi e pensare all'Etna.

George Kuo (Taiwan)

Wine importer and owner of restaurants in Taiwan

Travel freely and tranquilly in multi food and wine cultures and among all countries, Italy has been always one of his favorite. Recently he is impressed and starts to fall in love with Etna wine.

George Kuo (Taiwan)

Importatore di vino e proprietario di ristoranti a Taiwan

Viaggia liberamente e tranquillamente nelle culture multi-gastronomiche e enologiche, eppure tra tutti i paesi, l'Italia è sempre stata una delle sue preferite. Di recente ha impressionato e inizia ad innamorarsi del vino dell'Etna.

Gianni Fabrizio (Italy)

A real wine lover

Wherever there are wines, there is probably him. He loves Burgundy and he lives now in Piemonte, land of Barolo and Barbaresco wine. For him, many Etna wines are new and interesting to discover.

Gianni Fabrizio (Italia)

Un vero amante del vino

Ovunque ci sia vino, probabilmente troverete lui. Ama la Borgogna e ora vive in Piemonte, terra del vino Barolo e Barbaresco. Per lui, molti vini dell'Etna sono nuovi e interessanti da scoprire.

評　審　團
JUDGES

馬利歐．藍柏｜義大利

火山公園旅館主人、石油能源創業者與愛酒人士

出生於西西里火山西北部，他是火山公園旅館三姊妹的小妹夫，其妻名為伊莉莎白，為家中年紀最小、最年輕的旅館股東。他是此家族中最熱愛西西里火山葡萄酒的人，最喜歡於火山公園散步並與妻子全家一起開瓶火山酒、暢談古今。

伊烏皮歐．維特羅｜義大利

西西里橄欖油地方認證官方總長、義大利國家商會西南部官能品評總長

出生於西西里火山，年輕時為釀酒師，熟悉火山上一草一物的香氣；他是官能品評的專家，專長為西西里橄欖油、橄欖果以及農業產品；數十年來擔任多項國際競賽評審、同時也為西西里地方認證 (IGP) 的官方總長；他亦負責教授訓練新進品油師。

傑瑟培．帕斯圖拉｜義大利

西西里卡塔尼亞城知名餐酒館老闆

1986 年出生於西西里，他的足跡踏遍義大利與歐洲，無論是浪漫之都法國巴黎或是炎熱的埃及，然最終回歸故鄉西西里。他的座右銘來自名劇作家蕭伯納「沒有比對美食更真誠的愛」。

Mario Lembo (Italy)

Host of Parco Statella, entrepreneur in energy and wine lover.

Born in Santa Domenica Vittoria nearby Randazzo, he is an entrepreneur in gas industry and a forever Etna wine lover. He's fiancé of Elisabetta Scala, the youngest owner of Parco Statella among 3 sisters and their parents. He loves especially taking a walk in the park and have aperitif with the Scala family in the magnificent Parco Statella.

Mario Lembo (Italia)

Ospite di Parco Statella, imprenditore nel campo dell'energia e amante del vino.

Nato a Santa Domenica Vittoria, un paese nei pressi di Randazzo. È un imprenditore operante nel settore del gas, amante del vino dell'Etna, nonché compagno di Elisabetta Scala, la più giovane delle sorelle proprietarie di Parco Statella. Adora trascorrere il suo tempo libero immerso nel meraviglioso giardino di Parco Statella.

Euplio Vitello (Italy)

Agronomist, Chief Panel COI oil and table olives.

Olive oil expert, oenologist born in Catania, connoisseur and divulger of the organoleptic qualities of the Etna and Sicilian agriculture productions. Sworn for numerous national and international competitions. Head of Department of Agriculture Sicily Region, IGP Sicily, member of the South East Sicily Chamber of Commerce.

Euplio Vitello (Italia)

Agronomo, Capo Panel COI olio ed olive da tavola.

Esperto olivicolo, enologo nato a Catania, conoscitore e divulgatore delle qualita organolettiche delle produzioni dell'Etna e dell'agricoltura siciliana. Giurato di numerosi concorsi nazionali ed Internationali. Capo Panel Assessorato Agricoltura Regione Sicilia, IGP Sicilia, componente Giuria Camera di Commercio Sud Est Sicilia.

Giuseppe Pastura (Italy)

Owner of Uzeta Bistro Siciliano, Catania, Sicily

Born in Catania in 1986, his curriculum is rich in national and international experiences, from the romantic Paris to the hot Egypt until he returned to his own land, Sicily. His motto is from the most famous George Bernard Shaw, "No other love more sincere than that for food."

Giuseppe Pastura (Italia)

Proprietario di Uzeta Bistro Siciliano, Catania, Sicily

Nasce a Catania classe 1986, il suo curriculum è ricco di esperienze nazionali e internazionali, dalla romantica Parigi al caldo Egitto fino al ritorno nella propria terra. Il suo motto è una delle frasi più celebri di George Bernard Shaw, "non c'è amore più sincero di quello per il cibo."

評 審 團
JUDGES

瑪麗 · 亞安東妮塔 · 皮歐波 | 義大利

葡萄酒記者、品油師、西西里巴勒莫大學教師

擁有 16 年葡萄酒經驗的記者，她是第一位完成義大利葡萄酒大師學程的西西里人；目前亦任職於西西里巴勒莫大學，教授葡萄酒管理學，她同時也是品油師。

安東尼 · 庫諾 | 義大利

二星米其林餐廳首席侍酒師、義大利侍酒師協會 (Asso) 西西里總長

1972 年出生於西西里東北部墨西拿省，20 多歲時於法國勃根地紅酒博訥鎮學習釀酒，自此之後，他便深置於葡萄酒與餐飲世界中，且所到之處盡得米其林指南肯定；他同時也是義大利葡萄酒協會 (Asso) 西西里總長。

文森 · 亞摩盧梭 | 義大利

西西里南部米其林指南餐廳首席侍酒師 (AIS)

義大利認證侍酒師；1978 年出生於義大利南部坎帕尼亞省 (拿坡里)、1997 年畢業於專業餐旅學院並開始於義大利與歐洲工作、2000 年移居西西里並定居於南部敘拉古城。他熱愛美食美酒，西西里火山葡萄酒尤其是他心頭最愛。

Maria Antonietta Pioppo (Italy)

Wine journalist; Master Sommelier; olive oil taster; teacher in University of Palermo, Sicily.

She is a journalist and has been in wine filed for 16 years; she is the first Sicilian Sommelier Executive Wine Master of Bibenda (Italian wine guide) and she teaches wine management at University of Palermo. Besides wine, she is also an olive oil sommelier and professional taster of Chamber of Commerce.

Maria Antonietta Pioppo (Italia)

Giornalista enogastronomica, Master Sommelier e assaggiatore di olio d'oliva; docente all'Università di Palermo, Sicilia.

È giornalista e lavora nel settore vino da 16 anni; è la prima siciliana con il titolo di Sommelier Executive Wine Master e docente all'Università di Palermo nel Master in gestione per le aziende vitivinicole. Oltre al vino, è anche sommelier e assaggiatore di olio.

Antonio Currò (Italy)

Head Sommelier of Duomo di Ragusa Ibla Restaurant, 2-star Michelin; President of Assosommelier of Sicily.

Born in 1972 in Messina, at his 20th he learnt and breathed about the best world of wine and winemaking in Beaune, heart of Burgundy, France. Ever since, he never stops living in wine and hospitality world and wherever he works, there's always Michelin guide recognition. He is also President of Assosommelier of Sicily.

Antonio Currò (Italia)

Head Sommelier del Ristorante Duomo di Ragusa Ibla, 2-stelle Michelin; Presidente di delegazione di Sicilia di Assosommelier

Nato nel 1972 a Messina, ha imparato e respirato il meglio dell'enologia mondiale, il vino e la vinificazione a Beaune, nel cuore della Borgogna in Francia. Da allora, non smette mai di vivere nel mondo del vino e dell'ospitalità e ovunque lavori, c'è sempre il riconoscimento delle guide Michelin. È anche Presidente della delegazione Siciliana di Assosommelier

Vincenzo Amoruso (Italy)

Sommelier of Don Camillo Restaurant, Syracuse, Sicily

Sommelier AIS, born in Campania in 1978, graduated from hotel school in 1997, various work experiences in Italy and abroad and since 2000 he lives and works in Syracuse, Sicily. He loves good wine and good food, particular attention to the wines of Etna from always.

Vincenzo Amoruso (Italia)

Sommelier del Ristorante Don Camillo, Siracusa, Sicilia

Sommelier AIS, nato in Campania nel 1978, si è diplomato presso la scuola alberghiera nel 1997, ha svolto diverse esperienze lavorative in Italia e all'estero e dal 2000 vive e lavora a Siracusa, Sicilia. Ama il buon vino e il buon cibo, particolare attenzione per i vini dell'Etna da sempre.

評　審　團
JUDGES

安傑羅 · 古塔道利亞 | 義大利

西西里火山五星級溫泉酒店老闆

大學主修經濟、商業與管理後，他成為了鋼鐵和能源產業重要的企業主，為三千人公司的老闆；自 1987 年後擔任義大利百大鋼鐵公司董事長；近年他將自家一棟歷史古蹟改為頂級旅館，注入他對藝術與美的熱愛（該旅館亦為本書推薦地點之一）。

籮柏塔 · 卡皮西 | 義大利

西西里卡塔尼亞城餐廳老闆

西西里律師出身、然決心捍衛西西里傳統真食物而於卡塔尼亞城開設餐廳，她的餐廳使用永續經營農場或公平交易生產的食材，而她的經營之道為創造文化與高品質、優雅與甜美並存的空間；她擁有慢食協會餐廳認證。

蔣盧卡 · 里歐卡達 | 義大利

西西里卡塔尼亞城餐廳主廚

簡單、害羞、優雅的蔣盧卡主廚擅於應用西西里四季新鮮食材說故事，他的菜餚乃是由熱情、堅毅與高超技巧所組成；他師承知名米其林主廚馬西蒙 • 曼塔羅且他熱愛西西里海洋與陸地的一切。

Angelo Gruttadauria (Italy)

Owner of Relais San Giuliano, Etna, Sicily.

Specialized in Management and being an influential entrepreneur in iron and steel industry and renewable energy, he has acquired and managed companies in Europe with over 3,000 employees. Since 1987 he has been Chairman and CEO of SIDER SIPE Company and in recent years, he has transformed his house, a historic noble residence to a Boutique Hotel, pouring his extraordinary passion for art and beauty (recommended hotel in this book).

Angelo Gruttadauria (Italia)

Proprietario di Relais San Giuliano, Etna, Sicily.

Specializzato in Alta Dirigenza, è un imprenditore di successo nel settore della siderurgia e delle energie rinnovabili. In Europa ha acquisito e diretto aziende con oltre 3.000 dipendenti e dal 1987 è proprietario e CEO della SIDER SIPE SPA. Ha trasformato la sua Casa, una residenza storica nobiliare in un boutique hotel de Charme, il Relais San Giuliano, riportando alla luce un gioiello da tempo abbandonato riversando la sua straordinaria passione per l'arte e per la bellezza.

Roberta Capizzi (Italy)

Owner of Me Cumpari Turiddu restaurant, Catania, Sicily.

Originally a lawyer born in Messina but adopted by Catania, she has decided to defend and protect REAL food of Sicily by her restaurant, Me Cumpari Turiddu, using products of biodiversity from fair and sustainable agriculture and creating a vehicle of culture and quality, managed with elegance and sweetness. It is recognized by the Slow Food Presidia.

Roberta Capizzi (Italia)

Proprietario del Ristorante Me Cumpari Turiddu, Catania, Sicilia.

messinese d'origine ma catanese d'adozione, è la patron del ristorante Me Cumpari Turiddu. Da bravo avvocato ha deciso di tutelare i prodotti della biodiversità siciliana, provenienti da un'agricoltura locale equa e sostenibile. Il suo locale, gestito con eleganza e dolcezza tutta femminile, sposa il progetto dei Presidi Slow Food.

Gianluca Leocata (Italy)

Chef of Me Cumpari Turiddu restaurant, Catania, Sicily.

Simple, timid and elegant as Gianluca, his cuisine tells traditional stories in respect for the four seasons and the raw materials of Sicily. He is a student of the multi-starred Chef Massimo Mantarro and his dishes are comprised of emotions, precision and technique that express the Sicilian Mediterranean Sea and the territory he loves so much.

Gianluca Leocata (Italia)

Cuoco del Ristorante Me Cumpari Turiddu, Catania, Sicilia.

Con semplicità e timida eleganza racconta una cucina tradizionale che rispetta le stagioni e le materie prime, i suoi piatti sono il risultato di tecnica e precisione, carichi di emozione raccontano del mare e del territorio che tanto ama, la Sicilia; allievo dello Chef pluristellato Massimo Mantarro

評審團
JUDGES

法蘭斯克．谷琴雷納｜義大利

義大利侍酒師協會(AIS)中部里耶堤城區總長、教師、評審、葡萄酒期刊區總編

既是侍酒師又是廚師的他，在義大利中部里耶堤城的廚藝學院雙科教學，學生遍佈歐洲的得獎餐廳；他擁有對餐酒搭配的熱情及勇於嘗試的開放心胸，卻也同時不忘義大利傳統。

卡密羅．皮維特拉｜義大利

義大利侍酒師協會(AIS)西西里總長與教師

出生於西西里火山的他，父親教導他愛地球應從愛葡萄酒開始。大學在波羅尼亞大學主修文學與哲學，然他後來理解真正能滿足自己的是擔任旅行業老闆、策展人及釀酒師；他已在西西里火山上釀酒多年。

羅倫卓．阿迪卓恩｜義大利

西西里海鮮餐廳首席侍酒師兼第三代傳人

他住在火山上，與爺爺的葡萄園和木桶一起長大，因此他的嗅覺是葡萄汁、他的味蕾是葡萄酒、而他的心充滿著爺爺傳承給他的熱情。身為餐廳的首席侍酒師，他為餐廳細心選擇來自世界各地與義大利上千種的葡萄酒，特別是西西里火山葡萄酒。

Francesco Guercilena (Italy)

Sommelier and national councilor AIS, Rieti, Lazio; Teaching Supervisor and editor-in-chief of Lazio for Vitae wine guidebook.

He teaches not only wine but also cuisine in Rieti Alberghiero Institute, where most students are now in famous European awarded restaurants. The great passion for food and wine keeps his mind open with one eye always on traditions.

Francesco Guercilena (Italia)

Sommelier, Consigliere Nazionale, Responsabile della didattica della Regione Lazio, Referente responsabile per la regione Lazio della guida Vitae.

Sommelier e chef, insegna cucina presso l'Istituto Alberghiero di Rieti. La maggior parte dei suoi alunni lavora oggi nei più famosi e premiati ristoranti d'Europa. La sua passione per l'enogastronomia lo ha portato a sperimentare nuove spregiudicate combinazioni, sempre guardando alla tradizione.

Camillo Privitera (Italy)

Professor of AIS and President of AIS in Sicily.

Born in Etna, his father teaches him to love the earth, starting with wine. He attends the University of Bologna in literature and philosophy but understands what satisfy him are being an entrepreneur in the tourism, event planner, and winemaker. He has produced wine on Etna for some years.

Camillo Privitera (Italia)

Docente AIS e presidente di AIS Sicilia.

Sicilia ma soprattutto un uomo dell'Etna. Il papà gli fa amare la terra e lo inizia al vino. Frequenta l'Università di Bologna in Lettere e Filosofia ma capisce che è il lavoro d'impresa che lo soddisfa. Enotecario, imprenditore nel settore turistico e degli eventi; da alcuni anni produttore di vino sull'Etna.

Lorenzo Ardizzone (Italy)

Executive Sommelier and the 3rd generation of Ristorante da Nino, Sicily

He grows up on the slopes of Etna in his grandfather's land with vines and barrels, with the smell of the grape juice under the nose, the taste of the wine in the palate and the passion his grandfather passed on to him in heart. As Sommelier and the son to the owner, he has selected over a thousand national and international labels for Restaurant da Nino carefully.

Lorenzo Ardizzone (Italia)

Executive Sommelier e il 3 generazione di Ristorante da Nino, Sicilia

Cresce sulle pendici dell'Etna nella terra di suo nonno con viti e botti, con l'odore del mosto sotto le narici, il sapore del vino nel palato e nel cuore la passione che il nonno gli ha tramandato. Come sommelier e figlio del proprietario, ha selezionato oltre un migliaio di etichette nazionali e internazionali per Restaurant da Nino.

拉斐野羅・毛杰利 | 義大利

西西里火山旅館 Zash 創辦人、義大利侍酒師協會侍酒師與教師

他居住於西西里卡塔尼亞省，自 2000 年起成為義大利侍酒師協會侍酒師與教師，主要教學法國酒、起司與餐酒搭配。自豪於西西里火山葡萄酒始於 2000 年的「文藝復興」聲浪，他專心致力於推廣西西里火山酒且將其置入於所有擁有餐廳的酒單中。

喬瑟柏・拉奇地 | 義大利

西西里頂級旅館附設餐廳主廚

22 歲時師習北義二星米其林主廚並於一年後回歸西西里，依舊工作於二星米其林主廚餐廳。他於 2017 年贏得「南義最佳年輕廚師」頭銜，充分顯示其專業技能與對廚藝的熱情。

丹尼爾・佛契西 | 義大利

西西里頂級旅館附設餐廳侍酒師

年輕具天賦與熱情的他，總是盡全力滿足餐廳客人的期望且好評不斷，西西里葡萄酒是他的心頭最愛。

Raffaello Maugeri (Italy)

Founder of Zash, AIS sommelier, official taster and speaker

Living in the province of Catania (Sicily),he joined AIS (Italian Sommeliers Association) in 2000, from 2002 he is official taster and teacher on "French wines" and "cheese and wine pairings." Always attentive about Etna wines, he supported Etna Doc renaissance, focusing on etnean whites, rosè and red all restaurant wine lists he compiled.

Raffaello Maugeri (Italia)

Fondatore di Zash, sommelier , degustatore ufficiale e relatore AIS

Vive in provincia di Catania (Sicilia), sommelier AIS dal 2000, dal 2002 degustatore ufficiale e docente ai corsi AIS sulla Francia e sull'abbinamento formaggio vino. Da sempre attento ai vini dell'Etna, ha sostenuto la rinascita della relativa DOC e proposto sempre bianchi, rosati e rossi etnei al centro dell'attenzione nelle carte dei vini da lui curate.

Giuseppe Raciti (Italy)

Chef of restaurant in Zash boutique hotel, Etna

At age 22, he was chef de Partie of the Santin chef team (2-star Michelin) in north Italy and later, he joined Massimo Mantarro team (2-star Michelin) at Principe Cerami in Taormina, Sicily. His great professionality with outstanding technical skills demonstrated are rewarded in 2017 when he earned the title of "2016 Best New South Italy Chef Under 30."

Giuseppe Raciti (Italia)

Cuocodel restaurant di Zash boutique hotel, Etna

A 22 anni Capo Partita alla corte del maestro Santin (2-stella Michelin) in nord Italia e dopo 1 anno, è entrato a far parte del teamcon Massimo Mantarro (2-stella Michelin) al Principe Cerami di Taormina, Sicilia. Sua grande professionalità e le notevoli doti tecniche dimostrate in questo ruolo vengono premiate nel 2017 quando gli viene assegnato il titolo di miglior chef emergente under 30 2016 del Sud Italia.

Daniele Forzisi (Italy)

Sommelier of restaurant in Zash boutique hotel.

Young, talented and passionate about wine, he has extreme determination to learn and provide the best service which is much appreciated by the guests. Etna wine is one of his favorite wines in heart.

Daniele Forzisi (Italia)

Sommelier del il Restaurant, Zash boutique hotel.

Giovane, talentuoso e appassionato di vino, ha l'estrema determinazione di apprendere e fornire il miglior servizio che è molto apprezzato dagli ospiti. Il vino dell'Etna è uno dei suoi vini preferiti nel cuore.

法彼昂·史瓦茲｜義大利

托斯卡尼布雷諾紅酒名莊莊主兼釀酒師

他出生於布雷諾紅酒產區的蒙達奇諾市，大學主修釀酒並於年少青春洋溢時即熱愛葡萄酒文化；他熱衷研究葡萄酒原理、兼併傳統文化與科技創新的技巧釀造他的葡萄酒。他認為西西里葡萄酒如同他故鄉布雷諾紅酒與法國勃根地紅酒，皆為極能表現各單一葡萄園特性的產區。

嘉布里雷·高磊里｜義大利

葡萄酒行銷顧問、第一位義大利籍世界葡萄酒大師、國際葡萄酒義大利競賽大使

從小生長在蒙達奇諾，他對葡萄酒的熱情源自於布雷諾紅酒。畢業於外語學院後，他即將成為義大利籍首位世界葡萄酒大師（Master of Wine）。

米克雷·瑪可堤｜義大利

義大利認證侍酒師、蒙達奇諾城旅館主人兼餐廳經理

取得義大利官方侍酒師認證後，他自 1995 年開始便掌管家傳旅館與餐廳，同時也是葡萄酒國際市場行銷顧問。

Fabian Schwarz (Italy)

Oenologist and owner of La Magia, Brunello winery in Montalcino, Tuscany

Born and grew up in Montalcino, studied winemaking at Istituto San Michele all'Adige and developing a passion for wine at an early age who embraced a modern approach, based on research and experimentation of new techniques of vinification. He considers the slopes of Mount Etna is ideally suited for interesting wine, similar to his own beloved Montalcino and also Burgundy: all three regions comprising highly individual characteristics that vary from terroir to terroir.

Fabian Schwarz (Italia)

Enologo e proprietario di La Magia, azienda produttrice di Brunello di Montalcino, Toscana

Nato e cresciuto a Montalcino, ha studiato enologia all'Istituto San Michele all'Adige e ha sviluppato sin da piccolo una passione per il vino che abbraccia un approccio moderno basato sulla ricerca e la sperimentazione di nuove tecniche di vinificazione. Considera le pendici dell'Etna uno dei luoghi più vocati alla coltivazione vinicola, simile a territori come Montalcino o la Borgogna: tutte e tre le regioni presentano precise espressioni e caratteristiche che variano da terroir a terroir.

Gabriele Gorelli (Italy)

Wine sales & marketing consultant, Master of Wine student, Ambassador for Italy, International Wine Challenge

Born and raised in Montalcino, his passion for wine grows from the land of Brunello. Degree in foreign languages, he is now studying at the Institute of Masters of Wine in London.

Gabriele Gorelli (Italia)

Consulente di comunicazione vino, studente Master of Wine, Ambasciatore International Wine Challenge per l'Italia

Nato e cresciuto a Montalcino, coltiva la sua passione per il vino nella patria del Brunello. Dopo aver studiato lingue, oggi studia a Londra per diventare Master of Wine.

Michele Machetti (Italy)

Sommelier AIS, Owner of Il Giglio Albergo-Ristorante, Montalcino

Graduated Professional Sommelier AIS, he is the owner and manager at his family hotel since 1995; Wine consultant and market advisor for International market.

Michele Machetti (Italia)

Sommelier AIS, proprietario e direttore, Il Giglio Albergo-Ristorante, Montalcino

Diplomato Sommelier AIS professionista, proprietario e direttore dell'hotel di famiglia dal 1995; lavora come consulente per l'export di numerose cantine italiane.

皮爾托・帝裘瓦尼 | 義大利

西西里東半部官方酒窖理事長

他是一位專業釀酒師也是官方農產品官員，並於西西里火山北部生產葡萄酒。

麥西米利亞諾・瓦思塔 | 義大利

西西里地方餐酒館與餐廳老闆

師承美國廚師的爺爺（瑋柏）和釀酒師爸爸（皮爾），對於食材和葡萄酒的熱情使他於西元 2000 年開立了兩家餐酒館，並於 2007 年與他的合夥人克里斯提娜創立自己的餐廳；他們的經營理念不僅展現傳統、在地化的菜單和食譜，其食材更是要求新鮮與高品質。

馬可・卡尼查羅 | 義大利

西西里傳統餐廳主廚兼老闆

他是一位年輕有為的西西里主廚。熟悉西西里地方傳統與文化的他，擅長以簡單的食譜作法放大主食材優勢、改寫一道道西西里傳統菜餚。他和他的哥哥法比歐一起在卡塔尼亞城內開餐廳，他的酒單共計有超過四百種葡萄酒，除了西西里葡萄酒外、亦不乏義大利各區與國際名酒。

Pietro di Giovanni (Italy)

President of Enoteca Regionale Sicilia Orientale di Castiglione di Sicilia.

I am an enologist and the regional officer of regional agriculture agency. I am also a small wine producer in north Etna.

Pietro di Giovanni (Italia)

Presidente dell'Enoteca Regionale della Sicilia Orientale con sede a Castello Lauria di Castiglione di Sicilia

Sono l'enologo e funzionario regionale della regione sicilia assessorato regionale agricoltura. Sono anche piccolo produttore di vini dell'Etna del versante Etna nord.

Massimiliano Vasta (Italy)

Owner of Restaurant Vico Astemio and Glass Wine Shop & Bistrò in Riposto, Catania, Sicily

His passion for food and wine is from his American chef grandfather, Web and his enologist father, Pietro. In 2000 he opened two wine shops and in 2007, finally his restaurant. With his business partner Cristina, they offer recipes and dishes that not only tie to the territory but also with fresh and quality ingredients.

Massimiliano Vasta (Italia)

Proprietario e Chef del Ristorante Vico Astemio, e di Glass Enoteca con Osteria a Riposto, Catania, Sicilia.

La sua Passione per il cibo e il vino, proviene dal nonno Web (Americano) e dal Papà Pietro produttore di vino. Nel 2000 apre due enoteche, e nel 2007 finalmente il suo Ristorante. Oggi, con la sua socia Cristina, al Vico Astemio e Glass, propongono piatti legati al territorio facendo attenzione alla stagionalità e alla freschezza delle materie prime.

Marco Cannizzaro (Italy)

Chef of Km.0 restaurant, Canania, Sicily.

Aware of the Sicilian excellences, he is a talented young Sicilian chef who re-expresses traditional cuisine with simple recipes by enhancing the main ingredient. Together with his brother Fabio, he opened the Km.0 restaurant where there are more than 400 wine labels of wine with a very attentive map to the territory while not missing Italian and international excellences.

Marco Cannizzaro (Italia)

Chef patron del ristorante Km.0, , Canania, Sicilia

Consapevole delle eccellenze siciliane, è un talentuoso giovane chef siciliano che esprime una cucina tradizionale rivisitata con ricette semplici ma mai scontate, che esaltano l'ingrediente principe. Insieme al fratello Fabio, ha aperto il ristorante Km.0 dove ci sono oltre 400 etichette di vino con una mappa molto attenta al territorio senza mancare le eccellenze italiane e internazionali.

評審團
JUDGES

安東尼・奇契羅 | 義大利

西西里餐廳 Il Consiglio di Sicilia 主廚兼老闆

年少時熱愛重型機車的他，為籌錢買車而到餐廳當洗碗工，誰知多年後竟從洗碗工晉升主廚、並於 2008 年自創餐廳。作家太太蘿柏塔負責酒單並篩選特別的西西里酒款以提供可負擔的奢華餐宴；他的烹飪哲學是「尊重自然第一、美感第二」。

蘿柏塔・柯蘿丁 | 義大利

食安記者暨西西里餐廳 Il Consiglio di Sicilia 老闆娘

她是個以多語言發表著作的餐飲專業作家，現與丈夫主廚安東尼共同於西西里經營餐廳；她的餐廳酒單曾為紐約時報與財金時報的報導主題。

斐德利特・蘭特里 | 義大利

義大利葡萄酒雜誌記者與葡萄酒指南作者

出生於西西里、年輕時即愛上了葡萄酒，他一生為酒走天涯，旅行至世界各地。每年他在義大利和香港主講葡萄酒課程，尤其是西西里火山酒，始終是他心中的念想。

Antonio Cicero (Italy)

Chef owner at restaurant Il Consiglio di Sicilia, Donnalucata, Sicily.

Passionate about motorcycles, Antonio took a job as a dishwasher to buy his first bike where he went from dishwasher to chef and then opened his own restaurant. With a unique, all-Sicilian wine list by his wife Roberta, Il Consiglio di Sicilia offers an affordable luxury. There are no theatrics on his plates, just elegant simplicity: his philosophy is "nature first, art second."

Antonio Cicero (Italia)

Chef e patron del ristorante Il Consiglio di Sicilia, Donnalucata, Sicily

Da ragazzo aveva la passione delle moto. Per comprarsi la prima Kawasaki ha fatto il lavapiatti. Nel 2008 ha aperto Il Consiglio di Sicilia. Il suo imperativo morale: una cucina di elegante semplicità, fatta di ingredienti locali selezionati con cura perché qui vale l'adagio natura magistra artis. La carta dei vini con oltre 150 etichette siciliane di nicchia, pensata e redatta dalla moglie Roberta, rende i grandi vini siciliani un lusso alla portata di tutti.

Roberta Corradin (Italy)

Food Writer and Restaurant Owner at Il Consiglio di Sicilia restaurant , Donnalucata, Sicily.

She is a food writer, former restaurant critic and novelist publishing in several languages. Being the co-owner, she runs the restaurant with her husband, the awarded chef Antonio Cicero. She and her wine lists was featured by The Financial Times and The New York Times.

Roberta Corradin (Italia)

Giornalista, scrittrice e proprietaria di ristoratrice al Consiglio di Sicilia, Donnalucata, Sicilia.

Ha scritto di cucina e ristorazione per prestigiose testate italiane e straniere. È autrice di saggi, racconti, e libri di cucina tradotti in diverse lingue. Insieme al marito Antonio, sovrintende a una carta con particolare attenzione ai piccoli produttori dell'isola; ha portato la carta dei vini sulle pagine del Financial Times e del New York Times.

Federico Latteri (Italy)

Journalist and wine expert for Italian magazine, author of wine guide.

Born in Sicily; his passion for wine started at early age and since then travels through the most important terroirs of Italy, France and the rest of the world. Every year he holds exclusive master classes in Italy and Hong Kong for introducing Italian wine. As Sicilian, the Etna Volcano wines are always in his thoughts.

Federico Latteri (Italia)

Giornalista e esperto settore vino per una rivista italiana e scrittore di guide di vino.

Siciliano, è stato preso dalla passione per il vino in giovanissima età e da allora viaggia attraverso i più importanti terroir d'Italia, Francia e del resto del mondo. Ogni anno tiene esclusive masterclass in manifestazioni prestigiose in Italia e Hong Kong. I vini del Vulcano sono sempre nei suoi pensieri.

曼努亞拉・帕雀｜義大利

西西里火山「你家廚房」餐廳主廚兼創辦人

自小父親教導並培養她對烹飪的興趣與熱情，每天大部分的時間她都在尋找最好的食材以呈現她餐廳裡最傳統的食譜。

菲利浦・克然剎｜義大利

西西里火山「你家廚房」餐廳侍酒師

他熱情而謙卑地與餐廳賓客分享如何以葡萄酒搭配主廚老婆菜餚；他相信「快樂老婆、快樂生活」。

保羅・帝卡諾｜義大利

侍酒師大師暨義大利侍酒師組織西西里分部部長(FIS)

西西里人，今年46歲，於2011年至羅馬參與大師班侍酒師學程並取得葡萄酒官能品評學位與侍酒師大師頭銜；葡萄酒與橄欖油專業教師。身為義大利專業侍酒師暨義大利侍酒師組織西西里分部部長，西西里火山葡萄酒永遠都在他的酒單中。

Manuela Pace (Italy)

Home Restaurant Casa Tua

She becomes chef for her great passion passed on by her father since childhood. She spends most of her time in search for the best raw material in order to present the best traditional recipes in her restaurant.

Manuela Pace (Italia)

Home Restaurant Casa Tua

Diventa chef per la sua grande passione tramandata da suo padre fin dall'infanzia. Trascorre la maggior parte del tempo alla ricerca della migliore materia prima per presentare le migliori ricette tradizionali nel suo ristorante.

Filippo Chiarenza (Italy)

Home Restaurant Casa Tua

He modestly shares his passion about wine with guests in matching with the cuisine of his wife. He believes by sharing his strong passion with his wife, their life both become happier.

Filippo Chiarenza (Italia)

Home Restaurant Casa Tua

Condivide modestamente la sua passione per il vino con gli ospiti in abbinamento con la cucina di sua moglie. Crede che condividendo questa grande passione con la moglie, la loro vita sia più felice.

Paolo Di Caro (Italy)

Master Class Sommelier and President of Fondazione Italiana Sommelier in Sicily

Born in Sicily, 46 years old, he attended in 2011 the Master in sensory analysis of wine organized in Rome by Bibenda and became Master Class Sommelier. He teaches in professional courses for sommeliers of wine and extra virgin olive oil and Etna wine is always on his wine list.

Paolo Di Caro (Italia)

Master Class Sommelier e Presidente di Fondazione Italiana Sommelier in Sicilia

Nato in Sicilia, 46 anni, ha frequentato nel 2011 il Master in analisi sensoriale del vino organizzato a Roma da Bibenda e diventato Master Class Sommelier. Insegna in corsi professionali per sommelier di vino e olio extra vergine di oliva. Il vino dell'Etna è sempre nella sua lista dei vini.

安東尼 · 馬尼諾｜義大利

西西里火山地區餐廳、旅館與羅密歐城堡經理

大學畢業於經濟學系，他現掌控家族企業的行政與會計事務。家族企業包含餐廳、旅館以及一座重要的城堡（為西西里重要觀光指標）。此外，其城堡建於十八世紀且為西西里火山葡萄酒新酒發表會的主場。他年輕、有活力、且熱衷於西西里火山在地化與延續葡萄酒傳統的一切活動。

克勞蒂歐 · 斯巴達｜義大利

西西里火山北部 Borgo Santo Spirito 餐廳老闆兼主廚

年輕時曾環遊世界，回到家鄉創立屬於自己的大型餐廳，他的廚房就是他的天地，擅長以西西里火山當地松露與牛肝菌菇入菜烹調，屬於傳統葡萄園、最純樸的口感。

沙羅 · 帝貝羅｜義大利

義大利專業侍酒師(AIS)

多年於時尚產業的工作經驗培養了他的精緻品味、優雅行事、專業與耐性，亦精進他與人互動的質量。他對酒的熱情以及對美好事物的追求、讓他進入了葡萄酒的世界。他的目標是「對每一瓶酒皆能說出其口感特點、性格與特殊點、背後的努力與生產者的情懷」。

Antonio Mannino (Italy)

Manager of Hotel Scrivano, Le Delizie restaurant, and Castello Romeo, Etna, Sicily.

Graduated in economics, he is in charge of administration and accounting of family business: Castello Romeo, Hotel Scrivano and Le Delizie restaurant are always important points of reference in Etna tourist in terms of accommodation and catering while Castello Romeo, the 18th-century-major-house hosted also the famous Contrade dell'Etna, the prestigious anteprima event for Etna wines. He is very enthusiastic about the wine world and the territory of ETNA.

Antonio Mannino (Italia)

Responsabile del Hotel Scrivano, Ristorante Le Delizie, e Castello Romeo, Etna, Sicilia.

Laureato in Economia, è responsabile dell'amministrazione e della contabilità dell'azienda di famiglia: il Castello Romeo, l'Hotel Scrivano e il ristorante Le Delizie, che sono sempre punti di riferimento importanti del territorio dell'Etna nel campo turistico-ricettivo e della ristorazione.Gestiamo il Castello Romeo, maniero settecentesco che ospita anche Contrade dell'Etna, il prestigioso evento di anteprima per i vini dell'Etna.È molto entusiasta del mondo del vino e del territorio di ETNA.

Claudio Sparta (Italy)

Owner of Borgo Santo Spirito, Etna, Sicily

He traveled around the world and afterwards returned to Etna, his native land. His dishes are created in a humble (workmanlike) manner with truffles and porcini mushrooms, rediscovering the flavors of this territory immersed in the vineyards.

Claudio Sparta (Italia)

Proprietario di Borgo Santo Spirito, Etna, Sicilia

Ha girato il mondo e in seguito e tornato sull'Etna la sua terra natia e i suoi piatti creati a regola d'arte riscopre i sapori questo territorio immerso tra le vigne.

Salvo Di Bella (Italy)

Sommelier of...drinking!

He engaged for years in fashion industry where taste, refinement, elegance, patience of choice and the selection of excellence were developed. He perfected his predisposition to human relations and communication in PNL. Later his passion of beauty, goodness and excellence take him into the wine world. His ambition is "being able to tell the diversity, characteristics, efforts and emotions of a bottle of wine."

Salvo Di Bella (Italia)

Sommelier di lungo ... Sorso!

Impegnato per molti anni nel mondo della Moda, dove gusto, raffinatezza, eleganza, la pazienza dell'attesa e la selezione dell'eccellenza sono parti integranti. Ha perfezionato la sua predisposizione alle relazioni umane con la formazione in PNL e comunicazione. La passione "atavica" per il bello, il buono e le eccellenze lo porta nel mondo del Vino. La Sua ambizione, ci racconta, "poter narrare delle diversità, delle caratteristiche, degli sforzi e delle emozioni di una bottiglia di Vino."

評審團
JUDGES

瑰斗·克法 & 亞妲·卡拉布蕾韶 | 義大利

西西里火山頂級別墅 Monaci delle Terre Nere 與 Guido Coffa 酒莊創辦人

出生於西西里，於倫敦多年後回歸故鄉成立頂級別墅區 Monaci delle Terre Nere 與 Guido Coffa 酒莊，是西西里火山東邊 Zaffeana Etnea 區域少數代表，兩人共同擁有「回到根源、維護傳統」的使命感。

裘瑟柏 · 拉羅薩 | 義大利

米其林二星餐廳與頂級旅館老闆

身為西西里餐飲業先鋒翹楚，極具個人風格的他同時也是西西里火山葡萄酒的擁護者，他的品牌事業包含列為 Relais & Chateaux 的頂級飯店與二星米其林餐廳，而他驚人酒藏乃是由個人經驗與知識的累積；他是葡萄酒的信徒。

伊佛 · 布蘭迪納 | 義大利

西西里海上遊艇協會創辦人

身為海上遊艇相關產業企業主且熱愛美食美酒的他，創辦了西西里海上遊艇協會，他的願景為建立西西里東北部的優質食品與葡萄酒平台。

Guido Coffa & Ada Calabrese (Italy)

Founders of Monaci delle Terre Nere and Guido Coffa winery, Etna, Sicily.

Born in Sicily and create Monaci delle Terre Nere and Guido Coffa winery based on the mission to maintain the origin and the sense of duty to keep Etna traditions. They represent few wineries of Zaffeana Etnea municipality in eastern Etna.

Guido Coffa & Ada Calabrese (Italia)

Fondatori di Monaci delle Terre Nere e della Cantina Guido Coffa, Etna, Sicilia.

Nati in Sicilia, Guido e Ada, hanno immaginato e dato vita a Monaci delle Terre Nere, boutique hotel alle pendici del Vulcano e alla Cantina Guido Coffa animati da una comune missione: scoprire, preservare e condividere le tradizioni dell'Etna. Una delle poche cantine presenti nel comune di Zaffeana Etnea situato nella parte orientale del Vulcano.

Giuseppe La Rosa (Italy)

Owner of the Locanda Don Serafino hotel and restaurant, Ragusa, Sicily.

Being pioneer of Sicilian hospitality and an entrepreneur with charisma, he has been always the promoter of Etna wines. His brand includes a 2-star Michelin restaurant and a boutique hotel belonging to Relais & Chateaux and his cellar is quite impressive with his deep knowledge of the world of wine and its protagonists.

Giuseppe La Rosa (Italia)

Proprietario del brand Locanda Don Serafino, Ragusa, Sicilia.

Carismatico imprenditore siciliano, proprietario del brand Locanda Don Serafino che racchiude un ristorante 2-stelle Michelin ed un boutique hotel facente di Relais & Chateaux. Profondo conoscitore del mondo del vino e dei suoi protagonisti; Pioniere della ristorazione siciliana, da sempre promotore dei vini dell'Etna. La sua cantina è tra le più fornite in Italia e rappresenta un punto focale dei suoi investimenti.

Ivo Blandina (Italy)

Founder of Marina del Nettuno Yachting Club, Messina, Sicily

Entrepreneur on maritime sector and passionate about cooking and wine, he created the Marina del Nettuno Yachting Club of Messina. His goal is to create a network of excellence for wine and food producers in north-eastern Sicily.

Ivo Blandina (Italia)

Fondatore del Marina del Nettuno Yachting Club, Messina, Sicilia.

Imprenditore del settore marittimo e appassionato di cucina e vino, ha creato il Marina del Nettuno Yachting Club di Messina. Suo obiettivo è la creazione di una rete di eccellenze tra i produttori di vino e alimenti della Sicilia nord orientale

土瑞·錫利嘉多｜義大利

獵人、漁夫、尋野菇山人、廚師

尋找著完美食材與美酒的他認為，無論是來自森林、海洋或土地的獨特食材皆啟發他自學成為廚師。他深信「烹飪」是天籟樂章，「食材」則如那和諧卻又簡單動人的音符。他每天發掘某些製作好食材背後的辛苦耕作者，而他身為廚師的使命為：讓客人感同如於家中客廳吃飯般的輕鬆自在，同時呈現好食材的真面貌。

大衛·寶培羅｜義大利

義大利酒愛好者、義大利食品公司老闆

他是個無可救藥的航海夢想家！儘管寬廣開放的大自然令他無限徜徉，他的巧克力工廠依舊是他最大的熱情。他的巧克力如他本人一般，是如此的簡單、善良、令人一個接著一個停不下來。

佛拉維亞農·帕斯瓜｜義大利

皮爾蒙特省葡萄酒農學顧問

他住在北義知名 Asti 氣泡甜酒與巴洛羅紅酒產區，對他來說葡萄酒好比一首首雋永的歌曲，值得人們專心聆聽欣賞進而理解，而西西里火山葡萄酒承續古人智慧並加以應用現代釀酒科技，已成為西西里島發光的明珠。

Turi Siligato (Italy)

Hunter, fisherman, mushroom forager, and chef

A researcher of food and wine excellence, a self-taught chef inspired by nature, the forest, the sea, and above all, the authentic and unique flavors of his land. He believes that if cooking is music, ingredients are notes that contributes to harmony, simplicity and most importantly, to achieve the highest quality. Every day he discovers new ingredients with hard working people behind and it is his goal to represent their honor in his "restaurant" where he calls "osteria" because his greatest emotion is to make customers feel at home.

Turi Siligato (Italia)

Cacciatore, Pescatore, Cercatore di funghi, e chef

Un ricercatore di eccellenze enogastronomiche, uno chef autodidatta ispirato alla natura, alla foresta, al mare e, soprattutto, ai sapori autentici e unici della sua terra. Crede che se cucinare è musica, gli ingredienti sono note che contribuiscono all'armonia, alla semplicità e, cosa più importante, al raggiungimento della qualità. Ogni giorno scopre nuovi ingredienti con persone che lavorano duramente ed è il suo obiettivo rappresentare il loro onore nel suo "ristorante," il quale ha chiamato "Osteria" perché la sua emozione più grande è far sentire i clienti come a casa.

Davide Barbero (Italy)

Wine lover and owner of Davide Barbero, Asti

A hopeless dreamer who loves sea and sailing! Despite the passion for outdoors and open spaces, his chocolate factory is still THE place. He is like his products: a simple and genuine goodness, taste after another.

Davide Barbero (Italia)

Appassionato di vino e proprietario di Davide Barbero, Asti

Inguaribile sognatore amante del mare e della vela! Nonostante la sua passione per l'outdoor e gli spazi aperti, la sua fabbrica di cioccolato è comunque IL posto per eccellenza. I suoi prodotti parlano di lui perché rivelano alcuni tratti tipici del suo carattere: bontà semplice e genuina, un morso dopo l'altro.

Flaviano Pasqual (Italy)

Wine consultant, Asti, Piemont.

He lives in the cradle of the Spumante and great Piedmontese reds. He thinks that wine deserves to be understood, appreciated and listened to as one to the music for the expression of the lived time. With love since the past and with today's facilities and oenological knowledge, the great wines of Etna is reborn, shined with luster.

Flaviano Pasqual (Italia)

Consulente di diverse aziende vinicole, Piemonte.

Viva nella città di asti in piemonte culla dell'asti spumante e dei grandi rossi piemontesi. Pensa che i vini meritano di essere intesi ed apprezzati, ascoltati come si ascolta una musica, é ' quindi una espressione del tempo vissuto. Con amore identico al passato ma con impianti e cognizioni enologiche di oggi nascono i grandi vini dell'Etna,che danno lustro alla Sicilia.

評　審　團
JUDGES

法蘭斯克．蒙佛德｜義大利

火山北部威尼斯人餐廳第四代傳人兼侍酒師(FIS)

年輕的他不僅活力十足、更因從小耳濡目染而善於經營餐廳，取得義大利侍酒師認證的他，認為西西里火山葡萄酒代表他的土地，是西西里的寶貴珍珠。

喬瑟柏．蒙佛德｜義大利

火山北部威尼斯人餐廳第四代傳人兼廚師

師承母親瑪莉亞與其祖母的食譜，年輕且熱情的他是下一代家族餐廳廚師接班人；是法蘭斯克的兄弟。

山卓．迪貝拉｜義大利

西西里火山當地披薩餐酒館老闆

他的餐酒館是當地人討論生活與西西里葡萄酒的場域，當然他本身也品嘗無數的葡萄酒。對他來說，來自不同酒莊的西西里火山葡萄酒皆富含活火山給予的礦物質與特殊香氣，並表達著每一塊不同葡萄坡的個性。

Francesco Munforte (Italy)

Manager and and son of Veneziano Restaurant, Etna; Sommelier FIS

He is not only energetic but also talented in managing his family restaurant which is located in Randazzo of northern Etna. He thinks that Etna wines are the pearl of their territory.

Francesco Munforte (Italia)

Manager del Ristorante Veneziano e sommelier FIS

Giovane, energico e talentuoso nella gestione del suo ristorante familiare, situato a Randazzo ai piedi dell'Etna, i cui vini, sono la perla del territorio.

Giuseppe Munforte (Italy)

Sous chef and son of Veneziano Restaurant, Etna

Learn from Maria, his mother and the recipe of his grandmother, Giuseppe will be the chef of this family restaurant with his passion and talents.

Giuseppe Munforte (Italia)

Cuoco del Ristorante Veneziano

Impara dalla madre Maria e dalla nonna, e grazie alla sua passione, esperienza e talento diventa lo chef del Ristorante Veneziano, a gestione familiare.

Sandro Dibella (Italy)

Owner and founder of Cave Ox Pizza Restaurant in Etna.

He creates Cave Ox, where people talk about food and life of Etna land. He learns Etna wine by tasting (a lot!) and he thinks that Mount Etna, with her lively colors and perfumes, gives minerality, profoundness and personality to each wine that is different from each other.

Sandro Dibella (Italia)

Proprietario e fondatore del Ristorante Pizzaria Cave Ox in Etna.

L'oste di Cave Ox, dove si parla di vino di cibo e di vita sulla terra. Impara il vino dell'Etna assaggiandolo (molto!) e pensa che l'Etna, con i suoi colori e profumi vivi, ci regala vini tesi minerali e profondi con una forte diversità tra una contrada e l'altra

評　審　團
JUDGES

安東尼 · 柏納諾｜義大利

西西里火山彼洋卡維拉市市長

他是位於西西里火山西南邊城鎮彼洋卡維拉市最年輕的市長，雖年僅三十五，然他熱愛他的家鄉與所有在地傳統，包含西西里火山葡萄酒。

蔡依莉｜台灣

樂檸漢堡共同創辦人暨營運長

她是個熱愛簡單過好生活的實踐家，美好的葡萄酒絕對是她生活中不可或缺的一部分，如果再加上一條自在的短褲，就更完美了！

奇雅 · 卡利｜義大利

火山旅館與餐廳經理、西西里粉紅酒品評會創辦人、侍酒師 (FIS) 與品酒師

自 2002 年從旅館業跨足餐飲業後，充滿創意、熱情與好奇心的她，取得義大利侍酒師協會認證與英國葡萄酒與烈酒基金會品酒師（WSET）認證；她總是規畫著下一個活動，而西西里火山葡萄酒永遠是她的座上賓。

Antonio Bonanno (Italy)

Mayor of Biancavilla municipality, Etna.

He is the youngest mayor ever elected in municipality of Biancaville, located on the west slope of Etna. Being 35 years old, he is passionate about his land and local traditions which includes also Etna wine.

Antonio Bonanno (Italia)

Sindaco del Comune di Biancavilla

È il più giovane sindaco di sempre del Comune di Biancavilla, città che si trova a sud-est dell'Etna. Ha 35 anni ed è appassionato delle tradizioni locali e della sua terra che produce il buon vino dell'Etna.

Yili Tsai (Taiwan)

Co-founder and CEO, THEFREEN Burger, Taiwan

The goal of her everyday life is to enjoy quality in a simple and easy way, and in her opinion, wine is absolutely essential. If she can wear that easy and comfortable short paints (like her logo of THEFREEN Burger) at the same time, that'd be more wonderful.

Yili Tsai (Taiwan)

Fondatore e CEO, THEFREEN Burger, Taiwan

L'obiettivo della sua vita quotidiana è godere della qualità in modo semplice e facile e, secondo lei, per far ciò, il vino è assolutamente essenziale. Se lei è in grado di indossare quei semplici e comodi pantaloncini corti (come nel logo dei suoi hamburger) allo stesso tempo il loro abbinamento col Brunello potrebbe rendere tutto ancora più fantastico.

Gea Cali (Italy)

General manager of Locanda Don Uzzo, Etna; Founder of Drink Pink in Sicily; FIS sommelier and WSET

Her professional career began first in tourism and later in 2002, to the world of food and wine. She has been always creative, passionate and curious wine lover that she obtains not only sommelier degree but also WSET certifications. She always plans for new events where wines are always the guests of honor.

Gea Cali (Italia)

Direttore generale di Locanda Don Uzzoin, Etna; Fondatrice della Drink Pink in Sicilia; Sommelier FIS e WSET

La sua carriera professionale inizia prima nell'ambito turistico e successivamente approda nel mondo dell'enogastronomia nel 2002. Sempre più curiosa ed appassionata winelover, negli anni a seguire intraprende il percorso formativo per diventare sommelier FIS e anche il WSET. Ha già in progetto nuovi eventi in cui i vini sono sempre gli ospiti d'onore.

Antica Pizzeria Trattoria Quattroarchi (4ARCHI)

四個阿爾克以慢食披薩餐廳 (p.586)

Judges (p.532-535)

班傑明・斯賓塞	*Benjamin Spencer*
布蘭登・塔卡	*Brandon Tokash*
宋景之	*James Song*
盧嘉耀	*Leo Lo*
蒙瑞娜・蓓蘗娜媞	*Morena Benenati*
薩羅・瓜索	*Saro Grasso*

COSTANZO
ETNA DOC BIANCO
AÍTALA
MARTINELLA
ETNA BIANCO
TASCANTE
BUONORA
2017
ETNA BIANCO
GUIDO COFFA
ETNA BIANCO
TENUTA
TERRE NERE
ETNA BIANCO
Santo Spirito
2017
Bastonaca
Etna Bianco
DOC 2017

AZIENDA TURISMO RURALE PARCO STATELLA

史達塔拉火山公園旅館 (p.590)

JUDGES (p.540-543)

安東尼・庫諾	*Antonio Currò*
伊烏皮歐・維特羅	*Euplio Vitello*
傑瑟培・帕斯圖拉	*Giuseppe Pastura*
瑪麗・亞安東妮塔・皮歐波	*Maria Antonietta Pioppo*
馬利歐・藍柏	*Mario Lembo*
文森・亞摩盧梭	*Vincenzo Amoruso*

I CUSTODI
ANTE
ETNA BIANCO
2016
Quantico
etna bianco
2016
ETNABIANCO
TENUTA SAN MICHELE
2016
VI
VE
RA
Salisire
Etna Bianco
ETNA BIANCO
D.O.C.
ARCURÌA
2016
GRACI
COTTANERA
CALDERARA
Bianco
ETNA DOC
2016

BOUTIQUE RESORT DONNA CARMELA

多娜卡爾蜜拉頂級旅館 (p.594)

JUDGES (p.536-539)

亞力山德・埋庫守	*Alessandro Mancuso*
林映君	*Angela Lin*
郭詩其	*George Kuo*
莊尼・法布奇歐	*Gianni Fabrizio*
米凱勒・法羅	*Michele Faro*
皮爾喬爾邱・亞樂奇	*Piergiorgio Alecci*

VICO
ETNA ROSSO
BENANTI
SERRA DELLA CONTESSA
Etna Rosso
2014
BARBABECCHI
2014
GRACI
Sciara
980
ETNA
ROSSO
VINUPETRA
TERRA
COSTA
NTINO
contrada
Blandano

Enoteca Regionale Sicilia Orientale di Castiglione di Sicilia

西西里東半部官方酒窖城堡 (p.598)

Judges (p.552-555)

安東尼·奇契羅	*Antonio Cicero*
斐德利特·蘭特里	*Federico Latteri*
馬可·卡尼查羅	*Marco Cannizzaro*
麥西米利亞諾·瓦思塔	*Massimiliano Vasta*
皮爾托·帝裘瓦尼	*Pietro di Giovanni*
蘿柏塔·柯蘿丁	*Roberta Corradin*

TORNATORE
PIETRARIZZO
2016
ETNA ROSSO
750
I Vigneri
TERRA
COSTA
NTINO
deAetna
etna rosso doc
Terre Siciliane
Nerello Mascalese
2016
TENUTE
NICOSIA
Etna Rosso

HOME RESTAURANT CASA TUA

你家廚房私廚餐廳 (p.602)

JUDGES (p.556-559)

安東尼·馬尼諾	*Antonino Mannino*
克勞蒂歐·斯巴達	*Claudio Sparta*
菲利浦·克然剎	*Filippo Chiarenza*
曼努亞拉·帕雀	*Manuela Pace*
保羅·帝卡諾	*Paolo di Caro*
沙羅·帝貝羅	*Salvo Di Bella*

ETNA ROSSO
GIOVANNI ROSSO'
COTTANERA
ETNA DOC
ETNA
ROSSO
Terre Siciliane
Nerello Cappuccio
CALABRETTA
FISCHETTI
ETNA ROSSO
VI
VE
RA

Monaci delle Terre Nere

火山黑岩頂級別墅酒店 (p.606)

Judges (p.560-563)

亞妲・卡拉布蕾韶 *Ada Calabrese*
大衛・寶培羅 *Davide Barbero*
佛拉維亞農・帕斯瓜 *Favio Pasqual*
裘瑟柏・拉羅薩 *Giuseppe La Rosa*
瑰斗・克法 *Guido Coffa*
伊佛・布蘭迪納 *Ivo Blandina*
土瑞・錫利嘉多 *Turi Sirigato*

NEROSA
deAetna
2017
Cantine Russo
RAMPANTE
ETNA
ROSATO
TENUTA
TERRE NERE
ETNA ROSATO
2017
COTTANERA
Rosato
ETNA
DOC

Ristorante Veneziano

西西里火山威尼斯人餐廳 (p.610)

Judges (p.564-567)

安東尼 · 柏納諾	*Antonio Bonanno*
法蘭斯克 · 蒙佛德	*Francesco Munforte*
奇雅 · 卡利	*Gea Cali*
喬瑟柏 · 蒙佛德	*Guiseppe Munforte*
山卓 · 迪貝拉	*Sandro Dibello*
蔡依莉	*Yili Tsai*

TARTARACI
2017
Buscemi
MILLEMETRI
FEUDO CAVALIERE
BENANTI
CONTRADA CAVALIERE
Etna Bianco
2017
CRATER
SUL VULCANO
ETNA BIANCO DOC
DONNAFUGATA
Nettaro
ETNA
BIANCO
SETTEPORTE
FISCHETTI
2017

Relais San Giuliano

聖朱利亞諾頂級旅館 (p.614)

Judges (p.544-547)

安傑羅・古塔道利亞	*Angelo Gruttadauria*
卡密羅・皮維特拉	*Camillo Privitera*
法蘭斯克・谷琴雷納	*Francesco Guercilena*
蔣盧卡・里歐卡達	*Gianluca Leocata*
羅倫卓・雷托強尼	*Lorenzo Ardizzone*
籮柏塔・卡皮西	*Roberta Capizzi*

San Lorenzo 2016
Etna Rosso
GIROLAMO RUSSO
Feudo di Mezzo 2016
Etna Rosso
GIROLAMO RUSSO
SRC
ALBERELLO
2015
ETNA DOC ROSSO
PALMENTO
COSTANZO
TORNATORE
2016
ETNA ROSSO

ZASH COUNTRY BOUTIQUE HOTEL

載墟頂級旅館 (p.618)

JUDGES (p.548-551)

丹尼爾・佛契西 *Daniele Forzisi*
法彼昂・史瓦茲 *Fabian La Magia*
嘉布里雷・高磊里 *Gabriele Gorelli*
喬瑟柏・拉奇地 *Giuseppe Raciti*
米克雷・瑪可堤 *Michele Machetti*
拉斐野羅・毛杰利 *Raffaelo Maugeri*

2016
G
CONTRADA
Fendo 2016
GIROLAMO RUSSO
TENUTA DELLE
TERRE NERE
ETNA ROSSO
2016
TENUTA DELLE
TERRE NERE
ETNA ROSSO
Prephylloxera
2016
TENUTA DELLE
TERRE NERE
ETNA ROSSO
2016
SRC

四個阿爾克以披薩餐廳

ANTICA PIZZERIA TRATTORIA QUATTROARCHI (4ARCHI)

p.532

1995 年 7 月 7 日，在一個夜黑風高的夜晚，薩羅．瓜索、傳奇主廚莉娜以及披薩大師羅薩利歐合作創立慢食披薩餐廳。他們實踐慢食運動哲學如購買當季食材、直接與小農合作並保證食安履歷。他們希望成為餐飲界的模範生，以尊重地球、維護當地百年文化傳統及生物多樣性為使命，此為火山東部最知名的在地餐廳之一。

菜單｜每一道菜都是餐廳自家食譜、絕不委外代製；時有現場小提琴演奏。

酒單｜價格合理的西西里火山酒、義大利各區酒和國際名酒。

Via Francesco Crispi 9, Milo, Sicily.
+39 095 955566
www.4archi.it
info@4archi.it

On 7 July 1995, Saro Grasso decided to open his restaurant with legendary chef Lina and pizza maker Rosario, known as "the surveyor." 4 Archi recognizes and practices the Slow Food philosophy: using local raw materials respecting the seasons, working directly with small producers, guaranteeing product traceability in hopes for presenting a food model that respects the environment, traditions and cultural identities, which protects biodiversity and traditional food productions.

Menu | Everything is good and homemade; sometimes with live violin accompanied.

Wine | Saro's large cellar of wine from Etna, Italy and international selection has reasonable price to offer.

Il 7 luglio 1995, dopo una notte inquieta e tempestosa, decide di aprire il ristorante con la leggendaria Chef Lina e il pizzaiolo Rosario detto "il geometra". I 4 Archi si riconosce nella filosofia di Slow Food: sceglie materie prime locali rispettando le stagioni, lavora direttamente con i piccoli produttori, garantendo la tracciabilità dei prodotti. Auspica il diffondersi di un modello alimentare rispettoso dell'ambiente, delle tradizioni e delle identità culturali, che tuteli la biodiversità e le produzioni alimentari tradizionali ad essa collegate.

Menu | *Tutto è fatto in casa, anche piu buono con violino dal vivo accompagnato.*

Vino | *Il suo ristorante ha una grande carta dei vini dell'Etna, dell'Italia e internazionali.*

火山桃花源
The hidden paradise of Mount Etna
Il paradiso nascosto dell'Etna

筆者寫於四個阿爾克以披薩餐廳

Ⓔ *In* / Ⓘ *Da Antica Pizzeria Trattoria Quattroarchi*

四月春末陽光如此和煦，看似暖和卻僅十餘度的氣溫，實在令人只想待在火爐前。在 Milo 緩慢的城鎮裡，黃昏時分腳步拉著淺淺的影子來到道路三叉口，餐廳四周圍的上下坡滿是汽車，一幢紅棕色活潑且不規則形狀的老宅佇立於我面前，不平整的門檻、貼滿國際評鑑得獎的榮耀，這道門後藏有多少堅持信念的每一天，歷史的流轉好似陽光東昇西落的瞬間，遠遠地、似乎點著寂靜的數盞燈，推開門卻是吵雜熱鬧的人群，流動的歲月風景中，侍者與小提琴手微笑、穿梭在我的心房。

April sun at the end of spring is genial yet the temperature still forces me to stay close by warmth. Slow town as Milo, at dawn my feet walk with shallow shadow dragged to the road in triangle, slopes parked with full lines of Vehicles on curves in up-n-down level, by a lively red-brown wood house with musical. This door, composed of stickers and marks with recognitions and medals, in behind how much efforts, beliefs, persistence and forces there must be. Faraway at sight, some lonely lamps lighted. In the flow of history as every day the sun rises at east and drop in west, I push the door, allowing TIME goes by. Inside, laughter and happiness, waiters and violinists stroll between tables. The moment walks into my heart.

Il sole di Aprile alla fine della in primavera è geniale, ma la temperatura mi costringe ancora a stare vicino al calore. In una cittadina tranquilla come Milo, i miei piedi camminano all'alba con un'ombra superficiale che si trascina sulla strada a forma di triangolo, strade ripide piene di auto parcheggiate che formano linee curve, vicino ad una vivace casa di legno rosso-marrone da cui esce della musica. Questa porta, piena da adesivi e stemmi con riconoscimenti e medaglie, deve nascondere tanto impegno, forza di volontà, fiducia, e tenacia. Lontano dalla vista, alcune lampade solitarie sono accese. Nel flusso del tempo, come ogni giorno, il sole sorge a est e cade a ovest, spingo la porta, lasciando che il tempo scorra. All'interno si sentono risate di felicità, camerieri e violinisti passeggiano trai tavoli.

史達塔拉火山公園旅館

AZIENDA TURISMO RURALE PARCO STATELLA

p.540

位於西西里火山北部，史達塔拉公園為十八世紀公爵家族於採收時節的暫時住所，現居家族亦為該貴族分支，原屬於其祖母 Elisabetta Anna Maria Fisauli，其母 Licia Maria Patrizia Fisauli 嫁給 Alfio Scala 而傳至 Scala 三姊妹。佔地 17 公頃的旅館、餐廳、公園、馬術園、足球場以及無盡的田野，舊時的教堂現為旅館櫃檯、舊時馬廄為今日賓客晨起用餐處，而舊時酒窖成為餐廳。歷史鄉村建築依舊維持不變，住在這裡同穿越百年回到從前；綿延不絕的綠地適合熱愛大自然的你。

菜單｜每天現做傳統手工義大利麵與豐盛多款當地食材製作的前菜，絕對值得一嚐。

公園｜廣闊深邃的森林可供住客步行健身。

Via Montelaguardia, 2/s, 95036 Randazzo CT
+39 095 924036; +39 3315339015
www.parcostatella.com
info@parcostatella.com

Parco Statella was the ancient residence of the Fisauli family in the 18th century yearly starting from the harvest of the wheat till the end of the olive harvest. It is a heritage from their grandmother Elisabetta Anna Maria Fisauli to their mother Licia Maria Patrizia Fisauli, who married to Alfio Scala. The estate of 17 hectares consists of a hotel, an old park, and horse riding and football fields. Today the historic estate has been converted into the hotel: the reception was the ancient chapel, the breakfast room was the stable and the restaurant the ancient cellar. The original structure offers a real Etna rural atmosphere, perfect for nature lovers.

Menu | Run by Massimo and his family; traditional handmade pasta and the impressively rich antipasti are freshly prepared; do not miss.

Park | It is ideal to practice fitness or for long walks in this wide forest.

Parco Statella era l'antica residenza della Famiglia Fisauli. Nel 18° sec. la famiglia si stabiliva presso Statella dalla raccolta del grano fino alla raccolta delle olive. Eredità della nonna Elisabetta Anna Maria Fisauli, oggi della figlia Licia Maria Patrizia Fisauli, sposata con Alfio Scala. La proprietà comprende 17 ettari: un meraviglioso parco ricco di specie; gli attuali campi equitazione, calcio e piano sotto sono stati a lungo affittati ai fiorai. L'antica residenza era un vero e proprio borgo, oggi struttura ricettiva d'eccellenza. L'antica cappella è la reception, la sala colazione invece fu sede della scuderia e il ristorante si trova invece nell'antica cantina. Parco Statella offre un'atmosfera unica e originale ai piedi dell' Etna, perfetta per gli amanti della natura.

Menu | *É gestito da Massimo e dalla sua famiglia. La past a tradizionale fatta a mano e gli antipasti straordinariamente ricchi sono preparati al momento; non perdere.*

Park | *Bosco percorribile in lungo e largo con i suoi ampi corridoi, ideale per fitness e passeggiate.*

薪火相傳續傳統，歲月裡不停息的光陰故事
The story of time
La storia del tempo

筆者寫於史達塔拉火山公園旅館

Ⓔ*In* / Ⓘ*Da Azienda Turismo Rurale Parco Statella*

百年前火山公園裡的秋日，豐收四周環繞的橄欖、麥穗與葡萄，千畝作物是年年有，高聳壯麗的林木是護城河，「綠樹村邊合，青山郭外斜」，策馬前往無盡的盎然田野，虛無之中矗立著巨大黑色火山岩，撫摸乎？似可遠觀而不可褻玩焉。白霧牽引飄遊在遠處火山頭，是雲還是煙？靜靜地、聆聽鳥叫纏綿與潺潺水聲，眼前愜意的風景，都化為道道心頭的回憶。清澈見底的小河，訴說歲月靜好，家族的傳承賦予時空穿越的力量，屋後百年大樹見證了歷史，門口的教堂敲響了鐘，一冉溫暖升起、清脆如鈴地笑問客從何處來，直把美酒話桑麻。

An autumn day, I fell in the time hole and saw Parco Stastella gathering the love of the land. We were all servants of God, surrounded by thousands of acres. Oh, the olive, grape and the grain. After one hundred harvests, history inherited the traditions. We had the key to time travel. The towering trees formed the green moat towards the town, crossing the magnificent Mount Etna to the end of the edge. On a horse, I ran to the endless field. A giant black volcanic rock seemed to be in the void, but it can be seen from afar. White mist floated in the distance. To the top of Etna, are they clouds or smoke? A voice whispered, gently the birds started to sing lingeringly for joy with the splashing sound of the river. In front of me, memories passed. The crystal water told the story of time. I held it still, but the unstoppable wheel of history crushed it in vain. Through time and space, the old tree behind the house was the only witness. Tolling the bell, a mild warmth aroused in crispy laughter. Asking, "Where are you from?" And the wine in the glass made us all sing.

Un giorno d'autunno, caddi in un sonno profondo e vidi Parco Statella comprendendo l'amore per la terra! Eravamo tutti servitori di Dio, circondati da migliaia di ettari. Oh, l'oliva, l'uva e il grano! Dopo centinaia di raccolti, la storia aveva ereditato le tradizioni. Avevamo la chiave per viaggiare nel tempo. Gli imponenti alberi formavano un corridoio verde verso la città, che attraversava il magnifico Monte Etna fino all'estremo limite. A cavallo, corsi al campo infinito. Una gigantesca roccia vulcanica nera sembrava essere sospesa nel vuoto ed era visibile da lontano. Nebbia bianca fluttuava in lontananza. In cima all'Etna, erano nuvole o fumi? Una voce sussurrò delicatamente e gli uccelli iniziarono a cantare persistentemente di gioia al suono del gorgoglio del fiume. Di fronte a me, scorrevano tutti i ricordi del passato. L'acqua cristallina raccontava la storia del tempo. Cercavo di tenerlo fermo, ma l'inarrestabile ruota della storia lo ha schiacciato inevitabilmente. Attraverso il tempo e lo spazio, il vecchio albero dietro la casa è rimasto l'unico testimone. Suonando la campana, un lieve calore si è trasformato in risate scroscianti che sembrano chiedere "Di dove sei?" E il vino nel bicchiere ci ha fatto cantare tutti.

多娜卡爾蜜拉頂級旅館

Boutique Resort Donna Carmela

p.536

位於西西里火山與地中海沿岸間、佔地一萬平方公尺且種植超過五千種亞熱帶植物以供房客觀賞的多娜卡爾蜜拉頂級旅館乃由十九世紀別墅改建，自然的多樣化植物使各個角落充滿西西里地中海香氣，距離地中海僅百尺使其擁有更開闊的景觀；法國頂級旅館評鑑指南「Les Collectionneurs」將此處選為義大利最佳51頂級旅館與餐廳。

菜單｜視節氣挑選最新鮮當季食材、滿足老饕的頂級料理；可選擇套餐或單點。

酒單｜除了詳盡酒單，亦可從玻璃酒窖中看到所有藏酒；精選西西里火山葡萄酒。

Contrada Grotte, 7, 95018 Carruba CT, Sicily.
+39 095 809383
www.donnacarmela.com
reservation@donnacarmela.com

Donna Carmela is a romantic, eco-friendly structure situated between Etna and Ionian Sea. The late 19th century boutique resort is surrounded by 10.000 square meters of Mediterranean and subtropical plants including more than 5,000 varieties of bushes and flowers of Piante Faro company, they spread typical Sicilian scent in every part of the resort, gifted with enchanting landscapes and a unique charm which create a relaxing atmosphere. It is also one of the 51 Italian structures in the Les Collectionneurs guide listed as the best fascinating hotels and gourmet restaurants.

Menu | Careful selection of top quality ingredients are the base of restaurant menu to delight gourmets.

Wine | Extensive wine list with all bottles elegantly stored in a glass cellar, the best of Etna and Sicily.

DonnaCarmela è una romantica struttura ecosostenibile tra l'Etna ed il mar Ionio. Un boutique resort di fine Ottocento circondato da 10.000 mq di piante mediterranee e subtropicali. Le 5.000 varietà di cespugli e fiori dell'azienda Piante Faro, diffondono il profumo tipico siciliano in ogni parte del resort, regalando alla location paesaggi incantevoli ed un fascino unico dove rilassarsi. DonnaCarmela è una tra le 51 strutture italiane presenti nella guida Les Collectionneurs, che racchiude i migliori hotel di charme e ristoranti gastronomici.

Menu | *L'attenta selezione di ingredienti di prima qualità sono alla base dei menù per deliziare ogni gusto.*

Vino | *La vasta lista dei vini, elegantemente conservata in una cantina di vetro, offre il meglio dell'Etna e della Sicilia.*

火山腳聞著海風　漫步大自然

Accompaned by the sea breeze, I am walking in my natural volcanic forest.

Accompagnata dalla brezza marina, sto camminando nella mia foresta vulcanica naturale.

筆者寫於多娜卡爾蜜拉頂級旅館

Ⓔ In / Ⓘ Da Boutique Resort Donna Carmela

在西西里島東邊一路往南開，沿著地中海岸山邊高聳的高速公路、伴隨著湛藍天空、穿過一個個隧道，一片鳥瞰無遺的海景順著陽光鋪展開來，眼前的明暗轉變好似只為最後終點作伏筆。終於，迎來夏日地中海的氣息。在這三千多坪的頂級旅館裡，五千種地中海植物隨海風漾起、形成深淺交疊的綠浪，與其說是頂級旅館，不如說這是我在西西里海邊的森林住處。夏天恣意在房前的私人泳池游泳、或走入沁涼的地中海、租一艘船出去看海龜；冬日我愛窩在客廳火爐旁喝杯苦艾酒，從來就等不到飢腸轆轆，我知道關於晚餐的一切，餐廳侍酒師已貼心地為我打點好。

Stretching toward south on the east coast of Mediterranean Sea; sky above, sea aside, driving through tunnels with intervals between dark and light. With pouring sunshine, a breathtaking panorama lies in front of me. At last, the nuances of summer seaside. Ten thousands of land with five thousands of plants, tender wind blows and they all move like green waves of ocean land, deep and shallow in different rhythm. This is not only a resort. It is my forest home by the sea: I can stay in the pool in front of my room or walk into the cool Mediterranean water, swim or rent a boat and see the turtle. In winter, I like staying quietly close by the fire with a glass of Americano in my hand. No worries about dinner. Never! The restaurant sommelier always is prepared and he knows how to fill in my plates and my glasses.

Proseguendo verso sud sulla costa orientale del Mar Mediterraneo; il cielo sopra, il mare a sinistra, guido attraverso tunnel con intervalli tra buio e luce. Al calare del sole, un panorama mozzafiato si apre di fronte a me. Finalmente le sfumature del mare estivo. Diecimila terre con cinquemila piante, che il vento soffiando dolcemente fa muovere come onde verdi di terra oceanica, profonde e basse a ritmo alternato. Qui, non c'è solo un resort. C'è la mia foresta vicino al mare: posso stare nella piscina di fronte alla mia camera o camminare nelle fresche acque del Mediterraneo, nuotare o noleggiare una barca e vedere una tartaruga marina. In inverno, mi piace stare tranquillamente vicino al fuoco con un americano in mano. Non ho mai dovuto preoccuparmi per la cena. Mai! Il sommelier del ristorante è sempre preparato e sa come riempire i miei piatti e i miei bicchieri.

西西里東半部官方酒窖城堡

ENOTECA REGIONALE SICILIA ORIENTALE DI CASTIGLIONE DI SICILIA

p.552

根據西西里島官方法規，西西里東半部官方酒窖城堡的成立宗旨乃在於加強並推廣東半部西西里葡萄酒傳統文化，地區包括自東北部的 Messina 省、經中南部 Ragusa 省、義大利第十大城卡塔尼亞、至東南部的 Syracuse 省。此為西西里官方最重要的酒窖，擁有藏酒且供遊客參觀，其展覽區域與品飲活動需事先預約。目前酒窖的理事長為皮爾托．帝裘瓦尼 (Pietro di Giovanni)，酒窖首席侍酒師為奧菲歐．肯達瑞拉 (Alfio Cantarella) 與羅伯特．羅曲堤 (Roberto Raciti)。

Via Edoardo Pantano, 46,
95012 Castiglione di Sicilia CT Sicily.
www.enotecaregionalesiciliana.it
info@enotecaregionalesiciliana.it

As the regional law of institution, the objective of Enoteca Regionale is to enhance and promote the wine heritage of all Eastern Sicily from northeast Messina to southwest Syracuse, passing through Ragusa and Catania, the 10th biggest cities of Italy. It is for sure the most important official wine cellar for Sicilian wine, and there are exhibition spaces and areas for guided tastings where visitors have the opportunity to taste and buy the wine. The guided tastings are upon request. Pietro di Giovanni is the current President and head sommeliers are Alfio Cantarella and Roberto Raciti.

Come previsto dalla legge regionale di istituzione, l'obiettivo e valorizzare e promuovere il patrimonio vitivinicolo di tutta la Sicilia Orientale, includendo il nord-est da Messina a sud-ovest di Siracusa passando per Ragusa e abbracciando Catania, la decima città più grande d'Italia. Qui, è sicuramente il luogo ufficiale più importante per il vino siciliano. Ci sono spazi espositivi e aree per degustazioni guidate dove i visitatori hanno la possibilità di degustare e acquistare il vino. Le degustazioni sono disponibili su richiesta. Pietro di Giovanni è Presidente e i sommelier principali sono Alfio Cantarella e Roberto Raciti.

游牧山城，日出是靈魂野牧的慢泊處
The volcanic castle in sunrise is the anchorage of my soul
Il castello vulcanico all'alba è l'ancoraggio della mia anima

筆者寫於西西里東半部官方酒窖城堡

Ⓔ In / Ⓘ Da Enoteca Regionale Sicilia Orientale di Castiglione di Sicilia

莊嚴冷冽的火山岩城堡，環繞如蜂巢中的蜂王城，一望無際城市曠野的襯托更顯遺世孤立。遠方蜿蜒心緒，光與風在凹凸岩石建築裡自由如浪波動，輕劃掃去陰雨霾霾，灰白色的天空透著柔軟的藍，神的路都是上坡，同樣步行走向天際，追求一個永不落日。火山的紅澄美酒如寶石，我位於海拔六百處，隨著狹隘窄道毅然駛向城堡，過往車流悠悠相望而無話，洗練過後、沈澱繁雜的多餘，剩餘的奢求是信仰、也是傳奇。緩緩走進了時光隧道，發現百年葡萄欉生命不止息；我登上高崗，黎明曙光已然呈現東方。這是故人之地，舌尖與心間的悠悠滄美，也是葡萄酒的家鄉。

The majestic castle of the volcano was isolated by the beehive of rock-houses. The city is in the middle of endless wilderness. It is free, in the distance with the light and the wind dancing like ocean waves on the rustic rocks. My windshield wiper swept away the rainy sky, left the soft gray in blue. Blue up in the sky, as the uphill road to heaven, I drove to the edge, pursuing a never-ending sunset. The enchanting Etna wine cellar was the ruby gemstone, located at 600 meters above sea level. With narrower and linear path, I sailed toward the castle. I had no time to interact with the passing vehicles, that traveled like Yellow River of winter. After the rain, my excessive anxiety is no more. My desire to a drop of wine was the belief that kept me going. Suddenly, I walked into the time tunnel. The life of pre-phylloxera vines had never seized. I climbed up high with a glass in my hand, seeing the dawn appearing at the horizon in oriental. This is the land of sunrise, the beauty and the home of wine.

Il maestoso castello sul vulcano era isolato dall'alveare delle case di roccia. La città si trova nel mezzo di sconfinate campagne selvagge. La visuale è libera, all'orizzonte solo delle luci e il vento che danza come onde dell'oceano sulle rocce rustiche. Il mio tergicristallo spazzò via il cielo piovoso, che da un morbido grigio si volse al blu. Blu nel cielo, come la strada in salita verso il paradiso. Ho guidato fino al limite, guadagnandomi un tramonto senza fine. L'incantevole cantina dell'Etna era una gemma di rubino, posta a 600 metri sul livello del mare. Con un percorso più stretto e lineare, ho navigato verso il castello. Non ho avuto il tempo di interagire con i veicoli di passaggio, che viaggiavano come la corrente del fiume Giallo dell'inverno. Dopo la pioggia, la mia eccessiva ansia non c'era più. Il mio desiderio di un goccio di vino è stato lo stimolo che mi ha fatto andare avanti. Improvvisamente, sono entrata nel tunnel temporale. La vita delle viti pre-fillossera non è mai stata spezzata. Mi sono arrampicata in alto con un bicchiere in mano, aspettando l'alba apparire all'orizzonte verso oriente. Questa è la terra dell'alba, della bellezza, questa è la casa del vino.

你家廚房私廚餐廳

HOME RESTAURANT CASA TUA

p.556

p.556

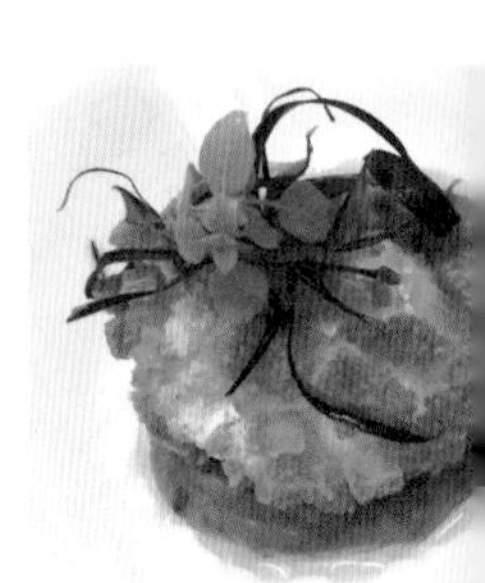

在西西里火山上你找不到比這裡更像家的餐廳了，事實上，賓客就是在主廚和侍酒師家中用餐，他們提供賓客的餐點也是家人平日所食用的菜餚：只使用新鮮食材，每一道菜都用心準備、並添加了「愛」的元素；他們跟客人都吃一樣的，因座位有限請務必事先訂位。

菜單｜招牌菜有 1. 西西里地中海生紅蝦沙拉；2. 奶油培根脆脆蛋； 3. 義大利起司墨魚杜蘭小麥扁麵條佐豌豆奶油；4. 炙烤西西里藍鰭鮪魚佐甜酸南義紅特羅佩亞洋蔥、西西里杏仁奶油與肉桂； 5. 香草奶油糖化焦糖水蜜桃佐杏仁碎片、巴薩米克醋與蜂蜜。

Via Torretta 88/G Acireale (CT), Sicilia, Italia
+39 3459131667
filippo.chiarenza@gmail.com

There's not a place in Etna more like home as Home Restaurant Casa Tua because you are eating at home of chef Manuela and Sommelier Filippo. Every plate is freshly prepared with heart and love because guests eat what the family prepare for themselves: only the best ingredients chosen with nice wine. There are limited seats and reservation is required.

Specialty | 1. Sicilian panzanella salad with Mazzara raw red shrimps; 2. Crunchy egg on cream and crunchy bacon; 3. Duro wheat linguine with cuttlefish ink on pea cream and ricotta; 4. Sicilian bluefin tuna seared with sweet and sour red Tropea onion, cream of almond from D'Avola and cinnamon; 5. Vanilla cream with caramelized peaches, almond crumble, balsamic vinegar and honey.

Sull'Etna non esiste un posto più simile a casa come l'Home Restaurant Casa Tua, perché si mangia a casa dello chef Manuela e del Sommelier Filippo. Ogni piatto è preparato al momento con cuore e amore, per far gustare agli ospiti piatti fatti in casa. Utilizzano solo i migliori ingredienti abbinati a un buon vino. I posti sono limitati ed è richiesta la prenotazione.

Specialità | *1. Crudo di gambero rosso di Mazzara del Vallo su panzanella siciliana e gazpacho verde" è una delle; 2. Uovo poché croccante su crema di topinambur e bacon croccante; 3. Linguine di grano duro al nero di seppia su crema di piselli e ricotta; 4. Tonno rosso di Sicilia scottato con cipolla rossa di Tropea in agrodolce, crema di mandorle pizzute D'Avola e cannella; 5. Cremoso alla vaniglia con pesche caramellate, crumble di mandorle, aceto balsamico e miele.*

主人，歡迎你回來！お帰りなさい，主人様！

Okaerinasai gosyujinsama: welcome back home!

Bentornato a casa!

筆者寫於你家廚房私廚餐廳

Ⓔ *In* / Ⓘ *Da Home Restaurant Casa Tua*

原來，西西里也有私廚。

躲在小巷間的普通住宅區裡，四周沒有高樓、沒有招牌、甚至沒有路名，只有門牌號碼與電鈴。拿著地址按圖索驥，站在大門口的我滿是懷疑，難道這是 AirBnb? 鈴響門開，一院子的綠意嬉戲，推開落地窗、簡單設計的主廳裡陳設具設計感的椅子，架上隨意擺著幾本書與西西里火山葡萄酒，椅子旁沉靜溫暖的幾張木桌則是西西里火山的傳統技藝。廚房裡，一顆熱情的心正在烹調一道道西西里傳統美味，外頭的侍酒師私毫不怠慢，散發溫柔而堅定的正能量、微笑服務中偶爾兩句家常，令人放鬆、閒適、也溫暖，伴隨桌上一盞滿是愉悦的燈，這是我今晚的家居天地。

In the ordinary residential area between the alleys of Etna, there were no skyscrapers, no signboards, no road names, only house numbers, and bells resting. Holding the address to the map, I was in full doubts standing at the gate. "Is this Airbnb?" I murmured to myself. Then I rang the bell and entered, seeing the green yard saying hello and welcoming me to the French window. The main hall decorated with a simple and elegant atmosphere: a few books and Sicilian volcanic wine bottles on the shelf, and a few warm wooden tables next to the transparent designer chairs. In the kitchen, a passionate heart was preparing the traditional Sicilian dishes with ancient recipes. By the table, the sommelier mingled with the bottle in his hand, gently and firmly exuding his positive energy by the smiles. His service was relaxing, leisurely, and warm. With the lights on the table, I felt HOME to be my home tonight.

Nella anonima zona residenziale tra i vicoli dell'Etna non c'erano grattacieli, né insegne, né nomi di strade, soltanto numeri civici e campane a riposo. Tenendo l'indirizzo sulla mappa, mi trovavo in pieno dubbio davanti al cancello. "È AirBnb?" Mormorai tra me e me. Quindi ho suonato il campanello e sono entrata, vedendo il cortile verde salutare e darmi il benvenuto dalla portafinestra. Una sala principale con un'atmosfera semplice ed elegante, alcuni libri e bottiglie di vino vulcanico siciliano sullo scaffale e poi alcuni tavoli accoglienti di legno accanto alle sedie trasparenti di design. In cucina, un cuore appassionato stava preparando i piatti tradizionali siciliani da antiche ricette. Accanto al tavolo, il sommelier mesceva bottiglia bottiglia alla mano, trasmettendo dolcemente e fermamente la sua energia positiva fatta di sorrisi. Il suo servizio era rilassante, piacevole e caloroso. Con le luci sul tavolo, quella sera mi sono sentita come A CASA mia.

火山黑岩頂級別墅酒店

MONACI DELLE TERRE NERE

p.560 p.560

占地 24 公頃的火山黑岩頂級別墅酒店位於地中海與西西里火山間，偌大的空間僅有 27 間套房且大多數為獨立鄉間房屋，安靜而不失風格；每一間房外觀皆為西西里傳統建築而內在設計兼備現代藝術品點綴，給予賓客遠離塵囂的鄉村氛圍然不失典雅文化感，所有建築物皆為有機環保認證且屋內使用太陽能等循環能源發電。

菜單｜所有蔬菜水果皆為自家有機生產，餐廳菜餚秉持西西里傳統概念。

酒單｜使用自家生產的有機葡萄酒 (詳 p.254) 且皆為當地原生品種。

Via Monaci, sn, 95019 Zafferana Etnea CT, Sicily
+39 331 136 5016
www.monacidelleterrenere.it
info@monacidelleterrenere.it

Monaci delle Terre Nere situates between the Mediterranean sea and Mount Etna, with 27 suites scattered across 61 acres. It is a discreet and authentic retreat, far from the hurly burly of urban life. It's a unique place of special energy. The stylish suites are independent buildings all over the estate, where you can enjoy Monaci delle Terre Nere's tranquillity and spirit. Here, traditional Sicilian architecture is combined with contemporary art with the principles of sustainable building and renewable energy.

Menu | We use our own organic farm-grown fruit, vegetables and herbs in all the food served

Wine | The estate produces its own organic wines using heritage grapes and traditional methodology

Tra il Mar Mediterraneo e il Vulcano Etna con 27 Suite in 25 ettari, Monaci delle Terre Nere ha l'anima di un rifugio discreto e autentico, lontano dal trambusto della vita cittadina, in un luogo di straordinaria energia. Qui l'architettura tradizionale siciliana si fonde con l'arte contemporanea e con i principi della bioarchitettura e una parte dell'energia prodotta da fonti rinnovabili.

Menu | *Il recupero di varietà antiche e autoctone ha permesso la coltivazione di alberi da frutta, vegetali ed erbe aromatiche che, rappresentano gli ingredienti principali della nostra cucina.*

Vino | *La tenuta produce sei diverse etichette, 2 bianchi, 3 rossi e un rosato, con metodi tradizionali e vitigni autoctoni.*

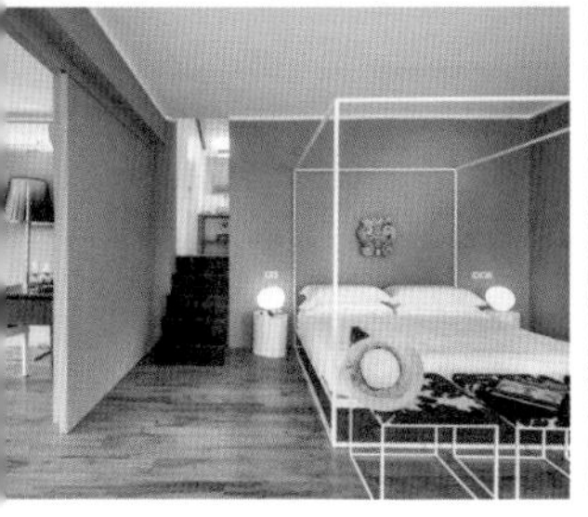

拋下城市喧囂，奔向一個沒有紛擾的所在
Heading to a place of the tranquility.
La strada che conduce alla quiete totale.

筆者寫於火山黑岩頂級別墅酒店
Ⓔ *In* / Ⓘ *Da Monaci delle Terre Nere*

於卡塔尼亞機場降落、驅車一路北開，下了高速公路交流道、已然田園景色；駛進火山東部小鎮，兩條小徑一往南、一向北，巷弄裡居民相互吆喝打招呼，這是西西里火山純真質樸的生活日常。某處轉角循著絢爛光影，乍見別墅區域內種植上百品種的果樹與葡萄園，隨四季更迭，變換不同樣貌。這是春天，四方綠葉恣意地層層包裹著頂級酒店，有如層層規劃的紫禁城般，卻沒有宮廷規矩，只有自由的多酚氣息。早餐時的陽光、在戶外泳池旁的火山岩牆上與晃盪樹影嬉戲，我的管家鮮摘自種的有機蔬果任我取用，往後走的一片山頭，是無盡的火山岩階梯，我的心境亦隨之向上攀爬昇華。

Landing at CTA, Catania's lively Airport, after driving north-wards on the highway and reaching my exit, I meet the rural scenery of Etna's scenic foothills. I continue, driving through a small town with only two narrow roads, one reaching to the north, one, to the south. It is filled with the noise of local residents shouting loud greetings to each other. This is the pure and simple life that occurs every day on Etna, Sicily's majestic volcano. Following the gorgeous light and shadows flashing by after the bend, I catch a glimpse of the estate of Monaci delle Terre Nere. There were hundreds of varieties of fruit trees and vineyards, whose colors change with the seasons. It was Springtime. The bright, green leaves sprouted on terraces around the estate, like the Forbidden City constructed in layers upon layers. However, there were no court rules here, and only free polyphenols spreading in the air. The sunshine at breakfast played on the volcanic lava-rock wall. The shadows move about, from the gently swaying trees next to the outdoor swimming pool. My waiter serves freshly picked, homegrown, organic fruits as my morning wake-up call. Looking up at the hills, the endless terraces of Etna await me, and my heart has already climbed up, lifted.

Dopo essere atterrata all'aeroporto di Catania (CTA) e proseguendo in direzione Nord sull'autostrada A18 Catania-Messina, raggiunsi la mia uscita a Giarre per andare incontro a un autentico scenario rurale. Continuando a guidare in direzione Etna incontrai presto due strade strette, una che arrivava a nord, una a sud attraversando un caratteristico villaggio alle pendici del Vulcano rallegrato dai saluti a gran voce che si scambiavano i residenti tra di loro. Un piccolo scorcio della vita semplice e autentica che si vive ogni giorno sull'Etna, il vulcano siciliano. Seguendo lo splendido gioco di luce ed ombra che si alternavano sulla via intraddividi lo scorcio della Tenuta di Monaci delle Terre Nere con le sue centinaia di varietà di alberi da frutto e vigneti, i cui i colori cambiano con l'alternarsi delle stagioni. Era primavera. Le foglie verdi ricoprivano indisciplinate il terreno tutto intorno riportandomi alla memoria le immagini della Città Proibita anch'essa costruita strato dopo strato. Ma nessuna limitazione, nessun divieto qui solo polifenoli liberi di diffondersi nell'aria. Il sole a colazione si rifletteva sulla parete di roccia vulcanica giocando con le ombre ondeggianti degli alberi accanto alla piscina all'aperto, mentre i camerieri mi offrivano per deliziare il mio risveglio mattutino la frutta e le verdure biologiche appena raccolte. Adagiate dolcemente sulle morbide colline, le infinite terrazze dell'Etna mi attendevano e il mio cuore era già più lieve, sollevato.

西西里火山威尼斯人餐廳

RISTORANTE VENEZIANO

p.564

創辦人曾祖父 Alfio Veneziano 於上一個世紀為提供路過的農夫或工人用餐，於家中一處小空間開始，而後其祖母以其精湛廚藝加以發揚光大並將傳統食譜傳給子孫，發展至今擁有逾 200 席位，家傳四代的家族餐廳由法蘭斯克、喬瑟伯兄弟二人與父母親共同經營，其烹飪風格融合曾祖父與祖母對傳統的堅持與自己的創新，唯一不變的是對廚房的食材與餐桌上菜餚的尊重

招牌菜｜牛肝菌菇料理、蘆筍野菜寬義大利麵、現切西西里火山黑豬肉。

Contrada Arena S.S. 120 - 95036 Randazzo (CT), Sicily.
+39 095 7991353
www.ristoranteveneziano.it
info@ristoranteveneziano.it

This 4-generation family restaurant starts with their great-grandfather Alfio Veneziano with a small room for passing workers in his home. Later the recipes of their grandmother increase the business and pass down to the next generations. Today Francesco and Giuseppe, together with their parents, Salvatore and Maria, continue with the same dedication to the tradition and the innovation on the table.

Specialty | Mushroom cuisine, linguine with sparacogne and Etna black pig of Nebrodis.

Il bisnonno Alfio Veneziano creò all'interno della sua abitazione un piccolo locale per i lavoratori di passaggio, dopo fu la volta di nostra nonna che incrementò l'attività grazie alle sue ricette, la stessa che portò i suoi figli a gestire il ristorante. Oggi la quarta generazione Francesco e Giuseppe insieme ai genitori Salvatore e Maria continuano con la stessa dedizione portando a tavola un connubio tra tradizione e innovazione come ad esempio.

Specialità | *La zuppa di funghi, le linguine con le sparacogne e il suino nero dei Nebrodi.*

與世無爭人情的暖
The warmth of the smiles
Il calore dei sorrisi

筆者寫於西西里火山威尼斯人餐廳
Ⓔ *In* / Ⓘ *Da Ristorante Veneziano, Randazzo*

傍晚七點抓住夕陽最後一抹斜角，在這火山環繞的田園空間，四周滿是綠意，我站在 Etna DOC 官方規範西北邊境界線。喔！是的。遠離了地中海，海拔七百的盛夏與隆冬交替間，彩虹遠在天際、卻也近在眼前。遠望火山口，莫名能量呼喚我的名，萬年前火山融漿掩蓋過的庭院，頂著削骨的風，今日的她是如此平靜。悠遠寂靜的夜晚，窗外靜靜地爬滿了藤，這是我的火山療癒系餐廳，拂過白天門庭若市的義大利婚宴，獨享一方角落，佇立著一排名莊酒瓶，這是不知何時飲畢的家常，火山人的野菇與火山野豬，迎面而來人情的暖與四季約婉，短促人生滿盈眼底。

7 pm, I grab the last slanting angle of the setting sun. Surrounded by the greenery and the volcano in this idyllic space, I stand at the border city of the Etna DOC regulations. Oh! Yes. Away from the Mediterranean Sea, between the winter and the midsummer, at an altitude of seven hundred, the rainbow seems far away, but it is also close to my hand. Looking far into the crater, inexplicable energy calls for my name. In the courtyard covered by the lava thousands of years ago, I look at her. With the bone-cutting chilly wind, SHE is calm today. On this tranquil night, the window outside is quietly filled with vines. This is my healing spot. After an exciting day of an Italian wedding banquet, I enjoy the corner table and stand a bottle of wine, with a line of empty bottles on the side. I don't know when or who drank them, but the normality of Veneziano comes: the wild volcanic mushroom and the black boar enlighten my desires. The warmth of the smiles and the four seasons softly pass in front of my eyes. Life is short. Why waste it!

7.00 pm, afferrato l'ultimo raggio inclinato di sole al tramonto. Circondata dal verde e dal vulcano in questo spazio idilliaco, mi sono ritrovata nella città al confine della denominazione Etna DOC. Oh! Sì. Lontano dal Mar Mediterraneo, tra l'inverno e la mezza estate, a un'altitudine di settecento metri, l'arcobaleno lontano sembrva così vicino alla mia mano. Guardando in alto verso il cratere, un'energia inspiegabile chiama il mio nome. Nel cortile ricoperto dalla lava migliaia di anni fa, mi fermo con lo sguardo. Il vento freddo taglia le ossa, oggi LEI è calma. In questa notte tranquilla, la finestra esterna è decisamente ricoperta di piante di vite. Questo è il mio luogo di guarigione. Dopo un'entusiasmante giornata di banchetto di nozze all'italiana, mi godo il tavolo d'angolo e appoggio una bottiglia di vino, con una fila di bottiglie vuote di fianco. Non so quando o chi le ha bevute, ma arriva la spontaneità di Veneziano: i funghi selvatici del vulcano e il cinghiale rallegrano i miei pensieri. Il calore dei sorrisi e le quattro stagioni passano dolcemente davanti ai miei occhi. La vita è breve. Perché sprecarla!

聖朱利亞諾頂級旅館

RELAIS SAN GIULIANO

p.544

位於西西里火山葡萄酒法定產區東南部，距離機場僅 30 分鐘車程，貴族式的家居與細心的服務，讓人一進入旅館即有如找到綠洲般的安心自在；由百年歷史、宏偉的貴族私人住所改建為火山時尚酒店，共有三棟房，偌大的花園裡有戶外游泳池，屋內與各房間陳設各式文化與藝術品，另設有室內 SPA 館、餐廳與酒吧供住客如在家般的舒適感。

餐廳 | 由舊時釀酒廠 (Palmento) 改建、氣氛良好；餐廳名為 I Palici、酒吧名為 Palmento del Serra，皆為西西里方言；廚房出菜規劃良好、現場服務專業舒適。

SPA | 免費私人溫泉空間，另可預約按摩課程（付費）。

Via Giuseppe Garibaldi, 280, 95029 Viagrande CT, Sicily.
+39 095 989 1671
www.relais-sangiuliano.it
amministrazione@relais-sangiuliano.com

The dream of a noble past that becomes modern hospitality. This is a modern Boutique Hotel in a historic home of nature and culture in southeast Etna with comfortable rooms of elegant personality, a SPA, an infinity pool immersed in the garden, a restaurant, and a lounge bar for delicious paths in the kitchen and wines of Sicily that complete the charm of this authentic oasis of relaxation. The intact charm of the ancient residence is perfect for a relaxing holiday to discover Etna territory.

Menu | The "I Palici" restaurant and the "Palmento del Serra" Lounge Bar in the vast spaces of the Palmento offer optimal atmosphere; well-organized kitchen and professional service.

SPA | Indoor spa with wellness; massage services upon request.

Il sogno di un nobile passato che diventa moderna ospitalità. Un affascinante Boutique Hotel ricavato da una dimora storica nel cuore dell'Etna tra natura e cultura. Il Relais dispone di confortevoli camere dall'elegante personalità, una SPA, una piscina a sfioro immersa nel giardino, un ristorante e un lounge bar per deliziosi percorsi nella cucina e nei vini di Sicilia. Il fascino intatto dell'antica dimora e l'amore per i dettagli rendono questo hotel ideale per una vacanza di charme e relax alla scoperta di Catania e del suggestivo territorio etneo.

Menu | *Nei vasti spazi del Palmento che conserva parte dell'enorme torchio, sono stati ricavati il ristorante "I Palici" e il Lounge Bar "Palmento del Serra".*

SPA | *Spa interna con benessere; massaggi su richiesta.*

放慢步調與自我對話
The monologue with myself
Personale monologo

筆者寫於聖朱利亞諾頂級旅館
Ⓔ *In* / Ⓘ *Da Relais San Giuliano*

早安！入秋的黎明、浪漫優雅地悄悄照亮房間，房內棕色木桌與窗外橘黃落葉對似柔情，沉靜卻彷彿亦纏綿。咖啡香與新鮮的早餐氣息在不遠處，喚醒了昨夜我沈浸鄉野靜謐的靈魂，安亦不安地漫步於晨光下，是大宅院的夢境？在這美麗的小島火山林間，轉換城市緊張情緒其實簡單，上午參觀一家酒莊、悠閒午餐至三點半、回房午睡後五點赴約 SPA，飯店管家允許我獨自霸佔三十坪大的溫泉空間，一小時的個人專屬，舒適地泡進寧靜、擺脫擁擠的世俗陳見，佐以窗外庭院與入秋涼風，心中充滿著無名的知足感，人生原來空下心頭執念，便能知足常樂。

Good morning! The dawn of autumn in romance and elegance quietly illuminated my room. The brown wooden table in the room corresponded with the yellow-orange leaves by the window; the tenderness in silence seemed lingering. Not far away, the coffee scent presented the fresh breakfast, and the morning atmosphere awakened my soul that immersed last night, in the quietness of the countryside. A walk at ease in the light, but also uneasy for the reality that seemed as in dreams. In this historical house of the mysterious volcanic forest, it was simple to forget the tension of daily life: visit an Etna winery in the morning, leisurely take the lunch until three-thirty, and go to the spa at five after a nap. The hotel butler allowed the guest to occupy the jacuzzi space by oneself for a one-hour private time of exclusivity, comfort, and quietness. Bathed in peace, and left behind the crowded world, my heart was filled with a sense of contentment and zero obsession. By the French window, the royal courtyard accompanied the cool autumn breeze through the wisdom. The wisdom was to let go prejudice, be humble, then the nameless universe dominated and flourished Mankind.

Buongiorno! Una nuova alba d'autunno avvolta dal romanticismo e dall'eleganza illumina la mia stanza.

Lo scrittoio in legno accanto alla finestra mi riporta alle foglie gialle arancioni, con la tenerezza del silenzio, mi meraviglio di ciò che i miei occhi vedono. Non lontano, il profumo del caffè e della colazione mi risveglia da questo dolce torpore, l'atmosfera mattutina fa gioire la mia anima immersa già dalla sera appena trascorsa nella quiete della campagna. Il vulcano ai miei piedi. Una passeggiata nella luce, baciata dal sole mi riporta alla realtà. Non è un sogno è una meravigliosa presenza. In questa Casa storica dalla misteriosa foresta vulcanica, è semplice dimenticare il tormento della vita quotidiana: visitare un'azienda vinicola dell'Etna al mattino, pranzare tranquillamente fino al perdere delle ore e farsi cullare dal beneficio della salus per aquam. Il maggiordomo dell'hotel mi lascia intuire che è un momento solo per me. Inondata di pace e lasciato alle spalle il mondo affollato, il mio cuore è pieno di senso di giubilo. Dalla portafinestra, la nobile corte accompagna la fresca brezza autunnale per la saggezza.

La saggezza è di lasciar andare il pregiudizio, l'universo senza nome fiorisce l'Umanità.

載墟頂級旅館

ZASH COUNTRY BOUTIQUE HOTEL

「Zash（載墟）」，為農村生活才能聽到和享受的深刻聲音，其本質為純樸的「有」於無之間。17 套精品客房是限量版的難得生活，而一切都在觸手可及的範圍，海灘 1.7 公里、西西里第大二城卡塔尼亞 31.5 公里、法拉利賽車城陶爾米納 32.7 公里。四周環繞的柑橘園，可以放鬆散步、還可以鮮採柑橘在花園里即刻食用、或到餐廳隨時現點西西里柳橙汁。

菜單 | 每一天的菜單都是創造新的烹飪故事；在創意、傳統和在地食材間做出獨特且不重複的組合。

Spa | 游泳池由火山熔岩石製成，供住客隨時使用；私密的放鬆空間，需預約。

St. Provinciale 2/I-II 60, 95018 Riposto (CT) - Sicily
+39 095 782 8932
zash.it
info@zash.it

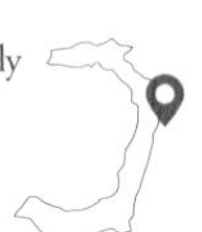

"Zash" is the profound nature of a sound that can only be heard and enjoyed by living in the countryside. There are 17 country boutique rooms, and they are limited-edition of living. Everything is within reach. It is 1.7 km to the beaches, 31.5 km to Catania, and 32.7 km to Taormina. The surrounding citrus grove is the opportunity, not only for the relaxing walks but also the picking of oranges and tangerines, freshly consumed right in the garden or made into the sweet juices.

Menu | Creation of new culinary stories in the unique and unrepeatable combination of creativity, tradition, and territory.

SPA | In this intimate and private space, the pool is made of Etna lava stone. It is a retreat for contemporary wellbeing

Zash è la natura profonda di un suono che può essere ascoltato e apprezzato solo vivendo in campagna. Ci sono 17 camere di design tutte diverse tra loro. Tutto è a portata di mano. Dista 1,7 km dalle spiagge, 31,5 km da Catania e 32,7 km da Taormina. L'agrumeto circostante è l'occasione, non solo per rilassanti passeggiate, ma per raccogliere arance e mandarini da consumare direttamente in giardino o da gustare in succhi dolci.

Menu | *Lo chef crea storie culinarie, in quella combinazione unica e irripetibile di creatività, tradizione e territorio.*

SPA | *In questo rifugio intimo e privato, la piscina è realizzata in pietra lavica dell'Etna. È un rifugio per il benessere contemporaneo*

索引
INDEX

西西里火山酒莊資訊 (按字母排列)

Information of Etna Wineries in Alphabetical Order

Elenco Informativo delle Cantine dell'Etna

Nome dell'azienda Name of winery 酒莊名	*Aitala Giuseppa Rita*	*Al-Cantàra*	*Alta Mora (Cusumano)*	*Azienda Agricola SRC*	*Barone di Villagrande*	*Benanti*	*Biondi*
酒莊編號 No.	*No. 60*	*No. 43*	*No. 8*	*No. 23*	*No. 11*	*No. 2*	*No. 14*
Logo 酒莊標誌	AÍTALA VINI DELL'ETNA	AL-CANTÀRA	CUSUMANO	SRC	BARONE DI VILLAGRANDE	BENANTI	BIONDI
Il primo anno sull' Etna First year in Etna 立基於火山之首年(西元)	2002	2005	2013	2012	1727	1988	primi del 1900 early 1900s 20 世紀初
Posizione in Etna Location in Etna 方位	Nord-est / Northeast / 東北	Nord / North / 北	Nord / North / 北	Nord / North / 北	Est / East / 東	Sud-est / Southeast / 東南	Sud-est / Southeast / 東南
Superficie coltivata in Etna (ettari) Vineyards in Etna (hectares) 於火山區域葡萄園總面積(公頃)	2.8	15	20	8	18	28	7
Bottiglie prodotte in Etna Total production in Etna (bottles) 於火山區域總生產量(瓶)	6,500	100,000	70,000	23,000	88,000	165,000	27,000
Coltivata biologico? Organic grower? 土地是否為有機栽種？	Si/Yes/ 是	Si/Yes/ 是	No/No/ 否 *	Si/Yes/ 是	Si/Yes/ 是	Si/Yes/ 是	No/No/ 否
Vino è Certifiato Biologico? Wine is Organic Certificated? 葡萄酒是否為有機認證？	No/No/ 否	No/No/ 否	No/No/ 否	No/No/ 否	No/No/ 否	Sarà certificato nel 2021 Will be certified in 2021 將於 2021 年取得有機認證	No/No/ 否
Contatto Contact 酒莊聯絡資訊	Via Domenico Gagini, 13 95015 Linguaglossa, CT Tel: 095 7774113	SP 89, 95036 Randazzo Catania Tel: 339 339 2350	Contrada Verzella 95012 Castiglione di Sicilia, CT Tel: 0918 908713	Contrada Calderara 95036 Randazzo, CT Tel: 349 1899361	Via del Bosco, 25 95010 Milo, CT Tel: 095 7082175	Via Giuseppe Garibaldi 361 95029 Viagrande, CT Tel: 095 7893399	Via Ronzini, 55a 95039 Trecastagni, CT Tel: 392 1179746

* Ⓘ *No, ma ha VIVA e SOStain* Ⓔ No, but with VIVA sustainable viticulture and SOStain ㊥否、只有葡萄園永續經營認證

FARO

Nome dell'azienda **Name of winery 酒莊名**	*Terra Costantino*	*Theresa Eccher*	*Torre Mora (Tenute Piccini)*	*Vivera*	*Le Casematte*	*Palari di Salvatore Geraci*
酒莊編號 No.	*No. 59*	*No. 61*	*No. 33*	*No. 3*	*No. 38*	*No. 26*
Logo 酒莊標誌	TERRA COSTANTINO	Theresa Eccher	TORRE MORA ETNA	VIVERA	LE CASEMATTE	PALARI
Anno di fondazione **Founded year 酒莊創始年（西元）**	1975	2010	2013	2002	2008	1990
Posizione **Location 方位**	Sud-est / Southeast / 東南	Nord / North / 北	Nord / North / 北	Nord-est / Northeast / 東北	Messina 西西里島東北角	Messina 西西里島東北角
Superficie coltivata (ettari) **Vineyards (hectares) 葡萄園總面積（公頃）**	10	6	13	8	12	7
Bottiglie prodotte in totale **Total production (bottles) 總生產量（瓶）**	50,000	35,000	80,000	50,000	50,000	26,000
Coltivata biologico? **Organic grower? 土地是否為有機栽種？**	Si/Yes/ 是	No/No/ 否	Si/Yes/ 是	Si/Yes/ 是	Si/Yes/ 是	Si/Yes/ 是
Vino è Certifiato Biologico? **Wine is Organic Certificated? 葡萄酒是否為有機認證？**	Si/Yes/ 是	No/No/ 否	Si/Yes/ 是	Si/Yes/ 是	Si/Yes/ 是	No/No/ 否
Contatto **Contact 酒莊聯絡資訊**	Via Garibaldi 417 95029 Viagrande, CT Tel: 095 434288	SP64, 95012 Catania Tel: 0942 436320	Contrada Dafara Galluzzo, 95012 Rovittello, CT Tel: 392 9331956	SP 59/IV Contrada Martinella 95015 Linguaglossa, CT Tel: 095 643837	Contrada Corso 98159 Messina Tel: 090 6409427	Santo Stefano Briga Contrada Barna 98137 Messina Tel: 090 630194

葡萄酒指南 03

Etna Wine Library

西西里火山葡萄酒指南

國家圖書館出版品預行編目（CIP）資料

Etna Wine Library
西西里火山葡萄酒指南 / 黃筱雯作
初版 . 臺北市：聚樂錄義大利美食 2019.09
面；　公分 . --（葡萄酒指南；3）
ISBN 978-986-92022-2-0（精裝）
中英義對照 1. 葡萄酒 2. 品酒 3. 義大利

463.814　　108015948

特別感謝以下協助完成西西里火山葡萄酒地圖：
The Etna Contrada map can't be done without:
La mappa dell'Etna non può essere realizzata senza:

Alberto Graci, Alberto Falcone, Angelo Leotta, Camillo Privitera, Ciro Biondi, Enzo Cambria, Euplio Vitello, Fabio Torrisi, Frank Cornelissen, Giuseppe Mannino, Marco Nicolosi, Salvo Foti, Salvatore Sapuppo and many others. Comune di Biancavilla; Comune di Zafferano Etnea; Comune di Radazzo; Comune di Castiglione di Sicilia.

作　者 Author
黃筱雯
Xiaowen Huang

攝　影 Photogragher
奧蘭多、安東尼·古登（法）
Orlendo Huang ; Anthony Gaudun (Paris)

空拍攝影 Drone & Video
奧蘭多
Orlendo Huang

責任編輯 Editor-in-chief
黃筱雯
Xiaowen Huang

美術設計 Art Design
陳思羽、陳芳儀、黃育莉
Ssu Yu Chen ; Fang Yi Chen ; Yuli Huang

翻譯與資料整理 Translation & Administration
黃筱雯、黃育莉、亞費多·馬拉素羅（義）、艾米·瑪雀樂·貝羅蒂（義）、伊烏皮歐·維特羅（義）、嘉布里雷·高磊里（義）、嘉克蒙·方尼（義）、嘉妲·阿曼妵堤（義）、馬可·孔堤耶諾（義）、米克雷·瑪可堤（義）、維多利亞·亞斯捷力（義）
Xiaowen Huang ; Yuli Huang ; Alfredo Marasciulo, Amy Marcelle Bellotti, Euplio Vitello, Gabriele Gorelli, Giacomo Fani, Giada Avanzati, Marco Contiello, Michele Machetti, Vittoria Ascheri

出版者 Publisher
聚樂錄義大利美食有限公司
104 台北市中山區長安東路二段 142 號 7 樓
+886(2) 2740-7792 ; www.CLUBalogue.com

CLUBalogue Academy
7F, No.142, Sec 2, Chang-An East Rd, Taipei, Taiwan
info@clubalogue.com

匯款帳號
銀　行　台新銀行
戶　名　聚樂錄義大利美食有限公司
帳　號　2089-01-0000-2646

製版印刷　秋雨創新股份有限公司 Choice Development, Inc.

定　價　新台幣 1,500 元 / EUR 45

初版一刷　2019 年 9 月 / September 2019

版權所有 翻印必究 | Printed in Taiwan
All rights belongs to CLUBalogue Corp.

代理經銷｜白象文化事業有限公司
401 台中市東區和平街 228 巷 44 號
電話：(04)2220-8589
傳真：(04) 2220-8505

ALTA MORA
ETNA BIANCO

GULFI

NICOSIA
ETNA ROSSO
RISERVA 2012
NICOSIA

NUDDU

BIANCO

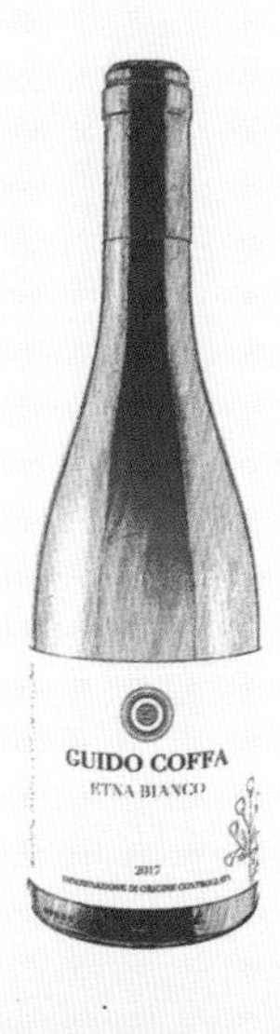
GUIDO COFFA
ETNA BIANCO
2017

FISCHETTI
ETNA ROSSO
2013

Terre Siciliane
Nerello Mascalese
CALABRETTA
Azienda Vinicola

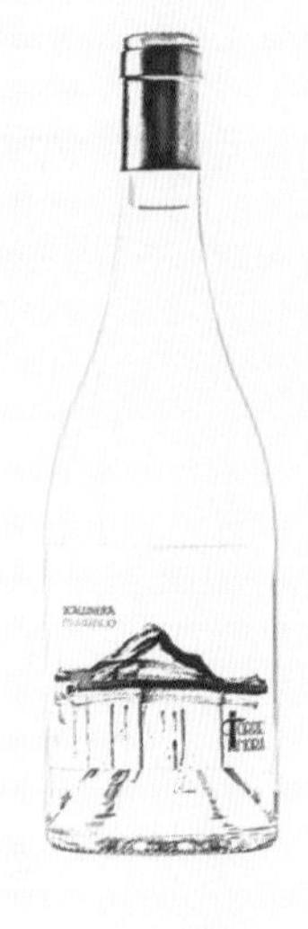

SUL VULCANO
ETNA BIANCO DOC

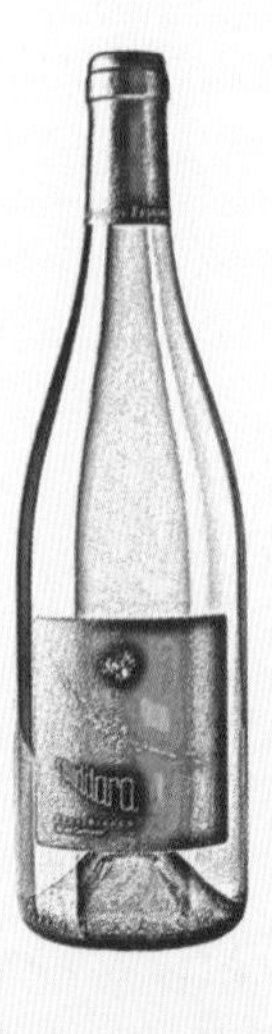